Beiträge zu einer Theorie der Logistik

Peter Nyhuis (Hrsg.)

Beiträge zu einer Theorie der Logistik

Springer

Prof. Dr.-Ing. Peter Nyhuis
Leibniz Universität Hannover
Inst. für Fabrikanlagen und Logistik
An der Universität 2
30823 Garbsen
nyhuis@ifa.uni-hannover.de

ISBN 978-3-540-75641-5 e-ISBN 978-3-540-75642-2

DOI 10.1007/978-3-540-75642-2

Bibliografische Information der Deutschen Nationalbibliothek
Die Deutsche Bibliothek verzeichnet diese Publikation in der Deutschen Nationalbibliografie; detaillierte bibliografische Daten sind im Internet über http://dnb.d-nb.de abrufbar.

Herstellung: LE-TEX Jelonek, Schmidt & Vöckler GbR, Leipzig
Einbandgestaltung: WMXDesign GmbH, Heidelberg

Gedruckt auf säurefreiem Papier

9 8 7 6 5 4 3 2 1

springer.com

Hans-Peter Wiendahl

Vorwort

„Inmitten der Schwierigkeit liegt die Möglichkeit"
(Albert Einstein, 1879-1955).

Das vorliegende Buch wurde zu Ehren von Univ.-Prof. Dr. h. c. mult. Dr.-Ing. Hans-Peter Wiendahl aus Anlass seines 70. Geburtstages zusammengestellt.

Hans-Peter Wiendahl hat sich in seinem Wirken als Hochschullehrer und Wissenschaftler stets der Erforschung logistischer und organisatorischer Zusammenhänge bei der Planung und dem Betrieb der Produktion variantenreicher Stückgüter gewidmet. Die Motivation dazu resultierte insbesondere aus der Erkenntnis, dass sich die Bedeutung der Logistik für den Unternehmenserfolg in den letzten Jahrzehnten stetig erhöht hat. Zugleich hat sich der Betrachtungsgegenstand in Richtung einer weltweiten Integration von Wertschöpfungsketten ausgeweitet. Als Folge der Aufwertung der Logistik zu einem eigenständigen Managementkonzept hat sich auch bei ihm die Notwendigkeit manifestiert, dass die Logistik einen wissenschaftlichen Unterbau benötigt.

Der Weg zu einer fundierten theoretischen Basis für die Logistik ist zweifelsohne noch sehr weit. Dies ist nicht zuletzt darauf zurückzuführen, dass die Logistik als eigenständige Wissenschaftsdisziplin noch nicht etabliert ist. Das dynamische Umfeld und die daraus resultierenden Anforderungen führen dazu, dass die Konturen der Disziplin Logistik noch sehr unscharf sind. Dies erschwert die wissenschaftliche Durchdringung des Forschungsobjektes Logistik, reduziert jedoch nicht die Notwendigkeit.

Insbesondere vor diesem Hintergrund hat sich Hans-Peter Wiendahl um die Logistik in besonderem Maße verdient gemacht. Ihm ist es gelungen, eine Reihe von sehr elementaren logistischen Fragestellungen aufzugreifen, diese intensiv und konsequent zu durchdringen und innovative Modelle, Theorien, Methoden und Werkzeuge zu entwickeln. Der Praxisbezug war für ihn dabei immer von hoher Bedeutung. Ausdruck seines Wirkens sind viele Forschungsprogramme und -projekte, die gemeinsam mit Wissenschaftskollegen und Industrieunternehmen durchgeführt wurden. Ausdruck der Anerkennung seiner wissenschaftlichen Leistungen sind zahlreiche Ehrungen und die Verleihung mehrerer Ehrendoktorwürden. Er hat als Wissenschaftler, Hochschullehrer und Kollege einen herausragenden Ruf.

Als sein Nachfolger als Leiter des Instituts für Fabrikanlagen und Logistik der Leibniz Universität Hannover ist es mir ein besonderes Anliegen, den von Hans-Peter Wiendahl eingeschlagenen Weg weiter zu verfolgen und gemeinsam mit meinen Mitarbeitern auch in Zukunft relevante BEITRÄGE ZU EINER THEORIE DER LOGISTIK zu liefern.

Hannover / Garbsen, im Februar 2008
Peter Nyhuis

Inhaltsverzeichnis

Entwicklungsschritte zu Theorien der Logistik

Prof. Dr.-Ing. habil. Peter Nyhuis

Institut für Fabrikanlagen und Logistik
Leibniz Universität Hannover
http://www.ifa.uni-hannover.de

There is nothing as practical as a good theory
Kurt Lewin (1890-1947)

1 Einleitung

Der Wettbewerbsfaktor „Zeit“ hat seit Beginn der 1980er Jahre eine spürbare Bedeutungszunahme erfahren. Das erklärt den enormen Aufschwung der Logistik, die sich mittlerweile in Deutschland zu einem volkswirtschaftlich bemerkenswerten Bereich mit ca. 2,6 Millionen Beschäftigten entwickelt hat. Dabei lassen sich vier Entwicklungsstufen der Logistik unterscheiden (Wildemann 1996; Baumgarten 1993), die durch eine Ausweitung der jeweiligen Systemgrenzen gekennzeichnet sind (Abb. 1).

In der klassischen Logistik stand die Optimierung der Kernfunktionen Transportieren, Umschlagen und Lagern (so genannte TUL-Prozesse) im Vordergrund. Mit der erwähnten Zunahme des Zeitwettbewerbs erkannte man die Notwendigkeit der Ausrichtung der Einzelfunktionen Beschaffen, Produzieren und Verteilen auf den Kunden; damit wurde die Logistik zur Querschnittsfunktion. In den 1990er Jahren erfolgten der Umschwung von der Funktions- zur Prozessorientierung sowie die Einbeziehung der Partner in den vor- und nachgelagerten Wertschöpfungsketten. Erstmals treten nun so genannte Logistikdienstleister in Erscheinung.

Mit zunehmender Verflechtung der globalen Warenströme hat sich damit der Gegenstand der Logistik vom einzelnen Unternehmen auf Logistikketten und -netzwerke ausgeweitet. Dabei wird sowohl der Güterfluss stromaufwärts zum Lieferanten des Lieferanten als auch stromabwärts bis zum Kunden des Kunden betrachtet und als Versorgungskette, Wertschöpfungskette und insbesondere als Supply Chain bezeichnet (Wildemann 2002; Corsten u. Gössinger 2001; Busch u. Dangelmaier 2002; Werner 2002; Beckmann 2003; Pfohl 2004). Hier konkurrieren nicht mehr einzelne Unternehmen, sondern ganze Wertschöpfungsketten miteinander. Parallel dazu erfolgte die Aufwertung der Logistik zu einem Managementkonzept, das die Ausrichtung sämtlicher Geschäftsprozesse nach logistischen Prinzipien erfordert (Wildemann 1996).

Nach Untersuchungen des Bundesverbandes Logistik BVL zeigt sich jedoch ein unterschiedliches Bild in der Umsetzung kundenorientierter Netzwerke. Die Schwerpunkte der Unternehmensaktivitäten liegen heute immer noch in der Integration von Kunden und Lieferanten, der Verbesserung der Liefertreue, dem Bestandsabbau sowie der Flexibilisierung der

Logistikstrukturen und -systeme. Punktuelle Leistungsverbesserungen reichen aber in aller Regel nicht aus, um eine nachhaltige Stärkung der Unternehmensposition zu erreichen. Sie führen zumeist nur zu kurzfristigen Ergebnisverbesserungen und somit allenfalls zu einem Zeitgewinn, nicht aber zu wesentlichen Veränderungen der wettbewerblichen Beziehungen. Nachhaltige Vorteile lassen sich nur erzielen, wenn auf der Basis der Leistungsfähigkeit des Unternehmens und der Kundenanforderungen ein strategisches Gesamtkonzept erstellt wird, um auf der Basis einer ganzheitlichen Betrachtung bereichsübergreifende und aufeinander abgestimmte Maßnahmen planen, realisieren und bezüglich des angestrebten Erfolges auch kontrollieren zu können. Eine Differenzierung der Logistikstrategie hinsichtlich Kunden- und Marktsegmenten sowie der Produkte steht erst am Anfang und bedarf der Überwindung zahlreicher Hürden technischer, organisatorischer und vertrauensbezogener Art (Straube et al. 2005).

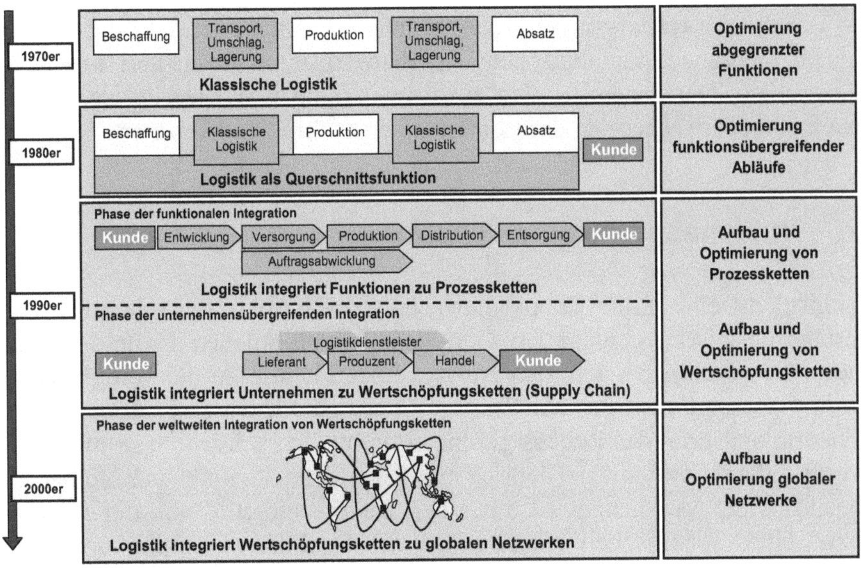

Abb. 1. Entwicklung der Logistik (Baumgarten)

Insgesamt ist festzustellen, dass die Logistik in Bedeutung, Umfang und Komplexität weitaus schneller gewachsen ist, als die zu ihrer Beschreibung notwendigen Hypothesen und Theorien. Dies ist nicht zuletzt darauf zurückzuführen, dass die Logistik als Wissenschaftsdisziplin bislang noch nicht etabliert ist. Erst seit etwa Mitte der 90er Jahre sind umfassende Veröffentlichungen verschiedener Autoren zur betriebswirtschaftlichen und technischen Logistik in Form von Monographien, Handbüchern und

Sammelwerken verfügbar. Helmut Baumgarten, Reinhard Jünemann, Axel Kuhn, Hans-Christian Pfohl, Horst Wildemann und Hans-Peter Wiendahl können als wissenschaftliche Pioniere der Logistik in Deutschland gelten (Baumgarten 1993; Jünemann u. Beyer 1998; Kuhn 1995; Wiendahl 1997; Pfohl 2004; Wildemann 2002).

Dennoch kann bislang weder von einer anerkannten Theorie der Logistik noch von einem umfassenden Set von Teiltheorien gesprochen werden. Während in der betriebswirtschaftlichen Literatur etwa die Produktions-, Kosten- und Preistheorie Gegenstand ausführlicher Untersuchungen mit dem Ziel einer Unternehmenstheorie sind, stehen in der Logistik noch eher deskriptive Darstellungen im Vordergrund. Hierzu zählen die Unterscheidung in die betriebswirtschaftliche und technische Logistik, die Aufteilung in Handels-, Produktions- und Transportlogistik und Gliederung der Logistik in Funktionen, Prozesse, Daten, Instanzen usw. Hinzu treten mathematische Beschreibungen diskreter logistischer Systeme auf Basis der Bedien- und Warteschlangentheorie (Arnold 1995; Gudehus 2000).

Vor diesem Hintergrund wird es zunehmend wichtiger, die Logistik mit einem theoretisch-methodischen Unterbau zu unterstützen und weiter zu entwickeln. Der generelle Weg zur Entwicklung von Theorien und somit auch von (Teil-)Theorien der Logistik wird nachfolgend skizziert.

2 Nutzenaspekte einer Theorie

Logistik ist eine in der Praxis ‚gewachsene' Disziplin, die sehr stark von Erfahrungswissen geprägt ist. Gerade in einem solchen Umfeld neigen besonders Praktiker dazu, den Nutzen einer Theorie zu bezweifeln. Gern wird Goethes Faust mit den Worten zitiert „Grau, teurer Freund, ist alle Theorie und grün des Lebens goldner Baum". Tatsächlich ist es nicht das vordringliche Ziel einer Theorieentwicklung, die Realität unmittelbar zu beeinflussen. Vielmehr wird mit einer Theorie ein Bild von der Realität bzw. eines spezifischen Ausschnittes der Realität entworfen, um diese gedanklich in einem schlüssigen Ansatz zu erklären. Auf dieser Grundlage sollen dann Prognosen erstellt und Handlungsempfehlungen abgeleitet werden.

Von besonderer Bedeutung sind Theorien gerade für komplexe und komplizierte Systeme und Sachverhalte, weil sie diese durch bloße Empirie nicht befriedigend erklärbar sind und somit eine theoretische Durchdringung erfordern. Angesichts der einleitend erläuterten Rahmenbedingungen und Entwicklungen gilt dies in besonderem Maße auch für die Logistik.

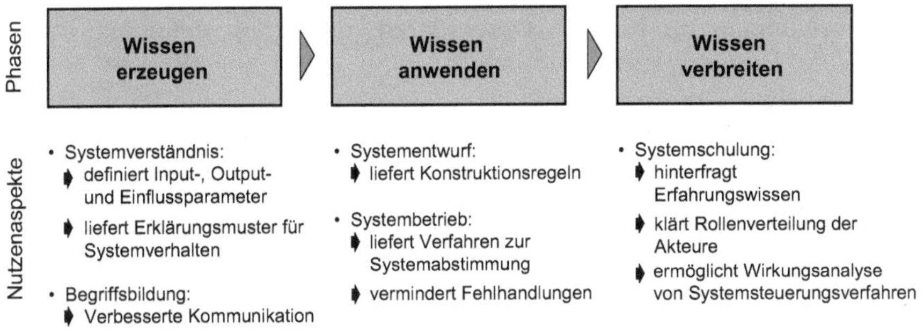

Abb. 2. Nutzenaspekte einer Theorie (Wiendahl)

Abb. 2 fasst einige Nutzenaspekte einer Theorie zusammen (Nyhuis u. Wiendahl 2007). Generell geht es bei einer Theorie darum, zunächst Wissen über einen Gegenstandsbereich zu erzeugen, es auf Basis der Theorie anzuwenden und es schließlich zu verbreiten.

In der ersten dieser Phasen vermeidet eine saubere Begriffsbildung bereits Missverständnisse, ermöglicht ein Systemverständnis mit seinen Elementen und Beziehungen und liefert insbesondere Erklärungsmuster für das Verhalten des Systems unter verschiedenen Randbedingungen. In der Anwendung liefert eine Theorie Konstruktionsregeln für die Systemauslegung, beispielsweise über die Größe eines Warenlagers oder die Anzahl von Kommissionierplätzen. Im Systembetrieb ergeben sich aus der Theorie Verfahren zur Systemsteuerung und -optimierung. Eine gute Theorie vermindert darüber hinaus Fehlhandlungen und erklärt Rollenkonflikte. In der Wissensverbreitung ist eine Theorie unverzichtbar zur Überprüfung des Erfahrungswissens, zur Klärung der Rollenverteilung in der logistischen Kette und zur Überprüfung der Wirkung von Steuerungsverfahren und ihrer Parameter.

3 Theorieelemente

Bei der Entwicklung einer Theorie werden allgemein die folgenden Schritte durchlaufen, die im Zeitverlauf immer wieder Rücksprünge erfordern:

- Festlegung und Abgrenzung des Gegenstandsbereiches,
- Sammlung von Material über den Gegenstandsbereich,
- Beobachten des Gegenstandsbereiches im Verhalten, ggf. Durchführen von Experimenten, um sich ein Bild über das Verhalten einer virtuellen Realität machen zu können,

- Beobachtungen der Realität, Durchführen von Experimenten und Protokolle der Befunde,
- Aufstellen von Modellen und
- Ableiten von Hypothesen und Gesetzen aus den Modellen.

Überträgt man dieses Vorgehen auf die Logistik, so lassen sich als Gegenstandsbereich zunächst die Kernprozesse des Wertschöpfungsprozesses – Beschaffen, Produzieren (Fertigen und Montieren) und Verteilen (Abb. 3) – sowie die hier nicht dargestellten Prozesse der Ersatzteillogistik und Entsorgungslogistik angrenzen.

Nach der Sammlung von Material aus Literatur, eigenen und fremden Berichten sowie Erfahrungen, besteht ein wesentlicher Schritt in der Durchführung von Experimenten, die sich in der Logistik auf Messungen realer Systeme, Befragungen und Berechnungen, besonders aber auf ereignisdiskrete Simulationen stützen. Protokolle dienen der objektiven Darstellung von Sachverhalten, seien sie aus realen oder virtuellen Systemen gewonnen.

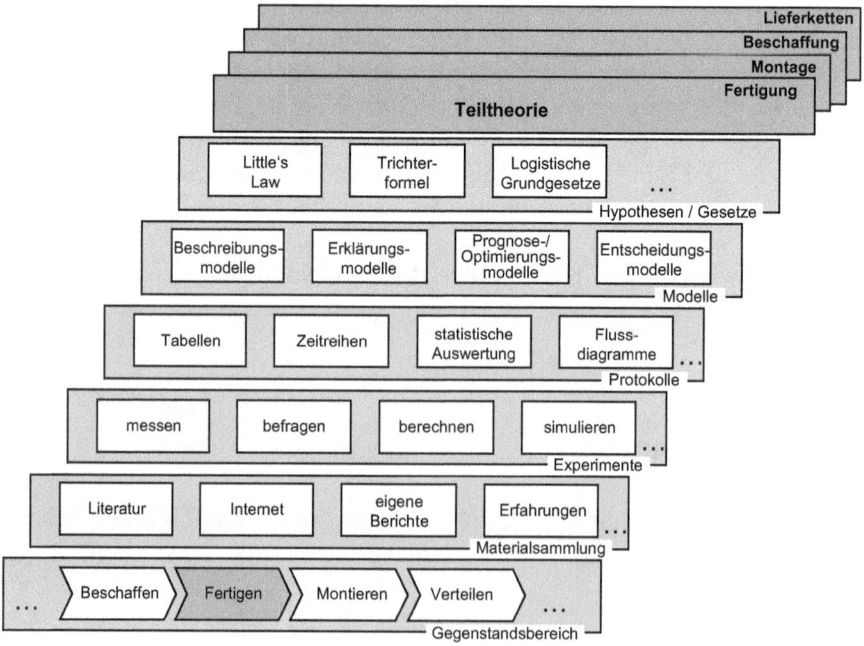

Abb. 3: Elemente von Theorien in der Logistik der Lieferketten (Wiendahl)

Eine besondere Bedeutung im wissenschaftlichen Erkenntnisprozess und bei der Nutzung einer Theorie kommt den Modellen zu. Ein Modell ist ein Abbild, eine Repräsentation natürlicher oder künstlicher Originale, die selbst wieder Modelle sein können. Ein Modell erfasst dabei prinzipiell nicht alle Attribute und Eigenschaften des Originals, sondern nur diejenigen, die für die Anwendung relevant und nützlich erscheinen (Stachowiak 1973).

In der Vergangenheit wurde unter einem Modell primär die Abbildung der Realität verstanden. In vielen Anwendungsbereichen ist der Modellbegriff jedoch deutlich ausgeweitet worden. Sie sollen dazu beitragen:

- die vorherrschende Situation begreifbar zu machen und deren Probleme und Erscheinungsformen zu verstehen,
- die Problemursachen und deren Wirkungen zu ergründen,
- die Informationsbasis für die Maßnahmenableitung zu liefern,
- die gezielte Beeinflussung bzw. Auslegung von Systemen zu unterstützen und
- ein grundlegendes Verständnis über das statische und dynamische Verhalten eines Systems zu erlangen.

Entsprechend ihres Anwendungszwecks und ihres Entwicklungsstandes können Modelle wie folgt charakterisiert werden:

- *Beschreibungsmodelle* beschreiben empirische Erscheinungen ohne deren unmittelbare Analyse und Erklärung. Sie enthalten also keine Aussagen über Ursache-Wirkungsbeziehungen.
- *Erklärungsmodelle* (auch als Wirkmodelle bezeichnet) liefern Erklärungen zu den beobachteten Prozessabläufen und sind die Basis für Hypothesen und Gesetzmäßigkeiten um die Problemursachen und deren Wirkungen zu ergründen.
- *Prognosemodelle* gestatten die Vorhersage zukünftiger Daten eines Systems unter definierten Anfangsbedingungen, *Optimierungsmodelle* bilden ein Entscheidungsproblem mit dem Ziel ab, die günstigste (optimale) Lösung zu finden.
- *Entscheidungsmodelle* erleichtern die Bestimmung optimaler Handlungsmöglichkeiten durch Übertragung der in einem Erklärungsmodell gewonnenen Erkenntnisse auf einen praktischen Anwendungsbereich.

4 Modellbasierter Erkenntnisprozess

Die Entwicklung und Nutzung von Modellen ist im Allgemeinen durch die in Abb. 4 beschriebene Vorgehensweise charakterisiert, auch wenn im Einzelfall iterative Schritte und schleifenartige Wiederholungen einzelner Phasen auftreten (Nyhuis u. Wiendahl 2003).

Der Ausgangspunkt einer Modellanwendung ist eine angemessen exakte und eindeutige Beschreibung des Gegenstandsbereichs und der Problemstellung. Im Weiteren ist das Untersuchungsziel klar zu definieren. Von besonderer Bedeutung ist in beiden Phasen die Bereitschaft, die Komplexität des Untersuchungsgegenstandes und der Zielsetzung so gering wie möglich zu halten, da sowohl der Modellierungs- wie auch der Interpretationsaufwand überproportional mit der Komplexität der Anwendung steigt. Es ist daher oftmals günstiger, ein Gesamtproblem in handhabbare Teilprobleme zu zerlegen.

Zur modellgestützten Lösung eines Problems ist es nach dessen Formulierung erforderlich, ein geeignetes Modell auszuwählen und ggf. anzupassen oder, sofern kein geeigneter Ansatz existiert, ein Modell zu entwickeln. Auf der Basis der Auswertung von Fallstudien oder Experimenten können nach der Übertragung der speziellen Problemstellung auf das Modell anschließend Lösungsalternativen abgeleitet und bewertet werden. Dabei ist zu berücksichtigen, dass bei der Nutzung von Modellen nicht mehr an Erkenntnissen gewonnen werden kann, als vorher in die Bildung des Modells und die Auswahl der Voraussetzungen eingeflossen sind. Weiterhin gilt der Grundsatz, dass das Ergebnis einer Modellanwendung höchstens so gut sein kann wie die zugrunde liegenden Daten.

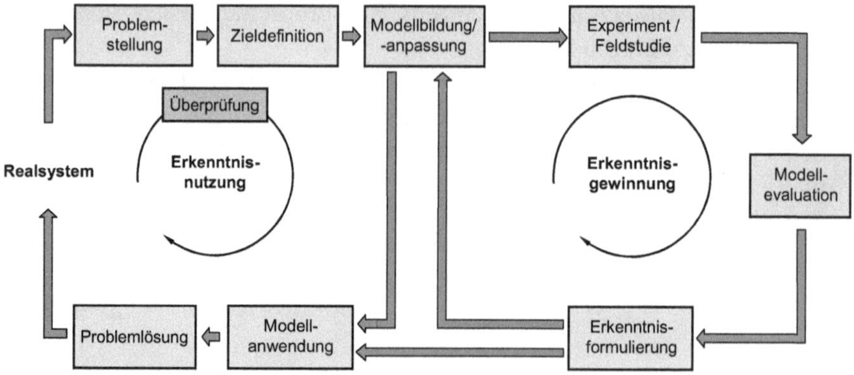

Abb. 4. Schritte des modellbasierten Erkenntnisprozesses

Insofern kommt auch dem nächsten Schritt der Modellanwendung eine hohe Bedeutung zu: Sowohl das Modell als auch die abgeleitete Lösung sind insbesondere auch während der Anwendung der Lösung unter Realbedingungen einer fortlaufenden kritischen Prüfung zu unterziehen – ein Schritt, der leider allzu oft nicht die erforderliche Beachtung findet. Das Modell muss das Verhalten des realen Systems genau genug und fehlerfrei widerspiegeln. Neben der formalen Korrektheit und der Verhaltensgültigkeit (Modell und Realsystem liefern vergleichbare Ergebnisse) ist insbesondere auch die Angemessenheit der Aufwand/Nutzen-Relation kritisch zu hinterfragen. Nur mit einer Überprüfung auch in der Phase der Modellnutzung kann gewährleistet werden, dass das Modell und die zugrundeliegenden Parameter auch bei veränderten Rahmenbedingungen eine ausreichend gute Entscheidungsgrundlage bieten. Sofern alternative Modelle existieren, kann die Überprüfung auch über einen empirischen und/oder logischen Theorievergleich erfolgen. Bei dem empirischen Vergleich wird geprüft, welches Modell besser mit empirisch erfassten Daten übereinstimmt, beim logischen Vergleich werden die Aussagen verschiedener Modelle u.a. auf Widerspruchsfreiheit geprüft.

Lassen sich im Verlauf der Modellierung bzw. der Modellanwendung Zusammenhänge zwischen relevanten Erscheinungen ableiten, die eindeutig bestimmbar und unter gleichen Bedingungen in gleicher Weise feststellbar sind, so kann damit das zugrundeliegende Modelle präzisiert bzw. erweitert werden (Erkenntnisgewinnung). Im günstigsten Fall lassen sich Gesetze ableiten, deren Anwendungsbereich umso größer ist, je weiter man sich bei der Formulierung vom speziellen Einzelfall lösen konnte. Solche Gesetze eröffnen unter Umständen auch die Möglichkeit, die gewonnenen Erkenntnisse direkt zur Problemlösung zu verwenden, ohne dass in jedem Einzelfall aufwändige Experimente durchgeführt werden müssen.

Existiert für eine vorliegende Fragestellung noch kein geeignetes Modell, so sind bei der dann erforderlichen Modellbildung im Wesentlichen die folgenden grundsätzlichen Anforderungen zu beachten (Oertli-Cajacob 1977):

- Direkter Bezug zur Realität: Das Modell sollte das abzubildende Realsystem möglichst realitätsnah im interessierenden Sachverhalt abbilden.
- Große Allgemeingültigkeit: Das Modell sollte sich direkt bzw. ohne größeren Anpassungsaufwand auf verschiedene Realsysteme anwenden lassen.
- Klarheit und Verständlichkeit der Aussagen: Ausgehend von der Zielsetzung, die der Modellanwendung zugrunde liegt, sollten die interessierenden Sachverhalte einfach, aber prägnant darstellbar sein. Insbeson-

dere mit Graphiken oder mit mathematischen Schreibweisen lassen sich oftmals klarere Aussagen treffen als mit Listen oder Tabellen.
- Beschränkung auf das Wesentliche: Eine wichtige praktische Forderung an Modelle besteht darin, dass sie sich in der Abbildung des Realsystems sowie in den Aussagen auf das Wesentliche beschränken.

Um diesen Anforderungen entsprechen zu können, muss man das in der Regel komplexe Realgeschehen stark vereinfachen, indem viele Nebenaspekte zumindest vorläufig ausgeklammert werden. Erst durch Reduktion (Verzicht auf unwichtige Eigenschaften) und Idealisierung (Vereinfachung unverzichtbarer Eigenschaften) wird es ermöglicht, einfache und mathematisch formulierbare Modelle zu erarbeiten, die sich dann oft auch auf andere, ähnlich gelagerte Anwendungen übertragen lassen. Ob die getroffenen Vereinfachungen zulässig sind, ist bei der Modellvalidierung sowie im Verlauf der Modellanwendung zu überprüfen.

Bei Modellen für betriebswirtschaftliche und logistische Systeme handelt es sich im Allgemeinen um mathematische Modelle, zu deren Aufbau unterschiedliche Modellierungsansätze in Frage kommen (Abb. 5):

- die deduktive Modellierung,
- die experimentelle Modellierung

und als Kombination

- die deduktiv-experimentelle Modellierung

Die Methoden der deduktiven Modellbildung (Deduktion (lat.): Ableitung des Besonderen aus dem Allgemeinen) sind dadurch gekennzeichnet, dass von einer qualitativen Vorstellung über die Wirkung von Einflussgrößen ausgegangen wird. Einzelne, aus der Problemstellung und der Zielsetzung abgeleitete Zusammenhänge werden gedanklich isoliert. Durch Abstraktion werden die spezifischen Systemkennzeichen so weit vermindert, dass ein auf das Wesentliche beschränktes Abbild des Originalsystems entsteht. Die mathematische Beschreibung der Abhängigkeiten zwischen Ein- und Ausgangsgrößen wird aus elementaren Gesetzmäßigkeiten abgeleitet. Die Ableitung des deduktiven Modellanteils vereinfacht sich erheblich, wenn sie auf der Basis idealisierter Bedingungen erfolgt. Dann lässt sich das interessierende Systemverhalten oftmals recht einfach auch quantitativ beschreiben – der Gültigkeitsbereich ist dabei selbstverständlich durch die idealisierenden Annahmen eingegrenzt.

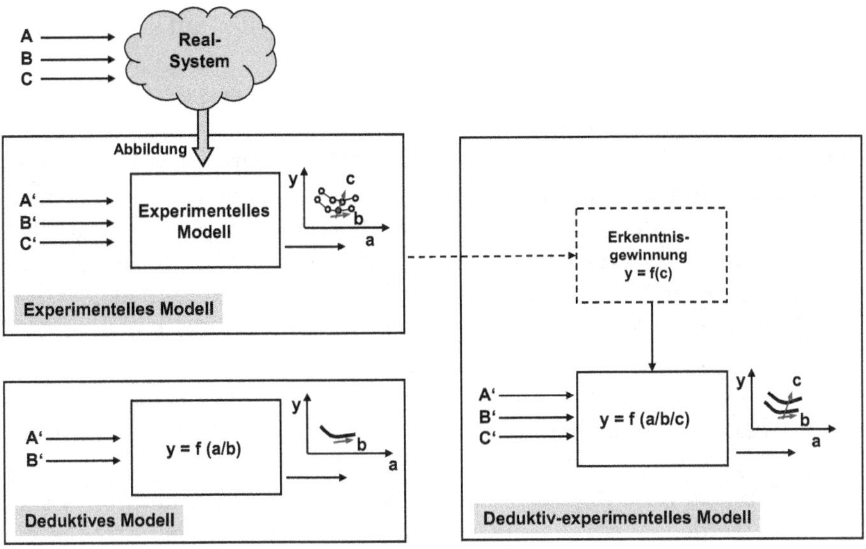

Abb. 5. Alternative Modellierungsansätze

Der wichtigste und zugleich meist schwierigste Schritt bei der deduktiven Modellbildung ist in der Regel nicht die mathematische Formulierung, sondern das mehr oder weniger intuitive Erkennen der relevanten elementaren Zusammenhänge. So besteht das Risiko, dass durch eine zu weitreichende Abstraktion oder auch einfach durch mangelnde Prozesskenntnisse und fehlerhaft gesetzte Prämissen die Aussagefähigkeit des erstellten Modells für praktische Belange unzulänglich ist. Der besondere Vorteil deduktiver Modelle ist darin zu sehen, dass das Modell innerhalb der Gültigkeit der Voraussetzungen prinzipiell übertragen werden kann. Zudem ist in vielen Fällen die Möglichkeit der Anpassung an verschiedene Rahmenbedingungen eine unmittelbare Modelleigenschaft.

Ein typisches Beispiel für ein deduktives Modell ist der klassische Ansatz der Losgrößenbestimmung nach Andler (siehe u.a. Müller-Mehrbach 1962; Nyhuis 1991), bei dem das Kostenminimum aus zwei losgrößenabhängigen, aber gegenläufigen Kostenarten, nämlich den Auftragswechselkosten und den Bestandskosten im Lager, gesucht wird. Dieses Modell lässt sich prinzipiell in jedem Unternehmen anwenden, sofern die zugrunde gelegten Modellvoraussetzungen mit einer hinreichenden Genauigkeit erfüllt werden. Die Modellanpassung erfolgt ausschließlich über Parameter (hier der Kosten bzw. der Bedarfsdaten); ein Eingriff in das Modell ist nicht erforderlich. Weiterhin wird deutlich, dass mit dem Modell das Prozessverständnis vertieft werden kann: So lassen sich beispielsweise die Auswirkungen von Losgrößenveränderungen auf die betrachteten Kostenblöcke auch unabhängig vom speziellen Anwendungsfall auf sehr anschauliche Weise darstellen.

Ein weiterer klassischer deduktiver Modellierungsansatz, der auch in der Logistik eingesetzt wird, kommt aus der Warteschlangentheorie (Gnedenko u. Kowalenko 1971; Gross u. Harris 1985). Warteschlangenmodelle (waitingline models oder queuing models) ermöglichen es, die in der Realität auftretenden stochastischen Einflüsse bei der Planung und Steuerung realer Abläufe zu berücksichtigen. Anwendungsschwerpunkt ist die Dimensionierung von Engpässen, die immer dann auftreten können, wenn Objekte beliebiger Art in regelmäßiger oder zufälliger Folge bei einer oder mehreren Abfertigungsstationen eintreffen und dort mit unregelmäßiger oder fixer Abfertigungszeit bedient werden. Mit mathematischen Ansätzen soll bei bekannten Eingangsinformationen, insbesondere hinsichtlich der durchschnittlichen Ankunfts- und Abfertigungsrate der Objekte am Bediensystem, das reale Ablaufgeschehen theoretisch fassbar und somit vorhersehbar werden. Warteschlangenmodelle ermöglichen dabei im Wesentlichen Aussagen über die wahrscheinlichen Zusammenhänge zwischen den Wartezeiten und den Warteschlangenlängen sowie der Auslastung der Bedienstation.

Bei der empirischen oder experimentellen Modellbildung (im Allgemeinen als Simulation bezeichnet) wird auf der Basis qualitativer Prozesskenntnisse ein Modell aufgebaut, dessen Strukturen und Parameter sich unmittelbar an die relevanten Eigenschaften des realen Systems anlehnen. Dieser Modellierungsansatz kommt insbesondere dann zum Einsatz, wenn das Interesse nicht der Modellbildung selbst gilt, sondern ein als valides angenommenes Modell eingesetzt wird, um ein spezifisches modelliertes System zu untersuchen. An diesem nachgebildeten System können anschließend Experimente durchgeführt werden, indem die Eingangsgrößen oder die Modellstruktur gezielt manipuliert werden. An die Versuchsdurchführung schließt sich die Auswertung und Interpretation der Ergebnisse an. Die aus dem experimentellen Modell unmittelbar ableitbaren Aussagen beschränken sich grundsätzlich auf die Beschreibung des Zusammenhangs zwischen den Eingangsgrößen und den Ausgangsgrößen. Man erhält nur singuläre Ergebnisse, keine allgemeinen Erkenntnisse.

Experimentelle Modelle werden genutzt, wenn für die vorliegende Fragestellung kein geeignetes deduktives Modell existiert. Sollte etwa die Losgrößenbestimmung nach Andler für einen speziellen Anwendungsfall ungeeignet sein, weil beispielsweise zusätzliche, im deduktiven Modell nicht abgebildete Aspekte berücksichtigt werden sollen, so kann versucht werden, diesen Anforderungen mit Simulationsuntersuchungen Rechnung zu tragen. Dazu ist zunächst der betrachtete Unternehmensbereich als Ressourcenmodell abzubilden. Anschließend sind Experimente durchzuführen, bei denen mit einem angepassten Planungs- und Steuerungsmodell (hier z.B. mit entsprechenden Losgrößenstrategien) die Systemlast variiert wird. Über die Analyse der Ergebnisse kann dann die bestmögliche getestete Lösung ausgewählt werden.

Diese kurze Beschreibung zeigt anschaulich die Möglichkeiten und auch die Grenzen experimenteller Modelle auf. Zum einen besteht die Chance, auch solche Fragestellungen zu untersuchen, die sich aufgrund der Komplexität einer Abbildung und Beschreibung mit Hilfe eines deduktiven Modells entziehen. Die spezifischen Rahmenbedingungen können oftmals konkret berücksichtigt werden. Allerdings müssen die Modellerstellung sowie die nachfolgend beschriebene Modellvalidierung in jedem neuen Anwendungsfall neu erfolgen. Auch sind die Ergebnisse lediglich als Input/Output-Beziehung interpretierbar, eine elementare Bedeutung ist nicht gegeben. Damit ist eine Übertragung der Ergebnisse auf andere Fälle nicht ohne weiteres möglich.

Ein dritter Modellierungsansatz besteht in der deduktiv-experimentellen Modellierung. Dabei wird angestrebt, durch die Kombination von elementaren Modellierungsansätzen deren jeweiligen Vorteile zu nutzen und ihre Nachteile zu vermeiden. Die zugrundeliegende Modellstruktur wird hierbei auf deduktivem Wege bestimmt, so dass das Modell prinzipiell genereller Natur ist und sich somit innerhalb des Gültigkeitsbereiches sowohl übertragen als auch allgemeingültig interpretieren lässt. Das entwickelte Modell wird anschließend durch eine experimentell gestützte Parametrisierung an die realen Bedingungen adaptiert. Dazu erfolgen systematische Simulationsläufe, bei denen einzelne Parameter schrittweise verändert werden. Wenn sich bei der Analyse der Simulationsergebnisse verallgemeinerbare Regeln und Gesetze ableiten lassen, sind die gewonnen Erkenntnisse in ein mathematisches Modell integrierbar. Dies erweitert den Gültigkeitsbereich des deduktiven Modellanteils. Vor allem lassen sich die verallgemeinerten Ergebnisse von Simulationsexperimenten über ein mathematisches Modell nutzen, ohne im speziellen Anwendungsfall Simulationsexperimente selbst durchführen zu müssen.

Ein Beispiel für ein Modell, welches auf deduktiv-experimentellem Wege gewonnen wurde, ist die Durchlauforientierte Losgrößenbestimmung (Nyhuis 1991). Die meisten gängigen Verfahren zur Optimierung von Fertigungslosgrößen haben ihren Ursprung in dem Ansatz von Andler (s.o.). Der diesem Ansatz zugrundeliegende Prämissenkatalog wurde nicht zuletzt durch den verstärkten Einsatz des Operations Research sukzessive aufgelöst. Das Grundziel der Kostenoptimierung von Lagerhaltungskosten und Auftragswechselkosten blieb jedoch erhalten. Der in der Praxis und auch über Simulationsuntersuchungen feststellbare starke Einfluss der Losgrößen auf die Logistikziele findet in diesen Ansätzen keine Berücksichtigung. So heißt es bei (Knolmayer u. Lemke 1990): „Simulationsergebnisse liefern den Hinweis, dass die einstufigen Verfahren der Partialmodelle der Lagerhaltungstheorie die mit einem gleichmäßigen Materialfluss verbundenen Vorteile nicht befriedigend wiederzugeben vermögen und ökonomisch relevante Interdependenzen unzulässigerweise vernachlässigt werden". Mit der Durchlauforientierten Losgrößenbestimmung wird den Zusammenhängen Rechnung getragen. Dieses Losgrößenbestimmungsmodell basiert auf dem konventionellen (deduktiven) Ansatz von Andler. Zusätzlich sind in dem Ansatz jedoch auch verallgemeinerbare Erkenntnisse über den Zusammenhang von Fertigungslosgrößen, Durchlaufzeiten und Halbfabrikatebeständen integriert, die über umfangreiche Simulationsstudien gewonnen wurden und somit die experimentelle Komponente darstellen.

Ein zweites Beispiel für ein deduktiv-experimentelles Modell stellt die Kennliniengleichung und die darauf basierende Kennlinientheorie dar (Nyhuis u. Wiendahl 2003, siehe auch Beitrag *Nyhuis: Produktionskennlinien – Grundlagen und Anwendungsmöglichkeiten*). In dieser Theorie besteht der deduktive Modellanteil in der Definition von idealen Kennlinien, die auf der Grundlage einer analytischen Betrachtung idealisierter Fertigungsabläufe und daraus abgeleiteter idealer Prozesskennzahlen abgeleitet wurden. Auf dieser Basis wurde anschließend eine Näherungsgleichung zur Berechnung realer Leistungs- und Zeitgrößenkennlinien entwickelt und über umfangreiche Simulationsstudien parametriert. Diese Näherungsgleichung, die sich mittlerweile auch in der betrieblichen Praxis Anwendung findet, zeichnet sich im Wesentlichen dadurch aus, dass sie eine Berechnung der Wirkzusammenhänge zwischen den zentralen logistischen Zielgrößen und ihrer Beeinflussungsmöglichkeiten auf der Basis weniger Daten ermöglicht und dennoch eine hohe Aussagesicherheit gewährleistet.

5 Anforderungen an die Modellgenauigkeit

All models are wrong, but some are useful.
George E. Box

Modelle sind ein abstraktes, aber sehr konzentriertes Beschreibungsmittel für reale oder gedachte Systeme. Eine allgemeine und zugleich typische Eigenschaft aller mathematischen Modelle besteht darin, dass sie grundsätzlich kein absolut getreues Abbild des Originalprozesses liefern können und in der Regel auch nicht liefern sollen. Sie sollen vielmehr für einen bestimmten Anwendungszweck zugeschnitten die genau hierfür wichtigen Eigenschaften in einer hinreichenden Genauigkeit wiedergeben. Daher sind Modelle auch nur aus dem Aspekt der Zweckbestimmung auszuwählen bzw. zu beurteilen. Einen prinzipiellen Zusammenhang zwischen dem Aufwand bei der Modellerstellung wie auch der anschließenden Modellanwendung und der erreichbaren Abbildungsgüte zeigt Abb. 6 (Profos 1977).

In die Anforderungen an die Modellgenauigkeit sind demzufolge auch ökonomische Überlegungen einzubeziehen. Grundsätzlich gilt, dass der zulässige Nutzungsaufwand umso geringer sein muss, je routinemäßiger die Anwendung erfolgen soll. Untersuchungsziel, gewünschte Ergebnisgenauigkeit und notwendige Modelldetaillierung sind sinnvoll nach der Devise „so grob wie möglich und so genau wie nötig" abzustimmen. Der exakten, qualitativen und quantitativen Problem- und Zieldefinition kommt daher eine besondere Bedeutung zu. Der in der Graphik dargestellte breite Korridor steht für eine lose Korrelation zwischen den dargestellten Größen. Er besagt auch, dass sich die Aufwand/Nutzenrelation durch die Wahl bzw. Gestaltung des Modells nachhaltig beeinflussen lässt.

Gerade die Logistik ist durch eine sehr hohe Komplexität geprägt, die im Wesentlichen aus dem Umfang der Aufgabe – beispielsweise sind in einem Beschaffungslager häufig mehrere Tausend Beschaffungsartikel, in einer Produktion Hunderte von Aufträgen parallel zu verwalten – aber auch aus der Vielzahl der internen und externen Einflussgrößen (oft mehrere Hundert Lieferanten, eine oftmals hohe Anzahl von Verbrauchern, komplexe Produkte, zunehmend globale Produktionsnetzwerke, starke Einflussmöglichkeiten durch den Menschen usw.).

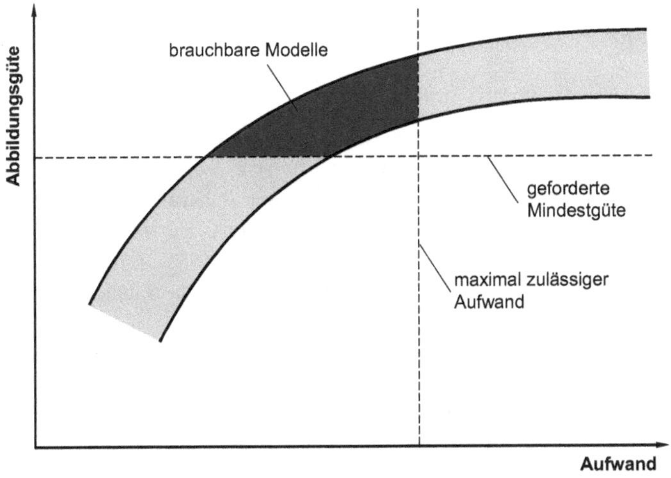

Abb. 6. Korrelation zwischen Modellaufwand und Abbildungsgüte

Daraus resultiert die Überlegung, dass für die Logistik einfache, leicht nachvollziehbare und insbesondere einfach anwendbare Ansätze und Modelle benötigt werden, die Ursache-Wirkzusammenhänge aufzeigen und Entscheidungsunterstützung liefern können – Modelle sollten also brauchbar sein.

6 Zusammenfassung

Die Bedeutung der Logistik für den Unternehmenserfolg hat sich seit den 1980er Jahren stetig erhöht. Zugleich hat sich der Betrachtungsgegenstand in Richtung einer weltweiten Integration von Wertschöpfungsketten ausgeweitet. Als Folge der Aufwertung der Logistik zu einem eigenständigen Managementkonzept und ihrer Rolle als Querschnittsfunktion und daraus resultierenden vielfältigen Schnittstellen zu anderen Bereichen hat sich die Notwendigkeit manifestiert, die Logistik auf eine fundierte theoretische Basis zu stellen. Der Weg zu einer fundierten theoretischen Basis ist zweifelsohne noch sehr weit, gleichwohl aber von zunehmender Relevanz für die Praxis. Die Schaffung eines wissenschaftlichen Unterbaus in Form von ggf. auch kombinierbaren Theorien eröffnet, in Abhängigkeit von der jeweiligen Phase der Theorieentwicklung, eine Vielzahl von Nutzenaspekten. So hilft eine Theorie, das Systemverständnis zu verbessern, das gewonnene Wissen zu systematisieren und zu verbreitern sowie betriebliche Entscheidungsprozesse auf der Kenntnis von Ursache-Wirkungszusammenhängen aufzusetzen.

Literatur

Arnold D (1995) Materialflusslehre. Vieweg, Braunschweig Wiesbaden

Baumgarten H (1993) Trends und Strategien in der Logistik. Berlin

Beckmann H (Hrsg) (2003) Supply Chain Management – Strategien und Entwicklungstendenzen in Spitzenunternehmen. Springer, Berlin Heidelberg New York

Busch A, Dangelmaier W (Hrsg) (2002) Integriertes Supply-Chain-Management. Gabler, Wiesbaden

Corsten H, Gössinger R (2001) Einführung in das Supply Chain Management. Oldenbourg, München Wien

Gnedenko BW, Kowalenko IN (1971) Einführung in die Bedientheorie. Oldenbourg, München Wien

Gross D, Harris CM (1985) Fundamentals of Queueing Theory, 2nd edn. John Wiley & Sons, New York

Gudehus T (2000) Logistik 1 – Grundlagen, Verfahren und Strategien. Springer, Berlin Heidelberg New York

Gutenberg E (1951) Grundlagen der Betriebswirtschaftslehre – Band 1: Die Produktion. Springer, Berlin Heidelberg

Jünemann R, Beyer A (1998) Steuerung von Materialfluß- und Logistiksystemen. Springer, Berlin Heidelberg New York

Knolmayer G, Lemke F (1990) Auswirkungen von Losgrößenreduktionen auf die Erreichung produktionswirtschaftlicher Ziele. Zeitschrift für Betriebswirtschaft 60: 423-442

Kuhn A (Hrsg) (1995) Prozessketten in der Logistik – Entwicklungstrends und Umsetzungsstrategien. Praxiswissen, Dortmund

Müller-Mehrbach H (1962) Sensibilitätsanalyse der Losgrößenbestimmung. Mathematical Methods of Operations Research 6: 79-88

Nyhuis P (1991) Durchlauforientierte Losgrößenbestimmung. Dissertation, Universität Hannover, Fortschritt-Berichte VDI, Reihe 2, Nr. 255

Nyhuis P, Wiendahl H-P (2003) Logistische Kennlinien – Grundlagen, Werkzeuge und Anwendungen. Springer, Berlin Heidelberg New York

Nyhuis P, Wiendahl H-P (2007) Ansätze einer Logistiktheorie. In: Hausladen I (Hrsg) Management am Puls der Zeit – Strategien, Konzepte und Methoden. TCW Transfer-Centrum, München

Oertli-Cajacop P (1977) Praktische Wirtschaftskybernetik. Carl-Hanser, München Wien

Pfohl H-C (2004) Logistiksysteme – Betriebswirtschaftliche Grundlagen. Springer, Berlin Heidelberg New York

Profos P (1977) Modellbildung und ihre Bedeutung in der Regelungstechnik. VDI-Berichte, Nr. 276, Düsseldorf

Stachowiak H (1973) Allgemeine Modelltheorie. Springer, Wien

Straube F, Pfohl H-C, Günthner WA, Dangelmaier W (2005) Trends und Strategien in der Logistik – Ein Blick auf die Agenda des Logistikmanagements 2010. Deutscher Verkehrsverlag, Hamburg

Werner H (2002) Supply Chain Management – Grundlagen, Strategien, Instrumente und Controlling. Gabler, Wiesbaden

Wiendahl H-P (1997) Fertigungsregelung – Logistische Beherrschung von Fertigungsabläufen auf Basis des Trichtermodells. Carl-Hanser, München Wien

Wildemann H (1996) Logistikstrategien. In: Eversheim W, Schuh G. (Hrsg) Betriebshütte – Produktion und Management. Springer, Berlin Heidelberg New York

Wildemann H (2002) Produktionscontrolling – Systemorientiertes Controlling schlanker Produktionsstrukturen, TCW Transfer-Centrum, München

Entwicklungslinien der Logistik

Univ.-Prof. Dr. Dr. h. c. mult. Horst Wildemann

Technische Universität München
Lehrstuhl für Betriebswirtschaftslehre -
Unternehmensführung, Logistik und Produktion
http://www.bwl.wi.tum.de

1 Vorbemerkung

Herr Wiendahl hat wie kein anderer an der Schnittstelle zwischen Technik und Organisation die Weiterentwicklung der Logistik geprägt. Seine frühen richtungweisenden Arbeiten, über Betriebskennlinien und eine engpassorientierte PPS, über die Erweiterung der MRP-Systeme bis hin zur Steuerung der Unternehmen in Netzwerken, waren immer geprägt von einer detaillierten Kenntnis der Praxis und der Verankerung der Erkenntnisse in der Theorie. In Vorträgen und Aufsätzen hat er die Aspekte der noch jungen Wissenschaft herausgearbeitet und dafür gestritten. Seine Beiträge, auch in disziplinfremden Zeitschriften, haben eine zuweilen auch kritische Resonanz ausgelöst. Über Jahrzehnte konnte ich aus nächster Nähe in vielen wissenschaftlichen Veranstaltungen und Praxisseminaren seine Eloquenz, Stringenz und Schlagfertigkeit bewundern.

Vor dem Hintergrund eigener Forschungen werden in diesem Beitrag einige Entwicklungslinien der Logistik unter Einbeziehung der Ideen von Kollegen Wiendahl nachgezeichnet.

2 Von PPS-Systemen zu integrierten Informations- und Kommunikationssystemen

Die Komplexität der Material- und Informationsflüsse in unternehmensübergreifenden Logistiknetzen stellt erhöhte Anforderungen an die Informations- und Kommunikationssysteme. Als Trend kann beobachtet werden, dass viele Unternehmen in Systeme, die den Datenfluss beschleunigen, in Informationssysteme und in Telekommunikationssysteme investieren. Diese Systeme haben sich über die vergangenen Jahre stetig weiterentwickelt und ermöglichen heute einen effizienten Informationsfluss. Der Trend zur Informationsgesellschaft, die sich vor allem auch in der Verbreitung der Massenkommunikationsmedien darstellt, stärkt die Position des Käufers. Um auf die Dynamik der Märkte und deren Innovationsgeschwindigkeit reagieren zu können, ist ein effizienter Einsatz von Informations- und Kommunikationstechnologien erforderlich. Gerade in der Entwicklung oder im Bereich der Logistik ist dies von besonderer Bedeutung (Wildemann 2008h; Nyhuis u. Wiendahl 2007).

Für eine effiziente Verbindung von Produktions- und Nachfragemanagement, die ein wesentlicher Bestandteil eines Managements unternehmensübergreifender Logistiknetze ist, ist der Einsatz von modernen Informations- und Kommunikationssystemen erforderlich. Studien haben gezeigt, dass der Markterfolg durch Kundennutzen von Produkt und Geschäftsprozessen sowie von der Organisation des Datenflusses mittels Extra-, Intra-, Internet oder World Wide Web abhängt (Poirier 1999; Wildemann 2001b). Ein effizientes Logistikinformations- und -kommunikationssystem muss daher bestimmte Merkmale aufweisen. Die Ausrichtung auf den Kunden ist dabei essenziell. Der Schwerpunkt der Logistik muss auf der Generierung von Kundennutzen durch Steigerung der logistischen Leistungsfähigkeit liegen. Informationssysteme werden jedoch heute immer noch vorwiegend aus Kostensenkungsgründen implementiert. Daneben muss die Zuverlässigkeit und Genauigkeit der Daten, Informationen und Systeme gewährleistet sein. Die Informationen müssen über die Zeit konsistent sein, sie müssen zeitgleich die realen Materialflüsse abbilden. Zudem müssen sie die je nach Kunde, Produkt und Markt unterschiedlichen Anforderungen an Informations- und Materialfluss abbilden. Eine immer mehr an Bedeutung gewinnende Eigenschaft ist die Flexibilität eines derartigen Systems. Globale Logistiknetze sind keine über die Zeit fixen Strukturen. Hemmnisse für eine Flexibilisierung der Logistik liegen nicht etwa in der Verlagerung von Infrastruktur oder Veränderung der Materialflüsse begründet, sondern in der Starrheit logistischer Informationsflüsse.

Bei der Gestaltung eines logistischen Informations- und Kommunikationssystems sind drei Aspekte zu berücksichtigen: Erfassung und Verwaltung von Basisdaten, Datenübertragung und Informationsselektion sowie -verarbeitung. Barcodes, CD-ROMS, GPS oder EDI unterstützen die Verfügbarkeit der Informationen, vereinfachen die Informationsgewinnung und beschleunigen die Übertragungsgeschwindigkeit. Durch EDI wird der weltweite Informationsaustausch ermöglicht. Unternehmen setzen EDI zum internen Austausch von Prognose-, Bestands- und Versanddaten sowie zum Austausch weiterer Logistikdaten wie Versandaufträgen ein. EDI unterstützt aber auch den Informationsaustausch zwischen Unternehmen in einem Netzwerk (Wildemann 2001a).

Die Einführung von EDI in komplexen Logistiknetzen kann jedoch erschwert werden. In den meisten Unternehmen existieren gewachsene Strukturen bezüglich Informationssystemen und Informationsselektion. Die dadurch verursachten Schnittstellen sind nicht nur systembedingt. So erfolgt in vielen Unternehmensnetzen die Verwendung von unterschiedlichen Stücklisten. An den Unternehmensgrenzen muss daher vor der Weiterverarbeitung die ausgetauschte Information verwertbar gemacht werden. Für ein effizientes Management müssen alle Daten und Informationen für alle Beteiligten sofort lesbar gemacht werden. EDI kann Informationen nur übertragen, nicht aber verarbeiten. Die Investition in EDI ist darüber hinaus mit hohen Kosten verbunden, die oftmals mangels kritischer Masse nicht zu rechtfertigen sind. Gerade kleine und mittelgroße Unternehmen setzen daher verstärkt das Internet zum Informationsaustausch ein.

Der Einsatz des Internets als Übertragungsmedium ist mit nur geringem Kostenaufwand verbunden. Die Kompatibilität mit den meisten unternehmensinternen Systemen ist gegeben. Der Schutz der übertragenen Informationen muss jedoch gewährleistet sein. Das Internet bietet gegenüber dem Intranet oder EDI noch einen weiteren wesentlichen Vorteil. Es ermöglicht die Verbindung zwischen Kundennachfrage und Produktion bzw. Logistik. Der Vertriebskanal Internet hat in vielen Branchen zunehmend an Bedeutung gewonnen. Über das Internet kann die Kundennachfrage sofort für alle Beteiligten eines Logistiknetzes transparent gemacht werden.

Im Rahmen einer Optimierung der Material- und Informationsflussbeziehungen zwischen Abnehmern und Lieferanten innerhalb der Wertschöpfungskette gewinnt der Aufbau von E-Kanban-Regelkreisen mit vorgelagerten Unternehmen an Bedeutung. E-Kanban ist ein am Kundenbedarf orientiertes, elektronisch unterstütztes System der Produktionssteuerung nach dem Holprinzip, das permanente Eingriffe einer zentralen Steuerung in den Produktionsablauf überflüssig macht. Die Bestandssenkungen durch eine E-Kanban-Einführung liegen durchschnittlich bei 30 bis 50 Prozent bei einer Verfügbarkeit nahe 100 Prozent sowie einer Senkung des Steuerungs- und Koordinationsaufwandes. Beim Zulieferer erhöht sich die Flexibilität in der Produktion, was zu kürzeren Durchlauf- und Wiederbeschaffungszeiten führt. Schwächen und Fehler im Produktionsprozess können so leichter identifiziert und beseitigt werden, die Qualität der Produktion steigt. Das E-Kanban-Konzept entwickelt sich so zum Monitoringkonzept über die gesamte Supply Chain (Wildemann 2001c; Reindl u. Oberniedermaier 2002).

Darüber hinaus stellt heutzutage die Rückführung und Wiederverwendung von Ladungsträgern einen wesentlichen Aspekt im Materialfluss dar, deren Verwaltung zuweilen hohe Prozesskosten verursacht. Derzeit existieren bereits ausgezeichnete Milk-Run-Konzepte zur Rückführung von Ladungsträgern und zur gleichzeitigen Vermeidung von Leerfahrten. Die Nachvollziehbarkeit der Bestands- und Bewegungsdaten bereitet jedoch häufig aufgrund separater Bestandsführungen hohe Kosten und aufgrund der Intransparenz einen hohen Abstimmungsaufwand, über dessen Ausmaße sich viele Unternehmen nicht bewusst sind. Abhilfe schaffen hier internetgestützte Ladungsträgerverfolgungssysteme, die den Anforderungen der Beteiligten der Wertschöpfungskette genügen sollten.

Internetgestützte Informations- und Kommunikationssysteme ermöglichen zusammenfassend den effizienten Einsatz von Logistikkonzepten in globalen Logistiknetzen. Sie ermöglichen einen Informationsfluss nach JIT-Prinzipien über globale Entfernungen hinweg. Neben der effizienten

Informationsübertragung ist eine ebensolche Informationsverarbeitung in den Unternehmen erforderlich. Daher müssen auch die Instrumente für Produktions- und Transportplanung das Management unternehmensübergreifender Logistiknetze unterstützen. Die Systeme für Produktionsplanung und -steuerung haben sich kontinuierlich weiterentwickelt (Wiendahl u. Lutz 1999; Wildemann 2008i). Diese Entwicklung vollzog sich von methodenorientierten Branchenlösungen über integrationsorientierte Universallösungen hin zu prozessorientierten Branchenlösungen. Parallel dazu erfolgte die Umgestaltung vieler Unternehmen nach den bereits erwähnten JIT-Prinzipien. Dies führte zur Bildung von Netzwerken. So stellen sich heute andere Anforderungen an die PPS-Systeme. Ein Wandel von zentralen zu dezentralen PPS-Systemen ist zu beobachten.

Konventionelle PPS-Systeme haben mitunter Schwierigkeiten, die interne Wertschöpfungskette abzubilden. Trotz hoher Funktionalität erreichen sie nur eine mäßige Abbildung der Produktionsprozesse. Sie spiegeln die reduzierte Komplexität dezentraler Produktionsorganisationen nicht wider, woraus sich eine erhöhte Ablaufkomplexität ergibt. Dezentrale Systeme beherrschen tendenziell eine hohe Umweltdynamik. Sie verringern kundenspezifische Erweiterungen und den Aufwand für Parametrisierung sowie Customizing gleichwertig. Für die Abbildung der internen Wertschöpfungskette sind dezentrale PPS-Systeme die Grundvoraussetzung. Die Veränderung der Unternehmensumwelt und die daraus resultierende Netzwerkbildung stellen erhöhte Anforderungen an die Organisation eines Unternehmens und somit auch an die unterstützenden DV-Systeme. Die organisatorische Herausforderung besteht darin, die Effizienz eines Kleinunternehmens hinsichtlich Material- und Informationsfluss im Großunternehmen zu realisieren. Die Nutzung der vorhandenen PPS-Systeme zur Beherrschung der in der Netzwerkbildung begründeten Komplexität ist meist nicht möglich. Konventionelle PPS-Systeme erzeugen noch immer eine hohe Komplexität, weil die strukturierte Vernetzung modularer Organisationskonzepte durch die PPS-Systeme noch nicht ausreichend abgebildet wird. Die Entwicklung dezentraler PPS-Systeme ist noch nicht abgeschlossen, sie sind darüber hinaus noch nicht in allen Unternehmen implementiert (Wildemann 2002; Nyhuis u. Wiendahl 2003).

Für ein Management unternehmensübergreifender Wertschöpfungsnetze ist eine Weiterentwicklung von PPS-Systemen erforderlich. Dafür werden heute so genannte Supply Chain Management-Systeme eingesetzt. Sie müssen sowohl die Planung als auch den Betrieb unternehmensübergreifender Logistiknetze unterstützen. Die Entwicklungsstufen dieser Systeme sind von den Potenzialen zur Kostensenkung und Leistungssteigerung getrieben. Eine effiziente Implementierung von JIT-Prinzipien in unternehmensübergreifenden Logistiknetzen bedarf der Enabler im Bereich der

DV-Systeme, um die gestiegene Komplexität zu beherrschen und den Informationsfluss zu optimieren.

Abschließend ist festzuhalten, dass die weitergehende Standardisierung die Interoperabilität und Portabilität zwischen den Systemen ermöglichen. Telematikapplikationen lassen den mobilen Dialog zwischen den betrieblichen Informations- und Kommunikationssystemen und den Objekten zu, die außerhalb des Unternehmens agieren (Schreiber 2004). Sie sind oft bereits mit vorhandenen Informations- und Kommunikationssystemen verzahnt, erweitern diese und erhöhen deren Funktionalität und Reichweite. Eine neue Basistechnologie der Telematikapplikationen stellt die RFID-Technologie dar, deren Mikrochips umfangreiche Informationen in Echtzeit speichern und, wenn sie mit einer Antennenspule verbunden sind, ohne Sichtkontakt mehrere Meter weit übertragen können.

3 Von der Kosten- und Leistungsorientierung zur Wertorientierung

Logistikkonzepte wie JIT, ECR und CPFR ermöglichen eine gleichzeitige Verbesserung von Kosten und Leistungen eines Logistiksystems. Diese Verbesserungen ergeben sich aus der Strategie, die üblichen funktionsbezogenen Teiloptima durch ein an der logistischen Kette orientiertes Gesamtoptimum zu ersetzen. Die Verbesserung der Produktivität ist vor allem auf die stärkere Durchdringung der Organisationsstruktur mit generellen Regelungen sowie auf die schnellere und wirksamere Fehlerbeseitigung zurückzuführen. Dadurch reduziert sich sowohl der Koordinationsaufwand als auch die Höhe von Reibungsverlusten, die bei einer Vielzahl situationsbedingter Entscheidungen aufgrund mangelnder Übersicht über das Entscheidungsfeld oder widersprüchlicher Ziele auftreten. Wesentlich beeinflusst werden die Logistikkosten durch die Reduzierung der Kapitalbindungskosten. Die Einsparungen bei den übrigen Logistikkosten resultieren aus einer besseren Qualität der Ausführung logistischer Prozesse. Diese erzielbaren Kosteneffekte führen zu einer deutlichen Verbesserung des Verhältnisses von Logistikkosten zu Umsatz.

Die mit der Implementierung der Logistikkonzepte verbundenen Leistungssteigerungen äußern sich insbesondere in einem höheren internen und externen Servicegrad. Kürzere Reaktionszeiten, höhere interne und externe Lieferverbindlichkeiten und reduzierte Änderungserfordernisse bei gestarteten Aufträgen führen insgesamt zu einer deutlichen Steigerung der Liefertreue. Die Lieferfähigkeit kann ebenfalls verbessert werden. Es zeigen sich neben diesen externen auch Wirkungen auf die internen Logistikleistungen. So kann die innerbetriebliche Termintreue gesteigert werden. Dies ist vor allem auf die Einrichtung gezielter physisch begrenzter Materialpuffer und auf die Anwendung des Holprinzips zurückzuführen. Die verbesserte Materialverfügbarkeit ermöglicht in der Verbindung mit einer Optimierung von Rüstvorgängen eine Erhöhung der Kapazitätsauslastung.

Es ist jedoch festzustellen, dass logistische Leistungen in vielen Unternehmen nur unsystematisch erfasst, geplant und kontrolliert werden. Zur Steuerung der Produktions- und Logistiksysteme werden in erster Linie Kostengrößen herangezogen. Dies ist vor allem auf die einseitige Betrachtung von Produktion und Logistik als Kostenverursacher zurückzuführen. Die Defizite in der logistischen Leistungsrechnung haben zur Konsequenz, dass über Art und Höhe der erforderlichen Leistungen, etwa zur Abwicklung einer neuen Kundenvariante oder bei der Einsteuerung von Eilaufträgen, nur unzureichende Kenntnisse vorliegen. Darüber hinaus haben erst wenige Unternehmen den strategischen Stellenwert logistischer Leistungen erkannt. Diese Lücke muss geschlossen werden, damit die logistische Leistungsfähigkeit eines Unternehmens erfasst und bewertet werden kann (Delfmann u. Reihlen 2003; Weber 2002; Göpfert 2004; Wildemann 2008j).

Die Bilanzwirksamkeit der genannten Logistikkonzepte resultiert vor allem aus der durch die Bestandsreduzierung induzierten Veränderung des Umlaufvermögens (Wildemann 2005b). Sie kann sich sowohl in einer Veränderung der Relation von Anlage- und Umlaufvermögen als auch in einer Veränderung der horizontalen Bilanzstruktur äußern. Die daraus resultierende Erhöhung der Kapitalumschlagsgeschwindigkeit und die Reduzierung des gebundenen Kapitals ermöglichen eine Verbesserung der Kapitalrentabilität. Die Umsatzrendite kann durch Verbesserungen der Kostensituation sowie Erhöhungen des Umsatzes gesteigert werden. Diese Wirkungen basieren auf einer Steigerung der Logistikleistung. Sie lassen sich sowohl auf Mengen- als auch auf Preiseffekte zurückführen. Die bisherige Kosten- und Leistungsorientierung in den Unternehmen ist eng mit der Kosten- und Erlösrechung verbunden und basiert daher auf numerischen Unterlagen als Informationsgrundlage. Eine nach innen gerichtete Kosten- und Leistungsrechnung dient als Grundlage für Erfolgskontrollen, so durch den Soll-Ist-Vergleich und der zieladäquaten Steuerung der innerbetrieblichen Faktorkombinationsprozesse. Diese Sichtweise reicht zur Sicherung des Unternehmenserfolgs im Rahmen der Unternehmensführung nicht aus. Die Gründe hierfür sind:

- Eine Kosten-Leistungsorientierung bei der Beurteilung der Logistik ist vergangenheitsbezogen. Die Berücksichtigung von Wirkungszusammenhängen und zukünftiger Tendenzen erfolgt nicht.

- Während die Zuordnung der Kosten oder Investitionen zu den Leistungsbereichen der Logistik über eine Kostenstellenrechnung innerhalb leistungsfähiger Informationssysteme teilweise noch möglich ist, sind die durch sie erzielten Erfolge nur bedingt messbar und zuordenbar.
- Logistikkosten lassen sich bestimmen, eine Quantifizierung der hieraus entstehenden logistischen Mehrleistung ist sehr schwierig. Es stellt sich hier die Frage des Ausgleichs der Investitionen oder der Nutzenverteilung auf die an der Wertschöpfung Beteiligten.
- Die Gegenüberstellung von Logistikkosten und -leistung in einer Bilanz reicht nicht aus, um den Beitrag der logistischen Leistungsfähigkeit zur Steigerung des Unternehmenswertes zu bestimmen.
- Die der Unternehmensführung zugrunde liegende Wertorientierung wird sowohl mit dem Shareholder Value als auch dem Stakeholder-Konzept in Verbindung gebracht. Gemäß dem Postulat der wertorientierten Unternehmensführung haben die Logistik-Verantwortlichen ihre Entscheidungen so zu treffen, dass der Unternehmenswert gesteigert und die Existenz des Unternehmens gesichert wird.

Als Instrument der Unternehmensführung wird daher häufig die Balanced Scorecard eingesetzt, welche die Bewertung des Logistikkonzepts hinsichtlich der Strategiekonformität eines Unternehmens bewertet (Wildemann 2008j). Die Balanced Scorecard ergänzt traditionelle Bewertungsmethoden, die auf finanziellen Kennzahlen beruhen, um die treibenden Faktoren zukünftiger Leistungen. Die Ziele und Kennzahlen werden von der Vision und Strategie des Unternehmens abgeleitet. Dabei wird die Unternehmensleistung in vier Perspektiven fokussiert: Finanzielle Perspektive, Kundenperspektive, Perspektive der internen Geschäftsprozesse sowie Innovationsperspektive. Somit kann bewertet werden, inwieweit die Logistik für gegenwärtige und zukünftige Kunden wertschöpfend arbeitet und ob die internen Möglichkeiten und Investitionen in Personal, Systeme und Abläufe ausreichend sind.

Die Balanced Scorecard erfasst alle kritischen Wertschöpfungsaktivitäten, die durch ausgebildete, motivierte Mitarbeiter geschaffen werden. Es werden die Werttreiber für wichtige, langfristige und wettbewerbsfähige Leistungen transparent gemacht. Der Scorecard-Prozess beginnt mit der Definition der Finanz- und Kundenperspektive. Hierbei werden die finanziellen Ziele wie Umsatzwachstum und Marktwachstum, Rentabilität und Cash-flow quantifiziert. Daneben werden Kunden- und Marktsegmente ausgewählt und das Produkt- und Leistungsspektrum festgelegt. Andere Kennzahlensysteme, die auch nicht finanzielle Kennzahlen berücksichtigen, legen ihren Schwerpunkt auf die Verbesserung von Kosten, Qualität und Durchlaufzeiten für bestehende Prozesse. Dabei finden auch Problemstellungen des Risikomanagements bzw. der Engpasssteuerung Beachtung. Die Balanced Scorecard geht weiter als diese Konzepte. Sie fokussiert die Prozesse, deren Leistungsfähigkeit für Kunden und Shareholder am kritischsten sind. So können die internen Prozesse identifiziert werden, die für eine erfolgreiche Umsetzung der Unternehmensstrategie erforderlich sind. Eine Balanced Scorecard ermöglicht jedoch noch nicht die quantitative Wertermittlung der Logistik.

Um den Wertbeitrag der Logistik bestimmen zu können, besteht die Herausforderung für die Unternehmen darin, Erfolg versprechende Antworten auf entscheidende Fragen zu finden:

- Wie können Defizite in der logistischen Kette von einzelnen Prozessabschnitten identifiziert werden?
- Wie kann die logistische Potenziallücke unternehmensspezifisch bewertet werden?
- Wie können alternative logistische Investitionen unternehmensspezifisch bewertet werden?

Zur Beantwortung der aufgezeigten Fragestellungen wird ein dreistufiger Lösungsansatz gewählt. Dieser besteht aus dem SCM-Check, dem Logistik-Potenzial-Check und dem Value-Check (Wildemann 2004b).

Das Tool-Set unterstützt, vergleichbar mit einem Navigationssystem, die Analyse des derzeitigen Standorts des Unternehmens hinsichtlich seiner logistischen Leistungsfähigkeit und zeigt die Entfernung sowie Wege zum Ziel auf. Die zielgerichtete Auswahl von Investitionsmaßnahmen zur Steigerung der logistischen Leistungsfähigkeit wird damit maßgeblich gefördert. Das Ziel der Logistikoptimierung ist die Entwicklung einer ganzheitlichen Logistikstrategie in Verbindung mit einem operativen Verbesserungsprogramm, die durch das Logistik-Tool-Set maßgeblich unterstützt wird. Das Logistik-Tool-Set ist wie folgt aufgebaut:

1. Zunächst wurde ein Fragenkatalog in Anlehnung an das EFQM erstellt. Innerhalb der einzelnen Fragestellungen finden sich Ausprägungsmerkmale, anhand derer eine Einordnung der Unternehmen in die betrieblichen Leistungsbereiche erfolgen kann. Das Ergebnis ist eine Selbsteinschätzung der Unternehmen. Ergänzend wird ein erster Handlungsbedarf mit Handlungsempfehlungen aufgezeigt.
2. Daran schließt sich die Potenzialermittlung an. Hierzu bedarf es der Definition und Erhebung von Kennzahlen in Anlehnung an das SCOR-Modell (SCC 2003). Mit Hilfe dieser Kennzahlen kann die Einordnung des Unternehmens in ein Portfolio vorgenommen werden. Anhand der Einordnung in ein definiertes Cluster können Ver-

gleiche zu ähnlichen Unternehmen erstellt und Defizite in dem zu bewertenden Unternehmen aufgezeigt werden.
3. Abschließend erfolgt der Value-Check. Aus einem Maßnahmenbündel sind die Maßnahmen zu extrahieren, deren Wertbeitrag am höchsten ist.

Die Grundlage des Toolsets basiert auf der Analyse der Wertebeziehungen von Fallstudien, die permanent in das Tool einfließen und die Aussagekraft der Tools ständig verstärken. Derzeit konnten annähernd 718 Fallstudien im SCM-Check integriert werden. Beim Logistik-Potenzial-Check wurden bisher über 120 Fallstudien und beim Value-Ceck mehr als 60 Fallstudien berücksichtigt. Aufbauend auf diesen Erkenntnissen wurden Unternehmenstypen mit ihren spezifischen logistischen Profilen herausgearbeitet. Zusätzlich wurden operative Leistungs- und Finanzkennzahlen sowie logistische Best-Practice-Lösungen in die DV-gestützten Analyseinstrumente implementiert.

Im SCM-Check sind die Defizite in der Logistik und erste Handlungsempfehlungen zur Optimierung der Logistik zu identifizieren. Dies geschieht durch die Aufnahme der relevanten Strukturdaten aus der Wertschöpfungskette. Hieraus wird der logistische Handlungsbedarf durch die Analyse der logistischen Leistungsfähigkeit des Unternehmens abgeleitet. Das Fundament bildet ein standardisierter Katalog von Fragen in Anlehnung an das SCOR-Modell (SCC 2003), welcher die Themenfelder Beschaffung, Produktion, Distribution, After-Sales und Redistribution umfasst. Der Anwender erhält als Ergebnis einen graphischen Gesamtüberblick über die einzelnen Felder. Es werden diejenigen Felder hervorgehoben, bei denen ein möglicher Handlungsbedarf mit Potenzial zur Erhöhung des Wertbeitrags der Logistik vorliegt. In einem zweiten Schritt folgt die Ermittlung der logistikinduzierten Potenziale.

Die erfolgreiche Umsetzung logistischer Konzepte erfordert in vielen Fällen Veränderungen innerhalb der Organisation und in der Infrastruktur. Die Rechtfertigung logistikbedingter Investitionen bedingt die Darstellung deren Wertbeitrags. Hierfür sind die im SCM-Check erhobenen und ausgewerteten Daten durch ein weiteres Tool zu ergänzen und mit finanziellen Kennzahlen des Unternehmens zu verknüpfen. Dies geschieht durch die anwendungsorientierte Bereitstellung logistikorientierter Leistungskenngrößen, wie Durchlaufzeit oder Liefertreue sowie die Abschätzung der Kundenerwartungen in Bezug auf die Performance der betrachteten Größen, durch die mit der logistischen Leistungserstellung betrauten Mitarbeiter. Ergänzend fließen cash-flow-orientierte Spitzenkennzahlen des betrachteten Unternehmens oder einzelner Unternehmensbereiche mit ein. Als Ergebnis liefert das Tool „Logistik-Potenzial-Check“ eine relative

Positionierung des Unternehmens oder des analysierten Bereichs hinsichtlich der logistischen Erfolgsfaktoren gegenüber Vergleichsunternehmen, insbesondere denjenigen gleichen Logistiktyps. Ergänzt werden die Informationen durch einen logistischen Werttreiberbaum, aus dem die Wirkungen der einzelnen Schwachstellen in der Logistik auf den Unternehmenswert in quantifizierbarer Form ersichtlich sind. Damit stellt sich die Frage, mit welchen Maßnahmen die identifizierten Potenziale zu realisieren sind.

Der Ausweis eines quantifizierten logistischen Potenzials allein ist nicht ausreichend, um nachhaltig erfolgreiche Strategien zur Steigerung des Wertbeitrags der Logistik entwickeln zu können. Daher bedarf es der weiteren Ergänzung obiger Tools um den „Value-Check logistischer Maßnahmen". In diesem erfolgt die unternehmensindividuelle Bewertung von logistisch bedingten Investitionen. Das dem Tool zugrunde liegende Modell verfolgt das Ziel, Ein- und Auszahlungsströme infolge logistischer Investitionen zu quantifizieren. Um die Unternehmensindividualität sicherzustellen, ist eine ausreichende Zahl vergangener unternehmensindividueller Investitionen, die in der Wertschöpfungskette erfolgten, in das Tool zu integrieren. Zusammen mit den Know-how-Trägern des Unternehmens können die Wirkbeziehungen aufgrund der vorliegenden Erfahrungswerte anhand einer Checkliste aufgestellt und anschließend optimiert werden. Die Ansatzpunkte für logistische Investitionen können danach entweder selbst generiert oder über die im System hinterlegten erfolgreichen Fallbeispiele aus anderen Unternehmen übernommen und deren Wertbeitrag anschließend berechnet werden. Das DV-Tool ermöglicht die Entwicklung von Alternativstrategien und kann Worst- und Best-Case-Szenarien darstellen.

4 Vom Outsourcing unter Kostengesichtspunkten zu Betreibermodellen

Die Frage „Eigenleistung oder Fremdbezug?" wurde zunächst vorwiegend als strenge Alternativentscheidung angesehen und der strategische Fokus einer langfristigen Optimierung des vertikalen Integrationsgrades weitgehend vernachlässigt. Die wissenschaftliche und praktische Diskussion der Fremdvergabe logistischer Leistungen basierte daher zunächst vornehmlich auf Kostengesichtspunkten. Der Fremdbezug von logistischen Leistungen wurde dabei als ein Instrument zur kurzfristigen Kostensenkung angesehen. Dies galt insbesondere in Branchen mit rahmenvertraglich bedingten hohen Lohnkosten wie der metallverarbeitenden Industrie. Dabei werden nur die eigentlichen Produktions- und Logistikkosten, d.h.

der bewertete Verbrauch an Arbeit, Kapital, Energie und Material, der bei der Leistungserstellung auftritt, berücksichtigt. Folgende Kostenaspekte wurden bei Make-or-Buy-Analysen bereits vor den 80er Jahren diskutiert (Wildemann 2008k):

- Volumenabhängige Kostensenkungspotenziale: In der Logistik werden Stückkostensenkungen, analog zum Produktionsbereich, hauptsächlich durch große Volumina und Marktanteile realisiert. Die Möglichkeit der Stückkostendegression durch höhere Stückzahlen muss nicht zwangsläufig zu einer Fremdvergabe der entsprechenden Leistung führen. Wer sich aber in einem Volumenmarkt für die Selbsterstellung logistischer Dienstleistungen entscheidet, muss seine Leistung als Dienstleistungsunternehmen auch für Dritte anbieten, um unter Kostengesichtspunkten wettbewerbsfähig zu bleiben. Problematisch ist in diesem Zusammenhang allerdings, dass mit einer solchen Entscheidung de facto eine Diversifikation in einem fremden Markt verbunden ist und darüber hinaus nicht selten die eigenen Wettbewerber als Kunden gewonnen werden müssen.
- Auslastungsinduzierte Kostensenkungspotenziale: Bei der Selbsterstellung von Logistikleistungen ist für viele Unternehmen nicht das Erreichen einer optimalen Betriebsgröße, sondern vielmehr die Erzielung einer hohen Durchschnittsauslastung von entscheidender Bedeutung. Die Auslastungsrisiken lassen sich durch eine Fremdvergabe an ein Dienstleistungsunternehmen mit der damit verbundenen Transformation fixer in variable Kosten lösen. Für das Dienstleistungsunternehmen ist dieses Risiko geringer, wenn dieses die Möglichkeit hat, durch eine Vielzahl von Kunden die Auslastungsrisiken zu kompensieren. Dies ist nicht nur einzelwirtschaftlich, sondern auch volkswirtschaftlich sinnvoll, weil damit das Risiko teilweise vernichtet wird und daher die Risikoprämie des Dienstleistungsunternehmens niedriger ausfallen kann als die der einzelnen Hersteller. Die Dienstleistungsunternehmen werden diese Risiken trotzdem bei der Kostenkalkulation und Preissetzung berücksichtigen. Die Realisierung dieses Effektes ist allerdings um so schwieriger, je spezieller die Anforderungen des auslagernden Unternehmens sind und je größer das am Markt zu platzierende Volumen ist. In diesen Fällen sollte eine gemischte Strategie verfolgt werden, bei der das Unternehmen eine unproblematische Grundlast mit eigenen Logistikkapazitäten abdeckt, während für den Spitzenbedarf fremde Leistungen in Anspruch genommen werden.
- Einbeziehung der Opportunitätskosten: Wenn ein Unternehmen seine knappen investiven Mittel in Logistikkapazitäten bindet, anstatt sie in anderen Unternehmensbereichen wie etwa in der Forschung, Entwick-

lung oder dem Marketing, wo sie möglicherweise eine höhere Rendite erbringen, einzusetzen, dann entgehen ihm dadurch Gewinne. Diese entgangenen Gewinne werden auch als „Opportunitätskosten" bezeichnet. Daher wäre es aus betriebswirtschaftlicher Sicht falsch, diese Investitionen im Logistikbereich zu tätigen. Dies ist insbesondere dann der Fall, wenn die Angebote der Dienstleistungsunternehmen gleich hoch oder - etwa durch einen Gewinnanspruch - etwas höher als die entsprechenden Kosten bei der Selbsterstellung sind. Der Preis für diese geringfügigen Kostensenkungspotenziale infolge einer Selbsterstellung in Form andernorts entgangenem Gewinns wäre zu hoch. Neben einer Investition der frei werdenden Mittel in andere Projekte lässt sich über eine Verringerung der Kapitalbindung auch die Liquidität des Unternehmens erhöhen.

- Lohnkostensenkungspotenziale durch Branchenarbitrage: Durch die Fremdvergabe logistischer Leistungen wird oft auch versucht, die Lohnkostenunterschiede zwischen einzelnen Branchen auszunutzen. Auf der Suche nach Kostensenkungspotenzialen suchen Unternehmen systematisch nach Dienstleistungsunternehmen, die aufgrund ihres Lohnniveaus die Logistikleistungen zu niedrigeren Preisen anbieten können. Sofern die Arbitragegewinne aus der Verlagerung der Dienstleistungserstellung in eine Niedriglohnbranche der einzige Gesichtspunkt für eine Fremdvergabe sind, ist wegen des langfristigen Charakters von Make-or-Buy-Entscheidungen Vorsicht geboten. Derartige Entscheidungen sind nur schwer reversibel und überdies können sich Lohnkostenunterschiede als flüchtig erweisen, da sie letztlich nur die allgemeinen Knappheitsverhältnisse auf dem Arbeitsmarkt widerspiegeln und diese sich ändern können. In diesem Zusammenhang sind auch die rechtlichen Restriktionen eines Betriebsübergangs gemäß § 613a, Abs. 1, Satz 1 BGB zu berücksichtigen, der den betroffenen Arbeitnehmern einen Anspruch auf Weiterbeschäftigung bei gleichen Arbeitsbedingungen zusichert.

In den darauf folgenden Jahren rückten allerdings, begründet zum einen auf steigenden Kundenansprüchen und zum anderen auf sich verbessernden Leistungen der Logistikdienstleister, Leistungsvorteile in den Vordergrund der Make-or-Buy Entscheidung logistischer Leistungen:

Effizienzsteigerung durch Spezialisierung: Eine Spezialisierung ermöglicht in der Regel eine höhere Produktivität, weil damit dieselbe Leistungserstellung wiederholt wird und sich dadurch Erfahrungskurveneffekte einstellen, infolge derer die Kosten pro Leistungseinheit sinken sowie die Leistungsfähigkeit steigt. Spezialisierungsvorteile bei der Erstellung logistischer Leistungen resultieren zum einen aus einer hohen Wiederholhäufigkeit, obwohl hierbei relativ selten exakt gleiche Leistungen erbracht werden, als vielmehr aus der Konzentration auf die zu erbringenden logistischen Leistungen. Wird eine logistische Leistung intern erstellt, so besteht die Gefahr, dass diese, weil als nicht zum eigentlichen Kerngeschäft gehörend betrachtet, vernachlässigt wird. Daneben kann eine monopolartige Stellung des für die Leistungserstellung zuständigen innerbetrieblichen Bereichs dazu führen, dass mögliche Verbesserungspotenziale nicht ausgeschöpft werden. Im Gegensatz dazu sieht sich ein spezialisiertes Dienstleistungsunternehmen unter Wettbewerbsdruck gezwungen, sein eigentliches Kerngeschäft ständig zu verbessern und zu optimieren. Dadurch ist es in der Lage, eine im Vergleich zum Hersteller überlegene und kostengünstige Leistung anzubieten. Durch eine Fremdvergabe bisher selbst erstellter Logistikleistungen besteht die Möglichkeit, in verstärktem Maße an Prozessinnovationen auf dem Logistiksektor teilzuhaben. Nachteilig ist allerdings, dass damit mittelfristig der Verlust von eigenem Logistik-Know-how und eine gewisse Abhängigkeit vom Dienstleistungsunternehmen verbunden sein können. Weiterhin ist zu beachten, dass die Realisierung dieses Spezialisierungseffektes nur dann problemlos möglich ist, wenn es sich bei der betrachteten Leistung um eine weitgehend standardisierbare Leistung handelt. Bei der Fremdvergabe von sehr spezifischen Leistungen ergibt sich die Schwierigkeit, dass das Dienstleistungsunternehmen zunächst oft nicht über das notwendige Know-how verfügt, so dass es dieses mit oder ohne Unterstützung des Auftraggebers erst noch aufbauen muss. Lässt sich dieses Problem noch relativ einfach lösen, so wiegt die Tatsache, dass der Auftraggeber sein Dienstleistungsunternehmen durch den permanenten Druck des Wettbewerbs kaum disziplinieren kann, um so schwerer, weil diesem bewusst ist, dass es kurzfristig nicht ersetzt werden kann. Muss darüber hinaus das Dienstleistungsunternehmen spezielle Investitionen tätigen, so wird es auf längere vertragliche Bindungen drängen, die annähernd den Abschreibungsfristen seiner Investitionen entsprechen. Die mit der Fremdvergabe beabsichtigte Variabilisierung der Fixkosten, Erhöhung der Flexibilität sowie Kostensenkungspotenziale lassen sich in diesem Falle schwieriger realisieren. Auch wird auf diese Weise das Auslastungsrisiko nur vom Auftraggeber auf das Dienstleistungsunternehmen transferiert, ohne dass es insgesamt vermindert würde.

Entscheidungen hinsichtlich des Outsourcings von Logistikprozessen wurden seit den 90er Jahren verstärkt unter Zuhilfenahme der Transaktionskostentheorie getroffen. Transaktionen resultieren aus dem Austausch von Verfügungsrechten über Güter und Dienstleistungen sowie von Geld als Gegenleistung. Nicht die physische Aktivität der Übergabe, sondern die Form der Koordination des gesamten Austauschprozesses ist Gegenstand der Analyse. Die Durchführung einer Transaktion ist mit Kosten, den Transaktionskosten, verbunden. Sie bilden im Rahmen des Transaktionskostenansatzes das Entscheidungskriterium für die Effizienz unterschiedlicher Organisationsstrukturen. Transaktionskosten werden daher auch häufig als Koordinationskosten bezeichnet, da sie generell, wenn auch in unterschiedlicher Ausprägung und Höhe, bei Organisation und Abwicklung arbeitsteiliger Aufgabenerfüllung anfallen. Die Effizienz einer Koordinationsform wird nicht mit Hilfe absoluter Messgrößen diskutiert, sondern über eine vergleichende Analyse unterschiedlicher Formen der Leistungserbringung sowie die Diskussion ihrer Effizienzen (Wildemann 1996). Die Transaktionskostentheorie beschränkt sich damit auf Tendenzaussagen und vermeidet eine Scheinobjektivität, wie sie z.T. in den traditionellen Kostenrechnungsverfahren zum Thema „Make-or-Buy" zu finden ist. Die Beschränkung erscheint damit lediglich aus einer operativen Perspektive - die an definitiven Kriterien interessiert ist - als Mangel und verweist zugleich auf den strategischen Charakter der Transaktionskostentheorie für Make-or-Buy-Entscheidungen oder die Festlegung des logistischen Kooperationsgrades.

Neben den kostenrechnerischen Ansätzen und der Transaktionskostentheorie wird auch die Theorie der Kernkompetenzen zur Diskussion von Make-or-Buy-Entscheidungen seit den 90er Jahren herangezogen (Wildemann 2008l). Kernkompetenzen beschränken sich nicht nur auf die Beherrschung von Prozessen und Technologien. Auch deren Kombination, die Marktposition eines Unternehmens, sein Wissen, seine Fähigkeiten oder die ihm gegenüber erwiesene Kundentreue können Kernkompetenzen bilden. Aus der Sicht der Theorie der Kernkompetenzen müssen die Kompetenzen eines Unternehmens von ergänzenden Kompetenzen „flankiert und unterstützt" werden, damit alle Stufen der Wertschöpfungskette durchlaufen werden. Die Wertschöpfungsstufen, die auf Kernkompetenzen basieren, müssen daher durch Stufen ergänzt werden, die in Abhängigkeit von ihrer strategischen Relevanz für die Kunden als komplementär oder peripher bezeichnet werden können. Die strategische Bedeutung von Komplementärkompetenzen ist geringer als diejenige von Kernkompetenzen. Komplementärkompetenzen weisen Spezialisierungs-, Größen- oder Integrationsvorteile zu den Kernkompetenzen des Unternehmens auf. Noch geringer ist die wettbewerbsstrategische Bedeutung der Peripherkompetenzen. Infolge der größeren Professionalität der Kernkompetenzträger ist bei einer zunehmenden Konzentration der Unternehmen auf ihre Kernkompetenzen mit einer deutlichen Senkung der Transaktionskosten zu rechnen. Kernkompetenzträger in der Logistik wie „third or fourth party logistics provider" (3PL/4PL) sind ausgesprochene Spezialisten auf dem von ihnen bearbeiteten Markt (Klaus 2003; Bretzke

2004; Baumgarten et al. 2004) und verfügen über das notwendige Know-how, um auch hoch spezifische Kundenwünsche schnell und unter Einsatz kostengünstiger Technologien zu erfüllen. Kernkompetenzträger sind damit in jedem Fall Wertschöpfungspartner. Durch das Verfügen über Kernkompetenzen können alle Transaktionskostenarten positiv beeinflusst werden oder gesenkt werden.

Die mit der Konzentration auf Kernkompetenzen verbundene Zersplitterung der Wertschöpfungserbringung führt auch im neuen Jahrtausend weiterhin zu einem steigenden Anteil an Fremdleistung. Neue Konzepte zur Erhöhung des Zufriedenheitsgrads hinsichtlich der Erstellung der logistischen Leistungen sind hierzu notwendig. Das Konzept des Betreibermodells entstand im Anlagenmanagement von großen produzierenden Industrieunternehmen (Wildemann 2005a, 2008a). Hierbei werden die Finanzierung und der Betrieb der anlagentechnischen Infrastruktur aus dem Unternehmen gelöst und an externe Dritte vergeben. Die dafür gegründete Betreiber- oder Finanzierungsgesellschaft, die Eigentümer der Anlagen ist, kann aus mehreren beteiligten Partnern bestehen. Das Konsortium kann Investoren, Anlagenhersteller, Projektmanager, Finanzdienstleister sowie Betriebsführer enthalten. Die Aufgaben der Betreibergesellschaft reichen von der Planung und Finanzierung der Leistungen und Anlagen über deren Bau und den eigenständigen Betrieb, mit dem die Investition refinanziert wird, bis zur möglichen Übergabe der Anlage an den Auftraggeber nach Ende der Vertragslaufzeit. Da die Anlagen vollständig von der Betreibergesellschaft finanziert werden, sind sie beim Auftraggeber nicht aktivierungspflichtig. Dies führt beim Auftraggeber zu einer Variabilisierung der mit der Leistungserstellung verbundenen fixen Kosten, da der Auftraggeber entweder die Anlagenverfügbarkeit (Pay on Availability) oder den einzelnen Anlagenoutput (Pay on Production) bezahlt. Gründe für die Einführung von Betreibermodellen und Pay-on-Production-Konzepten seitens des Auftraggebers liegen folglich in der verringerten Kapitalbindung sowie der Strategie eines kapitalarmen Wachstums unter Berücksichtigung des Shareholder Value-Gedankens. Operative Effekte ergeben sich aus Kosten-, Flexibilitäts- sowie Produktivitätsverbesserungen. Zusätzliche Kostenvorteile können weiterhin bei Produktionsbetrieben bei den Kapitalkosten der Finanzierung sowie bei Löhnen und Gehältern erzielt werden. Weiterhin lassen sich Anlagen durch die Anlagenhersteller, sofern diese federführend beteiligt sind, oftmals wesentlich produktiver betreiben.

Betreibermodelle müssen jedoch nicht auf produktionsnahe Investitionsgüter eines Unternehmens beschränkt werden. Zunehmend kommen auch im Supply Chain Management Betreibermodelle im Rahmen des Logistikbetriebs zur Anwendung. Die logistische Handhabung von Materialien, beginnend bei deren Beschaffung über den Transport, die Lagerung, die Kommissionierung und endend mit der Übernahme durch den Abnehmer am Ort des Einsatzes, kombiniert mit der Bereitstellung der hierfür erforderlichen Infrastruktur, bildet das Tätigkeitsfeld derartiger Modelle. Charakterisierendes Merkmal eines Betreibermodells im Rahmen des Supply Chain Managements ist das Herauslösen des logistischen Anlagevermögens eines Unternehmens und dessen Besitzübergang in die Betreibergesellschaft. Das Betreibermodell ist hier folglich ein Konzept, das die Funktionen der logistischen Dienstleistung, Beschaffung und Disposition sowie die Finanzierung des logistischen Anlagevermögens zwischen Zulieferer und Verbrauchsort zusammenführt.

Für die Supply Chain können durch die Zusammenführung der Nachfrage von logistischen Leistungen und deren Vergabe an Dritte Vorteile entstehen. Spezialisierte Anbieter übernehmen gebündelt logistische Tätigkeiten der Supply Chain, die wiederum zu deren Kernkompetenzen zählen. Finanzielle Effekte durch die Verlagerung des Risikos im Rahmen der Finanzierung des logistischen Anlagevermögens sind jedoch nicht die einzige Auswirkung des Logistik-Betreibermodells. Durch den Transfer von Leistungen in die Betreibergesellschaft verändert sich die Allokation der Kompetenzen in der unternehmensübergreifenden Zulieferkette.

Die Beherrschung von Risiken spielt für den erfolgreichen Einsatz von Betreibermodellen eine entscheidende Rolle. Dabei ist festzustellen, dass ein Teil der Risiken, die bisher bei den Unternehmen lagen, auf den Betreiber übergehen. Für die Unternehmen können sich auch neue Risiken ergeben, so durch die Abgabe von Know-how, bedingt durch das Outsourcing von Tätigkeiten. Ein systematisches Risikomanagement, das insbesondere vor Projektbeginn eine sorgfältige Identifikation möglicher Risiken, deren Eintrittswahrscheinlichkeit und Quantifizierung beinhaltet, ist unverzichtbar. Die in verschiedenen Projekten analysierten Risiken können in die Bereiche

- Absatzmarktrisiken,
- Beschaffungsmarktrisiken,
- Kreditrisiken,
- Haftungs- und Vertragsrisiken,
- Kostenrisiken sowie
- Know-how-Risiken

gruppiert werden. Im Bereich der Marktrisiken ist vor allem die Schwankung oder der Rückgang des Absatzmarktes ein erhebliches Risiko für die Betreibergesellschaft. Hierdurch kann die Situation eintreten, dass getätigte Investitionen in die logistische Infrastruktur für einen Auftraggeber nicht oder nur teilweise aus der Dienstleistungstätigkeit getilgt werden können. Auf Seiten des Beschaffungsmarktes sind die oft hohe Abhängigkeit von Lieferanten, etwaige Preisbindungsfristen sowie die Material- und logistische Qualität des Lieferanten die dominierenden Risikofaktoren. Die Eingrenzung und Beherrschung der Kreditrisiken spielt vor allem im Zusammenhang mit Umsatzsteigerungen des Abnehmerunternehmens eine große Rolle. Da das in den Materialbeständen der Betreibergesellschaft gebundene Kapital in direktem Zusammenhang mit dem Umsatz des Abnehmers steht, wird bei Umsatzsteigerungen auch eine Bestandssteigerung und somit eine Erhöhung des Finanzmittelbedarfs eintreten. Im Falle einer Vorfinanzierung der Bestände ist somit das Konzept in der Entwicklung maßgeblich von der Finanzierungsbereitschaft der Finanzdienstleister abhängig. Die Kostenrisiken beinhalten das unternehmerische Risiko der Betreibergesellschaft, einen positiven Cash-flow zu erwirtschaften. Hierzu gehören alle bei der Betreibergesellschaft anfallenden Betriebskosten, Investitionen und Kapitalkosten. Wesentlich hinsichtlich der Gestaltung von Betreibermodellen in der Supply Chain ist die Vermeidung von materialbezogenen Haftungs- und Vertragsrisiken. Es ist zu beachten, dass Aufwand aufgrund fehlerhaften Materials (Produkthaftung, Rückrufaktionen) oder Reibungspunkten in den Lieferanten-Verträgen zwischen Abnehmer und Zulieferer nicht an die Betreibergesellschaft belastet werden kann, sofern diese Aspekte von der Betreibergesellschaft nicht beeinflusst werden können. Das Know-how-Risiko des Konzepts ist mitarbeiterbezogen und richtet sich auf die Personalfluktuation bei der Einführung des Betreibermodells. Hierbei ist es von großer Bedeutung, dass qualifiziertes Personal des Abnehmers aus den Bereichen Beschaffung und Logistik in die Betreibergesellschaft übernommen werden, so dass ein reibungsloser Anlauf der Betreibergesellschaft ermöglicht wird und die Warenverfügbarkeit am Produktionsort sichergestellt ist.

Aus dem Vergleich der Aufgaben- und Risikoverteilung bei Betreibermodellen lassen sich die Chancen des Betreiber-Konzepts für die Supply Chain ableiten. Chancen des Betreibermodells sind sowohl für die Abnehmerseite als auch für den Betreiber vorhanden. Die Möglichkeiten des Betreibermodells, positiv auf die beteiligten Partner einzuwirken, lassen sich in Bilanzierung, Personal, Prozesse, Bestände, System, logistische Leistung und Infrastruktur unterteilen.

Auf Seiten der Auftraggeber ist vor allem die Verbesserung der Liquidität durch den reduzierten Finanzierungsbedarf relevant. Hierbei hat die Verringerung des eingesetzten Kapitals für die logistische Infrastruktur positive Auswirkungen auf die Kapitalverzinsung des Anlagevermögens. Weiterhin besteht bei dem in das Betreibermodell eingebrachten Gesamtvermögen kein Konsolidierungszwang in der Bilanz des Abnehmerunternehmens. Dies führt zu einer Verbesserung der Bilanzkennzahlen im Sinne des Shareholder Value-Gedankens. Kostenvorteile beim Betrieb der Anlagen entstehen durch die Variabilisierung der bisher fixen Anlagenkosten (Hochregallager, Staplersysteme) sowie durch frei werdende Potenziale bei der Modernisierung der Anlage und der Einbindung des Know-hows der Betreibergesellschaft in den Betriebsprozess. Im Weiteren können beim Betreiber Skaleneffekte durch die Bündelung von Leistungen entstehen. Die Kontrolle der signifikanten Kostentreiber ist aufgrund der Verlagerung auf den Betreiber durch höheres Eigeninteresse geprägt und wird dadurch vermehrt in den Fokus des Managements der Betreibergesellschaft gestellt. Hierdurch wird zusätzlich eine Senkung der im Betreibermodell enthaltenen Materialbestände angestrebt. Potenzialquellen, die durch die Modernisierung und Instandhaltung der Informationssysteme und der Unternehmensinfrastruktur entstehen, können durch das Know-how der Betreibergesellschaft realisiert werden, wenn Aufbau, Umgang und die Pflege eines übergreifenden Logistiksystems im IT- und Investitionsgüterbereich eine Kernkompetenz des in der Betreibergesellschaft integrierten Logistikdienstleisters darstellen. Vorteile im Bereich der Humanressourcen können durch eine differenzierte Gestaltung der Entlohnung sowie durch einen know-how-bedingten Produktivitätsvorteil des Personals entstehen. Die prozessualen Auswirkungen des Konzepts spiegeln sich in der Möglichkeit einer übergreifenden Prozessgestaltung für die Logistikdienstleistung und die Beschaffung sowie für die Minimierung der Schnittstellen aus Abnehmersicht wider. Hierdurch kann neben der Reduzierung der Kosten die logistische Leistungsfähigkeit (Lieferzeiten, Lieferfähigkeit, Liefertreue und Lieferqualität) des Zuliefernetzwerkes erhöht werden.

Die strategischen Chancen, die sich durch die Einführung von Betreibermodellen eröffnen, werden ebenfalls durch die Neuverteilung der Kompetenz- und Risikostruktur ermöglicht. Durch die Auslagerung wesentlicher Tätigkeiten in die Betreibergesellschaft können Ressourcen der Abnehmerunternehmung auf die eigentlichen Kernkompetenzen konzentriert werden. Die Eingliederung der Betreibergesellschaft hat weiterhin den Vorteil, dass die Komplexität zur Steuerung und Kontrolle der Zusammenarbeit durch eine einfache Schnittstelle zur Betreibergesellschaft reduziert wird. Weitere Vorteile für den Betreiber bestehen darin, dass sich der Weg für eine langfristige Wertschöpfungspartnerschaft eröffnet. Ein zusätzlicher Aufwand für die Akquisition besteht nach Abschluss des Betreibervertrages nicht mehr. Die Wahrscheinlichkeit für Anschlussgeschäfte steigt durch das Betreiber-Konzept, auch bei anstehenden Modernisierungen.

Die Entscheidung über Eigenfertigung und Fremdbezug hat nach wie vor einen überragenden Einfluss auf die Leistungsfähigkeit und den Erfolg eines Unternehmens. Es bleibt abzuwarten, inwiefern sich das Konzept des Betreibermodells in der Praxis bewähren wird. Während sich 3rd Party Logistics-Konzepte auf breiter Basis durchgesetzt haben, bestehen zum einen Vorbehalte gegenüber 4th Party Logistics-Konzepten. Aufgrund fehlender eigener Assets wird diesen Anbietern nur beschränktes Logistik-Know-how zugetraut. Das Konzept des Lead Logistics Providers ist daher auf dem Vormarsch. Dieser Logistikdienstleister koordiniert mehrere 3rd Party Logistics Provider, ist parallel dazu aber auch als Dienstleister mit Einsatz eigener Assets tätig. Das Konzept des Betreibermodells ist maßgeblich von der Finanzierung momentan restriktiv agierender Kapitalgeber abhängig und muss daher seinen übergreifenden Praxiseinsatz erst unter Beweis stellen.

5 Zusammenfassung und Ausblick

Logistik-Management steht heute im Spannungsfeld weltweiter und lokaler Märkte. Global Sourcing ist auf der Beschaffungsseite ebenso selbstverständlich wie das Management weltumspannender Netzwerke in Produktion, Entwicklung oder Vertrieb. Die zukünftigen Herausforderungen werden durch die folgenden vier Entwicklungslinien bestimmt:

1. Die weltweiten Verflechtungen von Beschaffung, Entwicklung, Produktion und Distribution werden weiter zunehmen. Technologietreiber für diese Entwicklung ist in erster Linie der zunehmende Einfluss der Informations- und Kommunikationstechnologien auf die Supply Chain. Stationäre Technologien werden dabei mit mobilen Technologien zunehmend verzahnt werden. IT-Architekturen und IT-Applikationen werden sich durch verbesserte Portabilität und Interoperabilität auszeichnen.
2. Web-basierte Informationstechnologien in Zusammenhang mit der RFID-Technologie werden noch stärker eine real-time-Verfügbarkeit von Informationen und Wissen sowie Transparenz in der Supply Chain ermöglichen. IT-Technologien haben nicht nur entscheidende Wirkungen auf die bereits bekannten Erfolgsfaktoren Kosten, Reaktionsgeschwindigkeit oder Kundenservice, sondern stellen darüber hinaus neue, collaborative Verbindungen zwischen Zulieferern und Abnehmern her.
3. Die Wirtschaftsräume der Welt werden sich neu gruppieren, wie das Aufkommen neuer Niedriglohnländer sowie die Diskussion um den

osteuropäischen Wirtschaftsraum zeigt. Der sich verschärfende internationale Kostenwettbewerb erfordert ein Ausschöpfen des Innovations- und Servicepotenzials seitens der Unternehmen. Der collaborative Ansatz in der Logistik ist für die organisatorische Weiterentwicklung der Unternehmen zu nutzen. Der wirtschaftliche und technische Wandel wird schneller. Neue Wertschöpfungsketten und Geschäftsmodelle werden entstehen. Das collaborative Logistik-Management verbindet dabei die digitalen Phantasien der new economy mit den realen Werten der old economy. Am Ende jedes Geschäftsvorgangs steht nach wie vor die Sicherstellung einer schnellen und pünktlichen Lieferung, welche zum Wettbewerbserfolg von Unternehmen nachhaltig beitragen wird.

4. Die Bewertung des Nutzens der Logistik hat sich bislang auf quantitative Aspekte erstreckt. Es ist daher zukünftig Gegenstand der Logistikforschung zu analysieren, wie groß die Zahlungsbereitschaft der Kunden für die jeweilige Logistikleistung ist. Hier können Anleihen zur Conjoint-Analyse getätigt werden. Weiterhin ist zu diskutieren, ob auch qualitative Aspekte, wie die Steigerung des Vertrauens und die Verbesserung der Transparenz in den Supply Chains, zu bewerten und deren Kosten sowie Nutzen zwischen den Akteuren aufzuteilen ist.

Literatur

Baumgarten H, Zadek H, Darkow IL (Hrsg.) (2004) Supply Chain Steuerung und Services – Logistik-Dienstleister managen globale Netzwerke – Best Practices. Springer, Berlin

Bretzke W-R (2004) Logistik-Outsourcing – Ein anhaltender Trend und seine Grenzen. Logistik Management, 6. Jahrgang, Heft 3, S 10-18

Delfmann W (2003) Erfolgreiche Logistikstrategien. TCW-report, München

Delfmann W, Reihlen M (Hrsg) (2003) Controlling von Logistikprozessen – Analyse logistischer Kosten und Leistungen. Schaeffer-Poeschel, Stuttgart

Göpfert I (2004) Supply Chain Controlling. Gabler, Wiesbaden

Große-Heitmeyer V, Wiendahl H-P (2002) The Variant Production System – A new approach for production logistics in the variant-rich series production. Proceedings of the 6th International Conference on Engineering Design and Automation, Maui, USA, August 4-7, 2002

Klaus P (2003) Die Top 100 der Logistik, 3. Aufl. Deutscher Verkehrs-Verlag, Hamburg

Nyhuis P, Wiendahl H-P (2003) Logistische Kennlinien – Grundlagen, Werkzeuge und Anwendungen. Springer, Berlin

Nyhuis P, Wiendahl H-P (2007) Ansätze einer Logistiktheorie. In: Hausladen I (Hrsg) Management am Puls der Zeit – Strategien, Konzepte und Methoden, Band 2: Produktion und Logistik. TCW, München

Poirier CC (1999) Advanced Supply Chain Management. Berrett-Koehler, San Francisco

Reindl M, Oberniedermaier G (2002) eLogistics. Addison-Wesley, München

Schreiber GA (2004) Telemetrie und Telematik in der Logistik. Deutscher Wirtschaftsdienst, Köln

The Supply Chain Council (SCC) (Hrsg) (2003) SCOR-Overview - Overview of the SCOR Model v.6.0. Pittsburg

Weber J (2002) Logistikkostenrechnung – Kosten-, Leistungs- und Erlösinformationen zur erfolgsorientierten Steuerung der Logistik, 2. Aufl. Schaeffer-Poeschel, Stuttgart

Wiendahl H-P, Nyhuis P (1993) Die logistische Betriebskennlinie – ein neuer Ansatz zur Beherrschung der Produktionslogistik, no. 19. Lfg. XI/93, Erich Schmidt Verlag: RKW-Handbuch Logistik HLo, Berlin

Wiendahl H-P, Möller J, Nyhuis P(1994) Engpassorientierte Logistikanalyse als Basis einer durchgängigen Beurteilung von Produktionsstrukturen. Beitrag zum 11. Deutschen Logistik-Kongress, Berlin, 19.-21.10.1994

Wiendahl H-P, Nyhuis P, Helms K (1997) Performance Measurement of the Procurement Process on the Basis of a New Characteristic Curve of Stock on hand. Production Engineering, Annals of the German Academic Society for Production Engineering (WGP)

Wiendahl H-P (1998) Engpassorientierte Logistikanalyse. TCW-report, München.

Wiendahl H-P, Lutz S (1999) Bedeutung der klassischen PPS- und MRP-Funktionen und ihre Integration in neue Logistikkonzepte. Tagungsband zum 21. AWF PPS-Kongreß 1999 – Produzieren in Netzen, Berlin, 4.-6.11.1999

Wiendahl H-P (2001) Partizipative Fabrikplanung - Methoden zur erfolgreichen Mitarbeiterbeteiligung. TCW-report, München

Wiendahl H-P, Lutz S (2002) Management of Variable Production Networks. In: Zheng L, Possel-Dölken F (eds) Strategic Production Networks, Springer, Berlin Heidelberg New York

Wiendahl H-P (2005) Betriebsorganisation für Ingenieure. Hanser Verlag, München Wien

Wildemann H (1996) Entwicklungsstrategien für Zulieferunternehmen, 3. Aufl. TCW, München

Wildemann H (2000) Supply Chain Management – Konzepte und Anwendungen, TCW, München

Wildemann H (2001a) Das Just-in-Time-Konzept, 5. Aufl. TCW, München

Wildemann H (2001b) E-Technologien – Wertsteigerung durch E-Technologien in Unternehmen. TCW, München

Wildemann H (2001c) Supply Chain Management mit E-Technologien. ZfB-Sonderheft 3/2001, S 1-20

Wildemann H (2002) Produktionsplanungs- und steuerungssysteme (PPS-Systeme). In: Horvath P, Reichmann T (Hrsg) Vahlens Großes Controlling Lexikon, 2. Aufl. S 572-573

Wildemann H (2003) Bewertung logistischer Leistungen – Abschlussbericht des Forschungsprojektes BiLog, TCW, München
Wildemann H (2004a) Entwicklungstrends in der Automobil- und Zulieferindustrie, TCW, München
Wildemann H (2004b) Bewertung logistischer Leistungen in der Supply Chain, TCW, München
Wildemann H (2005a) Betreibermodelle – Ein Beitrag zur Steigerung der Flexibilität von Unternehmen. In: Kaluza B, Blecker T (Hrsg) Erfolgsfaktor Flexibilität. Erich Schmidt Verlag, Berlin, S 137-152
Wildemann H (2005b) Logistik-Prozess-Management, 3. überarb. Aufl. TCW, München
Wildemann H (2008a) Betreibermodelle - Leitfaden zur Berechnung, Konzeption und Einführung von Betreibermodellen und Pay-on-Production-Konzepten, 7. Aufl. TCW, München
Wildemann H (2008b) Event Management i. d. Supply Chain – Leitfaden zur Steuerung ereignisorientierter Wertschöpfungsketten, 2. Aufl. TCW, München
Wildemann H (2008c) Handels-Supply-Management – Leitfaden zur Übertragung industrieller Managementkonzepte, -methoden und -instrumente auf den Handel, 6. Aufl. TCW, München
Wildemann H (2008d) Kanban-Produktionssteuerung – Leitfaden zum Einsatz von Karten und elektronischem Kanban zur Einführung des Hol-Prinzips, 16. Aufl. TCW, München
Wildemann H (2008e) Logistik-Check – Leitfaden zur Identifikation und Erschließung von Logistikpotenzialen, 6. Aufl. TCW, München
Wildemann H (2008f) Logistik- & Supply Chain-Architekturen – Leitfaden für die Gestaltung von kundenwertschaffenden Servicenetzwerken, 2. Aufl. TCW, München
Wildemann H (2008g) Supply Chain Management – Leitfaden für ein unternehmensübergreifendes Wertschöpfungsmanagement, 9. Aufl. TCW, München
Wildemann H (2008h) E-Commerce – Leitfaden zum Einsatz von E-Technologien in der Wertschöpfungskette, 8. Aufl. TCW, München
Wildemann H (2008i) PPS-Systeme – Leitfaden zur Neugestaltung, Sanierung oder Ablösung von PPS-Systemen, 11. Aufl. TCW, München
Wildemann H (2008j) Managementinformationssysteme, Leitfaden zur Steuerung von Business Units, 6. Aufl. TCW, München
Wildemann H (2008k) Make or Buy & Insourcing, Optimierung von Leistungsumfängen in Produktion und Logistik, 16. Aufl. TCW, München
Wildemann H (2008l) Kernkompetenzen, Ermittlung und Entwicklung von Kernfähigkeiten in Produktion, Entwicklung und Logistik, 13. Aufl. TCW, München

Überlegungen zu einer theoretischen Fundierung der Logistik in der Betriebswirtschaftslehre

Prof. Dr. Dr. h.c. Jürgen Weber

WHU – Otto Beisheim School of Management
Lehrstuhl für Controlling und Telekommunikation
Stiftungslehrstuhl der Deutschen Telekom AG
http://www.whu.edu/control

1 Problemstellung

Die Logistik lässt sich mit Fug und Recht als eine Erfolgsgeschichte bezeichnen. In der Praxis hat der Begriff längst traditionelle Bezeichnungen verdrängt. Aus Speditionen und Lagereien sind Logistikdienstleister geworden. Allerdings ist es nicht bei einer Veränderung des Begriffs geblieben. Unter dem Label „Logistik" haben sich vielmehr neue Angebote im Markt entwickelt, was sich am deutlichsten im Feld der Kontraktlogistik zeigt (vgl. umfassend Stölzle et al. 2007). Nicht nur deshalb ist die Branche durch ein starkes Wachstum gekennzeichnet. Mit dem Aufkommen des Begriffs der Logistik hat sich zudem ein Imagewandel vollzogen; die Logistik zieht heute auch hoch qualifizierten akademischen Nachwuchs an; dies war früher undenkbar. Beide Entwicklungen betreffen nicht nur Logistikdienstleister, sondern auch die Logistik in den Verlader-Unternehmen. Empirische Studien zeigen (vgl. erstmals Dehler 2001, bestätigt u.a. durch Deepen 2007), dass ein positiver Zusammenhang zwischen dem Entwicklungsstand der Unternehmenslogistik und dem Unternehmenserfolg besteht.

In der Wissenschaft hat sich eine ähnliche Entwicklung vollzogen. Hier wird die Logistik von zwei Teildisziplinen untersucht, den Ingenieurswissenschaften und der Betriebswirtschaftslehre. Anfangs stammten die Forschungsbeiträge von Wissenschaftlern, deren Lehrstuhlbezeichnung nicht das Wort Logistik enthielt – zu diesen Autoren zählt auch Hans Peter Wiendahl. Heute hat sich der Begriff an den Universitäten und Fachhochschulen durchgesetzt. Dies gilt für die Ingenieurswissenschaften ebenso wie für die Betriebswirtschaftslehre. In letzterer, auf die sich dieser Beitrag ausschließlich bezieht, hat sich im Verband der Hochschullehrer für Betriebswirtschaft e.V. eine eigene wissenschaftliche Kommission für die Logistik gebildet, neben der Kommission Produktionswirtschaft, zu der enge Bezüge bestehen.

Bezüge bzw. Überschneidungen dieser Art sind typisch für die von Beginn an bestehenden Probleme der Abgrenzung der Logistik von tradierten betriebswirtschaftlichen Teildisziplinen. Dies stellt die Frage nach dem inhaltlichen Kern der Logistik, der mit spezifischen Theorien bzw. einem spezifischen Set an Theorien zu verbinden wäre. Der Frage nachzugehen, ob es eine solche spezifische Theoriebasis gibt und ggf. welche dies sein könnte, ist Inhalt dieses Beitrags.

Die Beantwortung der Frage erfolgt in drei Schritten. Im ersten Schritt wird nachgezeichnet, wie sich die Logistik aus betriebswirtschaftlicher Perspektive heraus entwickelt hat. Diesem Vorgehen liegt die Hypothese zu Grunde, dass sich neue wissenschaftliche Gemeinschaften um eigenständige Problemstellungen und/oder eigenständige Lösungsansätze herum herausbilden. Insofern müsste ein Nachzeichnen der Entwicklung einen ersten Blick auf den theoretischen Kern der Logistik erlauben. Die entsprechenden Ausführungen fallen etwas detaillierter aus, weil auf sie im Verlauf der weiteren Argumentation in diesem Beitrag noch häufiger Bezug genommen wird.

Im zweiten Schritt wird der Versuch unternommen, die Logistik in das Gesamtgebäude der betriebswirtschaftlichen Forschung und Lehre einzuordnen. Dies erfordert zunächst einen Überblick über die gängigen betriebswirtschaftlichen Teildisziplinen, zu denen dann die Logistik in Beziehung gesetzt wird. Auch hierdurch sollten Erkenntnisse über die spezifische Theoriebasis der Logistik abgeleitet werden können.

Der dritte Schritt der Argumentation setzt dann direkt bei Theorien an, die in der Betriebswirtschaftslehre Verwendung finden. Die Analyse soll dabei aus Platzgründen auf drei Theoriebereiche beschränkt werden. Ausgangspunkt ist die Produktionstheorie, die untrennbar mit dem Namen Erich Gutenberg (Gutenberg 1983) verbunden ist. Sie war für die Betriebswirtschaftslehre lange Zeit bestimmend und besitzt auch heute noch eine wichtige Bedeutung. In den letzten Jahren zunehmend Verbreitung gefunden haben Theorien, die der Neuen Institutionenökonomik zuzurechnen sind, darunter u. a. die Prinzipal-Agenten-Theorie. Letztere richtet sich – in Gutenberg´scher Terminologie formuliert – primär auf den dispositiven Faktor und trifft hier spezifische Annahmen (Vorliegen von Informationsasymmetrien). Noch eine dritte Theorierichtung soll dann näher betrachtet werden, die sich mit verhaltensorientiert bezeichnen lässt. Die hierunter fallenden Ansätze nehmen eine weitere Veränderung der Modellierung des Menschen vor, indem diese systematisch als kognitiv begrenzt unterstellt werden.

Eine kurze Zusammenfassung wird dann den Beitrag abschließen. Sein Ziel ist eine Reflexion der theoretischen Grundlagen des „Erfolgsmodells Logistik“. Der Beitrag will einen Überblick geben und – im Idealfall – Anstöße liefern, Neues zu denken und zu lehren. Eine „Theorie der Logistik“ steht weder im Fokus, noch wird sich eine solche nach Studium des Beitrags anbieten.

2 Entwicklung der Logistik aus betriebswirtschaftlicher Sicht

2.1 Logistik als funktionale Spezialisierung

Die Wurzeln der Logistik als eigenständiges Aufgabenfeld mit Top-Management-Attention liegen in den USA in den 50er Jahren des letzten Jahrhunderts (vgl. zum Folgenden ausführlich Weber 2002, S. 4-29, und die dort angegebenen Literaturhinweise). Logistik kennzeichnet in diesen Ursprüngen die Spezialisierung auf material- und warenflussbezogene Dienstleistungen – insbesondere Transport-, Umschlags- und Lagervorgänge (TUL)) sowie deren Verknüpfung.

Der Grund für die Herausbildung der Logistik lag in geänderten Anforderungen des Marktes. Die Notwendigkeit stärkerer Kundenorientierung führte zu komplexeren Produktprogrammen ebenso wie zur erhöhten Bedeutung distributionsbezogener Leistungsmerkmale (z.B. Lieferservice). Die Unternehmen waren funktionsorientiert organisiert, was das Reaktionspotential auf die Veränderungen festlegte. Transport-, Umschlags- und Lagerfunktionen besaßen gegenüber den anderen Funktionen (vor allem Beschaffung, Produktion, Absatz) hinsichtlich des Ausschöpfens möglicher Spezialisierungsvorteile einen erheblichen Rückstand.

In ihrer ersten Entwicklungsphase lässt sich die Logistik als Spezialisierung auf bisher vernachlässigte, nun jedoch von den Leistungsanforderungen her an Bedeutung gewinnende Aktivitäten der betrieblichen Wertschöpfungskette begreifen. Ihr Betrachtungsgegenstand sind spezielle Arten von Dienstleistungen, die vorher weder gesamthaft noch einzelleistungsbezogen ausreichend gestaltet wurden. Logistik in diesem Sinn fasst alle Transport-, Umschlags- und Lagertätigkeiten zusammen und erzielt damit Spezialisierungsvorteile.

Die Beherrschung material- und warenflussbezogener Dienstleistungen beinhaltet einerseits einen eigenständigen, Wirtschaftlichkeitsgewinne versprechenden Aufgabenbereich, andererseits die notwendige Basis für die zweite Entwicklungsstufe der Logistik. Neue und in diesem Sinne spezifisch logistische Theorieansätze sind allerdings nicht zu erkennen; Lagerprobleme bleiben Lagerprobleme, Transportprobleme bleiben Transportprobleme. Gleiches gilt für Umschlags- und Packprobleme.

2.2 Logistik als Koordinationsfunktion

Die nächste Phase der Logistikentwicklung lässt sich als Folge der Funktionsspezialisierung auffassen. Nach einer vollzogenen Rationalisierung von

TUL-Prozessen sind weitere Spezialisierungsgewinne nur dadurch möglich, dass Einfluss auf Struktur und Höhe des Bedarfs an material- und warenflussbezogenen Dienstleistungen genommen wird. Der Fokus wendet sich dann von der Effizienz isolierter Funktionen hin zur Effizienz der Koordination unterschiedlicher Unternehmensbereiche.

Ausgangspunkt für die Heraushebung der Koordinationsaufgabe waren die in der auf Einzelfunktionen bezogenen Logistik nicht genügend berücksichtigten Interdependenzen zwischen den Unternehmensbereichen. Ein sehr einfaches Beispiel hierfür liefert die Losgrößenplanung. Sowohl im Bereich der Materialbereitstellung (Bestelllosgröße) als auch im Produktionsbereich (Fertigungslosgröße) wurden isoliert voneinander Optimalgrößen ermittelt, wobei die Ermittlungsmodelle dabei zumeist von nicht kompatiblen Prämissen ausgingen. Schnittstellen dieser Art führten zu Effizienzverlusten gegenüber der bei einer Gesamtplanung potenziell erzielbaren Optimallösung. Zielkonflikte wurden nicht ausreichend aufgelöst, mit der empirisch beobachtbaren Folge von dysfunktionalen Bereichskonflikten.

Weitgehend vollzogene Optimierung material- und warenflussbezogener Dienstleistungen innerhalb der betrieblichen Funktionsbereiche einerseits und mangelnde prozessbezogene Abstimmung zwischen diesen andererseits führte und führt zur Ausweitung des Aufgabenfeldes der Logistik um material- und warenflussbezogene Koordinationsaufgaben. Ein in der Praxis wichtiges Beispiel hierfür ist die Just-in-time-Produktion als Verbindung zwischen Beschaffung und Produktion. Zwar war das Prinzip als produktionssynchrone Beschaffung auch schon vorher bekannt; eine isolierte Betrachtung des Beschaffungsbereichs zeigt aber nur in Grenzfällen eine Vorteilhaftigkeit gegenüber einer normalen Beschaffung in größeren Losen. Erst die gemeinsame Gestaltung von Produktions- und Bereitstellungsprozessen lässt eine Just-in-time-Produktion wirtschaftlich werden.

Der Fokus der logistischen Optimierung liegt – wie das Beispiel zeigt – in der zweiten Phase der Logistikentwicklung auf der Beeinflussung des Bedarfs an material- und warenflussbezogenen Leistungen. Dieser lässt sich (nur) durch eine einzelbereichsübergreifende Sicht reduzieren. Hierzu gibt die Logistik ihre Beschränkung auf über die Art der Dienstleistung definierte Teile der Wertschöpfungskette auf (Transporte und Lagerungen) und betrachtet sie in toto. Dies hat zwei Konsequenzen erheblicher Tragweite:

- Das Aufgabenfeld der Logistik wird sehr heterogen. Die Durchführung eines speziellen Handlungstypus (z.B. Transport- und Lagertätigkeiten bzw. Überwindung von Raum-/Zeit-Disparitäten) hat mit der Koordination von zugleich mehrere Typen von Ausführungshandlungen betreffender Führungshandlungen (z.B. einer Produktions- und einer Vertriebsplanung) wenig gemein. Dem möglichen Koordinationsnutzen für die Unternehmung steht für die Funktion Logistik ein potenzieller Disnutzen aus der Verringerung des Spezialisierungsgrades gegenüber.

- Koordination des Material- und Warenflusses über die gesamte betriebliche Wertschöpfungskette hinweg bedeutet Einflussnahme auf Planungs- und Steuerungsaufgaben der anderen Funktionsbereiche. Für diese Einflussnahme sind sehr unterschiedliche Wege denkbar, die von gleichberechtigten Abstimmungs- und Steuerungsgremien bis hin zur Übertragung der gesamten Führungsaufgabe auf die Logistik reichen. Letzteres beinhaltet u. a., die Produktionsplanung und -steuerung als festen Bestandteil der Logistik zu etablieren. Die Logistik entwickelt sich dann zur übergeordneten Steuerungsinstanz, was seinen Niederschlag auch in einer entsprechenden Organisation der Logistik finden muss. Allerdings verläuft der Prozess einer solchen erheblichen organisatorischen Aufwertung nur selten problemfrei, da die gleichberechtigte Positionierung einer „Querschnittsfunktion" Kompetenz- und Machtverluste der tradierten Grundfunktionen bedeutet.

Die Koordinationsausprägung der Logistik baut auf dem Wissen der funktionalen Spezialisierung auf und ergänzt umfassendes Steuerungswissen im Beschaffungs-, Produktions- und Distributionsbereich. Neben der Breite steigt auch die Tiefe des erforderlichen Wissens: Koordinationsfragen betreffen primär allgemeine betriebswirtschaftliche Modelle und Lösungsansätze, etwa dann, wenn es um die unternehmenszielgerechte Lösung von Interessenkonflikten zwischen den funktionalen Teilbereichen der Materialflusskette geht. Konzeptionell wieder aufgegriffen werden Gesamtplanungsmodelle, die sich allerdings schnell Komplexitätsgrenzen ausgesetzt sehen. Zur Herausbildung spezifischer logistischer Modelle oder Instrumente ist es dabei jedoch nicht gekommen.

2.3 Logistik als Durchsetzung des Flussprinzips

Die dritte Phase der Logistikentwicklung fokussierte – kontextbedingt – die Betrachtung auf einen Aspekt, der auch in den vorherigen Entwicklungsphasen als bedeutsam, jedoch nicht als entscheidend angesehen wurde.

Die Wettbewerbsintensität stieg in den 1990er Jahren weiter an. Unternehmen standen vor dem Problem, Differenzierung mit Kostensenkungen verbinden zu müssen. Derartige Anforderungen sind mit traditionellen, auf Funktionsspezialisierung aufbauenden Gestaltungen der Geschäftssysteme nicht mehr zu bewältigen. Unter den verschiedensten Begriffen (z.B. Lean

Production, Systems Reengineering) kam es zu Strukturbrüchen. Diese beinhalteten jeweils die Präferenz, zumindest jedoch die Gleichstellung einer Prozess- gegenüber einer Struktursicht. Hohe Dynamik machte eine Reduzierung der Komplexität (z.B. durch Fertigungssegmentierung) ebenso erforderlich, wie sie zu einer Reduktion einer Koordination durch Pläne gegenüber einer Koordination durch Selbstabstimmung führte (vgl. zu den Koordinationsmechanismen im Überblick z.B. Kieser u. Walgenbach 2003, S. 107ff.).

Die Logistik wandelte sich in diesem Kontext von einer Dienstleistungs- zu einer Führungsfunktion, deren Ziel es ist, das gesamte Unternehmen flussorientiert auszugestalten. Zwar wurde auch in den vorangegangenen Entwicklungsphasen der Logistik die Realisierung eines reibungslosen Material- und Warenflusses angestrebt. Logistik als Durchsetzung des Flussprinzips ist aber nicht auf einen bestimmten Leistungstyp beschränkt. Sie betrachtet a priori z.B. einen Transportvorgang und einen Instandhaltungsvorgang als potenziell gleichbedeutend (eine zu spät ausgeführte schadensbedingte Instandsetzung stört u.U. den Fertigungsfluss mehr als ein verspäteter Transport). Weiterhin beinhaltet sie die Gestaltung von Führungshandlungen (z.B. Verankerung servicegradbezogener Anreize im Vergütungssystem von Produktionsmanagern). Grundsätzlich werden dabei alle Strukturen, die die koordinationsbezogene Logistik noch als (im Wesentlichen) gegeben „hinnehmen" musste, nun grundsätzlich als veränderbar angesehen.

Gestaltung von Führung vorzunehmen, ist ein sehr weitreichendes und zudem heterogenes Aufgabenfeld. Deshalb ist zwischen der Logistik als Koordinationsfunktion und ihrer Sicht als spezielle Führungsfunktion eine sehr große Divergenz der Wissensbasen festzustellen. Logistik als Führungsfunktion nimmt Transportieren, Umschlagen und Lagern ihre herausgehobene Bedeutung und betrachtet alle Leistungen prinzipiell als für das Funktionieren des Flusssystems gleichbedeutend. Dies macht es hilfreich, ja notwendig, vorhandenes Wissen zu entlernen, um nicht unbeabsichtigt zuweilen weiter in den alten Bahnen zu denken. Gleichzeitig ist von den Logistikverantwortlichen detailliertes und zugleich breites Führungswissen zu erwerben. Ein Großteil dieser neuen Wissensbasis wird man allerdings dadurch eröffnen, dass viele andere Führungskräfte in die Flussgestaltung mit einbezogen werden. Hier zeigt sich eine Parallele zum Marketing: Je mehr man Kundenorientierung als eine Philosophie und nicht als eine Aufgabe von Spezialisten begreift, desto breiter wird das entsprechende Wollen und Können auf eine Vielzahl von Individuen aufgeteilt, die jeweils nur spezifische Facetten des Gesamtwissens kennen bzw. lernen müssen.

Um das breit gestreute individuelle Wissen integriert nutzen zu können, sind schließlich noch organisationale Wissensbausteine zu verankern. Hierbei ist nicht an allumfassende Steuerungsmodelle zu denken, die sich angesichts hoher Komplexität und Dynamik als ungeeignet erweisen. Im Vordergrund stehen vielmehr bestimmte „Spielregeln", etwa die Verankerung logistikbezogener Kostensätze in CAD-Systemen (z.B. Integration von Komplexitätskosten) oder die Honorierung hoher Servicegrade in Bonusvereinbarungen.

Ein derart breiter Spread von Wissen macht eine flussorientiert verstandene Logistik zu einer sehr anspruchsvollen Disziplin. Somit besteht die Gefahr, dass die einzelnen Problemfelder methodisch wie inhaltlich zu weit auseinander liegen. Entsprechendes gilt auch für die Theorieperspektive. Eine einheitliche Theorie, die Flussorientierung hinreichend erklären könnte, gibt es nicht, und auch für den Mix für einzelne Teilprobleme isoliert oder miteinander kombinierbarer anwendbarer Theorien liegt kein gemeinsames Verständnis vor.

Noch gravierender erscheint das Problem in der Praxis. Logistik als Flussorientierung wird zur allgemeinen Aufgabe des Managements. Gesonderte Aufgabenträger sind nur in Stabsfunktion, insbesondere als interne Berater, denkbar. Damit besteht die Gefahr zu geringer interner Bedeutung und damit zu geringer Durchsetzungsmacht. Die dritte Entwicklungsstufe zu erreichen, kann deshalb in der Praxis bedeuten, trotzdem nicht die Spezialisierung auf material- und warenflussbezogene Dienstleistungsprozesse aufzugeben. Ansonsten ist die Erfüllung der Versorgungsaufgabe der Logistik gefährdet.

2.4 Logistik als Supply Chain Management

Die zeitlich gesehen letzte Phase der Logistikentwicklung weitet den Blick explizit über Unternehmensgrenzen aus und versucht, das Prinzip der flussorientierten Gestaltung der Wertschöpfung auf mehrere miteinander in Liefer- und Leistungsbeziehungen stehende Unternehmen gemeinsam anzuwenden. Dieser Schritt wurde schon in der koordinationsorientierten Phase der Logistik angegangen, insbesondere in Konzepten der Just-in-Time-Produktion. Unter den anschaulichen Begriff des Supply Chain Management gefasst, geht der Versuch der flussbezogenen Verknüpfung von Gliedern der Wertschöpfungskette nun – zumindest vom Anspruch her – deutlich über duale Kopplungen, wie sie JIT-Konzepte charakterisieren, hinaus: Angestrebt wird idealtypisch eine Koordination von der „source of supply" zu dem „point of consumption", also von der Gewinnung des Rohmaterials bis zum abschließenden Konsum. Dem Supply Chain Management wird demnach die Aufgabe der Integration der gesamten Wertschöpfungskette zugewiesen.

Vielfältige Anstöße führten zu dieser Entwicklung. Zunächst resultierten aus der zunehmenden Globalisierung der Wirtschaft weiter steigende Anforderungen an die Effizienz und Effektivität der Unternehmen. Wenn unternehmensinterne Rationalisierungspotentiale weitgehend ausgeschöpft waren, mussten solche in der interorganisationalen Zusammenarbeit gesucht – und gefunden – werden. Weiterhin hatten bestimmte Branchen (vorweg die Automobilindustrie) Erfahrungen mit unternehmensübergreifender Logistik gesammelt. Der fokale Charakter des Zuliefernetzwerkes erleichterte hier die Abstimmung. Erfahrungen unternehmensübergreifender Zusammenarbeit resultierten darüber hinaus aus langfristigen Kooperationsanstrengungen, sei es im Rahmen von Netzwerken, sei es in strategischen Allianzen. Schließlich unterstützte die Entwicklung der Informations- und Kommunikationstechnologie – z.B. durch die Generierung von Standards – diesen Prozess.

Allerdings bereitet die Realisierung von Supply Chains ein breites Feld von Führungsproblemen – und erst sie machen es sinnvoll, für Supply Chain Management eine eigene Stufe der Logistikentwicklung zu konstatieren. Einige wenige dieser Probleme seien zur Veranschaulichung kurz dargestellt:

- Ein Führungsschwerpunkt ergibt sich aus der Fragestellung, welche Wertschöpfungsprozesse von welchem Supply Chain-Partner übernommen werden sollen. Angesichts der vielfältigen relevanten Aspekte von Wollen (Opportunismus, Macht, Zielkongruenz u.a.m.) und Wissen (z.B. Ausführungs- und Führungskompetenz, Lernfähigkeit) der potenziellen Partner müssen komplexe Instrumente und Methoden herangezogen werden, um die anstehende Entscheidung betriebswirtschaftlich zu fundieren. Methodisch spielen Prozesskostenrechnungen ebenso eine Rolle wie institutionenökonomische Analysen, auf die an späterer Stelle nochmals einzugehen sein wird.
- Noch vielschichtiger sind die Führungsaufgaben in der Phase des laufenden Managements von Supply Chains. Die Intensität der Beziehung zwischen den Partnern bestimmt dabei die Arbeitsschwerpunkte der Führung. Unterliegt die Beziehung einer geringen Intensität – werden also relativ wenig Produkte, Informationen (z.B. Warenverfügbarkeit) und Wissen (z.B. durch eine gemeinsame F&E) zwischen den Partnern ausgetauscht –, richtet sich die Führungsaufgabe im Wesentlichen auf die Informationsversorgung, z.B. via eines kontinuierlichen und durchgängigen Partnermonitorings (z.B. Erfassung und Kontrolle von Liefertreuen oder Qualitätsdaten). Mit zunehmender Intensität der Beziehung

gilt es, die Strukturen und Prozesse der einzelnen Netzwerkpartner der zunehmenden Wichtigkeit unternehmensübergreifender Strukturen anzupassen. Handlungsbedarfe entstehen jetzt vor allem aus einer fehlenden unternehmensübergreifenden Koordination zwischen Planung, Kontrolle und Informationsversorgung der Netzwerkpartner. Auch dies erfordert eine genaue Modellierung von Fähigkeiten und Präferenzen der beteiligten Partner ebenso wie unterschiedlicher Einstellungen und Kulturen. Hiermit werden Problemfelder angesprochen, die in Bezug auf die vorgelagerten Entwicklungsstufen der Logistik neu sind und die auch nicht mit den bisher angesprochenen Theorien und Instrumenten abgedeckt werden können.

Die Logistik auf eine unternehmensübergreifende Zusammenarbeit auszurichten, erhöht ihren Erkenntnisbereich nochmals deutlich. Thematisiert werden Fragestellungen, für deren Beantwortung industrieökonomische Lösungshilfen ebenso herangezogen werden müssen wie institutionenökonomische. Mit anderen Worten reicht hier die Theoriebasis selbst der 3. Entwicklungsstufe der Logistik nicht aus. Wer jede Zusammenarbeit in einer Supply Chain als reine Kooperation einstuft oder eine kollaborative Planung nur an IT-technische Grenzen stoßen sieht, hat dies nicht berücksichtigt und muss sich nicht wundern, dass die Realität der Zusammenarbeit in Supply Chains häufig ganz anders aussieht („Kooperationsromantik“).

Mit dem „echten“, d.h. unternehmensübergreifenden Supply Chain Management kommt somit eine neue Problemstellung in das Lehr- und Forschungsgebäude der Logistik, die zwar auf den bisher vorgestellten Teilbereichen aufbaut, aber dennoch eine neue Qualität besitzt. Bezieht man den Begriff des Supply Chain Managements auch auf unternehmensinterne Zusammenarbeit, ist er dort im Wesentlichen nur ein neues Wort für die koordinationsorientierte Ausprägung der Logistik.

2.5 Zwischenfazit

Das Nachzeichnen der Entwicklung der Logistik zeigt eine deutliche Ausweitung der Breite des Faches, vom Kristallisationskern der Betrachtung einer Gruppe spezifischer Leistungen (TUL) bis zu einer Führungsfunktion in unternehmensübergreifenden Kooperationen. Entsprechend vielgestaltig ist auch das Set an Theorien, mit denen die Logistik arbeitet bzw. die zur Lösung logistischer Problemstellungen verwendet werden. Dies ist gleichbedeutend mit der Erkenntnis, dass man nicht von einem originären Stock an Theorien der Logistik sprechen kann.

Mit dieser erheblichen Breite sind entsprechende Schwierigkeiten für Forschung und Lehre verbunden: Eine hinreichende Zahl dieser Theorien parallel zu beherrschen, übersteigt schnell die Kapazität des einzelnen Forschers; sich innerhalb dieses Sets zu spezialisieren, erschwert die Kommunikation und das Verständnis innerhalb der wissenschaftlichen Logistik-Gemeinschaft. Für die Studenten liegt lerntechnisch das Problem hoher Methoden- bzw. Theorienvielfalt unmittelbar auf der Hand.

3 Stellung der Logistik im Gebäude der Betriebswirtschaftslehre

Die Betriebswirtschaftslehre hat sich als wirtschaftswissenschaftliche Teildisziplin in den letzten hundert Jahren sehr stark entwickelt. Sie stellt sich heute als ein komplexes, stark ausdifferenziertes Lehr- und Forschungsfeld dar. Die Logistik ist in diesem erst seit relativ kurzer Zeit als eigenständiger Bereich vertreten. Ihre Positionierung bzw. Einordnung sei im Folgenden näher betrachtet, um aus dieser Perspektive heraus den inhaltlichen Kern der Logistik näher zu beleuchten, der wiederum Bezugspunkte für ihre theoretische Fundierung liefern könnte.

Die Betriebswirtschaftslehre weist in ihrer Binnenstruktur einen hohen Differenzierungsgrad auf. Einer nur noch schwach ausgeprägten „Allgemeinen Betriebswirtschaftslehre" steht eine große Zahl von „speziellen Betriebswirtschaftslehren" gegenüber. Ein großer Teil von diesen lässt sich in vier Gruppen unterteilen (vgl. ausführlich Weber 1996).

Faktorlehren. Derartige Spezialisierungen sind auf wichtige Produktionsfaktoren gerichtet. Klassisch zählen hierzu Personalwirtschaft und Finanzen, daneben Informationswirtschaft und – deutlich weniger intensiv behandelt – Anlagenwirtschaft. Die engsten Bezüge der Logistik bestehen zur Materialwirtschaft als weiterer Faktorlehre. Dies wird deutlich, wenn man die Fokussierung der Logistik auf den Material- und Warenfluss bedenkt oder auch die Bezeichnung des BME (Bundesverband Materialwirtschaft, Einkauf und Logistik e.V.) betrachtet. Materialwirtschaft und Logistik weisen einen inhaltlichen Überschneidungsbereich auf. Allerdings ist die Theoriebasis der Materialwirtschaft keinesfalls so ausgeprägt, dass sie in der Frage eigenständiger Theorien bzw. eines spezifischen Theorieclusters in der Logistik weiterhelfen könnte.

Funktionenlehren. Bei der Produktionswirtschaft, der Absatzwirtschaft und der Beschaffungswirtschaft handelt es sich quasi um „die klassischen" speziellen Betriebswirtschaftslehren, wobei die Beschaffungswirtschaft von ihrer Bedeutung her erst in den letzten Jahren dabei ist, zu den anderen beiden aufzuschließen. Differenzierungskriterium ist bei ihnen die Frage nach dem Typus der vollzogenen Ausführungstätigkeiten. Zur Logistik geben sich in dieser Differenzierungsrichtung dann keine Überschneidungen, wenn man nur ihre erste Entwicklungsstufe betrachtet. Die Logistik wäre in diesem Fall eine weitere auf einen Tätigkeitstyp (TUL) ausgerichtete Spezialisierung. Der Theoriegehalt wäre dann in Aussagensystemen zu finden, die (allein) auf Transporte, Lagerungen und Umschlagsvorgänge ausgerichtet sind (z.B. Lagerhaltungs- und Transportmodelle). Logistik in der zweiten Entwicklungsstufe bezieht sich zwar auf Funktionenlehren, verlässt aber durch die sie charakterisierende Koordinationsfunktion die Ausführungsebene und ist in den Bereich der noch vorzustellenden Führungslehren einzuordnen. Die Entwicklungsstufen 3 und 4 schließlich werden von dem Raster von Funktionenlehren gar nicht erfasst.

Wirtschaftszweiglehren: Ebenfalls als spezielle Betriebswirtschaftslehren etabliert sind Wirtschaftszweiglehren, zu denen z.B. die Industrie-, Handels- und Bankbetriebslehre zählen. Sie sind auf unterschiedliche Leistungen bzw. Produkte ausgerichtet, die spezifischer Produktionsprozesse bedürfen. In dieser Differenzierungsrichtung bestehen die engsten Bezüge zur Verkehrsbetriebslehre, die sich auf Unternehmen spezialisiert hat, die man in heutiger Terminologie als Logistikdienstleister bezeichnen würde. Die veränderte Bezeichnung kann auch als ein Indikator für den Stand der Verkehrsbetriebslehre gewertet werden; sie ist – vielleicht mit Ausnahme der Personenlogistik – fast völlig in die Logistik integriert worden, dies allerdings auf Kosten einer weiteren Ausdehnung des „Geltungsbereichs" der Logistik.

Führungslehren: Es verbleiben als vierte und letzte Gruppe von speziellen Betriebswirtschaftslehren solche, die auf bestimmte Führungsfunktionen ausgerichtet sind. Von diesen ist insbesondere die Organisationslehre etabliert und weit verbreitet. Planung und Kontrolle als weitere Führungsfunktionen sind deutlich weniger eigenständig ausgeprägt. Ersterer könnte man methodisch das Operations Research zurechnen; inhaltliche Fragen sind zumeist anderen Teildisziplinen zugeordnet (Produktionsplanung z.B. der Produktion, Ergebnisplanung dem Controlling). Ähnliches gilt für die Kontrolle. Hier findet man als spezielle Betriebswirtschaftslehre am ehesten die Wirtschaftsprüfung, die allerdings auch als eine Wirtschaftszweiglehre eingeordnet werden könnte.

Wie bereits angesprochen, müsste die Logistik in dem Spezifischen ihrer zweiten Entwicklungsstufe auf der Ebene einer Führungslehre verankert werden, da sie die grundfunktionsbezogenen Teilplanungen miteinander koordiniert. Auch die flussorientierte inhaltliche Ausgestaltung von unternehmensinternen (3. Entwicklungsstufe) und unternehmensübergreifenden (4. Entwicklungsstufe) Wertschöpfungssystemen wäre logisch auf der Ebene der Führungslehren zu verorten. Eine solche Diskussion ist allerdings in der betriebswirtschaftlichen Community nicht erfolgt.

Als Fazit lässt sich damit festhalten, dass sich die Logistik am ehesten *funktional* „sauber" in die gegebene Strukturierung spezieller Betriebswirtschaftslehren einordnen lässt. Hiermit wird aber nur die erste Entwicklungsstufe adäquat eingefangen. Die anderen drei Stufen wären im Bereich der Führungslehren verortbar, haben dort aber – zumindest heute noch – keinen hinreichend umfangreichen Erkenntnisbereich, um eine Spezialisierung auf dieser Ebene zu rechtfertigen. Dies ist ein für die Logistik wenig zufriedenstellender Befund.

Vor diesem Hintergrund sei die Logistik abschließend mit zwei anderen vergleichsweise neuen betriebswirtschaftlichen Bereichen verglichen, dem Marketing und dem Controlling. Ähnlich wie für die Logistik wurden auch für diese beiden Felder die jeweilige eigenständige theoretische Fragestellung und Basis hinterfragt.

Sowohl hinter dem Marketing als auch hinter dem Controlling steht jeweils eine spezifische Leitidee. Eine – weit verbreitete – Sichtweise sieht im Marketing eine grundlegende Ausrichtung aller Leistungs- und Führungsprozesse im Unternehmen auf die Bedürfnisse der Kunden. Im Controlling gewinnt in den letzten Jahren eine Auffassung an Bedeutung, die diesem die Funktion der Sicherstellung der Führungsrationalität zuweist (Rationalitätssicherung). Eine diesen beiden vergleichbare Leitidee lässt sich auch für die Logistik identifizieren, die sie schon von ihren historischen Wurzeln her gekennzeichnet hat: Die *Gewährleistung der Versorgungssicherheit*. Eine solche Leitidee allein sichert aber keine hinreichende konzeptionelle und erst recht keine theoretische Eigenständigkeit.

Für die Logistik kommt erschwerend hinzu, dass sie sich von ihrem Grundansatz her systematisch mit anderen Funktionen überschneidet. Sie will schon in ihrer ersten Entwicklungsstufe alle TUL-Prozesse innerhalb der Wertschöpfung des Unternehmens bündeln, unabhängig davon, in welchem Funktionsbereich sie anfallen. Das Marketing als betriebswirtschaftliche Spezialisierung greift dagegen auf den Absatzbereich des Unternehmens zurück, der ihm von keiner anderen Funktion streitig gemacht wird. Auch das Controlling besitzt mit dem internen Rechnungswesen und der Ergebnisplanung solche originären Bereiche. Diesen stehen jeweils auch entsprechende Organisationsbereiche in der Praxis gegenüber. Dies sichert theoretisch die Legitimation, praktisch eine notwendige „Hausmacht". Die Logistik ist dagegen bereits auf der Ebene der physischen Material- und Warenflussprozesse organisatorisch über das Unternehmen hinweg verteilt. Bereits die Idee einer übergreifenden Steuerung von TUL-Prozessen scheitert in der Praxis häufig an Bereichsgrenzen (dies ist z.B. an einem bereichsspezifischen Outsourcingverhalten zu erkennen, vgl. Engelbrecht

2004, S. 146), und damit schöpft die Logistik noch nicht einmal das Potenzial der ersten Entwicklungsstufe voll aus.

Auch die Betrachtung der Binnendifferenzierung der Betriebswirtschaftslehre liefert somit keinen klaren Weg, den theoretischen Kern der Logistik zu finden. Sie lässt allerdings zweierlei erkennen: Transport-, Umschlags- und Lagerprozesse als Kern und Basis der Logistik zu sehen, stellt den besten Weg dar, die Logistik in den Kanon der speziellen Betriebswirtschaftslehren einzuordnen. Eine Spezialisierung wäre prinzipiell auch im Bereich der Führungslehren möglich. Allerdings gibt es hierfür noch keine erfolgreichen, etablierten Vorbilder. Insofern wird mit Spannung zu beobachten sein, ob der international dominant gewählte Weg, Logistik und Supply Chain Management als getrennte Disziplinen zu sehen, mit einer Nachhaltigkeit des Supply Chain Managements als eigenständige Forschungsdisziplin verbunden sein wird.

4 Logistik in der Perspektive spezieller Theorien

4.1 Zwischenfazit der bisherigen Überlegungen

An dieser Stelle gilt es festzuhalten, dass sich die Logistik aus betriebswirtschaftlicher Perspektive eher als ein unscharfes Konstrukt darstellt. Unbestritten umfasst sie alles, was mit den materialflussbezogenen Dienstleistungen – Transportieren, Umschlagen und Lagern – zu tun hat. Dieses ist aus theoretischer Perspektive allerdings von nur begrenztem Erkenntniswert. Die größte Eigenständigkeit ergäbe sich hier als Wiedergeburt der Wirtschaftszweiglehre Verkehrsbetriebslehre. Allerdings ist eine solche Entwicklung gänzlich unwahrscheinlich.

Sieht man den Kern in der material- und warenflussbezogenen Koordination, gewinnt die Logistik aus betriebswirtschaftlicher Sicht stark an inhaltlicher Substanz, weil der gesamte Bereich sachzielbezogener Planung und Steuerung unter Logistik gefasst wird. Sehr viele, theoretisch reizvolle Problemstellungen und hierauf bezogene Modelle zählen dann zum Geltungsbereich der Logistik (vgl. als einen Eindruck hierzu Nyhuis u. Wiendahl 2007). Allerdings ergibt sich dieser Theorienfundus bei näherem Hinsehen „nur“ aufgrund einer Zuordnung von Bekanntem zu einem neu geschaffenen Gebiet. Eine solche Subsumption ist hilfreich, um als neue Disziplin entsprechend ernst genommen zu werden, allerdings ist sie weniger erfolgversprechend, um die Frage nach *spezifischen* logistischen Theorien bzw. Theoriesets zu beantworten.

Logistik als Umsetzung einer Flussorientierung zu sehen, rückt sie schließlich schon bei der innerbetrieblichen Ausprägung in die Nähe einer originären Führungsaufgabe, die organisatorisch eher dem CEO als dem Logistikleiter zugeordnet werden sollte, um der Breite und Tragweite der entsprechenden Maßnahmen gerecht zu werden. Eine einheitliche theoretische Basis hierfür kann angesichts der Komplexität der Aufgabe nicht gefunden werden. Letztlich ist das gesamte Spektrum betriebswirtschaftlicher Theorien potenziell relevant. Ähnliches gilt für die zwischenbetriebliche Flussorientierung. Hier kommen noch Theorien hinzu, die im Schnittfeld zwischen Betriebs- und Volkswirtschaftslehre angesiedelt sind. Auch ihnen kann keinesfalls eine Logistikspezifität zugemessen werden. Eine solche könnte nur für ein Set gemeinsam genutzter Theorien gefunden werden. Von der Einigung auf ein solches scheint die Logistik-community aber auch noch ein beträchtliches Stück entfernt zu sein.

Wenn die Suche nach einer spezifischen Theoriebasis der Logistik auf den ersten beiden Wegen somit wenig fruchtbar war, soll nun noch ein dritter Zugang versucht werden. Diesmal sei direkt bei wichtigen Theorien angesetzt, derer sich die Betriebswirtschaftslehre bedient.

4.2 Produktionstheorie

Wie in der Einführung bereits kurz angesprochen, ist der produktionstheoretische Ansatz innerhalb der Betriebswirtschaftslehre eng mit dem Namen Erich Gutenberg verbunden, der nicht nur eine Generation von Forschern stark beeinflusst hat. Gutenberg sieht die Unternehmung im Wesentlichen als ein System von Produktionsfunktionen, das durch den „dispositiven Faktor“ ausgestaltet wird. Menschen nehmen innerhalb dieser Produktionsfunktionen den Platz von Produktionsfaktoren ein und besitzen eine für ihre ausführende Tätigkeit passende Faktoreignung. Ihre eigenen Präferenzen müssen nicht gesondert modelliert werden, weil sie (a) durch die Übernahme ihrer Stelle die grundsätzliche Adäquanz von Anreiz (Gehalt) und Beitrag (Arbeit) signalisiert haben und (b) eine hinreichende Kontrollmöglichkeit unterstellt wird, so dass sie die Anforderungen der Stelle auch tatsächlich erfüllen.

Insofern ist der Ansatz mit dem in der Ökonomik vorherrschenden Modell des homo oeconomicus kompatibel, ohne dass aber im Weiteren Menschen gesondert, d.h. in einer anderen Weise als andere Produktionsfaktoren, modelliert werden müssen. Der dispositive Faktor selbst wird dabei keiner ökonomischen Betrachtung unterzogen; er ist kein Gegenstand produktionswirtschaftlicher Analyse.

Betrachtet man die Logistik aus der Perspektive der Produktionstheorie, so ergibt sich folgendes Bild:

1. Logistik in ihrer ersten Entwicklungsstufe bedeutet eine Beschäftigung mit einer speziellen Art von Dienstleistungen; insofern lässt sie sich als eine Ausdifferenzierung ansehen, da die klassische Produktionstheorie primär auf Sachleistungserstellung gerichtet war. Allerdings sind Beiträge zur Weiterentwicklung der Produktionstheorie kaum erkennbar.
2. Logistik als material- und warenflussbezogene Koordinationsfunktion wird durch die produktionstheoretische Perspektive in hohem Maße abgedeckt. Die klassischen Planungsinstrumente und -modelle, wie sie auch von Hans Peter Wiendahl mitentwickelt wurden, sind in obigem Sinne produktionstheoretischer Natur. Sie wurden allerdings nicht unter der Perspektive der Logistik entwickelt, sondern als Teil (insbesondere) produktions- und absatzbezogener Forschung. Beim Dilemma der Ablaufplanung handelt es sich um ein geradezu klassisches Problem der Produktionswirtschaft, das bereits von Erich Gutenberg untersucht wurde. Dass die Modellstruktur der der Produktionstheorie so exakt entspricht, ist damit keineswegs zufällig. Diese Strukturgleichheit macht den Theoriebezug der Logistik aber streng genommen wiederum nur zu einem Ergebnis eines klassifikatorischen Vorgehens.
3. Flussorientierung lässt sich als komplexe theoretische Fragestellung erkennen, die mit den unterschiedlichsten Theorien bearbeitet werden kann; unter diesen befindet sich auch die Produktionstheorie; sie scheint aber nur für wenige Teilfragen als lösungsgeeignet. Umgedreht hat die Logistik in ihrer Flussperspektive keinen sichtbaren Beitrag zur Weiterentwicklung der Produktionstheorie leisten können.
4. Für das Supply Chain Management gilt schließlich Ähnliches. Allerdings sind dort auch viele Koordinationsthemen diskutiert worden, die sich von den Fragestellungen der zweiten Entwicklungsstufe der Logistik „nur" durch die Einbeziehung unterschiedlicher Unternehmen unterscheiden. Für eine produktionstheoretische Modellierung hat dies keine signifikanten Konsequenzen. Sie unterstellt implizit den Willen zu einer engen Kooperation, um gemeinsamen Nutzen durch eine gemeinsame Abstimmung zu erzielen; die Möglichkeit einer opportunistischen Ausbeutung unterschiedlicher Handlungsspielräume ist der Produktionstheorie fremd. Die anfängliche Entwicklung des Supply Chain Managements weist tatsächlich enge Bezüge zu einer solchen Sichtweise auf. Dem entsprechen auch die frühen Entwicklungen entsprechender Software. Heute ist eine realistischere Sicht eingekehrt. Supply Chain Management wird nicht mehr nur als reine Kooperationsvariante gesehen, sondern eher als Frage, wie sich die Beziehung zu Lieferanten und Kunden flussbezogener ausgestal-

ten lässt; dies kann mit Spot-Lösungen (z.B. Transparenz über Lieferfähigkeit) ebenso gelingen wie über den Aufbau enger relationaler Beziehungen. Für die Festlegung des richtigen Vorgehens ist aber eine genauere Modellierung der beteiligten Akteure erforderlich. Hier hilft Produktionstheorie nicht weiter.

4.3 Neue Institutionenökonomik

Eine zentrale Grundannahme der Neuen Institutionenökonomik besteht in einer partiellen Abkehr von den Annahmen des homo oeconomicus der neoklassischen Ökonomik. Dieser wird nicht mehr als allwissend modelliert, sondern unterliegt einer nur begrenzten Kenntnis seiner Situation, in der er handelt. Zwei Teiltheorien der Neuen Institutionenökonomik richten sich dabei auf unterschiedliche Problemsituationen.

Die *Prinzipal-Agenten-Theorie* (PA-Theorie) betrachtet eine unternehmensinterne Vorgesetzten-Untergebenen-Situation, in der der Vorgesetzte (Prinzipal) die Arbeitsleistung seines Untergebenen (Agent) nicht vollständig einsehen und beurteilen kann (vgl. ausführlich Meyer 2004). Eine solche Situation ist der Produktionstheorie fremd, da es – wie angesprochen – auf der Ebene ausführender Tätigkeiten zumeist hinreichende Möglichkeiten gibt, die menschliche Arbeitsleistung zu kontrollieren, so dass die in der Produktionsfunktion niedergelegten Erwartungen an den Produktionsfaktor Mensch mit hoher Sicherheit erfüllt werden. Gilt diese Kontrollierbarkeit für den Prinzipal nicht mehr in ausreichendem Maße – und dies ist auf der Ebene von Führungsprozessen die Regel –, so entstehen diskretionäre Handlungsspielräume, die von den Agenten eigensüchtig ausgenutzt werden bzw. ausgenutzt werden können, z.B. durch eine Reduzierung ihres Arbeitseinsatzes (Verringerung von „Arbeitsleid“). Ein wesentlicher Weg, dieses zu verhindern, besteht in einer geeigneten Anreizsetzung für den Agenten, insbesondere dadurch, dass der Prinzipal ihn am Arbeitsergebnis beteiligt. Hiermit sind sog. „agency costs“ verbunden, die der Prinzipal zu tragen hat. Die PA-Theorie hat sich mittlerweile zu einer etablierten Forschungsrichtung innerhalb der Betriebswirtschaftslehre entwickelt.

Das zweite hier anzusprechende Element der Neuen Institutionenökonomik ist die Transaktionskostentheorie, die untrennbar mit dem Namen von Oliver Williamson verbunden ist (Williamson 1985). Sie fragt nach der optimalen Organisationsform von Unternehmen und erweitert die klassische Dichotomie Markt versus Hierarchie um eine relationale Interaktionsform. Wesentlicher Treiber für die Wahl der geeigneten Organisationsform einer wirtschaftlichen Aktivität sind Transaktionskosten, die von bestimmten Verhaltensmerkmalen der Akteure, von den Eigenschaften der Transaktion und von der gewählten Organisationsform abhängen. Das für die Modellierung bestimmende Verhaltensmerkmal ist die bereits angesprochene Begrenzung der Situationskenntnis, diesmal jedoch auf der Ebene der Vertragsgestaltung. Aufgrund der begrenzten Rationalität können keine vollständigen Verträge geschlossen werden. Dies macht es wiederum erforderlich, die Interessen der Akteure explizit zu berücksichtigen. Auch für die Transaktionskostentheorie ist die Möglichkeit opportunistischen Verhaltens zentral bedeutsam. In der Betriebswirtschaftslehre hat die Transaktionskostentheorie insbesondere für die Frage der optimalen Unternehmensgrenzen eine erhebliche Bedeutung erlangt (vgl. Antlitz 1999).

Betrachtet man die Logistik aus der Perspektive der Neuen Institutionenökonomik, so ergibt sich folgendes Bild:

1. Die Sicht der Logistik als material- und warenflussbezogene Dienstleistungsfunktion rekurriert im Wesentlichen auf standardisierte und deshalb gut kontrollierbare Ausführungsprozesse. Damit spielt das Informationsproblem keine bedeutende Rolle. Für eine institutionenökonomische Modellierung besteht kein Ansatzpunkt. Eine entsprechende Forschung fehlt somit.
2. Die zweite Entwicklungsstufe der Logistik bietet dagegen in institutionenökonomischer Perspektive ein breites potenzielles Betätigungsfeld, da die Koordinationsaufgabe aufgrund ihrer Komplexität und Datenunsicherheit (z.B. Absatzprognosen, Ausfallraten und vieles andere mehr) nur eine unvollständige Kenntnis der Situation zulässt. Damit sind Interessenkonflikte zwischen Abteilungen und/oder einzelnen individuellen Akteuren die Regel und nicht die Ausnahme. Von der Neuen Institutionenökonomik sollte man allerdings mehr die grundsätzliche Perspektive als konkrete Lösungsmethoden erwarten: Typischerweise tritt der Logistikleiter (wenn ein solcher überhaupt in der Organisation vorhanden ist) nicht als Prinzipal zur Lösung der Koordinationsprobleme auf, sondern hat nur eine Moderatorenfunktion z.B. zwischen Produktion und Vertrieb inne. Ein klassisches PA-Modell kann deshalb nicht Anwendung finden. Dennoch hilft die Perspektive deutlich weiter, indem sie etwa die Aufmerksamkeit auf die Frage lenkt, welche Anreize den einzelnen Bereichen gegeben werden sollten, um eine Koordination zu erleichtern (z.B. Entlohnung einer Termintreue). Unabhängig von der potenziellen Fruchtbarkeit eines solchen Ansatzes stellt sich auch bei der institutionenökonomischen Modellierung die Frage nach der Originalität als Bestandteil logistischer Theorien. Hier ist analog wie bei der klassischen Produktionstheorie zu argumentieren.

3. Die Setzung flussorientierter Anreize ist potenziell auch der wichtigste Beitrag einer institutionenökonomischen Perspektive für die dritte Entwicklungsstufe der Logistik. Darüber sind die Theorien auch für die Betrachtung konkreter Akteurskonstellationen heranziehbar, etwa für die Frage nach dem optimalen Outsourcinggrad.
4. Für die Übertragung der internen Flussorientierung auf externe Akteure im Rahmen des Supply Chain Management schließlich bietet sich insbesondere die Transaktionskostentheorie an, die exakt auf die Betrachtung derartiger Arrangements gerichtet ist (vgl. hierzu z.B. Groll 2004).

Insgesamt zeigt sich also eine fruchtbare Einsatzmöglichkeit der Neuen Instititutionenökonomik für die Logistik, wenn man deren erste Entwicklungsstufe einmal außer acht lässt. Insofern können sich die Produktionstheorie und die Neue Institutionenökonomik in der theoretischen Untermauerung der Logistik gut ergänzen. Allerdings ist diese Möglichkeit in der Logistikforschung bislang noch zu wenig genutzt worden. Damit konnte von der Logistik zugleich nicht die Chance genutzt werden, einen nennenswerten Beitrag zur Spezifizierung und Weiterentwicklung der Neuen Institutionenökonomik zu leisten.

4.4 Kognitions- und verhaltenswissenschaftliche Theorien

Sehr kontrovers in der Betriebswirtschaftslehre diskutiert wird schließlich eine weitere Gruppe von Theorien, die in diesem Beitrag angesprochen werden soll. Hierbei handelt es sich um sozial- und kognitionspsychologisch motivierte Ansätze, die weitere Grundmerkmale des Modells des homo oeconomicus verändern. Diese werden durch Annahmen ersetzt, denen eine höhere Realitätsnähe zuerkannt wird (etwa der Ersatz der Maximierungsregel durch eine Satisfizierungsannahme oder die Modellierung unterschiedlicher Formen kognitiver Begrenzungen). Prominente Promotoren dieser Perspektive sind Simon (z.B. Simon 1961) und Kahneman und Tversky (z.B. Kahneman u. Tversky 1979).

Die traditionell kritische Haltung der Betriebswirtschaftslehre zu solchen Ansätzen liegt in der Komplexität menschlichen Verhaltens begründet. Sie führt zu sehr unterschiedlichen Modellierungsmöglichkeiten, so dass es leicht zum Eindruck einer gewissen Beliebigkeit kommen kann. Entsprechend liegen sehr viele, z.T. auch sehr unterschiedliche verhaltensbezogene Theorien vor. Der Rückgriff auf solche Theorien – Beispiele sind etwa die Dissonanztheorie, die Equity-Theorie oder die Commitment-Trust-Theorie (vgl. zu diesen und ähnlichen Theorien z.B. Wallenburg 2004, S. 59-88) – verlangt deshalb vom Ökonomen eine erhebliche Sorgfalt in der Auswahl und eine sehr präzise Integration entsprechender Annahmen in die konkrete Modellierung.

Verhaltensorientierte Theorien haben innerhalb der Betriebswirtschaftslehre insbesondere im Marketing eine lange Tradition, da es dem Marketing u.a. um die Analyse des Kaufverhaltens der Kunden geht, das nicht allein mit dem Ansatz des homo oeconomicus erklärt werden kann. Daneben gibt es auch im Rechnungswesen einen entsprechenden Forschungszweig („behavioral accounting“) und auch die sehr modelltheoretisch ausgerichtete Finanzwirtschaft öffnet sich seit einigen Jahren der Thematik („behavioral finance“). Als der Logistik nahe stehende Disziplin ist die Beschaffung zu nennen, in der entsprechende Überlegungen ganz aktuell Platz greifen. In der Logistik selbst ist eine verhaltenswissenschaftliche Erweiterung derzeit so gut wie noch nicht diskutiert.

Fragt man nach dem Potenzial einer solchen Erweiterung, so muss eine nähere Analyse zu einem ähnlichen Ergebnis kommen wie bei der Neuen Institutionenökonomik. Auch verhaltensorientierte Theorien setzten am einzelnen Akteur an. Die Tatsache, dass sie weitergehende Veränderungen für diesen annehmen, ändert nichts an der grundsätzlichen Logik der Betrachtung. Damit ist für die erste Entwicklungsstufe der Logistik kaum Hilfestellung zu erwarten. Hier liefert eine produktionstheoretische Perspektive den größten Aussagewert. Für die Sicht der Logistik als Koordinationsfunktion ergibt sich dagegen ein weites Einsatzfeld, das bislang kaum angegangen wurde. Zwei Beispiele mögen dies verdeutlichen. Zum einen vermag die verhaltenswissenschaftlich geprägte Schnittstellenforschung (vgl. im Überblick Knollmann 2007, S. 42-59) diverse Aussagen zu liefern, wie eine Kooperation und Zusammenarbeit zwischen unterschiedlichen Abteilungen ausgestaltet werden sollte, um möglichst reibungslos zu funktionieren. Zum anderen liefert das Konstrukt der mentalen Modelle einen sehr fruchtbaren Zugang zur Erklärung der Persistenz erheblicher Probleme in der Praxis, die Grundfunktionen flussorientiert zu koordinieren. Wer – pointiert formuliert – in seinem Ingenieurstudium Auslastungsgrade von Betriebsmitteln als zentrale Erfolgsgröße verinnerlicht hat, wird als Produktionsleiter immer versuchen, primär sie zu optimieren. Das Konstrukt der mentalen Modelle ist darüber hinaus nicht nur für die zweite, sondern auch für die dritte Entwicklungsstufe der Logistik sehr gut verwendbar. Flussorientierung als grundsätzliche Denkweise im Unternehmen zu verankern, kann exakt darüber operationalisiert werden. Dies zeigt, dass für die Entwicklungsstufen drei und vier der Logistik für verhaltenswissenschaftliche Theorien ähnlich argumentiert werden kann, wie dies für die institutionenökonomische Perspektive im letzten Abschnitt erfolgte.

5 Fazit

Insgesamt betrachtet, liefert die Suche nach einer eigenständigen Theoriebasis der Logistik damit ein eher wenig befriedigendes Ergebnis. Eine einheitliche Theorie der Logistik liegt – folgt man den Analyseergebnissen – weder derzeit vor, noch wird es sie in Zukunft geben.

In dieser Situation steht die Logistik nicht allein. Eine eigenständige Theoriebasis gibt es auch für das Marketing nicht. Auch das Marketing bedient sich je nach Fragestellung sehr unterschiedlicher Theorien. Allerdings ist die Logistik wegen ihrer deutlich stärker ausgeprägten konzeptionellen Breite ein erhebliches Stück vom Theoriestand – als Verständnis der science community über das, was als Fragestellungen und Lösungskonzepten unzweifelhaft zum Fach zählt – des Marketings entfernt. Es ist derzeit sogar noch unklar, wie weit der Erkenntnisbereich der Logistik überhaupt geht (ist Supply Chain Management Teil der Logistik oder eine eigenständige Disziplin?).

Das Beispiel Marketing – und ähnlich gilt dies für Controlling – zeigt auch, dass fehlende Geschlossenheit der theoretischen Basis kein Hinderungsgrund sein muss, eine sehr erfolgreiche wissenschaftliche Disziplin zu sein. Von diesem Status ist die Logistik zumindest in betriebswirtschaftlicher Perspektive aber noch weit entfernt. Es wäre sicher auch nicht als böswillig zu bezeichnen, darüber nachzudenken, ob sie jemals einen vergleichbaren Status erreichen kann. Das Marketing besitzt seine unbestrittene „Heimat“ im Absatzbereich; diese steht nicht zur Disposition. Für das Controlling sieht die Situation etwas kritischer aus, da mit der Harmonisierung des internen und externen Rechnungswesens ein Teil der dem Controlling zugerechneten Funktion (internes Rechnungswesen) auch anders zugeordnet werden könnte. Für die Logistik ist dann, wenn man nicht eine Beschränkung auf Transporte, Umschlags- und Lagervorgänge vornehmen will, die eigenständige Position noch unklarer. Logistische Fragestellungen sind über die gesamte Wertschöpfungskette verstreut. Von der fächersystematischen Zuordnung besteht kein Zweifel, dass die Losgrößenplanung ein Teilgebiet der Produktionsplanung darstellt und die Festlegung eines optimalen Servicegrades in Märkten in das Feld des Marketings fällt. In diesen Funktionen wurden traditionell die Lösungen für derartige Probleme entwickelt. Funktionsübergreifende Schnittstellenthemen sind in der Praxis immer schwer zu organisieren. Für sie ist am ehesten das Top-Management zuständig. Schnittstellenthemen sind auch in der Wissenschaft eher problematisch, da für sie häufig die entsprechenden Top-Journale mit der entsprechenden Anziehungskraft auf junge Forscher fehlen. Zwar bilden sich für die Logistik langsam solche heraus, der Weg zum Topsegment ist aber noch weit.

Es ist also noch ein weiter Weg zu einer nachhaltigen Verankerung der Logistik im Kontext der betriebswirtschaftlichen Forschung und Lehre zu gehen. Es besteht die Notwendigkeit, viel stärker als in der Vergangenheit die wirklich spezifischen Fragestellungen herauszuarbeiten und mit für ihre Lösung heranzuziehenden Theorien zu kontrastieren – dies einzufordern, ist sicher ein wichtiges Verdienst von Hans Peter Wiendahl. Dabei sollte auch nicht grundsätzlich vor einer Reduzierung des doch eher diffus gewordenen Inhalts des Faches zurückgeschreckt werden. Wenn mit diesem Beitrag ein Anstoß für solche theoriegerichteten Überlegungen erfolgt ist, hat er seinen Zweck erfüllt.

Literatur

Antlitz A (1999) Unternehmensgrenzen und Kooperationen – Make-cooperate-or-buy im Zusammenspiel von Kompetenz- und Strategieentwicklung. Dt. Universitäts-Verlag, Wiesbaden

Deepen J (2007) Logistics Outsourcing Relationships – Measurement, Antecedents, and Effects of Logistics Outsourcing Performance. Physica Verlag, Heidelberg

Dehler M (2001) Entwicklungsstand der Logistik – Messung - Determinanten - Erfolgsauswirkungen. Dt. Universitäts-Verlag, Wiesbaden

Engelbrecht C (2004) Logistikoptimierung durch Outsourcing – Erfolgswirkung und Erfolgsfaktoren. Dt. Universitäts-Verlag, Wiesbaden

Groll M (2004) Koordination im Supply Chain Management – Die Rolle von Macht und Vertrauen. Dt. Universitäts-Verlag, Wiesbaden

Gutenberg E (1983) Grundlagen der Betriebswirtschaftslehre, Bd. 1: Die Produktion, 24. Aufl. Springer, Berlin Heidelberg

Kahnemann D, Tversky A (1979) Prospect Theory – An Analysis of Decision under Risk. Econometrica, Vol. 47, pp 263-291

Kieser A, Walgenbach P (2003) Organisation, 4. Aufl. Schaeffer-Poeschel, Stuttgart

Knollmann R (2007) Kooperation von Controllerbereich und Strategieabteilung – Messung, Wirkungen, Determinanten. Dt. Universitäts-Verlag, Wiesbaden

Meyer M (2004) Prinzipale, Agenten und ökonomische Methode. Mohr Siebeck, Tübingen

Nyhuis P, Wiendahl H-P (2007) Ansätze einer Logistiktheorie. In: Hausladen I (Hrsg) Management am Puls der Zeit – Strategien, Konzepte und Methoden. TCW, München, S 1015-1045

Simon H (1961) Administrative Behavior. New York

Stölzle W, Weber J, Hofmann E, Wallenburg CM (Hrsg) (2007) Handbuch Kontraktlogistik – Management komplexer Logistikdienstleistungen. Wiley-VCH, Weinheim

Wallenburg CM (2004) Kundenbindung in der Logistik – Eine empirische Untersuchung zu ihren Einflussfaktoren. Haupt, Bern u.a.

Weber J (1996) Zur Bildung und Strukturierung spezieller Betriebswirtschaftslehren – Ein Beitrag zur Standortbestimmung und weiteren Entwicklung. DBW, 56. Jg. (1996), S 925-946

Weber J (2002) Logistikkostenrechnung – Kosten-, Leistungs- und Erlösinformationen zur erfolgsorientierten Steuerung der Logistik, 2. Aufl. Springer, Berlin u.a

Williamson OE (1985) The Economic Institutions of Capitalism – Firms, Markets, Relational Contracting. Macmillan, New York

Entstehung und Implementierung von Innovationen in der Produktionslogistik

PD Dr.-Ing. Christian Butz, Prof. Dr.-Ing. Frank Straube

Technische Universität Berlin
Institut für Technologie und Management
Bereich Logistik
http://www.logistik.tu-berlin.de

1 Einleitung

Die Abstimmung der Unternehmensprozesse auf Markt- und Kundenanforderungen sowie die Integration von Lieferanten- und Vorlieferantenstrukturen, die daraus resultierende Vernetzung der Wertschöpfungsprozesse zwischen und in Unternehmen, der Kostendruck im Wettbewerb und nicht zuletzt die neuartigen Möglichkeiten durch den Einsatz von Informations- und Kommunikationssystemen erfordern eine ständige Weiterentwicklung der Logistik.

Auf ihrer aktuellen Entwicklungsstufe hat sie die Aufgabe, Produktions- und Kommunikationsprozesse zwischen einer Vielzahl von Wertschöpfungspartnern sowie unternehmerischen Funktionen kundenorientiert in Netzwerken miteinander zu verbinden, um Innovationen zu ermöglichen und in ökonomische Vorteile im Unternehmenswettbewerb zu transferieren. Die ständige Weiterentwicklung erfordert von den Logistikverantwortlichen ein hohes Maß an Flexibilität und Innovationsbereitschaft.

2 Netzwerktheorie, Koordinationstheorie und Logistik

Theoretische Grundlage zur Erklärung der Entstehung und Funktionsweise von Logistiknetzwerken sind sowohl die Netzwerk- als auch die Koordinationstheorie. Die Netzwerktheorie beschreibt Unternehmensnetzwerke als Organisationsform und ordnet sie modelltheoretisch zwischen Markt- und Organisationstheorie ein. Sie liefert ein umfassendes Beschreibungsmodell der Gestaltungsbereiche eines Netzwerkunternehmens (Sydow 1992). Die Aussagen zur Typisierung von Netzwerken entweder in interne, stabile oder in dynamische Netzwerke unterstützen die Beschreibung der in der Praxis der Logistik beobachteten Netzwerkformen.

In *internen* Netzwerken werden Führungskräfte eines Unternehmens angehalten, Leistungen zwischen Geschäftsbereichen zu Marktpreisen auszutauschen, um die Innovations- und Leistungsfähigkeit des Unternehmens zu verbessern. Interne Netzwerke entstehen durch die Modularisierung von Leistungsstellen oder durch die Zusammenführung von Unternehmen nach einer Akquisition. Das Prinzip der Modularisierung folgt der Zielstellung der Implementierung kundenorientierter, durchgängig integrierter Leistungsprozesse in dezentral führbaren Organisationsmodulen mit eigener Ergebnisverantwortung.

In *stabilen* Netzwerken besitzen unterschiedliche Unternehmen die zur Leistungserstellung erforderlichen Ressourcen und widmen diese einer dezidierten Wertschöpfung. Durch partielles Auslagern von Teilprozessen erhöhen stabile Netzwerke die Flexibilität der gesamten Wertschöpfungskette.

In *dynamischen* Netzwerken verfügt das führende Unternehmen über wenige oder keine eigenen Ressourcen und agiert als Koordinator, Steuerungsinstanz oder als Broker. Der Koordinator identifiziert Ressourcen und Kompetenzen seiner Netzwerkpartner und kombiniert sie zu einer neuen Marktleistung (Fleisch 2001).

Eine Ausprägung dynamischer Netzwerke sind z. B. virtuelle Unternehmen, die für ein Projekt bei der Leistungserstellung durch Kombination ihrer Kernkompetenzen gegenüber Dritten wie ein einheitliches Unternehmen auftreten und hierfür geeignete Koordinations- und Logistiksysteme einsetzen.

In der Praxis beteiligen sich Unternehmen allerdings typischerweise gleichzeitig an mehreren Netzwerken, beispielsweise im Einkauf, in der Produktion und in der Entwicklung – diese Tatsache wird von der Netzwerktheorie aber bisher nicht ausreichend berücksichtigt (Straube 2004).

Die Koordinationstheorie stellt Prinzipien zur Beschreibung und Lösung von Koordinationsproblemen bereit und bezieht sich auf die folgenden Koordinationskomponenten: Zeit, Aktivitäten, Ressourcen und Agenten (Malone 1988).

Sie fördert somit eine prozessorientierte Sicht (Crowston 1994). Koordination kann dabei als Management von Abhängigkeiten verstanden werden – Ergebnis sind Lösungsregeln zum Umgang mit Abhängigkeiten, die immer dann gegeben sind, wenn zwei Bereiche auf dieselbe Ressource zugreifen (Crowston 1994). Vernetzung wird von dieser Denkrichtung als Koordination in Netzwerken, somit als Management von Abhängigkeiten in Netzwerken interpretiert (Straube 2004).

Das Ziel der Koordinationstheorie sind die Identifikation und Beschreibung allgemeingültiger Koordinationsprobleme und die Bereitstellung von Mechanismen zur Lösung dieser Probleme im Bereich multipler Abhängigkeiten. Die Optimierungsentscheidung zwischen Transport- und Lagerhaltungskosten ist beispielsweise ein in der Logistik bekanntes Koordinationsproblem. Die Logistik als für die Koordination verantwortliche Leistungseinheit sorgt dafür, dass sich die richtige Ressource (Usability der Koordinationstheorie) zum richtigen Zeitpunkt (Vorbedingung der Koordinationstheorie) am richtigen Ort befindet (Accessibility der Koordinationstheorie) und somit zum Konsum zur Verfügung steht (Malone 1999).

Indem die Koordinationstheorie in dieser Hinsicht die Netzwerksicht mit der Prozesssicht vereint, unterstützt sie die Gestaltung von Geschäftssystemen und Informationssystemen durch die Formulierung von Leitlinien zur prozessorientierten Beschreibung logistischer Netzwerke.

3 Logistik-Netzwerke

Durch den hohen Grad der Komplexität von Produkten und Produktionsstrukturen können vor allem kleine und mittelständische Unternehmen die erforderlichen Kapitalressourcen und weitere Produktionsfaktoren wie Wissen nicht mehr alleine aufbringen (Baumgarten u. Darkow 1999; Männel 1996; Schönsleben 1998). Zudem verteilen sich durch die anhaltenden Globalisierungstendenzen die Nachfragevolumina auf eine steigende Anzahl von Absatzmärkten, so dass meist nur international operierende Unternehmen Größeneffekte realisieren können (Würmser 1998; Wildemann 1996). Als Konsequenz daraus konzentrieren sich Unternehmen immer mehr auf ausgewählte Kernfelder zur Erzielung von Skaleneffekten und Wettbewerbsvorteilen, die von einer Reduzierung der Wertschöpfungstiefe begleitet sind (Wildemann 1999; Klein 1996). Netzwerke bieten diesen Unternehmen die Möglichkeit, gemeinsam als wettbewerbsfähige Einheit am Markt aufzutreten und ihre Vorteile in Flexibilität, Anpassungsfähigkeit und Ressourcenverfügbarkeit auszuspielen.

Im Gegensatz zu sonstigen Formen der Kooperation betrachten Netzwerkmodelle Systeme von mehr als zwei Akteuren sowie deren unterschiedlichen Beziehungen (Männel 1996). Bei Kooperationen und Netzwerken handelt es sich somit weder um identische noch um sich ausschließende oder widersprechende Konzepte unternehmerischer Zusammenarbeit. Sie bilden vielmehr die Basis für strategische Unternehmensnetzwerke (Sydow 1992). Ein strategisches Unternehmensnetzwerk stellt eine auf die Realisierung von Wettbewerbsvorteilen zielende, polyzentrische, gleichwohl von einer oder mehreren Unternehmungen strategisch geführte Organisationsform ökonomischer Aktivitäten zwischen Markt und Hierarchie dar. Sie zeichnet sich dabei durch komplexreziproke, eher kooperative denn kompetitive und relativ stabile Beziehungen zwischen rechtlich selbständigen, wirtschaftlich jedoch zumeist abhängigen Unternehmungen aus (Sydow 1992).

Neben den Dimensionen rechtlicher Selbständigkeit und wirtschaftlicher Abhängigkeit der einzelnen Netzwerkunternehmen ist die Polyzentriertheit eine wichtige Voraussetzung für die Stabilität in einem Netzwerk, da mehrere Zentren für Entscheidungen auf möglichst niedrigen Organisationsebenen existieren, die jeweils über spezifisches Wissen verfügen. Bei Ausscheiden eines Unternehmens aus dem Verbund bleibt dadurch die Stabilität des Netzwerkes weiterhin bestehen (Sydow 1992; Gomez u. Zimmermann 1992).

Das Steuern großer Netzwerksysteme mittels Logistik setzt eine weitgehende Transparenz der Abläufe und Kosten voraus und bedingt eine umfassende Integrationssicht durch leistungsfähige Informationssysteme und ganzheitlich optimierte Abläufe zwischen den Netzwerkpartnern.

Das Konzept des Logistiknetzwerks beruht auf den charakteristischen Denkansätzen der Logistikkonzeption, allen voran der Flussorientierung, dem Systemdenken und der ganzheitlichen, integrativen Betrachtungsweise für die Gestaltung aller Güter- und Informationsströme vom Lieferanten bis zum Endkunden. Entsprechend der logistischen Sichtweise wird eine Optimierung des Gesamtsystems in Hinblick auf Logistikkosten, Verbesserung des Versorgungs- und Lieferservices sowie Flexibilität und Transparenz – z. B. dezentral vorhandenen Expertenwissens – über die gesamte Wertschöpfungskette hinweg angestrebt. Logistische Grundprinzipien und Gestaltungsansätze werden in komplexerer Form und einer konsequenteren Anwendung auf netzwerkartige Strukturen übertragen.

Die Hauptaufgabe von Logistiknetzwerken liegt in der überbetrieblichen Organisation und Gestaltung von Waren- und Informationsflüssen entlang der gesamten Wertschöpfungskette zwischen verschiedenen Standorten eines Unternehmensnetzwerkes zum Zweck einer gemeinsamen kostenoptimalen Leistungserstellung. Die Planung und Steuerung, aber auch die Kontrolle von Material- und Informationsflüssen über Unternehmensgrenzen hinweg, stehen daher im Vordergrund. Die beteiligten Unternehmen oder Unternehmensbereiche eines Logistiknetzwerks sind Quellen und Senken von Waren- und Güterströmen, aber auch Informations- und Finanzströmen, die sowohl durch verschiedene Lager-, Kommissionier-, Umschlag- und Transportsysteme als auch durch entsprechende Informations- und Kommunikationssysteme verbunden sind (Straube u. Koperski 1999; Straube 1999). Die Aufgabe der Logistik als Querschnitts- oder Koordinationsfunktion innerhalb eines solchen Netzwerks liegt in der flussorientierten Abstimmung der einzelnen Leistungsträger.

Insofern können Netzwerke als logistische Netzwerke angesehen werden, wenn die wahrgenommenen Wertschöpfungsaktivitäten der beteiligten Akteure im Wesentlichen der Logistik zuzuordnen sind und die interorganisationale Logistik als Kooperationsmechanismus eingesetzt wird (Weber u. Kummer 1998).

Mit steigender Anzahl von Akteuren und der Intensität der Beziehungen in netzwerkartigen Strukturen nimmt die Komplexität der interorganisationalen Zusammenarbeit und damit die Notwendigkeit zur zielgerichteten Koordination aller Beteiligten von deren gemeinsamen Zielen zu. Ein aktives Netzwerkmanagement ist die Voraussetzung für eine effektive Koordination in einem Logistiknetzwerk und stellt infolgedessen ein wesentliches Erfolgskriterium dar (Baumgarten u. Darkow 1999). Unterschieden wird dabei zwischen einem institutionalen und einem funktionalen Managementbegriff. Das Netzwerkmanagement als Institution beschreibt die

Stellen und Positionen im Logistiknetzwerk, welche Weisungskompetenzen besitzen und Führungsaufgaben wahrnehmen. Abhängig von der Organisation des Netzwerks und den hierarchischen Strukturen wird die institutionale Ausgestaltung des Netzwerkmanagements geprägt. Als Funktion umfasst das Netzwerkmanagement alle Aufgaben, die eine Führung eines Logistiknetzwerks und dessen Geschäftsprozesse mit sich bringen. Zu seinen wesentlichen Aufgaben zählen der Aufbau, die Pflege und die Erhaltung der Netzwerkstruktur und deren interorganisationalen Beziehungen sowie deren synergienutzende Koordination.

Nach der Begründung und Konfiguration des Logistiknetzwerks liegt ein wesentlicher Aspekt des Netzwerkmanagements in der Steuerung des Netzwerkbetriebs. Dies betrifft Fragen der organisationalen Veränderung und Leistungserstellung sowohl in der Struktur als auch in der Gestaltung von Geschäftsprozessen und der zielrelevanten Koordination sämtlicher raum-zeitlich verteilter Aktivitäten.

Ein Netzwerkmanagement in seiner Gesamtheit setzt sich aufgrund der schwer beherrschbaren Komplexität des Logistiknetzwerks aus einzelnen, sich ergänzenden Entscheidungen und Aktivitäten zusammen, deren Grundlage auf einer niedrigeren Aggregationsstufe angesiedelt ist. Die Prozesssicht und ein daraus resultierendes Prozessmanagement und weiterführend ein internes und unternehmensübergreifendes Prozesskettenmanagement ermöglicht die notwendige Steuer- und Kontrollierbarkeit der Komplexität. Die Logistik hat diesbezüglich verschiedene Methoden und Instrumente für das Management entwickelt, unter denen das Supply Chain Management eine bedeutende Stellung einnimmt (Straube 2004).

4 Wissensmanagement als Grundlage erfolgreicher Innovationen

Die Durchführung von Innovationen im Unternehmen bedarf als Basis eines gezielten Einsatzes von Ideen, die im Wesentlichen auf Wissen basieren – Wissensmanagement kann somit die Entstehung von Innovationen gezielt unterstützen. Dabei kann eine Idee als Basis der Entstehung von Innovationen entweder aus vorhandenen Informationsquellen gesammelt oder durch Kreativitätsprozesse neu generiert werden. Ziel ist es, das durch Wissensprozesse generierte und verwaltete Wissen mit den Kernkompetenzen eines Unternehmens zu verbinden (s. Abb. 1). Dadurch können langfristig Wettbewerbsvorteile geschaffen und ausgeschöpft sowie innovative Produkte und Prozesse entwickelt werden.

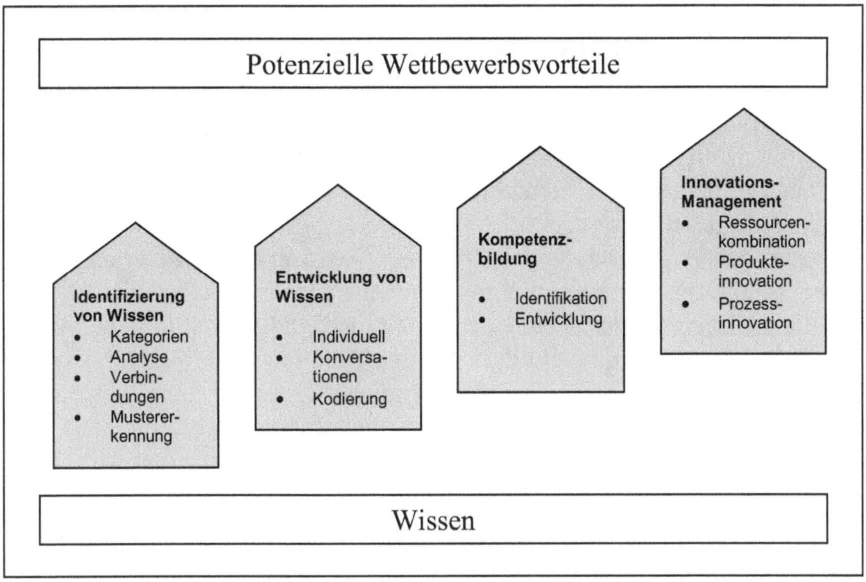

Abb. 1. Stufen des Wissensmanagements (von Krogh u. Venzin 1995)

Zunächst gilt es, Transparenz über Wissensstrukturen zu schaffen und deren Weiterbildung zu sichern. Das identifizierte strategische Wissen bildet den Ausgangspunkt für gezielte Aktivitäten zur Weiterentwicklung des Wissens und damit zur Kompetenzbildung und Innovationsfähigkeit.

Entgegen der weit verbreiteten Meinung findet die Wissensentwicklung ohne Bezug zu den operativen Aufgaben statt. Somit reagiert die Wissensentwicklung nicht zwangsläufig auf die Aufgabenstellung der Umwelt, sondern erfolgt meist losgelöst vom akuten Bedarf. Eine Verbindung und ein Ausgleich zwischen Wissen und Aufgaben werden erst in der Phase der Kompetenzbildung hergestellt, so dass anhaltende Wettbewerbsvorteile realisiert werden können. Ein weiterer Bestandteil der Kompetenzbildung ist die Weiterentwicklung identifizierter Kompetenzen, die insbesondere die Verbindung zwischen unternehmensspezifischem Wissen und neuen Aufgabenfeldern sowie Probleme der Kompetenzübertragung abdeckt.

Ungeachtet des temporären Charakters bilden Kompetenzen die Basis für nachhaltige Innovationsfähigkeit, da sie das Potenzial eines Unternehmens widerspiegeln, eine Marktleistung zu erbringen. Aufbauend auf den gewonnenen Kompetenzen wird die Innovationsfähigkeit dann vollends ausgeschöpft, wenn das Management das Unternehmen dazu befähigt, *„sich durch Produkt- und Prozessinnovationen in neue Märkte zu begeben oder sich in den bestehenden Märkten von den Wettbewerbern abzuheben."* (von Krogh u.Venzin 1995)

Eine systematische und laufende Erfassung aller internen innovationsrelevanten Sachverhalte ist für ein Unternehmen von hoher Bedeutung. Die grundsätzlich verfügbaren Quellen in einem Unternehmen können nur dann genutzt werden, wenn die Datenstruktur des Unternehmens auf die Innovationstätigkeit ausgerichtet ist (Vahs u. Burmester 2002). Das Wissensmanagement eines Unternehmens sollte demnach auf die Innovationstätigkeit ausgerichtet sein.

Durch den Austausch von Wissen mit Netzwerkpartnern erlangt man neben Erfahrungswerten und Know-how auch Informationen über die Innovationstätigkeiten der Wettbewerber, da die Netzwerkpartner und vor allem die Lieferanten zumeist über derartige Kenntnisse verfügen. So verfügen z. B. spezialisierte Entwicklungsdienstleister in der Automobilproduktion über detailliertes Wissen über Innovationstätigkeiten und -potenzial konkurrierender Fahrzeughersteller. Diese Informationen können dann in das eigene Unternehmen einfließen (Vahs u. Burmester 2002), was allerdings auch Risiken wie die Wissensabwanderung zur Konkurrenz oder zum Kunden und den Verlust von Kernkompetenzen mit sich bringen kann (s. Abb. 2; Butz 2006).

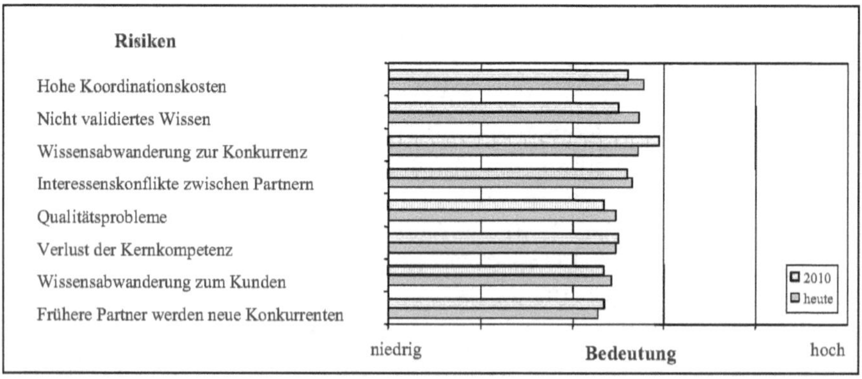

Abb. 2. Risiken der Wissensbereitstellung gegenüber Netzwerkpartnern (Butz 2006)

5 Innovationen in der Logistik

Die Bedeutung der Optimierung von Material- und Informationsflüssen und somit die Notwendigkeit für veränderte unternehmensinterne und -übergreifende Prozesse nimmt stetig zu. Um wettbewerbsfähig zu bleiben, müssen Unternehmen Effizienzsteigerungen durch ständige Innovationen erzielen (Straube u.Koperski 1999). Effiziente Abläufe über das gesamte Wertschöpfungsnetz hinweg führen zu Wettbewerbsvorteilen in Form höherer Produktivität, Qualität und Flexibilität sowie geringerer Durchlaufzeiten in Produktion und Entwicklung. Durch gezielte Reorganisation und Prozessinnovation kann eine Optimierung der logistischen Wertschöpfungsaktivitäten Wettbewerbsvorteile und Rationalisierungsmöglichkeiten erschließen.

5.1 Arten und Merkmale von Logistikinnovationen

Unternehmerische Innovationen werden zum einen nach den verwendeten Technologien (technologische Innovation) und zum anderen nach der Organisation bzw. der personellen Ausgestaltung (Sozialinnovation) unterschieden (Brose 1982; Thom 1983). Technologische Innovationen können sich dabei entweder auf im Unternehmen erstellte Produkte (Produktinnovation) oder auf an der Leistungserstellung beteiligte Prozesse (Prozessinnovation) beziehen.

Prozesse sind der wesentlichste Ansatzpunkt für Innovationen in der Logistik: Vor allem Prozessinnovationen zur Leistungs- bzw. Qualitätsverbesserung sind von besonderer Bedeutung und stehen daher im Fokus unternehmerischer Prozessoptimierungen (s. Abb. 4; Butz 2006).

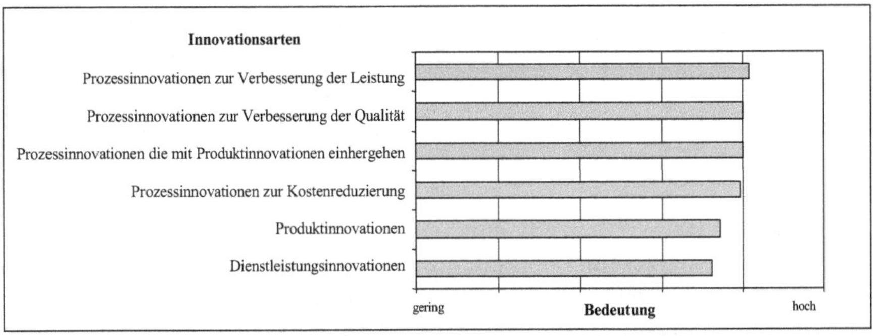

Abb. 3. Bedeutung verschiedener Innovationsarten in der Logistik (Butz 2006)

Wesentliche Prozessinnovationen können durch verschiedene unternehmerische Veränderungen verwirklicht werden. Rationalisierungspotenziale liegen u. a. in materialflussbezogenen Prozessinnovationen. Die Organisationsformen der Produktion können erneuert oder die räumlichen Gebäudemerkmale verändert werden, was zu Änderungen der Materialflussstruktur führt (Keller 1997). Weitere materialflussbezogene Maßnahmenfelder sind Änderungen der Bestände und der Bevorratung (z. B. durch die Dezentralisierung der Lager oder Reduzierung der Lagerstufen), der Transport- und Handlingsysteme (Neugestaltung der Transportwegestruktur, Automatisierung der Transporttechnologien) oder der Neuorganisation der Materialflusstätigkeiten (Neugestaltung der Kommissionierung, Rüstzeitverkürzung).

Innovationen treten häufig nicht einzeln auf, sondern hängen zusammen und beeinflussen sich gegenseitig. Von besonderer Bedeutung ist dabei die Beziehung zwischen Logistik-(Dienstleistungs-), Produkt- sowie Prozessinnovationen. So können innovative Logistikleistungen Auswirkungen auf das Innovationsmanagement von Sachgütern haben (Butz 2006).

5.2 Anlässe und Ziele von Innovationen in der Logistik

In einer Wirtschaft mit sich ständig wandelnden Kundenanforderungen und zunehmendem Effizienz- und Kostendruck kann nur dasjenige Unternehmen erfolgreich bestehen, welches sich diesen Anforderungen anpassen kann, somit innovativ ist. Der Anlass für eine solche Anpassung kann durch interne Faktoren, wie etwa ein starkes Unternehmenswachstum oder ein Wechsel in der Produktionstechnologie, bedingt sein. Innovation kann aber auch durch externe Faktoren ausgelöst werden – entweder freiwillig auf einer „Anregungsbasis" oder unfreiwillig, etwa durch den Wettbewerb erzwungen. Häufig entstehen solche Anlässe für Innovationen durch ein kritisches Hinterfragen der eigenen Leistungsfähigkeit und durch eine Überprüfung der Erfüllung wettbewerbsrelevanter Anforderungen (Keller 1997). In der Logistik bestehen die wesentlichen Innovationstreiber u. a. im Bestreben, Wettbewerbsvorteile aufzubauen oder in der Notwendigkeit, mit der Komplexität der eigenen Organisation angemessen umzugehen (Butz 2006).

Vor allem der Wettbewerb gibt Anlässe für Prozessinnovationen, bei denen es sich im Wesentlichen um die Beseitigung von Ineffizienzen handelt, die durch Kosten-, Qualitäts- oder Logistiknachteile charakterisierbar sind. Das Nichtübereinstimmen externer Anforderungen, Leistungsvermögen und angestrebtem Soll-Zustand ist der Anlass für Prozessinnovationen (Keller 1997).

Die Zielprioritäten von Prozessinnovationen liegen vor allem in der Steigerung der Kundenzufriedenheit, der Verbesserung des Lieferservices, der Verbesserung der Prozessqualität und der Erhöhung der Leistung. In der Logistik setzen Innovationen an Zielen wie Lieferservice, Effizienz der Logistik oder Beständen an und versuchen, hier Verbesserungen zu erzielen (Butz 2006).

In der Logistik stehen sowohl einzelne Prozesse als auch ganze Prozessketten – unter besonderer Berücksichtigung von Schnittstellen zu anderen Partnern – im Mittelpunkt von Innovationsbemühungen. Die Identifizierung einzelner Logistikinnovationsfelder ist aufgrund bisheriger einseitiger Orientierung an Produktinnovationen wenig systematisch angegangen worden. Ausgangspunkt für neue Erkenntnisse können Analysen des Beziehungsgeflechtes der Logistik im Wertschöpfungssystem unter besonderer Beachtung der Entwicklung der Logistikbedürfnisse der Kunden von morgen sein (Göpfert 2001).

Das Innovationsmanagement in der Logistik beschäftigt sich derzeit unterschiedlich intensiv mit den einzelnen Prozessketten und Prozessen. Aktuell befinden sich im Wesentlichen Auftragsdurchlaufs-, Distributions- und Beschaffungsprozesse im Fokus von Innovationsvorhaben – dabei vor allem Innovationsprojekte unter Berücksichtigung neuer Technologien wie RFID. Zukünftig erhalten Produktionsplanung und -steuerung sowie Bedarfsermittlung und After-Sales-Service erhöhte Bedeutung. Unternehmen haben die After-Sales-Prozesse als Unique Selling Proposition erkannt und erreichen so eine längerfristige Anbindung der Kunden an ihr Unternehmen (s. Abb. 5; Butz 2006).

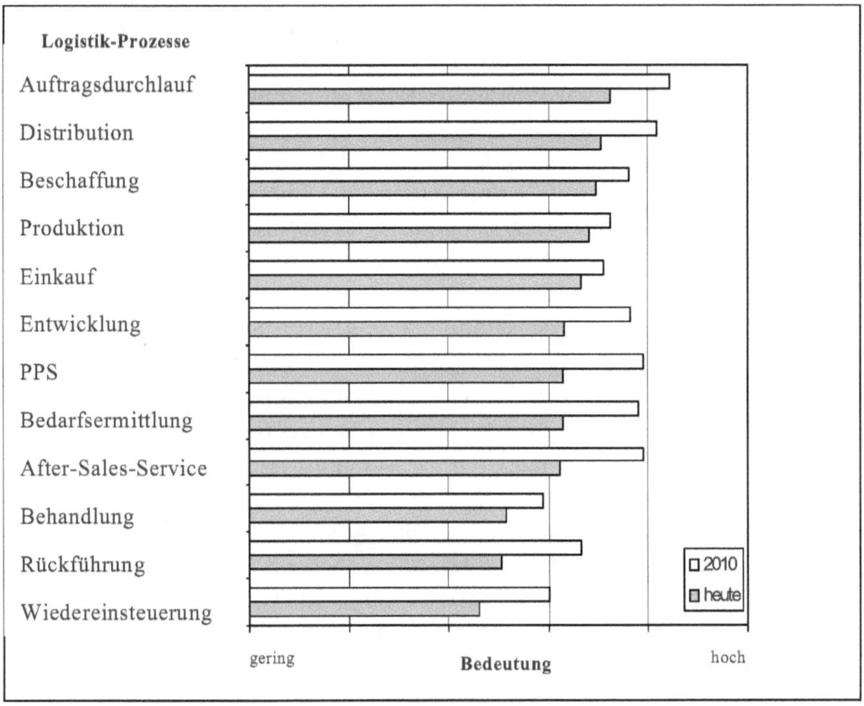

Abb. 4. Bedeutung von Innovationen in logistischen Prozessen (Butz 2006)

6 Implementierung innovativer Verfahren in der Produktionslogistik

Die Komplexität in Industrieunternehmen nimmt durch externe Treiber wie der Kundennachfrage nach individualisierten Leistungsbündeln, dem steigenden Konkurrenzdruck und den technologischen Entwicklungen, die zu verkürzten Produktlebens- sowie Innovationszyklen führen, mit hoher Geschwindigkeit zu. Auf externe Komplexität reagieren Unternehmen mit dem Aufbau interner Komplexität, von der insbesondere die Logistik betroffen ist, beispielsweise indem eine hohe Anzahl Kunden mit heterogener Bedürfnisstruktur mit einem entsprechend diversifizierten Produktprogramm bedient wird, wodurch letztlich die abzuwickelnde Variantenvielfalt stark zunimmt. Diese steigende interne Komplexität führt dazu, dass vielversprechende Logistikkonzepte in der Praxis nicht erfolgreich umgesetzt werden können (Mayer 2007).

Bisherige Gestaltungsmodelle und Konzepte des Komplexitätsmanagements sind zumeist speziell für einzelne Komplexitätstreiber entwickelt worden. So liegen beispielsweise für den Bereich der Produktstruktur und des Produktprogramms in Literatur und Praxis unterschiedliche Methoden und Instrumente vor, die häufig mit dem Ziel der Reduzierung von Vielfalt konzipiert wurden und dem Komplexitätsmanagement zugeordnet werden können (Schwenk-Willi 2001). Auch für einzelne Funktionsbereiche wie die Beschaffung oder die Produktion sind mit Sourcing-Strategien, dem Lean-Management-Gedanken oder der Fertigungssegmentierung Ansätze in der Literatur bekannt und in der Unternehmenspraxis umgesetzt, mit deren Hilfe der Umgang mit Komplexität im Unternehmen positiv beeinflusst werden kann (Ohno 1992; Womak et al. 1992; Gottschalk 2006).

Vielfach scheitern Unternehmen daher auch nicht an dem Wissen um innovative Methoden und Instrumente, sondern an deren Umsetzung. Knapp die Hälfte aller Prozessinnovationen wird entweder wirtschaftlich oder technisch nicht erfolgreich realisiert. Bei etwa einem Drittel der Unternehmen treten die größten Schwierigkeiten in der Umsetzungsphase auf. Zeitmangel, fehlende Mitarbeiterqualifikation und nicht ausreichende Ressourcen stellen die bedeutendsten Umsetzungshürden dar (Butz 2006). Gleichzeitig geben über zwei Drittel der Befragten an, dass die Komplexität ihrer Prozessinnovationsprojekte ständig steigt. Als Folge haben vielversprechende Logistikkonzepte nur theoretischen Bestand, da sie nicht oder nur teilweise umgesetzt werden (Straube 2007).

Dies hat wiederum zur Konsequenz, dass auch die Optimierungs- und Nutzenpotenziale des Komplexitätsmanagements nicht ausreichend erschlossen werden, da hierfür notwendige Umsetzungsprojekte scheitern oder gar nicht erst begonnen werden. Die Logistik wird mit einem erhöhten Innovations- und Veränderungsbedarf konfrontiert, dessen Befriedigung aber zugleich von zunehmender Komplexität behindert wird.

6.1 Modell einer modularisierten Logistik

Das Gestaltungsprinzip der Modularisierung zielt darauf ab, unabhängige Einheiten zu schaffen, die mit standardisierten Schnittstellen verbunden werden. Bei Informationssystemen und Sachgütern wird das Prinzip der modularen Architektur bereits seit Jahren erfolgreich angewandt. Es dient dabei maßgeblich dem Management von Komplexität, indem beispielsweise die hohe Variantenanzahl durch Plattform- oder Gleichteilestrategien beherrscht werden kann (Schuh et al. 2004). Die Vorteile der Modularisierung haben dazu geführt, dass auch auf Prozessebene entsprechende Konzepte wie die segmentierte (modulare), die fraktale oder die holonische Fabrik vorliegen und in der Unternehmenspraxis Anwendung finden. Eine Übertragung des Gestaltungsprinzips der Modularisierung auf die Logistik verspricht einen positiven Beitrag dieser Systemarchitektur für das Komplexitätsmanagement in der Logistik (Klinkner et al. 2005).

In Analogie zu der Produkt- und Fabrikmodularisierung bedeutet Logistikmodularisierung eine logistikorientierte Subsystembildung aus dem Gesamtsystem der betrieblichen Leistungserstellung. Die Module müssen eigenständig und abgrenzbar sein. Sie verfügen über eigene Ressourcen und über definierte Schnittstellen zur Umgebung. Die Module können in Kosten- oder Ergebnisverantwortung betrieben werden. Grundbedingung für die Eigenständigkeit von Modulen ist, dass die Zahl und Intensität der Beziehungen zwischen den einzelnen Modulen gering ist. Dies ist insbesondere dann der Fall, wenn klare Aufgabenbeschreibungen vorliegen, Ressourcen eindeutig zugeteilt sind und die Führung des Moduls mit umfassenden Verfügungsrechten verbunden ist. Hierdurch wird auch die Abgrenzbarkeit der Module voneinander gewährleistet. Jedes Modul wird von einem *Betreiber* verantwortet. Der Betrieb kann sowohl aus dem eigenen Unternehmen heraus als auch von einem Dienstleister geleistet werden. Dies fördert die Fokussierung auf Kernkompetenzen und führt zu einer differenzierten Nutzung von Ressourcen.

Um die Forderung nach einer ganzheitlichen Betrachtung der Logistik umzusetzen, wird bei der modularen Logistikarchitektur zwischen sechs unterschiedlichen Arten von Modulen unterschieden (s. Abb. 6). Die Modularten Gestaltungsmodul, Planungsmodul, Controlling- und Monitoringmodul sowie Leistungsmodul leiten sich direkt aus den Bestandteilen der oben beschriebenen Leistungserstellung ab. Ergänzt werden diese zum einen um ein übergeordnetes Koordinationsmodul, das Leitungsmodul, und zum anderen um Integrationsmodule, die eine Einbindung externer Kunden oder Lieferanten unterstützen.

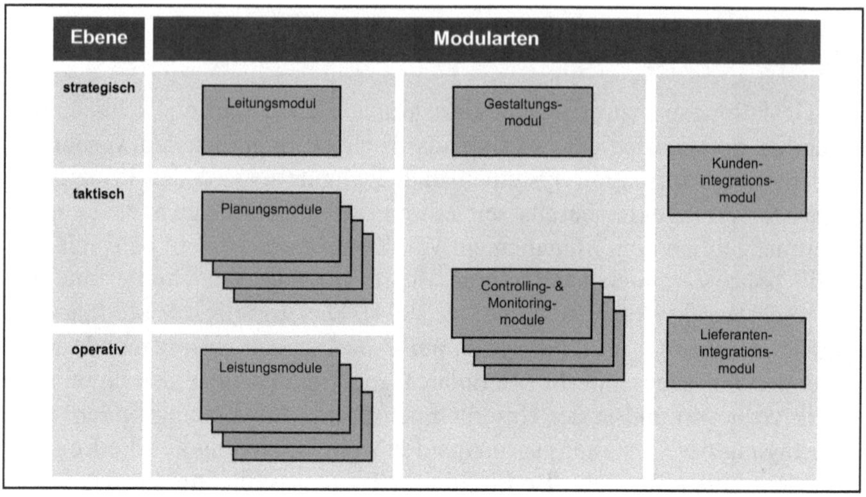

Abb. 5. Schematische Übersicht der verschiedenen Modularten (Mayer 2007)

Die Module können in strategische, taktische und operative Strukturierungsebenen eingeteilt werden. Für die Integrationsmodule ist dies nicht zweckmäßig, da für externe Partner über alle drei Ebenen ein einheitliches, zusammenhängendes Bild erzeugt werden muss. Das Gleiche gilt für die Controlling- und Monitoringmodule, deren Aufgaben sowohl die taktischen als auch operativen Ebenen betreffen.

6.2 Instrumentarium zur Modularisierung der Logistik

Das Vorgehen zur Modularisierung der Logistik, in das die einzelnen Instrumente eingeordnet werden, unterscheidet die folgenden Hauptphasen: Projektbegründung und Zielbestimmung, Leistungs- und Gestaltungsanalyse, Strukturierung, Implementierung sowie Modulbetrieb. Das Vorgehen schafft Transparenz über Schwachstellen in den verwendeten Logistiksystemen, offenbart Hinweise zu Standardisierungsmöglichkeiten von Prozessen und Ressourcen, bietet maßgebliche Hilfe bei der Strukturierung und unterstützt letztlich die Entscheidung über eine Fremdvergabe und führt somit zu einer Konzentration auf Kernkompetenzen. Es beinhaltet damit die wesentlichen Elemente eines logistischen Komplexitätsmanagements:

Transparenz, Standardisierung, Strukturierung, Fokussierung, Koordination und Qualifizierung (Mayer 2007).

Die Phasen der Projektbegründung und Zielbestimmung sowie die Ermittlung des Ist-Zustandes sorgen für Transparenz über bestehende Logistikprozesse, Ressourcen und Schnittstellen, deren Fehlen in der Praxis häufig bemängelt wird. Ein Instrument zur Bestimmung und Priorisierung von Logistikzielen kann dazu beitragen, Zielkonflikte frühzeitig zu erkennen und zu vermeiden. Des Weiteren wird durch die Einbeziehung der Mitarbeiter bereits in diesen Phasen und durch das Herunterbrechen strategischer Ziele auf Mitarbeiterebene eine Steigerung des Verständnisses und damit der Akzeptanz für die neue Organisationsform erwartet.

In der Strukturierungsphase werden mithilfe einer Clusteranalyse homogene Module gebildet. Durch die Wahl der Beschreibungsmerkmale Logistikziele, Steuerungsprinzipien und Ressourcen, zu denen technische Anlagen, IT-Systeme und Personal zählen, können Prozesse so zusammengefasst werden, dass die jeweilige Vielfalt pro Modul möglichst gering ist. Die Standardisierung der Schnittstellen erleichtert bei einer konsequenten Umsetzung die Koordination der Module untereinander und bildet die Basis für eine Fremdvergabe, ermöglicht aber auch eine verbesserte Austauschbarkeit, Erweiterbarkeit und Wiederverwendbarkeit. Die Leistungstiefengestaltung selbst ist der Fokussierung zuzuordnen. Die Modularisierung begünstigt die partnerschaftliche Einbindung von Dienstleistern, weil die standardisierten Schnittstellen exakt beschrieben sind und der Modulbetreiber daher bei der Erfüllung seiner Aufgaben eigenständig agieren kann. In Konsequenz führt dies ebenfalls zu einer Reduzierung der Komplexität für jeden der involvierten Partner.

7 Fazit

Steigende Kundenanforderungen, zunehmende Produktkomplexität und ein globaler, dynamischer Wettbewerb zwingen die Unternehmen, ihre Unternehmensstrategien fortlaufend anzupassen. Nur durch die wiederholte Hervorbringung von Innovationen können die Unternehmen ihre Wettbewerbsfähigkeit nachhaltig absichern. Dazu sind vor allem effiziente Prozesse von hoher Bedeutung, um dem Kostendruck stand zu halten und die Entwicklungszeiten zu verkürzen sowie die Qualität nachhaltig zu verbessern. Immer mehr Unternehmen sichern über Innovation ihre Prozesse, die wiederum die Wettbewerbsfähigkeit sichern. Jedoch besteht ein starker Handlungsbedarf bei Innovationsvorhaben.

Die Identifikation von Wissen und Ideen an den internen und externen Schnittstellen der Unternehmen ist wichtiger Bestandteil bei der Innovation von Unternehmensprozessen in der Logistik. Vor allem neue Formen der Ideengenerierung, Wissensspeicherung und des Wissenstransfers sorgen für eine stärkere Integration von Unternehmen, Kunden und Mitarbeitern in den Innovationsprozess.

Das Modell und das Instrumentarium der Modularisierung wurden für die direkte Anwendung in der Praxis entwickelt. Da jede Ausgangssituation in den Unternehmen aber von spezifischen Besonderheiten geprägt ist, die im Rahmen dieses Beitrags nicht abgebildet werden konnten, bedarf der reale Anwendungsfall einer Anpassung. Dieser Schritt kann nur durch die Unternehmenspraxis geleistet werden. Mit dem vorgestellten Ergebnis steht aber ein umfassendes Gestaltungsmodell zur Verfügung, das auf Basis der Praxisanforderungen entwickelt wurde und einen Beitrag leistet, Komplexität in der Logistik nachhaltig zu beherrschen.

Literatur

Baumgarten H, Darkow I-L (1999) Gestaltung und Optimierung von Logistiknetzwerken. In Hossner R (Hrsg) Jahrbuch der Logistik 1999. Verlagsgruppe Handelsblatt GmbH, Düsseldorf, S 146-151

Butz C (2006) Prozessinnovationen in der Logistik – Eine empirische Untersuchung zu Bedeutung und Umsetzungsstand in der Praxis. Logistik Management, 8. Jg, Ausgabe 2, S 35-46

Butz C, Mayer A, Rösch F (2006) Prozessinnovationen in der Logistik – mobile Anwendungen als Implementierungsunterstützung. PPS Management, 11. Jg, Heft 2/2006, S 10ff

Brose P (1982) Planung, Bewertung und Kontrolle technologischer Innovationen. Verlag E. Schmidt, Berlin, S 19

Crowston K (1994) Electronic communication and new organizational forms – A coordination theory approach. MIT, Center for Coordination Science, Technical Report 175, www.ccs.mit.edu/papers/ccswp175175.html

Fleisch E (2001) Das Netzwerkunternehmen - Strategien und Prozesse zur Steigerung der Wettbewerbsfähigkeit in der „Networked Economy". Springer, Berlin u. a.

Göpfert I (2001) Zukunftsforschung und Innovationsmanagement für die Logistik – Der Kunde steht im Mittelpunkt. In: Baumgarten, H (Hrsg) Logistik im E-Zeitalter. Frankfurter Allgemeine Zeitung Verlagsbereich Buch, Frankfurt am Main, S 117-135

Gomez P, Zimmermann T (1992) Unternehmensorganisation – Profile, Dynamik, Methodik. Campus, Frankfurt am Main

Gottschalk SF (2006) Dedicated Flexibility – Komplexitätsoptimale Gestaltung manueller Serienmontage. Shaker, Aachen

Keller S (1997) Wirkungspotentiale von Prozessinnovationen. Gabler Verlag, Deutscher Universitäts-Verlag, Wiesbaden, S 128-136

Klein S (1996) Interorganisationssysteme und Unternehmensnetzwerke – Wechselwirkungen zwischen organisatorischer und informationstechnischer Entwicklung. Deutscher Universitäts-Verlag (DUV), Wiesbaden

Klinkner R, Mayer A, Thom A (2005) Modulare Logistik – Ein Lösungskonzept zum Management von Komplexität in dynamischen Netzwerken. Industrie Management, 21. Jg, Heft 5/2005, S 33ff

Männel B (1996) Netzwerke in der Zulieferindustrie: Konzepte – Gestaltungsmerkmale – betriebswirtschaftliche Wirkungen. Gabler Verlag, Wiesbaden

Malone TW (1988) What is Coordination Theory? Working Paper: Management in the 1990s, 89-067, MIT, Sloane School of Management

Malone TW et al. (1999) Tools for inventing Organizations - Towards a handbook of organisational processes. Management Science, Jg 45, 1999, Nr. 3, www.ccs.mit.edu/21/mgtsci

Mayer A (2007) Modularisierung der Logistik - Ein Gestaltungsmodell zum Management von Komplexität in der industriellen Logistik. Verlag Technische Uni Berlin, Berlin, S 111ff

Ohno T (1992) Toyota Production System – Beyond Large Scale Production, 19. Aufl. Portland, Oregon

Schönsleben P (1998) Integrales Logistikmanagement – Planung und Steuerung von umfassenden Geschäftsprozessen. Springer, Berlin Heidelberg New York

Schuh G, Schittny S, Hurter F von, Leffin T, Boos W (2004) Komplexitätsmanagement in der produzierenden Industrie. Aachen et al., S 4

Schwenk-Willi U (2001) Integriertes Komplexitätsmanagement – Anleitungen und Methodiken für die produzierende Industrie auf Basis einer typologischen Untersuchung, Bamberg

Straube F (2004) e-Logistik – Ganzheitliches Logistikmanagement. Springer, Berlin Heidelberg New York

Straube F (2007) Die Bedeutung der Logistik in Wissenschaft und Wirtschaft. In: Hausladen I (Hrsg) Management am Puls der Zeit – Strategien, Konzepte und Methoden, Band 2: Produktion und Logistik. TCW, München S 1004

Straube F, Koperski D (1999) Einbindung der Logistik in das Innovationsmanagement. In: Weber J, Baumgarten H (Hrsg) Handbuch Logistik. Schäffer-Poeschel, Stuttgart, S 859-873.

Sydow J (1992) Strategische Netzwerke – Evolution und Organisation. Gabler, Wiesbaden, S 224ff

Thom N (1983) Innovations-Management – Herausforderungen für den Organisator. ZfO, 52. Jg, Nr. 1, S 4-11

Vahs D, Burmester R (2002) Innovations-Management – Von der Produktidee zur erfolgreichen Vermarktung, 2. überarb. Aufl. Schäffer-Poeschel Verlag, Stuttgart, S 49-78

von Krogh G, Venzin M (1995) Anhaltende Wettbewerbsvorteile durch Wissensmanagement. Die Unternehmung, 49. Jg, Nr. 6, S 417-436

von Stengel R (1999) Logistiknetzwerke. In: Baumgarten H (Hrsg) Handwörterbuch der Logistik 1999. Schäffer- Poeschel, Stuttgart, S 910-923

Weber J, Kummer S (1998) Logistikmanagement, 2. durchges. und erw. Aufl. Schaeffer-Poeschel, Stuttgart

Wildemann H (1996) Management von Produktions- und Zuliefernetzwerken. In: Wildemann H (Hrsg) Produktions- und Zuliefernetzwerke. Tagungsband zur Sitzung der wissenschaftlichen Kommission Produktionswirtschaft im September 1995 in München, TCW, München, S 13-45

Womack JP, Jones DT, Ross D (1992) Die zweite Revolution in der Autoindustrie - Konsequenzen aus der weltweiten Studie des Massachusetts Institute of Technology, 7. Aufl. Campus Verlag, Frankfurt am Main New York

Würmser A (1998) Lukrative Verbindung. Logistik Heute, 20. Jg, 10/98, S 94-101

Fabriken sind komplexe langlebige Systeme

Univ.-Prof. Dr.-Ing. Prof. E.h. Dr.-Ing. E.h. Dr. h.c. mult. Engelbert Westkämper

Institut für Industrielle Fertigung und Fabrikbetrieb
Universität Stuttgart
http://www.iff.uni-stuttgart.de

Fraunhofer-Institut für Produktionstechnik und Automatisierung IPA
Stuttgart
http://www.ipa.fhg.de

1 Einführung

Das Umfeld der industriellen Produktion kann als turbulent bezeichnet werden. In turbulenten Umgebungen überleben nur Strukturen, die eine ausreichende Anpassungsfähigkeit besitzen. Aufgrund der Vielzahl der Einflussfaktoren und ihrer schnellen zeitlichen Veränderungen kann eine Produktion im Wettbewerb nur überleben, wenn es gelingt, das „System Produktion“ permanent an die Umgebungsbedingungen anzupassen und Lösungen für die Beherrschung der Veränderungen in der Organisation zu verankern.

Die Grundfrage des modernen Managements der Produktion läuft deshalb immer stärker auf die Frage hinaus, ob die bisherigen auf Planung und deterministischen Ansätzen beruhenden Methoden des Managements ausreichen, um die notwendige Dynamik und Wandlungsfähigkeit zum Überleben in turbulenten Umgebungen zu erzeugen.

In einer Zeit, in der Produkte und Produktionssysteme komplexer werden und in der eine permanente Höchstleistung gefordert wird, reicht es nicht, sich auf die Reaktionsschnelligkeit allein zu verlassen. Neben der erforderlichen strukturellen Anpassungsfähigkeit ist eine systematische Vorausschau gefragt, d.h. das Erkennen und das Antizipieren der Entwicklungen von Märkten, Technologien und Geschäftsumfeldern, um Potentiale, Chancen, aber auch Bedrohungen für das Geschäft frühzeitig zu erkennen. Die Vorausschau liefert entscheidende Impulse und Handlungsspielräume zur Gestaltung des Geschäfts von Morgen und zugleich des Rahmens für das operative Geschehen. Die internen Anpassungsprozesse müssen so schnell und effizient als möglich vollzogen werden und können sich nicht länger an den Zeiträumen der Geschäftsplanung orientieren.

Im Grundsatz müssen wir heute und in der Zukunft Fabriken als langlebige, komplexe und technisch-soziale Systeme verstehen, deren Struktur einer permanenten Adaption bedarf.

In diesem Beitrag werden einige Grundsätze der wandlungsfähigen Produktion dargestellt. Der Schwerpunkt liegt dabei in den organisatorischen Aspekten und den Werkzeugen, welche die Adaptierbarkeit moderner Produktionen verbessern.

2 New Taylor – ein europäischer Produktionsstandard

Zu Beginn des vorigen Jahrhunderts begann die industrielle Produktion, deren treibenden Kräfte in den technischen Erfindungen und in der wachsenden Nachfrage nach industriell gefertigten Gütern lagen. Technik und

Organisation entwickelten sich zu einem eigenen wissenschaftlichen Arbeitsgebiet, das über Jahrzehnte durch das Gedankengut von Taylor – oft auch als Taylorismus bezeichnet – beeinflusst wurde.

Taylor formulierte vor nahezu 80 Jahren seine grundlegenden Thesen zur wissenschaftlichen Betriebsführung. Er ging davon aus, dass durch eine wissenschaftlich fundierte Analyse der Arbeit und durch Planung ein hohes Rationalisierungspotenzial erschlossen werden kann. Was zweifellos weltweit gelungen ist. Die Analyse der Arbeit auf der Basis elementarer Arbeitselemente sollte mit Anweisungen an die Mitarbeiter verbunden sein, damit diese ihren individuellen Fähigkeiten entsprechend eine optimale Leistung erbringen können (Abb. 1). „Wenigstens einen Tag vorher aufs Genaueste ausgedacht und festgelegt." heißt es in seinen Schriften.

Taylor richtete seine Gedanken insbesondere an das Management der Produktion und forderte im Grundsatz eine Planung der Fertigung auf der Basis wissenschaftlicher Methoden und den Ausgleich der Interessen von Arbeitern und Unternehmern: „das Hauptaugenmerk eines Managements sollte darauf gerichtet sein, gleichzeitig eine hohe Prosperität des Arbeitgebers und des Arbeitnehmers herbeizuführen" und „die größte Prosperität ist das Resultat einer möglichst hohen Ausnutzung des Arbeiters und der Maschinen". Taylor spricht von „scientific management" und versteht darunter die Anwendung wissenschaftlich gesicherter Erkenntnisse und Methoden zur Optimierung der Arbeit.

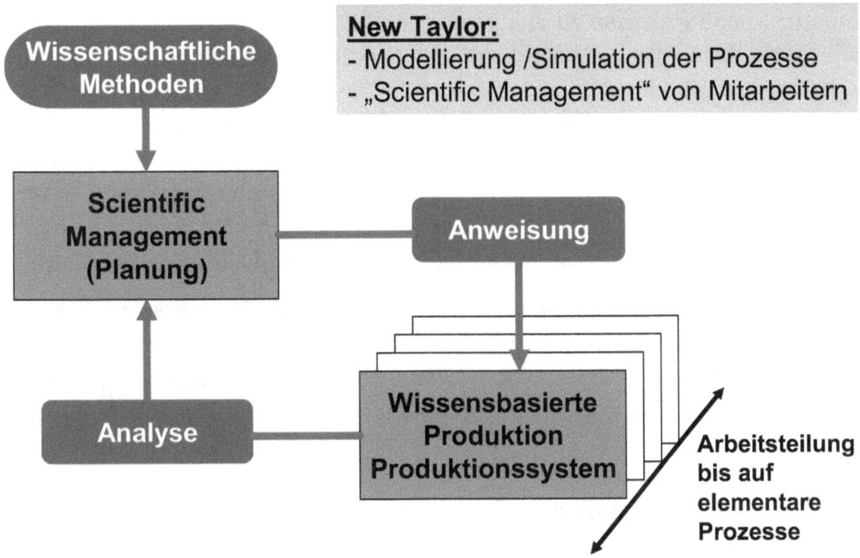

Abb.1 Das Taylorsche Prinzip der wissenschaftlichen Betriebsführung

Der Taylorismus ist ein industrieller Standard, der vor dem Hintergrund der sich abzeichnenden Entwicklungen einer dringenden Weiterentwicklung zu einem deutschen Standard für Produktionssysteme bedarf

Die industrielle Gesellschaft verdankt der wissenschaftlichen Betriebsführung nicht nur eine rationelle Massen-Produktion technischer Produkte, sondern auch den Wohlstand. In der betrieblichen Organisation führte der Taylorismus allerdings zu einer hohen Arbeitsteiligkeit und geplanter Arbeit, die heute den Anforderungen einer markt- und kundenorientierten Produktion aufgrund ihrer starren funktionalen Strukturen und dem hohen Grad an Planung nicht mehr gerecht werden kann.

In einer Zeit des globalen Wettbewerbs und turbulenter Einflussfaktoren auf die Produktion, einer verteilten und vernetzten Fertigung mit flexibel automatisierten und integrierten Maschinen sowie extremen Anforderungen an Qualität und Präzision stellt sich die Frage, ob moderne Fertigung noch nach taylorschen Prinzipien aufgebaut sein können. Insbesondere aber stehen heute andere Methoden der Planung zur Verfügung und das Qualifikationsniveau der Mitarbeiter ist weit höher als noch vor Jahrzehnten. Integrierte Planungssysteme bis hin zur digitalen Fabrik, adaptive technische Systeme mit hoher interner technischer Intelligenz, Operation in Genauigkeits- und Geschwindigkeitsbereichen, die sich der menschlichen Wahrnehmung entziehen, stehen zur Verfügung. In Abweichung zu den taylorschen Prinzipien der Optimierung auf der Basis von Arbeitselementen sind wir in Teilbereichen der Fertigung bereits in der Lage auf atomarer Ebene Prozesse zu analysieren und zu optimieren. Prozessmodelle beinhalten das explizite Wissen um die Wirkzusammenhänge.

Es ist deshalb an der Zeit, einen neuen Taylorismus zu definieren, welcher den realen Gegebenheiten wie der Vernetzung, der Digitalisierung, der Adaptivität aber auch den Kompetenzen der Mitarbeiter gerecht wird.

Nach Taylor können durch eine wissenschaftlich fundierte Analyse und Synthese Rationalisierungspotentiale erschlossen werden. Dies gilt heute in besonderem Maße für die maschinelle Arbeit. Deshalb lautet die These:

Maschinelle Arbeit erfordert ein elementares auf wissenschaftlichen Erkenntnissen beruhendes Studium der Prozesse und Abläufe (Programme). Die verbleibende manuelle Arbeit erfordert von Mitarbeitern ein „scientific management" um extreme Leistungen mit der Technik zu erzielen.

und

Das „scientific management" bedarf eines expliziten und impliziten Wissens, das auf die konkreten Fertigungsaufgaben und Gegebenheiten vor dem Beginn der Fertigung anzuwenden ist.

Der Taylorismus ist in der industriellen Produktion bis heute tief verankert. Zeit-, Kosten- und Materialwirtschaft Planung und Steuerung beruhen weitgehend auf den Taylorschen Grundprinzipien. In Bezug auf die Anforderungen und Strukturen stellt sich die Frage nach einer grundlegenden Erneuerung.

3 Adaptive Produktion: nur der Wandel ist konstant

Auf die Unternehmen der verarbeitenden Industrie wirken zahlreiche zeitlich variierende Faktoren ein, unter denen vor allem durch die Technik der Produkte und der Produktion, das Verhalten der Kunden und Märkte und die Rahmenbedingungen einen dominierenden Einfluss ausüben (Abb. 2). Aber auch das innerbetriebliche System ist als turbulent zu bezeichnen. Veränderungen der inneren Organisation, die zeitliche Verfügbarkeit der Ressourcen und die Leistungsschwankungen destabilisieren das „System Produktion". Dabei gibt es Treiber, die in besonderem Maße Wandlungen und Veränderungen nach sich ziehen, wie beispielsweise

- Verschärfung der Turbulenzen im Hinblick auf Produktvarianten, Mengen (Stückzahlen, Losgrößen), sowie Auftragseingang, Auftragszusammensetzung, Lieferfristen und Termine,
- Zunahme der Änderungen und Neuerungen in laufenden Produktprogrammen infolge differenzierter Nachfrage und Varianten sowie infolge technisch/wirtschaftlich bedingter Verbesserungen und Änderungen in laufenden Serien
- Späteste Festlegung der Produktkonfigurationen und kürzere Einführungs- und Anlaufphasen neuer Produkte,
- Druck auf Preise und Kosten infolge der Markt- und Wettbewerbssituationen,
- Druck auf kurzfristige positive Ergebnisse aus den Kapitalmärkten,
- Regularien, Gesetze, Vereinbarungen mit Wirkung auf Produkte und Produktionsabläufe,
- Lokale Einflüsse an den Standorten.

Abb. 2. Wandlungstreiber in der industriellen Fertigung

Die äußeren und inneren Wandlungstreiber tragen die Merkmale von Turbulenzen, die auf starre und wenig änderungsbereite Organisationen und Techniken treffen.

In der Vergangenheit lag das Interesse des Managements vor allem in der Beruhigung der internen Prozesse durch eine funktionale Organisation und durch Vorhalten von Reserven. Die Märkte ließen längere Lieferzeiten zu, so dass die Kapazitäten abgeglichen werden konnten. Längere Zeiträume von der Produktentwicklung bis zur Markteinführung gestatteten ein sequentielles Vorgehen. Personelle Reserven schufen den Spielraum für Unvorhergesehenes. Flexibilität wurde durch hohe und breite Eigenfertigung gewährleistet.

Ein typisches Beispiel für Turbulenzen in den Unternehmen ist die zeitliche Entwicklung der Auftragseingänge. Geht man davon aus, dass Unternehmen immer besser auf die Bedürfnisse der Märkte und die Anforderungen der Kunden reagieren müssen und die Produkte in immer kürzerer Frist mit niedrigsten Beständen zu fertigen und zu liefern sind, dann können Auftragsschwankungen nicht mehr zeitlich ausgeglichen werden. Abb. 3 zeigt den Verlauf der Auftragseingänge eines Unternehmens.

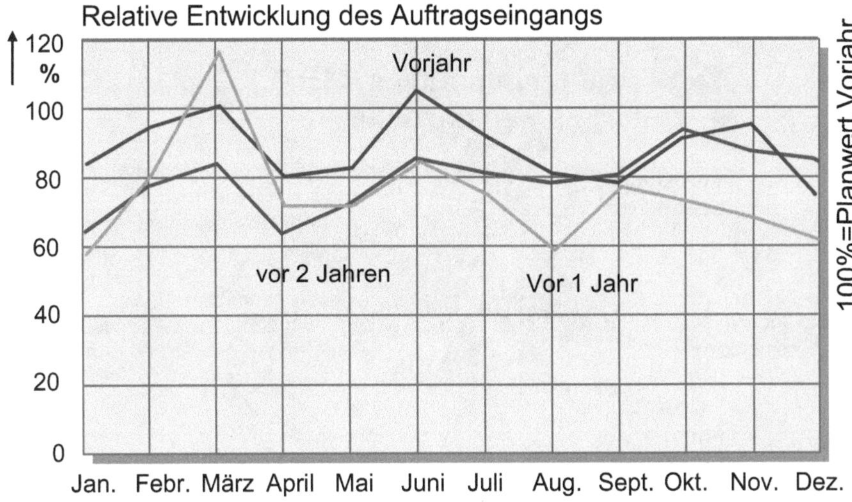

Abb. 3. Relativer Verlauf des Auftragseingangs in einem Unternehmen

Wandlungsfähigkeit ist nicht nur auf kurzfristige Zeiträume ausgerichtet sondern erstreckt sich auf alle Skalen der Planung und der Operationen. In zeitlicher Hinsicht sind die Planungszeiträume der Gestaltung der Netzwerke aber auch der Fabriken, ihrer Ausrüstung und ihrer kurzfristigen Veränderungen zur Verbesserung oder Umstellung auf wechselnde Aufgaben relevant.

Der Grundgedanke einer Organisation, die auf Selbstoptimierung und Selbstorganisation beruht, wurde bereits von Warnecke mit der Fraktalen Fabrik gelegt. Er bezog sich auf die Organisation und das Management der Produktion. Wandlungsfähigkeit muss zum Bestandteil der betrieblichen ganzheitlichen Produktionssysteme werden. Sie betrifft sowohl die Organisation und Führung als auch die Technik. Jede Veränderung birgt Risiken für Ineffizienzen. Um diese zu reduzieren müssen Werkzeuge eingesetzt werden, welche die technischen und wirtschaftlichen Risiken begrenzen und welche nicht zu Verlusten an Effizienz führen.

In technischer Hinsicht kommt der flexiblen und konfigurationsfähigen Automatisierung eine zentrale Rolle zu. Moderne Informationstechnik wird zum Element der Produktionssysteme und zum Treiber der schnellen Wandlung in den Prozessketten vom Kunden bis zum Kunden und von der Produktentwicklung bis hin zum Recycling. Ganzheitliche und systemtechnische Ansätze mit Standards in den Schnittstellen sind Wege zu der wandlungsfähigen Produktion ebenso wie die Dynamisierung des Einsatzes der Menschen in den Fabriken.

Abb. 4. Unterstützung der Wandlungsfähigkeit – Stuttgarter Modell

Der zentrale Ansatz des an der Universität Stuttgart formulierten „Stuttgarter Unternehmensmodells“ liegt in einer Definition grundlegender Elemente und Wirkbeziehungen eines hierarchischen Modells produzierender Unternehmen für mehr Wandlungsfähigkeit. Elemente des Modells sind technische oder organisatorische Leistungseinheiten, welche sich selbst organisieren und selbst optimieren. Sie sind miteinander vernetzt und folgen den strategischen Zielen der Unternehmen mit einem Höchstmaß an Autonomie. Ansätze dieser Art – aus der Natur abgeleitet – versprechen eine hohe Robustheit in turbulenten Umgebungen zu erreichen.

Zugleich wird aber von der Produktion eine permanente Optimierung des Systems im Hinblick auf die technischen und betriebswirtschaftlichen Ziele erwartet. Stand bisher allein die Reduzierung der Kosten im Zentrum der Optimierung so kommen seit einigen Jahren verstärkt Kriterien der Zeit und der Qualität hinzu. Die Anforderungen der sogenannten Adaptiven und Wandlungsfähigen Produktion lassen sich deshalb nicht allein mit einer permanenten Anpassung des Systems Produktion an die Bedürfnisse der Kunden und Märkte erfüllen sondern müssen auch Elemente der Optimierung durch den Ersatz und die Veränderung von Systemelementen beinhalten.

Ein dritter Aspekt der Wandlungsfähigkeit betrifft die Systemgrenzen. In der Vergangenheit konzentrierte sich die Produktion fast ausschließlich auf die wertschöpfenden Prozesse der Herstellung von Produkten. Heute und noch mehr in der Zukunft werden die gesamten prozessketten im Lebenslauf der Produkte von der Entwicklung bis zu ihrem Nutzungsende und zum Recycling einbezogen, um die Wertschöpfungspotentiale auszunutzen. Gerade darin erlebt die Produktionswirtschaft einen massiven strukturellen Wandel: Nutzung und Optimierung der Wertschöpfung im Leben jedes einzelnen Produktes. Dieser Prozess geht einher mit der konsequenten Ausrichtung der Produkte auf individuelle Kunden und verbindet die Technik mit dem produktnahen Service. Mit der Individualisierung wird Kundenbindung über den gesamten Zeitraum der Produktnutzung erreicht. Gleichzeitig steigen die Turbulenzen in den produzierenden Unternehmen.

Die Kreislaufwirtschaft ist bereits seit vielen Jahren als Grundlage des Wirtschaftens bekannt. Dennoch kommt es nur langsam zu einer Veränderung des Handelns zwischen allen an diesen Prozessen Beteiligten. Noch immer bestimmt der Verkauf der Produkte und der damit erzielbaren Erlöse das Wirtschaften der Hersteller. Die Nutzer optimieren die Betriebs- und Anwendungsphasen und die Recycler versuchen die Restwerte zu aktivieren.

Im Sinne des nachhaltigen Wirtschaftens kann es in der Zukunft nur darum gehen, aus jedem technischen Produkt über seinen gesamten Lebenszyklus ein Maximum an Wertschöpfung heraus zu holen.

Ziel des nachhaltigen Wirtschaftens ist die Maximierung der Wertschöpfung über den gesamten Lebenslauf der Produkte und zugleich die Vermeidung von Verschwendungen in allen Prozessen.

4 Das System „Produktion“

4.1 Ganzheitliche Sicht

Nicht allein die Leistung einzelner Maschinen sondern die Leistung des Produktionssystems ist relevant für das Optimum an Effizienz. Die Fabriken sind komplexe, langlebige und sich permanent verändernde Produkte. Die internen und externen Prozesse sind miteinander vernetzt. Der Systemgedanke bezieht sich also nicht mehr nur auf einzelne Teilbereiche der Fertigung und Montage, sondern auf Produktionssysteme in strukturellen Skalen vom Netzwerk bis zu den elementaren Prozessen. Ganzheitliche Produktionssysteme setzen auf eine Skalierung in Raum und Zeit und binden Methoden der Selbstoptimierung ein.

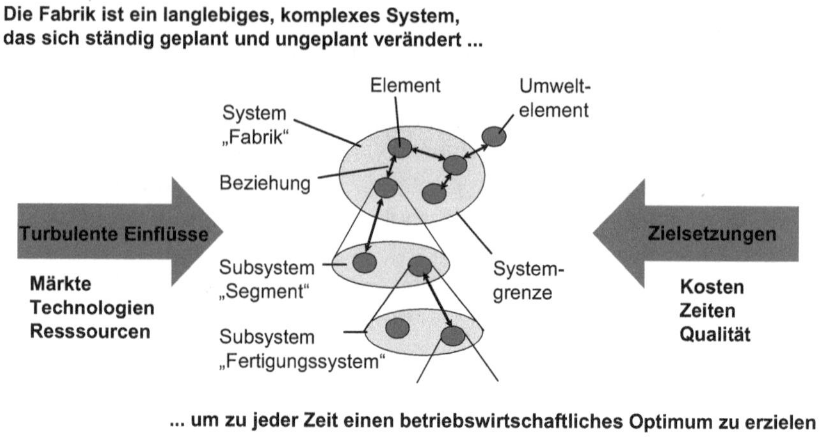

Abb. 5. Die Fabriken sind Produkte

Es gelingt in der technologischen Forschung von der früheren rein experimentellen Forschung zu einer Analytik und Synthese von Prozessen zu gelangen, die auf grundlegenden naturwissenschaftlichen Phänomenen und Gesetzten beruht. Ohne dieses Wissen könnten wir heute nicht in die technologischen Grenzbereiche von Leistung und Präzision vorstoßen. Durch Simulation können wir das detaillierte Studium des dynamischen Verhaltens der Produktion vorweg studieren und im Hinblick auf die relevanten Zielkriterien optimieren. Modellierung, Simulation und Programmierung entsprechen den grundlegenden taylorschen Prinzipien, wenn sie auf wissenschaftlich begründeten Erkenntnissen aufbauen.

Informations- und Kommunikationssysteme erreichen zu jedem Zeitpunkt jeden Arbeitsplatz. Sie können also mitsamt der gesamten Bandbreite multimedialer Techniken (Text, Graphik, Video, Audio, Sprache) zum Zweck der Optimierung der einzelnen Operationen und der Fertigungssysteme eingesetzt werden. Die Gestaltung und der Betrieb der dazu passenden Organisation ist eine herausragende neue Aufgabenstellung des „scientific management“ nach Taylor mit heutigen und zukünftigen Techniken.

4.2 Strukturelle Skalen der Produktion

Die heutige und zukünftige Produktion ist eine vernetzte Produktion, in die eine Vielzahl von Leistungseinheiten eingebunden ist. Veränderungen, die beispielsweise durch einen individuellen Kundenauftrag ausgelöst werden, müssen letztlich zu Aktionen, Handlungen und Veränderungen in den Prozessketten führen. Wenn vorhergehende Aufträge andere Inhalte und Folgen haben, so sind Umstellungen an Arbeitsplätzen und Systemen (Rüsten) vorzunehmen. Material, Energie und Informationen sowie Wissen verknüpfen die teilautonomen Systeme und bedürfen ebenso wie die Prozesse einer Lenkung. Es wurde deshalb ein ganzheitliches Modell entwickelt, welches Unternehmen als komplexe Systeme aus teilautonomen Leistungseinheiten abzubilden und den oben genannten Vorbildern der Natur zu folgen vermag und welches die strukturellen und räumlichen Skalen von einzelnen Arbeitsplätzen und Einrichtungen bis hinauf zu den Standorten und Netzwerken umfasst (Abb. 6).

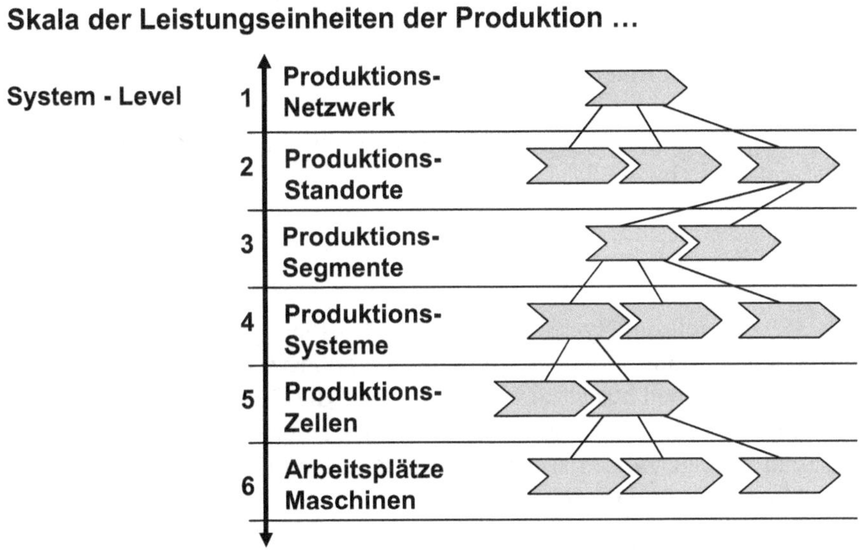

Abb. 6. Skalierung der Strukturen produzierender Unternehmen

Wandlung und Veränderung erfolgt auf allen Systemebenen. Unternehmen sind ständig dabei ihre Netzwerke dem Bedarf anzupassen. Netzwerke enthalten Standorte mit Segmenten der Produktion, in denen Produktionssysteme bestehend aus Zellen und Arbeitsplätzen eingesetzt werden. Die so genannten Mikro-Makro-Übergänge sind von herausragender Bedeutung. So können beispielsweise kleinste Veränderungen an Prozessen zu Instabilitäten ganzer Netze führen. Veränderungen in der Zuordnung von Produktionsaufgaben zu Standorten haben Auswirkungen bis auf die Arbeitsplätze. Hierarchische Strukturen sichern die Fähigkeit, zentraler Strategien zu verfolgen. Aus diesem Grunde benötigen Skalenmodelle aus vernetzten Leistungseinheiten ein hierarchisches Zielsystem, das ebenfalls permanent aktualisiert werden kann. Hierarchien behindern aber oftmals den schnellen Informationsfluss. Hier verspricht die moderne Informations- und Kommunikationstechnik eine spürbare Verbesserung.

In Analogie zu den Vorbildern der Natur, ergibt sich für die industrielle Produktion ein Metamodell einzelner Leistungseinheiten, die miteinander horizontal und vertikal verknüpft sind. Das Metamodell enthält ein grundlegendes Bauprinzip, das den Prinzipien der Selbstorganisation, Selbstoptimierung und Zielorientierung jeder Leistungseinheit folgt. Innerhalb der Leistungseinheiten operieren komplexe vernetzte Systeme aus einzelnen Elementen, die wiederum nach den gleichen Prinzipien arbeiten. Die Leistungseinheiten sind teilautonom und verfügen über ein eigenes Führungs- und Controllingsystem. Die Grenzen sind durchlässig für Informationen, Material und Energie. Die Grenzen der Zellen enthalten Sensoren zur Erfassung und Identifikation der Objekte. Jede Leistungseinheit verfügt über eigene Planungs- und Steuerungsfähigkeiten zur Optimierung und zur Steuerung der Prozesse, die widerspruchsfrei in das gesamte Managementsystem integrierbar sind.

4.3 Segment Teilefertigung

Das Metamodell des Systems Produktion lässt sich auf alle Skalenebenen anwenden. Es umfasst sowohl automatisierte Prozesse als auch manuelle und von Menschen ausgeführte Arbeiten und die Relationen zwischen den Leistungseinheiten. Entscheidend für die Modellierung ist die Kenntnis der Zusammenhänge zwischen einzelnen Leistungseinheiten im Informations- und Materialfluss. Die Systemtechnik liefert dazu den Bauplan und die Wirkzusammenhänge.

Die Abbildung zeigt die Betriebsprinzipien eines ganzheitlichen Produktionssystems mit den Abhängigkeiten der Prozesse von den Organisations- und Arbeitsprinzipien. Es sind grundlegende Gesetzmäßigkeiten, welche das Systemverhalten bestimmen. Nach heutigem Kenntnisstand führt das Modell, wenn es auf Fertigungssysteme angewandt wird, zu Systemen mit integrierter technischer Intelligenz. Systeme stellen sich selbständig auf wechselnde Fertigungsaufgaben ein und kooperieren selbständig in den horizontalen und vertikalen Strukturen.

Für derartige Systeme gelten grundlegende Gesetzmäßigkeiten:

- Produktionssysteme bestehen aus Elementen und Relationen
- Die Effizienz des Systems ist eine Funktion der Effizienz der Elemente und ihrer Kooperation
- Fehlende Ressourcen und Störungen reduzieren die Effizienz
- Überflüssige Ressourcen verbessern die Effizienz nicht

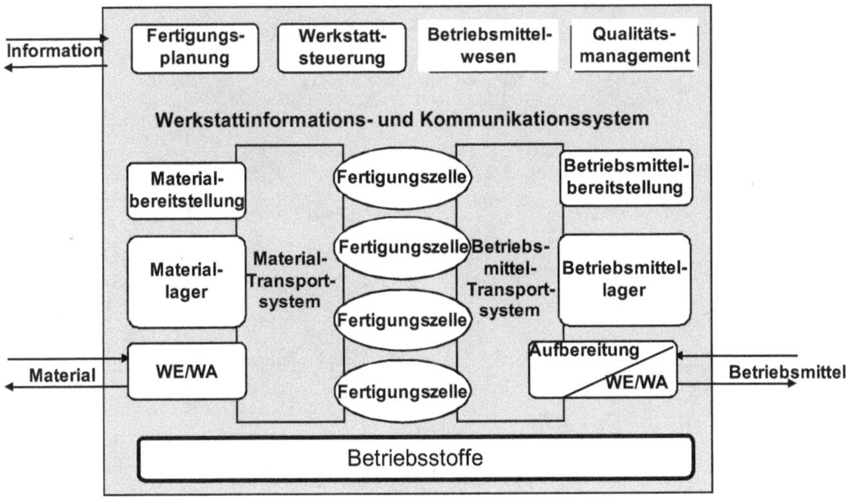

Abb. 7. Ganzheitliches Fertigungssegment einer Teilefertigung

4.4 Vernetzung mit externen Organisationen

Die in Deutschland reichlich vorhandenen Netzwerke zwischen den Unternehmen - ob große oder kleine, in Regionen gebündelt oder teilweise auch international angelegt -, durch deren gemeinsames Wissen viele high-tech Produkte entstanden sind, müssen gestärkt und ausgebaut werden. An der Gestaltung, Ausrüstung und dem Betrieb der Fabriken sind viele Organisationen beteiligt. Die Kooperation in regionalen Strukturen kann hohe Lohn- und Personalkosten mehr als kompensieren und führt – wie bereits von einigen Unternehmen erkannt – sogar zu Wettbewerbsvorteilen.

Die Vorteile regionaler vernetzter Strukturen liegen vor allem in den Soft-Faktoren wie gemeinsame Sprache, kurzen Wegen, und ergänzender Fähigkeiten. Dies wirkt sich besonders bei hochdynamischen Produktionen und bei hohen Veränderungsraten der Produkte während der Fertigung aus.

Die Produktion der Zukunft ist ein komplexes und adaptionsfähiges Netzwerk aus einzelnen miteinander vernetzten und teilautonomen Leistungseinheiten. Die Aktivierung synergetischer Potentiale kann durch ein systematisiertes Management und Standardisierung der Netzwerke erreicht werden sowie ein Hochleistungs-IT-Netzwerk mit industriellen Standards erreicht werden (Grid- Manufacturing)

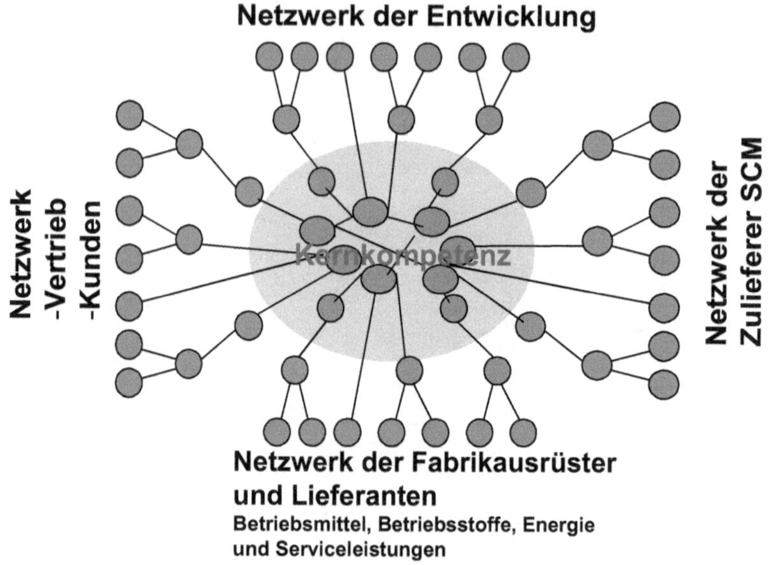

Abb. 8. Vernetzung der Produktion

Zukünftige Produktionssysteme sind vernetzte Systeme miteinander kooperierender teilautonomer Elemente. Die Vernetzung erfolgt durch die Material- und Informationsflüsse. Die Effizienz der Systeme ist abhängig von der Effizienz der einzelnen Leistungseinheiten und ihrer Kooperation. Medienbrüche, überschüssige Ressourcen und nicht optimierte Prozessketten vermindern die Effizienz. Wandlungs- und Adaptionsfähigkeit bedeutet eine Anpassung der Vernetzung. Die Anpassung der Netzwerke muss in der Zukunft permanent und ohne zeitliche Verluste erfolgen. Experten sehen in der Beherrschung der Komplexität der produktionsinternen Informationssysteme über die Unternehmensgrenzen hinweg eine der großen Herausforderungen in einer arbeitsteilig vernetzten Wirtschaft und fordern eine offene Hochleistungs-IT Infrastruktur.

5 Optimierung der Produktion

5.1 Verschwendung vermeiden

Die Vermeidung von Verschwendungen wurde in den vergangenen Jahren von japanischen und amerikanischen Ingenieuren und Organisatoren zum Grundprinzip der Gestaltung und Optimierung. Dehnt man diesen Gedanken auf alle Ressourcen und deren Lebenslauf aus, so wird ein Ansatz eines neuen nachhaltigen Wirtschaftens erkennbar. Verschwendungen von Zeit, von Nutzungspotentialen, von Material und Energie sind in allen Phasen des Lebenslaufes von technischen Produkten ebenso wie bei den humanen Ressourcen feststellbar. Letztlich geht es um die Erfüllung der funktionalen Anforderungen der Märkte und Kunden durch einen minimalen Einsatz an Ressourcen.

Die Vermeidung der Verschwendung an Ressourcen ist der wirksamste Beitrag zur Nachhaltigkeit des Wirtschaftens

Viele Unternehmen haben mit der Anwendung von Prinzipien des „Lean Manufacturing" erhebliche Verbesserungen der Effizienz erzielen können. Neben diesen bekannten Ansätzen lassen sich wesentliche Verbesserungen erreichen:

- Vereinfachung zur Komplexitätsreduzierung und Zuverlässigkeit,
- Funktionserfüllung durch Software statt Hardware (Dematerialisierung),
- Ausnutzung des Wissens und der Kompetenzen der Mitarbeiter,
- Verlängerung des Produktlebens,
- Reduzierung von Abfall und Energieverbrauch.

Das grundlegende Konzept der Vermeidung von Verschwendung basiert auf proaktivem und aktivem Handeln durch permanente Verbesserung. Das proaktive Handeln wiederum gründet sich auf den Kompetenzen von Engineering und Planung sowie der Analytik der Anwendungen.

5.2 Integration von Wissen und Lernfähigkeit

Die Preise und Kosten vieler technischer Produkte folgen auch heute noch den Gesetzmäßigkeiten der Lern- und Erfahrungskurven. Beispiele derartiger Lerneffekte finden sich in der Elektronikindustrie, im Fahrzeugbau, im Maschinenbau oder in der Prozessindustrie. Mit zunehmender Menge der hergestellten Produkte sinken die Kosten und steigt die Qualität durch die Summe aller Verbesserungen quasi gesetzmäßig (Abb. 9).

Wenn man die These aufstellt, dass es in allen Produkten bei Wiederholung der Produktion zu Verbesserungen kommen mussa, dann stellt sich die Frage, warum wir nicht unsere gesamte Produktion als eine lernfähige Produktion betrachten und hieraus Schlüsse in Bezug auf die Organisation und mögliche Wettbewerbsvorteile ziehen.

In neuerlichen Untersuchungen im Fahrzeugbau konnte diese Gesetzmäßigkeit erneut bestätigt werden. Wir fanden heraus, dass die Verbesserung der Qualität - gemessen an dem Aufwand für Nacharbeit oder an der Anzahl der Qualitätsmängel - dieser Gesetzmäßigkeit für einzelne Produkte und Produktgruppen ebenso folgt wie bezüglich der Zielkriterien Durchlaufzeit, Bestände und Termintreue. Als wichtigste Ursachen für Kostenabweichungen gegenüber den kalkulatorischen Vorgaben erwiesen sich Konstruktionsmängel, Verspätete Bereitstellung serienreifer Betriebsmittel und -unterlagen, mangelhafte Prozessbeherrschung und nicht abgestimmte Aktionen in der Logistik und Organisation.

In den Untersuchungen fanden wir ferner heraus, dass die Mehraufwendungen erst dann deutlich in den Montagen und in der Systemintegration zum Tragen kommen. D. h. Lerneffekte entstehen nicht so sehr in der als beherrschbar einzustufenden Teilefertigung sondern in dem Bereich der Integration. Eine hohe Anzahl von Änderungen ist auch eine Folge nicht ausgereifter Entwicklungen, die sich vor allem in der Anlaufphase neuer Produkte kostensteigernd auswirken.

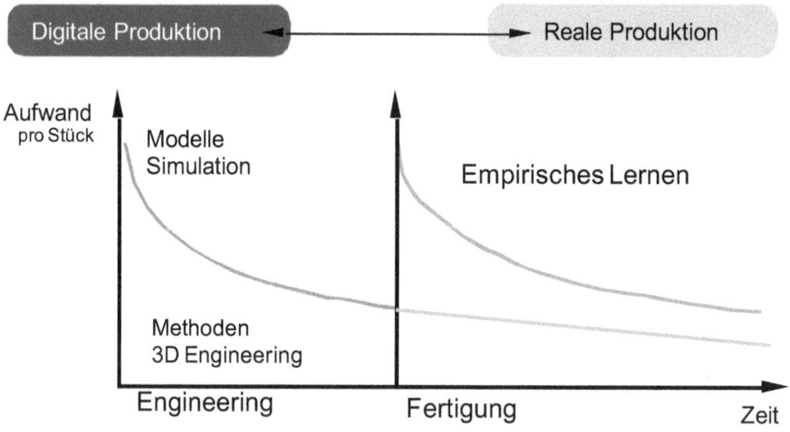

Abb. 9. Industrielles Lernsystem - Grundlage des dynamischen Produktionsmanagements

Lerneffekte beruhen auf technischen und organisatorischen Verbesserungsmaßnahmen. Das Lernen zielt also auf einen optimalen Zustand des komplexen Systems der Produktion bzw. auf einen technisch und organisatorisch definierten Grenz-Leistungsgrad. Wird dieser erreicht, so sind weitere Verbesserungen nur noch durch technologische Sprünge oder die Änderung des Produktionskonzeptes bzw. -systems erzielbar.

Das industrielle Lernen vollzieht sich als iterativer Prozess. Man stellt der Produktion oder einzelnen Geschäftsprozessen eine Aufgabe, die mit bestimmten Rahmenbedingungen und Ressourcen bzw. in einer als definiert zu betrachtenden Umgebung auszuführen ist. Der Prozess wird ausgeführt und anschließend im Hinblick auf die Erfüllung bestimmter Ziele beurteilt. Die entscheidenden Ziele sind: Zeiten, Kosten, Qualität und Termine. Auf der Grundlage von Wissen werden nun Maßnahmen definiert, welche bei Wiederholung der Aufgabe zu einer Verbesserung führen.

In der lernfähigen Produktion wird also permanent versucht, Verbesserungen durch Anwendung von Wissen zu erzielen. Mit jeder Wiederholung eines Vorganges muss eine Steigerung der Effizienz des Systems erreicht werden. Das Wissen um Verbesserungsmöglichkeiten wird in Verbindung mit dem Wissen um die Abläufe und Systemabhängigkeiten zum Schlüssel der Leistungssteigerung.

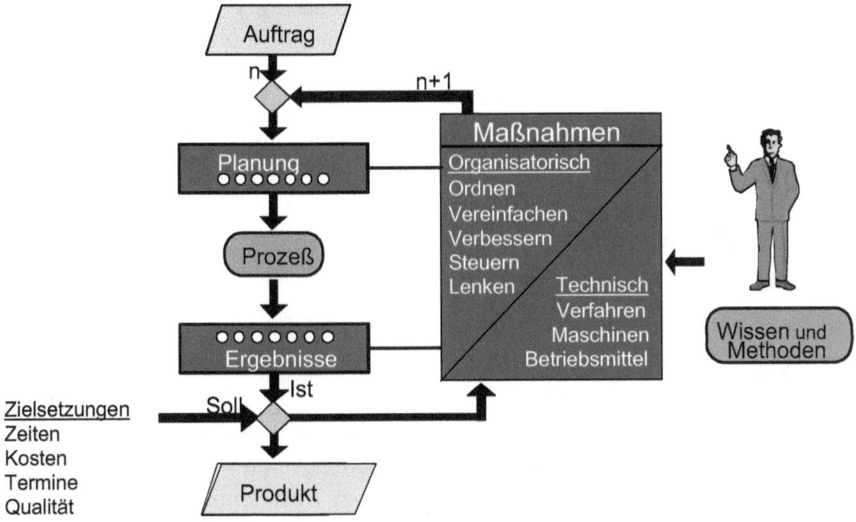

Abb. 10. Industrielles Lernen und Wissen als Motor der Verbesserung

Wissen ist eine wertvolle Ressource. Wissen ist aber auch geeignet, um Wertschöpfung zu erzielen. Die produktionstechnische Forschung war in der Vergangenheit eine experimentell ausgerichtete Forschung. Neuerungen wurden realisiert und durch die Praxis verifiziert. In dem Maße, in dem es gelingt, Wirkzusammenhänge in Technik und Organisation auf wissenschaftlich gesicherter Basis in Modellen abzubilden und unter den zu erwartenden Bedingungen zu simulieren, kann der experimentelle Aufwand reduziert werden. In diesem Zusammenhang erhalten Forschungen zur Modellierung und zur Simulation eine extreme Bedeutung, denn die Modelle können in die Informations- und Steuerungssysteme integriert und zur Beherrschung der Prozesse genutzt werden.

Simulation und Modellierung sind Werkzeuge zur Integration von Wissen in Systeme und erlauben die Analyse des dynamischen Verhaltens der Leistungseinheiten

Zweifellos liegt in diesem Gebiet ein Ansatz zukunftsträchtiger Forschung. Er kann der Wirtschaft dann helfen, wenn es darum geht, Leistung und Effizienz bereits in frühen Phasen und präventiv zu optimieren oder Handlungsweisen unter dynamischen Aspekten oder situationsbezogen zu analysieren. Generalisiert kann man deshalb auch von lernfähigen Produktionen sprechen, welche insbesondere das Potential bei schnellen Veränderungen wie beispielsweise im Anlauf von Produktionssystemen aktivieren.

In der industriellen Produktion sind Lernen und Präventive Optimierung Bestandteil der Organisation. Lerneffekte beruhen auf Verbesserungen der Produkte und Prozesse. Es sind in erster Linie organisatorische und technische Effekte, welche zu Lerneffekten in den Produktionssystemen führen. Je früher die Maßnahmen ausgeführt werden, umso wirtschaftlicher sind sie. Dies erfordert eine Optimierung im Vorfeld der realen Produktion – also im virtuellen Bereich, in dem Modelle und Methoden ihre stärkste Wirkung entfalten.

5.3 Digitale Produktion und Industrial Engineering

Die Produktion der Zukunft vollzieht sich in einem durch das Internet und durch Kommunikationstechniken beherrschten Netzwerk. Dies gestattet simultane Vernetzungen mit der Chance einer Bescheunigung der Produkt- und Produktionsentwicklung. Treiber zum Aufbau der notwendigen adaptiven Prozesse müssen jedoch die innerbetrieblichen Planungsabteilungen oder die so genannte Produktionsvorbereitung sein. In diesen Abteilungen ist das „know-how" des klassischen „Industrial Engineering" vorhanden, das vor dem Hintergrund einer turbulenten Umgebung eine neue und strategische Bedeutung erhält.

Das Industrial Engineering benötigt neue Methoden und Digitale Werkzeuge in seiner Schlüsselrolle zum Aufbau adaptiver Strukturen in der Produktion.

Das Industrial Engineering der Zukunft dient der schnellen und effizienten Anpassung der Produktionsstrukturen der Unternehmen in allen Ebenen der Planung und operiert zielorientiert in kurz-, mittel- und langfristigen Zeiträumen. Das Industrial Engineering ist in die Prozesse der Planung und Gestaltung sowohl strategisch als auch operativ eingebunden. Mit Werkzeugen der Zukunft, zu denen die Modellierung und Simulation ebenso zählen wie Planungs- und Prognoseverfahren oder analytische Verfahren, kann das Industrial Engineering die Veränderungsprozesse massiv verbessern. Das gilt zum Beispiel für

- die Entwicklung neuer oder Änderung laufender Produkte;
- den Anlauf neuer Produktionen;
- die Optimierung der Produktionsnetze;
- die Sicherung der Qualität und
- die Optimierung der betrieblichen Leistung.

Neue Methoden des Industrial Engineering entwickeln sich aus der Klärung der Wirkzusammenhänge elementarer Operationen (New Taylor), die Grundlage der Standardisierung von Prozessen sind. Die Automatisierung und die Prozessführung erfordern eine vollständige Elementarisierung der Prozesse. Die Rolle des Menschen beschränkt sich immer mehr auf das „Scientific Management", d.h. das Management der Prozesse mit Hilfe wissenschaftlich fundierter Methoden und Modelle und deren Unterstützung mit IT-Systemen. Das Industrial Engineering wird getrieben durch die Visionen von

- adaptiven und flexibel konfigurierbaren technischen Konzepten;
- einem neuen Verständnis soziotechnischer Systeme der Produktion;
- ganzheitlichen, auf elementaren Wirkzusammenhängen basierenden Produktionsystemen (New Taylor);
- integrativen Informationssystemen einschließlich realitätsnaher Wissensmanagementsysteme.

Die Ingenieure und Techniker werden ihre Arbeiten in der Zukunft mit digitalen Werkzeugen durchführen. Es liegt deshalb nahe, digitale Abbildungen der realen Fabriken permanent und an allen Orten, an denen Veränderungen und Anpassungen vorzunehmen sind, digital und in 3D zur Verfügung zu stellen. Die Langlebigkeit der Ressourcen erfordert dazu ein Datenmanagement, welches durch eine digitale Bereitstellung der Systeme und Objekte sowie der Erfahrungen der Vergangenheit gespeist wird, und in dem die kommenden Veränderungen (Planungszustände) allen Beteiligten zur Verfügung gestellt werden.

Die digitale Produktion ist also ein strategisches Werkzeug für die Veränderung, Optimierung und Planung und das Management der Produktion. Die Arbeitsplätze der Ingenieure werden auf diese Weise zu virtuellen Fabriken, die über Informationssysteme mit den realen Fabriken verbunden sind.

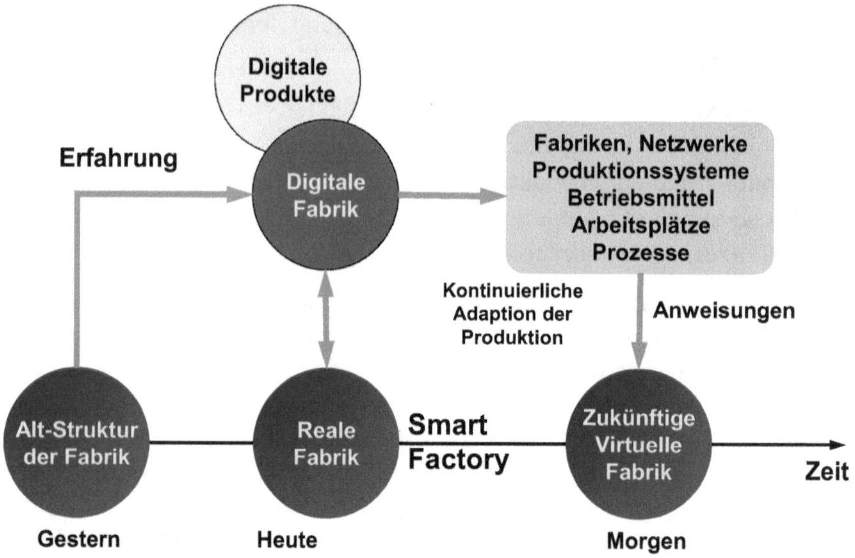

Abb. 11. Digitale Produktion – Arbeiten im Virtuellen zur proaktiven Optimierung und Adaption

Die Digitalisierung setzt sich in den Einrichtungen, Anlagen und Steuerungen fort. In der Zukunft werden alle Objekte der Fabriken permanent an Netzwerke angebunden sein. Die Architekturen der Informationssysteme werden offen und dezentralisiert, um ein Höchstmaß an Flexibilität sicherzustellen.

5.4 Advanced Industrial Engineering für die Produktion

Unternehmen und insbesondere ihre Fabriken sind langlebige, komplexe und sich ständig verändernde Produkte. Die Schlüsselfunktion dieser Veränderungen ist das Industrial Engineering. Die sich zukünftig noch verschärfende Situation der sich permanent und oft sehr schnell wandelnden nationalen und internationalen Märkte, die sich in einer hoch reaktiven Auftragsentwicklung äußert, kann nur durch die laufende Anpassung der Produkte an die Marktbedingungen aufgefangen und als Chance zu höherer Konkurrenzfähigkeit genutzt werden. Dazu sind neue und anpassungsfähige – adaptive – Strukturen in den Unternehmen erforderlich.

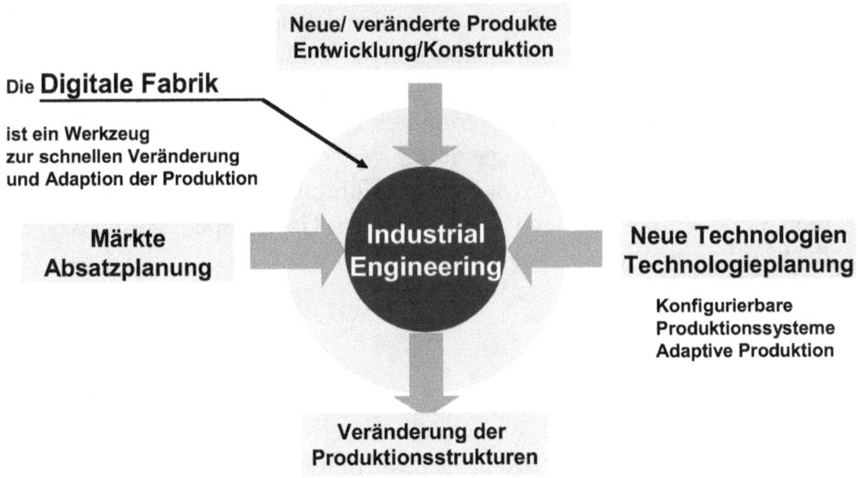

Abb. 12. Advanced Industrial Engineering

Die digitale Fabrik ist ein Werkzeug des Industrial Engineering. Es wird den Veränderern der Produktion die Zeiten der Vorbereitung durch eine Vernetzung der Planer und Ingenieure verkürzen. Die wesentlichen Potentiale liegen im Anlauf neuer Produkte und in der Verbesserung der Präzision der Planung. Mit den Werkzeugen der digitalen Fabrik ändern sich die Aufgaben vieler Planungsabteilungen vom Lieferanten von Daten zum Gestalter der Fabriken und Produktionssysteme.

Prozesse und Strukturen im Produktionsumfeld werden anpassungsfähig, wenn weite zeitliche, räumliche und hierarchische Skalen überdeckt werden können, die von Unternehmens- und Produktionsnetzwerken bis zu den einzelnen Arbeitsplätzen und technischen Prozessen reichen. Anpassungsfähigkeit muss in kurzfristigen Zeiträumen wie beispielsweise durch Rüsten und Bearbeiten als auch in langfristigen Zeiträumen wie beispielsweise der Planung und Inbetriebnahme von Investitionen und Fabriken stattfinden.

6 Zusammenfassung

Unter dem Eindruck extremer Anforderungen an die Wettbewerbsfähigkeit ist die industrielle Produktion gezwungen, neuen Paradigmen in der Produktion zu folgen. Das Taylorsche Prinzip der Betriebsführung, welches die Planung mit wissenschaftlichen Methoden zum Grundelement der Rationalisierung machte, reicht nicht mehr aus, um die erforderliche Wandlungsfähigkeit zu erreichen. Die Fabriken müssen vielmehr als komplexe und hochdynamische Systeme verstanden werden um Anpassungen an die Dynamik turbulenter Einflussfaktoren zu erreichen. Die Systeme folgen den Gesetzmäßigkeiten der Produktion und lassen sich mit Grundprinzipien wie beispielsweise der Vereinfachung robuster gestalten. Höchstleistung erfordert immer mehr spezielles Wissen und einen Weg, dieses Wissen permanent in die Prozesse zu überführen. Insgesamt resultiert daraus eine Veränderung des nach Tayloristischen Gesichtspunkten laufenden Industrial Engineering.

Literatur

Bullinger HJ, Warnecke HJ, Westkämper E (2003) Neue Organisationsformen für Unternehmen. Springer, Berlin Heidelberg New York

Maanen J van (1995) A Theory of Learning Systems – Arbeitspapier des CWI. Amsterdam

Milberg J, Schuh G (2004) Erfolg in Netzwerken. Springer, Berlin Heidelberg New York

Schenk M, Wirth S (2007) Fabrikplanung und Fabrikbetrieb. Springer, Berlin Heidelberg New York

Spath D (2004) Forschungs- und Technologiemanagement. Hanser Verlag, München Wien

Spur G (2004) Vom Faustkeil zum digitalen Produkt. Hanser Verlag, München Wien

Taylor FW (1983) Gesellschaft für Sozialwissenschaftliche und Ökologische Forschung – Die Grundsätze wissenschaftlicher Betriebsführung. Nachdruck der Original-Ausgabe von 1919, 2. Auflage, Raben Verlag, München

Warnecke, HJ (1995) Aufbruch zum fraktalen Unternehmen. Springer, Berlin

Westkämper E, Lücke O, Witt G (1996) Planungsinstrumente für die lernende Organisation, Arbeitsvorbereitung, Ausgabe 4. Hanser Verlag, München Wien

Westkämper E (2005a) Auf dem Weg zur Intelligenten Produktion. Wt Werkstattstechnik 95 (2005), Nr. 3, S 80

Westkämper E (2005b) Operatives Management Wandlungsfähiger Unternehmen. In: Foschiani S (Hrsg) Strategisches Wertschöpfungsmanagement in dynamischer Umwelt – Festschrift für Erich Zahn. Lang, Frankfurt a M, S 463-490

Westkämper E (2006a) Produktion – Wandlungsfähigkeit in der industriellen Produktion. TCW, München

Westkämper E (2006b) Digitale Produktion. In: Bullinger H-J (Hrsg) Technologieführer - Grundlagen - Anwendungen - Trends. Springer, Berlin et al., S 434-439

Westkämper E (2007a) Management der Produktion im turbulenten Umfeld. PPS Management 12 (2007), Nr. 2, S 70-72

Westkämper E (2007b) Die Digitale Fabrik – ein Produkt für Produkte. Editorial, Wt Werkstattstechnik 97 (2007), Nr. 3, S 107

Wiendahl H-P (1987) Belastungsorientierte Fertigungssteuerung – Grundlagen, Verfahrensaufbau, Realisierung. Hanser Verlag, München

Wiendahl H-P (1997) Fertigungsregelung – Logistische Beherrschung von Fertigungsabläufen auf Basis des Trichtermodells. Hanser Verlag, München

Wildemann H (1986) Strategische Investitionsplanung für neue Technologien in der Produktion. Tagungsband zum 2. Fertigungswirtschaftlichen Kolloquium an der Univ. Passau, Dissertations- und Fotodruck Frank GmbH, München

Dynamik logistischer Systeme

Prof. Dr.-Ing. Bernd Scholz-Reiter, Dipl.-Phys. Christoph de Beer,
Dr.-Ing. Michael Freitag, Dipl.-Ing. Tilo Hamann,
Dipl.-Ing. Henning Rekersbrink, Dipl.-Phys. Jan Topi Tervo

BIBA – Bremer Institut für Produktion und Logistik GmbH
http://www.biba.uni-bremen.de

1 Einleitung

Produktionsunternehmen müssen heute in einem hochdynamischen Unternehmensumfeld agieren. Die für Wettbewerbsfähigkeit und Markterfolg notwendige Flexibilität und Anpassungsfähigkeit hat jedoch eine zunehmende strukturelle und dynamische Komplexität des Produktionssystems selbst zur Folge (Scholz-Reiter et al. 2002). Das führt unter Umständen zu unvorhersehbarem Systemverhalten, das entgegen den ursprünglichen Zielsetzungen zu Leistungsminderungen führen kann (Larsen et al. 1999). Ursache dafür ist die Diskrepanz zwischen den der Produktionsplanung und -steuerung (PPS) zugrunde liegenden Modellen und der produktionslogistischen Realität.

Die klassische PPS setzt eine prinzipielle Planbarkeit der produktionslogistischen Prozesse voraus. Dieser Annahme werden zunehmend zwei Grenzen gesetzt: Zum einen verändert sich das Unternehmensumfeld ständig, so dass häufige Neuplanungen notwendig werden. Dieser Marktdynamik wird mit einer rollierenden Planung und Optimierung in zunehmend kürzeren Zeitabständen begegnet. Zum anderen stellt das Produktionssystem selbst ein dynamisches System dar, welches auf unterschiedliche Randbedingungen auch unterschiedlich reagiert. Diese intrinsische Systemdynamik ist eine der Ursachen für irreguläre Systemzustände und unvorhersehbares Verhalten (Helbing et al. 2004; Freitag 2005) – sie wird in der klassischen PPS jedoch nicht berücksichtigt.

Solche dynamischen Systeme werden in vielen Bereichen durch dynamische Modelle beschrieben. Diese Modelle dienen zum einen der Analyse des Systemverhaltens und zum anderen dem Entwurf von Steuerungssystemen. Für die Logistik stellt sich nun die Frage, ob sich Modellierungs-, Analyse- und Steuerungsmethoden für dynamische Systeme im Allgemeinen nicht auch auf Produktions- und Logistiksysteme im Speziellen anwenden lassen. Dafür ist in einem ersten Schritt zu prüfen, inwieweit sich verschiedene Modellierungskonzepte zur Abbildung logistischer Systeme und Prozesse eignen bzw. wie genau sie die Realität abbilden können. Gelingt die Modellierung als dynamisches System mit hinreichender Genauigkeit, können in einem zweiten Schritt auf den dynamischen Modellen basierende Steuerungsmethoden entwickelt werden, die besser als konventionelle Planungsmethoden die intrinsische Systemdynamik berücksichtigen und auf unvorhersehbare Änderungen und Störungen reagieren können.

Mit dem vorliegenden Beitrag sollen Modellierungsmethoden zur Beschreibung des dynamischen Verhaltens von Produktions- und Logistiksystemen sowie Steuerungsmethoden vorgestellt werden, die eine verbesserte Logistikleistung auch bei starken Nachfrageschwankungen und internen Änderungen des Systems ermöglichen.

2 Modellierung dynamischer logistischer Systeme

Zur Beschreibung des dynamischen Verhaltens von Produktions- und Logistiksystemen müssen die Systeme im ersten Schritt in einem Modell abgebildet werden. Dabei sollte neben statischen Aspekten wie dem Layout und der Dimensionierung gerade in logistischen Systemen die Abbildung der systemeigenen Dynamik im Vordergrund stehen. Für diesen Aspekt der Modellierung gibt es verschiedene Konzepte, welche im Folgenden vorgestellt werden.

Innerhalb der Logistik sind Simulationsmodelle der betrachteten Systeme weit verbreitet, mit welchen – äquivalent zu realen Versuchen – Simulationen unter verschiedenen Parameterkonstellationen durchgeführt werden. Diese Herangehensweise hat jedoch die grundsätzliche Schwäche, dass die Ergebnisse solcher Modelle streng genommen immer nur für die durchgeführten Experimente gelten. Allgemeine Aussagen in Form von Gesetzmäßigkeiten über derart modellierte Systeme sind prinzipbedingt nur sehr schwer zu erhalten.

Aus dem Blickwinkel einer „Theorie der Logistik" lassen sich diese Vorgehensweisen, für die es eine Vielzahl unterschiedlichster Modellierungskonzepte gibt, unter dem Begriff „Simulation" zusammenfassen und der Fokus für Modellierungsmöglichkeiten in der Logistik auf diejenigen Konzepte richten, welche durch ein theoretisches Konzept einen analytischen Zugang zu den Eigenschaften des erstellten Modells erlauben. Unter Analyse soll dabei die Möglichkeit verstanden werden, allgemeingültige Aussagen über ein Modell treffen zu können, ohne Experimente durchführen zu müssen.

Zwei grundsätzlich verschiedene Herangehensweisen

Es existieren zwei grundlegend unterschiedliche Denkweisen in der Modellierung, welche sich im Kern durch verschiedene Beschreibungen für den zeitlichen Fortgang des Systems gegeneinander abgrenzen lassen. Das Aufeinanderfolgen verschiedener Systemzustände wird in der einen Sichtweise durch das Auftreten von so genannten Ereignissen begründet, weshalb diese Sichtweise hier „ereignisorientiert" genannt wird. Als Beispiel kann die Vorstellung einer Warteschlange dienen: Der Start der Bearbeitung, d.h. die Zustandsänderung des Systems hin zum Zustand „Bearbeiten", wird durch das Ereignis der Ankunft eines Auftrags verursacht.

	Ereignisorientiert				Flussorientiert		
	Petri-Netz	**MaxPlus-Algebra**	**Warteschl.-theorie**	***Simulation***	**Regelungs-technik**	**Dynamische Systeme**	***Simulation***
Analysemöglichkeiten	hauptsächlich *funktionelle* Eigenschaften: • Deadlocks • Beschränktheit • Erreichbarkeit • etc.	hauptsächlich *dynamische Zusammenhänge*: • Minimale Zykluszeiten • Fahrpläne • Auswirkungen von Planabw. • etc. Anfänge einer Systemtheorie vorhanden	hauptsächlich *stochastische* Eigenschaften: • Mittelwerte • Varianzen • Verteilungen • ... • Leistungsgrößen • ø-Auslastung • ø-Wartezeit • etc.	Modellierungs-systeme für die Simulation: • Discrete Event Systems (DES) • Multiagenten-systeme (MAS) • Zelluläre Auto-maten (ZA) • etc.	hauptsächlich *zeitl. Änderung* von Eigenschaften • Stabilität • Grenzen • transiente Phase • Schwingverh. • Reglerentwurf • etc.	hauptsächlich *Langzeitverhalten* von Eigenschaften • Fixpunkte • Attraktoren • Einzugsgebiete • Stabilität • etc.	Modellierungs-system für die Simulation: • System Dynamics (SD)
Simulationstools	viele verschiede-ne vorhanden, sowohl für Ana-lyse als auch zur Simulation siehe z. B. (PetriNetsWorld 2007)	MaxPlus-Tool-boxen für: • Matlab • Scilab • Maple	• Arena • etc.	• eMplant • Arena • Witness • Quest • Objektorient. Programmier-sprachen (C++, ...) • etc.	• Matlab / Simulink • LabView • etc.	• Mathematica • Maple • Matlab • ODE/PDE-Solver • etc.	• Vensim (SD) • AnyLogic • ACSL • DYNAMO • etc.

Abb. 1. Strukturierung der Modellierungsmöglichkeiten

In einer hierzu komplementären Sichtweise wird der Fortgang des Systems durch einen Gradienten beschrieben, welcher in der Regel durch die aktuellen Werte der Zustandsvariablen selbst beeinflusst wird. In diesem Zusammenhang wird oft vom Fluss einer bestimmten Größe gesprochen, daher wird diese Sichtweise hier „flussorientiert" genannt. Als Beispiel kann die Vorstellung eines mit Wasser gefüllten Trichters dienen: Der Fortgang des Systems entspricht der Änderung der Füllhöhe. Dieser Gradient wird durch die aktuellen Zu- und Abflüsse bestimmt, welche wiederum von der Füllhöhe abhängen können.

In Abb. 1 sind die in diesem Beitrag beschriebenen Modellierungskonzepte, deren Analysemöglichkeiten und spezifische Simulationstools zusammenfassend dargestellt. Unter den beiden Bereichen „Simulation" werden wie beschrieben alle Modellierungskonzepte ohne analytische Untersuchungsmöglichkeit zusammengefasst. Weiterhin sind Beispiele für entsprechende Simulationstools angegeben.

2.1 Ereignisorientierte Denkweise

Für logistische Systeme wählt man intuitiver Weise meist einen ereignisorientierten Ansatz, da in solchen Systemen in der Regel keine kontinuierlichen, fließenden Größen im Vordergrund stehen, sondern einzelne Objekte und deren Verhalten. In den meisten Fällen werden dann Simulationsmodelle mit verschiedenen Konzepten erstellt wie z.B. ereignisdiskrete Modelle, Multiagentensysteme oder zelluläre Automaten. Modellierungskonzepte, welche eine analytische Betrachtung erlauben, gibt es für den ereignisorientierten Ansatz im Wesentlichen drei: Petri-Netze, die Warteschlangentheorie und die MaxPlus-Algebra, welche im Folgenden betrachtet werden sollen.

Petri-Netze

Die Theorie der Petri-Netze beinhaltet sowohl eine eigene graphische Beschreibungssprache als auch eine dahinter liegende, fundierte mathematische Theorie. Mit Hilfe von wenigen Elementen (Stellen, Transitionen, Token, Kanten usw.) lassen sich insbesondere kausale Zusammenhänge und Nebenläufigkeiten modellieren und mathematisch analysieren (Kiencke 2006). Dies führte u.a. zu einer vermehrten Anwendung der Petri-Netz-Theorie bei automatisierungstechnischen Problemstellungen. In Abb. 2 ist ein kleines Beispielnetz dargestellt, welches eine Synchronisation paralleler Prozesse darstellen kann: die rechte Transition kann erst schalten, wenn beide Vorgängerprozesse abgeschlossen sind.

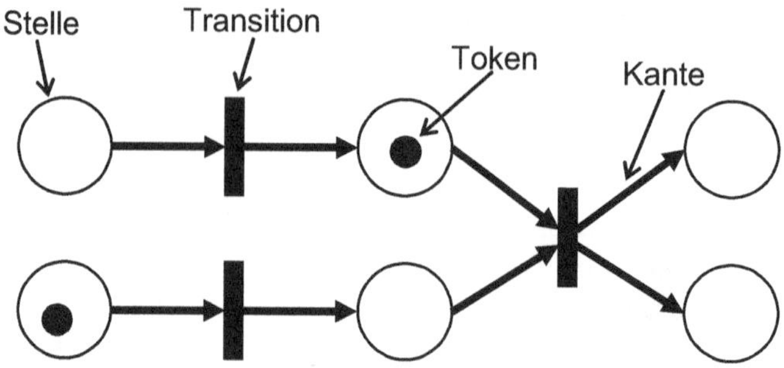

Abb. 2. Beispiel für ein Petri-Netz zur Synchronisation paralleler Prozesse

Die Vorteile von Petri-Netzen liegen in den Analysemöglichkeiten der erstellten Modelle. So lassen sich auf analytischem Wege verschiedene Eigenschaften nachweisen, welche auch für logistische Anwendungen interessant sind, wie bspw. Deadlock-Freiheit, Beschränktheit, Erreichbarkeit oder Reversibilität (Krauth 1990; Kiencke 2006). Hierbei handelt es sich hauptsächlich um funktionelle Eigenschaften der Modelle wie z.B. die Beschränktheit, welche eine Beschränkung der Anzahl von Token (beschränkte Pufferkapazitäten) in allen Stellen und unter allen Schaltungen garantiert oder die Deadlock-Freiheit, welche garantiert, dass das System nicht in verklemmte Zustände geraten kann (irreguläre Zustände bei Materialrückflüssen).

Demgegenüber können quantitative Aspekte wie z.B. in der Logistik typische Fragen zu Durchlaufzeiten oder mittlerer Auslastung nicht analytisch untersucht werden. Dies liegt in der Zeitlosigkeit von Petri-Netzen begründet, wodurch sämtliche diesbezügliche Größen nicht darstellbar sind. Weitere Nachteile von Petri-Netzen liegen in der prinzipiellen Unmöglichkeit zum Zählen von bisherigen Ereignissen begründet – ein nächster Schritt hängt im Petri-Netz immer nur vom direkt vorausgegangen Zustand ab. Auch ihre feste Struktur schränkt Petri-Netz-Modelle dahingehend ein, dass zur Laufzeit keine Strukturelemente (z.B. Stellen oder Transitionen) automatisiert entstehen oder entfernt werden können.

Aufgrund dieser Beschränkungen von Petri-Netzen wurden viele Erweiterungen vorgeschlagen, welche viele logistisch wichtige Fälle darstellen können. Zu nennen sind Erweiterungen mit Farben oder Attributen für Token, Prioritätsregeln und zeitbehaftete Transitionen oder spezielle Inhibitor-Kanten, welche das Schalten einer Transition verhindern können. Fast allen Erweiterungen ist jedoch gemein, dass dadurch die Analysemöglichkeiten eingeschränkt werden und solche Netze dann simulativ untersucht werden müssen.

Durch die einheitliche und intuitiv verständliche Notation von Petri-Netzen existiert eine Vielzahl von Simulationstools. Die Palette reicht von auf die Analyse spezialisierten Tools (z.B. Low Level Petri Net Analyzer (LoLA), ein expliziter Modellprüfer für Petri-Netz-Modelle) bis hin zu reinen Simulatoren für sämtliche Spielarten und Erweiterungen von Petri-Netzen. Eine Übersicht über die Möglichkeiten bietet u.a. die Website „Petri Nets World" (Petri Nets World 2007).

Warteschlangentheorie

Die Warteschlangentheorie ist ein Teilgebiet der Stochastik und beschäftigt sich mit der mathematischen Analyse von Systemen, in denen Aufträge von Bedienstationen bearbeitet werden. Die Warteschlangentheorie nutzt zur Beschreibung von Bedienungssystemen ein einfaches Grundmodell. Es besteht aus der so genannten Bedienstation, die über ein oder mehrere parallel arbeitende, gleichartige Maschinen oder Arbeitsplätze verfügt, und aus einer vorgelagerten Warteschlange (Abb. 3). Die Aufträge treffen einzeln und zu zufälligen Zeitpunkten vor der Bedienstation ein. Ein neu ankommender Auftrag wird bearbeitet, sofern mindestens eine Maschine oder ein Arbeitsplatz frei ist, andernfalls wird er in die Warteschlange eingereiht. Dieses Grundmodell kann auf vielfältige Wiese variiert und zu komplexen Warteschlangennetzen verknüpft werden.

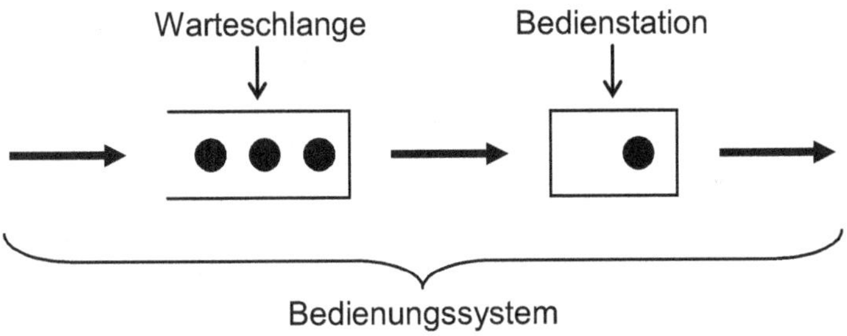

Abb. 3. Grundmodell der Warteschlangentheorie

Die Analysemöglichkeiten von Warteschlangensystemen liegen in der Berechnung von deren Leistungsgrößen wie z.B. der mittleren Auslastung der Maschinen, der mittleren Anzahl von Aufträgen im System, der mittleren Warteschlangenlänge, der mittleren Wartezeit usw.

Die Nachteile von Warteschlangenmodellen liegen hauptsächlich in den theoretischen Voraussetzungen für die Anwendung der Analysegleichungen begründet. So gelten die Berechnungen oft nur für einen eingeschwungenen Systemzustand (Kiencke 2006). Dieser lässt sich in der

Praxis aber selten voraussetzen und für die Einschwingphasen sind die Analysemöglichkeiten wesentlich begrenzter. Weiterhin wird an den Warteschlangenmodellen Kritik geübt, da für die analytischen Herangehensweisen teils verteilungsspezifische Voraussetzungen eingehalten werden müssen, welche sich in der Praxis nicht erfüllen oder überprüfen lassen (Nyhuis u. Wiendahl 1999).

Da die Warteschlangentheorie mit Zufallsvariablen operiert, kann sie grundsätzlich auch nur Aussagen über entsprechende Eigenschaften der Zufallsvariablen wie Mittelwerte, Varianzen, Kovarianzen usw. tätigen. Über zukünftige Systemzustände bei einer gegebenen deterministischen Einlastung in ein Warteschlangensystem, wie z.B. die Ankunftszeiten aller zukünftigen Aufträge, kann die Warteschlangentheorie keine Aussagen treffen.

Simulationstools speziell für die Warteschlangentheorie gibt es an sich nicht, da sie eine Theorie für statische Systemgrößen ist. Dennoch sind Tools wie „Arena" recht nahe an den Begriffen der Warteschlangentheorie, da sie entsprechende Elemente aufweisen und auf die Einstellung vieler stochastischer Parameter wie z.B. verschiedene Verteilungen, Mittelwerte, Varianzen, Warteschlangendisziplinen usw. ausgelegt sind. Streng genommen gehören diese Tools aber zu den ereignisdiskreten Simulationen mit stochastischen Einstellmöglichkeiten.

MaxPlus-Algebra

Die MaxPlus-Algebra ist ein mathematisches Werkzeug zur Beschreibung und Analyse ereignisdiskreter Systeme. Im Gegensatz zur Warteschlangentheorie, welche sich mit stochastischen Systemen beschäftigt, können mit Hilfe der MaxPlus-Algebra deterministische Systeme beschrieben und analysiert werden. Mit der MaxPlus-Algebra lassen sich Vorgänge beschreiben, die rekursiv abhängig sind und daher aufeinander warten müssen. Die dazu notwendige wiederholte Anwendung der nichtlinearen Minimum/Maximum-Operatoren ist in den herkömmlichen mathematisch-analytischen Systembeschreibungen nicht geschlossen darstellbar. Mit einer geeigneten Algebra, in der ein Maximum- ($\oplus$) und ein Plus-Operator ($\otimes$) definiert werden (daher MaxPlus-Algebra), kann eine geschlossene Darstellung erreicht werden, welche nicht nur optisch linearen Gleichungssystemen ähnelt (Abb. 4).

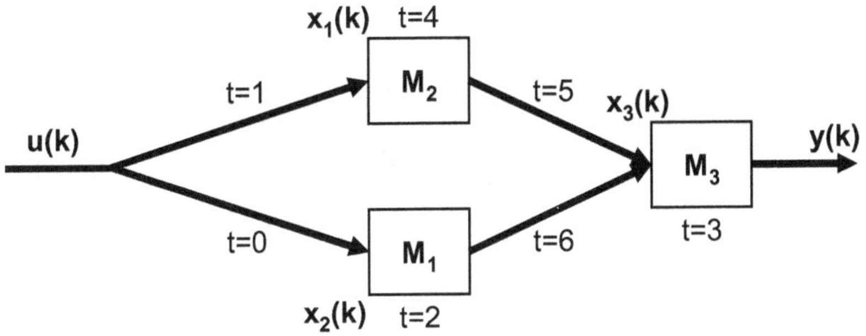

$$x(k+1)=\begin{pmatrix}4 & \varepsilon & \varepsilon\\ \varepsilon & 2 & \varepsilon\\ 13 & 10 & 3\end{pmatrix}\otimes x(k)\oplus\begin{pmatrix}1\\0\\10\end{pmatrix}\otimes u(k)$$

$$y(k)=\begin{pmatrix}\varepsilon & \varepsilon & 3\end{pmatrix}\otimes x(k)$$

Abb. 4. MaxPlus-Darstellung für ein Produktionssystem

Abb. 4 zeigt oben ein Beispiel eines Produktionssystems mit drei Maschinen. Hier ist u(k) die Zeit, in der das k-te Teil in das System kommt, und y(k) die Zeit, zu der das k-te Teil das System verlässt. Analog sind $x_i(k)$ die Ankunftszeiten des k-ten Teils an der Maschine i. Im unteren Teil der Abb. 4 ist die Entsprechung des Systems in MaxPlus-Schreibweise angegeben.

Die Vorteile der MaxPlus-Algebra liegen hauptsächlich in der Anwendbarkeit der Methoden der linearen Algebra. Vor allem sind damit dynamische Eigenschaften und Zusammenhänge des Systems analytisch zugänglich wie z.B. Fahrplanberechnungen (→ Eigenvektor), minimale Zykluszeiten (→ Eigenwert), Auswirkungen von Planabweichungen usw. Durch die geschlossene Darstellung scheint die MaxPlus-Algebra die Voraussetzungen für eine noch immer fehlende Systemtheorie für ereignisdiskrete Systeme zu erfüllen; Ansätze einer solchen Theorie wurden bereits vorgestellt (Schutter 1996).

Ein weiterer praktischer Vorteil liegt in der Beschreibungsart, welche neben den analytischen Möglichkeiten eine schnelle Berechnung aller Systemzustände mit linearen Methoden erlaubt. Eine schnelle Simulation ist mit der gleichen Beschreibung möglich – ähnlich wie dies bei Differentialgleichungen der Fall ist.

Simulationstools im eigentlichen Sinne sind für MaxPlus-Algebra-Systeme nicht vorhanden, da eine große Klasse unterschiedlicher ereignisorientierter Systeme mit Hilfe der MaxPlus-Algebra modelliert werden kann. Dennoch existieren für die Berechnungen innerhalb der Algebra-Notation Toolboxen für gängige Mathematiksoftware wie z.B. Matlab, Maple und Scilab.

Simulation

Im Gegensatz zu den oben beschriebenen, analytischen Modellierungskonzepten, welche jeweils bestimmte Beschreibungsgrenzen aufweisen, ist die Erstellung eines Simulationsmodells fast immer möglich. Simulationen bieten dagegen keine Analysemöglichkeiten im Sinne der oben angegebenen Definition – es ist nur eine Analyse von durch Simulationen erhaltenen, statistischen Systemdaten möglich. Da durch die Komplexität der zu untersuchenden Systeme oft jedoch keine andere Möglichkeit bleibt, wird die Simulation zur Modellierung und Untersuchung logistischer Systeme häufig verwendet.

Die Anwendung von Simulationsmodellen als Konzept zur Untersuchung von Systemen oder zum Steuerungsentwurf macht, analog zu klassischen Versuchen, eine statistische Versuchsplanung und eine entsprechende Anzahl von Simulationsdurchläufen notwendig, was je nach Komplexität der Modelle erhebliche Zeit in Anspruch nehmen kann. Ebenfalls analog zu klassischen Versuchen hat man jedoch die Hoffnung, durch die Untersuchung einer Vielzahl von experimentellen Ergebnissen zu übergeordneten Erkenntnissen und schließlich zu einem Theoriegebäude zu gelangen, welches dann die Simulationsergebnisse vorhersagen kann.

Zur Erstellung von Simulationsmodellen gibt es eine Vielzahl von unterschiedlichen Konzepten. Die bekanntesten für logistische Systeme benutzten Konzepte sind ohne Anspruch auf Vollständigkeit: Multiagentensystemen (MAS), zelluläre Automaten (ZA) oder auch das sehr allgemeine, aus der Informatik stammende Konzeptgebäude der ereignisdiskreten Simulation (engl.: Discrete Event Simulation (DES)).

Für jedes dieser Simulationskonzepte existieren entsprechende Softwaretools, die mehr oder weniger verbreitet sind. Weiterhin gibt es Tools, welche nicht in ein solches Simulationskonzept eingebettet sind, sondern eigene spezielle Möglichkeiten aufweisen. Die Softwaretools reichen von weit verbreiteten, mächtigen Tools mit z. T. eigenen Konzepten und Notationen wie „eM-Plant“, „Arena“, „Witness“ oder „Quest“ bis hin zu offenen Programmiersprachen wie C++.

2.2 Flussorientierte Denkweise

Aufgrund der langen Tradition innerhalb der Mathematik und der Naturwissenschaften existiert für flussorientierte Ansätze eine große Menge an Analysemöglichkeiten. Da ereignisorientierte Modelle diesbezüglich in der Regel wesentlich stärker eingeschränkt sind, wird versucht, logistische Problemstellungen mit flussorientierten Ansätzen zu modellieren und zu untersuchen. Ein weiterer Grund für die Wahl eines solchen Ansatzes ist die wesentlich schnellere Simulation – ereignisdiskrete Systeme benötigen zur Simulation in der Regel erheblich mehr Rechenleistung als das numerische Lösen von Differentialgleichungen.

Flussorientierte Modellierungskonzepte mit einem entsprechenden theoretischen Hintergrund zur Analyse gibt es im Wesentlichen zwei: die Regelungstechnik und das Gebiet der Dynamischen Systeme. Beide Konzepte sind sehr eng miteinander verbunden. Da sie jedoch aus verschiedenen Fachrichtungen kommen – die Regelungstechnik aus den Ingenieurwissenschaften und Dynamische Systeme aus der Mathematik – werden sie hier getrennt behandelt.

Der hauptsächliche Unterschied zwischen den beiden Disziplinen liegt an deren unterschiedlichen Zielen: Während die Regelungstechnik Systeme dahingehend betrachtet, dass durch Rückkopplungen und Regelungen ein gewünschtes Systemverhalten erzeugt werden soll, liegt das Ziel im Bereich der Dynamischen Systeme in der Beschreibung des Systemverhaltens an sich.

Regelungstechnik

Die Regelungstechnik befasst sich mit der gezielten Beeinflussung von dynamischen Systemen durch das Prinzip der Rückkopplung. In Abb. 5 ist ein einfacher Regelkreis skizziert.

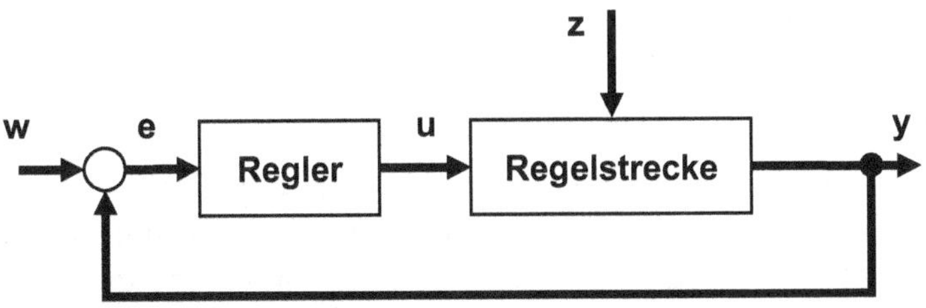

Abb. 5. Der Standardregelkreis

Das zu regelnde System (die Regelstrecke) besitzt eine Ausgangsgröße (y), welche gestört wird (z) und konstant gehalten werden soll. Mittels eines Vergleiches (e) mit dem Sollwert (w) errechnet der Regler die notwendige Größe zur Beeinflussung des Systems (u). Die Beschreibung der Systeme erfolgt in der Regel durch Differentialgleichungen.

Die Hauptaufgabe der Regelungstechnik liegt im Entwurf einer geeigneten Reglung, durch welche das Gesamtsystem gewünschte Eigenschaften aufweist. Diese Eigenschaften können Sollwertfolge, Trajektorienfolge, Störunterdrückung u.v.a.m. sein. Hierzu wurden verschiedene Stabilitätsbegriffe und vor allem dazugehörige Analysemöglichkeiten entwickelt. Neben diesen Stabilitätsuntersuchungen bietet die Reglungstechnik auch Analysemöglichkeiten für Wertegrenzen, Schwingungsverhalten u.ä. sowie Möglichkeiten zur Untersuchung der transienten Phase des Systems (Lunze 2005).

Die bereits angesprochene Verwendung von Flussgrößen erschwert den Einsatz der Reglungstechnik in der Logistik. Teile- und auftragsspezifische Größen wie z.B. Durchlaufzeiten und Bearbeitungszeiten können innerhalb der Regelungstechnik nicht dargestellt werden. Die Teile bzw. Aufträge und damit auch ihre Einzelheiten gehen vollständig im Fluss auf. Des Weiteren sind logistische Problemstellungen in der Regel keine Regelungsaufgaben, sondern Optimierungsprobleme. Dies beides führt dazu, dass zur Anwendung der Reglungstechnik auf die Logistik entsprechend angepasste Modelle entwickelt werden müssen, welche dann weniger intuitiv wirken als z.B. bei einer ereignisgesteuerten Simulation. Die Forschung in der Regelungstechnik hat sich jedoch in den letzten Jahren zunehmend auch diskreten Phänomenen zugewandt (Ratering u. Duffie 2003), wobei Berührungspunkte mit den Anfängen der Systemtheorie innerhalb der MaxPlus-Algebra zu erwarten sind (Schutter 1996).

Als Simulationstools, welche eine entsprechende regelungstechnische Notation benutzen, sind Matlab/Simulink und LabView zu nennen. Zur Lösung der regelungstechnischen Aufgaben werden außerdem numerische oder analytische Mathematiktools verwendet.

Dynamische Systeme

Im Gegensatz zur Regelungstechnik befasst sich das Gebiet der Dynamischen Systeme als Teilgebiet der Mathematik hauptsächlich mit der Beschreibung des Verhaltens eines Systems und nicht mit dessen Beeinflussung. Die Dynamischen Systeme werden dabei in der Regel durch Differentialgleichungen beschrieben.

Hauptuntersuchungsgebiete sind die Bestimmung von Fixpunkten, Attraktoren und deren Einzugsgebieten und damit zusammenhängend auch

Stabilitätsuntersuchungen. Eine weitere wichtige Analysemöglichkeit im Zusammenhang mit der Systemstabilität ist die Bestimmung des Übergangs zu chaotischem Verhalten, welches bei nichtlinearen Systemen leicht auftreten kann. Prinzipiell umfassen die Analysemöglichkeiten Dynamischer Systeme quasi den gesamten Methodenschatz der Mathematik.

Simulationstools im eigentlichen Sinn gibt es für dieses Gebiet nicht, jedoch ist eine numerische Lösung der aufgestellten Differentialgleichungen mit einer Simulation des Systems gleichzusetzen. Verbreitete Tools sind beispielsweise Matlab, Mathematica, Maple und spezielle ODE/PDE-Solver.

Simulation

Sobald man Differentialgleichungen nicht mehr analytisch betrachtet, sondern numerisch mit festen Parametern eine Lösungsapproximation errechnet, befindet man sich bereits im Bereich der Simulation. Da in den beiden vorgestellten flussorientierten Konzepten keine spezifischen Notationen auftauchen, können alle dort bereits genannten Softwaretools zur Simulation verwendet werden. Auf einer unteren Ebene können prinzipiell auch alle Programmiersprachen verwendet werden, welche auf mathematische Operationen ausgelegt sind. Die Vorteile numerischer flussorientierter Simulationen liegen – wie bereits erwähnt – in der schnellen Ausführung der Simulation.

Zusätzlich zu den beschriebenen Simulationsmöglichkeiten wurde mit „System Dynamics“ ein Konzept zur Simulation flussorientierter Systeme erstellt. Die Vorteile dieses Konzeptes liegen in einer einheitlichen Notation der Systemelemente, einer graphischen Oberfläche zur Systemerstellung und schließlich der automatisierten numerischen Simulation der erstellten Modelle. Die Anwenderfreundlichkeit und das Systemverständnis stehen hier im Vordergrund. Zusätzlich zu den Möglichkeiten der kontinuierlichen Beschreibung mittels Differentialgleichungen verfügt „System Dynamics“ auch über diskrete Elemente wie z.B. Fallunterscheidungen oder Triggerfunktionen, welche eine intuitive Modellerstellung erleichtern. Die Analysemöglichkeiten wie z.B. die Sensitivitätsanalyse von „System Dynamics“ basieren ausschließlich auf einer Simulation aller interessierenden Parameterkonstellationen, sind aber standardisiert und für den Anwender leicht durchführbar. Für das System-Dynamics-Konzept existieren einige Softwaretools, teilweise auch mit Erweiterungen, z.B. Vensim, AnyLogic.

3 Steuerung von logistischen Systemen

Durch Modellierung und Analyse können Aussagen über Eigenschaften und Verhalten eines Systems getroffen werden. Diese können bei der Konzipierung der Steuerung des Systems wichtige Hinweise zu deren Ausgestaltung liefern. Steuerung im weiteren Sinne umfasst hier die Planung, die Steuerung i.e.S. und die Regelung, die sich durch ihren zeitlichen Ablauf und die Einbeziehung der verschiedenen Systemparameter voneinander unterscheiden. Je nach Dynamik bzw. Komplexität und Zielstellung des Systems fällt die Wahl auf die jeweils adäquate Methode, mit der das gewünschte Ziel mit dem geringsten Aufwand hinreichend genau erreicht wird.

Planung bedeutet die Bestimmung einer optimalen Konfiguration des Systems im Voraus, also im Sinne der Mathematik die Bestimmung optimaler, zulässiger Lösungen eines Optimierungsproblems hinsichtlich einer gegebenen Zielfunktion. Steuerung und Regelung basieren hingegen auf einer Beeinflussung des Systems zur Laufzeit. Dabei unterscheiden sich beide Ansätze elementar durch die Einbeziehung der zu beeinflussenden Größe. Während die Steuerung ohne Rückkopplung auf das System wirkt, basiert die Regelung eben auf der Einbeziehung einer Rückkopplung des Systems auf die Stellgröße. Aus systemtheoretischer Sicht ist eine Steuerung ein offener und eine Regelung ein geschlossener Regelkreis.

Bei der Wahl der passenden Steuerung wird in Abhängigkeit vom zu lösenden Planungs- und Steuerungsproblem auch über den Zentralitäts- bzw. Dezentralitätsgrad entschieden. In der Regel ist in zentralen Systemen der Anteil der Planung höher als in dezentralen Systemen, in denen Steuerung und Regelung dominieren. Die Idee der Dezentralisierung der Steuerung besteht darin, Entscheidungen zu verteilen und damit das komplexe Entscheidungsproblem soweit zu reduzieren, dass eine Entscheidungsfindung in akzeptabler Zeit möglich ist. Dies ist eine Möglichkeit, Dynamik und Komplexität zu beherrschen, wobei zu beachten ist, dass durch den dezentralen Charakter der Beeinflussung des Systems dessen Dynamik verändert werden kann.

Abb. 6 verdeutlicht den Zusammenhang zwischen Planungshorizont und Dezentralitätsgrad und die Einordnung der Steuerungsverfahren für logistische Systeme.

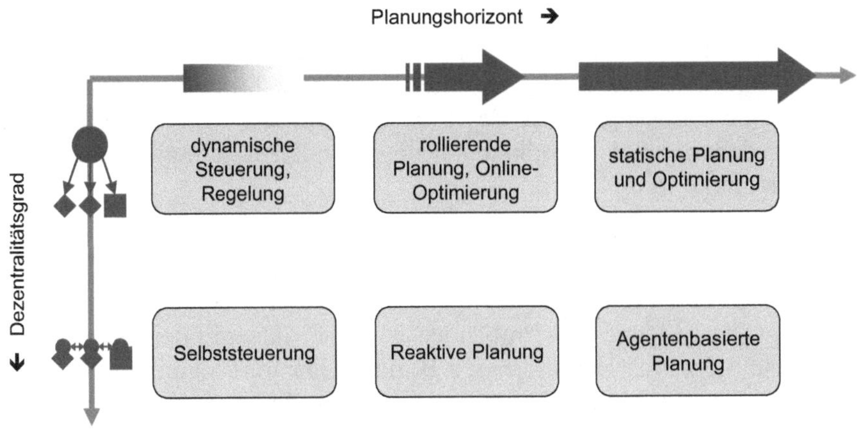

Abb. 6. Einordnung von Steuerungsverfahren für logistische Systeme

Im Folgenden werden die Konzepte Planung, Steuerung und Regelung auf zentraler und dezentraler Ebene näher erläutert.

3.1 Zentrale Verfahren

Planung

Die zentrale Planung stellt in der Logistik ein elementares Instrument dar, im Vorfeld einer Ausführung Entscheidungen über unterschiedliche Systemparameter und -variablen zu treffen und nach diesen Gesichtspunkten das System zu konfigurieren. Dieses Vorgehen stellt im mathematischen Sinne eine Optimierung dar. So lassen sich die folgenden Bestandteile der Planung identifizieren:

- eine Zielfunktion, die optimiert werden soll (z.B. die Logistikleistung),
- eine oder mehrere Variablen, von denen die Zielfunktion abhängt (z.B. Auslastung, Bestand) und
- Nebenbedingungen, die von der Lösung des Problems erfüllt werden müssen (z.B. Termine, Kapazitätsbeschränkungen).

Hierbei lassen sich in einem ersten Schritt zwei Arten von Optimierungsproblemen identifizieren: die skalare und die multikriterielle Optimierung. Die skalare Optimierung betrachtet nur eine reellwertige Zielfunktion, nach der optimiert wird. Soll ein System jedoch nach mehreren Zielen gleichzeitig optimiert werden, so muss für jedes Ziel eine Zielfunktion aufgestellt werden. Die Gesamtheit aller Zielfunktionen kann wiederum zu einer vektorwertigen Zielfunktion zusammengefasst werden. Dies führt zu einer Vektor- bzw. einer multikriteriellen Optimierung. Dabei ergeben sich im Allgemeinen aber keine Lösungen, die alle Komponenten der Zielfunktion gleichzeitig zu einem Optimum führen. Es ergibt sich vielmehr eine Lösungsmenge des Problems, aus der zum Beispiel durch eine Gewichtung der Einzelkomponenten der Zielfunktion ein einzelner Optimalpunkt ermittelt werden kann.

Exakte Verfahren

Die zur Optimierung eingesetzten Verfahren lassen sich in zwei Gruppen einteilen. Eine Menge von Problemen ist durch lineare Gleichungen darstellbar und dadurch exakt lösbar, z.B. durch lineare Programmierung mit dem Simplex-Verfahren. Eine Einschränkung dieser Probleme auf nur ganzzahlige Lösungen erschwert die Optimierung, wird aber in der Logistik vermehrt benötigt, z.B. in der Produktionsplanung, im Scheduling oder in der Tourenplanung. Diese komplexen Probleme sind durch Linearisierung zum Teil exakt lösbar (Domschke u. Drexl 2004). Allerdings bildet eine lineare Näherung die Wirklichkeit in den meisten Fällen nicht exakt genug ab, weshalb auf nichtlineare Gleichungen zurückgegriffen werden muss. Dadurch ergibt sich eine zweite Menge von Problemen, die nicht mehr exakt lösbar sind.

Nicht-exakte Verfahren

Hier kommen dann Verfahren zum Einsatz, die für analytisch nicht lösbare Probleme approximativ nicht-exakte Lösungen generieren. Deren Ergebnisse stellen nicht zwingend das globale Optimum dar. Die Wahl des Lösungsverfahrens hängt dabei stark von den Randbedingungen des Problems ab, z.B., ob die Zielfunktion deterministisch ist oder stochastische Einflüsse hat, ob sie in der Zielumgebung mehrere lokale Optima besitzt oder wie hoch der Rechenaufwand ist, um einen Gradienten der Zielfunktion zu bestimmen. Je nach Einschätzung können dann Verfahren zum Einsatz kommen, die lokal in einer bestimmten Umgebung ein Optimum suchen, welches aber nicht das globale Optimum darstellen muss. Beispiele sind das Downhill-Simplex-Verfahren oder das Newton-Verfahren in verschiedenen Ausführungen (Jarre u. Stoer 2003).

Um hierfür den Suchraum einzugrenzen oder um im gesamten Suchraum ein globales Optimum zu finden, werden Methoden eingesetzt, die Heuristiken genannt werden. Sie durchlaufen den Suchraum mit unterschiedlichen Strategien und sollen dabei möglichst gute Lösungen hervorbringen. Zur Beschränkung eines großen, komplexen Suchraums werden zum Beispiel so genannte Branch-and-Bound-Algorithmen eingesetzt

(Domschke u. Drexl 2004). Dadurch wird die Wahrscheinlichkeit erhöht, mit Methoden der lokalen Optimierung ein globales Optimum zu finden.

Methoden, die im gesamten Suchraum mittels heuristischer Verfahren nach globalen Optima suchen, sind z.B. Evolutionäre Algorithmen (Pham u. Karaboga 2000), die ihr erlangtes Wissen über den Suchraum der nächsten Generation vererben und somit besonders hilfreich sind, wenn der Suchraum gewissen Gesetzmäßigkeiten unterliegt. Ameisenalgorithmen (Bonabeau et al. 1999) hingegen basieren auf dem Gedanken der Schwarmintelligenz. Basierend auf einem Pheromonansatz wird das Verhalten von Ameisen bei der Nahrungssuche modelliert. Je stärker ein Weg frequentiert wird, desto wahrscheinlicher wird er von den folgenden Ameisen gewählt. Mit einem gewissen Prozentsatz weichen die Ameisen dabei vom Weg ab und untersuchen zufällig alternative Wege und damit Lösungen. Das so genannte „Simulated Annealing“ (Pham u. Karaboga 2000) ist ein Verfahren, welches an den physikalischen Abkühlungsprozess angelehnt ist. Dabei sorgt die langsame Abkühlung dafür, dass die Moleküle ausreichend Zeit haben, sich zu ordnen und stabile Kristalle zu bilden. So erreicht das System einen stabilen Zustand durch Energieminimierung und somit ein lokales Optimum. Weiterhin existieren graphentheoretische Ansätze, um logistische Fragen wie das Travelling-Salesman-Problem oder das Zuordnungsproblem zu lösen (Domschke u. Drexl 2004).

Alle diese Verfahren werden zur Planung eingesetzt. Das heißt, sie dienen der Berechnung optimaler Planvorgaben für das logistische System. Im Gegensatz dazu werden Steuerungs- und Regelungsmethoden eingesetzt, um das System instantan, d.h. während des Betreibens zu beeinflussen.

Steuerung

In der Theorie wird strikt zwischen Steuerungs- und Regelungsmethoden unterschieden. Während Regelungen stets rückgekoppelte Verfahren sind und die sich ergebende Systemdynamik immer eine Lösung der Bewegungsgleichungen des ursprünglichen Systems ist, wird bei rückkopplungslosen Steuerungsverfahren eine neue Systemdynamik erzeugt. Um eine Steuerung zu entwerfen, müssen zunächst die Systemgleichungen bekannt sein, also ein Modell des Systems muss bestehen. Je genauer und besser das Modell, desto besser wird die Steuerungsmethode arbeiten. Es folgt die Definition einer Soll-Dynamik für das System und daraus die Ableitung von zeitabhängigen Steuerungskräften, die dann dem System „aufgezwungen“ werden. Vorteil ist, dass bei gelungener Modellierung keine Systembeobachtung mehr nötig ist, weil diese Verfahren ohne Rückkopplung arbeiten. Hier liegt aber auch die Gefahr des Verfahrens, dass auf unvorhergesehene Änderungen des Systems nicht sofort adaptiv durch die vorhandene Steuerung reagiert werden kann. Ein Beispiel solch einer Steuerungsmethode aus der nichtlinearen Dynamik ist die Methode von Hübler (Hübler 1989).

Regelung

Regelungen hingegen ziehen Änderungen des Systems in Betracht. So definiert das Deutsches Institut für Normung die Regelung als einen „Vorgang, bei dem fortlaufend eine Größe, die Regelgröße (zu regelnde Größe), erfasst, mit einer anderen Größe, der Führungsgröße, verglichen und im Sinne einer Angleichung an die Führungsgröße beeinflusst wird“ (DIN 19226). Zum Entwurf von Regelungen im Rahmen der Regelungstechnik ist ein detailliertes Modell des Regelkreises notwendig. Darauf basierend werden durch unterschiedliche Methoden die Messung und die Adaption der Regelgröße vorgenommen. Prinzipiell lassen sich für lineare Systeme zeitkontinuierliche und zeitdiskrete Regelungen entwerfen. Ein in beiden Fällen anwendbares Vorgehen ist das so genannte Wurzelortskurvenverfahren. Die Wurzelortskurve ist eine grafische Darstellung der Lage der Pol- und Nullstellen der komplexwertigen Übertragungsfunktion eines offenen Regelkreises in Abhängigkeit eines Parameters. Das Verfahren bietet nun Möglichkeiten, vom Verhalten des offenen Kreises auf das Verhalten des Systems nach Einführung eines Regelgliedes zu schließen bzw. den Regler durch diese Kenntnisse auszulegen. Die linearen Verfahren sind in der Praxis allerdings nicht immer einsetzbar, da lineare Systeme in der Regel nur eine Annäherung an das reale Systemverhalten sind. Deshalb kommen ebenfalls Methoden zum Einsatz, die das nichtlineare Verhalten in Betracht ziehen. Ein Beispiel hierfür ist das so genannte „Gain Scheduling“. Hierbei wird für jeden Betriebspunkt des Systems ein Regler fester Struktur entworfen, dessen Parameter vom jeweiligen Betriebspunkt abhängen. Voraussetzung hierfür ist allerdings, dass das System an jedem Betriebspunkt linearisiert werden kann. Eine weitere Methode besteht darin, die Nichtlinearitäten des Systems durch geeignete Vorfilter und Rückführungen zu kompensieren (Methode der globalen Linearisierung). Für das so linearisierte System kann dann anhand bekannter linearer Verfahren eine Regelung entworfen werden (Lunze 2005).

Für Regelungen von Systemen, die eine chaotische Dynamik aufweisen, eignen sich Methoden aus der nichtlinearen Dynamik wie z.B. das OGY-Verfahren nach Ott, Grebogi und Yorke (Ott et al.1990) und das Verfahren nach Pyragas (Pyragas 1992). Ziel beider Methoden ist es, eine instabile Dynamik des Systems mithilfe von kleinen, zeitabhängigen Störungen eines Systemparameters zu stabilisieren. Da in einem chaotischen System unendlich viele solcher instabiler Orbits existieren und die Zieldynamik durch jeden Orbit repräsentiert werden kann, sind diese Methoden besonders effektiv einzusetzen, wenn im System chaotisches Verhalten vorherrscht. Ein Vorteil dieser Methode ist, dass in der Regel kein analytisches Modell des Systems notwendig ist; die Kenntnis lokaler Systemeigenschaften, die aus Zeitreihen nur weniger oder einer einzigen Systemvariablen gewonnen werden können, reicht aus.

Ein spezielles Regelungsverfahren ist die prädiktive Regelung. Sie beinhaltet eine Optimierung der Stellgrößenfolge aufgrund der Vorhersage des künftigen Systemverhaltens. Somit wird eine bessere Ermittlung des Regelwertes ermöglicht, da das zukünftige Verhalten durch den so genannten Prädiktor approximiert und in die Berechnung des Regelwertes einfließt (Scholz-Reiter et al. 2004a).

Ist eine mathematische Modellierung der Regelstrecke bzw. des zu regelnden Systems zu aufwendig oder nicht möglich, können heuristische Verfahren zur Reglerbestimmung eingesetzt werden. Dabei werden systematisch Reglerstruktur und -parameter ausgewählt. Jedoch ist die Güte dieser Regelungen häufig nicht mit der einer mathematisch exakten Regelung vergleichbar.

Zur Beschreibung der Regelstrecke und zur heuristischen Reglerbestimmung sind neuronale Netze gut geeignet. Durch ihre Fähigkeit, anhand von Beispielen zu lernen, ersparen sie die aufwändige Ermittlung mathematischer Gleichungen und sind zudem als sehr robust und fehlerresistent bekannt. Zur Abbildung der Übertragungsfunktion einer Regelstrecke kommen in der Regel die so genannten Feedforward-Netze, trainiert mit überwachten Lernverfahren, zum Einsatz. Aber auch zur Prognose, die für die prädiktive Regelungen unabdingbar ist, sind diese Netztypen sehr gut geeignet (Draeger 1997; Zell 2003).

Die strikte theoretische Unterscheidung zwischen Steuerung und Regelung ist in der logistischen Praxis meist nicht wiederzufinden. Vielmehr ist der Übergang zwischen beiden Verfahren fließend, so dass eine genaue Zuordnung nicht mehr möglich ist. Ursache hierfür ist, dass oft eine Anpassung der Steuerung in bestimmten Zeitabständen notwendig wird und somit Messgrößen des Systems immer wieder die Steuerung beeinflussen. Eine klassische Regelung ist ebenfalls nur in seltenen Fällen zu beobachten, da oftmals zwischen Mess- und Regelgröße zwar ein qualitativer, aber kein funktionaler Zusammenhang besteht. Im Allgemeinen stammen die heute in der Logistik angewandten Methoden aus der Familie der Optimierungen, von denen dann Steuerungsmaßnahmen abgeleitet werden können (Lödding 2005).

Erste Ansätze zur Integration der Regelungstheorie in die Logistik sind in den Arbeiten von Pritschow und Wiendahl (Pritschow u. Wiendahl 1995) und Duffie (Duffie 1996) sowie bei Petermann (Petermann 1996) und Breithaupt (Breithaupt 2001) zu finden.

3.2 Dezentralisierung

Die Motivation für die Einführung von dezentralen Steuerungsverfahren in Logistiksystemen ist die Tatsache, dass in komplexen und dynamischen logistischen Systemen eine instantane optimale Entscheidungsfindung oft nicht möglich ist, da entweder das Entscheidungsproblem zu komplex ist und damit eine zu hohe Rechenzeit erfordert oder die nötigen Informationen im entscheidungsrelevanten Zeitfenster nicht zur Verfügung stehen. Das heißt, dass weder die Entscheidungsfindung noch die notwendige Kommunikation zur Entscheidungsübermittlung und Ausführung möglich sind, bevor sich die Randbedingungen erneut verändert haben und somit die gefundene Entscheidung nicht mehr als optimal zu bewerten ist. Um auf globaler Ebene ein stabiles Systemverhalten zu erreichen, wird daher in zentral gesteuerten Systemen eine suboptimale Leistung in Kauf genommen. Dies führt in komplexen Systemen zu einer verringerten Effizienz und im Extremfall zu unvorhersehbarer Dynamik im System, die die Zielsetzung der Stabilität in Frage stellt. Eine Möglichkeit zur Verbesserung der Stabilität und Robustheit und damit der Effizienz eines logistischen Systems scheint die Einführung von selbststeuernden logistischen Prozessen zu sein, durch die man sich eine Erhöhung der Flexibilität und Adaptivität verspricht. Selbststeuerung in logistischen Systemen bedeutet die Verlagerung einzelner Entscheidungsfunktionen von einer zentralen Planungs- und Steuerungsinstanz auf einzelne logistische Objekte. Als logistische Objekte werden sowohl materielle Objekte wie Maschinen oder Bauteile als auch immaterielle Objekte wie Produktionsaufträge bezeichnet. Dabei wird davon ausgegangen, dass es technologisch möglich ist, logistische Objekte mit der notwendigen Informations- und Kommunikationstechnologie auszustatten, so dass diese in die Lage versetzt werden, selbstständig Entscheidungen aufgrund von lokalen Informationen zu treffen. Dies verspricht auf lokaler Ebene eine Verbesserung der Reaktivität auf sich ändernde Randbedingungen und damit eine Verbesserung der Robustheit des Systems und auf globaler Ebene ein verbessertes Gesamtverhalten im Sinne der logistischen Zielerreichung und damit eine verbesserte Effizienz des logistischen Systems.

Selbststeuerung wird dabei wie folgt definiert: „Selbststeuerung beschreibt Prozesse dezentraler Entscheidungsfindung in heterarchischen

Strukturen. Sie setzt voraus, dass interagierende Elemente in nicht-deterministischen Systemen die Fähigkeit und Möglichkeit zum autonomen Treffen von Entscheidungen besitzen. Ziel des Einsatzes von Selbststeuerung ist eine höhere Robustheit und positive Emergenz des Gesamtsystems durch eine verteilte, flexible Bewältigung von Dynamik und Komplexität“ (Hülsmann u. Windt 2007). Für die Ingenieurwissenschaften wurde aus dieser globalen Selbststeuerungsdefinition folgende, auf die Kernfunktionen logistischer Objekte in selbststeuernden Logistiksystemen fokussierte Definition hergeleitet: „Selbststeuerung logistischer Prozesse ist gegeben, wenn das logistische Objekt Informationsverarbeitung, Entscheidungsfindung und -ausführung selbst leistet“ (Hülsmann u. Windt 2007).

Eine Möglichkeit, Selbststeuerung umzusetzen, besteht in der Entwicklung von Selbststeuerungsmethoden, die einen Rahmen zur Entscheidungsfindung der logistischen Objekte liefern. Durch diese Methoden wird die Art der Entscheidungsfindung vorherbestimmt, nicht aber die Entscheidung selbst. Diese wird von dem logistischen Objekt anhand von lokalen Informationen situationsbedingt autonom getroffen. Bei der Entwicklung dieser Selbststeuerungsmethoden stellt sich die Frage, wie viele Informationen zur Entscheidungsfindung verwendet werden und wie komplex die zu treffende Entscheidung ist. Dabei bewegt man sich auf einem Kontinuum zwischen lokalen und globalen Informationen sowie optimaler und suboptimaler Entscheidung im Sinne des Beitrags zur Zielerreichung der Einzelentscheidung. Damit hängt es von der Menge und der Qualität der berücksichtigten Informationen zur Entscheidungsfindung ab, ob die Selbststeuerungsmethode als Steuerung oder Regelung oder im Extremfall als Planung bezeichnet werden kann.

Die Einführung von selbststeuernden logistischen Prozessen verspricht durch die Interaktion einer hohen Anzahl von autonomen logistischen Objekten, die anhand von begrenzten, aber jederzeit verfügbaren lokalen Informationen und relativ simplen Regeln Entscheidungen treffen, ein Gesamtverhalten des Systems, welches ohne eine zentrale Steuerungsfunktion zu einer erhöhten Effizienz führt. Die Entscheidungsfindung auf lokaler Ebene wird dabei soweit angepasst, dass trotz Informationsintransparenz und Suboptimalität der Einzelentscheidungen ein Systemverhalten hervorgerufen wird, welches zur Verbesserung der Effizienz und Robustheit des Systems beiträgt. Durch simples Verhalten und Interaktion auf lokaler Ebene wird also auf globaler Ebene ein gewünschtes Verhalten erzeugt. Dieses Phänomen wird als Emergenz bezeichnet. Emergente Eigenschaften eines Systems sind solche, die nicht direkt aus den Eigenschaften einzelner Systemelemente hergeleitet werden können, sondern durch die Interaktion der Systemelemente hervorgerufen werden (Küppers u. Krohn

1992; Ueda et al. 2004). Dies kann allerdings eine Intransparenz des Systems hervorrufen, da gewisse Eigenschaften auf globaler Ebene nicht mehr aus den Eigenschaften und dem Verhalten der einzelnen Elemente zu begründen sind (Elbert 2006). Tragen diese emergenten Eigenschaften des Systems zur Verbesserung der Zielerreichung im logistischen Kontext, also zur verbesserten Effizienz im Sinne der logistischen Zielgrößen bei, so wird dies als positive Emergenz bezeichnet. Im logistischen Kontext zählen zu diesen emergenten Eigenschaften auf der einen Seite messbare Kenngrößen wie mittlere Durchlaufzeiten, Bestände, Auslastungen, Termintreue und deren Verteilungen, auf der anderen Seite aber auch nicht direkt quantifizierbare Größen wie die Flexibilität, Adaptivität und die Robustheit des Systems bezüglich innerer und äußerer Störungen. Diese globalen Eigenschaften bzw. Kenngrößen des Systems entstehen durch die Interaktion der selbststeuernden logistischen Objekte, sind aber nicht notwendigerweise aus den Selbststeuerungsmethoden und damit der Umsetzung der Selbststeuerung oder den Eigenschaften der logistischen Objekte ableitbar. „Positiv" bezieht sich dann auf die gewünschte Ausprägung dieser Größen bzw. Eigenschaften des Systems, deren Gewichtung auf der logistischen Positionierung beruht (Nyhuis u. Wiendahl 1999). Abb. 7 verdeutlicht den Begriff positive Emergenz im produktionslogistischen Kontext.

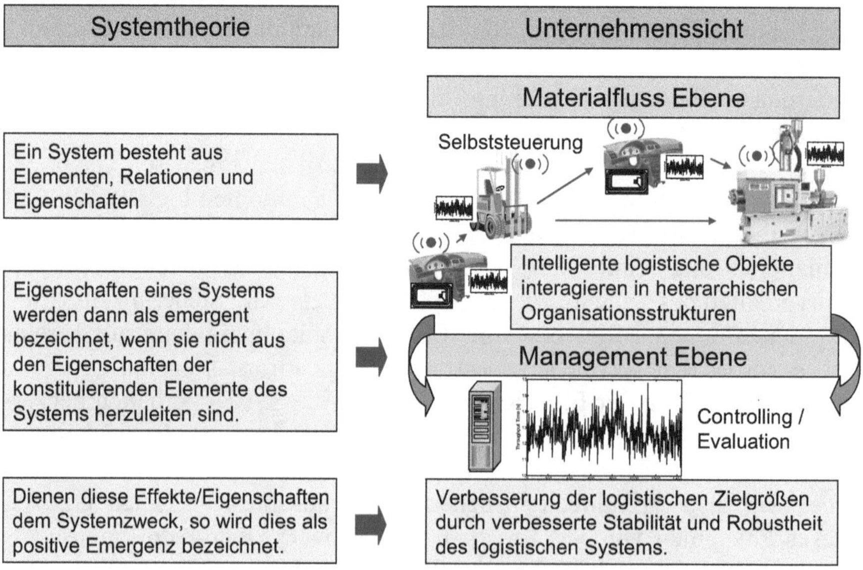

Abb. 7. Positive Emergenz im produktionslogistischen Kontext

Ein Beispiel für eine dezentrale Steuerung bzw. Regelung ist die dezentrale Bestandsregelung mit neuronalen Netzen. In Abb. 8 sind das Ereignis, die Verteilung eines Werkstückes auf alternative Arbeitssysteme, die Ein- und Ausgangsgrößen und der Materialfluss als Vorgänger-Nachfolger-Prinzip für eine dezentrale neuronale bestandsorientierte Produktionsregelung schematisch dargestellt.

Am Arbeitssystem $AS_{n,m-1}$, dem werkstückabhängigen Vorgänger der Arbeitssysteme $AS_{n,m}$, wurde ein Werkstück der Werkstückart i soeben fertiggestellt und muss nun auf einen der potenziellen Nachfolger umgelagert werden. Dazu sendet das Werkstück eine Anfrage an die Reglereinrichtung (den NN-Server) und gibt als Information lediglich seine Werkstückart i weiter. Daraufhin wird ein bestimmtes neuronales Netz aktiviert, das speziell für diese Werkstückart bzw. Klasse von Werkstückarten trainiert wurde.

Die wichtigste Reglereingangsgröße ist die Regelabweichung e_B, d. h. die Soll-Ist-Bestandsabweichung an den jeweiligen Alternativarbeitssystemen. Die Soll-Bestände werden hierbei rechnerisch über ein heuristisches Optimierungsverfahren wie Simulated Annealing bestimmt (Scholz-Reiter et al. 2004b; Scholz-Reiter et al. 2006).

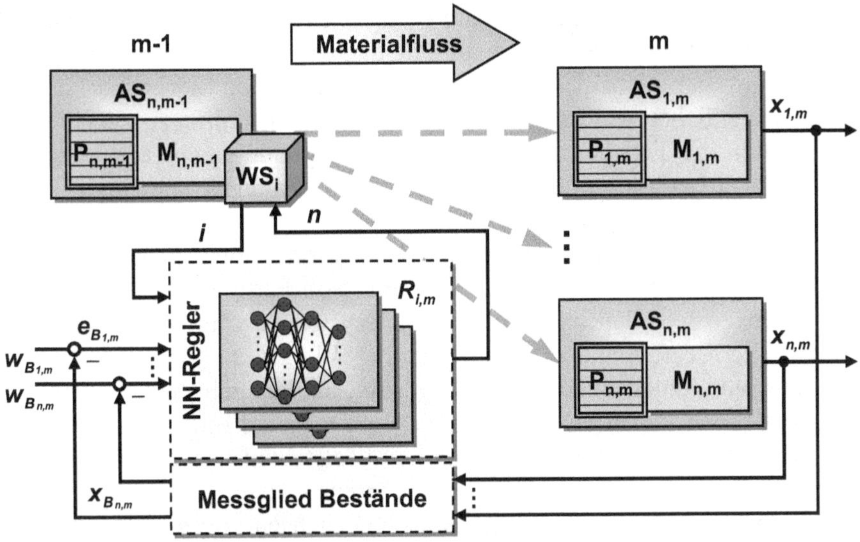

Abb. 8. Schema der dezentralen Bestandsregelung mit neuronalen Netzen

4 Beispiel einer dezentralen Produktionsregelung mit neuronalen Netzen

Anhand des ereignisdiskreten Simulationsmodells eines kundenauftragsorientierten Einzel- und Kleinserienfertigers werden der Einsatz einer dezentralen neuronalen Produktionsregelung demonstriert und die positiven Auswirkungen auf die logistischen Kenngrößen dargestellt. Der durch das Verrichtungsprinzip der Werkstattfertigung im Wesentlichen ungerichtete Materialfluss und die hohe Anzahl an Arbeitssystemen (insgesamt 82) ergeben eine sehr hohe Materialflusskomplexität, die vom Regelungskonzept zu bewältigen ist.

Das Unternehmen stellt Anlagen zur Montage von Motoren, Getrieben und Achsen sowie die dazugehörigen Testsysteme für die Automobilindustrie her. Die Verwendung standardisierter Bauteile oder Konstruktionselemente ist meistens nicht möglich. Des Weiteren ist der Anteil der Aufträge, die nach Fertigungsbeginn durch Kundenwünsche gestaltlichen Änderungseinflüssen unterworfen sind, sehr groß. Die angefertigten Montageanlagen sind mehrteilige Erzeugnisse mit komplexer Struktur, was sich in der Anzahl der Arbeitsgänge von 3 bis 36 und in der Anzahl der Stücklistenpositionen, die mehr als 500 betragen kann, niederschlägt.

Das Werkstattprinzip befähigt die Fertigung zu einer hohen Maschinenauslastung und einer hohen Flexibilität gegenüber Änderungen des Produktionsprogramms bzgl. Art und Menge. Auftretende Störungen können leicht ausgeglichen werden, da redundante Fertigungsmittel zur Verfügung stehen. Für die Fertigungssteuerung des Beispielunternehmens bedeutet die Werkstattfertigung allerdings einen hohen Planungs- und Steuerungsaufwand.

Bei dem auf den Praxisfall angewendeten Produktionsregelungskonzept mit neuronalen Netzen ist eine Umlagerung von Fertigungsaufträgen zwischen den verschiedenen Alternativarbeitssystemen vorgesehen. Da aber nahezu alle Bearbeitungsmaschinen in der Werkstatt des Beispielunternehmens von unterschiedlichem Typ sind, wurde zunächst untersucht, welche Verlagerungen jeweils technologisch möglich sind. Diese ergeben sich aus der konstruktiven Beschaffenheit des Bauteils sowie den notwendigen Bearbeitungsschritten. Einschränkungen können hier z. B. die zur Bearbeitung benötigte Anzahl der Maschinenachsen und die Zugänglichkeit der zu bearbeitenden Oberfläche darstellen.

Für die vollständige Umsetzung des Regelungskonzeptes mit neuronalen Netzen müsste je Arbeitssystem ein Reglernetz trainiert und eingesetzt werden. Es erfolgte eine Teilumsetzung der neuronalen Regelung an so genannten kritischen Arbeitssystemen, die über die Auslastung identifiziert wurden. Eine Überlastung bestimmter Arbeitssysteme und/oder hohe Schwankungen der Belastung lassen relativ zuverlässig Rückschlüsse darauf zu, ob es sich hierbei um kritische Bereiche handelt.

Durch die Engpassanalyse rückten die Drehmaschinen Dreh1 bis Dreh3 in den Fokus der Betrachtung. Zudem konnte anhand einer Matrix eine weitgehende Austauschbarkeit dieser Bearbeitungsmaschinen festgestellt werden. Die durch die dezentrale Produktionsregelung mit neuronalen Netzen vorgesehenen Umlagerungen von Werksaufträgen auf Alternativarbeitssysteme können somit für die Drehmaschinen als realistisch angesehen werden.

Wie bereits erwähnt, stellte die Komplexität des Materialflusses eine besondere Herausforderung an die Regelung dar. Werksaufträge durchlaufen die Produktion entsprechend ihrer bauteilspezifischen Bearbeitungsreihenfolge. Die neuronale Regelung muss deshalb in der Lage sein, prinzipiell jedes Arbeitssystem als potenziellen Vorgänger der Drehmaschinen zu berücksichtigen. In das Modell wurde daher eine zweistufige Regelung implementiert. Die erste Stufe der Regelung veranlasst eine Rückkopplung an vorgelagerte Maschinen. Durch die Rückkopplung können diese auf den aktuellen Systemzustand, insbesondere den Bestand der Drehmaschinen reagieren. Die zweite Stufe der Regelung sieht eine Umlagerung von Werksaufträgen zwischen den Drehmaschinen anhand der Entscheidung der neuronalen Reglernetze vor, womit zusätzlich die Auslastungen der verschiedenen Alternativarbeitssysteme ausgeglichen werden.

Die eingesetzten neuronalen Netze besitzen entsprechend der Anzahl der Drehmaschinen drei Input- und drei Output-Neuronen. Als Eingabe fungiert der Quotient aus Ist-Bestand und Soll-Bestand, wobei sich die Soll-Bestände aus der Arbeitsweise der einzelnen Arbeitssysteme ergeben. Die Maschinenführer bereiten mit einem Vorlauf von ungefähr einer Schicht die Werksaufträge für die Folgeschicht, einschließlich der Werkzeugbestellung, vor. Die Soll-Bestände betragen somit für die Arbeitssysteme mit einer Maschine (Dreh2 und Dreh3) acht und für die Kostenstelle mit zwei Maschinen (Dreh1) sechzehn Arbeitsstunden.

Um die Vorteilhaftigkeit der neuronalen Regelung genauer darstellen zu können, wurden die logistischen Leistungsmerkmale direkt an den geregelten Systemen ermittelt. Dadurch lassen sich die stark verzerrenden Einflüsse der Auswärtsfertigung ausschliessen, und die Auswirkungen der Regelung signifikanter darstellen. Die Auswertung erfolgte über einen Simulationszeitraum von 2 Monaten, in dem etwa 2.900 Werksaufträge mit ungefähr 24.000 Arbeitsvorgängen anfielen.

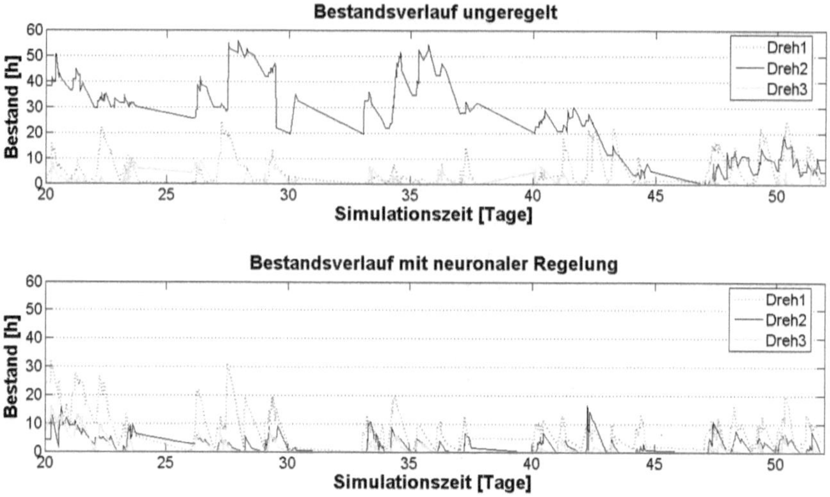

Abb. 9. Auswirkung der neuronalen Regelung auf die Bestandsverläufe

Die Abb. 9 zeigt, dass die temporäre Belastung an den einzelnen Drehmaschinen über den Simulationszeitraum durch den Einsatz der neuronalen Regelung ausgeglichen werden konnte. Dabei wurden einige Belastungsspitzen abgebaut, was in einer Verringerung des Gesamtbestands resultierte.

Die Gesamtauslastung aller Drehmaschinen wurde zwar über den Simulationszeitraum konstant gehalten, aber über die einzelnen Arbeitssysteme gleichmäßiger verteilt. Die Durchlaufzeiten und die Streuung konnten durch den Einsatz der Regelung mit neuronalen Netzen signifikant reduziert werden. Hierbei wurde die mittlere Durchlaufzeit um über 13 Stunden und die mittlere gewichtete Durchlaufzeit um mehr als 17 Stunden verringert, was einer Reduzierung um ca. 59 % gegenüber dem ungeregelten Zustand entspricht. Zudem wurde der Variationskoeffizient der Durchlaufzeit um mehr als 35% gesenkt, siehe Abb. 10. Szenario I bezeichnet hierbei den ungeregelten Zustand, Szenario II die einfache Rückkopplung und Szenario III die dezentrale Bestandsregelung mit neuronalen Netzen.

Die Steigerung der logistischen Leistungsfähigkeit der Drehmaschinen schlägt sich auch in den Ergebnissen des gesamten Produktionssystems nieder. Die Regelung der Arbeitsplatzgruppe Drehmaschinen rief bereits eine Reduzierung der Durchlaufzeiten der Werksaufträge im gesamten Produktionssystem um 5% hervor.

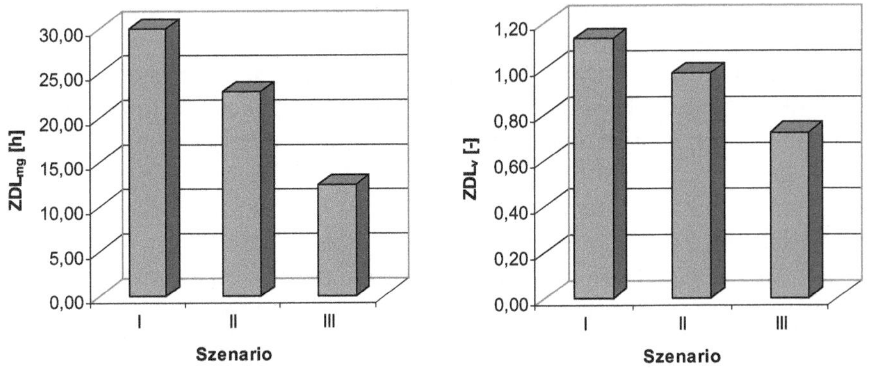

Abb. 10. Reduzierung der Durchlaufzeiten durch dezentrale neuronale Regelung

Dieses Beispiel verdeutlicht das Vorgehen zum Umgang mit Dynamik in logistischen Systemen. Zunächst wurde ein ereignisdiskretes Simulationsmodell eines realen werkstattorientierten Produktionssystems erstellt und darauf basierend eine dezentrale Regelung mit neuronalen Netzen abgeleitet. Das Beispiel zeigt, dass das Konzept der Produktionsregelung mit neuronalen Netzen aufgrund seines dezentralen Ansatzes sowohl die Dynamik, in Form eines auf Realdaten basierenden Auftragseingangs, als auch die Materialflusskomplexität und die Bauteilvielfalt eines realistischen Produktionsszenarios bewältigen kann. Der Einsatz der neuronalen Netze war dabei besonders geeignet, da sie aufgrund ihres erlernten Wissens komplexe Probleme, ohne eine explizite und mathematische Beschreibung der Ursache-Wirkung-Zusammenhänge, lösen können.

5 Fazit

Die Betrachtung logistischer Systeme als dynamische Systeme ermöglicht ein qualitatives Verständnis der inneren Wirkzusammenhänge und der zeitlichen Entwicklung des Logistiksystems und der darin ablaufenden Prozesse. Insbesondere lassen sich durch dynamische Modelle zufällig scheinende Ereignisse und irreguläre Prozesse ggf. mit deterministischen, nichtlinearen Abhängigkeiten erklären. Eine explizite Beschreibung eines Logistiksystems durch dynamische Modelle ist bis heute allerdings nur für überschaubare Subsysteme möglich. Dabei müssen bestimmte Einflussfaktoren, z.B. menschliches Verhalten, oft vernachlässigt werden.

Für eine Modellierung der Dynamik logistischer Prozesse wird die generelle Frage zu klären sein, unter welchen Umständen und Randbedingungen ein Logistiksystem als dynamisches System beschreibbar und analysierbar ist und ob es sich bei dem betrachteten System um ein deterministisches und nichtlineares oder um ein stochastisches System handelt. Erst diese Systemklassifikation ermöglicht die theoretisch fundierte Beschreibung von Logistiksystemen. Hier ist eine weitere intensive, interdisziplinäre Zusammenarbeit der entsprechenden Forschergruppen notwendig, um Logistiksysteme aus der Sicht dynamischer Systeme zu klassifizieren.

Schließlich hängt die erfolgreiche Modellierung und Steuerung dynamischer Logistiksysteme von der Verfügbarkeit geeigneter Prozessdaten ab. Hier wird der Einsatz neuer IuK-Technologien die bisherige Situation der oft mangelhaften Datenqualität sicherlich entscheidend verbessern. Dabei wird die Aufgabe der Logistikverantwortlichen darin bestehen, die technologischen Möglichkeiten zu nutzen und geeignete Daten zu erfassen, die eine Analyse und Steuerung der logistischen Prozesse in Echtzeit ermöglichen.

Zusammenfassend lässt sich feststellen, dass die Modellierung und Steuerung der Dynamik logistischer Systeme und Prozesse noch in den Anfängen steckt. Jedoch werden durch weitere Forschungsarbeiten und durch neue technologische Entwicklungen die bisherigen Anwendungsgrenzen zunehmend verschwinden und damit die Potenziale der interdisziplinären Symbiose zwischen den Theorien für dynamische Systeme und der Logistik künftig besser genutzt werden können.

Literatur

Bonabeau E, Dorigo M, Theraulaz G (1999) Swarm Intelligence – From Natural to Artificial Systems. Oxford University Press, Oxford

Breithaupt J (2001) Rückstandsorientierte Produktionsregelung von Fertigungsbereichen, VDI Verlag, Düsseldorf

DIN 19226 Regelungstechnik und Steuerungstechnik, Deutsches Institut für Normung

Domschke W, Drexl A (2004) Einführung in Operations Research. Springer, Berlin

Draeger A (1997) Neuronale Netze zur Regelung verfahrenstechnischer Anlagen. Dissertation, Universität Dortmund, Shaker, Dortmund

Duffie NA (1996) Heterarchical control of highly distributed manufacturing systems. International Journal of Computer Integrated Manufacturing, 9/4, pp 270-281

Elbert R (2006) Möglichkeiten und Grenzen der Selbststeuerung in der Logistik – Theoriegeleitete Analyse der Voraussetzungen für Integration und Koordination zur Selbststeuerung. In: Pfohl H-C, Wimmer T (Hrsg) Wissenschaft und Praxis im Dialog – Steuerung von Logistiksystemen auf dem Weg zur Selbststeuerung. Deutscher Verkehrsverlag, Hamburg

Freitag M (2005) Modellierung und Analyse von Produktionssystemen mit Methoden der Nichtlinearen Dynamik. GITO-Verlag, Berlin

Helbing D, Lämmer S, Witt U, Brenner T (2004) Network-induced oscillatory behavior in material flow networks and irregular business cycles. Physical Review E, 70, 056118

Hübler A (1989) Adaptive control of chaotic systems. Helvetica Physica Acta, 62, pp 343-346

Hülsmann M, Windt K (eds) (2007) Understanding Autonomous Cooperation & Control in Logistics – The Impact on Management, Information and Communication and Material Flow. Springer, Berlin

Jarre F, Stoer J (2003) Optimierung. Springer, Berlin

Kiencke U (2006) Ereignisdiskrete Systeme. Oldenbourg Wissenschaftsverlag, München

Krauth J (1990) Modellierung und Simulation flexibler Montagesysteme mit Petri-Netzen. OR Spektrum, 12/4, S 239-248

Küppers G, Krohn W (1992) Selbstorganisation – Zum Stand einer Theorie in den Wissenschaften. In: Krohn W, Küppers G (Hrsg) Emergenz - Die Entstehung von Ordnung, Organisation und Bedeutung. Suhrkamp, Frankfurt a. M.

Larsen ER, Morecroft JDW, Thomsen JS (1999) Complex behaviour in a production-distribution model. European Journal of Operational Research, 119, pp 61-74

Lödding H (2005) Verfahren der Fertigungssteuerung. Springer, Berlin

Lunze J (2005) Regelungstechnik 1. Springer, Berlin

Nyhuis P, Wiendahl H-P (1999) Logistische Kennlinien – Grundlagen, Werkzeuge und Anwendungen. Springer, Berlin

Ott E, Grebogi C, Yorke JA (1990) Controlling chaos. Physical Review Letters, 64/11, pp 1196-1199

Petermann D (1996) Modellbasierte Produktionsregelung. VDI Verlag, Düsseldorf

Petri Nets World (2007) URL: http://www.informatik.uni-hamburg.de/TGI/PetriNets. Abrufdatum: 06.08.2007

Pham DT, Karaboga D (2000) Intelligent optimisation techniques – genetic algorithms, tabu search, simulated annealing and neural networks. Springer, Berlin

Pritschow G, Wiendahl H-P (1995) Application of control theory for production logistics - results of a joint project. CIRP Annals – Manufacturing Technology, 44/1, pp 421-424

Pyragas K (1992) Continuous control of chaos by self-controlling feedback. Physics Letters A, 170/6, pp 421-428

Ratering A, Duffie NA (2003) Design and Analysis of a Closed-Loop Single-Workstation PPC System. CIRP Annals 52/1, pp 355-358

Scholz-Reiter B, Freitag M, Schmieder A (2002) Modelling and control of production systems based on Nonlinear Dynamics Theory. In: CIRP Annals 51/1, pp 375-378

Scholz-Reiter B, Hamann T, Höhns H, Middelberg G (2004) Model Predictive Control Of Production Systems Using Partially Recurrent Neural Networks. Proceedings of the 4th CIRP – International Seminar on Intelligent Computation in Manufacturing Engineering, June 30 - July 2, Sorrento, Italy, pp 93–97

Scholz-Reiter B, Hamann T, Höhns H, Middelberg G (2004) Decentral Closed Loop Control of Production Systems by Means of Artificial Neural Networks. Proceedings of the 37th CIRP International Seminar on Manufacturing Systems, May 19-21, Budapest, Hungary, pp 199-203

Scholz-Reiter B, Hamann T, Zschintzsch M (2006) Cased-Based Reasoning for production control with neural networks. Proceedings of the 39th CIRP International Seminar on Manufacturing Systems, June 7-9, Ljubljana, Slovenia, pp 233-240

Schutter B de (1996) Max-Algebraic System Theory for Discrete Event Systems. Katholieke Universiteit Leuven

Ueda K, Lengyel A, Hatano L (2004) Emergent Synthesis Approaches to control and planning in make to order manufacturing environments. Annals of the CIRP, 53/1, pp 385-388

Zell A (2003) Simulation neuronaler Netze, 4. Aufl. Oldenbourg Verlag, München

Logistische Modellierung von Lagerprozessen

Dipl.-Wirtsch.-Ing. Matthias Schmidt,
Dipl.-Wirtsch.-Ing. Felix S. Wriggers

Institut für Fabrikanlagen und Logistik
Leibniz Universität Hannover
http://www.ifa.uni-hannover.de

1 Einleitung

In den letzten zwei Jahrzehnten haben sich die logistischen Leistungsmerkmale von Industrieunternehmen als ebenso wichtige Kriterien bei Kaufentscheidungen etabliert, wie der Preis und die Qualität der Produkte. Der Trend, die Kenngrößen der logistischen Leistung ebenfalls als Qualitätsmerkmal eines Unternehmens oder eines Produkts zu betrachten, hat sich auf nationalen und internationalen Märkten durchgesetzt (Wildemann 2007; Wiendahl 2005; Tracht u. Reinsch 2002). Besondere Bedeutung kommt bei dieser Entwicklung den logistischen Zielen kurze Lieferzeiten und hohe Liefertermintreue zu (Enslow 2006; Nyhuis et al. 2006; Hon 2005).

Um diesen Anforderungen zu genügen, ergibt sich als zentrale logistische Herausforderung bei der Steuerung von Beschaffungs-, Lager- und Distributionsprozessen die Sicherstellung der Verfügbarkeit der gewünschten Teile für inner- und überbetriebliche Kunden zum geplanten Zeitpunkt. Die Teileverfügbarkeit wird im laufenden Betrieb durch das Lagermanagement sichergestellt, indem die Bestände in unterschiedlichen Lagerstufen einer Lieferkette aus logistischer Sicht adäquat dimensioniert werden. Für eine wirtschaftliche Bestandsdimensionierung sind neben der Verfügbarkeit aber auch unbedingt Kostenaspekte der Bestandshaltung zu berücksichtigen. Hier zeigt sich das klassische Dilemma der Materialwirtschaft: Es ist zwischen einer hohen Teileverfügbarkeit einerseits und niedrigen Bestandskosten andererseits abzuwägen (Nyhuis u. Wiendahl 2003).

Die Bevorratungsstrategien von Industrieunternehmen sind jedoch in den verschiedenen Lagerstufen einer Lieferkette oft nicht am Bedarf orientiert. In großen Stückzahlen und regelmäßig benötigte Teile sind häufig vergriffen, sporadisch benötigte Teile dagegen lagern in großen Mengen und über längere Zeiträume. Eine Folge davon ist, dass Bestände mit durchschnittlich 34 % den größten Posten im Umlaufvermögen deutscher Unternehmen bilden (Stölzle et al. 2004).

Zudem ist festzustellen, dass die Komplexität der Lieferketten in den letzten Jahren stark zugenommen hat. Dadurch steigen zwangsweise die Anforderungen an das Lagermanagement. Um diesen komplexen Anforderungen gerecht zu werden, ist es notwendig, einen theoretischen Unterbau für das Lagermanagement zu entwickeln (Nyhuis u. Wiendahl 2007). Einen wesentlichen Beitrag hierzu leistet die modellbasierte Abbildung von Lagerprozessen.

Hierbei lässt sich zwischen unterschiedlichen Typen von Modellen wie Beschreibungsmodellen, Wirkmodellen, Prognosemodellen oder Entscheidungsmodellen unterscheiden. Im Bereich des Lagermanagements wurden am Institut für Fabrikanlagen und Logistik Beschreibungs- und Wirkmodelle für Lagerprozesse entwickelt. Diese Modelle lassen sich zu dem logistischen Controllingmodell der Logistischen Lageranalyse verdichten, welches u. a. im Rahmen dieses Beitrags skizziert werden soll. Dabei werden zunächst Beschreibungs- und Wirkmodelle vorgestellt, wobei auf mögliche Erweiterungen eingegangen wird. Der zweite Teil dieses Beitrags beschäftigt sich mit dem Ablauf einer Logistischen Lageranalyse und zeigt mögliche Ergebnisse anhand einer Anwendung in der industriellen Praxis.

2 Grundlagen der Modellierung von Lagerprozessen

2.1 Beschreibungsmodelle

Beschreibungsmodelle stellen empirische Erscheinungen ohne Analyse und Erklärung derselben dar (Wöhe 2005). Demnach enthalten sie keine Aussagen über Ursache-Wirkbeziehungen. Zwei am Institut für Fabrikanlagen und Logistik entwickelte Beschreibungsmodelle für das Lager sind das Trichtermodell und das Lagerdurchlaufdiagramm.

Trichtermodell

Das Trichtermodell ist ein in der Literatur anerkanntes und in der betrieblichen Praxis weit verbreitetes Modell zur Beschreibung der geplanten und tatsächlich realisierten Abläufe in der Produktion oder in einem Lager. Es geht davon aus, dass ein Lager oder Teile davon durch die Größen Zugang (Zufluss des Trichters), Bestand (Füllhöhe des Trichters) und Abgang (Abfluss des Trichters) in ihrem Durchlaufverhalten beschrieben werden können (Kettner 1976).
Diese Analogie zu einem Trichter ist im linken Teil der Abbildung 1 dargestellt, wobei die Trichteröffnung die Abgangsrate symbolisiert. Ihre maximale Größe wird durch die technische Kapazität des Lagers zur Bereitstellung von Teilen begrenzt. Die technische Kapazität stellt jedoch in der Regel nicht den limitierenden Faktor dar. Vielmehr ist die Materialverfügbarkeit die bestimmende Größe für den Lagerabgang.

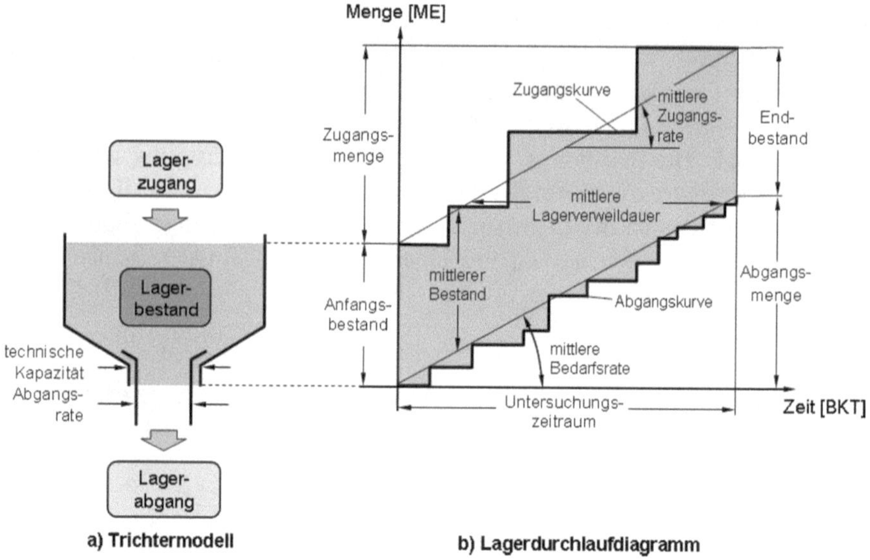

Abb. 1. Trichtermodell und Lagerdurchlaufdiagramm

Lagerdurchlaufdiagramm

Die Grundüberlegung des Lagerdurchlaufdiagramms besteht darin, die Teilprozesse Lagerzugang und Lagerabgang getrennt voneinander zu betrachten, da diese Prozesse in der Praxis regelmäßig entkoppelt voneinander ablaufen.

Die Größen des Trichtermodells können in ein sog. Lagerdurchlaufdiagramm überführt werden (rechter Teil der Abbildung 1). Dazu werden die Lagerzu- und -abgänge jeweils kumuliert über der Zeit in einem Diagramm aufgetragen. Die Kurve für den Abgang beginnt stets im Ursprung des Koordinatenkreuzes, während die Kurve für den Zugang mit dem Bestand zu Beginn des Untersuchungszeitraums anfängt.

Aufgrund der ereignisorientierten und zeitdiskreten Rückmeldungen der Lagerbewegungen ergibt sich somit eine Stufenkurve. Der vertikale Abstand der Kurven entspricht dem aktuellen Bestand zum Betrachtungszeitpunkt. Durch Verbindung der Anfangs- und Endpunkte dieser Kurven erhält man jeweils die Darstellung des idealisierten Prozesses. Die Steigung der Zu- bzw. Abgangskurven entspricht dabei der mittleren Zu- bzw. Abgangsrate. Der horizontale Abstand von der idealisierten Zu- und Abgangskurve beschreibt die mittlere Lagerverweildauer. Für die Erstellung eines Lagerdurchlaufdiagramms werden nur die Bewegungsdaten und ein beliebiger Stichtagsbestand (z. B. der Anfangsbestand) benötigt. Der

Verlauf der Kurven und damit der des Bestands ergeben sich dann aus den Zu- und Abgängen. Eine separate Messung des Bestands ist – außer zu Kontrollzwecken – nicht notwendig.

Diese Betrachtung kann auf den gesamten Beschaffungs- und Bereitstellungsprozess ausgedehnt werden, indem weitere Messpunkte mit den entsprechenden Kurven hinzugefügt werden. Mögliche Messpunkte sind z. B. die Bestellung, der Wareneingang, der Lagerzugang, die Reservierung und der Lagerabgang (Gläßner 1995). Generell können alle unmittelbar mit dem Lager verknüpften Prozesse Messpunkte sein. Die Bestände zwischen den Messpunkten lassen sich aus dem Durchlaufdiagramm direkt ablesen.

Für eine Analyse der lagerlogistischen Prozesse im Hinblick auf die Erreichung der logistischen Zielgrößen muss ein Vergleich zwischen dem tatsächlichen Abgang aus dem Lager und dem geplanten bzw. gewünschten Abgang ermöglicht werden. Hierfür wird die Nachfragekurve zusätzlich zur Abgangskurve in das Diagramm aufgenommen. Verläuft die Nachfragekurve deckungsgleich mit der Abgangskurve, konnten die gewünschten Artikel stets zum Nachfragezeitpunkt ausgeliefert werden. Liegt der Verlauf der Nachfragekurve zeitlich vor dem Abgang, bedeutet dies, dass eine Nachfrage nicht befriedigt werden konnte.

2.2 Wirkmodelle

Wirkmodelle liefern Erklärungen betrieblicher Prozessabläufe sowie Hypothesen über deren Gesetzesmäßigkeiten (Wöhe 2005). Die Lieferverzugs- und die Servicegradkennlinie sind zwei am Institut für Fabrikanlagen und Logistik entwickelte Wirkmodelle für das Lager (Wiendahl et al. 1997; Lutz 2002).

Lieferverzugs- und Servicegradkennlinie

Der Lieferverzug stellt eine wesentliche Kennzahl zur Beschreibung der logistischen Leistungsfähigkeit eines Lagers dar. Er beschreibt die zeitliche Verzögerung des realisierten Lieferzeitpunkts gegenüber dem vorgegebenen Solltermin. Eine weitere wichtige Kennzahl zur Bestimmung der logistischen Leistungsfähigkeit von Lagern ist neben dem Lieferverzug der Servicegrad.

Abbildung 2 zeigt qualitativ die Herleitung so genannter Lieferverzugs- und Servicegradkennlinien. Die verschiedenen dargestellten Betriebszustände werden dazu in der zentralen Graphik über dem Bestand abgetragen.

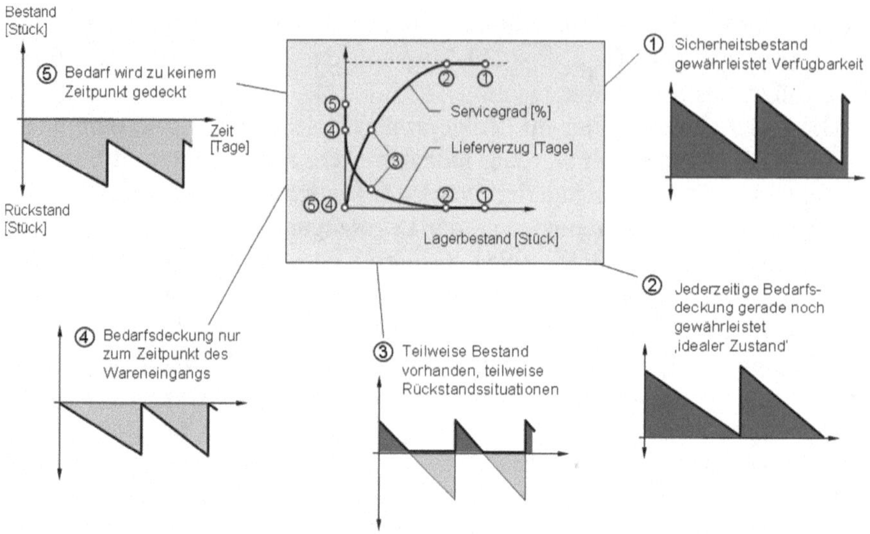

Abb. 2. Servicegrad und Lieferverzug in Abhängigkeit vom Verlauf des Bestands bzw. Rückstands (Wiendahl 2007)

Im ersten Betriebszustand weist das Lager einen hohen mittleren Lagerbestand auf. Somit ist durchgehend ein ausreichender Bestand vorhanden. Dementsprechend treten keine Rückstände und damit auch keine Lieferverzüge auf. Da jede Anfrage an das Lager bedient werden kann, wird ein maximaler Servicegrad erreicht. Dieser Betriebszustand entspricht dem ersten Betriebspunkt auf der Lieferverzugs- und der Servicegradkennlinie. Im Betriebszustand zwei hat der mittlere Lagerbestand ein Niveau, bei welchem gerade noch alle an das Lager gerichteten Nachfragen bedient werden können und keine Lieferverzüge bzw. Servicegradverluste auftreten. Diesen Betriebszustand beschreibt der Betriebspunkt zwei der Kennlinien. Im dritten Betriebszustand ist der mittlere Lagerbestand geringer als im zweiten Betriebszustand. Der Lagerbestand reicht nicht mehr aus, um alle Nachfragen zu bedienen. Teilweise kommt es zu Rückständen und somit zu einem Lieferverzug größer null. Damit einher geht ein deutlich niedrigerer Servicegrad als noch in Betriebszustand zwei. Der vierte Betriebszustand ist dadurch gekennzeichnet, dass nur zum Zeitpunkt des Wareneingangs ein verschwindend geringer Teil des Bedarfs gedeckt werden kann. Der Servicegrad geht damit gegen null; der Lieferverzug ist hoch. Der mittlere Bestand geht gegen null. Der Betriebspunkt des vierten Betriebszustands entspricht damit genau dem Schnittpunkt der Kennlinien mit der Ordinate. Der fünfte Betriebszustand ist durch ein noch niedrigeres mittleres Bestandsniveau geprägt. Nachfragen an das Lager können zu keinem Zeitpunkt bedient werden. Der Servicegrad geht, wie im vierten

Betriebszustand, gegen null. Der Lieferverzug steigt jedoch im Vergleich zu dem im vierten Betriebszustand noch weiter an. Da der mittlere Bestand auch im fünften Betriebzustand null ist, liegt der Betriebspunkt der Kennlinien ebenfalls auf der Ordinate.

Die Verdichtung mehrerer solcher Betriebspunkte für den mittleren Lieferverzug ergibt die Lieferverzugskennlinie in Abhängigkeit vom mittleren Lagerbestand, wie sie in der zentralen Graphik von Abbildung 2 dargestellt ist (Nyhuis u. Wiendahl 2003).

Eine Möglichkeit, die Lieferverzugskennlinie für einen Artikel zu ermitteln, ist die simulative Abbildung des dazugehörigen Lagerprozesses. Die Ermittlung einer ausreichenden Anzahl von Betriebspunkten für eine Vielzahl von Artikeln ist jedoch mit sehr hohem Aufwand verbunden. Dieser Aufwand für die Ermittlung der Kennlinie konnte durch die Entwicklung einer mathematischen Näherungsgleichung wesentlich reduziert werden – bei gleichzeitig hoher Abbildungsgüte (Nyhuis et al. 2005). Die mathematische Herleitung dieser Gleichung ist bei GLÄSSNER detailliert beschrieben (Gläßner 1995).

Analog zum Lieferverzug können auch für den Servicegrad basierend auf unterschiedlichen Bestandsniveaus entsprechende Betriebspunkte zur Erzeugung der Servicegradkennlinie ermittelt werden. Da bei Betriebspunkten mit einem hohen Servicegrad nur noch stark ausgeprägte stochastische Störeinflüsse nicht vom bereits vorgehaltenen Lagerbestand abgedeckt werden können, steigt mit zunehmendem Servicegradniveau die Menge des zusätzlichen Lagerbestandes überproportional, der für eine weitere Erhöhung des Servicegrads benötigt wird. Hierin liegt der typische, gekrümmte Verlauf der Servicegradkennlinie begründet.

Auch für die Servicegradkennlinien wurden Näherungsgleichungen entwickelt. Die Herleitung der Kennlinie des gewichteten Servicegrads wird ausführlich von LUTZ beschrieben (Lutz 2002). Die Entwicklung der Kennlinie des ungewichteten Servicegrads erfolgte jüngst im Rahmen eines Forschungsprojekts (Wriggers et al. 2007).

2.3 Erweiterung der Wirkmodelle

Parametrierung der Servicegrad- und Lieferverzugskennlinie

Die oben dargestellten logistischen Lagerkennlinien haben einen gekrümmten Verlauf und gehen nach Erreichen eines mittleren Lieferverzugs von null bzw. eines Servicegrads von 100 % in eine Gerade über (vgl. Abbildung 2). Da jedes Lager spezifischen stochastischen Störeinflüssen unterliegt, muss der Anwender in die Lage versetzt werden, den Verlauf der

Lieferverzugs- bzw. der Servicegradkennlinie an die spezifischen Rahmenbedingungen des jeweils betrachteten Lagers anzupassen.

Dies ist mit den logistischen Lagerkennlinien möglich. Zwei Eckwerte der logistischen Lagerkennlinien sind unmittelbar aus vorherrschenden Störeinflüssen auf das Lager bezogen auf den Lagerzu- und den Lagerabgang berechenbar: der Startpunkt einer Kennlinie mit einem mittleren Lagerbestand von null, bei welchen ein definierter Grenzlieferverzug auftritt bzw. ein Servicegrad von null vorherrscht, und der praktisch minimale Grenzlagerbestand, bei welchem gerade ein mittlerer Lieferverzug von null bzw. ein Servicegrad von 100 % erreicht wird. Der zweite Punkt entspricht dem Abknickpunkt der Kennlinien, bei welchen der gekrümmte Kurvenverlauf in eine horizontale Gerade übergeht.

Die horizontal verlaufende Gerade ist mathematisch einfach zu bestimmen. Zur mathematischen Beschreibung der Werte der Lieferverzugs- und Servicegradkennlinie zwischen den beiden unmittelbar berechenbaren Kennlinienpunkten, wird eine abgewandelte Form der C_{Norm}-Funktion verwendet (Gläßner 1995; Lutz 2002; Wriggers et al. 2007). Diese mathematische Funktion, welche eine parametrierte Form der Kreisgleichung ist, ermöglicht es, den gekrümmten Kurvenverlauf in diesem Bereich zu beschreiben, wobei durch eine entsprechende Parametrierung des C_{Norm}-Parameters die Krümmung der logistischen Lagerkennlinien variiert werden kann. Somit ist es möglich, eine Lieferverzugs- bzw. eine Servicegradkennlinie für ein Lager an die spezifischen Rahmenbedingungen des Lagers anzupassen.

Für die Bestimmung des C_{Norm}-Parameters existieren bereits einige am Institut für Fabrikanlagen und Logistik entwickelte Ansätze. Weiterführende Überlegungen zu dieser Thematik werden von INDERFURTH und SCHULZ diskutiert, die sich mit der exakten Bestimmung des C_{Norm}-Parameters bei stochastischem Nachfrageverhalten der nachgelagerten Wertschöpfungsstufe oder des Kunden beschäftigen (Inderfurth u. Schulz 2008).

Methode zur Bestimmung des Auftragsservicegrads

Mittels der weiter oben beschriebenen Servicegradkennlinien können in Abhängigkeit des mittleren Bestandsniveaus Servicegrade für einzelne Artikel, nicht jedoch für Aufträge, die sich aus mehreren unterschiedlichen Artikeln zusammensetzen, quantifiziert werden. Für in ihren Abweichungen (Bedarfsratenschwankung, Mengenabweichung, Terminabweichung) statistisch unabhängige Artikel lässt sich die Frage nach dem Auftragsservicegrad einfach beantworten. Dieser ergibt sich aus der multiplikativen Verknüpfung der einzelnen Artikelservicegrade.

Für Artikel, die eine statistische Abhängigkeit aufweisen, gilt dieser Zusammenhang so nicht. Der Auftragsservicegrad solcher Artikel wird höher (niedriger) als das Ergebnis der multiplikativen Verknüpfung ausfallen, wenn die Artikel einen positiven (negativen) Korrelationskoeffizienten aufweisen. Der Einfluss auf den Artikelservicegrad wird dabei umso größer, desto mehr Artikel eines Auftrags in ihren Abweichungen korrelieren und je stärker diese Korrelation ausfällt.

Die detaillierte Beschreibung dieses Effekts ist Thema eines aktuellen Forschungsprojekts am Institut für Fabrikanlagen und Logistik und ist insbesondere für Lagerstufen vor einer Montage, in welchen Artikel mit hohem Wert lagern, relevant. In diesen Bereichen wird eine servicegradorientierte Dimensionierung des Bestandsniveaus ermöglicht. Hierbei werden ausgehend von einem Ziel-Auftragsservicegrad einzelne Artikelservicegrade bestimmt. Aus diesen Artikelservicegraden lässt sich wiederum der erforderliche mittlere Lagerbestand zur Realisierung des Artikelservicegrads und somit des Auftragsservicegrads bestimmen. Da die Auswirkungen der Variierung einzelner Artikelservicegrade auf den Auftragsservicegrad beschrieben werden können, ist eine effizientere Kapitalallokation zwischen den verschiedenen in einen Montageauftrag fließenden Artikel realisierbar. Beispielsweise kann der Artikelservicegrad und somit der mittlere Lagerbestand kapitalintensiver Artikel reduziert werden und im Gegenzug der Artikelservicegrad und der mittlere Lagerbestand geringwertiger Artikel erhöht werden. Die Kapitalbindungskosten bezogen auf die gesamte Lagerstufe werden hierdurch minimiert.

Sicherheitsbestandsdynamisierung

Eine weitere derzeit verfolgte Entwicklungsrichtung ist die Dynamisierung der mit Lagerkennlinien bestimmbaren Sicherheitsbestandsniveaus. Ziel dieser Weiterentwicklung ist es, eine Reihe von in der Praxisanwendung der Lagerkennlinien auftretenden Fragestellungen aufzugreifen.

Darunter fällt die Frage, welche Sicherheitsbestände bei Artikeln mit beispielsweise ausgeprägt saisonalen Bedarfen notwendig werden, um einen gewünschten Servicegrad sicherzustellen. Wird zur Beantwortung dieser Fragestellung die Formel nach LUTZ (Lutz 2002) verwendet und kann auf Grund seltener Lagerbewegungen keine Anpassung des Untersuchungszeitraums vorgenommen werden, so ergibt sich durch die große Differenz zwischen der maximalen Bedarfsrate und der mittleren Bedarfsrate im Wiederbeschaffungszeitraum in ungünstigen Fällen ein bezüglich des gewünschten Servicegrads überhöhtes Bestandsniveau. Die Gruppe der saisonalen Artikel dient dabei als plakatives Beispiel, denkbar sind jedoch auch andere Artikelgruppen, die ähnliche Fragestellungen aufwerfen. In diesem Zusammenhang soll zunächst ermittelt werden, wo genau die Grenzen der Anwendung der bislang verwendeten Formel für die Servicegradkennlinie liegen. Für bislang nicht berücksichtigte, in der Praxis weit verbreitete Gruppen von Artikeln sind dann Modifikationen an der bislang verwenden Formel vorzunehmen. Diese könnten beispielsweise darin bestehen, dass die maximale Bedarfsrate im Untersuchungszeitraum nicht mit vergangenheitsbasierten Mittelwerten, sondern mit Prognosewerten verglichen wird. So wäre es möglich, die maximale relative Abweichung des tatsächlich entstandenen zum prognostizierten Bedarf zu identifizieren und so den ursprünglich gewünschten Bezug in einer modifizierten Formel zur Berechnung des Servicegrads wiederherzustellen. Ziel ist die Entwicklung einer Systematik zur artikelspezifischen Ermittlung von Sicherheitsbeständen.

3 Die Logistische Lageranalyse

3.1 Ablauf einer Logistischen Lageranalyse

Die Logistische Lageranalyse (Nyhuis u. Wiendahl 2003; Lutz 2002) stellt eine systematische Analysemethode für komplette Lagerbereiche dar. Sie verfolgt das Ziel, Lagerbestände problemspezifisch zu dimensionieren und Servicegrad- oder Bestandspotenziale aufzuzeigen. Dabei kommen die oben beschriebenen Beschreibungs- und Wirkmodelle zum Einsatz. Diese werden miteinander verknüpft und um weitere Elemente wie Ranglisten, Portfolios und Szenarien ergänzt.

Lagerdurchlaufdiagramme und Lagerkennlinien dienen im Rahmen der Logistischen Lageranalyse dazu, logistische Potenziale sowie geeignete Zielwerte für die logistischen Kenngrößen zu ermitteln. Ranglisten und Portfolioanalysen helfen, Problemartikel zu identifizieren. Durch eine systematische Variation der Bestand bestimmenden Kenngrößen können Szenarien mit unterschiedlichen Randbedingungen erstellt werden, die im Rahmen der Handlungsfeldableitung die Abschätzung der Auswirkungen von Maßnahmen erlauben.

Die Logistische Lageranalyse gliedert sich in die drei Phasen Vorbereitung, Analyse und Handlungsfeldableitung (vgl. Abbildung 3).

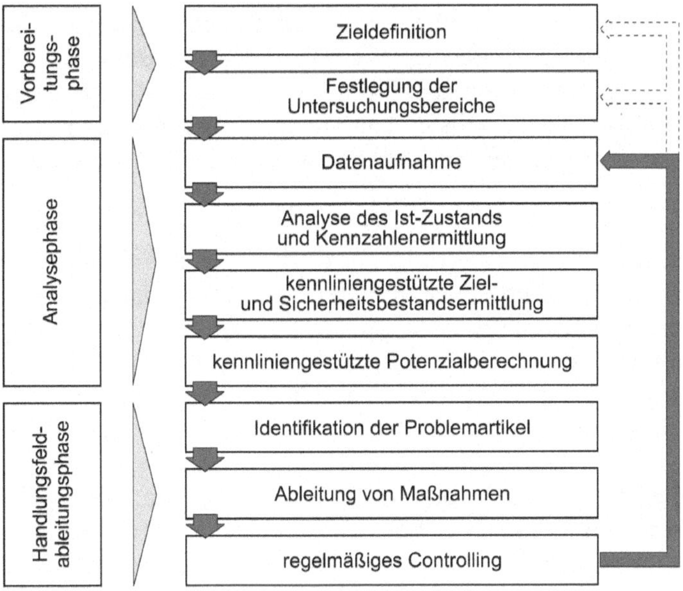

Abb. 3. Ablauf der Logistischen Lageranalyse (Lutz 2002)

Während der Vorbereitungsphase werden die Ziele definiert, die mit der Lageranalyse erreicht werden sollen. Hierbei kann eine Bestandssenkung im Vordergrund stehen. Gleichfalls kann aber auch das Ziel der Erreichung einer geforderten Liefertreue bzw. eines geforderten Servicegrads verfolgt werden. Grundsätzliches Ziel der Logistischen Lageranalyse ist eine Positionierung im Zielkonflikt zwischen niedrigen Lagerbeständen einerseits und hoher Lieferbereitschaft andererseits.

Im Anschluss an die Definition der Ziele ist festzulegen, auf welchen Bereich sich die Lageranalyse erstrecken soll. Es muss definiert werden, welche Artikelgruppen in welchem Lagerbereich zu betrachten sind und welcher Zeitraum für die Analyse herangezogen werden soll.

Sind die Ziele und der Untersuchungsbereich der Analyse bestimmt, können die weiteren Schritte der Lageranalyse durchlaufen werden.

Im Rahmen der Analysephase erfolgt die Datenaufnahme und -kontrolle, um anschließend die benötigten Schlüsselkennzahlen ermitteln zu können. Basierend auf diesen erfolgt in Abstimmung mit den festgelegten Zielgrößen die Festlegung der Zielwerte für den Lagerbestand, die Lieferbereitschaft und den Servicegrad. Anhand der Zielwerte können vorhandene Potenziale sowohl für eine Bestandsverringerung als auch für eine Lieferbereitschaftsverbesserung bestimmt werden.

Dazu können zunächst mittels Ranglisten diejenigen Artikel identifiziert werden, die im Hinblick auf ein bestimmtes Merkmal eine herausragende

Stellung innehaben. Für die Erstellung von Ranglisten werden die Artikel in der auf- oder absteigenden Wertigkeit eines bestimmten Merkmals sortiert. Grundsätzlich können Ranglisten für jede Kennzahl aufgestellt werden. Anhand der Ranglisten kann der Ist-Zustand eines Lagerbereichs hinsichtlich der vorliegenden Bestände und der Lieferbereitschaft beurteilt werden.

Verborgen bleibt dabei jedoch, welche Zielbestände notwendig sind, um einen gewünschten Servicegrad zu erreichen. Aus den Ranglisten ist nicht ersichtlich, ob die bestehenden mittleren Lagerbestände zu hoch waren und um welche Mengen sie gesenkt werden können, ohne nennenswerte Verschlechterungen der Lieferbereitschaft und des Servicegrads zu verursachen. Diese Fragen können mit Hilfe der Lagerkennlinien beantwortet werden, da sie die Wirkzusammenhänge zwischen den Zielgrößen aufzeigen.

Sind die Zielbestände ermittelt, kann das erreichbare Potenzial quantifiziert werden. Im Rahmen der Potenzialberechnung wird bestimmt, welche Reserven bezüglich der Bestände und der Lieferbereitschaft in einem Lagerbereich bestehen. Das Gesamtpotenzial lässt sich aus dem Vergleich der aktuellen Betriebspunkte der betrachteten Artikel und ihrer Zielwerte bestimmen.

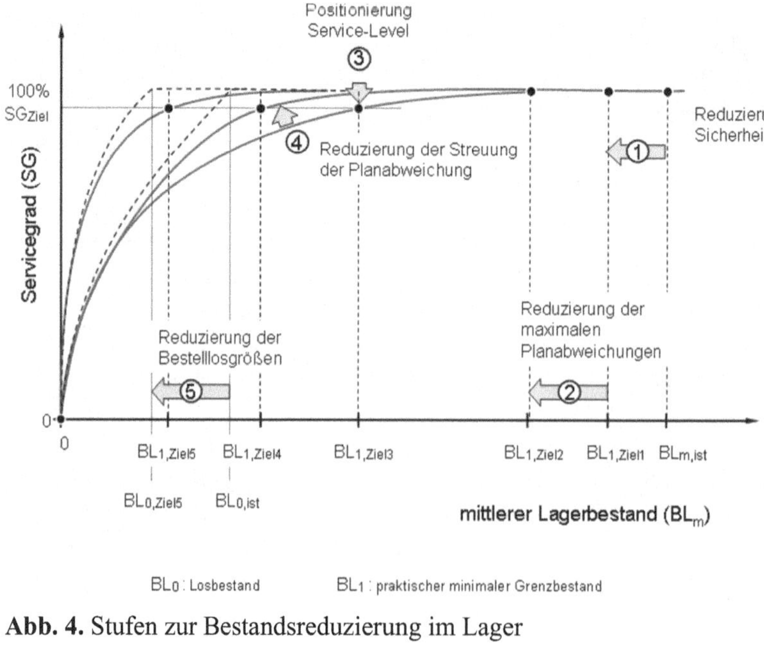

Abb. 4. Stufen zur Bestandsreduzierung im Lager

Um die identifizierten Potenziale zu realisieren, sind schließlich Maßnahmen abzuleiten und konsequent umzusetzen. Die Wirkung verschiedener kombinierter Maßnahmen wird in Abbildung 4 aufeinander aufbauend dargestellt. Der praktisch minimale Grenzbestand ist der mittlere Lagerbestand, bei dem gerade ein Servicegrad von 100 % erreicht wird. Durch eine Senkung des mittleren Bestandsniveaus zum Abbau von unnötigen Sicherheitsbeständen, die über den praktisch minimalen Grenzbestand hinausgehen, gelingt in diesem Beispiel eine Bestandsreduktion bei gleichbleibendem Servicegrad. Dieses Potenzial wird durch den ersten Pfeil gekennzeichnet.

Da die maximalen Planabweichungen einen wesentlichen Einfluss auf die Höhe des praktisch minimalen Grenzbestands haben, kann durch eine Reduktion dieser das für einen Servicegrad von 100 % notwendige mittlere Bestandsniveau gesenkt und so ein zusätzliches Potenzial geschaffen werden. Durch diese Maßnahme wird die Servicegradkennlinie gestaucht. Das realisierbare Potenzial ist durch den zweiten Pfeil gekennzeichnet.

Die beiden ersten Maßnahmen hatten keine Auswirkung auf den Servicegrad. Ist es möglich, einen Zielservicegrad unter 100 % zu wählen, so ist nur noch ein Bestand unterhalb des praktisch minimalen Grenzbestands notwendig. Auf diese Weise kann ein weiteres Bestandspotenzial realisiert werden.

Weitere Potenziale können gehoben werden, wenn die Streuung der Planabweichungen reduziert wird. Diese bestimmt wesentlich die Form der Kennlinie. Werden die Streuungen gesenkt, so nähert sich die reale Kennlinie für den Servicegrad an die für den Idealzustand an. So kann wiederum ein weiteres, durch den vierten Pfeil dargestelltes, Bestandspotenzial geschaffen werden – bei gleichbleibendem Servicegrad.

Der fünfte Pfeil visualisiert schließlich Potenziale, die durch die Senkung der Bestelllosgrößen zu realisieren sind. Diese Potenziale resultieren daraus, dass im Mittel immer die halbe Zugangslosgröße im Lager liegt. Wird diese nun reduziert, so sind auch entsprechende Bestandssenkungen zu realisieren ohne den Servicegrad zu beeinflussen. Auch diese Maßnahme führt zu einer Veränderung der Form der Servicegradkennlinie.

3.2 Praktische Anwendung der Logistischen Lageranalyse

Zur Veranschaulichung der mit einer Logistischen Lageranalyse zu realisierenden Potenziale soll ein bei einem Maschinenbauunternehmen durchgeführtes Projekt dienen. Das Hauptgeschäftsfeld dieses Unternehmens liegt in der Produktion hochpräziser Planetengetriebe, kompletter elektromechanische Antriebssysteme sowie von Servosystemen und -motoren.

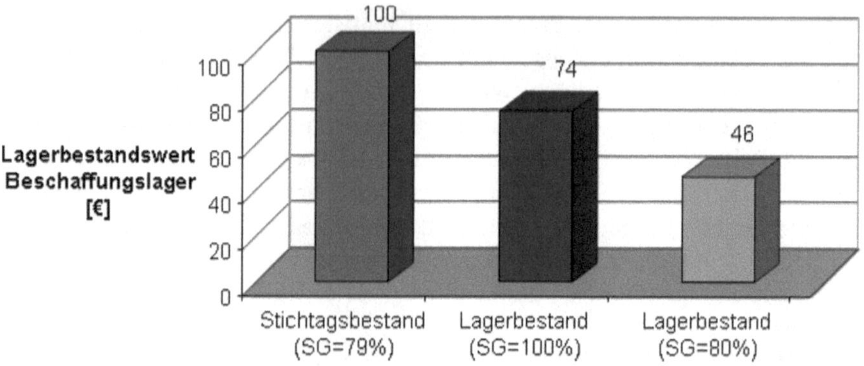

Abb. 5. Zielbestände für unterschiedliche Servicegradniveaus

Das Unternehmen zeichnet sich durch eine sehr gute Liefertermintreue bei kurzen Lieferzeiten gegenüber ihren Kunden aus. Dies ist allerdings mit einem sehr hohen Aufwand zur Sicherstellung der Teileverfügbarkeit und einem relativ hohen Lagerbestand verbunden. Das Ziel eines gemeinsam durchgeführten Projektes war es daher, die Lagerbestände im Beschaffungslager neu zu strukturieren und zu reduzieren.

Im ersten Schritt wurden für die einzelnen Artikel Lagerkennzahlen ermittelt und Lagerkennlinien berechnet. Auf Basis eines Ziel-Servicegrads, der im Rahmen der Untersuchung als variable Größe genutzt wurde, konnten die Ziel-Bestände (bestehend aus dem Los- und dem erforderlichen Sicherheitsbestand) ermittelt werden.

Das Ergebnis der Berechnung der Zielbestände für unterschiedliche angestrebte Servicegradniveaus zeigt Abbildung 5.

Insgesamt wurde im Untersuchungszeitraum ein Servicegrad von 79 % erreicht. Dieser sehr schlechte Wert wurde durch hohe Bestände in der Wertschöpfungskette weitestgehend kompensiert, führte aber zu nachhaltigen Problemen in der Fertigungssteuerung.

Eine differenzierte Analyse der artikelbezogenen Bestände zeigte darüber hinaus, dass bei einzelnen Artikeln die Bestände deutlich überhöht waren. Wenn es dem Unternehmen gelänge, bei allen Artikeln den Bestand so einzustellen, dass der optimale Betriebspunkt erreicht wird (Servicegrad 100 % bei praktisch minimalem Grenzbestand), so könnte der Lagerbestand dennoch um 21 % gesenkt werden. Bei einem Servicegrad von 80 % – dies würde in etwa dem Ist-Zustand entsprechen – ließe sich der Bestand sogar nahezu halbieren. Allerdings geschähe dies bei einer gleich bleibend schlechten Versorgung der nachfolgenden Produktion.

Um weitere Bestandspotenziale im Lager zu identifizieren, wurde eine Analyse der Bestandsverursacher durchgeführt. Das Ergebnis der Analyse zeigt Abbildung 6.

Die primären Bestandsverursacher sind der Losbestand und die starken Schwankungen des Bedarfs. Mengen- und Terminabweichungen sind von sekundärer Bedeutung. Maßnahmen zur Verringerung der Lagerbestände sollten in diesem Fall prinzipiell an den primären Bestandsverursachern ansetzen. Eine Verbesserung der Liefermengenabweichung und -terminabweichung würde sich nur marginal auf die Lagerbestände auswirken.

Eine Reduzierung des Losbestands ist möglich, wenn die Zugangslosgrößen gesenkt werden und dadurch lange Lagerverweilzeiten vermieden werden. Um den Losbestand auch unter wirtschaftlichen Aspekten zu dimensionieren, können klassische Losgrößenbestimmungsverfahren eingesetzt werden. Aus den Berechnungsvorschriften des jeweiligen Verfahrens ergeben sich die größten Stellhebel zur nachhaltigen Reduzierung des Losbestands. Beispielsweise könnten in diesem Fall durch eine geänderte Lieferantenanbindung und resultierende Änderungen bei den Auftragswechselkosten die Losgrößen und damit auch der Losbestand beeinflusst werden.

Der für die Bedarfsratenschwankungen notwendige Anteil des Sicherheitsbestands berechnet sich aus den Schwankungen der Bedarfsrate und der Wiederbeschaffungszeit. Die Streuung der Bedarfsrate ist nur schwer vom Unternehmen beeinflussbar, da letztlich der Kunde entscheidet, wann ein Bedarf entsteht. Ein Ansatz zur Harmonisierung der Bedarfsrate auf der Beschaffungsseite wäre bspw. eine Nivellierung des Produktionsprogramms. Die Wiederbeschaffungszeit kann durch ein gezieltes Lieferantenmanagement verkürzt werden.

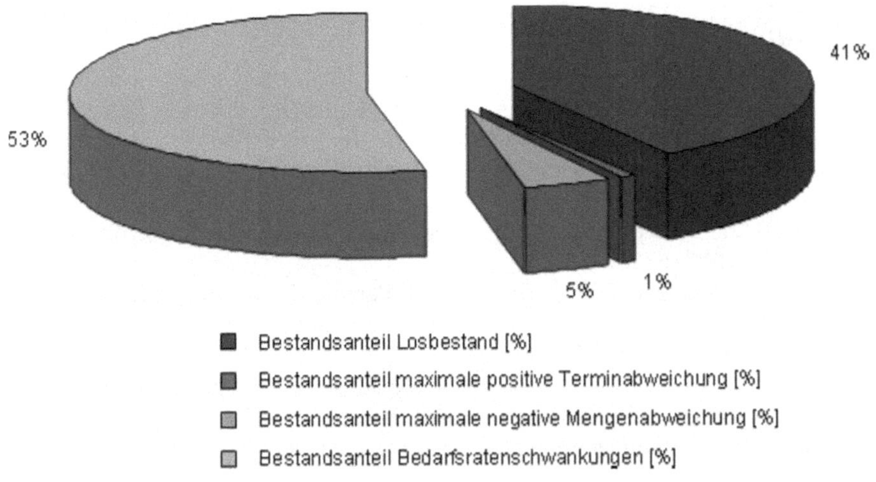

Abb. 6. Bestandsverursacher

Durch die im Rahmen des Projekts erarbeitete neue Bestandsstruktur könnte für einen Zielservicegrad von 100 % die Planbarkeit in den der Beschaffung nachgelagerten Stufen der Wertschöpfungskette wesentlich erhöht werden. Es ist in diesem Fall davon auszugehen, dass die bisher notwendigen Bestände in der nachgelagerten Wertschöpfungskette drastisch gesenkt werden könnten, bei gleichzeitig gleichbleibender Liefertreue dem Kunden gegenüber. Zusätzlich wäre es möglich die Planbarkeit zu erhöhen und so den Aufwand für die Fertigungssteuerung zu reduzieren.

4 Fazit

Zusammenfassend lässt sich festhalten, dass mit der Logistischen Lageranalyse bereits ein in der Wissenschaft verbreiteter und in der Praxis erprobter Ansatz zur Modellierung von Lagern besteht. Gleichzeitig wird deutlich, dass in Hinblick auf einige aus der Anwendung in der Praxis erwachsende Fragestellungen noch Antworten zu finden sind. Ein weiterer Beitrag zu einer Theorie der Logistik wäre die Entwicklung von Entscheidungsmodellen für das Lager. Diese könnten sich bspw. mit der Frage beschäftigen, wie Artikel entlang einer Wertschöpfungskette auf unterschiedliche Lagerstufen verteilt werden sollten, um bei möglichst geringer Kapitalbindung eine kurze Lieferzeit und eine hohe Liefertreue zu realisieren.

Literatur

Enslow B (2006) Best Practices in International Logistics. Aberdeen, Boston

Gläßner J (1995) Modellgestütztes Controlling der beschaffungslogistischen Prozesskette. Dissertation, Universität Hannover, Fortschr.-Bericht VDI, Reihe 2, Nr. 337, Düsseldorf

Hon KKB (2005) Performance and Evaluation of Manufacturing Systems. Annals of the CIRP 2: 675-690

Inderfurth K, Schulz T (2008) Zur optimalen Parametrisierung der Lagerkennlinie nach Nyhuis/Wiendahl. In: Nyhuis P (Hrsg) Beiträge zu einer Theorie der Logistik. Springer, Berlin Heidelberg New York

Kettner H (1976) Neue Wege der Bestandsanalyse im Fertigungsbereich. Deutsche Gesellschaft für Betriebswirtschaft, Berlin

Lutz S (2002) Kennliniengestütztes Lagermanagement. Fortschr.-Bericht VDI, Reihe 13, Nr. 53, Düsseldorf

Nyhuis P, von Cieminski G, Fischer A (2005) Applying Simulation and Analytical Models for Logistic Performance Prediction. Annals of the CIRP 1: 417-422

Nyhuis P, Wiendahl H-P (2003) Logistische Kennlinien, 2. Aufl. Berlin Heidelberg New York

Nyhuis P, Wiendahl H-P (2007) Ansätze einer Logistiktheorie. In: Hausladen I (Hrsg) Management am Puls der Zeit. TCW, München

Nyhuis P, Wriggers F, Fischer A (2006) Development of a Decentralized Logistics Controlling Concept. In: Wang K, Kovacs G, Wozny M, Fang M (Hrsg) Knowledge Enterprise. Springer, Boston, pp 399-405

Stölzle W, Heusler K F, Karrer M (2004) Erfolgsfaktor Bestandsmanagement. Versus, Zürich

Tracht T, Reinsch S (2002). Einleitung. In: Wiendahl H-P (Hrsg) Erfolgsfaktor Logistikqualität, 2. Aufl. Springer, Berlin Heidelberg New York, S 1-7

Wiendahl H-P (2007) Skript zum emba-logistic Seminar, Logistik-/Supply Chain Management-Modul 4. Universität St. Gallen

Wiendahl H-P (2005) Betriebsorganisation für Ingenieure, 5. Aufl. Hanser, München Wien

Wiendahl H-P, Nyhuis P, Helms K (1997) Performance Measurement of the Procurement Process on the Basis of a New Characteristic Curve of Stock on hand. Annals of the German Academic Society for Production Engineering (WGP)

Wildemann H (2007) Logistik-Check. 5. Aufl. TCW, München

Wöhe G (2005) Einführung in die Allgemeine Betriebswirtschaftslehre, 22. Aufl. Vahlen, München

Wriggers FS, Schmidt M, Grapentin J, Nyhuis P (2007) Logistische Kennlinien für Lagerprozesse. wt Werkstattstechnik online 9: 657-662

Zur optimalen Parametrisierung der Lagerkennlinie nach Nyhuis/Wiendahl

Prof. Dr. Karl Inderfurth, Dipl.-Kfm. Tobias Schulz

Lehrstuhl für Betriebswirtschaftslehre,
insbesondere Produktion und Logistik
Otto-von-Guericke-Universität Magdeburg
http://www.uni-magdeburg.de/bwl6

1 Die Bedeutung der Lagerkennlinie

Zum Design logistischer Systeme sowie zur Planung und Kontrolle logistischer Prozesse ist es notwendig, messbare Kenngrößen zu deren Beurteilung heranzuziehen sowie qualitative und quantitative Zusammenhänge zwischen diesen Kenngrößen einschätzen zu können. Für die Darstellung funktionaler Zusammenhänge zwischen wichtigen Kenngrößen und deren graphische Umsetzung in Form von Kurvenverläufen wird im ingenieurwissenschaftlichen Bereich der Begriff der „logistischen Kennlinie" verwendet (siehe z.B. Arnold et al. 2004, S. A1-30, B3-63, B4-23, B5-49). Ganz allgemein wird in diesem Kontext unter einer Kennlinie „die graphische Darstellung des Zusammenhangs zwischen einer unabhängigen Einflussgröße und einer sich ergebenden Zielgröße in Form einer Kurve" verstanden (Nyhuis u. Wiendahl 2003, S. 11), wobei parallel zur graphischen Darstellung auch immer der mathematische Funktionszusammenhang gesehen wird. Hinter dem Kennlinienansatz steht der Anspruch, sowohl produktions- als auch distributionslogistische Zusammenhänge mit weniger Aufwand als bei der Anwendung der Simulationstechnik und mit stärkerer Realitätsnähe als bei der Nutzung der Warteschlangentheorie allgemeingültig beschreiben und für den praktischen Einsatz nutzen zu können (Nyhuis u. Wiendahl 2003, S. 39 ff.). Den höchsten Bekanntheitsgrad haben in diesem Rahmen die so genannten Betriebskennlinien bzw. Produktionskennlinien erlangt, die insbesondere die Abhängigkeit zwischen Auftragsbestand sowie Durchlaufzeit und Leistung bzw. Auslastung in einem produktionslogistischen System beschreiben (Wiendahl 1987, S. 206 ff.).

Später folgende Weiterentwicklungen zur Ableitung von Kennlinien und deren Einsatz in zusätzlichen Anwendungsbereichen sind in der von P. Nyhuis und H.-P. Wiendahl verfassten Monografie „Logistische Kennlinien" beschrieben, die 2003 in zweiter Auflage erschienen ist. In dieser Schrift, die im Weiteren mit Nyhuis/Wiendahl abgekürzt wird, sowie in zusätzlichen Veröffentlichungen neueren Datums (Lutz et al. 2003; Lödding 2005; Nyhuis et al. 2006) wird nicht zuletzt darauf hingewiesen, dass das fortentwickelte Konzept der Kennlinientheorie sich über die Produktionslogistik hinaus auch auf weitere Bereiche wie insbesondere auf das Management von Lagerprozessen in einstufigen Lagersystemen und mehrstufigen logistischen Ketten anwenden lässt. Im Rahmen von sog. Lagerkennlinien (LKL) soll dabei die Beziehung zwischen den Kenngrößen Bestandshöhe und Lieferverzug in einem Lagersystem wiedergegeben werden. Bei der von Nyhuis/Wiendahl vorgeschlagenen Festlegung des Funktionsverlaufs dieser LKL ergeben sich einige konzeptionelle Probleme, auf die aber an dieser Stelle nicht weiter eingegangen werden soll (näheres hierzu findet sich in Inderfurth u. Schulz 2007a). Der vorliegende Beitrag befasst sich mit der Frage des zweckmäßigen Einsatzes des Funktionstyps der LKL, der sich im Wesentlichen durch einen einzigen endogen festzulegenden Parameter (die sog. C_{NORM}) an unterschiedliche reale Bedingungen anpassen lässt. Während sich hierbei der Zusammenhang zwischen den beiden Kenngrößen in einem idealisierten, deterministischen Umfeld noch exakt beschreiben lässt, ist dies in einem realen Problemzusammenhang, der durch stochastische Störeinflüsse und damit verbundene Planabweichungen geprägt ist, nur noch approximativ möglich. Eine entscheidende Rolle für die Güte der Anpassung spielt der C_{NORM}-Parameter (oder kurz: C-Parameter), der die Krümmung der Lagerkennlinie kennzeichnet und in Abhängigkeit der stochastischen Ausprägung der Planabweichung zu wählen ist. Der Kennlinienansatz von Nyhuis/Wiendahl liefert allerdings nur recht vage Hinweise, wie dies im Einzelnen geschehen sollte (Nyhuis u. Wiendahl 2003, S. 258 ff.) und erweist sich insofern beim operativen Einsatz dieses Instruments als ergänzungsbedürftig.

Ziel des vorliegenden Beitrags ist es, die Kennlinientheorie dahingehend auszubauen, dass ein wissenschaftlich fundierter Ansatz zur Parametrisierung der LKL entwickelt wird, der eine präzise Antwort auf die Frage gibt, wie der C_{NORM}-Parameter in Abhängigkeit von wesentlichen Eigenschaften der auf die Planungsgenauigkeit einwirkenden Störeinflüsse zu wählen ist. Aus vorhergehenden Untersuchungen ist bekannt, dass die Parameterfestlegung sich nach dem Typ der Wahrscheinlichkeitsverteilung der Störeinflüsse und dabei insbesondere nach deren Streuung und darüber hinaus auch nach deren Schiefe richten sollte (Inderfurth u. Schulz 2007b). Hierauf aufbauend soll im Folgenden analysiert werden, wie unter idealisierten stochastischen Bedingungen die LKL nach Nyhuis/Wiendahl parametrisiert werden müsste, um die in diesen Fällen mittels eines lagerhaltungstheoretischen Ansatzes exakt bestimmbare LKL möglichst gut zu approximieren. Dabei zeigt sich, dass es nur wenige charakteristische Eigenschaften der Wahrscheinlichkeitsverteilungen sind, welche die optimale Wahl des C-Parameters determinieren, so dass allgemeine Hinweise zur bestmöglichen Parameterwahl gegeben werden können.

Um die entsprechende Analyse nachvollziehbar zu machen, werden zunächst das Konzept der LKL nach Nyhuis/Wiendahl sowie das Konzept der Lagerhaltungstheorie zur Ableitung der exakten LKL in einem einheitlichen formalen Rahmen präsentiert. Um die Darstellung nicht zu überfrachten, wird aus dem Komplex möglicher Planabweichungen nur die stochastische Bedarfsabweichung betrachtet (zur möglichen Einbeziehung weiterer Abweichungstypen siehe Inderfurth u. Schulz 2007a). Für diesen Betrachtungsrahmen wird im Anschluss die Analyse der optimalen Parametrisierung über die Wahl des Parameters *C* vorgenommen und ausgewertet.

2 Das Konzept der Lagerkennlinie von Nyhuis/Wiendahl

2.1 Lagerkennlinie und Performancemaße des Bestandsmanagements

Traditionelle Kenngrößen zur Messung der Performance von Lagersystemen sind neben Kostengrößen insbesondere technische Maße wie Bestandsgrößen und Größen, die den Lieferservice charakterisieren (Pfohl 2004, S. 37 ff.). Zu den Kenngrößen, die den Lieferservice quantitativ beschreiben, gehören insbesondere die Lieferzeit und die Lieferzuverlässigkeit, wobei Lieferzuverlässigkeit durch Servicegrade verschiedenen Typs beschrieben werden kann (siehe hierzu insbesondere Tempelmeier 2005, S. 27 ff.). Eine klassische Aufgabe im Rahmen von Bestandsplanung und Bestandscontrolling besteht darin, den Zielkonflikt zwischen Bestandsgrößen auf der einen Seite und Kenngrößen der Lieferfähigkeit auf der anderen Seite zu analysieren und zu beschreiben. Der Trade-off zwischen Lieferfähigkeit und Lagerbestand (insbesondere Sicherheitsbestand) findet sich häufig in Form von Ausgleichskurven dargestellt (Pfohl 2004, S. 116; Silver et al. 1998, S. 286), die mit Hilfe einer stochastischen Analyse des Lagersystems erstellt werden. Hier ist auch die Theorie der Lagerkennlinie einzuordnen, die sich in ihren ersten Ansätzen einer Analyse des Zusammenhangs zwischen Bestandshöhe und Dauer einer Lieferverzögerung widmet (siehe Gläßner 1995, S 46 ff.; in Lutz 2002 erfolgt später auch eine analoge Untersuchung des Trade-offs zwischen Lagerbestand und β-Servicegrad). Dabei wird generell der Anspruch erhoben, den „Wirkungszusammenhang zwischen dem Lagerbestand und der Lieferbereitschaft in Abhängigkeit verschiedenster Rahmenbedingungen“ darzustellen (Nyhuis u. Wiendahl 2003, S. 240).

Im ursprünglichen Ansatz der Kennlinientheorie zum Bestandsmanagement wird als zeitbezogenes Servicemaß der sogenannte Lieferverzug benutzt, der die mittlere Zeitverzögerung bei der Bedienung der Nachfrage aus dem Lager wiedergibt (Nyhuis u. Wiendahl 2003, S. 241). In diesem Sinn stellt die LKL den funktionalen Zusammenhang zwischen dem mittleren Bestand in einem Lagersystem und der Höhe des mittleren Lieferverzugs dar, der sich unter gegebenen logistischen Rahmenbedingungen (Lagersystem, Dispositionsverfahren, Störeinflüsse) erwarten lässt. Dabei wird zwischen einer idealen und einer realen Kennlinie unterschieden. Die Ableitung der idealen Lagerkennlinie basiert auf einer analytischen Beschreibung des Zusammenhangs in einem idealisierten, deterministischen Lagerhaltungsmodell vom Typ des klassischen Losgrößenproblems, das mit einer einfachen Dispositionsregel gesteuert wird. Da das idealisierte, deterministische Modell kaum in der Praxis vorzufinden ist, wird für praktische Anwendungen die reale Lagerkennlinie empfohlen. Diese wird unter Nutzung einer spezifischen mathematischen Approximationsfunktion aus der idealen LKL transformiert, sobald eine oder mehrere logistische Einflussgrößen einem stochastischen Einfluss unterliegen.

Das Konzept der LKL nach Nyhuis/Wiendahl basiert auf der Analyse eines einfachen statischen Lagerhaltungsproblems (ein Produkt, eine Lagerstufe) mit konstantem zeitkontinuierlichem Lagerabgang und losweisem Lagerzugang. In einem ersten Schritt wird in idealisierter Form angenommen, dass keine unsicheren Einflussgrößen existieren, sodass sich allgemein ein Bestandsverlauf wie im klassischen Losgrößenmodell mit Fehlmengen ergibt (Neumann 1996, S. 32 ff.), der in Abbildung 1 wiedergegeben ist.

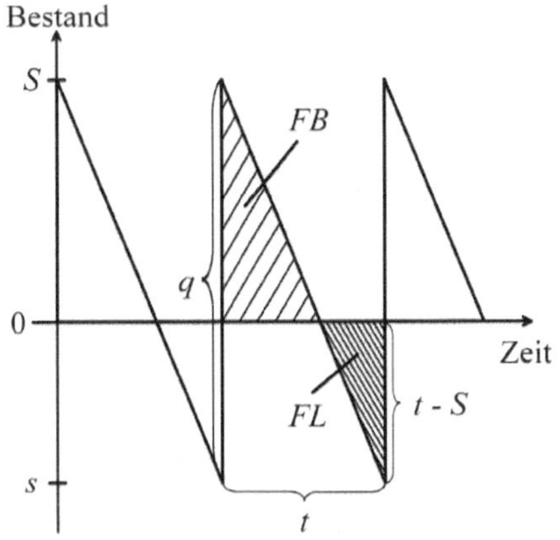

Abb. 1. Lagerbestandsverlauf bei Sicherheit

Die Bestandsdisposition erfolgt in diesem Fall gleichermaßen nach einer (s,q)- wie nach einer (t,S)-Regel (zu Dispositionsregeln siehe Inderfurth u. Jensen 2004) mit den Dispositionsparametern s (Bestellpunkt), q (Bestellmenge = Beschaffungslosgröße), t (Bestellzykluslänge) und S (Bestellgrenze), zwischen denen bei konstanter Nachfragerate (Lagerabgangsrate) r folgender Zusammenhang besteht:

$$q = r \cdot t \text{ und } s = S - q \tag{1}$$

Im Folgenden wird zur Beschreibung der Zusammenhänge von einer (t,S)-Regel ausgegangen. Eine mögliche Wiederbeschaffungszeit (Lieferzeit) λ wird hier nicht berücksichtigt, da sie unter deterministischen Bedingungen lediglich eine Anhebung des Bestellpunkts s um den Betrag $\lambda \cdot r$ zur Folge hätte und den Bestandsverlauf aus Abbildung 1 nicht beeinflussen würde.

Abbildung 1 lässt erkennen, dass bei vorgegebener Größe der Bestellmenge q durch die Wahl der Bestellgrenze S direkt Einfluss auf die Höhe des mittleren Lagerbestands und der in Kauf zu nehmenden Fehlmengen genommen werden kann. Durch Variation von S, dessen Wertebereich zwischen 0 und q liegt, kann eine Trade-off-Beziehung zwischen Lagerbestand und Lieferverzug, der sich aus den auftretenden Fehlmengen ergibt, analysiert werden. Im LKL-Konzept von Nyhuis/Wiendahl werden dabei als Lieferverzug der mittlere Zeitverzug pro Nachfrageeinheit und als Lagerbestand der mittlere Bestand pro Zeiteinheit betrachtet (Nyhuis u. Wiendahl 2003, S. 243). Um den Zusammenhang zwischen diesen Kenngrößen abzuleiten, werden zunächst die zugehörigen Flächenstücke aus Abbildung 1 berechnet.
Für die weiteren Ableitungen wird folgende Notation verwendet:

FB	:	Bestandsfläche
FL	:	Fehlmengenfläche
B	:	mittlerer Bestand je Zeiteinheit
L	:	mittlerer Lieferverzug je Nachfrageeinheit
B_{max}	:	maximal notwendiger Bestand (für $L = 0$)
L_{max}	:	maximal in Kauf zu nehmender Lieferverzug (für $B = 0$)

Definitionsgemäß gilt:

$$B = FB / t \quad \text{und} \quad L = FL / (r \cdot t).$$

Aus Abbildung 1 lassen sich leicht folgende Flächengrößen ableiten, die mit der Bestellgrenze S variieren:

$$FB(S) = S^2 / (2r) \qquad \text{und} \qquad FL(S) = (r \cdot t - S)^2 / (2r).$$

Daraus ergeben sich für die Lagerkenngrößen B und L jeweils die Funktionen:

$$B(S) = S^2 / (2r \cdot t) \qquad \text{und} \qquad L(S) = (r \cdot t - S)^2 / (2r^2 \cdot t).$$

Löst man $B(S)$ nach S auf und setzt dies in die Funktion $L(S)$ ein, so erhält man folgenden funktionalen Ausdruck für die Abhängigkeit des mittleren Lieferverzugs vom mittleren Lagerbestand:

$$L^{i}(B) = t/2 + \left(B - \sqrt{2 \cdot r \cdot t \cdot B}\right)/r \tag{2}$$

Diese Funktion entspricht bei Ersetzung der Zykluszeit t durch den losgrößenabhängigen Ausdruck q/r gemäß (1) der Formulierung aus Nyhuis/Wiendahl. Der entsprechende funktionale Zusammenhang ist in Nyhuis u. Wiendahl 2003 (S. 248 ff.) wiedergegeben. Die Beziehung aus (2), deren Kurvenverlauf in Abbildung 2 dargestellt ist, gibt unter den idealisierten Bedingungen der Abbildung 1 wieder, wie der Lieferverzug – beginnend bei einem Maximalwert von $L^{\mathrm{i}}_{\mathrm{max}}$ – mit zunehmendem Lagerbestand absinkt, bis er schließlich bei einem maximal notwendigen Bestand $B^{\mathrm{i}}_{\mathrm{max}}$ einen Wert von Null erreicht. Diese Kurve, die im Bereich $0 \leq B \leq B^{\mathrm{i}}_{\mathrm{max}}$ definiert ist, wird von Nyhuis/Wiendahl als *ideale* LKL bezeichnet und soll deshalb als Funktion $L^{\mathrm{i}}(B)$ benannt werden (Nyhuis u. Wiendahl 2003, S. 248 f.).

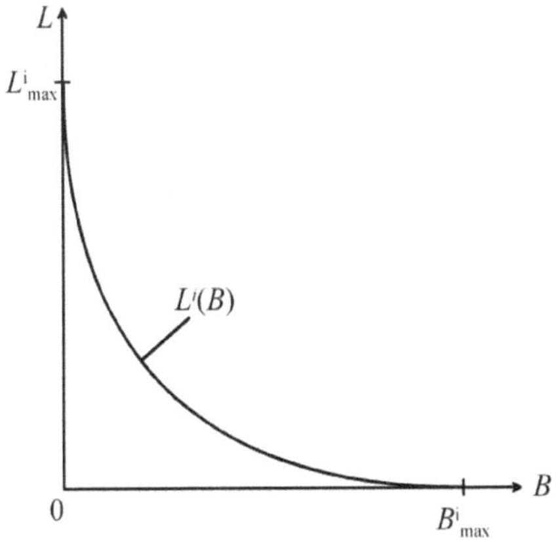

Abb. 2. Lagerkennlinie bei Sicherheit

Aus dem Funktionszusammenhang in (2) ist unmittelbar ableitbar, dass $L^{\mathrm{i}}(B)$ einen konvexen, monoton fallenden Verlauf hat. Daher kann man sagen, dass jede zusätzliche Verminderung des Lieferverzugs mit einer überproportionalen Erhöhung des Lagerbestands erkauft werden muss. Die Achsenabschnitte der idealen LKL ergeben sich als Grenzpunkte der Kennlinienfunktion für $B = 0$ bzw. $L = 0$ und betragen:

$$L^{\mathrm{i}}_{\mathrm{max}} = t/2 \tag{3}$$

und

$$B^{\mathrm{i}}_{\mathrm{max}} = r \cdot t/2 \tag{4}$$

Hieraus lässt sich entnehmen, dass im Extremfall (bei $S = 0$) je Nachfrageeinheit durchschnittlich eine halbe Zyklusdauer t auf Lieferung gewartet werden muss bzw. dass im entgegengesetzten Extrem (bei $S = q$) eine halbe Losgröße im Durchschnitt im Bestand liegt, um eine Lieferzuverlässigkeit von 100 % zu garantieren.

2.2 Anpassung der Lagerkennlinie bei Unsicherheit

Ausgehend von der oben beschriebenen idealen LKL wird in Nyhuis/Wiendahl ein spezifisches Konzept zur Anpassung dieser Kennlinie an Situationen entwickelt, die durch Unsicherheit in Form von Prozessstörungen auf der Lagerzu- und Lagerabgangsseite charakterisiert sind. Betrachtet werden dabei neben Liefertermin- und Liefermengenabweichungen auch Bedarfsabweichungen. Für die weitere Analyse des LKL-Konzepts erfolgt eine Beschränkung auf bedarfsbezogene Abweichungen, die in vielen praktischen Fällen auch die wesentlichen Störgrößen darstellen. In Nyhuis/Wiendahl werden diese Nachfrageabweichungen als stochastische Größen mit bekannten (bzw. zu schätzenden) Wahrscheinlichkeitsverteilungen verstanden, deren Wertebereich nach unten und oben beschränkt ist (Nyhuis u. Wiendahl 2003, S. 251 ff.). Zur Berücksichtigung dieses Sachverhalts wird folgende zusätzliche Notation eingeführt:

$\tilde{r}$: stochastische Nachfrage mit Wertebereich $r_u \leq r \leq r_o$ und Erwartungswert $\bar{r} = E[\tilde{r}]$.

Die Kenngrößen mittlerer Lagerbestand und Lieferverzug sind im stochastischen Fall als Erwartungswerte zu verstehen. Da sich unter Unsicherheit mögliche Abweichungen von der erwarteten Nachfrage auf die Trade-off-Beziehung zwischen diesen Kenngrößen auswirken, muss die in (2) beschriebene LKL unter Berücksichtigung der Wahrscheinlichkeitsinformationen modifiziert werden.

Geht man davon aus, dass die ideale LKL in (2) auf der Grundlage des Erwartungswerts der Nachfrage (d.h. $\bar{r}$) abgeleitet wurde, so werden im Fall stochastischer Einflussgrößen zunächst die Grenzwerte von Lieferverzug und Lagerbestand (d.h. $L_{\max}$ und $B_{\max}$) im Rahmen einer Worst-case-Betrachtung angepasst und damit vergrößert. Dabei wird der maximale Lieferverzug $L_{\max}$ um die Differenz aus erwarteter und minimaler Nachfrage während der Lieferzeit erhöht, wobei diese Differenz auf die erwartete Nachfrage bezogen wird. Für den maximalen Lagerbestand ergibt sich aus analogen Überlegungen, dass der Bestand aus dem deterministischen Fall in (4) noch um die Differenz zwischen maximaler und mittlerer Nachfrage während der Lieferzeit ergänzt wird. Bei positiver Lieferzeit ergeben sich dadurch größere Werte für maximalen Lieferverzug und Bestand als sie im deterministischen Fall in (3) und (4) vorliegen würden (zu Details siehe Inderfurth u. Schulz 2007a). Bei einer Lieferzeit von null, von der im Weiteren der Einfachheit halber ausgegangen werden soll, bleibt es auch im stochastischen Fall bei den Werten aus der idealen LKL:

$$L_{\max} = t/2 \text{ und } B_{\max} = \bar{r} \cdot t/2 \tag{5}$$

Bei periodischer Bestandskontrolle, wie sie bei Anwendung einer *(t,S)*-Regel stattfindet, verlängert sich der Risikozeitraum für die stochastischen Nachfragen um die Dauer des Bestellzyklus *t* (Inderfurth u. Jensen 2004), sodass sich hier ein anderer Grenzbestand B_{max} als nach (5) ergibt:

$$B_{\max} = \bar{r} \cdot t/2 + t \cdot (r_o - \bar{r}) \tag{6}$$

Im Anschluss an die so beschriebene Festlegung der Kennliniengrenzwerte L_{max} und B_{max} wird die Gesamtkennlinie nach Nyhuis/Wiendahl dadurch erzeugt, dass diese beiden Achsenabschnitte der LKL durch eine Näherungskurve miteinander verbunden werden, welche die Austauschbeziehung zwischen Lieferverzug und Bestandshöhe im stochastischen Fall möglichst gut widerspiegeln soll. Eine solche Kennlinie wird von Nyhuis/Wiendahl als *reale* LKL bezeichnet (Nyhuis u. Wiendahl 2003, S. 257).

Als Funktion zur Näherung des exakten LKL-Verlaufs wird die sog. C_{NORM} -Funktion gewählt, die eine Verallgemeinerung der Kreisfunktion mittels eines frei zu wählenden Parameters *C* in Form von $1 = |x|^C + |y|^C$ darstellt (Nyhuis u. Wiendahl 2003, S. 71 f.). Diese Funktion eignet sich zur Approximation eines stetigen konvexen oder konkaven Kurvenverlaufs zwischen zwei Punkten, der bestimmte Symmetrieeigenschaften aufweist. Auf die LKL mit den Grenzpunkten L_{max} und B_{max} übertragen, ergibt sich dabei im stochastischen Fall folgender Funktionsverlauf für die Abhängigkeit des Lieferverzugs vom Lagerbestand (Nyhuis u. Wiendahl 2003, S. 256 f.):

$$L(B) = L_{\max} \cdot \sqrt[C]{1 - (B / B_{\max})^C} \tag{7}$$

Der Parameter *C* soll dabei so gewählt werden, dass diese Funktion *L(B)* sich umso stärker der idealen LKL aus (2) annähert, je mehr sich die Wahrscheinlichkeitsmasse der stochastischen Einflussgrößen um ihren Mittelwert konzentriert. Grundlage für die genaueren Empfehlungen zur Wahl des Wertes von *C* bildet der Sachverhalt, dass unter deterministischen Bedingungen die LKL aus (2) durch die Kennlinienfunktion in (7) für *C* = 0,5 exakt wiedergegeben wird. Dieser Parameterwert wird als maximal zulässige Größe C_{max} im stochastischen Fall betrachtet, die einen

Zusammenhang widerspiegeln soll, der durch eine extrem starke Streuung des Zufallseinflusses innerhalb der angenommenen Unter- und Obergrenzen (r_u bzw. r_o) gekennzeichnet ist. Ausgehend von den Achsenabschnitten $L_{\max}$ und $B_{\max}$ wird in diesem Fall die reale LKL über den ganzen Verlauf hin stark von der idealen LKL abweichen, wie es in Abbildung 3 dargestellt ist.

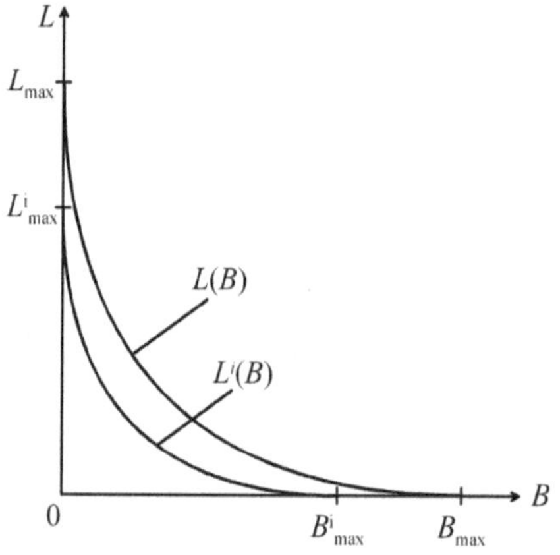

Abb. 3. Ideale und reale Lagerkennlinie

Je geringer die Streuung der stochastischen Einflussgrößen ist, desto mehr sollte sich durch die Wahl des C-Parameters die reale LKL an die ideale Kurve annähern. Der minimale C-Wert $C_{\min}$ wird dabei so festgelegt, dass die reale LKL die ideale LKL in einem Punkt gerade berührt (Nyhuis u. Wiendahl 2003, S. 258 f.). Dieser $C_{\min}$-Wert wird auf Basis einer näherungsweise angenommenen Identität der Relationen $L_{\max} / L^i_{\max}$ und $B_{\max} / B^i_{\max}$ (d.h. eine symmetrische Wahrscheinlichkeitsverteilung der Planabweichungen voraussetzend) abgeschätzt und beträgt allgemein (Nyhuis u. Wiendahl 2003, S. 259):

$$C_{\min} = \ln(0,5) / \ln(B^i_{\max} / 4B_{\max})$$

Ein solcher $C_{\min}$-Wert wird für Wahrscheinlichkeitsverteilungen empfohlen, die nur sehr gering um ihren Erwartungswert streuen, also einen niedrigen Variationskoeffizienten haben. Als praxisrelevante Wertgröße von C wird unter Verweis auf Simulationsergebnisse eine Festlegung der folgenden Form empfohlen, bei der α als verteilungsspezifisch zu wählender Parameter zu betrachten ist:

$$C = \alpha \cdot (C_{\max} - C_{\min}) + C_{\min} \tag{8}$$

Für näherungsweise normalverteilte Störgrößen wird ein α-Wert von $\alpha = 0,15$ als optimal genannt (Nyhuis u. Wiendahl 2003, S. 260 f.). Für schlankere Verteilungen mit in Relation zum Mittelwert niedriger Streuung wird empfohlen, den α-Wert zu reduzieren, für breitere Verteilungen lautet die Empfehlung, ihn zu erhöhen. Detaillierte Angaben hierzu werden allerdings nicht gemacht. Somit bleibt die Frage offen, wie z.B. bei bestimmter Höhe des Variationskoeffizienten der Störgröße der C-Wert konkret zu wählen ist. Außerdem beziehen sich alle Vorschläge auf symmetrische Wahrscheinlichkeitsverteilungen. Die Frage, ob und wie der C-Wert zusätzlich im Hinblick auf eine mögliche Schiefe der Verteilung angepasst werden sollte, ist ebenfalls noch zu beantworten.

3 Exakte Ableitung der Lagerkennlinie bei stochastischer Nachfrage

3.1 Lagerhaltungstheoretische Kennlinienermittlung

Im Rahmen der stochastischen Lagerhaltungstheorie wird allgemein versucht, den Einfluss verschiedenster stochastischer Störeinflüsse auf Leistungskenngrößen von Lagerhaltungssystemen bei Anwendung bestimmter Dispositionsregeln und Wahl spezifischer Dispositionsparameter analytisch zu erfassen. Dabei wird beim Einsatz der Lagerhaltungstheorie grundsätzlich davon ausgegangen, dass der Typ der Dispositionsregel und die Wahrscheinlichkeitsinformation zu den Störgrößen explizit in die Analyse einbezogen werden. Für eine vorgegebene Dispositionsregel und eine spezifizierte Wahrscheinlichkeitsverteilung wird dabei auf analytischem Weg untersucht, welcher Zusammenhang zwischen Dispositionsparametern und einzelnen logistischen Kenngrößen besteht bzw. wie unterschiedliche Kenngrößen miteinander verknüpft sind. Eine solche Untersuchung lässt sich auch für die Kenngrößen „mittlerer Lieferverzug" und „mittlerer Lagerbestand" vornehmen.

Im Folgenden wird für eine Planungsumgebung analog zu derjenigen der Kennlinientheorie gezeigt, wie sich unter der (idealisierenden) Annahme der Kenntnis der zugrunde liegenden Wahrscheinlichkeitsverteilungen die reale LKL mit dem alternativen lagerhaltungstheoretischen Ansatz – anders als bei der Kennlinientheorie – exakt ableiten lässt. Diese Untersuchungen werden exemplarisch für den Fall der Anwendung einer (t,S)-Dispositionsregel bei einer Lieferzeit von null durchgeführt. Ausgangspunkt bildet hierbei die Analyse der Bestands- und Fehlmengenflächen während eines Bestellzyklus, wie sie im deterministischen Fall des

Kapitels 2.2 zur Ableitung der idealen LKL vorgenommen wurde. Diese Vorgehensweise wird unmittelbar auf den stochastischen Fall erweitert.

3.2 Die Lagerkennlinie bei diskreter Nachfrageverteilung

Zu Beginn der Analyse wird der Fall einer diskreten Nachfrageverteilung untersucht, wobei der Einfachheit wegen unterstellt wird, dass bei der stochastischen Nachfrage nur zwei Realisationen (unterer Wert r_u und oberer Wert r_o) auftreten können. Damit haben wir es mit einer diskreten Zufallsgröße zu tun, die sich durch folgende Zweipunktverteilung beschreiben lässt:

Nachfragerate	r_u	r_o
Wahrscheinlichkeit	p_u	p_o

Für den Erwartungswert der Nachfrage $\bar{r}$ gilt damit: $\bar{r} = p_u \cdot r_u + p_o \cdot r_o$.

Zunächst ist darauf hinzuweisen, dass die Kenngrößen mittlerer Lieferverzug und mittlerer Lagerbestand im stochastischen Fall als Erwartungswerte über alle möglichen Realisationen der Zufallsgrößen zu verstehen sind. Analog zur Analyse bei Sicherheit werden Lieferverzug und Bestand auf der Grundlage des Lagerbestandsverlaufs pro Zyklus analysiert. Dabei wird berücksichtigt, dass der Bestandsverlauf nunmehr von der Realisation der Zufallsgröße abhängt. Im Rahmen der angewandten (t,S)-Regel müssen dabei verschiedene Fälle unterschieden werden, bei denen in Abhängigkeit von der Wahl der Bestellgrenze S Lagerbestände und Fehlmengen in unterschiedlicher Konstellation auftreten.

Im Hinblick auf die beiden möglichen Nachfragewerte r_u und r_o müssen die schon in Abbildung 1 beschriebenen Bestands- und Fehlmengenflächen *FB* und *FL* nachfragespezifisch unterschieden werden, was zu folgender Fallunterscheidung bei der Ableitung der relevanten Bestands- und Lieferverzugsflächen in Abhängigkeit von der Wahl der Bestellgrenze S führt:

Fall I: Lieferverzug ist nur bei hoher Nachfrage r_o möglich
(d.h. $S - t \cdot r_u \geq 0$ und $S - t \cdot r_o \leq 0$),

Fall II: Lagerbestand und Lieferverzug sind in beiden Nachfragesituationen r_u und r_o möglich
(d.h. $S \geq 0$ und $S - t \cdot r_u \leq 0$).

Aus einer entsprechenden Analyse (zu Einzelheiten der Ableitung siehe Inderfurth u. Schulz 2007b) ergeben sich folgende Zusammenhänge für den mittleren Bestand (B_I bzw. B_{II}) und den mittleren Lieferverzug (L_I bzw. L_{II}) in den beiden Fällen:

$$B_{\mathrm{I}}(S) = p_u \cdot (S - t \cdot r_u / 2) + p_o \cdot S^2 / (2t \cdot r_o) \tag{9}$$

$$L_{\mathrm{I}}(S) = p_o \cdot (t - S / r_o)^2 / (2t) \tag{10}$$

$$B_{\mathrm{II}}(S) = (p_u \cdot S^2 / r_u + p_o \cdot S^2 / r_o) / (2t) \tag{11}$$

$$L_{\mathrm{II}}(S) = \left(p_u \cdot (t - S / r_u)^2 + p_o \cdot (t - S / r_o)^2\right) / (2t) \tag{12}$$

Die Extremwerte von mittlerem Lagerbestand und Lieferverzug ($B_{\max}$ und $L_{\max}$) lassen sich aus $B_{\mathrm{I}}(S)$ für $S = t \cdot r_o$ bzw. aus $L_{\mathrm{II}}(S)$ für $S = 0$ ableiten. Unter Verwendung des Nachfrageerwartungswerts $\overline{r}$ ergeben sich dabei folgende Zusammenhänge:

$$B_{\max} = t \cdot \overline{r} / 2 + t \cdot (r_o - \overline{r}) \quad \text{und} \quad L_{\max} = t / 2 \tag{13}$$

Bei einem direkten Vergleich mit den entsprechenden Grenzwerten $B_{\max}$ und $L_{\max}$ aus der Kennlinienanalyse von Nyhuis/Wiendahl in (5) bzw. (6) stellt sich heraus, dass im vorliegenden Fall die Grenzpunkte $B_{\max}$ und $L_{\max}$ der Kennlinientheorie durch die lagerhaltungstheoretische Analyse bestätigt werden.

Die gesamte Kennlinienfunktion kann nunmehr erzeugt werden, indem für die beiden Fälle I und II die Funktionen $B_{\mathrm{I}}(S)$ bzw. $B_{\mathrm{II}}(S)$ nach S aufgelöst und in die Funktionen $L_{\mathrm{I}}(S)$ und $L_{\mathrm{II}}(S)$ eingesetzt werden. Daraus ergibt sich ein Funktionsverlauf $L(B)$ der exakten realen LKL, der stetig ist und sich aus zwei Teilfunktionen $L_{\mathrm{I}}(B)$ und $L_{\mathrm{II}}(B)$ für die beiden Fälle I und II zusammensetzt:

$$L(B) = \begin{cases} L_{\mathrm{I}}(B) & \text{für} \quad B_{\mathrm{I/II}} \le B \le B_{\max} \\ L_{\mathrm{II}}(B) & \phantom{\text{für}} \quad 0 \le B \le B_{\mathrm{I/II}} \end{cases} . \tag{14}$$

$B_{\mathrm{I/II}}$ ergibt sich aus $B_{\mathrm{I}}(S) = B_{\mathrm{II}}(S)$ für $S = t \cdot r_u$, woraus folgt:

$$B_{\mathrm{I/II}} = \left(p_u \cdot r_u + p_o \cdot r_o \cdot (r_u / r_o)^2\right) \cdot t / 2 .$$

Für die Teilfunktion $L_{\mathrm{I}}(B)$ und $L_{\mathrm{II}}(B)$ resultiert aus der weiteren Auswertung:

$$L_{\mathrm{I}}(B) = t \cdot \left(\frac{1}{2} \cdot p_o + p_u + \frac{p_u^2}{p_o} \right) +$$

$$\frac{1}{r_o} \cdot \left(B - \left(1 + \frac{p_u}{p_o} \right) \cdot \sqrt{p_u^2 \cdot r_o^2 \cdot t^2 + p_o \cdot p_u \cdot r_o \cdot r_u \cdot t^2 + 2 \cdot p_o \cdot r_o \cdot t \cdot B} + \frac{1}{2} \cdot t \cdot p_u \cdot r_u \right)$$

$$L_{\mathrm{II}}(B) = \frac{B \cdot \left(p_u \cdot r_o^2 + p_o \cdot r_u^2 \right)}{r_u \cdot r_o \cdot \left(p_u \cdot r_o + p_o \cdot r_u \right)} - \sqrt{\frac{2 \cdot B \cdot t \cdot \left(p_u \cdot r_o + p_o \cdot r_u \right)}{r_u \cdot r_o}} + \frac{1}{2} \cdot t \, .$$

Die Kennlinienfunktion aus (14) bildet eine Erweiterung der idealen Kennlinie aus (2) für den Fall stochastischer Nachfrage. Für den Grenzfall $r_u = r_o = r$ vereinfacht sich die LKL aus (14) zum Spezialfall der deterministischen Variante in (2).

In den Abbildungen 4 und 5 ist der Kennlinienverlauf aus (14) für verschiedene Konstellationen der Wahrscheinlichkeiten p_u und p_o dargestellt, aus denen sich ablesen lässt, wie sich eine unterschiedliche Streuung (bei symmetrischer Nachfrage) bzw. eine unterschiedliche Form der Asymmetrie der Nachfrage auf den Kennlinienverlauf auswirken können.

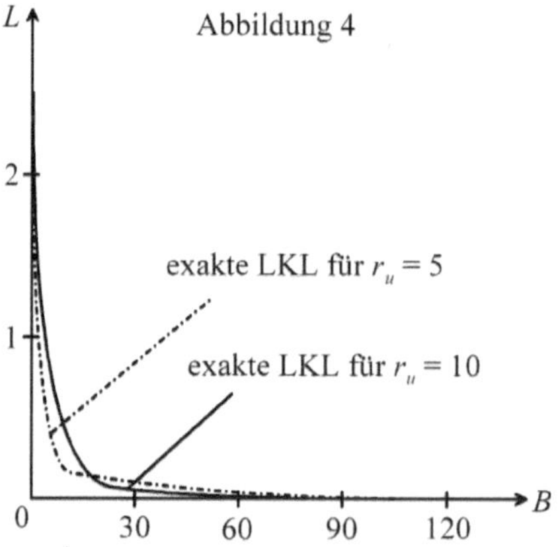

Abb. 4. Exakte LKL für t=5, p_u=p_o =0,5 und $\overline{r}$ =15

Aus den Abbildungen wird deutlich, dass nicht nur das Ausmaß der Streuung (bzw. des Variationskoeffizienten) der Störgröße einen erheblichen Einfluss auf den Verlauf der exakten LKL hat, sondern dass dasselbe auch für Form und Ausmaß der Asymmetrie der entsprechenden Wahrscheinlichkeitsverteilung gilt.

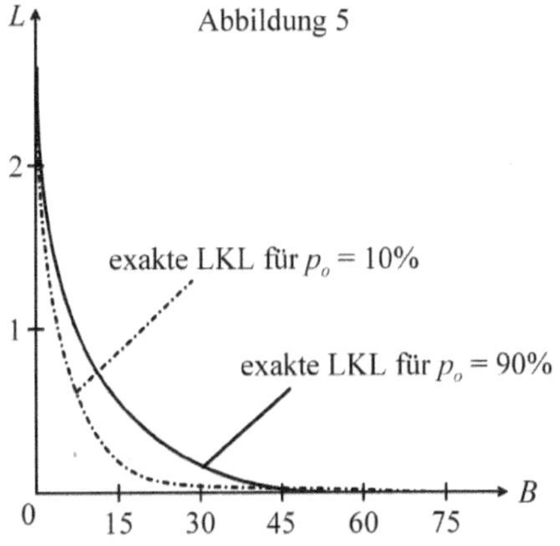

Abb. 5. Exakte LKL für t=5, r_u=10 und r_o=20

3.3 Lagerkennlinien bei stetiger Nachfrageverteilung

Die im vorhergehenden Abschnitt beschriebene Methode der exakten Ableitung von Lagerkennlinien lässt sich auch unter erweiterten Bedingungen anwenden. So ist es möglich, stetige Störgrößen an Stelle solcher mit diskreter Wahrscheinlichkeitsverteilung zu berücksichtigen. An Stelle einer Zweipunktverteilung mit den beiden Nachfragewerten r_u und r_o wird eine stetige Verteilung im Intervall $[r_u, r_o]$ mit einer Dichtefunktion $\varphi(r)$ unterstellt.

Zur Analyse der Bestands- und Fehlmengenflächen ist unter diesen Umständen grundsätzlich genauso wie in Kap. 3.2 vorzugehen, wobei auch für die Wertebereiche der Bestellgrenze S dieselben beiden Fälle zu unterscheiden sind. Allerdings können nun in jedem dieser Fälle unbegrenzt viele Bestandsverläufe auftreten, wobei auch hier wieder angenommen wird, dass eine sich realisierende Nachfragerate während der gesamten Zyklusdauer t konstant bleibt. Unter diesen Bedingungen gilt im *Fall I* (mit $S - t \cdot r_u \geq 0$ und $S - t \cdot r_o \leq 0$) für den erwarteten mittleren Bestand:

$$B_{\mathrm{I}}(S) = \int_{r_u}^{S/t} \left(S - \frac{t \cdot r}{2}\right) \cdot \varphi(r) \cdot dr + \int_{S/t}^{r_o} \frac{S^2}{2t \cdot r} \cdot \varphi(r) \cdot dr \tag{15}$$

Hierbei entsprechen die beiden Terme den erwarteten Bestandsflächen bei den Nachfrageverläufen, die zu ausschließlich positivem ($t \cdot r < S$) bzw. zu nicht-positivem Lagerendbestand ($t \cdot r \geq S$) im Zyklus führen. Analog erhält man den erwarteten mittleren Lieferverzug im Fall I, wobei hier nur das Auftreten hinreichend hoher Nachfragen (mit $t \cdot r \geq S$) relevant ist:

$$L_{\mathrm{I}}(S) = \int_{S/t}^{r_o} \frac{(t \cdot r - S)^2}{2t \cdot r^2} \cdot \varphi(r) \cdot dr \tag{16}$$

Im *Fall II* (mit $S \geq 0$ und $S - t \cdot r_u \leq 0$) stellen sich bei entsprechender Vorgehensweise folgende Ergebnisse heraus:

$$B_{\mathrm{II}}(S) = \int_{r_u}^{r_o} \frac{S^2}{2t \cdot r} \cdot \varphi(r) \cdot dr \tag{17}$$

und

$$L_{\mathrm{II}}(S) = \int_{r_u}^{r_o} \frac{(t \cdot r - S)^2}{2t \cdot r^2} \cdot \varphi(r) \cdot dr \tag{18}$$

Aus diesen funktionalen Beziehungen lassen sich grundsätzlich wieder zwei Teilfunktionen $L_{\mathrm{I}}(B)$ und $L_{\mathrm{II}}(B)$ ableiten, die zusammengesetzt den exakten Verlauf der gesamten LKL beschreiben. Die Grenzpunkte der LKL erhält man wie im diskreten Fall aus folgendem Zusammenhang: $B_{\max}$ aus $B_{\mathrm{I}}(S)$ für $S = t \cdot r_o$ und $L_{\max}$ aus $L_{\mathrm{II}}(S)$ für $S = 0$. Durch Einsetzen dieser Werte für S in die Funktionsbeziehungen (15) und (18) folgt für die Maximalwerte von mittlerem Bestand und Lieferverzug unmittelbar:

$$B_{\max} = t \cdot \bar{r}/2 + t \cdot (r_o - \bar{r}) \quad \text{und} \quad L_{\max} = t/2 \tag{19}$$

Es stellt sich somit heraus, dass bei begrenztem Wertebereich für die stochastische Nachfrage unabhängig vom spezifischen Typ der Nachfragedichte $\varphi(r)$ dieselben Grenzpunkte der LKL gültig sind wie im Fall der Zweipunktverteilung in (13).

Aus der Abhängigkeit der Bestands- und Lieferverzugsfunktionen in (15) bis (18) von der Nachfragedichte $\varphi(r)$ wird allerdings deutlich, dass im Gegensatz zu den Grenzwerten $B_{\max}$ und $L_{\max}$ der konkrete Verlauf der LKL sehr wohl von den speziellen Eigenschaften der Nachfrageverteilung abhängt. Im Allgemeinen wird es nicht mehr möglich sein, die durch die beiden Teilfunktionen $L_{\mathrm{I}}(B)$ und $L_{\mathrm{II}}(B)$ definierte Kennlinienfunktion $L(B)$ in geschlossener Form darzustellen. Dann muss die gesamte LKL durch eine numerische Auswertung der Funktionsverläufe der Gleichungen (14) bis (18) ermittelt werden.

4 Optimale Parameterwahl für die Lagerkennlinie nach Nyhuis/Wiendahl

Die Ableitung der realen LKL nach dem Ansatz von Nyhuis/Wiendahl lässt sich als ein pragmatischer Ansatz verstehen, der dazu dient, durch die Verwendung des Funktionstyps aus (7) mit Anpassungsparameter C auch ohne die direkte Berücksichtigung von Wahrscheinlichkeitsinformationen für Planabweichungen eine zuverlässige Abbildung der Trade-off-Beziehung zwischen Bestandshöhe und Lieferverzug zu generieren. Wie gut die Wahl des C-Parameters den Einfluss der Stochastik zu berücksichtigen vermag, lässt sich nun an Beispielen überprüfen, in denen die lagerhaltungstheoretische Untersuchung den exakten Verlauf der LKL herzuleiten gestattet. Für den in Kapitel 2 und 3 erläuterten Problemzusammenhang zeigt eine erste Analyse unmittelbar, dass die exakte LKL nach (14) durch den Funktionsverlauf der realen LKL nach (7) nicht genau abgebildet werden kann. Dies gilt auch für beliebige stetige Wahrscheinlichkeitsverteilungen nach Kapitel 3.3. Durch die Wahl des Parameters C lässt sich der exakte LKL-Verlauf lediglich mehr oder weniger gut annähern. Wendet man die in (7) und (8) beschriebenen Hinweise zur Parameterwahl nach Nyhuis/Wiendahl an, so gelangt man zu dem Ergebnis, dass sich starke Abweichungen der so festgelegten realen von der exakten LKL ergeben können (zu Einzelheiten siehe Inderfurth u. Schulz 2007b).

Damit stellt sich die Frage, wie der C-Parameter gewählt werden sollte, um die exakte LKL möglichst gut wiederzugeben und von welchen Eigenschaften der Wahrscheinlichkeitsverteilung diese Wahl im Einzelnen abhängig gemacht werden sollte. Um diese Frage zu beantworten, sollen im Folgenden mehrere unterschiedliche Wahrscheinlichkeitsverteilungen, mit denen sich reale Nachfrageverteilungen häufig (zumindest näherungsweise) gut abbilden lassen, daraufhin untersucht werden, bei welchem Parameterwert von C sich jeweils die geringste Abweichung zwischen realer und exakter LKL ergibt. Die Abweichung soll dabei durch die Größe der Fläche zwischen den beiden LKL-Kurven gemessen werden, die sich unter Verwendung der lagerhaltungstheoretischen Analyseergebnisse numerisch ermitteln lässt. Da aus den Kurvenverläufen in den Abbildungen 4 und 5 deutlich geworden ist, dass die exakte LKL in ihrem Verlauf sowohl auf die Streuung wie auch auf die Schiefe der Wahrscheinlichkeitsverteilung sehr stark reagiert, sollen diese beiden Einflussgrößen zunächst einzeln untersucht werden.

4.1 Parameterwahl bei unterschiedlicher Streuung der Nachfrageverteilung

Durch geeignete Wahl des Parameters C lässt sich die reale LKL nach Nyhuis/Wiendahl an den exakten Verlauf approximativ anpassen. Bevor der Einfluss der Nachfragestreuung auf die Parameterwahl im Detail untersucht wird, sollen zunächst die Faktoren näher erläutert werden, die unter sonst gleichen Umständen die Wahl des Parameters C nicht beeinflussen. In mehreren numerischen Untersuchungen wurde das Verhältnis von r_o zu r_u, das im Folgenden mit γ bezeichnet wird, als einer dieser Faktoren identifiziert. Demzufolge entspricht der optimale C-Wert für eine gegebene Nachfrageverteilung im Intervall zwischen $r_u = 10$ und $r_o = 20$ genau dem Wert, der für denselben Verteilungstyp im Intervall zwischen 50 und 100 optimal ist. Aus diesem Grund kann auch die Länge des Beobachtungsintervalls t unter sonst gleichen Umständen keinen Einfluss auf die Parametrisierung von C haben, was ebenfalls im Rahmen der Untersuchungen Bestätigung findet. Während also die absolute Höhe der Nachfragestreuung keine Auswirkung auf die Wahl von C zu haben braucht, gilt dies für die relative Streuung in Form des Variationskoeffizienten nicht. Der Variationskoeffizient (im Weiteren mit ρ symbolisiert) ist ein Maß, das die eigentliche Nachfragevariabilität in Form der Standardabweichung ins Verhältnis zum Mittelwert der Verteilung setzt und somit von einer Skalenänderung der Intervallgrenzen der Störgröße nicht betroffen ist.

Aufgrund ihrer Vielseitigkeit nutzen alle folgenden Untersuchungen die Beta-Verteilung als Verteilungstyp, die mithilfe zweier Verteilungsparameter in einem vorgegebenen Intervall eindeutig bestimmt wird (Evans et al. 2000, S. 34 ff.). Da zunächst die Schiefe als Einflussfaktor ausgeschlossen wird, handelt es sich bei den in diesem Unterpunkt betrachteten Verteilungen ausschließlich um symmetrische Beta-Verteilungen, d.h. beide Verteilungsparameter haben den gleichen Wert. Die Vielseitigkeit der Beta-Verteilung wird darin deutlich, dass durch geeignete Wahl der Parameter unter anderem ein U-förmiger Verlauf (beide Parameter kleiner 1), eine Gleichverteilung (beide Parameter gleich 1) oder ein - von den Intervallbeschränkungen abgesehen – angenähert normalverteilter Verlauf generiert werden kann. Zu deren Illustration stellt Abbildung 6 den Verlauf der Dichtefunktionen von vier Verteilungen beispielhaft dar und gibt deren entsprechende Variationskoeffizienten an.

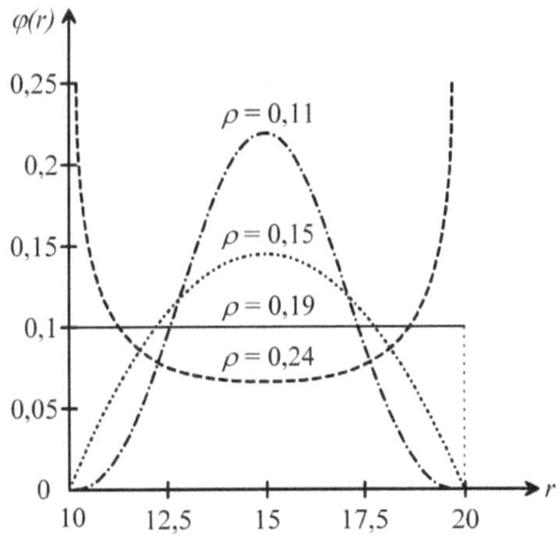

Abb. 6. Beta-Verteilung mit r_u = 10 und r_o = 20 für vier verschiedene Variationskoeffizienten

Durch Variation der eine Beta-Verteilung bestimmenden Parameter kann ein breites Spektrum unterschiedlicher Streuungen abgedeckt werden. Dabei ist eine Analyse der beiden Extremfälle besonders hilfreich. Wie in Abbildung 6 zu erkennen ist, konzentriert sich die Wahrscheinlichkeitsmasse umso mehr um den Mittelwert der Nachfrageverteilung je kleiner ρ ist. Im Extremfall $\rho_{\min} = 0$ liegt sogar die komplette Masse bei $\bar{r}$ und es herrscht somit Sicherheit bezüglich der Plangröße. Andererseits wird immer mehr Masse an die Ränder des Nachfrageintervalls gedrängt je größer die Ausprägung des Variationskoeffizienten ist. Daher liegt im anderen Extremfall, der sich in Abhängigkeit vom Nachfrageverhältnis γ als $\rho_{\max} = (\gamma\text{-}1)/(\gamma+1)$ ergibt, die in Kapitel 3.2 thematisierte Zweipunktverteilung mit $p_u = p_o = 0{,}5$ vor. Darauf basierend kann die Abhängigkeit der Parametrisierung des Faktors C von der Nachfragestreuung sowie vom Verhältnis der höchstmöglichen zur niedrigstmöglichen Nachfrageausprägung herausgearbeitet werden.

Das Ergebnis dieser Analyse zeigen die Abbildungen 7 und 8. Darin wird deutlich, dass die Wahl des optimalen Parameters C in einigen Fällen recht robust gegenüber einer Änderung der Ausgangssituation ist. So reagiert die Wahl bei konstantem Verhältnis der Intervallgrenzen γ kaum auf Änderungen des Variationskoeffizienten, solange dieser kleiner als 0,2 ist. Ebenso zeigen die numerischen Untersuchungen, dass bei konstantem Variationskoeffizienten für große Werte von γ kaum Veränderungen bezüglich des optimalen C-Parameters auftreten. Allerdings wird ebenfalls deutlich, dass bei großem Wert von γ (im Extremfall mit $\gamma \to \infty$ für $r_u = 0$) die Nachfragestreuung die Wahl des Parameters C besonders stark beeinflusst.

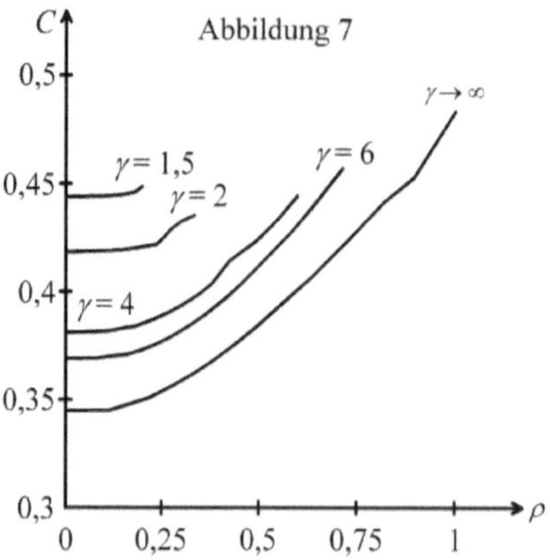

Abb. 7. Optimaler C-Wert bei unterschiedlichem Variationskoeffizienten ρ für verschiedene Werte von $\gamma = r_o / r_u$

Bei starker Konzentration der Wahrscheinlichkeitsmasse um den Mittelwert ermittelt dort die Flächenminimierung zwischen exakter und realer Kennlinie einen optimalen C-Wert von ca. 0,345. Auf der anderen Seite wird bei hoher Konzentration an den Rändern ein C von ungefähr 0,48 bestimmt. Dementsprechend kann der resultierende Fehler recht groß werden, den eine Parameterfehlspezifikation bei Vernachlässigung der Nachfragestreuung verursacht. Führt man dieselbe Untersuchung wie oben für normalverteilte Nachfragen (die an den Intervallgrenzen abgeschnitten werden) durch, so zeigen sich im Hinblick auf den Einfluss des Variationskoeffizienten praktisch die gleichen Ergebnisse wie bei der Beta-Verteilung.

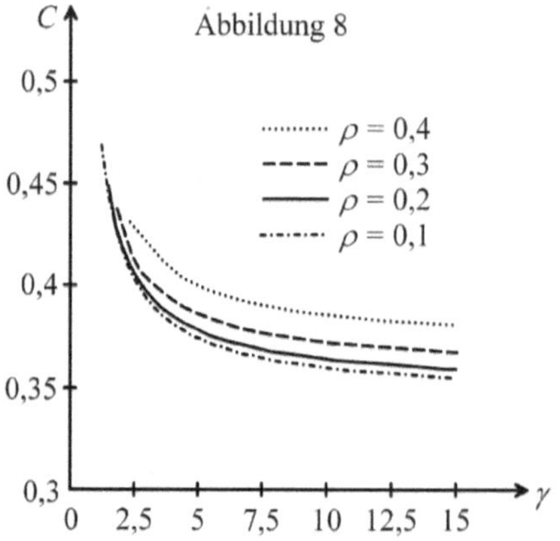

Abb. 8. Optimaler C-Wert bei unterschiedlichem Verhältnis $\gamma = r_o / r_u$ für verschiedene Variationskoeffizienten ρ

In den Abbildungen nicht dargestellt ist die Güte der Approximation des exakten Kennlinienverlaufs durch die reale LKL nach Nyhuis/Wiendahl (zu Einzelheiten siehe Inderfurth u. Schulz 2007b). Aufgrund der Tatsache, dass der absolute Abstand der beiden Kennlinien kaum Aussagekraft besitzt, sollen an dieser Stelle die aus den numerischen Untersuchungen gewonnenen Tendenzen aufgezeigt werden. So ist bei allen Untersuchungen zu beobachten, dass die Fläche zwischen den beiden Kurven stets größer wird, sobald sich einer der beiden Extremausprägungen der Nachfrageverteilung (mit $\rho = 0$ bzw. $\rho = \rho_{\max}$) genähert wird. Im Falle der Annäherung an $\rho = 0$ ist dieses Verhalten offensichtlich. Da ein Großteil der Nachfragerealisationen dort in der Nähe des Mittelwerts liegt, ist der mittlere Lieferverzug für Werte zwischen $\bar{r}$ und r_o nur marginal größer als null. Es hat sich gezeigt, dass die C_{NORM}-Funktion aufgrund fehlender Flexibilität solch einen Verlauf nur ungenügend abbilden kann. Im Gegensatz dazu lassen sich allerdings mit der realen LKL solche Nachfrageverteilungen recht präzise abbilden, deren Variationskoeffizient im mittleren Wertebereich zwischen $\rho = 0$ und $\rho = \rho_{\max}$ zu finden sind.

4.2 Parameterwahl bei unterschiedlicher Schiefe der Nachfrageverteilung

Nachdem der vorige Abschnitt den Einfluss der Nachfragestreuung bei symmetrischen Verteilungen untersucht hat, thematisiert dieser Abschnitt die Auswirkung einer unterschiedlichen Schiefe der Nachfrageverteilung auf die optimale Parametrisierung von C. Dabei wird als Maß der Schiefe einer Verteilung (im Folgenden mit η bezeichnet) das auf die dritte Potenz der Standardabweichung bezogene zentrale Moment 3. Ordnung genutzt, was in der folgenden Gleichung (20) dargestellt ist (Evans et al. 2000, S. 15):

$$\eta = \frac{\int_{r_u}^{r_o} (r-\mu)^3 \, \varphi(r)\,dr}{\sigma^3} \tag{20}$$

Der zugrunde liegende Verteilungstyp ist auch in diesem Abschnitt wieder die Beta-Verteilung, mit der jede beliebige Schiefe durch Anpassung der entsprechenden Verteilungsparameter modelliert werden kann. Zur Illustration stellen die Abbildungen 9 und 10 exemplarisch für $\gamma = 4$ und $\rho = 0{,}3$ bzw. $\rho = 0{,}2$ je drei verschiedene Beta-Verteilungen dar, wobei jeweils eine symmetrische ($\eta = 0$), eine linksschiefe ($\eta < 0$) und eine rechtsschiefe Verteilung ($\eta > 0$) gewählt wurden.

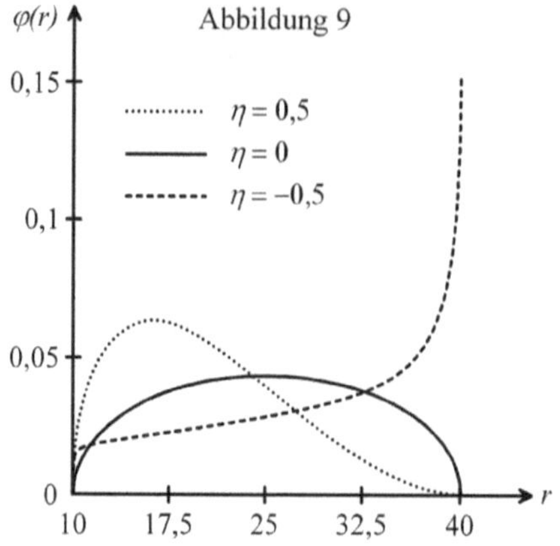

Abb. 9. Dichtefunktionen von drei Beta-Verteilungen unterschiedlicher Schiefe mit $\gamma = 4$ und $\rho = 0{,}3$

Auffällig ist dabei, dass die Form der Verteilungen unterschiedlich ausfällt. Vor allem bei η = 0,5 und η = -0,5 könnte man zwei zueinander symmetrische Verteilungen erwarten. Allerdings würde man damit die Forderung nach einer konstanten Streuung verletzen, da zwar die Standardabweichung und die absolute Schiefe beider Verteilungen identisch sind aber deren Mittelwert nicht. Dadurch wäre eine isolierte Untersuchung des Einflusses der Schiefe der Nachfrageverteilung nicht mehr möglich.

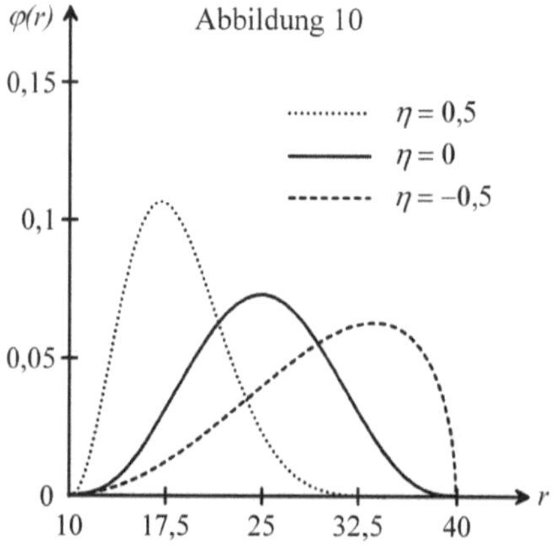

Abb. 10. Dichtefunktionen von drei Beta-Verteilungen unterschiedlicher Schiefe mit $\gamma = 4$ und $\rho = 0{,}2$

Wie im vorigen Kapitel gezeigt, beeinflussen sowohl ρ als auch γ die optimale Wahl von C. In den folgenden Untersuchungen soll zusätzlich noch der Einfluss der Schiefe mit aufgenommen werden, was dazu führt, dass einer der drei Einflussfaktoren isoliert und somit konstant gehalten werden muss. In den folgenden Abbildungen 11 und 12 wird das Ergebnis der Untersuchung grafisch dargestellt, wobei Abbildung 11 den Einfluss der Schiefe bei unterschiedlichen Variationskoeffizienten und Abbildung 12 den Einfluss der Schiefe bei verschiedenen Werten von γ präsentiert. Zur besseren Übersichtlichkeit wird die Schiefe nur im Wertebereich zwischen –1,5 und 1,5 dargestellt, obwohl der eigentliche Wertebereich nicht nach oben und unten begrenzt ist. Das Auftreten beider Extremfälle ist durch ein Merkmal gekennzeichnet, nämlich dass sich fast die gesamte Wahrscheinlichkeitsmasse in der Nähe von einer der beiden Intervallgrenzen befindet. Konzentriert sich die gesamte Masse nahe der maximalen Ausprägung der Störgröße r_o, ist die beobachtete Schiefe $\eta = -\infty$. Liegt die gesamte Masse allerdings in der Nähe der Nachfrageuntergrenze r_u, nähert sich die Schiefe der Verteilung $+\infty$ an.

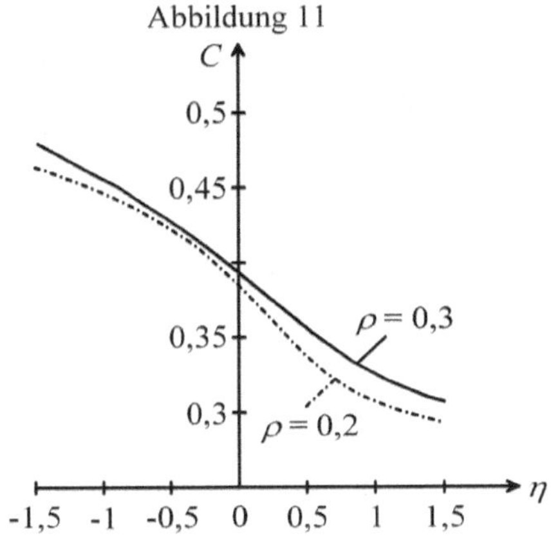

Abb. 11. Optimaler C-Wert bei unterschiedlicher Schiefe η für $\gamma = 4$

Wie in beiden Abbildungen deutlich zu erkennen ist, besitzt die Schiefe der Nachfrageverteilung einen signifikanten Einfluss auf die Höhe des zu wählenden Parameters C. So ist unter anderem ersichtlich, dass bei einer rechtsschiefen Verteilung ein kleinerer Wert von C den Abstand zwischen exakter und approximierter Kennlinie minimiert als bei einer linksschiefen Verteilung. Ebenso ist zu erkennen, dass dieser Effekt in der Tendenz unabhängig von den beiden anderen Einflussfaktoren ρ und γ auftritt. Sobald sich die Schiefe $-\infty$ annähert, liegt der optimal zu wählende Parameter für C in der Nähe von 0,5.

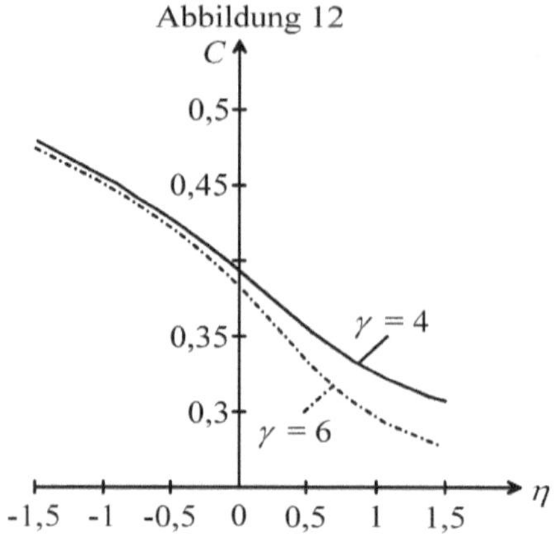

Abb. 12. Optimaler C-Wert bei unterschiedlicher Schiefe η für $\rho = 0{,}3$

Auf der anderen Seite kann für den Fall, dass sich die Schiefe ∞ annähert, keine generelle Aussage getroffen werden, da der Parameter C dort von den anderen beiden Einflussfaktoren abhängt. Dieses Verhalten in Hinblick auf die beiden Extremausprägungen der Verteilung der Störgröße lässt sich mit einem Blick auf Gleichung (19) verdeutlichen. Dort ist der maximale Bestand, bei dem kein Lieferverzug auftritt, in Abhängigkeit von $\bar{r}$ und r_o definiert. Wenn sich die gesamte Wahrscheinlichkeitsmasse bei der Untergrenze der Nachfrage konzentriert, liegen r_u und $\bar{r}$ sehr nah zusammen. Das bedeutet allerdings auch, dass die Wahrscheinlichkeit des Auftretens einer Nachfrage größer $\bar{r}$ nur sehr gering ist. Demzufolge ist der mittlere Lieferverzug für die zu diesen Nachfragen korrespondierenden Bestände nur marginal größer als null und eine Approximation mit $C = 0{,}5$ führt zu keinem guten Ergebnis. Sobald die Wahrscheinlichkeitsmasse allerdings bei der Nachfrageobergrenze eine hohe Konzentration aufweist, liegen r_o und $\bar{r}$ sehr nah beieinander. Unter diesen Umständen entspricht der exakte fast genau dem approximierten Kennlinienverlauf, wobei der Parameter C mit 0,5 gewählt werden muss.

Abschließend soll auch in diesem Punkt kurz auf die Güte der jeweiligen Approximation mit Hilfe der C_{NORM} - Funktion eingegangen werden. Wie schon im vorigen Unterpunkt erwähnt, besitzt die reale Kennlinie aufgrund ihrer beschränkten Flexibilität keine geeignete Anpassungsmöglichkeit an die Situation, dass ein Großteil der relevanten mittleren Bestände nur einen marginalen Lieferverzug aufweist. Demzufolge ist der Ansatz nach Nyhuis/Wiendahl für stark rechtsschiefe Verteilungen recht problematisch. Andererseits zeigt sich bei linksschiefen Verteilungen aufgrund der Eigenschaften der C_{NORM} - Funktion eine recht gute Approximationsmöglichkeit des exakten Kennlinienverlaufs.

5 Schlussfolgerungen

Die vorliegenden Untersuchungen zeigen, dass die Wahl des C-Werts im Rahmen der LKL nach Nyhuis/Wiendahl von drei statistischen Merkmalen der Planabweichungen abhängig gemacht werden sollte, nämlich vom Verhältnis von höchst- zu niedrigstmöglicher Ausprägung der Plangröße (Merkmal γ) sowie vom Variationskoeffizienten (Merkmal ρ) und vom Ausmaß der Schiefe (Merkmal η) der entsprechenden Wahrscheinlichkeitsverteilung. Jede dieser drei Größen kann für sich einen signifikanten Einfluss auf die sachgerechte Festlegung des C-Parameters haben. Interessanterweise spielt der spezielle Typ einer Wahrscheinlichkeitsverteilung (z.B. Beta- oder Normalverteilung) für die C-Festlegung ebenso eine untergeordnete Rolle wie die Frage, ob es sich um eine diskrete oder stetige Verteilung handelt. Darüber hinaus ist es für die optimale Wahl des C-Werts auch nicht von Bedeutung, welche Absolutwerte die Ober- und Untergrenze des Bereichs der Planabweichungen aufweisen, sondern es kommt nur auf deren Verhältnis zueinander an.

Hieraus wird deutlich, dass es zur adäquaten Festlegung des C-Parameters bei Anwendung der LKL nach Nyhuis/Wiendahl der Schätzung dieser drei statistischen Größen (γ, ρ und η) unter Nutzung der Datengrundlage für Planabweichungen im jeweiligen Anwendungsfall bedarf. Liegen entsprechende Schätzungen vor, so lässt sich aus der Kurvenschar der Abbildungen 7, 8, 11 und 12 bzw. aus entsprechend tabellierten Werten (evtl. mittels zusätzlicher Interpolation) der Wert des C-Parameters ablesen, mit dem die exakte LKL bestmöglich approximiert wird. Die Untersuchungen haben gezeigt, dass ein einfacher funktionaler Zusammenhang für die Abhängigkeit des C-Werts, wie er nach Nyhuis/Wiendahl gemäß Formel (8) vermutet wird, leider nicht existiert. Aus den Kurvenverläufen in den Abbildungen des Kapitels 4 ist zu entnehmen, dass der Zusammenhang zwischen den drei Einflussgrößen γ, ρ und η und dem optimalen C-Wert wohl zu komplex ist, um durch eine einfache funktionale Beziehung ausgedrückt werden zu können.

Eine gewisse Einschränkung der Allgemeingültigkeit der vorliegenden Untersuchungsergebnisse lässt sich darin sehen, dass sich die Untersuchung auf eine Analyse des Einflusses stochastischer Bedarfsabweichungen beschränkt und weitere Abweichungstypen wie Liefertermin- und Liefermengenabweichungen nicht einbezogen werden. Entsprechende zusätzliche Untersuchungen wären technisch möglich, würden aber einen hohen zusätzlichen Aufwand erfordern, ohne dass zu erwarten wäre, dass relevante zusätzliche Erkenntnisse gewonnen würden. Auch jede Kombination von Planabweichungen führt zu einer bestimmten Wahrscheinlichkeitsverteilung der Gesamtabweichung, die durch die drei oben skizzierten Merkmale γ, ρ und η gekennzeichnet ist. Es ist nicht zu erwarten, dass in einem solchen Fall zusätzliche Einflussgrößen eine Rolle für die Wahl des C-Parameters spielen sollten. Ebenso gibt es keine plausiblen Anhaltspunkte dafür, dass die Kurvenverläufe für den C-Wert unter diesen Umständen wesentlich anders aussehen sollten. Insofern spricht wenig dagegen, die Empfehlungen für die Parametrisierung der LKL nach Nyhuis/Wiendahl aus Kapitel 4 auch auf den allgemeinen Fall des gleichzeitigen Auftretens unterschiedlicher Planabweichungen auszuweiten. Zugleich wird deutlich, dass es wichtig ist, in diesem Fall die Ober- und Untergrenze des relevanten Gesamtbereichs der Planabweichungen korrekt zu schätzen.

Ein weiterer Aspekt der Untersuchung, auf den noch hinzuweisen ist, besteht darin, dass die Festlegung des Werts für den C-Parameter jeweils darauf ausgerichtet wurde, die Flächenabweichung zwischen realer und exakter LKL über den gesamten Bereich des Kennlinienverlaufs (zwischen $L_{\max}$ und $B_{\max}$) zu minimieren. Diese Vorgehensweise impliziert, dass alle Abweichungen – unabhängig vom Niveau der Kenngrößen Lieferverzug und Lagerbestand – gleich stark gewichtet werden, so dass die Kennlinie als Ganzes durch die Parameterwahl möglichst gut angepasst wird. Im realen Anwendungsfall kann es durchaus sein, dass bestimmte Kenngrößenbereiche weniger relevant sind als andere. So ist es denkbar, dass in einem logistischen System nur relativ hohe Lieferfähigkeiten und damit relativ niedrige Lieferverzüge akzeptiert werden, was z.B. darin zum Ausdruck kommen kann, dass die entsprechende LKL nur für Werte des Lieferverzugs in Höhe von $L_{\max}/2$ oder $L_{\max}/3$ relevant ist. In einem solchen Fall wäre es plausibel, den C-Wert so zu wählen, dass die reale LKL speziell in diesem Teilbereich die exakte LKL möglichst gut approximiert. Dadurch könnten sich Abweichungen von den Empfehlungen zur Wahl von C ergeben, die auf der Grundlage einer bestmöglichen Approximation über den gesamten Kennlinienverlauf entwickelt wurden.

Mit dem in dieser Arbeit vorgestellten Instrumentarium lassen sich auch im Fall beliebiger anderer Abweichungsmessungen für reale und exakte LKL entsprechende Untersuchungen vornehmen und damit Empfehlungen zur zweckentsprechenden Wahl des C-Parameters ableiten. Insofern ist der hier vorgestellte Ansatz zur optimalen Parametrisierung der LKL nach Nyhuis/Wiendahl weiter verallgemeinerbar. Er stellt ein Konzept dar, mit dessen Hilfe sich Erkenntnisse aus lagerhaltungstheoretischen Analysen fruchtbar mit dem anwendungsorientierten Ansatz zur Bestimmung von LKL nach Nyhuis/Wiendahl verknüpfen lassen.

Literatur

Arnold D, Isermann H, Kuhn A, Tempelmeier H (Hrsg) (2004) Handbuch Logistik, 2. Aufl. Springer, Berlin Heidelberg New York

Evans M, Hastings N, Peacock B (2000) Statistical distributions, 3rd edn. John Wiley & Sons, New York

Gläßner J(1995) Modellgestütztes Controlling der beschaffungslogistischen Prozesskette. Dissertation, Universität Hannover, Fortschr.-Bericht VDI, Reihe 2, Nr. 337, Düsseldorf

Inderfurth K, Jensen T (2004) Lagerbestandsmanagement. In: Arnold D, Isermann H, Kuhn A, Tempelmeier H. (Hrsg) Handbuch Logistik, 2. Aufl. Springer, Berlin Heidelberg New York, S A3-62-A3-76

Inderfurth K, Schulz T (2007a) Lagerhaltungstheoretische Analyse der Lagerkennlinien nach Nyhuis/Wiendahl. In: Corsten H, Missbauer H (Hrsg) Produktions- und Logistikmanagement, Vahlen, München, S 287-317

Inderfurth K, Schulz T (2007b) Zur Exaktheit der Lagerkennlinie nach Nyhuis/Wiendahl. In: Otto A, Obermaier R (Hrsg) Logistik Management 2007 – Analyse, Bewertung und Gestaltung von Logistiksystemen. Deutscher Universitätsverlag, Wiesbaden, S 23-49

Lödding H (2005) Verfahren der Fertigungstechnik. Springer, Berlin Heidelberg New York

Lutz S (2002) Kennliniengestütztes Lagermanagement. Fortschr.-Bericht VDI, Reihe 13, Nr. 53, Düsseldorf

Lutz S, Lödding H, Wiendahl H-P(2003) Logistics-oriented Inventory Analysis. International Journal of Production Economics, 85: 217-231

Neumann K (1996) Produktions- und Operationsmanagement. Springer, Berlin Heidelberg New York

Nyhuis P, Wiendahl H-P(2003) Logistische Kennlinien, 2. Aufl. Springer, Berlin Heidelberg New York

Nyhuis P, Grabe D, Nickel R (2006) Bewertung von Fertigungs- und Lagerprozessen mit Logistischen Kennlinien. In: Hagen N, Nyhuis P, Frühwald C, Felder M (Hrsg) Prozessmanagement in der Wertschöpfungskette. Haupt, Bern, S 79-116

Pfohl H-C (2004) Logistiksysteme, 7. Aufl. Springer, Berlin Heidelberg New York

Silver ED, Pyke DF, Peterson R (1998) Inventory Management and Production Planning and Scheduling. Wiley & Sons, New York

Tempelmeier H (2005) Bestandsmanagement in Supply Chains. BoD, Norderstedt

Wiendahl H-P (1987) Belastungsorientierte Fertigungssteuerung. Hanser, München Wien

Produktionskennlinien – Grundlagen und Anwendungsmöglichkeiten

Prof. Dr.-Ing. habil. Peter Nyhuis

Institut für Fabrikanlagen und Logistik
Leibniz Universität Hannover
http://www.ifa.uni-hannover.de

1 Einleitung

Die Produktionsunternehmen sämtlicher Industrieländer befinden sich in einem Umfeld, das infolge vielfältiger Einflüsse aus globaler werdenden Märkten und Wettbewerbssituationen, durch die rasche Diffusion neuer Produkte und Produktionsverfahren sowie aufgrund des wachsenden Umweltbewusstseins als turbulent bezeichnet werden muss. Aus dieser Situation heraus ergibt sich die Notwendigkeit, die Anpassungsfähigkeit und -geschwindigkeit nachhaltig zu steigern.

Die Zielsetzungen, die den Anpassungsmaßnahmen zugrunde liegen, sind dabei weder allgemeingültig noch gleichbleibend. Allgemein ist jedoch festzustellen, dass die logistischen Leistungsmerkmale *Lieferzeit* und *Liefertreue* für die Unternehmen als Differenzierungsmöglichkeit am Markt – neben einem hohen Qualitätsniveau und dem Preis – zunehmend an Bedeutung gewinnen. Der Produktion als primärem Ort der Leistungserfüllung werden in diesem Zusammenhang vermehrt wesentliche Beiträge zur Steigerung der Effektivität abverlangt. Es geht darum, den gesamten Materialfluss in der Lieferkette von der Beschaffung der Rohstoffe und Vorprodukte über alle Stufen des Produktionsprozesses einschließlich aller Zwischenlagerstufen bis hin zur Versorgung des Vertriebs bzw. externer Kunden so zu gestalten, dass in kürzester Zeit auf den Markt reagiert werden kann. Da die Produktionslogistik diese Leistungsmerkmale maßgeblich prägt, ist sie Gegenstand intensiver Anstrengungen in Forschung und Praxis, die Gestaltung und den Betrieb logistischer Systeme zu professionalisieren.

Bei der Gestaltung wie auch bei der Lenkung der unternehmenslogistischen Abläufe sind schließlich stets die Wechselwirkungen zwischen Leistungs- und Kostenzielen zu beachten, um so die Wirtschaftlichkeit der Produktion sicherstellen zu können. Zur Erreichung marktfähiger Produktionskosten ist einerseits eine hohe Auslastung der bereitgestellten Kapazitäten anzustreben, andererseits sind zur Reduzierung der Kapitalbindungskosten die Lager- und Umlaufbestände auf ein möglichst niedriges Niveau zu reduzieren.

Das Bestreben, die logistischen Erfolgsfaktoren gezielt zu stärken, wird durch bestehende Zielkonflikte erschwert. Weder sind die zu berücksichtigenden Zielsetzungen und Anforderungen widerspruchsfrei noch lokal und temporär gleichbleibend. So erfordert die Sicherung einer hohen Auslastung hohe Bestände, die ihrerseits jedoch lange Durchlaufzeiten hervorrufen. Lange und damit erfahrungsgemäß stark schwankende Durchlaufzeiten stehen jedoch dem Ziel einer hohen Terminsicherheit entgegen. Die Gegenläufigkeit dieser Zielsetzungen ist allgemein als das Dilemma der

Ablaufplanung bekannt (Gutenberg 1951). Es existiert demnach prinzipiell nicht nur ein Ziel, dessen Wert es zu maximieren oder zu minimieren gilt, sondern es müssen immer die Auswirkungen von Maßnahmen auf alle Teilziele gleichzeitig berücksichtigt werden. Erschwerend kommt hinzu, dass sich die Gewichtung der Teilziele im Produktionsprozess stark unterscheiden kann.

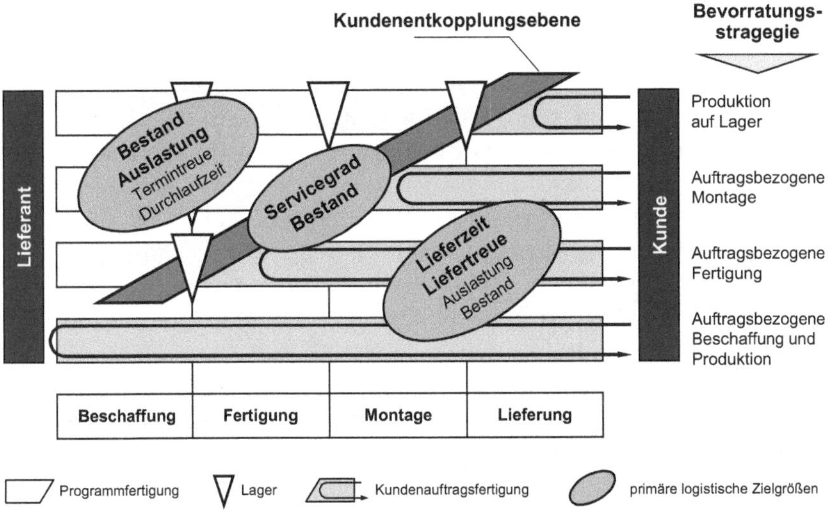

Abb. 1. Gewichtung logistischer Zielgrößen bei unterschiedlichen Bevorratungsstrategien

Abb. 1 zeigt, welche Zielgrößen in Abhängigkeit von der vorliegenden Bevorratungsstrategie und der Lage des betrachteten Prozessabschnittes zum *Kundenentkopplungspunkt* (Hoekstra u. Romme 1985 Eidenmüller 1995) in der Regel besonders betont werden: Soweit die Produktion nicht auf der Basis konkreter Kundenaufträge durchgeführt wird, werden vorrangig die betrieblichen Ziele einer hohen Auslastung und geringer Bestände verfolgt, da diese beiden Teilziele (wenn auch gegenläufig) die Wirtschaftlichkeit der Produktion beeinflussen. Termintreue und Durchlaufzeit sind in diesem Fall zumeist von sekundärer Bedeutung. Mittelbar beeinflussen diese Größen jedoch die Ziele der Lagerhaltung. Je geringer die Termintreue und je größer die Durchlaufzeit in der vorgeschalteten Produktion sind, desto größer muss der Bestand im Lager sein, bei dem noch ein definierter Servicegrad erreicht werden kann. Bei der kundenbezogenen Produktion kehrt sich das Verhältnis der Zielgewichtungen um. Die Einhaltung der zugesagten Lieferzeiten und -termine ist hier deutlich stärker zu gewichten, da der Kunde direkt von einer Nichteinhaltung betroffen ist. Ob es allerdings zulässig ist, kurze Lieferzeiten durch geringe Auslastungen der jeweiligen Produktionssysteme zu erkaufen, kann nur im Einzelfall entschieden werden. Die dann erforderlichen Kapazitätsausweitungen (Betriebsmittel und/oder Personal) lassen die Stückkosten in die Höhe schnellen. Hier hat der Kunde zu entscheiden, ob und ggf. in welchem Umfang er bereit ist, zugunsten kürzerer Lieferzeiten höhere Lieferpreise in Kauf zu nehmen. Wird schließlich berücksichtigt, dass in einem Produktionsbereich häufig für verschiedene Produkt- bzw. Kundengruppen unterschiedliche Bevorratungsstrategien verfolgt werden und sich zudem alle Veränderungen im Unternehmensumfeld auch auf die Zielgrößengewichtung niederschlagen können, so wird deutlich, dass es ein Gesamtoptimum, an dem sich das Unternehmen insgesamt ausrichten kann, kaum geben wird.

Vor diesem Hintergrund wurden in der Vergangenheit verschiedene Modelle und Theorieansätze entwickelt, die die Unternehmen bei der Beherrschung des genannten Dilemmas der Ablaufplanung unterstützen sollen. Bewährt hat sich hier insbesondere die Darstellung der logistischen Zielgrößen in Form von Produktionskennlinien.

Die in Abb. 2 dargestellten Produktionskennlinien zeigen, dass die Leistung und damit die Auslastung an einem Arbeitssystem bei hohen Beständen weitgehend bestandsunabhängig sind. Wird jedoch ein bestimmter Bestandswert unterschritten, so treten Leistungseinbußen aufgrund eines zeitweilig fehlenden Arbeitsvorrates auf. Die Durchlaufzeit steigt hingegen überwiegend proportional mit wachsendem Bestand an.

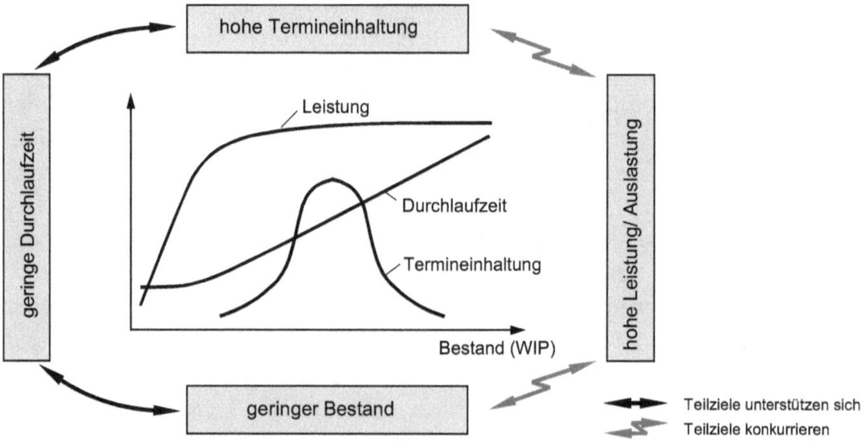

Abb. 2. Visualisierung des Dilemmas der Ablaufplanung mit Produktionskennlinien

Jedoch kann sie ein bestimmtes Minimum nicht unterschreiten, welches sich aus der technisch bedingten Durchführungszeit bei der Auftragsbearbeitung und ggf. der Transportzeit zwischen zwei Arbeitsvorgängen ergibt. Kurze Durchlaufzeiten sind dabei in der Regel auch mit einer geringen Streuung verbunden. Die daraus resultierende erhöhte Planungssicherheit bewirkt eine hohe Termintreue. Mit steigenden Beständen und Durchlaufzeiten und einem damit erfahrungsgemäß einhergehenden Anstieg der Durchlaufzeitstreuung sinkt hingegen die Termintreue. Ist der Bestand jedoch so gering, dass ungeplante Leistungseinbußen auftreten, so verschlechtert sich ebenfalls die Termineinhaltung (Nyhuis u. Wiendahl 2003). Insgesamt wird deutlich, dass es nicht möglich ist, gleichzeitig ein Optimum für alle genannten logistischen Zielgrößen zu definieren, weshalb eine logistische Positionierung in dem genannten Spannungsfeld zu empfehlen ist. Diese geht von einer strategisch bestimmten primären Zielgröße aus (z. B. hohe Termintreue) und untersucht die Auswirkungen auf die übrigen Ziele.

Zur Erstellung der Produktionskennlinien sind drei unterschiedliche Modellierungsansätze geeignet. Hierbei handelt es sich um:

- die Simulation als experimenteller Modellansatz,
- die Warteschlangentheorie als deduktiver Modellansatz und
- die Kennlinientheorie als deduktiv-experimenteller Modellansatz.

Mit jedem dieser Modellierungsansätze lassen sich die Zusammenhänge zwischen den logistischen Zielgrößen beschreiben. Jedoch weisen diese Modelle jeweils spezifische Vor- und Nachteile auf, die in Abb. 3 in einer vergleichenden Bewertung dargestellt sind (vgl. auch Nyhuis u. Wiendahl 2003).

Die *Simulation* bietet die Möglichkeit, reale Systeme mit Hilfe von Rechnerprogrammen nachzubilden und deren Verhalten bei Veränderungen der Simulationsbedingungen zu analysieren und zu beschreiben. Sie zeichnet sich besonders durch den vergleichsweise geringen Modellerstellungsaufwand aus. Dadurch sind Anpassungen an veränderte Bedingungen leicht zu realisieren. Weiterhin können auch Einzelereignisse beschrieben werden, so dass u. a. auch der Durchlauf einzelner Aufträge durch die Produktion abgebildet werden kann. Insbesondere durch die Möglichkeiten der graphischen Animation ist die Akzeptanz im Allgemeinen sehr hoch. Jedoch muss die Simulation in jedem Anwendungsfall neu aufgebaut und auch evaluiert werden. Eine Übertragbarkeit der Ergebnisse ist im Allgemeinen nicht möglich. Dadurch ist die Simulation mit einem sehr hohen Anwendungsaufwand verbunden.

Modellierungsansatz	Vorteile	Nachteile
Simulation 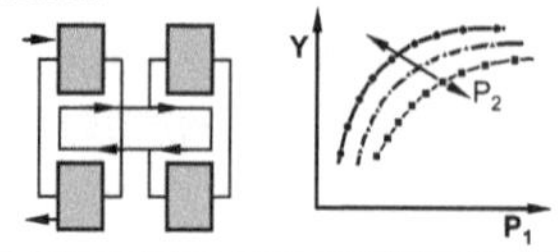	+ geringer Erstellungsaufwand + Modelladaption möglich + Einzelereignisse beschreibbar + hohe Akzeptanz	- Modellgültigkeit lässt sich nur punktuell nachweisen - Neuaufbau des Modells für jeden Anwendungsfall erforderlich - Übertragbarkeit der Ergebnisse in der Regel nicht möglich - hoher Anwendungsaufwand
Warteschlangentheorie 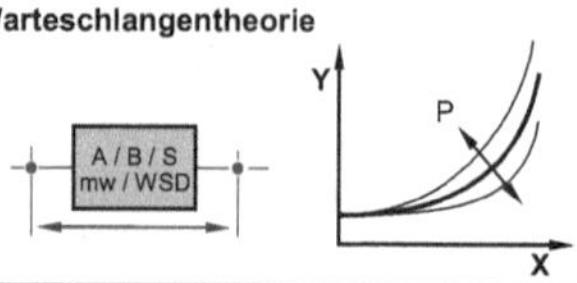	+ Modellstruktur und -parameter sind aus elemantaren Gesetzmäßigkeiten abgeleitet + geringer Anwendungsaufwand	- Modelladaption nicht bzw. nur in engen Grenzen möglich - Beschreibungsgrößen teilweise nicht praxisgerecht - Beschränkung auf Ressourcensicht
Kennlinientheorie 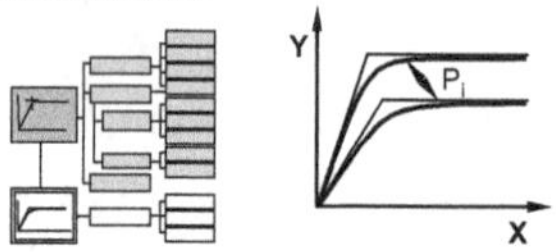	+ Modellstruktur und -parameter sind überwiegend aus elementaren Gesetzmäßigkeiten abgeleitet + geringer Anwendungsaufwand + Modelladaption in Grenzen möglich	- Beschränkung auf Ressourcensicht

Abb. 3. Vergleichende Bewertung alternativer Modellierungsansätze zur Erstellung von Produktionskennlinien

Die Zeitdauer bis zum Vorliegen von nutzbaren Ergebnissen ist unter dem heutigen Entscheidungsdruck im Allgemeinen zu lang. In der betrieblichen Praxis sind simulativ erzeugte Kennlinien trotz der prinzipiell vorhandenen weitreichenden Einsatzmöglichkeiten daher nicht üblich.

Auch die *Warteschlangentheorie* konnte sich in Produktionsunternehmen mit vernetzten Strukturen nicht durchsetzen. Warteschlangenmodelle erfordern zwar nur einen geringen Anwendungsaufwand. Es sind jedoch Annahmen und Voraussetzungen zu treffen, die bei realen Produktionsprozessen im Allgemeinen nicht gegeben sind. Eine Anpassung eines Modells an spezifische Bedingungen ist zudem zumeist nicht möglich bzw. erfordert die sehr aufwendige Erstellung eines grundsätzlich neuen Modells. Schließlich sind die zur Modellanwendung erforderlichen Beschreibungsgrößen vor allem bei komplexeren Modellen oftmals nicht praxisgerecht.

Die *Kennlinientheorie* ist demgegenüber ein alternativer, in der Praxis inzwischen bereits vielfach bewährter Lösungsansatz. Sie wurde über viele Jahre hinweg schrittweise am Institut für Fabrikanlagen und Logistik der Universität Hannover entwickelt (vgl. u.a. Wiendahl 1987; Nyhuis u. Wiendahl 2003 und die dort zitierte Literatur). Die Theorie ermöglicht es, die Abhängigkeiten zwischen den logistischen Zielgrößen des Produktionsprozesses und deren Beeinflussungsmöglichkeiten mit einem vergleichsweise einfachen mathematischen Modell zu beschreiben. Als ein besonderer Vorteil der Kennlinientheorie ist hervorzuheben, dass das zugrunde liegende Modell an veränderte Bedingungen in weiten Bereichen allein durch seine Parametrisierung adaptiert werden kann. Zudem zeichnet sich die Theorie dadurch aus, dass Modellstruktur und -parameter fast vollständig aus elementaren Gesetzmäßigkeiten heraus abgeleitet wurden. Ein Nachteil der Kennlinientheorie besteht in der Beschränkung auf die Ressourcensicht. Der Durchlauf einzelner Aufträge durch die Produktion lässt sich damit nicht abbilden. Jedoch können elementare Zusammenhänge zwischen den logistischen Zielgrößen innerhalb der Anwendungsvoraussetzungen unabhängig von einem speziellen Einzelfall beschrieben werden. Damit lässt sich das grundlegende Verständnis über das statische und dynamische Systemverhalten von Produktionssystemen fördern. Im Vergleich zu den beiden anderen Modellierungsansätzen zeichnet sich die Kennlinientheorie durch ein besonders günstiges Verhältnis von Abbildungsgüte und Anwendungsaufwand aus.

Die Grundzüge dieser Kennlinientheorie mit ihren verschiedenen Modell-Bausteinen werden nachfolgend erläutert. Eine umfassende Erläuterung mit zahlreichen Anwendungsbeispielen findet sich in (Nyhuis u. Wiendahl 2003).

2 Durchlaufdiagramme als Beschreibungsmodelle in der Produktionslogistik

Ausgangspunkt der Entwicklung aller Teilmodelle der Kennlinientheorie war die Definition eines Grundelementes der Produktionslogistik – des Durchlaufelementes, welches in vereinfachter Form in Abb. 4 dargestellt ist (Wiendahl 1987). Der obere Bildteil beschreibt den Durchlauf eines aus zwei Fertigungsaufträgen und einem Montageauftrag bestehenden Produktionsauftrages. Bei einer losweisen Fertigung wird ein Auftrag nach Beendigung eines Arbeitsvorganges und einer eventuellen Liegezeit am entsprechenden Arbeitssystem zum Folgearbeitssystem transportiert. Dort trifft das Los in der Regel auf eine Warteschlange und muss somit warten, bis die vor ihm zu fertigenden Aufträge abgearbeitet sind. Sofern die Kapazitäten zur Bearbeitung des Auftrages frei sind, kann das Arbeitssystem umgerüstet werden und die Bearbeitung des Loses erfolgen. Dieser Zyklus setzt sich fort, bis alle Arbeitsvorgänge des Auftrages durchlaufen sind.

Die Ablaufschritte sind für einen Arbeitsvorgang im unteren Bildteil dargestellt. Demnach ist die Durchlaufzeit für einen Arbeitsvorgang als die Zeitspanne festgelegt, die ein Auftrag von der Beendigung des vorhergehenden Arbeitsvorganges bzw. vom Einstoßzeitpunkt des Auftrages (beim ersten Arbeitsvorgang) bis zum Bearbeitungsende des betrachteten Arbeitsvorganges selbst benötigt.

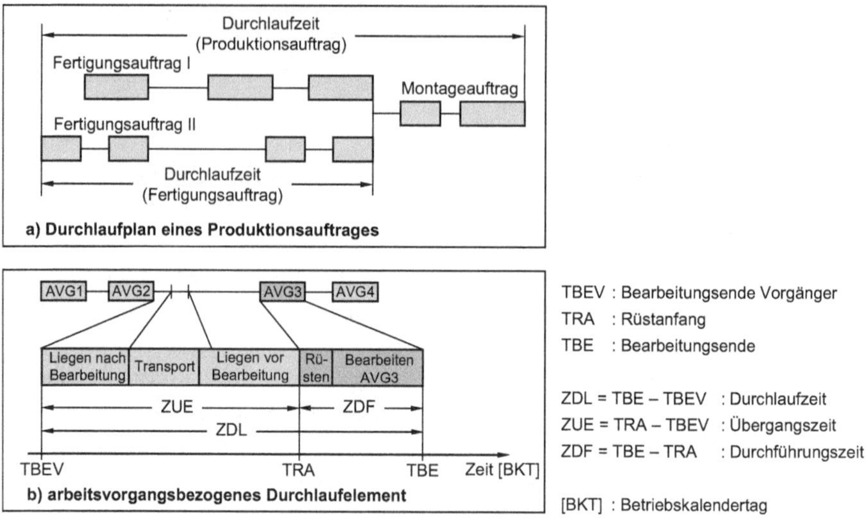

Abb. 4. Das Durchlaufelement und seine Zeitanteile

Entsprechend dieser Definition wird das *Liegen nach Bearbeitung* ebenso wie die *Transportzeit* und das *Liegen vor Bearbeitung* dem betrachteten Arbeitsvorgang zugeordnet. Da im Weiteren auf die Differenzierung dieser Zeitanteile verzichtet werden kann, werden sie zur *Übergangszeit* zusammengefasst. Diese ist somit neben der Durchführungszeit des Loses (zusammengesetzt aus Rüst- und Bearbeitungszeit) die zweite Komponente der Durchlaufzeit.

Das Durchlaufelement bildet auch die Basis für das Trichtermodell und das daraus abgeleitete Durchlaufdiagramm, Abb. 5. Beim Trichtermodell geht man in Analogie zur Abbildung verfahrenstechnischer Fließprozesse davon aus, dass jede beliebige Kapazitätseinheit einer Fertigung durch die Größen Zugang, Bestand und Abgang im seinem Durchlaufverhalten vollständig beschrieben werden kann. Jede Kapazitätseinheit, unabhängig davon, ob es sich um einen Einzelarbeitsplatz, eine Kostenstelle oder um die gesamte Fertigung handelt, lässt sich demnach als Trichter darstellen (Abb. 5, links). Die am Arbeitssystem ankommenden Lose (per Definition entspricht der Zugang an einem Arbeitssystem dem Abgang des Auftrages am Vorgänger-Arbeitssystem) bilden gemeinsam mit den dort bereits vorliegenden Losen einen Bestand an wartenden Aufträgen. Diese fließen nach der Bearbeitung aus dem Trichter ab. Die Trichteröffnung symbolisiert dabei die Leistung (in der Praxis auch als Durchsatz, Output oder Ausbringung bezeichnet), die innerhalb der Kapazitätsgrenzen variiert werden kann.

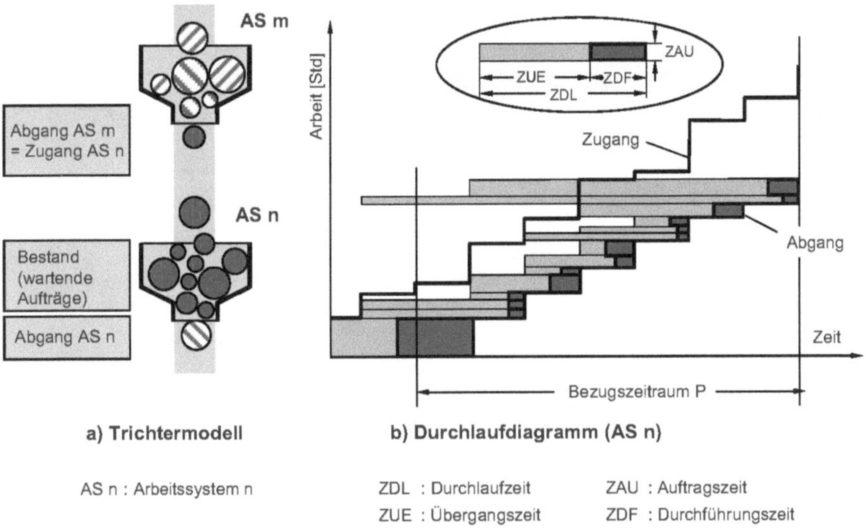

Abb. 5. Trichtermodell und Durchlaufdiagramm (nach Bechte, IFA)

Die Ereignisse am Trichter lassen sich in das sogenannte Durchlaufdiagramm übertragen (Abb. 5, rechts). Dazu werden die fertig gestellten Aufträge mit ihrem Arbeitsinhalt (in Vorgabestunden) über dem Fertigstellungstermin kumulativ aufgetragen (Abgangskurve). Analog dazu erfolgt der Aufbau der Zugangskurve, indem die zugehenden Aufträge mit ihrem Arbeitsinhalt über dem Zugangstermin aufgetragen werden. Zur Darstellung der Durchlaufzeit wird in das Durchlaufdiagramm neben der Zugangs- und Abgangskurve zusätzlich für jeden fertig gestellten Arbeitsvorgang das dazugehörige zweidimensionale Durchlaufelement eingetragen. Dieses Element stellt den individuellen Durchlauf eines Auftrages durch das Arbeitssystem dar.

Die Art der Darstellung lässt unmittelbar Aussagen über das Abfertigungsverhalten des Arbeitssystems zu. Sofern die Aufträge in der Reihenfolge ihres Zugangs abgefertigt werden (also nach dem FIFO-Prinzip), liegen alle Durchlaufelemente genau zwischen der Zugangs- und der Abgangskurve. In dem in Abb. 5 dargestellten Beispiel haben demgegenüber offensichtlich stärkere Reihenfolgevertauschungen stattgefunden.

Abb. 6 zeigt exemplarisch vier unterschiedliche Verläufe von Durchlaufdiagrammen. In Abb. 6a stehen der Zugang und der Abgang am Arbeitssystem im Gleichgewicht und zeigen einen kontinuierlichen Verlauf. Der Bestand (als vertikaler Abstand von Zugang und Abgang) bleibt annähernd konstant. Der Verlauf der Zu- und Abgangskurve lässt zudem darauf schließen, dass die Arbeitsinhalte der Aufträge weitgehend gleich sind.

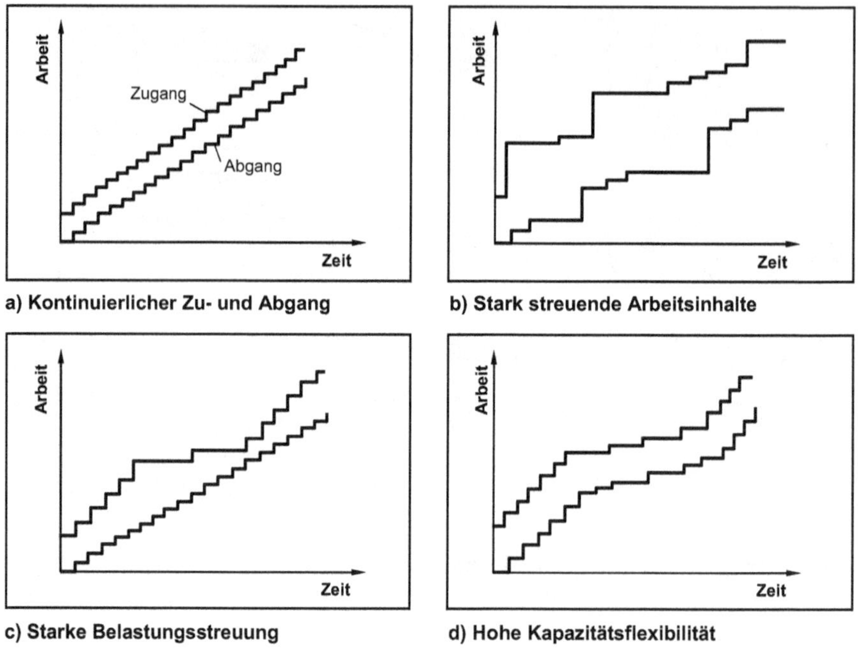

Abb. 6. Prinzipbeispiele für Durchlaufdiagramme

In Abb. 6b hingegen ist ein Zustand abgebildet, in dem Aufträge dem Arbeitssystem mit sehr unterschiedlichen Arbeitsinhalten zugehen und entsprechend abgearbeitet werden. Dadurch kommt es zu starken Schwankungen des Bestandes und einer dementsprechend starken Streuung der Durchlaufzeiten. In Abb. 6c ist ein Prozesszustand dargestellt, der eine starke Belastungsstreuung (Schwankungen im Zugang) aufweist. Der Abgangsverlauf hingegen verläuft weitgehend konstant. Dies bedeutet, dass die Kapazität des Arbeitssystems nicht an die Belastungsschwankung angepasst wurde. Als Folge kommt es auch hier zu starken Schwankungen im Bestandsverlauf. Abb. 6d schließlich zeigt erneut eine Schwankung des Zugangs, die in diesem Fall durch eine Anpassung der Kapazität aufgefangen wird. Durch diese Anpassung, die eine hohe Kapazitätsflexibilität vermuten lässt, bleibt das Bestandsniveau annähernd konstant.

Das Durchlaufdiagramm beschreibt das dynamische Systemverhalten qualitativ und zeitpunktgenau. Es zeigt die Wirkungszusammenhänge zwischen den logistischen Zielgrößen auf. Daraus lassen sich grundlegende Informationen über die Produktionsabläufe gewinnen und hinsichtlich verschiedener Fragestellungen analysieren. Das Auffinden von Ursachen für Planabweichungen wird ebenso unterstützt wie das Ableiten von Steuerungsmaßnahmen. Zudem lassen sich aus dem Durchlaufdiagramm mathematische Zusammenhänge ableiten, die auch als Gesetze formuliert werden können.

Von elementarer Bedeutung für die Kennlinientheorie ist zunächst die sogenannte *Trichterformel*, die besagt, dass sich die mittlere Reichweite des Bestandes aus dem Verhältnis des mittleren Bestandes in Vorgabestunden zur mittleren Leistung in Vorgabestunden pro Zeiteinheit ergibt, Abb. 7. Ein weiterer elementarer Zusammenhang wird mit dem *Gesetz von Little* oder *Little's Law* beschrieben, welches besagt, dass sich die mittlere virtuelle Durchlaufzeit aus dem Bestand in der Dimension Anzahl Aufträge und der Leistung in der Dimension Anzahl Aufträge pro Zeiteinheit berechnen lässt (Conway u.a. 1967; Nyhuis u. Wiendahl 2003).

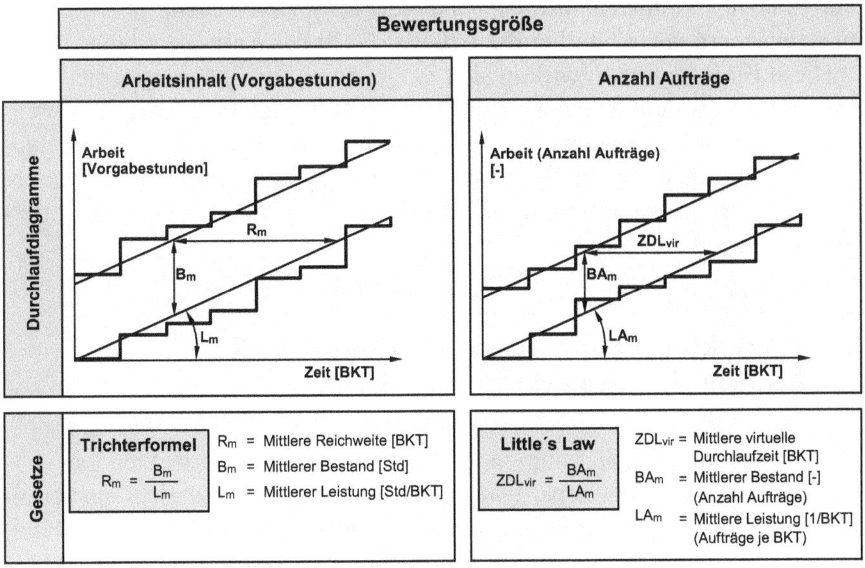

Abb. 7. Trichterformel und Little's Law

Die Analogie der beiden Gesetze ist augenfällig und lässt sich auch in Form von Durchlaufdiagrammen visualisieren (Abb. 7). Dennoch stehen hinter den Gesetzen unterschiedliche Aussagen. Die Unterschiede liegen zunächst in den Dimensionsangaben für die Bezugsgrößen. Die Trichterformel besagt, wie lange es durchschnittlich dauert, bis bei gleichbleibender mittlerer Leistung der Bestand am Arbeitssystem vollständig abgearbeitet ist, sofern zwischenzeitlich kein neuer Auftrag zugeht. Little's Law hingegen zeigt auf, welche Zeit ein neu am Arbeitssystem ankommender Auftrag bis zu seiner Abfertigung im Mittel verweilen muss. Ein weiterer wesentlicher Unterschied ist in der Beeinflussbarkeit der jeweiligen Kenngröße durch das Abfertigungsverhalten (insbesondere die eingesetzte Reihenfolgeregel) an dem System und der Heterogenität der Auftragszeitstrukturen gegeben. So wirken sich bestimmte Abarbeitungsreihenfolgen auf die mittlere Anzahl der an einem Arbeitssystem liegenden Aufträge und damit auch die mittlere virtuelle Durchlaufzeit aus. Bei Anwendung der KOZ-Reihenfolgeregel (KOZ: kürzeste Operationszeit) werden Aufträge mit geringem Arbeitsinhalt bevorzugt abgearbeitet. Dadurch befinden sich durchschnittlich weniger Aufträge im System, so dass auch der Mittelwert der Durchlaufzeit gering ist. Umgekehrt müssen bei der Anwendung der LOZ-Reihenfolgeregel (LOZ: längste Operationszeit; Aufträge mit großem Arbeitsinhalt werden bevorzugt abgearbeitet) viele kleine Aufträge warten, der Bestand (in Anzahl Aufträge) und die virtuelle Durchlaufzeit sind demzufolge entsprechend größer. Diese Effekte sind umso ausgeprägter, je stärker die Arbeitsinhalte der Aufträge streuen.

Diese Einflussgrößen wirken sich hingegen auf die Trichterformel nicht aus. Bei gegebenem Zugang ist die Veränderung des Bestandes in Vorgabestunden und somit auch der Reichweite bei hinreichend langen Untersuchungszeiträumen nur durch die Leistung des Systems beeinflussbar, nicht jedoch durch die Abarbeitungsreihenfolgen der Aufträge bzw. die Verteilung der Arbeitsinhalte.

3 Produktionskennlinien – Wirkmodell der Produktionslogistik

Mit dem Durchlaufdiagramm und den bei Bedarf zu ergänzenden Diagrammen für Durchlaufzeit-, Auftragszeit- und Terminabweichungsverteilung wird das logistische Systemverhalten umfassend dokumentiert. Damit wird es ermöglicht, die Produktionsabläufe hinsichtlich verschiedener Fragestellungen zu analysieren. Die Wirkungszusammenhänge zwischen den logistischen Kenngrößen sind damit jedoch nicht bzw. nur unvollständig zu erklären. Es bleiben damit die folgenden Fragen offen:

- Welche geringsten Durchlaufzeiten können bei den vorliegenden Fertigungs- und Auftragsstrukturen erreicht werden?
- Wie hoch müssen die Fertigungsbestände mindestens sein, um Leistungseinbußen zu vermeiden?
- Mit welchen Maßnahmen lassen sich welche Rationalisierungspotentiale erschließen?

Eine Unterstützung bei diesen Fragestellungen kann durch die im Folgenden dargestellten Produktionskennlinien erfolgen.

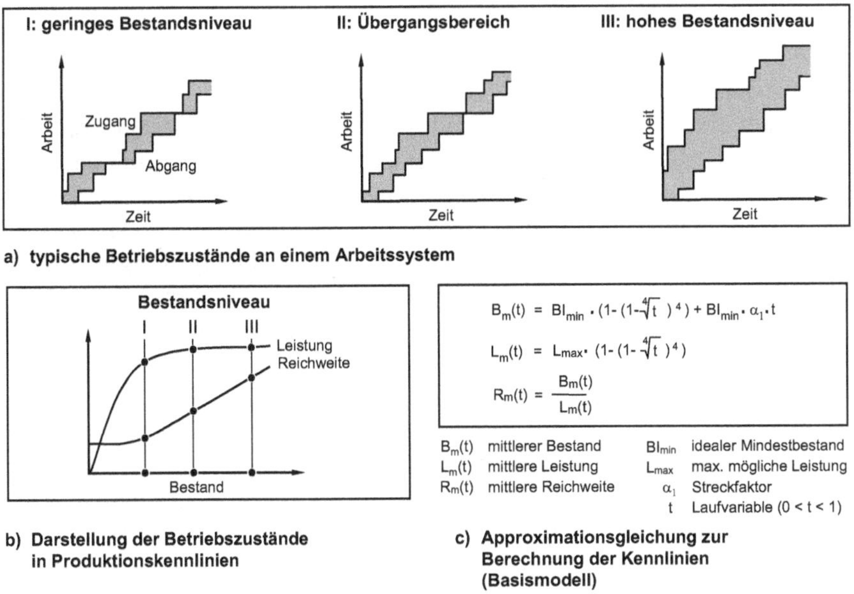

Abb. 8. Produktionskennlinien – Wirkmodell der Produktionslogistik

Abb. 8 zeigt im oberen Bildteil drei grundsätzlich unterschiedliche Betriebszustände in vereinfachten Durchlaufdiagrammen. Diese unterschiedlichen Betriebszustände lassen sich nun in Form der Produktionskennlinien stark verdichtet darstellen, Abb. 8b. Dazu trägt man die jeweiligen Werte für die Leistung und die Reichweite in Abhängigkeit vom zugehörigen Bestand auf. Die Leistungskennlinie verdeutlicht, dass sich die Leistung eines Arbeitssystems oberhalb eines bestimmten Bestandswertes nur noch unwesentlich ändert. Es liegt dann kontinuierlich ausreichend Arbeit vor, so dass keine bestandsbedingten Beschäftigungsunterbrechungen auftreten. Unterhalb dieses Bestandswertes kommt es jedoch zunehmend zu Leistungseinbußen aufgrund eines zeitweilig fehlenden Arbeitsvorrates. Die Reichweite ergibt sich gemäß der Trichterformel aus dem Verhältnis von Bestand zu Leistung.

Es ist hervorzuheben, dass ein momentaner Zustand an einem Arbeitssystem immer nur einem Betriebszustand und damit einem Betriebspunkt auf der Kennlinie entspricht. Die Kennlinien selbst stellen dar, wie sich das betrachtete System bei ansonsten unveränderten Randbedingungen verhält, wenn ein anderer Bestand eingestellt wird. Sie charakterisieren somit das logistische Verhalten einer Fertigung bei einer Bestandsveränderung. Darüber hinaus besteht die Möglichkeit, Kennlinien für veränderte Fertigungs- oder Auftragsstrukturen zu erstellen, sie miteinander zu vergleichen und so die Wirkungen von Eingriffen in den Produktionsablauf unter logistischen Aspekten zu beurteilen.

Es ist leicht einsehbar, dass die grundsätzliche Form der Produktionskennlinien für jedes beliebige Produktionssystem gilt: Bestandsreduzierungen führen zu Durchlaufzeitreduzierungen, aber unter Umständen eben auch zu Materialflussabrissen und somit zu Auslastungsverlusten. Jedoch sind die spezifischen Ausprägungen der Kennlinien für das jeweils betrachtete Arbeitssystem von unterschiedlichen Rahmenbedingungen wie der Kapazität, den abzuarbeitenden Aufträgen (insbesondere ihrem Mittelwert und ihrer Streuung) und der Einbindung des Systems in den Materialfluss abhängig.

Um die Produktionskennlinien aufwandsarm erstellen zu können und damit insbesondere auch Praxisanwendungen zu ermöglichen, wurde am Institut für Fabrikanlagen und Logistik im Rahmen der Ableitung der Kennlinientheorie ein mathematischer Ansatz entwickelt, mit dem Logistische Kennlinien für Produktionsprozesse über eine Approximationsgleichung mit hoher Abbildungsgenauigkeit berechnet werden können, Abb. 8c (Nyhuis 1991; Nyhuis u. Wiendahl 2003).

Basis dieser Gleichung, die die Erstellung einer Produktionskennlinie auf der Grundlage weniger Daten ermöglicht, ist ein deduktiv-experimenteller Modellierungsansatz. Dem deduktiven Modellanteil liegt die Annahme eines idealen Produktionsprozesses zugrunde, dargestellt in Abb. 9a in Form eines idealen Durchlaufdiagramms.

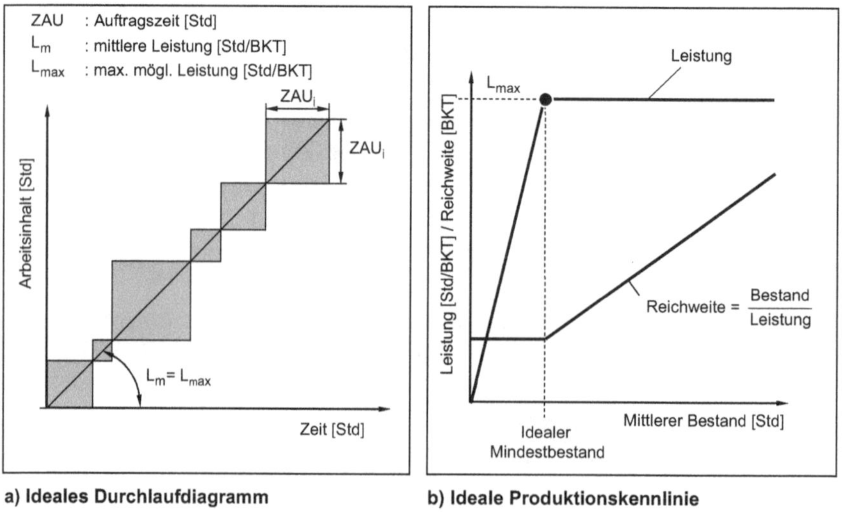

Abb. 9. Ableitung idealer Produktionskennlinien aus dem idealen Durchlaufdiagramm

Ein aus logistischer Sicht idealer Produktionsprozess ist dadurch gekennzeichnet, dass sich an einem Arbeitssystem zu jedem Zeitpunkt genau ein Auftrag befindet. Ferner wird postuliert, dass die Bearbeitung eines Auftrages am Arbeitssystem direkt nach Fertigstellen seines Vorgängers erfolgt. Unter diesen Bedingungen entsteht für das Arbeitssystem weder eine Leerzeit, noch müssen die Aufträge Wartezeiten vor ihrer Bearbeitung in Kauf nehmen. Unter Annahme eines losweisen Transports und vernachlässigbarer Transportzeiten ergibt sich der Bestand an einem Arbeitssystem unmittelbar aus den Auftragszeiten der zu bearbeitenden Aufträge. Der Mittelwert des so definierten Bestandes wird auch als idealer Mindestbestand bezeichnet.

Wird weiterhin die maximal mögliche Leistung eines Arbeitssystems als bekannt vorausgesetzt, so lassen sich in einem nächsten Schritt ideale Produktionskennlinien ableiten, Abb. 9b. Die *ideale Leistungskennlinie* (Wedemeyer 1989; Nyhuis 1991) ergibt sich aus den folgenden Grundüberlegungen: Wenn sich durch Materialflussabrisse zeitweilig kein Auftrag an dem Arbeitssystem befindet, so ist der mittlere Bestand geringer als der ideale Mindestbestand. Aufgrund der Leerzeiten kommt es aber zu Leistungseinbußen, die proportional zur Bestandsreduzierung sind (Proportionalbereich der idealen Leistungskennlinie). Befinden sich hingegen zeitweilig mehrere Aufträge an dem Arbeitssystem, so erhöht sich zwar der mittlere Bestand, eine Erhöhung der Leistung ist jedoch nicht mehr möglich, da das System bereits an der Grenze der maximal möglichen Leistung betrieben wird (Sättigungsbereich der idealen Leistungskennlinie). Die *ideale Reichweitenkennlinie* lässt sich mit Hilfe analoger Überlegungen ableiten. Sie ergibt sich aber gemäß Trichterformel auch aus dem Verhältnis von Bestand und Leistung.

In der Praxis sind die bei der Ableitung der idealen Kennlinien zugrunde gelegten Voraussetzungen nicht gegeben. Insbesondere bei komplexen Fertigungsbereichen mit ungerichteten Materialflussstrukturen (z. B. in Werkstattfertigungen) gibt es eine Reihe von Einflussfaktoren wie Streuungen im Auftragszugang oder dynamische Engpasssituationen, die eine Abweichung der realen Betriebspunkte von den idealen Kennlinien bewirken. Um diese Einflüsse zu analysieren, wurden umfangreiche Simulationsstudien durchgeführt. Bei der Auswertung der Simulationsstudien hat sich gezeigt, dass die idealen Produktionskennlinien ein geeignetes ‚Bezugskoordinatensystem' für simulativ ermittelte Kennlinien darstellen. Die Abweichungen von idealen und simulierten Kennlinien sind im Wesentlichen auch von denselben Größen abhängig, die auch die idealen Kennlinien bestimmen. So muss beispielsweise der Bestandspuffer an einem Arbeitssystem umso größer sein, je größer die Auftragszeiten und deren Streuungen sind und je größer demnach der ideale Mindestbestand ist.

Darüber hinaus wurden aber auch Einflüsse der Kapazitätsflexibilität und der Belastungsstreuung auf das logistische Leistungsverhalten eines Arbeitssystems identifiziert. In der abgeleiteten Approximationsgleichung (vgl. Abb. 8) wurden diese Einflüsse im Streckfaktor α_1 zusammengefasst.

Eine Übersicht über die Parameter der Approximationsgleichung zur Berechnung der Produktionskennlinien gibt Abb. 10. In Erweiterung zu den Ausführungen zu Abb. 9 ist hier auch berücksichtigt, dass die Transportzeiten nicht immer zu vernachlässigen sind und dass neben dem Transport auch weitere prozessbedingte Übergangszeiten (z.B. technologisch bedingte Nachliegezeiten wie Abkühlen oder Trocknen) erforderlich sein können, die sich bestands- und durchlaufzeiterhöhend auswirken können. Hervorzuheben ist, dass alle Parameter, die die idealen Kennlinien beschreiben, eine elementare Bedeutung für die logistische Leistungsfähigkeit eines Produktionssystems aufweisen. Die zur Berechnung der idealen Kennlinien benötigten Daten liegen in der Praxis oftmals direkt vor oder können mit geringem Aufwand aus den eingesetzten PPS-Systemen bzw. Controlling-Tools ermittelt werden.

Bei dem Streckfaktor α_1 hingegen, über den der Zusammenhang zwischen der Belastungsstreuung und der Kapazitätsflexibilität einerseits und dem erforderlichen Bestandspuffer andererseits beschrieben wird, handelt es sich um einen empirisch ermittelten Parameter.

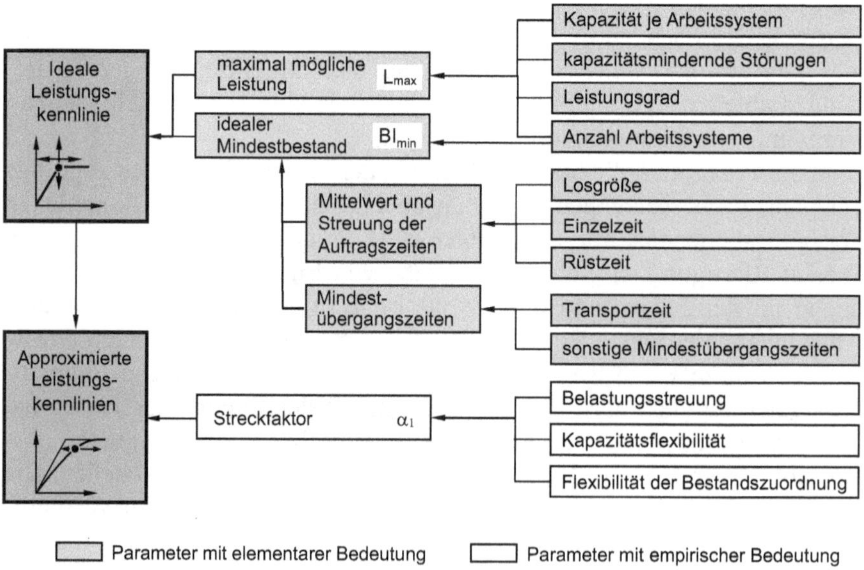

Abb. 10. Parameter berechneter Produktionskennlinien (Basismodell)

Er ist daher in jedem Anwendungsfall hinsichtlich seiner Gültigkeit zu überprüfen. Zahlreiche Praxisanwendungen haben jedoch gezeigt, dass gute bis sehr gute Ergebnisse erzielt werden, wenn mit einem Default-Wert von 10 für α_1 gearbeitet wird. Die Möglichkeiten der Überprüfung dieses Parameters im Rahmen einer praktischen Anwendung werden im Kapitel ‚Anwendungsvoraussetzungen für berechnete Produktionskennlinien' beschrieben.

3.1 Normierte Produktionskennlinien

Für den universellen Einsatz der Produktionskennlinien hat es sich gezeigt, dass für viele Anwendungsbereiche eine normierte Darstellung der Größen sinnvoll ist, um damit Aussagen treffen zu können, die weitgehend unabhängig von systemspezifischen Randbedingungen sind. Dazu ist es notwendig, geeignete Bezugsgrößen für eine solche Normierung festzulegen.

Am einfachsten stellt sich dies für die Leistung dar. Setzt man die maximal mögliche Leistung zu 100%, so kann die mittlere Leistung direkt umgerechnet und als mittlere bestandsabhängige Auslastung interpretiert werden, Abb. 11.

Für den Bestand bietet sich eine Normierung mit dem idealen Mindestbestand als Bezugspunkt an. Der sich damit ergebende relative Bestand besagt somit, in welchem Maß der absolute Bestand an einem Arbeitssystem vom idealen Mindestbestand abweicht.

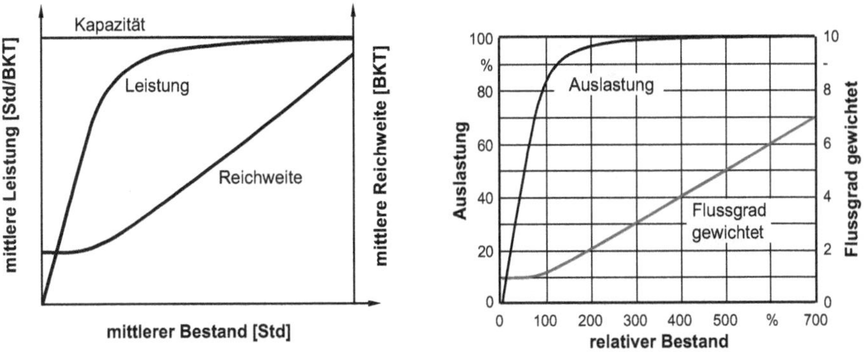

a) Arbeitssystemspezifische Produktionskennlinien

b) Normierte Produktionskennlinien

Abb. 11. Gegenüberstellung von arbeitssystemspezifischen und normierten Produktionskennlinien

Als normiertes Maß für die Reichweite schließlich lässt sich der Flussgrad verwenden. Setzt man in Analogie zur Trichterformel den relativen Bestand zur Auslastung ins Verhältnis, so erhält man als normierte Größe für die Reichweite den gewichteten Flussgrad. Ergänzende Erläuterungen zu den genannten und weiteren Normierungen sind der Literatur (Nyhuis u. Wiendahl 2003) zu entnehmen.

Durch die Normierung sind in den Berechnungsgleichungen für die Auslastung, den relativen Bestand und den gewichteten Flussgrad keine Auftragszeit- und Kapazitätsstrukturkennzahlen mehr vorhanden. Die sich ergebenden Kennlinien sind demzufolge weitgehend systemunabhängig, sie werden lediglich noch über den Strukturparameter α_1 beeinflusst.

Die wesentlichen Unterschiede zwischen arbeitssystemspezifischen (individuellen) und normierten Produktionskennlinien sind in Abb. 11 zusammenfassend gegenübergestellt. Hervorzuheben ist insbesondere, dass die normierten Kennlinien aufgrund ihrer Unabhängigkeit von individuellen Leistungsgrenzen und Auftragszeitstrukturen eine strategische logistische Positionierung sowie eine durchgängige Parameteradaption bei den wesentlichen Funktionen der Produktionsplanung und -steuerung unterstützen. Werden hingegen für die jeweilige Aufgabenstellung absolute Kennzahlen für die logistischen Zielgrößen benötigt, etwa im Rahmen eines Arbeitssystemvergleichs oder bei Potenzialermittlungen, sind die arbeitssystemspezifischen Kennlinien von Vorteil.

Sowohl für die normierten wie auch die arbeitssystemspezifischen Produktionskennlinien lassen sich prinzipiell unterschiedliche Darstellungsformen wählen. Generell gilt, dass mit einer Kennlinie die graphische Darstellung des quantitativen Zusammenhangs zwischen einer unabhängigen Einflussgröße und einer sich ergebenden Zielgröße in Form einer Kurve erfolgt. Im Falle der produktionslogistischen Zielgrößen können sowohl der Bestand, die Durchlaufzeit als auch die Leistung prinzipiell sowohl als unabhängige Einfluss- wie auch Ergebnisgröße angesehen werden. Gleiches gilt auch für die normierten Größen.

In den Arbeiten des Instituts für Fabrikanlagen und Logistik wird im Allgemeinen der Bestand als unabhängige Variable gewählt. Dafür spricht, dass sich der Bestand durch gezielte Steuerungsmaßnahmen (Auftragsfreigabe bzw. Kapazitätssteuerung) aktiv beeinflussen lässt, indem dafür gesorgt wird, dass der Input zeitweilig größer, kleiner oder gleich dem Output des betrachteten Prozesses ist. Die übrigen logistischen Zielgrößen stellen bei dieser Betrachtungsweise abhängige Variablen dar.

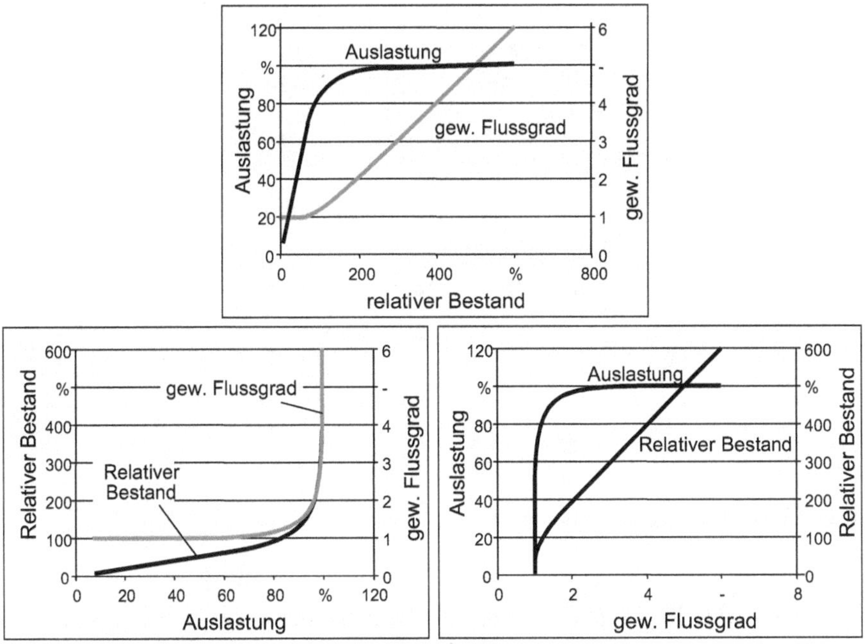

Abb. 12. Darstellungsformen normierter Produktionskennlinien

Da die Kenngrößen Bestand, Durchlaufzeit und Leistung mathematisch ineinander überführbar sind, ist es jedoch möglich, in Abhängigkeit von der speziellen Fragestellung bzw. den zur Verfügung stehenden Handlungsoptionen auch eine der beiden anderen Größen als Einflussgröße zu deklarieren und die Kennlinien, wie in Abb. 12 gezeigt, entsprechend darzustellen.

3.2 Anwendungsvoraussetzungen für berechnete Produktionskennlinien

Die Erstellung und Nutzung berechneter Produktionskennlinien ist an Voraussetzungen gebunden, die sich aus der Modellstruktur und den Modellparametern ableiten lassen.

Zunächst ist es erforderlich, dass sich für den betrachteten Produktionsprozess ideale Kennlinien erstellen lassen. Dies setzt im Wesentlichen voraus, dass sich ein idealisierter Produktionsablauf beschreiben lässt. Alle für die Berechnung des idealen Mindestbestandes und der maximal möglichen Leistung benötigten Parameter (vgl. Abb. 10) müssen mit einer hinreichenden Genauigkeit vorliegen bzw. ermittelbar sein. Ferner ist ein Wert für den Streckfaktor α_1 festzulegen.

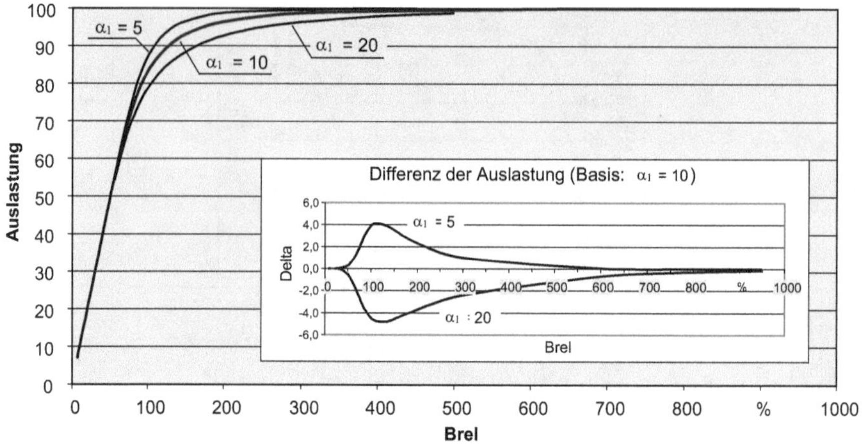

Abb. 13. Normierte Produktionskennlinien bei Variation des Streckfaktors

Zahlreiche Untersuchungen haben gezeigt, dass mit dem Standardwert $\alpha_l = 10$ in der Regel eine praxisnahe Beschreibung der Wirkungszusammenhänge zwischen den logistischen Zielgrößen erreicht wird. Dies gilt insbesondere dann, wenn auf stärkere mittel- bis langfristige Belastungsschwankungen mit einer Anpassung der Kapazität (im Wesentlichen durch einen Auf- oder Abbau der Personalkapazität) reagiert wird (hohe Kapazitätsflexibilität) oder aber durch den Einsatz entsprechender Planungs- und Steuerungsverfahren ein Belastungsabgleich durchgeführt wird (geringe Belastungsstreuung). Sind solche Anpassungsmöglichkeiten nicht bzw. nur stark eingeschränkt möglich, ist ein größerer α_l-Wert anzusetzen. Ist hingegen eine sehr hohe Kapazitätsflexibilität an dem betrachteten Arbeitssystem gegeben, so kann man dem idealen Produktionsprozess sehr nahe kommen, was sich in der Kennlinientheorie in einem geringen α_l-Wert ausdrückt. Abb. 13 zeigt die normierten Leistungskennlinien für drei unterschiedliche α_l-Werte sowie die sich dabei ergebende Auslastungsdifferenz als Funktion des relativen Bestandes.

Im Rahmen von Ablaufanalysen besteht die Möglichkeit, die Gültigkeit des zugrunde gelegten Streckfaktors zu überprüfen, sofern das zu untersuchende Arbeitssystem im Unterlastbereich bzw. im Übergangsbereich der Kennlinien betrieben wird. Dazu ist ein erfasster Betriebszustand mit Hilfe einer Durchlaufzeit- und Bestandsanalyse (vorzugsweise unter Nutzung von Durchlaufdiagrammen) detailliert auszuwerten. Die dabei gewonnenen Ergebnisse sind anschließend mit den Ergebnissen einer Kennlinienanwendung zu vergleichen, Abb. 14.

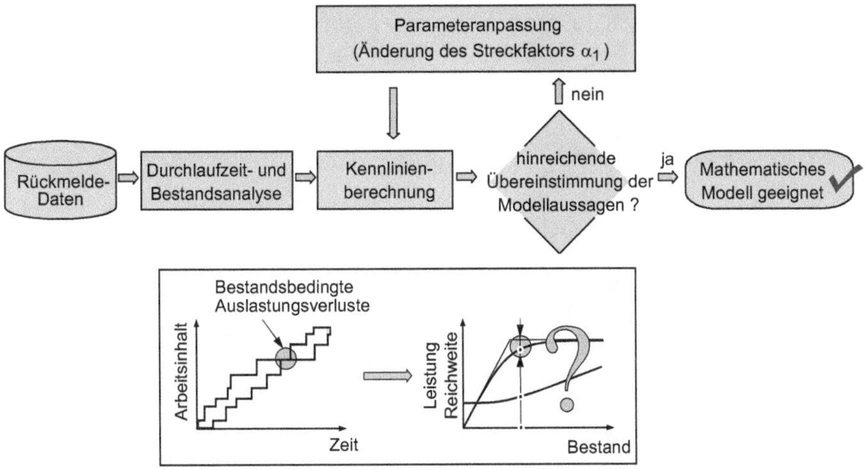

Abb. 14. Modellevaluation auf Basis betrieblicher Ablaufdaten

Insbesondere ist zu prüfen, ob im erfassten Betriebszustand bestandsbedingte Auslastungsverluste vorlagen (am Arbeitssystem also zeitweilig kein Bestand vorlag) und diese in der berechneten Kennlinie bei dem ermittelten mittleren Bestand auch hinreichend genau ausgewiesen werden. Ist dies nicht der Fall, so ist der Streckfaktor soweit anzupassen, bis eine hinreichende Übereinstimmung feststellbar ist. Bei hohen Beständen (Überlastbereich) ist diese Art der Parameterevaluation nicht möglich. In einem solchen Fall ist aber auch ein fehlerhafter Streckfaktor vergleichweise unkritisch.

Hinsichtlich der Anwendungsvoraussetzungen der Kennlinientheorie ist weiterhin zu berücksichtigen, dass es sich um einen mittelwertbasierten Ansatz handelt, der von einem eingeschwungenen Betriebszustand ausgeht. Der Untersuchungszeitraum muss daher so groß gewählt werden, dass die einzelnen Kenngrößen als repräsentativ für das untersuchte Arbeitssystem angesehen werden können. Gleichzeitig ist sicherzustellen, dass insbesondere bei den Auftragszeiten und deren Streuungen keine tendenziellen Veränderungen über der Zeit auftreten, da diese Größen in der Kennlinientheorie zum idealen Mindestbestand zusammengefasst werden und somit die Steigung der Leistungskennlinie maßgeblich beeinflussen.

Eine ausführliche Analyse der Relevanz möglicher Datenfehler für die Kennlinientheorie findet sich in (Nyhuis u. Wiendahl 2003). Darin wird nachgewiesen, dass auch in den Fällen, in denen einzelne der erforderlichen Parameter nicht vorliegen, nur näherungsweise bestimmt werden können oder auch gegen die Bedingungen der Prozessstabilität verstoßen wird, eine Ermittlung der Kennlinien nicht grundsätzlich ausgeschlossen wird. Zwar werden die Anwendungsmöglichkeiten und zum Teil auch die

Qualität der Aussagen je nach Fehlerart mehr oder weniger stark eingeschränkt, es lassen sich dennoch vielfach noch wertvolle Hinweise und Orientierungshilfen gewinnen. Insgesamt ist die Kennlinientheorie ein recht fehlertolerantes und robustes Modell.

4 Nutzung von Produktionskennlinien im Rahmen von Entscheidungsmodellen

Die Kennlinientheorie bietet weitreichende Möglichkeiten, logistische Rationalisierungspotentiale zu quantifizieren und Produktionsprozesse logistikorientiert zu gestalten und zu lenken.

Da mit der Kennlinientheorie die Zusammenhänge zwischen den logistischen Zielgrößen und ihre Beeinflussungsmöglichkeiten beschrieben werden, stellt sie eine ideale Grundlage für den Ausbau und die Überwachung von Prozesssicherheit und Prozessfähigkeit eines Unternehmens dar. So lassen sich die Kennlinien zur Bewertung von Prozessabläufen im Rahmen eines Produktionscontrollings heranziehen. Sie zeigen auf, welche Durchlaufzeiten und Bestände bei den vorliegenden strukturellen Bedingungen erreicht werden können, ohne dass nennenswerte Materialflussabrisse und somit Leistungseinbußen zu erwarten sind. Für die Anwendungen im Rahmen der Produktionsplanung und -steuerung (PPS) lassen sich die Systemparameter zielkonform ableiten und einstellen. Die Darstellung der logistischen Zielgrößen in einem Diagramm ermöglicht es dabei, je nach aktueller Betriebs- und/oder Marktsituation und auch in Abhängigkeit von arbeitssystemspezifischen Randbedingungen zu entscheiden, welchem Merkmal das größte Gewicht beigemessen werden muss. Gleichzeitig kann aufgezeigt werden, wie sich eine Parameteränderung auf die logistischen Qualitätsmerkmale auswirkt. Damit wird das Dilemma der Ablaufplanung in neuartiger Weise gelöst. Statt nach einem imaginären Optimum (meist dem Kostenminimum) zu suchen, geht man von einer primären, meist marktbedingten Zielgröße aus, z.B. einer angestrebten Durchlaufzeit. Daraus ergeben sich dann zwangsläufig die übrigen Zielwerte wie Auslastung und Bestand.

Stellt sich im Rahmen der Anwendung heraus, dass die gesetzten Zielwerte ohne flankierende Maßnahmen nicht erreichbar sind, so können die Kennlinien entsprechend den vorgestellten Möglichkeiten auch zur Unterstützung und Evaluation von Planungsaktivitäten herangezogen werden. So lassen sich alternativ einsetzbare Planungs- und Steuerungsstrategien unter logistischen Kriterien bewerten und auswählen. Auch kann die Kennlinientheorie unmittelbar in Verfahren zur Losgrößenbestimmung, zur Terminierung oder auch zur Auftragsfreigabe integriert werden. Darüber wird eine fortlaufende und verfahrensgestützte Ausrichtung der Planung und Steuerung an den logistischen Zielgrößen unterstützt. Im Rahmen der Fabrikplanung können die Produktionskennlinien zur logistikorientierten Bewertung alternativer Fertigungsprinzipien oder neuer Logistikkonzepte herangezogen werden. Zudem ergeben sich Möglichkeiten zur Bewertung von Investitionsentscheidungen (z.B. der Einsatz neuer Transportsysteme, Einführung neuer Fertigungstechnologien) und zur Erweiterung der Geschäftsprozessmodellierung. Grundlage für alle genannten Anwendungen ist die logistische Positionierung, die die Zielvorgaben liefert und somit auch ein Bindeglied über alle Einzelfunktionen darstellt. Eine ausführliche Erläuterung der Anwendungsmöglichkeiten findet sich in (Nyhuis u. Wiendahl 2003) und der dort angegebenen Literatur.

Nachfolgend wird an den Beispielen der Engpassorientierten Logistikanalyse und der Durchlauforientierten Losgrößenbestimmung gezeigt, wie auf der Grundlage der Kennlinientheorie logistische Rationalisierungspotentiale in einer Produktion identifiziert und Maßnahmen zu deren Erschließung abgeleitet und neue bzw. erweiterte Optimierungsverfahren für die PPS entwickelt werden können.

4.1 Engpassorientierte Logistikanalyse

Die Engpassorientierte Logistikanalyse (ELA) ist ein Controlling-Ansatz, der speziell auf die logistikorientierte Bewertung und Verbesserung von bestehenden Produktionsprozessen ausgerichtet wurde. Über eine solche Analyse lassen sich die Prozessabläufe in einem Produktionsbereich aus logistischer Sicht sowohl qualitativ als auch quantitativ beschreiben. Die spezifischen Problemursachen lassen sich lokalisieren und auch in Form von Ursache-Wirkzusammenhängen darstellen. Zudem können vorhandene logistische Rationalisierungspotentiale ebenso wie mögliche Maßnahmen zu ihrer Erschließung aufgezeigt und bewertet werden.

Der methodische Kern der ELA besteht in einer Kombination der Analysetechniken „Materialflussanalyse“, „Durchlaufzeit- und Bestandsanalyse“ und „logistische Potenzialbeurteilung mit Produktionskennlinien“ (Abb. 15). Damit wird ein Übergang von einer rein arbeitssystembezogenen Analyse von Produktionsprozessen hin zu einer Engpassorientierten Logistikanalyse für einen vollständigen Produktionsbereich ermöglicht.

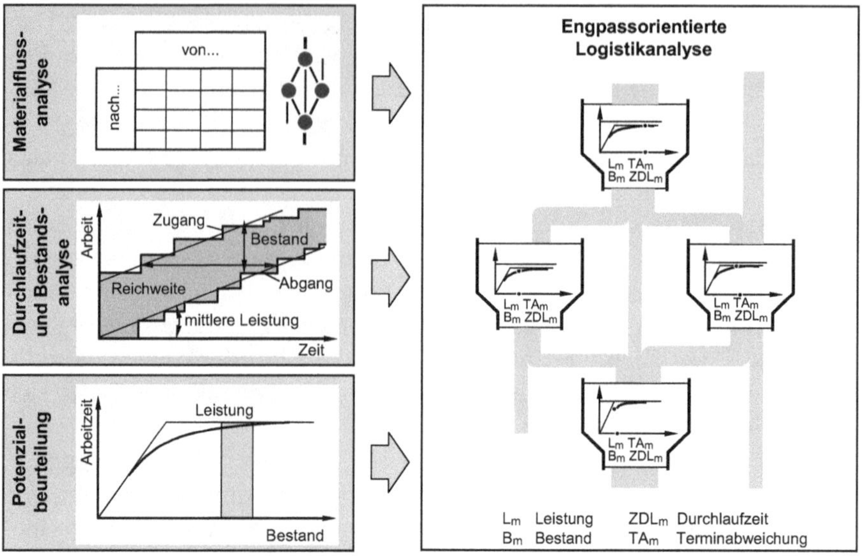

Abb. 15. Methoden der Engpassorientierten Logistikanalyse

Es wird damit die Möglichkeit gegeben, die aus Sicht der im Anwendungsfall zugrundeliegenden Zielstellung relevanten Arbeitssysteme im Materialfluss aufzuzeigen. Sowohl kapazitive Engpässe (Begrenzung der Mengenausbringung) wie auch durchlaufzeit- und lieferzeitbestimmende Arbeitssysteme lassen sich lokalisieren und in ihrer Bedeutung für den Auftragsdurchlauf quantifizieren. Mit Hilfe der Kennlinientechnik kann weiterhin aufgezeigt werden, an welchen Arbeitssystemen welche Art von möglichen Maßnahmen zur Durchlaufzeit- und Bestandsreduzierung sinnvoll umgesetzt werden können. So kann beispielsweise untersucht werden, wo Durchlaufzeitreduzierungen durch eine gezielte Bestandssteuerung möglich sind und an welchen Arbeitssystemen flankierende Maßnahmen in der Kapazitätsstruktur, in der Auftragszeitstruktur oder auch in der strukturellen Einbindung einzelner Systeme in dem analysierten Produktionsbereich erforderlich sind. Mit der Ermittlung weniger, aber im Sinne der zugrundeliegenden Zielsetzung wichtiger Arbeitssysteme wird angestrebt, die Komplexität der Aufgabe deutlich zu verringern und die einzuleitenden Maßnahmen auf das Wesentliche zu konzentrieren.

Unterstützt werden können die Analysen mit der Erstellung eines logistischen Ressourcenportfolios (Lödding et al. 2001), in dem die einzelnen Arbeitssysteme einer Produktion mit der jeweiligen quantifizierten Bedeutung der Arbeitssysteme im Sinne der zugrundeliegenden Zielstellung über dem relativen Bestand aufgetragen werden. Abb. 16 zeigt exemplarisch einen Auszug aus einem solchen Portfolio.

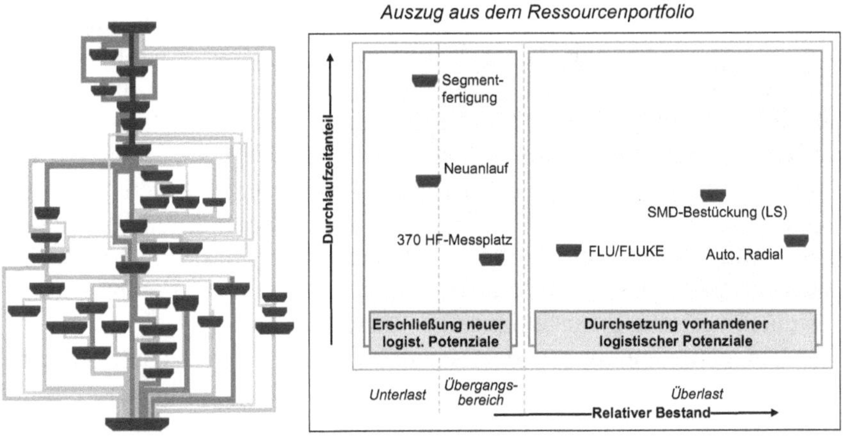

Abb. 16. Das logistische Ressourcenportfolio (Praxisbeispiel)

Erstellt wurde es für ein Unternehmen der Elektronikbranche, bei dem als Zielstellung eine Halbierung der Auftragsdurchlaufzeit angestrebt wurde. Dieser Zielstellung entsprechend wurde auf der y-Achse des Portfolios aufgetragen, welcher Anteil an der mittleren Auftragsdurchlaufzeit an den einzelnen Arbeitssystemen entsteht. Um diesen Anteil zu ermitteln, muss lediglich das Verhältnis der Summe der Arbeitsvorgangsdurchlaufzeiten an jedem einzelnen Arbeitssystem zur Summe aller Arbeitsvorgangsdurchlaufzeiten gebildet werden.

Das Portfolio zeigt nun, welches die wichtigen Arbeitssysteme sind (hier: hoher Durchlaufzeitanteil) und welche Kategorie von Maßnahmen vorrangig in Betracht zu ziehen sind. So ist zu erkennen, dass drei der sechs ausgewählten Arbeitssysteme im Überlastbereich der Kennlinien betrieben wurden. Für diese Arbeitssysteme gilt, dass zunächst die vorhandenen logistischen Potenziale durchzusetzen sind, dass also durch Maßnahmen der Fertigungssteuerung (im Wesentlichen durch eine Kapazitätssteuerung und/oder die Auftragsfreigabe) der Bestand und damit die Durchlaufzeit auf ein vertretbares Maß abgesenkt werden.

Bei den drei anderen dargestellten Arbeitssystemen stellt sich die Situation gänzlich anders dar. Diese Arbeitssysteme wurden bereits im Unterlast- bzw. im Übergangsbereich der Kennlinien betrieben. An diesen Systemen würden reine Bestandsreduzierungen zu starken Auslastungsverlusten führen. Daher sind hier flankierende Maßnahmen erforderlich, mit denen sich neue logistische Potenziale erschließen lassen, beispielsweise durch dispositive Maßnahmen (Reduzierung und Harmonisierung der Auftragszeiten), durch Eingriffe in die Technologie oder durch Umstrukturierungsmaßnahmen im Rahmen der Fabrikplanung. Grundsätzlich geht es dabei darum, für die betroffenen Arbeitssysteme ‚steilere' Leistungskennlinien zu ermöglichen und so neue Spielräume zur Bestands- und Durchlaufzeitreduzierung zu schaffen. Die Ableitung und Bewertung alternativer Maßnahmen kann dabei durch die Kennlinientheorie unterstützt werden: Eine Kennlinie lässt sich immer dann berechnen, wenn die erforderlichen Parameter vorliegen. Wird nun einer dieser Parameter verändert, so ergibt sich damit eine neue Kennlinie. Es ist daher naheliegend, die Wirkungen unterschiedlicher Maßnahmen auf die Beeinflussung des logistischen Potentials eines Arbeitssystems mit der Kennlinientheorie zu beschreiben und so unternehmerische Entscheidungen zu unterstützen.

Zur Unterstützung der Maßnahmenauswahl sind die Potenziale der Einzelmaßnahmen mit ihrer Wirkung hinsichtlich der übergeordneten Zielstellung (hier: Halbierung der Auftragsdurchlaufzeit) zu ermitteln. Um eine hohe Effizienz sicherzustellen, ist es von entscheidender Bedeutung, die einzelnen Maßnahmen aufeinander abzustimmen. Die permanente Absenkung des Bestandes erweist sich dabei als zentrale Logistikstrategie und sollte vorrangig dort ansetzen, wo bereits logistische Rationalisierungspotenziale vorhanden sind, also an den Systemen, die im Überlastbereich der Kennlinien betrieben werden.

Abb. 17 zeigt, welche Potenziale zum Zeitpunkt der Analyse für das Beispielunternehmen vorhanden waren. Zur Erstellung der Graphik wurde für alle Arbeitssysteme ein Ziel-Betriebspunkt definiert, die sich daraus ergebende Ziel-Durchlaufzeit bestimmt und schließlich mit ihrer Wirkung auf die mittlere Auftragsdurchlaufzeit hochgerechnet (vgl. auch Nyhuis u. Wiendahl 2003). Vereinfachend wurde hier angenommen, dass an allen Arbeitssystemen jeweils der gleiche relative Bestand als Zielwert angestrebt wird. Insgesamt zeigt sich, dass bei einem relativen Bestand von knapp unter 200% die geforderte Halbierung der Durchlaufzeit prinzipiell realisierbar gewesen wäre. Es ist jedoch zu bedenken, dass es in der Praxis äußerst schwierig sein dürfte, bei dem sehr komplexen Materialfluss in dem Unternehmen (siehe auch das Trichternetz in Abb. 16) den Bestand zeitgleich an allen Arbeitssystemen auf dem geforderten Niveau zu halten. Abb. 17 zeigt darüber hinaus, dass bei dem erforderlichen Betriebspunkt bereits leichte Auslastungsverluste zu erwarten sind und zudem eine hohe Sensibilität der Auslastung bei Bestandsschwankungen gegeben ist.

In einem solchen Fall ist es sinnvoll, flankierende Maßnahmen zur Durchlaufzeit- und Bestandsreduzierung für einzelne Arbeitssysteme zu prüfen. Exemplarisch sei hier die Segmentfertigung genannt, die schon im logistischen Ressourcenportfolio (Abb. 16) als das durchlaufzeitbestimmende Arbeitssystem identifiziert wurde. Mehr als 25% der gesamten Auftragsdurchlaufzeit wurde allein an diesem Arbeitssystem verursacht, obwohl es bereits bei einem sehr geringen relativen Bestand betrieben wurde.

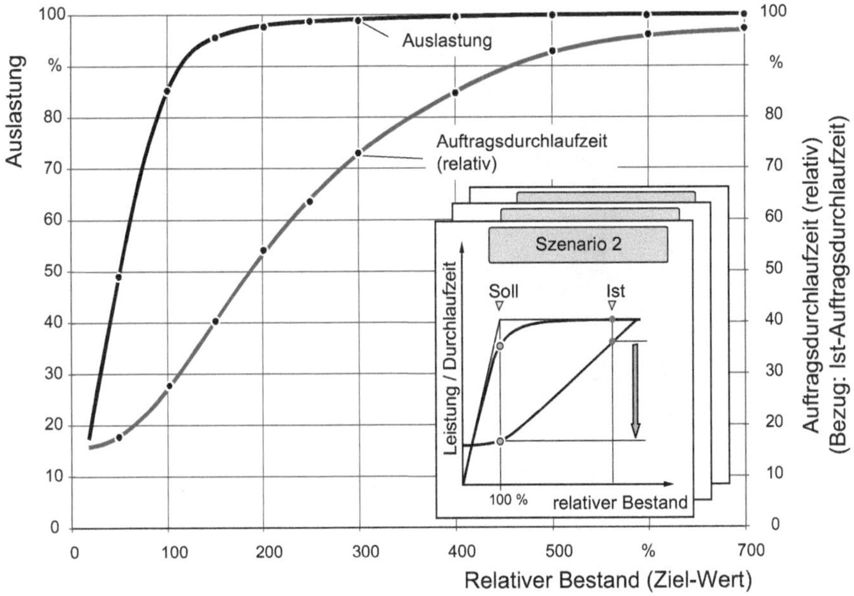

Abb. 17. Bewertung logistischer Potenziale bei ausschließlicher Bestandsreduzierung (Praxisbeispiel)

In der Segmentfertigung wurden Leiterplatten an insgesamt ca. 50 parallelen Handarbeitsplätzen manuell nachbestückt. Das Arbeitssystem stellte die Leitkapazität des Unternehmens dar, an dem u.a. auch der Einstoß der Aufträge in die Produktion ausgerichtet wurde. Die Zugänge waren somit sehr gut auf die Abgänge abgestimmt, der Bestand war auch über längere Zeiträume sehr gleichmäßig. Dass das Arbeitssystem dennoch sehr durchlaufzeitkritisch war, war insbesondere auf die großen Arbeitsinhalte und noch stärker auch deren Streuung zurückzuführen. Daher lag die Schlussfolgerung nahe, gezielt die Aufträge mit einem hohen Arbeitsinhalt zu reduzieren, um somit eine Harmonisierung der Auftragszeitstruktur zu erreichen. Es wurde im Wesentlichen beschlossen, dass alle Aufträge mit sehr großem Arbeitsinhalt durch zwei oder mehr Mitarbeiter parallel zu bearbeiten sind. Bei dieser lokal begrenzten Auftragsteilung wird vermieden, dass auch an allen anderen Arbeitssystemen mit kleineren Losgrößen und dadurch steigendem Rüstaufwand gearbeitet werden muss.

Die berechneten Kennlinien zeigen, dass durch eine solche Maßnahme ein erhebliches logistisches Rationalisierungspotenzial geschaffen wird, Abb. 18.

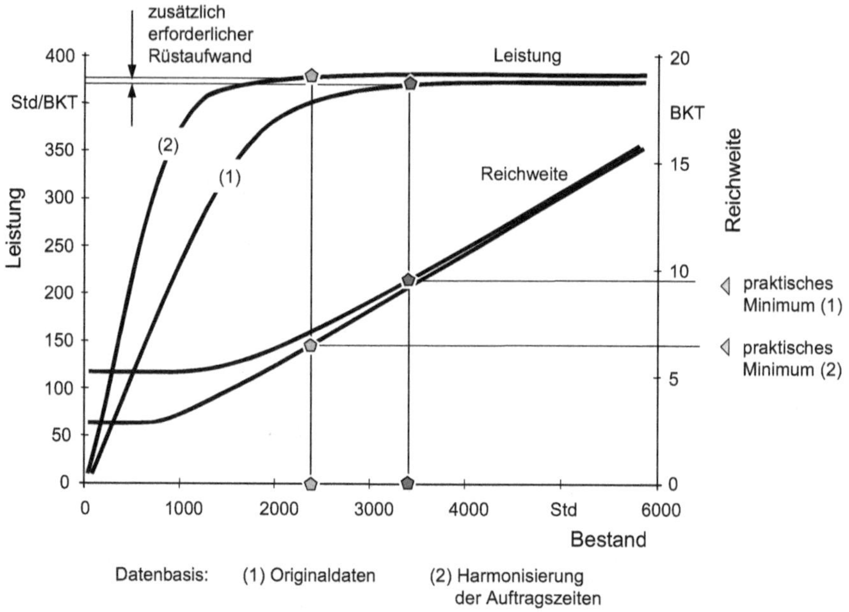

Abb. 18. Logistische Bewertung von Auftragszeitharmonisierungen mit Hilfe berechneter Kennlinien (Praxisbeispiel)

Obwohl von der lokalen Losteilung nur relativ wenige Aufträge betroffen waren (18%) und somit der erforderliche Rüstzeitanteil moderat von 6,8% auf 8,0% anstieg, wurde der ideale Mindestbestand um ca. 35% reduziert. Dies wiederum ermöglicht eine auslastungsneutrale Verringerung von Durchlaufzeit und Reichweite von ebenfalls ca. 35%.
Diese und auch weitere Maßnahmen zur Durchlaufzeitreduzierung konnten von dem Unternehmen erfolgreich umgesetzt werden. Das Ziel einer Halbierung der Auftragsdurchlaufzeit konnte schon nach kurzer Zeit fast vollständig realisiert werden. Weitergehende Erläuterungen sind der Literatur (Ewald 1993; Nyhuis u. Wiendahl 2003) zu entnehmen.

4.2 Durchlauforientierte Losgrößenbestimmung

Das vorhergehende Beispiel hat gezeigt, dass die Fertigungslosgrößen die logistischen Zielgrößen einer Produktion nachhaltig beeinflussen. Diesem Zusammenhang wird jedoch selten angemessen Rechnung getragen. In der betrieblichen Praxis werden zur Bestimmung von Fertigungslosgrößen hauptsächlich wirtschaftliche Kriterien herangezogen. Die meisten Losgrößenbestimmungsverfahren berücksichtigen dabei mehr oder weniger detailliert die über die Losgröße gegenläufigen Kosten für Lagerhaltung einerseits und Auftragswechselkosten (im Wesentlichen die Rüstkosten) andererseits. Die derart ausgerichteten Verfahren stoßen jedoch ständig auf Kritik. Vorrangig wird festgestellt, dass Losgrößenbestimmungsverfahren den Einfluss der Losgrößen auf die Durchlaufzeiten und die Bestandsbindung in der Produktion nicht berücksichtigen.

Die Kennlinientheorie belegt, dass diese Kritik gerechtfertigt ist. Sie zeigt, dass der ideale Mindestbestand maßgeblich durch den Mittelwert und die Streuung der Auftragszeiten und damit durch die Fertigungslosgrößen bestimmt wird. Damit sind sowohl die Durchführungszeiten wie auch die Liegezeiten in der Produktion (die Übergangszeiten) und als Folge auch die erreichbaren Durchlaufzeiten losgrößenabhängige Kapitalbindungszeiten und somit in die Berechnung wirtschaftlicher Losgrößen einzubeziehen.

An diesem Punkt setzt das Verfahren der Durchlauforientierten Losgrößenbestimmung (DOLOS) ein. Ausgehend von einem Ziel-Flussgrad, der im Rahmen einer logistischen Positionierung festzulegen ist, lassen sich die Durchlaufzeiten als Funktion der Durchführungszeiten und somit der Losgrößen bestimmen. Damit stellen dann aber auch die Liegezeiten in der Produktion – also die Übergangszeiten – losgrößenabhängige Kapitalbindungszeiten dar und sind somit ebenso wie die losgrößenabhängigen Durchführungszeiten in die Losgrößenberechnung mit einzubeziehen. Dies geschieht, indem über die Kennlinientheorie die von der Losgröße abhängigen bestands- und durchlaufzeitwirksamen Zeiten ermittelt und in Bestandskosten überführt werden (Nyhuis 1991).

Die ermittelten Übergangszeiten werden im Allgemeinen nicht bei dem Auftrag anfallen, für den sie ermittelt worden sind. Es ist aber davon auszugehen, dass andere Aufträge während der Bearbeitung des betrachteten Auftrages auf frei werdende Kapazitäten warten müssen. Und zwar umso länger, je größer der Arbeitsinhalt des betrachteten Auftrages ist und je größer die Warteschlangen (ausgedrückt über den Flussgrad) sind. Da dies bei dem DOLOS-Ansatz berücksichtigt wird, löst er sich in Teilen von der sonst üblichen teilespezifischen zugunsten einer verursachungsorientierten Kostenzuordnung.

Für wirtschaftlich orientierte Losgrößenbestimmungsverfahren gilt generell, dass sich das Kostenoptimum genau dort ergibt, wo Auftragswechselkosten und Kapitalbindungskosten gerade gleich hoch sind. Dies gilt sowohl für die klassischen Ansätze wie auch für DOLOS. Als primäre Wirkung werden bei DOLOS gegenüber klassischen Ansätzen kleinere wirtschaftlich optimale Losgrößen berechnet (Abb. 19, rechts).

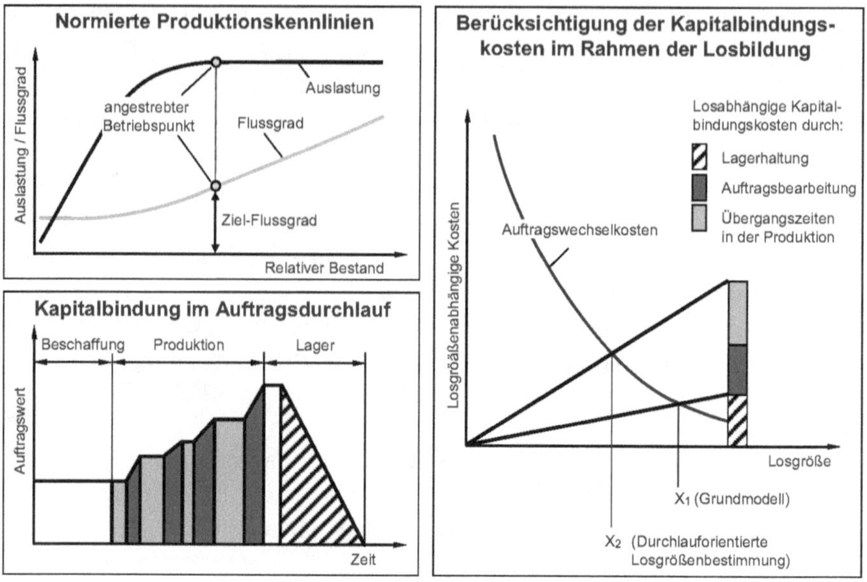

Abb. 19. Prinzip der Durchlauforientierten Losgrößenbestimmung

Zusätzlich werden solche Lose, die bei Anwendung klassischer Losgrößenbestimmungsverfahren zu großen Arbeitsinhalten tendieren würden, stärker reduziert als solche mit kleinen Arbeitsinhalten. Somit sorgt das Verfahren neben einer Reduzierung auch für eine Harmonisierung der Auftragszeiten (Nyhuis 1991). Der positive Effekt wird somit noch verstärkt.

Über eine vergleichende Analyse lässt sich die Wirkung der Durchlauforientierten Losgrößenbestimmung anschaulich darstellen. In Abb. 20 sind verschiedene Kennzahlen und Produktionskennlinien bei Anwendung verschiedener Losgrößenbestimmungsverfahren dargestellt. Das Beispiel entstammt aus einem Unternehmen der Automobilzulieferindustrie. Die Graphik zeigt, dass unter Berücksichtigung der Kapitalbindungskosten im Auftragsdurchlauf die losabhängigen Kosten für DOLOS in der Summe am geringsten sind. Zwar sind die Rüstkosten wesentlich höher als bei den konventionellen Verfahren, die geringeren Kapitalbindungskosten gleichen diesen Nachteil jedoch mehr als aus. Zugleich wird deutlich, dass bei Anwendung von DOLOS die Arbeitsinhalte der erzeugten Aufträge wesentlich kleiner und insbesondere auch gleichmäßiger sind. Im Ergebnis führt dies zu steileren Kennlinien und somit zu erheblichen Durchlaufzeit- und Bestandspotenzialen – bei geringeren losabhängigen Kosten.

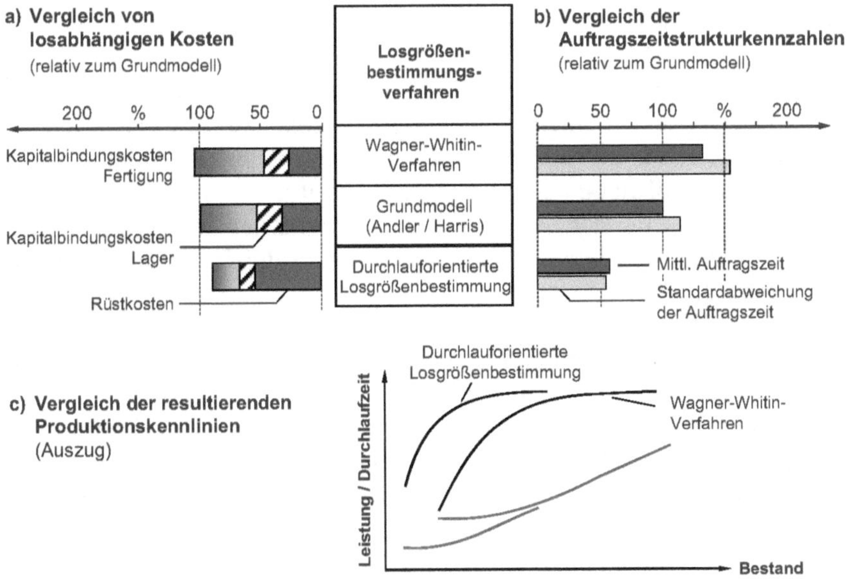

Abb. 20. Vergleich alternativer Losgrößenbestimmungsverfahren

5 Zusammenfassung

Mit den aus dem Trichtermodell abgeleiteten Beschreibungsmodellen (im Kern den Durchlaufdiagrammen) und den Produktionskennlinien als Wirkmodell liegen für den Bereich der Fertigung starke und in der Praxis vielfach bewährte Modellansätze vor, mit denen das logistische Systemverhalten auch komplexer Fertigungsbereiche über Kennzahlen und Grafiken differenziert beschrieben werden kann. Damit lassen sich logistische Engpässe hinsichtlich unterschiedlicher Analysekriterien (Durchsatz, Durchlaufzeit, Bestand und/oder Terminabweichung) lokalisieren und quantifizieren. Zudem wird die Ableitung und Quantifizierung von Maßnahmen zur Behebung der Engpässe unterstützt, so dass sie zum Entscheidungsprozess der Maßnahmenauswahl beitragen.

Aber auch im Bereich der Entscheidungs- und Optimierungsmodelle werden Durchlaufdiagramme und Produktionskennlinien inzwischen erfolgreich eingesetzt. Das Beispiel der Durchlauforientierten Losgrößenbestimmung zeigt exemplarisch, dass sich mit den Erkenntnissen, die aus der Kennlinientheorie abgeleitet werden können, Entscheidungsmodelle um elementare Wirkzusammenhänge erweitern lassen. Bei der Losgrößenbestimmung führt diese Erweiterung zu einer wirtschaftlich begründeten

Reduzierung und Harmonisierung der Auftragszeiten und damit der Möglichkeit, deutlich geringere Bestände und Durchlaufzeiten zu realisieren. Das „Dilemma der Ablaufplanung“ wird deutlich entschärft.

Ergänzend zur Durchlauforientierten Losgrößenbestimmung (DOLOS) seien exemplarisch zwei weitere Verfahren aus dem Anwendungsbereich der Produktionsplanung und -steuerung genannt, die auf der Grundlage der erwähnten Elemente der Kennlinientheorie entwickelt wurden: Die *Flussgradorientierte Terminierung* (FLOTERM) und die *Belastungsorientierte Auftragsfreigabe* (BOA).

FLOTERM setzt wie DOLOS unmittelbar auf der Produktionskennlinie auf. Der Ansatz unterstützt die Ableitung arbeitsplatzspezifischer Plan-Durchlaufzeiten unter Beachtung der Auftragszeit- und Kapazitätsstrukturen sowie der jeweils angestrebten Bestandssituation. Jede Veränderung der unternehmensseitigen Zielsetzungen oder der arbeitssystemspezifischen Rahmenbedingungen wie z. B. der Auftragszeitstrukturen schlägt sich unmittelbar in den ermittelten Durchlaufzeiten nieder, eine Anpassung an die aktuelle Situation ist somit zu jedem Zeitpunkt gewährleistet (Ludwig u. Nyhuis1992).

Die von Bechte bereits 1979 formulierte Grundidee der BOA beruht auf der Überlegung, dass innerhalb einer Planungsperiode immer nur soviel Arbeit für jedes Arbeitssystem freigegeben werden soll, wie aufgrund der voraussichtlichen Leistung innerhalb dieser Periode auch abgearbeitet werden kann. Dadurch werden der mittlere Bestand an den Arbeitssystemen und somit indirekt auch die mittlere Durchlaufzeit geregelt (Bechte 1984; Wiendahl 1995; Wiendahl 1997). In der Praxis besteht dabei die Herausforderung, geeignete Werte für die Stellparameter und hier besonders für den sogen. Einlastungsprozentsatz zu finden. Mit diesem Parameter wird das angestrebte Bestandsniveau für die einzelnen Arbeitssysteme festgelegt. Der Einsatz der Simulation konnte sich hierfür aufgrund des Aufwandes in der Praxis nicht durchsetzen. In der betrieblichen Anwendung des Verfahrens erfolgt daher die Parametereinstellung bislang ausschließlich über ein Probieren durch eine Absenkung des Einlastungsprozentsatzes bis zur Auslastungsgrenze. Da eine zu starke Veränderung des Parameters ungeplante Auslastungsverluste zur Folge haben kann, ist eine solche Vorgehensweise sehr behutsam durchzuführen (Wiendahl 1987). Um dieses Manko auszugleichen, bietet sich an, die Kennlinientheorie in die BOA zu integrieren. Nach durchgeführter Positionierung kann über die Kennlinientheorie zunächst die Plan-Reichweite ermitteln werden, die sich direkt in den Einlastungsprozentsatz umrechnen lässt. Mit der Flussgrad-orientierten Terminierung können zudem die arbeitsplatzspezifischen Durchlaufzeiten ermittelt und für die Terminierung eingesetzt werden. Mit diesen Erweiterungen des Verfahrens wird eine aktive und situationsgetriebene Parametrierung der BOA realisierbar, durch die die Leistungsfähigkeit des Verfahrens deutlich besser nutzbar ist.

Darüber hinaus kann die Kennlinientheorie auch bei vielen weiteren Aufgaben der Produktionsplanung und -steuerung zur Anwendung kommen. Ein Blick auf die Parameter der Kennliniengleichung (vgl. Abb. 10) zeigt, dass sich mit den eingehenden Parametern sehr unterschiedliche strukturverändernde Maßnahmen abbilden und somit hinsichtlich ihrer Wirkung auf das logistische Systemverhalten beschreiben lassen. Verschiedenartige Eingriffe in das Leistungsvermögen eines Arbeitssystems (z.B. Kapazitätsveränderungen, Beeinflussung des Störungsverhaltens durch neue Instandhaltungsstrategien, veränderte Leistungsgrade und/oder Kapazitätsflexibilitäten als Folge modifizierter Entlohnungssysteme) lassen sich hinsichtlich ihrer Wirkung auf Durchlaufzeit, Bestand und Leistung beschreiben. Aber auch die logistische Auswirkungen neuer Fertigungstechnologien (dargestellt im Wesentlichen über veränderte Rüst- und/oder Einzelzeiten) und Fertigungsprinzipien, die sich beispielsweise in reduzierten Mindestübergangszeiten niederschlagen, werden unter logistischen Aspekten bewertbar.

Die aus den vorgestellten Beschreibungs- und Wirkmodellen abgeleiteten Wirkzusammenhänge zwischen den logistischen Zielgrößen sind schließlich auch in ein *Modell der Fertigungssteuerung* (Lödding 2004) eingeflossen. Dieses Modell stellt den Zusammenhang zwischen den Aufgaben der Fertigungssteuerung und der Produktionsplanung und den produktionslogistischen Zielgrößen dar und verknüpft diese über definierte Stell- und Regelgrößen. Unternehmen können das Modell insbesondere zur Analyse einer mangelhaften Zielerreichung und zur Konfiguration der Fertigungssteuerung verwenden.

Literatur

Bechte W (1984) Steuerung der Durchlaufzeit durch belastungsorientierte Auftragsfreigabe bei Werkstattfertigung. Dissertation, Universität Hannover, Fortschritt-Berichte VDI, Reihe 2, Nr. 70, Düsseldorf

Conway RW, Maxwell WL, Miller LW (1967) Theory of Scheduling. Addison-Wesley Publishing Company, Reading

Eidenmüller B (1995) Die Produktion als Wettbewerbsfaktor. Verlag TÜV Rheinland, Köln

Ewald H (1993) Einsatz von Betriebskennlinien zur Überprüfung und Sicherung der logistischen Qualität. Beitrag zum Fachseminar „Qualitätsmanagement in der Logistik“, gfmt, Stuttgart

Gutenberg E (1951) Grundlagen der Betriebswirtschaftslehre – Band 1: Die Produktion. Springer, Berlin Heidelberg

Hoekstra S, Romme JHJM (1985) Op weg naar integrale logistieke structuren. Kluwer, Deventer

Lödding H, Nyhuis P, Wiendahl H-P (2001) Using the Logistical Resource Portfolio for Controlling Lead Time. In: Proceedings of the 2nd International Conference on Advances in Production Engineering, part I, Warsaw University of Technology, Warsaw, June 7-9 2001, pp 165-174

Lödding H (2004) Verfahren der Fertigungssteuerung. Habilitation, Universität Hannover, Springer, Berlin Heidelberg New York

Ludwig E, Nyhuis P (1992) Verbesserung der Termineinhaltung in komplexen Fertigungsbereichen durch einen neuen Ansatz zur Plandurchlaufzeitermittlung. In: Görke W, Rininsland H, Syrbe M (Hrsg) Information als Produktionsfaktor. Springer, Berlin Heidelberg New York

Möller J (1996) Kennliniengestützte Auslegung von Fabrikstrukturen. Dissertation Universität Hannover, Fortschritt-Berichte VDI, Reihe 2, Nr. 389, Düsseldorf

Nyhuis P (1991) Durchlauforientierte Losgrößenbestimmung. Dissertation Universität Hannover, Fortschritt-Berichte VDI, Reihe 2, Nr. 225, Düsseldorf

Nyhuis P, Wiendahl H-P (2003) Logistische Kennlinien – Grundlagen, Werkzeuge und Anwendungen. Springer, Berlin Heidelberg New York

Wiendahl H-P (1987) Fertigungsregelung – Logistische Beherrschung von Fertigungsabläufen auf Basis des Trichtermodells. Hanser-Verlag, München Wien

Wedemeyer H-G v (1989) Entscheidungsunterstützung in der Fertigungssteuerung mit Hilfe der Simulation. Dissertation, Universität Hannover, Fortschritt-Berichte VDI, Reihe 2, Nr. 176, Düsseldorf

Ein Modell der Fertigungssteuerung – Logistische Ziele systematisch erreichen

Dr.-Ing. habil. Hermann Lödding

1 Einleitung

Wissenschaftler und Unternehmenspraktiker sind sich einig: Eine hohe logistische Zielerreichung ist wichtig, um im Wettbewerb bestehen zu können. Zentrale produktionslogistische Ziele sind eine hohe Termintreue, niedrige Durchlaufzeiten und Bestände sowie eine hohe Auslastung (Wiendahl 1997).

Trotz der hohen Bedeutung ist die logistische Zielerreichung in vielen Fällen verbesserungswürdig. Zum Teil ist dies einer mangelnden Kenntnis der logistischen Zusammenhänge geschuldet. So erhoffen sich viele Unternehmen Fortschritte durch die Einführung eines neuen PPS-Systems oder -Verfahrens. Es bleibt jedoch – abgesehen von der häufig bemühten höheren Transparenz – weitgehend unklar, wodurch diese Verbesserungen genau erzielt werden sollen.

Zwar beschreiben viele Autoren die Aufgaben der Produktionsplanung und -steuerung (PPS) und ordnen ihnen zum Teil Verfahren zu. Zudem sind auch in der Modellierung der logistischen Zielgrößen erhebliche Fortschritte erzielt worden. Die durchgehende Verbindung zwischen den Aufgaben der PPS und der logistischen Zielerreichung fehlt jedoch oftmals.

Das im folgenden Abschnitt beschriebene Modell der Fertigungssteuerung überbrückt diese Kluft und zeigt den wesentlichen Einfluss der Fertigungssteuerung auf die logistische Zielerreichung auf.

2 Modellelemente

Das Modell der Fertigungssteuerung besteht aus vier Elementen: den Aufgaben der Fertigungssteuerung und der Produktionsplanung sowie den Stell-, Regel- und Zielgrößen (Abb. 1, Lödding 2005). Diese Elemente sind miteinander verknüpft: Die Aufgaben legen die Stellgrößen fest. Die Regelgrößen ergeben sich als Differenz zweier Stellgrößen und steuern ihrerseits die logistischen Zielgrößen.

Die vier Elemente des Modells werden im Folgenden erläutert, beginnend mit den Zielgrößen.

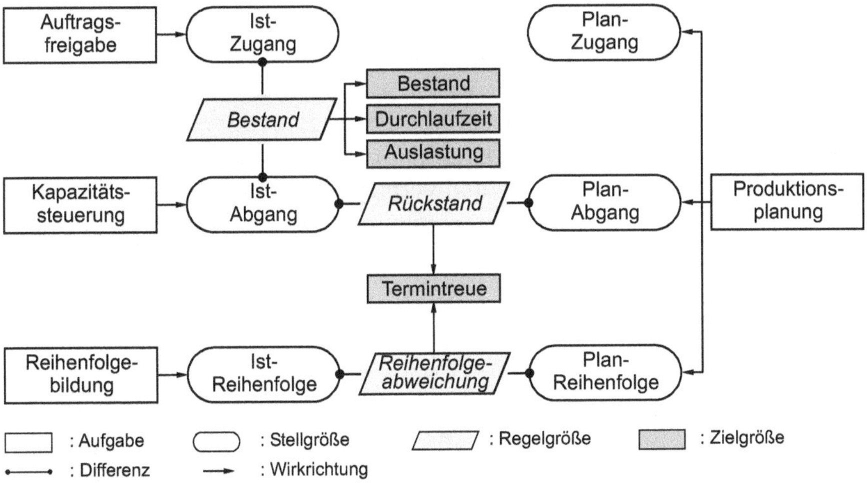

Abb. 1. Das Modell der Fertigungssteuerung

2.1 Zielgrößen

Das Modell der Fertigungssteuerung enthält die fundamentalen logistischen Zielgrößen Bestand, Auslastung, Durchlaufzeit und Termintreue.

Der *Bestand* wird durch die Aufträge gebildet, die sich zum Messzeitpunkt am Arbeitssystem bzw. in der Fertigung befinden. Dieser Umlaufbestand ist als logistische Zielgröße erstens bedeutend, weil er als Teil des Umlaufvermögens bestimmt, wie viel Kapital in der Fertigung gebunden ist und welche Kapitalkosten dem Unternehmen dadurch entstehen. Zweitens belegt der Bestand Fertigungsfläche. Und drittens verdeckt der Bestand vielfach Probleme in der Fertigung und verzögert so erforderliche Verbesserungsprozesse.

Die (bestandsbedingte) *Auslastung* beschreibt die Wahrscheinlichkeit, mit der sich mindestens ein Auftrag an einem Arbeitssystem befindet und das Arbeitssystem ausgelastet ist. Sinkt die Auslastung, steigt die Gefahr von Materialflussabrissen und die Ausbringung der Fertigung reduziert sich.

Die *Durchlaufzeit* eines Auftrags ist definiert als die Zeitdauer von der Freigabe des Auftrags bis zu seiner Fertigstellung (Wiendahl 1997). Sie bildet damit in der Auftragsfertigung eine Untergrenze für die Lieferzeit eines Auftrags. In der Lagerfertigung sinkt der Servicegrad des Unternehmens mit der Länge und der Streuung der Fertigungsdurchlaufzeiten.

Die *Termintreue* ist als prozentualer Anteil der Aufträge definiert, die ein Unternehmen innerhalb einer Terminabweichung vom Plan-

Fertigstellungstermin fertig stellt, die kleiner ist als eine definierte Termintoleranz (Yu 2001). Die Termintreue ist in vielen Unternehmen die wichtigste logistische Zielgröße. Sie wirkt, ggf. durch einen Lieferzeitpuffer oder Sicherheitsbestand entkoppelt, auf die Liefertreue zum Kunden. Eine hohe Termintreue verhindert logistische Sonderaufwände für Expresslieferungen und Engpasssteuerungen und vermeidet ggf. hohe Stillstandskosten bei den Kunden. Sie wird für Unternehmen zusehends zur Voraussetzung, um bei der Lieferantenauswahl berücksichtigt zu werden.

2.2 Regelgrößen

Die beschriebenen logistischen Zielgrößen werden über die drei Regelgrößen Bestand, Rückstand und Reihenfolgeabweichung beeinflusst. Jede dieser Regelgrößen ergibt sich dabei aus der Abweichung zwischen zwei Stellgrößen.

Bestand

Das am Institut für Fabrikanlagen und Logistik der Universität Hannover entwickelte Durchlaufdiagramm (Abb. 2) definiert den *Bestand* als Differenz zwischen kumuliertem Zugang und Abgang einer Fertigung bzw. eines Arbeitssystems (Wiendahl 1997; Bechte 1984) Die Regelgröße Bestand wirkt auf die Zielgrößen Bestand und Auslastung der Fertigung sowie auf die Durchlaufzeiten der Aufträge.

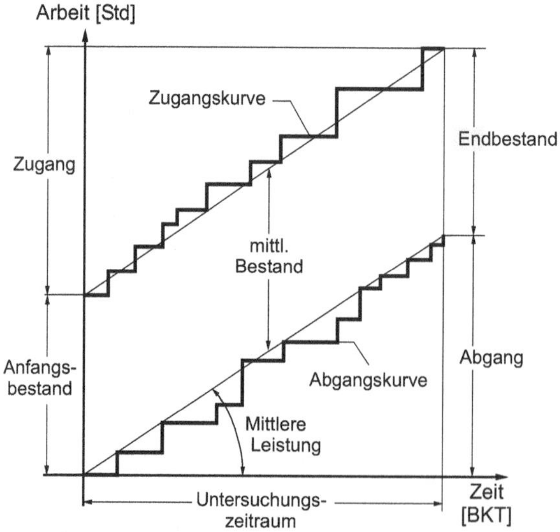

Abb. 2. Durchlaufdiagramm eines Arbeitssystems (nach Bechte)

Den genauen Zusammenhang stellen die sog. Produktionskennlinien dar (Abb. 3, Nyhuis u. Wiendahl 2002). Auslastung (und damit die Leistung) einer Fertigung steigen im Unterlastbereich zunächst proportional zum Bestand an. Mit zunehmendem Bestand nähert sich die Auslastung jedoch im Übergangsbereich einem Wert von 100%. Analog dazu bleibt die mittlere Durchlaufzeit bei niedriger Auslastung zunächst konstant, um dann nahezu linear mit dem Bestand anzusteigen.

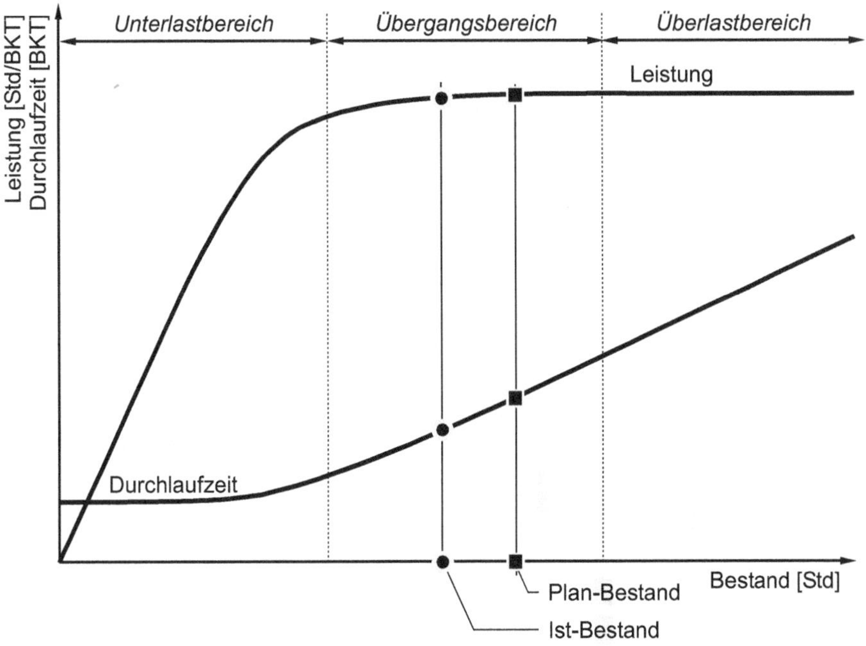

Abb. 3. Produktionskennlinien eines Arbeitssystems (nach Nyhuis)

Die Produktionskennlinien verdeutlichen das Dilemma der Fertigungssteuerung nach Gutenberg, nachdem eine hohe Auslastung und niedrige Durchlaufzeiten nicht gleichzeitig erreicht werden können. Dieses Dilemma erfordert eine logistische Positionierung. Ziel der Fertigungssteuerung ist es, den in der logistischen Positionierung ermittelten Plan-Bestand zu erreichen. Das Bild zeigt einen Fall, in dem der Plan-Bestand unterschritten wird und die Ist-Durchlaufzeit kleiner ist als die Plan-Durchlaufzeit.

Rückstand und Reihenfolgeabweichung

Der *Rückstand* ist als Differenz zwischen kumuliertem Plan-Abgang und kumuliertem Ist-Abgang definiert (vgl. Abb. 4). Das Verhältnis von Rückstand und Leistung bestimmt die mittlere Terminabweichung der Aufträge am Arbeitssystem bzw. der Fertigung. Ist der Plan-Abgang höher als der Ist-Abgang (Abb. 4a), verspäten sich die Aufträge und die Termintreue der Fertigung nimmt ab. Im umgekehrten Fall (Abb. 4c) werden die Aufträge früher fertig gestellt als geplant, so dass auch in diesem Fall die Termintreue abnimmt.

Ziel der Fertigungssteuerung ist es deshalb, konstant einen Rückstand von null zu erreichen (Abb. 4b).

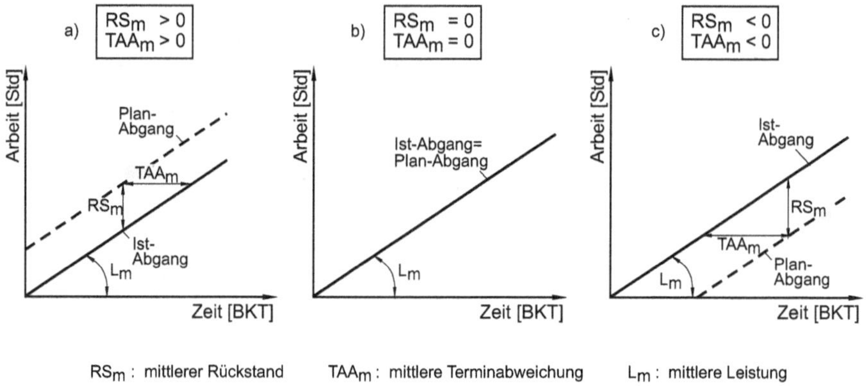

Abb. 4. Darstellung von Rückstand und Terminabweichung im idealisierten Durchlaufdiagramm

Die *Reihenfolgeabweichung* beschreibt die Abweichung zwischen geplanter und tatsächlicher Bearbeitungsreihenfolge an einem Arbeitssystem (oder der gesamten Fertigung). Gegenüber dem Plan vorgezogene Aufträge werden tendenziell zu früh, die dafür zurückgestellten Aufträge zu spät fertig gestellt. Reihenfolgeabweichungen erhöhen die Streuung der Abgangsterminabweichung und verhindern so eine hohe Termintreue. Ziel der Fertigungssteuerung ist es, Reihenfolgeabweichungen zu vermeiden.

Rückstand und die Reihenfolgeabweichung wirken zusammen auf die logistische Zielgröße Termintreue ein. Die Termintreuekennlinie stellt den Verlauf der Termintreue über dem mittleren Rückstand schematisch dar (vgl. Abb. 5).

Die Kennlinienform hängt dabei u.a. von der gewählten Rückstands- und Termintoleranz ab (Die Rückstandstoleranz ergibt sich hierbei direkt aus der Termintoleranz; beide sind über die Leistung des Arbeitssystems bzw. der Fertigung miteinander verknüpft). Bei symmetrischer Toleranz ergibt sich der im Bild dargestellte schematische Verlauf. Die Termintreue erreicht bei einem mittleren Rückstand von null ihren Höchstwert, die sog. praktisch maximale Termintreue.

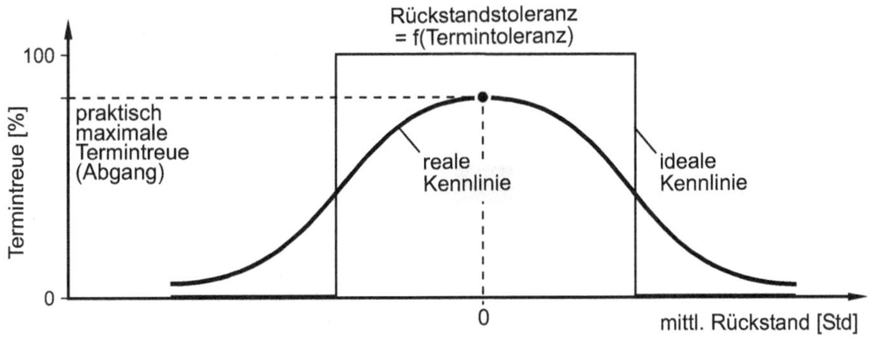

Abb. 5. Schematische Darstellung der Termintreuekennlinie

Mit zunehmendem Rückstand steigt die mittlere Terminabweichung an, so dass mehr Aufträge mit einer Verspätung fertig gestellt werden, die die Termintoleranz übersteigt. Entsprechend nimmt die Termintreue ab. Analog führt ein negativer Rückstand ebenfalls zu einer sinkenden Termintreue. Es werden vermehrt Aufträge so früh fertig gestellt, dass die (negative) Terminabweichung außerhalb der unteren Termintoleranz liegt.

Der Verlauf der idealen Terminkennlinie ergibt sich aus der idealisierten Vorstellung, dass bei einem bestimmten Rückstandswert alle Aufträge mit der gleichen Abgangsterminabweichung fertig gestellt werden, die sich aus dem Verhältnis von Rückstand und Leistung ergibt. Das heißt, die Streuung der Abgangsterminabweichung bei einem Rückstandswert ist null. Unter diesen idealisierten Voraussetzungen erzielt ein Unternehmen innerhalb der Rückstandstoleranz eine Termintreue von 100%. Außerhalb der Rückstandstoleranz ist die Termintreue null. In der Realität weicht die Kennlinie von diesem idealen Verlauf ab. Durch die Streuung der Abgangsterminabweichung werden auch innerhalb der Rückstandstoleranz einzelne Aufträge mit zu großer Terminabweichung fertig gestellt, so dass die Termintreue kleiner ist als 100%.

Dagegen führt die Streuung außerhalb der Rückstandstoleranz dazu, dass einige der Aufträge termingerecht abgeschlossen werden, so dass die Termintreue größer ist als 0%.

Je geringer die Streuung der Abgangsterminabweichung ist, desto enger schmiegt sich der Verlauf der Termintreue an die ideale Kennlinie an und desto höher ist die praktisch maximale Termintreue. Aufgabe der Fertigungssteuerung ist es daher, Reihenfolgeabweichungen und Rückstandsschwankungen – die Verursacher streuender Abgangsterminabweichung – zu minimieren.

Die hier dargestellte Termintreuekennlinie adaptiert das Vorgehen von Yu zur Ableitung einer Kennlinie für die relative Termintreue (Yu 2001) auf die (Abgangs-)Termintreue eines Arbeitssystems oder einer Fertigung (die relative Termintreue ist ein Maß für die Einhaltung der Plan-Durchlaufzeiten). Es sei ausdrücklich darauf hingewiesen, dass es sich um eine schematische Darstellung handelt, die nicht durch Simulationen evaluiert wurde (vgl dazu Lödding 2005).

2.3 Stellgrößen

Die Stellgrößen der Fertigungssteuerung sind der Zugang und Abgang der Fertigung sowie die Reihenfolge, in der die Aufträge abgearbeitet werden. Das Modell enthält sowohl die von der Fertigungssteuerung bestimmten Ist-Werte als auch die von der Produktionsplanung festgelegten Planwerte. Der Zugang beschreibt die Arbeit, die der Fertigung in Form von Aufträgen mit einer bestimmten Vorgabezeit zugeht. Diese Stellgröße kann durch den Betrag und den Zeitpunkt des Zugangs beschrieben werden. Sie beinhaltet außerdem die Reihenfolge, in der die Aufträge der Fertigung zugehen. Der Ist-Zugang wird im Wesentlichen durch die Aufgabe der Auftragsfreigabe bestimmt.

Der Abgang wird analog zum Zugang durch den Betrag und den Zeitpunkt der Arbeit beschrieben, der von einer Fertigung abgearbeitet wird. Er wird wesentlich von der verfügbaren Kapazität und damit von der Kapazitätssteuerung beeinflusst (starker Einflussfaktor), darüber hinaus jedoch auch vom Bestandsniveau und ggf. von der Reihenfolge (schwache Einflussfaktoren).

Als eigenständige Stellgröße ist die Reihenfolge definiert, in der die Fertigung (bzw. ein Arbeitssystem) die Aufträge abarbeitet. Sie wird von der Aufgabe der Reihenfolgebildung festgelegt.

2.4 Aufgaben

Dem Modell der Fertigungssteuerung sind vier Aufgaben zugeordnet: Produktionsplanung (Abschn. 2.4.1), Auftragsfreigabe (Abschn. 2.4.2), Reihenfolgebildung (Abschn. 2.4.3) und Kapazitätssteuerung (Abschn. 2.4.4). Sie legen die Plan- und Ist-Werte der Stellgrößen Zugang, Abgang und Reihenfolge fest.

Der in der Erstveröffentlichung des Modells verwendete Begriff der Auftragserzeugung (Lödding 2005) wird hier durch den allgemein bekannteren Begriff der Produktionsplanung ersetzt, auch wenn diese ein wesentlich breiteres Spektrum umfasst als die im Folgenden diskutierte Vorgabe von Planwerten.

Produktionsplanung

Die Produktionsplanung legt die Planwerte der Stellgrößen Zugang, Abgang und Reihenfolge fest. Diese Plangrößen dienen als Bezugsbasis für die Fertigungssteuerung. Wesentlich für eine gute logistische Zielerreichung ist zum einen, dass die Planwerte für Bestand, Durchlaufzeit und Auslastung mit den Zielwerten übereinstimmen (Zielkonformität der Planung). Zum anderen muss der Plan realistisch sein, das heißt gut umgesetzt werden können.

Auftragsfreigabe

Die Auftragsfreigabe bestimmt den Zeitpunkt und die Reihenfolge, in der die Aufträge für die Fertigung freigegeben werden (Lödding 2005). Sie legt damit die Stellgröße Ist-Zugang zur Fertigung fest, wirkt so auf den Bestand und die logistischen Zielgrößen Bestand, Durchlaufzeit und Auslastung. Je nach Ausprägung zielt die Auftragsfreigabe auf die genaue Umsetzung der Produktionsplanung oder auf die Regelung des Fertigungsbestandes. Im ersten Fall wird ein Unternehmen die Auftragsfreigabe zum Plan-Starttermin freigeben (Auftragsfreigabe nach Termin), im zweiten Fall ein bestandsregelndes Auftragsfreigabeverfahren anwenden. Beispiele hierfür sind z. B. die Belastungsorientierte Auftragsfreigabe (Bechte 1980), Conwip (Spearman et al.1989) oder die Dezentrale Bestandsorientierte Auftragsfreigabe (Lödding 2001). Diese Verfahren haben den Vorteil, die Bestandshöhe in der Fertigung auch bei Planabweichungen (insbesondere Rückständen) zu begrenzen. Zum Teil geben Unternehmen Aufträge auch direkt nach ihrer Erzeugung frei (sofortige Auftragsfreigabe). Dies ist vor allem dann sinnvoll, wenn die Fertigung nur aus einem Arbeitsvorgang bzw. aus verketten Arbeitsvorgängen besteht. In komplexeren Fertigungen mit vielen Varianten und Arbeitsvorgängen führt die sofortige Auftragsfreigabe hingegen häufig zu einem unkontrollierten Bestandsaufbau.

Reihenfolgebildung

Die Reihenfolgebildung bestimmt die Ist-Reihenfolge, in der die Aufträge an einem Arbeitssystem bearbeitet werden. Dazu ordnet ein Unternehmen jedem Auftrag eine Priorität zu. Der Auftrag mit der höchsten Priorität ist am dringendsten und wird – falls die Reihenfolgeregel diszipliniert umgesetzt wird – als erstes bearbeitet.

Die Reihenfolgebildung bestimmt damit die Reihenfolgeabweichung und wirkt im Wesentlichen auf die Termintreue einer Fertigung. Je besser

Ist- und Plan-Reihenfolge übereinstimmen, desto höher ist (bei niedrigem Rückstand) die Termintreue einer Fertigung.

Bekannte sinnvolle Reihenfolgeregeln sind: Frühester Plan-Starttermin, Frühester Plan-Endtermin, Schlupfzeitregelung sowie First-in-First-Out (FIFO). Die bekannte FIFO-Regel wirkt allerdings nur dann positiv auf die Termintreue, wenn auch die Terminierung eine FIFO-Abwicklung in der Fertigung vorsieht. Sie ist besonders einfach umzusetzen, vermeidet ungeplante Reihenfolgevertauschungen, kann aber Reihenfolgevertauschungen an vorgelagerten Arbeitssystemen nicht ausregeln.

Insbesondere wenn die Rüstzeiten abhängig von der Rüstreihenfolge sind, kann die Reihenfolgebildung auch den Ist-Abgang beeinflussen. Viele Unternehmen setzen dann auf eine rüstzeitreduzierende Reihenfolgebildung. Um größere Auswirkungen auf die Termintreue zu vermeiden, dürfen sie dabei die Plan-Reihenfolge jedoch nicht vollständig vernachlässigen.

Kapazitätssteuerung

Die Kapazitätssteuerung bestimmt die Höhe der tatsächlich eingesetzten Kapazitäten der Fertigung. Dazu legt sie zum einen die Arbeitszeiten der Mitarbeiter im Rahmen der vorhandenen Arbeitszeitflexibilität fest. Zum anderen ordnet sie die Mitarbeiter den Ressourcen zu. Die Kapazitätssteuerung steuert damit die Stellgröße Ist-Abgang. Grundsätzlich zu unterscheiden sind die leistungsmaximierende Kapazitätssteuerung und die Rückstandsregelung (Lödding 2005).

Erstere hat zum Ziel, die Leistung der gesamten Fertigung zu maximieren. Die Grundidee besteht darin, die Fertigungsengpässe mit maximaler Kapazität zu betreiben und die übrigen Arbeitssysteme so zu steuern, dass es an den Fertigungsengpässen weder zu Materialflussabrissen noch zu einem unkontrollierten Bestandsaufbau kommt. Deshalb wird sie in der Regel eingesetzt, wenn der Kundenbedarf die Kapazität (temporär) überschreitet (Lödding 2005) oder Unternehmen Standardprodukte auf sehr teuren Anlagen herstellen (z.B. Speicherchips).

Die *Rückstandsregelung* misst den aktuellen Rückstand der Fertigung und passt die Kapazitäten im Rahmen der kurzfristigen Kapazitätsflexibilität so an, dass ein Rückstand möglichst schnell und kostengünstig aufgeholt wird (Lödding 2005; Petermann 1997; Breithaupt 2000; Begemann 2005). Ziel ist es, so eine hohe Termintreue der Fertigung auch bei (meist kapazitiven) Störungen zu gewährleisten.

3 Anwendungsmöglichkeiten des Modells

Das Modell der Fertigungssteuerung kann für viele Zwecke eingesetzt werden. Für die Praxis der Fertigungssteuerung bedeutsam erscheinen vor allem vier (Lödding 2005):

3.1 Analyse mangelnder Zielerreichung

Das Modell der Fertigungssteuerung ermöglicht es, systematisch die Ursachen für eine unbefriedigende logistische Zielerreichung zu analysieren. Überhöhte Bestände und Fertigungsdurchlaufzeiten oder eine niedrige bestandsbedingte Auslastung sind auf eine unzureichende Abstimmung von Ist-Abgang und Ist-Zugang zurückzuführen. Damit ist insbesondere die Praxis der Auftragsfreigabe zu untersuchen. Eine zweite mögliche Ursache liegt in einer fehlerhaften Kapazitätssteuerung.

Eine niedrige Termintreue wird von einem positiven Rückstand oder von Reihenfolgeabweichungen verursacht. Ist der Rückstand (mindestens zeitweise) positiv, muss das Unternehmen Plan- und Ist-Abgang besser aufeinander abstimmen. Dies betrifft die Aufgaben der Produktionsplanung und der Kapazitätssteuerung. Treten Reihenfolgeabweichungen auf, ist die Ist-Reihenfolge auf die Plan-Reihenfolge abzustimmen. Dies ist Aufgabe der Reihenfolgebildung. Ggf. ist auch die Festlegung der Plan-Reihenfolge zu überprüfen.

H.-H. Wiendahl et al. nutzt das Modell, um die organisatorische Verankerung der logistischen Zielerreichung in Unternehmen zu analysieren (Wiendahl et al. 2005). Im Idealfall sollte der Verantwortliche für eine logistische Zielgröße die Möglichkeit haben, die korrespondierenden Stellgrößen festzulegen. Praxisuntersuchungen zeigen jedoch, dass dies zu selten der Fall ist.

3.2 Gestaltung einer Fertigungsregelung

Das Modell zeigt auf, wie eine Fertigungsregelung der logistischen Zielgrößen erzielt werden kann. Dabei sind drei Regelungsbereiche zu unterscheiden:

1. Eine *Bestandsregelung* nutzt die Auftragsfreigabe, um den Ist-Zugang an den Ist-Abgang zu koppeln. Dadurch können Bestand, (bestandsbedingte) Auslastung und Durchlaufzeit geregelt werden. Beispiele für eine Bestandsregelung sind die Belastungsorientierte Auftragsfreigabe, die Conwip-Steuerung oder die Dezentrale Be-

standsorientierte Fertigungsregelung. Weitere Verfahren finden sich in (Lödding 2005).

2. Eine *Rückstandsregelung* steuert die Kapazitäten so, dass der Ist-Abgang stets dem Plan-Abgang folgt und der Rückstand möglichst null ist. Dies fördert eine hohe Termintreue der Fertigung. Eine detaillierte Beschreibung findet sich in (Lödding 2005; Breithaupt 2000; Begemann 2005).
3. Gleichfalls auf die Termintreue wirkt eine *Reihenfolgeregelung*. Diese legt die Bearbeitungsreihenfolge so fest, dass Ist-Reihenfolge und Plan-Reihenfolge möglichst gut übereinstimmen. Beispiele für eine Reihenfolgeregelung sind die Reihenfolgeregeln Frühester Plan-Start- bzw. Endtermin sowie die Schlupfzeitregel.

3.3 Aufbau eines Systemverständnisses der Fertigungssteuerung

Das Modell unterstützt ein Systemverständnis der Fertigungssteuerung, indem es den logistischen Zusammenhang zwischen den Aufgaben der Fertigungssteuerung und den logistischen Zielgrößen darstellt. Das Systemverständnis wird weiterhin dadurch gefördert, dass es die vier fundamentalen internen logistischen Zielgrößen umfasst und sich nicht auf einen Teil der Zielgrößen beschränkt. Damit eignet sich das Modell der Fertigungssteuerung insbesondere auch für didaktische Zwecke.

3.4 Konfiguration der Fertigungssteuerung

Das Modell unterstützt Unternehmen bei der Konfiguration der Fertigungssteuerung, indem es die relevanten Aufgaben der Fertigungssteuerung auflistet und in einen Zusammenhang mit den logistischen Zielgrößen bringt. Die Konfiguration besteht darin, in Abhängigkeit von den logistischen Rahmenbedingungen eines Unternehmens für jede Aufgabe ein geeignetes Verfahren auszuwählen. Damit kann die Konfiguration in fünf Schritte unterteilt werden: 1. Konfiguration der Produktionsplanung, 2. Auswahl eines Auftragsfreigabeverfahrens, 3. Auswahl einer Reihenfolgeregel für jedes Arbeitssystem der Fertigung, 4. Konfiguration der Kapazitätssteuerung, 5. Durchsetzung der Konfiguration (Eine ausführliche Darstellung findet sich in Lödding 2005). Nyhuis et al. schildern eine erfolgreiche Anwendung der Konfigurationsmethodik bei einem Lieferanten der Automobilindustrie (Nyhuis et al. 2006).

4 Modellgrenzen

Im Folgenden werden vier wichtige Einschränkungen des Modells beschrieben (Lödding 2005). Sie resultieren im Wesentlichen aus der Absicht, das Modell übersichtlich zu halten.

1. Das Modell bildet keine externen logistischen Zielgrößen wie z. B. Lieferzeit oder Liefertreue ab. Diese gegenüber dem Kunden wirksamen Zielgrößen sind von den internen Zielgrößen Durchlaufzeit und Termintreue durch Planungsparameter wie einen Lieferzeitpuffer oder andere Zeitanteile entkoppelt. Die Zusammenhänge lassen sich mathematisch beschreiben (vgl. dazu Wiendahl 1997; Lödding 2005; Nyhuis u. Wiendahl 2002).
2. Das Modell bildet nur die starken Wirkzusammenhänge ab und blendet schwächere aus. Beispiel hierfür ist der mögliche Einfluss der Reihenfolgebildung auf den Abgang der Fertigung, vor allem bei reihenfolgeabhängigen Rüstzeiten. Auch diese Wirkzusammenhänge lassen sich jedoch am Modell diskutieren. So hat eine rüstoptimierende Reihenfolgebildung einen ambivalenten Einfluss auf die Termintreue. Einerseits vermeidet sie durch den positiven Einfluss auf den Abgang möglicherweise die Entstehung eines Rückstands. Andererseits kann sie Reihenfolgeabweichungen verursachen und damit negativen Einfluss auf die Streuung der Terminabweichung ausüben. Mögliche Strategien sind die Berücksichtigung reihenfolgeabhängiger Rüstzeiten in der Produktionsplanung oder die Festlegung erhöhter Lieferzeitpuffer bzw. Sicherheitsbestände.
3. Das Modell bildet keine quantitativen Zusammenhänge ab: Obwohl alle dargestellten Abhängigkeiten auf quantitativen Zusammenhängen beruhen, beschreibt das Modell selbst nur die qualitativen Zusammenhänge (die quantitativen Zusammenhänge werden bspw. in Wiendahl 1997; Lödding 2005; Nyhuis u. Wiendahl 2002 beschrieben).
4. Das Modell enthält nur die wichtigsten Aufgaben der Fertigungssteuerung: Das Aachener PPS-Modell ordnet der Fertigungssteuerung weitere Aufgaben zu. Für die logistische Zielerreichung bedeutend ist insbesondere die Aufgabe der Arbeitsverteilung. Diese entscheidet darüber, an welchem von mehreren alternativen Arbeitsplätzen ein Auftrag ausgeführt wird. Grundsätzlich lässt sich jedoch zeigen, dass es bei identischen Maschinen und reihenfolgeunabhängigen Rüstzeiten sinnvoll ist, den Auftrag nicht im Vorhinein einer bestimmten Maschine zuzuordnen. Vielmehr reicht es aus, dass eine Maschine immer dann den Auftrag mit der höchsten Priorität aus einer zentralen

Warteschlange auswählt, wenn sie einen anderen Auftrag abgeschlossen hat.

5 Zusammenfassung

Das Modell der Fertigungssteuerung zeigt den Zusammenhang zwischen den Aufgaben der Fertigungssteuerung und der Produktionsplanung und den produktionslogistischen Zielgrößen auf. Dazu verknüpft es diese über definierte Stell- und Regelgrößen. Unternehmen können das Modell insbesondere zur Analyse einer mangelhaften Zielerreichung und zur Konfiguration der Fertigungssteuerung verwenden.

Literatur

Bechte W (1984) Steuerung der Durchlaufzeit durch belastungsorientierte Auftragsfreigabe bei Werkstattsfertigung. Dissertation, Universität Hannover 1980, Nachdruck veröffentlich in: Fortschritt-Berichte der VDI-Zeitschriften, Reihe 2, Nr. 70, VDI-Verlag, Düsseldorf

Begemann C (2005) Terminorientierte Kapazitätssteuerung in der Fertigung. Dissertation, Universität Hannover, veröffentlicht in: Berichte aus dem IFA, Band 02/2005

Breithaupt J-W (2001) Rückstandsorientierte Produktionsregelung von Fertigungsbereichen – Grundlagen und Anwendung. Dissertation, Universität Hannover 2000, veröffentlicht in: Fortschritt-Berichte VDI; Reihe 2, Nr. 571, VDI-Verlag, Düsseldorf

Lödding H (2001) Dezentrale Bestandsorientierte Fertigungsregelung. Dissertation, Universität Hannover, veröffentlicht in: VDI-Fortschritt-Berichte, Reihe 2, Nr. 587, VDI-Verlag, Düsseldorf

Lödding H (2005) Verfahren der Fertigungssteuerung – Grundlagen, Beschreibung, Konfiguration. Springer, Berlin et al.

Nyhuis P, Wiendahl H-P (2002) Logistische Kennlinien – Grundlagen, Werkzeuge und Anwendungen, 2. Aufl. Springer, Berlin et al.

Nyhuis P, Begemann C, Berkholz D, Hasenfuß K (2006) Konfiguration der Fertigungssteuerung – Grundlagen und Anwendung in einer Werkstattfertigung. wt Werkstattstechnik online, Jahrgang 96 (2006) H. 4: 195-199

Petermann D (1996) Modellbasierte Produktionsregelung. Dissertation, Universität Hannover 1995, veröffentlicht in: Fortschr.-Berichte VDI, Reihe 20, Nr. 193, VDI-Verlag, Düsseldorf

Spearman ML, Hopp WJ, Woodruff DL (1989) A Hierarchical Control Architecture for Constant Work-in-Process (CONWIP) Production Systems. J. Mfg. Oper. Mgt. 2(1989) 3, pp 147-171

Wiendahl H-P (1997) Fertigungsregelung – Logistische Beherrschung von Fertigungsabläufen auf Basis des Trichtermodells. Carl Hanser Verlag, München Wien

Wiendahl H-H, Wiendahl H-P, von Cieminski G (2005) Stolpersteine der PPS – Symptome, Ursachen, Lösungsansätze. wt Werkstattstechnik online 95 (2005) Nr. 9: 717-727.

Yu K-W (2001) Terminkennlinie – Eine Beschreibungsmethodik für die Terminabweichung im Produktionsbereich, Dissertation, Universität Hannover, veröffentlicht in: Fortschritt-Berichte VDI, Reihe 2, Nr. 576, VDI-Verlag, Düsseldorf

Zweidimensionale Darstellungen für Beziehungen und Auswahl von Methoden der Produktionsplanung und -steuerung

Prof. Dr. Paul Schönsleben

Zentrum für Unternehmenswissenschaften BWI
ETH Zürich, Schweiz
http://www.lim.ethz.ch

1 Einführung

Zur Planung und Steuerung der Produktion stehen heute zahlreiche Methoden und Techniken zur Verfügung. Einer der Gründe für diese Tatsache liegt darin, dass jedes Unternehmen, das seine Ziele erfüllen will, letztlich nicht um eine individuelle Logistik herum kommt. Dieses Extrem befriedigt natürlich nicht, da man annehmen darf, dass gemeinsame Prinzipien über ganze Branchen von Unternehmen existieren. Über ein morphologisches Schema von charakteristischen Merkmalen im Logistik- und Operations-Management versucht man, die Gewichtung der Unternehmensziele in den Zielbereichen Qualität, Kosten, Lieferung und Flexibilität in eine geeignete Logistik umzusetzen. Für jedes Produkt bzw. jede Produktfamilie kann es eine unterschiedliche Charakteristik zur Produktionsplanung und -steuerung (PPS) geben.

Ein solches Schema mit charakteristischen Merkmalen ist bereits bei (Schomburg 1980), (Hackstein 1989), (FIR 1997) oder (Luczak u. Eversheim 2001) zu finden. Auch der Autor hat in (Schönsleben 2007) ein solches Schema mit insgesamt 18 Merkmalen entwickelt (siehe dazu auch Schönsleben 2000). Der Vorteil solcher Schemata liegt darin, dass Unternehmen die Ausprägungen für jedes Merkmal in den meisten Fällen ohne größeren Aufwand bestimmen können. Dies ist gerade auch in KMU der Fall. Die Merkmale sind bezogen auf den Verbraucher und das Produkt bzw. die Produktfamilie, auf die Logistik- und Produktionsressourcen, sowie auf den Produktions- bzw. den Beschaffungsauftrag. Die Merkmale beschreiben dabei des öfteren bestimmte Aspekte von Flexibilität, die für das Planungs- und Steuerungsproblem genutzt werden können.

Es ist nun eine besondere Herausforderung, die zahlreichen Methoden der Produktionsplanung und -steuerung in Abhängigkeit dieser Merkmale bestimmen zu können. Mit anderen Worten hätte man gerne eine Vorgehensweise, um ausgehend von den bestimmten Werten für die Merkmale die geeignete Methode zur Planung und Steuerung ableiten zu können.

Diese Ableitung sollte zudem möglichst einfach kommunizierbar sein. Dafür eignen sich zweidimensionale Darstellungen am besten, wobei die horizontale und die vertikale Achse je ein Merkmal mit seinen Ausprägungen repräsentieren. Die meisten Menschen können intuitiv logische Zusammenhänge besser verstehen, wenn sie in zwei Dimensionen dargestellt werden können, d.h. in einer Ebene z.B. auf einem Blatt Papier. Mit einer solchen Visualisierung kann ein Team, z.B. in einer Werkstatt, zu einem gemeinsamen Verständnis kommen, was eine Voraussetzung für eine erfolgreiche Zusammenarbeit bildet.

Dieser Beitrag stellt zweidimensionale Darstellungen zur Entscheidung über den Einsatz von Methoden des Materialmanagements und des Kapazitätsmanagements vor. Die Schwierigkeit ist dabei, erstens die richtigen Merkmale zu definieren, und zweitens die richtigen Darstellungen zu finden, um die Methoden einordnen zu können. Eine aus mathematischer Sicht besondere Schwierigkeit liegt darin, dass im Falle des Materialmanagements zwei Merkmale nicht ausreichen, um die Methoden abhängig davon bestimmen zu können.

2 Methoden und Techniken des Materialmanagements

2.1 Charakteristische Merkmale und Klassen für das Materialmanagement

Abhängig von der Ausrichtung des Unternehmens, d.h. seinen unternehmerischen Zielen in den Zielbereichen Qualität, Kosten, Lieferung und Flexibilität werden sich die Werte für die charakteristischen Merkmale im Logistik- und Operations-Management unterscheiden. Im Folgenden werden die Merkmale vorgestellt, die für die Einordnung der Methoden und Techniken des Materialmanagements benötigt werden.

- Die *Frequenz der Kundennachfrage* definiert, wie oft innerhalb gleich langer Beobachtungsperioden die Nachfrage der Gesamtheit der (internen oder externen) Kunden auf das Produkt bzw. die Produktfamilie erfolgt. Falls das Unternehmen den Fokus z.B. auf die Anpassung der Produkte auf die spezifischen Bedürfnisse des Kunden legt, wird das Bedarfsmuster eher diskontinuierlich bzw. sporadisch sein.
- Die *Kosten pro Einheit* bzw. *Einheitskosten* eines Artikels sind die gesamten Kosten, um eine Masseinheit (z.B. ein Stück, einen Liter, ein Kilo) des Artikels zu produzieren oder zu beschaffen. Sie schliessen Arbeitskosten, Materialkosten und Gemeinkosten ein. Für billige Artikel ist die Optimierung des Materialmanagements weniger wichtig als für teure Artikel. Daher ist die Auswahl an möglichen Methoden und Techniken für billige Artikel größer.
- Der *(Kunden-)Auftragseindringungspunkt* (engl. *„(customer) order penetration point" (OPP)*) ist eine Schlüsselvariable zur Gestaltung im Logistik- und Operations-Management. Er entspricht dem Punkt in der Zeitachse, zu welchem ein Produkt für einen bestimmten Kundenauftrag gekennzeichnet wird. Von diesem Punkt an, abwärts in der Zeitachse, ist das Produktionssystem durch den Kundenauftrag, aufwärts durch Vorhersagen und Pläne getrieben (APICS 2004). Der OPP zeigt damit die

Flexibilität zur Auftragserfüllung an. Falls die Kundentoleranzzeit für ein Produkt mindestens so lang wie die kumulierte Durchlaufzeit ist, muss erst konstruiert, beschafft, produziert oder ausgeliefert werden, wenn die Nachfrage eintritt, d.h. wenn der effektive Bedarf in Form einer Kundenbestellung eintritt. Andernfalls müssen alle Güter (z.B. Halbfabrikate, Einzelteile, Rohmaterialien und Informationen), von denen aus das Endprodukt nicht innerhalb der Kundentoleranzzeit hergestellt und geliefert werden kann, bestellt werden, bevor die Nachfrage bekannt ist. Damit müssen alle diese Güter „auf Lager" – d.h. auf Vorhersage – beschafft und damit bevorratet werden. Ist die Kundentoleranzzeit gar Null, so muss das Endprodukt beschafft werden, ehe die Nachfrage dazu bekannt ist. Dies ist aber dasselbe, wie das Endprodukt „auf Lager" zu bevorraten.

Im Materialmanagement müssen nun zwei Klassifikationen berücksichtigt werden. Die *Klassierung des Bedarfs nach seiner Genauigkeit* ist wie folgt definiert:

- *Deterministischer Bedarf* liegt in der Zeitachse abwärts vom (Kunden-) Auftragseindringungspunkt (OPP).
- *Stochastischer Bedarf* liegt in der Zeitachse aufwärts vom (Kunden-) Auftragseindringungspunkt (OPP).

Die Klassierung der ermittelten Bedarfe nach ihrer Genauigkeit hängt also von der Lage des (Kunden-)Auftragseindringungspunkts, also vom Verhältnis der Kundentoleranzzeit zur kumulierten Durchlaufzeit, ab. Die *Klassierung des Bedarfs nach seiner Beziehung* ist wie folgt definiert:

- *Unabhängiger Bedarf* oder *Primärbedarf* für ein Gut ist ein Bedarf, welcher keine Beziehung zum Bedarf eines anderen Guts hat.
- *Abhängiger Bedarf* oder *Sekundärbedarf* für ein Gut ist ein Bedarf, der einen direkten Bezug zum Bedarf eines anderen Guts hat oder von diesem Bedarf abgeleitet werden kann.

Unabhängig ist unternehmensexterner Bedarf, also (Kunden-)Bedarf an Endprodukten oder Ersatzteilen, aber auch Eigenbedarf, wie z.B. an Büromaterial. Abhängig ist z.B. Bedarf an Baugruppen, Halbfabrikaten, Komponenten, Rohmaterial. Hilfsmaterial ist zum Teil abhängig und zum Teil unabhängig.

2.2 Methoden und Techniken in Abhängigkeit von den charakteristischen Merkmalen

Die Abbildungen 1 und 2 führen bekannte Methoden und Techniken zur Detailplanung im Materialmanagement auf, die in vielen Fällen auch in Softwarepaketen wie z.B. SAP vorhanden sind. Zuerst klassiert Abb. 1 die Planungstechniken gemäß den charakteristischen Merkmalen *Frequenz der Kundennachfrage* und *Einheitskosten* des Artikels. Für Genaueres zu den verschiedenen Methoden und Techniken siehe (Schönsleben 2007).

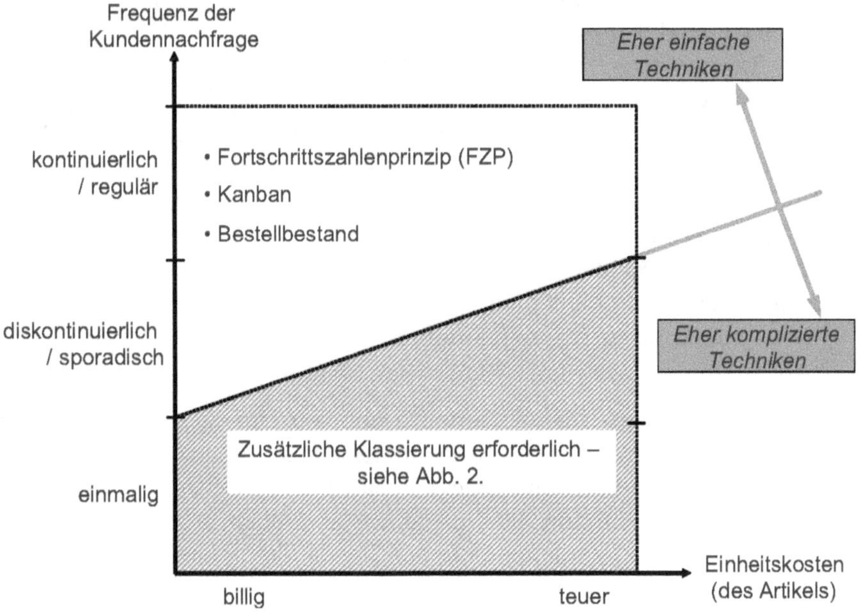

Abb. 1. Klassierung von Techniken zur Detailplanung im Materialmanagement

Gemäß Abb. 1 wird *Bedarf an billigen Artikeln* (mit Ausnahme von einmaligem Bedarf) sowie *Bedarf an teuren Artikeln mit kontinuierlichem oder regulärem Bedarfsmuster* durch stochastische Methoden bestimmt.

- Im Allgemeinen werden Prognose- oder Vorhersagetechniken eingesetzt, die analytisch oder intuitiv den Bedarf in der Zukunft bestimmen. Aus dieser Sicht ist die Bedarfsvorhersage ein *Verfahren zur stochastischen Primärbedarfsermittlung* und gehört so im weiteren Sinne auch zum stochastischen Materialmanagement. Nach erfolgter Bedarfsvohersage können verschiedene stochastische Planungstechniken eingesetzt werden, die alle relativ einfach sind.

- Der abhängige Bedarf wird dann als ein unabhängiger Bedarf betrachtet, das heisst ohne die mögliche Ableitung aus übergeordnetem Bedarf in Betracht zu ziehen.
- Für billige Artikel hat ein sehr hoher Lieferbereitschaftsgrad Priorität. Dies gilt besonders dann, wenn der Artikel in einer Stückliste mit vielen Komponenten vorkommt. Tiefe Lagerbestände sind – aufgrund der kleinen Bestandshaltungskosten – von nachgelagerter Wichtigkeit.
- Für teure Artikel haben kurze Durchlaufzeiten im Güterfluss, das heisst hohes Tempo in den wertschöpfenden und administrativen Prozessen Priorität. Ein einfacher Daten- und Steuerungsfluss ist also erforderlich. Bestände sind trotzdem möglich: Das kontinuierliche bzw. reguläre Nachfragemuster garantiert einen zukünftigen Bedarf (bei Endprodukten einen Kundenauftrag) innerhalb kurzer Zeit. Wegen der hohen Einheitskosten sollten die Bestände jedoch tief sein, was im Allgemeinen kleine Losgrößen bedingt. Abwärts vom Auftragseindringungspunkt (OPP) kann der Kundenauftrag auch spezifische Merkmale aufweisen, die zu einem maßgefertigten Produkt führen (Stichworte „mass customization", „generic" Kanban und „postponement"). Für dieses maßgefertigte Produkt liegt dann eigentlich ein sporadischer Bedarf vor, während für die zugrunde liegende Produktfamilie ein kontinuierlicher Bedarf vorliegt.

Einfache Planungs- und Steuerungstechniken bedingen gemäß Abb. 1 billige Artikel oder zumindest eine kontinuierliche Frequenz der Kundennachfrage. Im Falle von abhängigem Bedarf auf teure Komponenten kann man z.B. durch Reduktion der Losgrößen, aber auch durch ein Produktkonzept mit weniger Varianten oder gar Standardkomponenten eine kontinuierlichere Nachfrage erzielen und damit an Stelle von eher komplizierten Techniken des Materialmanagements einfache Techniken einsetzen. Dafür wurden im Lean-/JiT-Konzept wichtige Methoden entwickelt. Sie führen zu einer Produktion bzw. Beschaffung mit *häufiger* Auftragswiederholung. Eine kontinuierliche Frequenz der Kundennachfrage erlaubt auch eine Auslösung des Produktions- bzw. Beschaffungsauftrags nach Verbrauch bzw. eine einfache (Lager-)Nachfüllung.

Für alle anderen Arten von Nachfrage, d.h. bei *einmaliger Nachfrage* oder bei teuren Gütern mit *sporadischer Nachfrage*, zeigt die Abb. 2 eine zusätzliche Klassierung von Planungstechniken, diesmal gemäß der *Genauigkeit des Bedarfs* und *seiner Beziehung zu anderen Bedarfen* (siehe die Definitionen weiter oben).

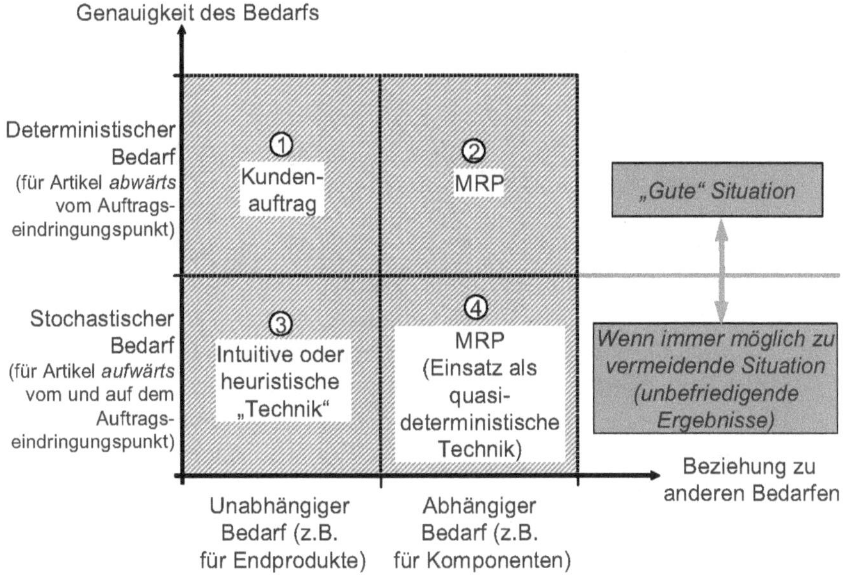

Abb. 2. Zusätzliche Klassierung von Techniken zur Detailplanung im Materialmanagement bei einmaliger Nachfrage oder bei teuren Gütern mit sporadischer Nachfrage

Die Kombination der beiden Werte auf den beiden Achsen der Abb. 2 führt zu folgenden Situationen:

1. *Deterministischer, unabhängiger Bedarf* kann gemäss der Nachfrage beschafft werden, d.h. gemäß dem Kundenauftrag. Aus dieser Sicht ist die Kundenauftrags- und Kundenrahmenauftragsbearbeitung ein *Verfahren zur deterministischen Primärbedarfsermittlung* und gehört damit im weiteren Sinne ebenfalls zum deterministischen Materialmanagement.
2. *Deterministischer, abhängiger Bedarf* kann ausgehend vom übergeordneten, unabhängigen Bedarf berechnet werden. Der zugehörige Algorithmus, MRP („materials requirements planning“) genannt, umfasst eine *Stücklistenauflösung*, d.h. die Auflösung der Produktstruktur in ihre Komponenten. Diese Art der Bedarfsrechnung ist eine relativ komplizierte Prozedur. Wegen der Priorität von sowohl hohem Liefertreuegrad als auch tiefen oder gar keinen Beständen ist dieser Aufwand gerechtfertigt.

Die Planungstechniken für Artikel abwärts vom Auftragseindringungspunkt (OPP) mit einmaliger Nachfrage oder – bei teuren Artikeln – mit sporadischem Nachfragemuster zeigen keine große Schwierigkeit, auch wenn sie relativ kompliziert sind. Jedoch führt die Planung von solchen

Artikeln aufwärts vom Auftragseindringungspunkt im Allgemeinen zu unbefriedigenden Ergebnissen:

3. *Stochastischer, unabhängiger Bedarf* wird mehr oder weniger intuitiv bestimmt. Da die Nachfrage ein sporadisches Muster aufweist, sind Vorhersagetechniken im Allgemeinen ungenau und erfordern ein großes Maß an zusätzlicher Intuition. Die eingesetzte „Technik" des Materialmanagements ist oft eine manuelle, sehr persönliche Heuristik, manchmal risikobehaftet. Geschäfte, die zu einer solchen Situation führen, sollten deshalb, wenn immer möglich, vermieden werden.
4. *Stochastischer, abhängiger Bedarf* wird quasideterministisch hergeleitet. Der Primärbedarf wird also mit Bedarfsvorhersage bestimmt. Die Berechnung des abhängigen Bedarfs erfolgt dann ausgehend vom Primärbedarf über eine Stücklistenauflösung. Man spricht in diesem Fall von einer *quasideterministischen Stücklistenauflösung.* Wegen der Notwendigkeit einer Vorhersage für dieses Nachfragemuster muss ein beträchtliches Risiko in Kauf genommen werden: Entweder entsteht ein beträchtliches Risiko für einen tiefen Lieferbereitschaftsgrad oder hohe Bestandshaltungskosten, z.B. aufgrund von Kapitalkosten oder Entwertung wegen technischem Veralten oder Verderblichkeit. Daraus folgt, dass jede Technik des Materialmanagements, die diesen Fall behandelt, zwangsläufig unbefriedigende Ergebnisse liefern wird. Wieder sollten deshalb Geschäfte, die zu einer solchen Situation führen, wenn immer möglich, vermieden werden. Leider sind solche Geschäfte jedoch für viele Unternehmen Tatsache.

Die Abb. 2 weist auf die Ursachen für eine „gute" bzw. eine wenn immer möglich zu vermeidende Situation im Materialmanagement hin. In eine „bessere" Situation gelangt man gemäß Abb. 2, je weiter aufwärts der Auftragseindringungspunkt (OPP) gelegt werden kann. Da davon ausgegangen werden muss, dass sich die Kundentoleranzzeit nicht verlängert, muss die kumulierte Durchlaufzeit reduziert werden.

Interessanterweise sind – gerade wegen der abhängigen Natur der Bedarfe – die Wertschöpfungsprozesse unter der Kontrolle des Unternehmens. Eine tiefgreifende Analyse dieser Prozesse kann zu geeigneten Änderungen führen, welche vermehrt Artikel abwärts vom Auftragseindringungspunkt oder solche mit einem kontinuierlicheren Nachfragemuster zur Folge haben, beides wünschbare Situationen. Zu den bekanntesten Lean-/JiT-Methoden zählen nun gerade solche, die das Potential für kurze Durchlaufzeiten erhöhen und für ein kontinuierlicheres Bedarfsmuster vergrößern.

Es fällt auf, dass vier Merkmale nötig sind, um die Methoden und Techniken des Materialmanagements einzuordnen. Mathematisch gesehen geht es um Abhängigkeiten in einem vierdimensionalen Raum. Glücklicherweise liegen diese Abhängigkeiten so, dass ein erster Entscheid in einer Ebene des vierdimensionalen Raumes, die durch zwei bestimmte der vier Merkmale aufgespannt wird, getroffen werden kann, mithin mit Hilfe einer zweidimensionalen Darstellung. Die restlichen Entscheidungen können wieder in einer Ebene getroffen werden, diesmal aufgespannt durch die beiden anderen Merkmale. Diese Beobachtung ist alles andere als selbstverständlich und darf als grundlegend im Materialmanagement bezeichnet werden.

Diese einfache Darstellung des Problems im vierdimensionalen Raum wird also durch die Separierung in zwei geeignete zweidimensionale Räume, die in der richtigen Reihenfolge bearbeitet werden, erreicht. Den Schlüssel bildet dabei die folgende Praxis: Gemäß Abb. 1 können die denkbar teuersten Artikel (z.B. eine Standardmaschine, ein Katamaran, usw.) durch eine einfache stochastische Technik wie Kanban, Bestellbestand oder Fortschrittszahlen bewirtschaftet werden, solange ein kontinuierliches Bedarfsmuster vorliegt. Dies gilt auch dann, wenn große Teile der Wertschöpfung innerhalb der Kundentoleranzzeit erfolgen können. Tatsächlich besteht absolut kein Risiko, mit der Wertschöpfung auch ohne Kundenauftrag zu beginnen, einfach gemäß der Bedarfsvorhersage oder dem Verbrauch. Denn das kontinuierliche Nachfragemuster garantiert ja in jedem Fall eine zukünftige Nachfrage (bei Endprodukten einen Kundenauftrag) innerhalb kurzer Zeit. Daher ist diese Praxis, die im ersten Moment unüblich klingen mag, auch aus theoretischer Sicht zu empfehlen.

3 Methoden und Techniken des Kapazitätsmanagements

3.1 Charakteristische Merkmale und Klassen für das Kapazitätsmanagement

Im Folgenden werden die Merkmale vorgestellt, die für die Einordnung der Methoden und Techniken des Kapazitätsmanagements benötigt werden.

- Die *quantitative Flexibilität der Kapazitäten* beschreibt die zeitliche Flexibilität im Einsatz von Kapazitäten. Ist eine maximale Auslastung gefordert, dann wird gerade bei Maschinenkapazitäten keine quantitative Flexibilität vorhanden sein. Der Mensch hingegen kann seinen Einsatz bis zu einem gewissen Grad anpassen.

- Die *Flexibilität des Auftragsfälligkeitstermins* gibt an, ob der (interne oder externe) Kunde flexibel ist in Bezug auf den von ihm vorgegebenen Fälligkeitstermin der Lieferung. Falls maximale Lieferbereitschaft und Lieferzuverlässigkeit gefordert sind, dann hat das keine (d.h. Null) Flexibilität des Fälligkeitstermin des Produktions- oder Beschaffungsauftrags zur Folge.

Neben der quantitativen Flexibilität der Kapazitäten gibt es auch die qualitative Flexibilität der Kapazitäten.

- Die *qualitative Flexibilität der Kapazitäten* legt fest, ob die Kapazitäten für verschiedene oder nur für ganz bestimmte Prozesse einsetzbar sind. Die Kapazitäten eines Herstellers setzen sich zusammen aus der Kapazität der Mitarbeitenden und der Produktionsinfrastruktur. Dieses Merkmal prägt die Möglichkeiten eines Unternehmens im Zielbereich Flexibilität: Ist eine breite Qualifikation der Mitarbeitenden erreicht und eine breit einsetzbare Produktionsinfrastruktur vorhanden, so ist die Flexibilität im Ressourceneinsatz groß.

Ist qualitative Flexibilität der Kapazitäten gegeben, d.h. sind Kapazitäten auch für Prozesse ausserhalb des angestimmten Kapazitätsplatzes einsetzbar, dann kann dies ihre quantitative Flexibilität, d.h. die zeitliche Flexibilität im Einsatz, vergrößern. Wenn beispielsweise Personen von einem Kapazitätsplatz auf einen zweiten verschoben werden können, so ist es, wie wenn auf beiden Kapazitätsplätzen quantitative Flexibilität im Einsatz der Mitarbeitenden gegeben wäre.

Es gibt verschiedene Techniken für das Termin- und Kapazitätsmanagement. Sie können in zwei Klassen gruppiert werden Diese Klassen entstehen aufgrund der beiden Planungsdimensionen in Abb. 3:

- *Planung in die unbegrenzte Kapazität* meint die Berechnung der Belastung auf den Kapazitätsplätzen nach Zeitperioden, zuerst ohne die Kapazität zu berücksichtigen. Das Ziel der Planung in die unbegrenzte Kapazität ist primär das Einhalten von Terminen aus der Terminrechnung, wobei man versucht, die Schwankungen der Belastungen (der Kapazitätsbedarfe) zu beherrschen. Planung in die unbegrenzte Kapazität ist angebracht, sobald dem Einhalten von Auftragsfälligkeitsterminen Priorität *vor* einer hohen Kapazitätsauslastung gegeben werden muss, z.B. in der Kundenauftragsproduktion oder in der Werkstattproduktion. Die Planungstechniken sind eher einfach.
- *Planung in die begrenzte Kapazität* berücksichtigt die Kapazität als gegeben und erlaubt keine Überlast. Um Überlast zu vermeiden, ändert der

Planer Start- oder Endtermine. Ziel einer Planung in die begrenzte Kapazität ist primär das Ausnutzen der verfügbaren Kapazitäten im Laufe der Zeitachse, wobei man versucht, die Verspätungen der Aufträge in Grenzen zu halten. Planung in die begrenzte Kapazität ist angebracht, sobald die begrenzte Kapazität das Hauptproblem darstellt, z.B. in der Prozessindustrie oder in der Auftragssteuerung auf der Durchführungsebene, wenn z.B. die Aufträge umterminiert werden müssen. Die Planungstechniken sind eher kompliziert.

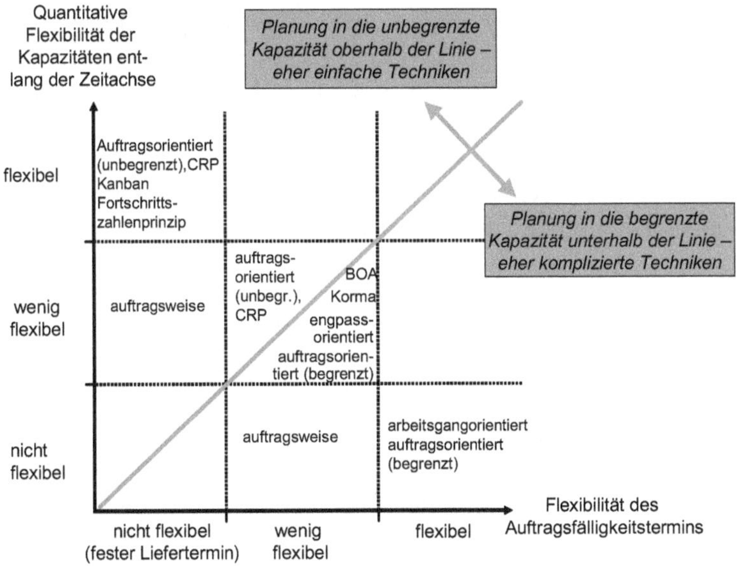

Abb. 3. Klassen und mögliche Techniken für das Kapazitätsmanagement in Abhängigkeit der Flexibilität der Kapazitäten und des Auftragsfälligkeitstermins

3.2 Methoden und Techniken in Abhängigkeit von den charakteristischen Merkmalen

Zusätzlich zu den *zwei Klassen* fasst die Abb. 3 Methoden und Techniken für das Termin- und Kapazitätsmanagement in *neun Sektoren* zusammen, in Abhängigkeit der quantitativen Flexibilität der Kapazitäten und der Flexibilität des Auftragsfälligkeitstermins. Die Methoden und Techniken wurden ausgewählt, weil sie heute allgemein verfügbar sind, in vielen Fällen auch in Softwarepakten wie SAP implementiert.

Für Genaueres zu den verschiedenen Methoden und Techniken siehe (Schönsleben 2007). CRP steht für *capacity requirements planning*, speziell in Verbindung mit Software (es gibt auch Varianten des CRP). BOA steht für *belastungsorientiete Auftragsfreigabe* (siehe dazu auch Wiendahl 1995), Korma für *Kapazitätsorientierte Materialbewirtschaftung.*

Diese Methoden und Techniken können in Bezug auf ihre gesamte Kapazitätsplanungsflexibilität verglichen werden.

Die *gesamte Kapazitätsplanungsflexibilität* ist die „Summe" der quantitativen Flexibilität entlang der Zeitachse und der Flexibilität des Auftragsfälligkeitstermins.

- Zu beachten ist, dass keine Technik in den drei Sektoren oben rechts eingetragen ist. Hier ist die gesamte Kapazitätsplanungsflexibilität groß genug, um jeden Auftrag zu jeder Zeit akzeptieren und ausführen zu können. Dies ist natürlich aus der Sicht der Kapazitätsplanung sehr willkommen, wird aber gewöhnlich zu teuer sein (Überkapazität).
- Auffällig sind die vielen Techniken in den drei Sektoren in der Diagonale von links oben nach rechts unten. Hier gibt es *genügend* gesamte Kapazitätsplanungsflexibilität, um einem Computeralgorithmus zu erlauben, sämtliche Aufträge ohne Intervention des Planers einzuplanen. Zuletzt wird der Computer ungewöhnliche Situationen dem Planer so selektiv wie möglich in Form von Listen oder Tabellen darstellen, worauf der Planer mit geeigneten Planungsmaßnahmen eingreift – z.B. täglich oder wöchentlich.
- In den beiden Sektoren unten links, wo keine Flexibilität in der einen Achse und nur wenig Flexibilität in der anderen Achse vorhanden ist, gibt es nur *wenig* gesamte Kapazitätsplanungsflexibilität. Deshalb wird die Planung auftragsweise, d.h. Auftrag für Auftrag einzeln durchgeführt. Jeder neue Auftrag wird einzeln in die bereits geplanten Aufträge integriert. Der Planer muss im Extremfall nach jedem Arbeitsgang eingreifen und Planungs-Eckwerte verändern (den Endtermin oder die Kapazität). Bereits eingeplante Aufträge müssen ggf. umgeplant werden. Diese Prozedur ist im Allgemeinen sehr zeitaufwendig und deshalb nur für Aufträge mit einer beachtlichen Wertschöpfung wirtschaftlich.
- Schliesslich ist beachtenswert, dass keine Technik im linken unteren Sektor eingezeichnet ist. Hier gibt es keine Flexibilität, weder der Kapazität noch des Fälligkeitstermins. Folglich kann der geforderte Ausgleich nicht stattfinden und das Planungsproblem ist nicht lösbar.

Die Methoden und Techniken des Kapazitätsmanagements können also überraschend eindeutig in Abhängigkeit von zwei Merkmalen klassiert werden und damit in einer zweidimensionalen Darstellung. Die Aufgabe, die dafür gelöst werden musste, war die Identifikation der Methode bzw. Technik in Abhängigkeit vom gewünschten Typ von Flexibilität.

4 Zusammenfassung und weitere Anwendungsgebiete

Dieser Artikel zeigt, wie zweidimensionale Darstellungen als Entscheidungshilfen genützt werden können, um zu entscheiden, welche Methoden und Techniken der Produktionsplanung und -steuerung zum Einsatz kommen sollen. Eine besondere Schwierigkeit besteht beim Materialmanagement, indem zur Entscheidungsfindung vier charakteristische Merkmale im Logistik- und Operations-Management herangezogen werden müssen. Es gelingt, die Entscheidungen derart zu formulieren, dass sie in zwei aufeinanderfolgenden zweidimensionalen Darstellungen getroffen werden können, die von je zwei der vier Merkmale aufgespannt werden. Die Merkmale selber beschreiben jeweils verschiedene Typen von Flexibilität, also Positionierungen des Unternehmens seinen Kunden und Mitarbeitern gegenüber, sowie Eigenschaften der Nachfrage der Kunden und der Produkte selbst.

Solche Entscheidungshilfen können auch erfolgreich in anderen Gebieten der strategischen, taktischen und operationellen Planung und Steuerung der Wertschöpfung formuliert werden. Beispiele dafür sind:

- Design der Produktions-Infrastruktur. Hier muss zwischen verschiedenen Produktionstypen entschieden werde, z.B. Batchproduktion, Massenproduktion, Wiederholproduktion („repetitive production", „Mass customization"), Einmalproduktion.
- Lieferantenportfolios in der strategischen Beschaffung. Hier muss zwischen einem Unternehmen und seinen Zulieferern entschieden werden, die marktorientiert, lieferantendominiert, abnehmerdominiert oder partnerschaftlich ausgerichtet sind.
- Maßnahmen zur Einführung des Supply Chain Management, in Abhängigkeit der Projektphase und der Organisationsebene des Unternehmens.
- Standortplanung in Produktions-, Distributions- und Servicenetzwerken. Hier muss zwischen zentraler Produktion für den globalen Markt, dezentraler Produktion für den lokalen Markt, teilweise zentraler Produktion für den lokalen Markt, sowie teilweise dezentraler Produktion für den globalen Markt entschieden werden.

Für weitere Details zu solchen Entscheidungshilfen siehe auch (Schönsleben 2007).

Literatur

APICS (2004) APICS Dictionary, 11th edn. APICS – The Educational Society for Resource Management, Alexandria, VA

FIR (1997) Aachener PPS- Modell – das morphologische Merkmalsschema, 6. Aufl. Forschungsinstitut für Rationalisierung FIR, Eigenverlag, Aachen

Hackstein R (1989) Produktionsplanung und -steuerung (PPS) – Ein Handbuch für die Betriebspraxis, 2. Aufl. VDI-Verlag, Düsseldorf

Luczak H, Eversheim W (2001) Produktionsplanung und -steuerung – Grundlagen, Anwendungen und Konzepte, 2. Auf. Springer, Berlin

Schomburg E (1980) Entwicklung eines betriebstypologischen Instrumentariums zur systematischen Ermittlung der Anforderungen an EDV-gestützte Produktionsplanungs- und Steuerungssysteme. Dissertation, RWTH Aachen

Schönsleben P (2000) Varying concepts of planning and control in enterprise logistics. Production Planning and Control, Volume 11, Number 1, pp 2-6(5)

Schönsleben P (2007) Integral Logistics Management – Operations and Supply Chain Management in Comprehensive Value-added Networks, 3rd edn. Auerbach Publications, New York

Schönsleben P (2007) Integrales Logistikmanagement – Operations und Supply Chain Management in umfassenden Wertschöpfungsnetzwerken, 5 Aufl. Springer, Berlin Heidelberg New York

Wiendahl H-P (1995) Load-Oriented Manufacturing Control. Springer, Berlin, New York

Produktionsplanung und -steuerung in Logistiknetzwerken

Prof. Dr.-Ing. Dipl.-Wirt. Ing. Günther Schuh, Dr.-Ing. Volker Stich, Dipl.-Ing. Carsten Schmidt

Forschungsinstitut für Rationalisierung (FIR)
an der RWTH Aachen
http://www.fir.rwth-aachen.de

1 Einführung

Ein ständig wachsender Preisdruck und immer individuellere Kundenaufträge sind nur zwei Kennzeichen der industriellen Produktion im europäischen Wirtschaftsraum. Gerade in Deutschland ansässige Unternehmen können im internationalen Wettbewerb in den wenigsten Fällen allein aufgrund des Produktpreises konkurrenzfähig bleiben. Stattdessen bauen diese Unternehmen ihre Wettbewerbsvorteile anderweitig aus und verfolgen vielmehr eine konsequente Kundenorientierung, hohe Logistikleistung oder Prozessbeherrschung (Arnold 2000; Schuh u. Westkämper 2006; Wiendahl et al. 2006; Schönsleben 2007). In diesem Umfeld setzten zahlreiche Unternehmen bereits frühzeitig auf eine Reduzierung ihrer Wertschöpfungstiefe und verlagerten verschiedene Entwicklungs- oder Produktionsschritte auf andere Unternehmen mit komplementären Kompetenzen. Damit rückte die überbetriebliche Zusammenarbeit bzw. Koordination der Auftragsabwicklung entlang einer mehrstufigen Lieferkette oder innerhalb eines polyzentrischen Unternehmensnetzwerks zunehmend in den Mittelpunkt betrieblicher Anstrengungen (Nyhuis et al. 2005; Wiendahl 2005; Bretzke 2006; Nyhuis u. Wiendahl 2007; Schuh u. Schmidt 2007). So gilt es also heute, in Netzwerkstrukturen zu denken, diese ganzheitlich zu gestalten und effizient zu organisieren.

Diese Erweiterung des Handlungsspielraums rückt die Gestaltungsfelder der vormals innerbetrieblich ausgerichteten *Produktionsplanung und -steuerung (PPS)* zunehmend in den Kontext der überbetrieblichen Planung komplexer Wertschöpfungsnetzwerke (vgl. Abbildung 1). Der „moderne“ PPS-Begriff wurde Anfang der 1980er-Jahre geprägt, um Material- und Zeitwirtschaft in der produzierenden Industrie unter einem übergreifenden Konzept zusammenzufassen. Seither hat sich dieser Begriff sowohl in der unternehmerischen Praxis, als auch in der akademischen Forschung sukzessive etabliert und ist heute als verbindendes Element zwischen beiden nicht mehr wegzudenken (Wiendahl 2005; Schuh u. Gierth 2006).

Erstmalig hatte Hackstein für den Begriff der Produktionsplanung und -steuerung in seinem gleichnamigen Buch eine breit akzeptierte Definition geliefert. Zielobjekt der PPS war danach die gesamte Produktion inklusive der indirekt beteiligten Bereiche wie etwa der Konstruktion. In der Folge wurde der PPS-Begriff ständig erweitert. Nach dem erweiterten Verständnis wurde PPS derart definiert, dass sie die gesamte technische Auftragsabwicklung von der Angebotsbearbeitung bis hin zum Versand des fertigen Erzeugnisses umfasste. Ihre Planungs- und Steuerungsaufgaben berührten dabei die Bereiche des Vertriebs, der Konstruktion, des Einkaufs, der Fertigung und Montage sowie des Versands.

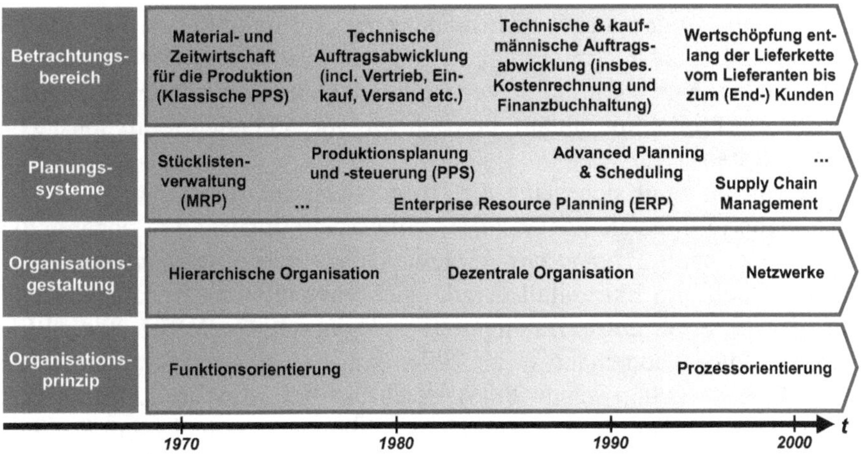

Abb. 1. Entwicklungsstufen der Produktionsplanung und -steuerung (PPS)

Auch wenn heute vielfach der Begriff *Enterprise Resource Planning (ERP)* verwendet wird, behält das Kürzel PPS seine prägende Bedeutung. Dabei ist ERP ebenso wie das *Supply Chain Management (SCM)* eher ein logischer Schritt auf dem Evolutionspfad von der Mengen- und Kapazitätsplanung in der Fertigung über die Einbeziehung der vor- und nachgelagerten Bereiche wie Beschaffung oder Vertrieb bis hin zur Darstellung und Unterstützung der kompletten Auftragsabwicklung entlang der gesamten Lieferkette. Im Zentrum steht aber nach wie vor die Beplanung der Ressourcen und Produktionsprozesse, wie sie bereits im ursprünglichen PPS-Begriff erfasst war.

Inzwischen hat sich, wie zuvor dargestellt, das industrielle Umfeld für produzierende Unternehmen in Europa und damit auch das Anforderungsprofil für ein zeitgemäßes Management der industriellen Produktion weiterentwickelt. Es zeigt sich mehr und mehr, dass der bis dahin gültige PPS-Begriff allenfalls eine „Kern-PPS“ abdeckt. In der wissenschaftlichen Forschung versuchte man daher zunehmend, dem Aspekt der wachsenden Vernetzung industrieller Strukturen Rechnung zu tragen. Planungsobjekt ist demnach nicht mehr ausschließlich der innerbetriebliche Produktions- und Auftragsabwicklungsvorgang, sondern der gesamte Leistungserstellungsprozess entlang des Wertstroms vom Lieferanten des Lieferanten bis zum Kunden des Kunden (Corsten u. Gabriel 2002; Luczak u. Stich 2004; Schuh u. Gierth 2006).

Im Grunde genommen ist diese Orientierung am Wertstrom jedoch keine revolutionäre Idee der jüngsten Vergangenheit. Bereits zum Anfang des 20. Jahrhunderts spricht Henry Ford in seinen wichtigsten Werken von einem flussorientierten Produktionssystem, von der konsequenten Wertorientierung und sogar vom verschwendungsfreien Produktionsprozess. Henry Ford und ebenso Winston Frederic Taylor mit seinem Ansatz der Arbeitsteiligkeit haben mit ihrem Verständnis vom konsequent am Wertstrom orientierten Produktionsablauf die nach wie vor geltende Produktionstheorie manifestiert.

Gleichwohl zeigt sich heute die Begriffswelt zur Benennung produktionsorientierter Managementansätze deutlich vielfältiger. So offenbaren die Definitionen zum *Produktions-*, *Supply Chain-* oder *Logistikmanagement* je nach Quelle im Extremfall gerade noch vokabulatorische Unterschiede (vgl. Scheer et al. 2001; Baumgarten u. Thoms 2002; Weber 2002; Wildemann 2003; Thonemann et al. 2004; Jahns et al. 2005; Straube et al. 2005; Bretzke 2006; Schuh 2006). Auch auf der strukturellen Beschreibungsebene werden die Begriffe Wertschöpfungs-, Logistik- und Produktionsnetzwerk oder Lieferkette (Supply Chain) sehr häufig synonym verwendet. Im Folgenden soll daher von einem *Logistiknetzwerk* die Rede sein, wenn alle Material-, Informations- und Finanzflüsse vom Erstlieferanten bis zum Endkunden entlang der Beschaffungs-, Produktions- und Distributionsaktivitäten eines Unternehmens adressiert werden (Straube et al. 2005; Arndt 2006; Nyhuis u. Wiendahl 2007; Schönsleben 2007). Einigkeit herrscht in Wissenschaft und Praxis insbesondere darüber, dass ein Logistiknetzwerk ganzheitlich zu gestalten, zu planen, zu steuern und zu kontrollieren ist. Dabei steht ebenso außer Frage, dass die logistikorientierte Gestaltung bzw. die unternehmensübergreifende Planung und Koordination von Kundenaufträgen innerhalb dieser Wertschöpfungsnetzwerke eine überaus komplexe Gesamtaufgabe darstellt (Straube et al. 2005; Wiendahl 2005; Bretzke 2006; Schuh u. Gierth 2006).

Die systematische Beschreibung, Analyse und Gestaltung komplexer Systeme basiert zunächst darauf, die zugrunde liegende Realwelt in einem geeigneten Modell abzubilden. Ein Modell ist „eine vereinfachte Nachbildung eines geplanten oder real existierenden Systems mit seinen Prozessen in einem anderen begrifflichen oder gegenständlichen System“ (VDI 2000). Dazu müssen die in der Realität vorliegenden Parameter und deren Relationen auf die relevanten Aspekte der jeweiligen Untersuchung reduziert werden (Wyssusek 1999; Stachowiak 1973). Modelle weisen einen dualen Charakter auf, sie sind einerseits Abbild und andererseits Vorbild für die Realität. Für die Strukturierung komplexer betriebsorganisatorischer Sachverhalte hat sich in zahlreichen Projekten aus Forschung und Praxis die Verwendung einer besonderen Modellform mit Referenzcharakter als ratsam erwiesen (Schütte 1998; Intra 2000; Erdmann 2003; Becker 2004; Fettke u. Loos 2004; Schuh u. Schmidt 2006). Diese *Referenzmodelle* repräsentieren wiederverwendbares Erfahrungswissen und stellen einheitliche Begriffssysteme für die effiziente Kommunikation zwischen den handelnden Akteuren bereit. Damit wird insbesondere der Vorbildcharakter eines Modells adressiert und betont. So dient ein Referenzmodell als Bezugsobjekt für die Ableitung spezieller Modelle. Für einen konkreten Anwendungsfall lassen sich verhältnismäßig einfach individuelle Modelle durch Adaption, Erweiterung oder Detaillierung eines Referenzmodells ableiten.

Als bewährte Gestaltungsreferenz steht das *Aachener PPS-Modell* zur Verfügung, welches im breiten Konsens zwischen Wissenschaft und Praxis (vgl. Hackstein 1989; Scheer 1998; Eversheim 2002; Kurbel 2003; Vahrenkamp 2004; Wiendahl 2005; Schönsleben 2007; Spur 2007) den Gestaltungsbereich der Produktionsplanung und -steuerung sowohl aus der Sicht eines Einzelunternehmens als auch aus Sicht von Logistiknetzwerken definiert. Die Bestandteile des Aachener PPS-Modells werden im Folgenden kurz skizziert. Eine umfassende Darstellung mit zahlreichen Anwendungsbeispielen findet sich in *Schuh 2006*.

2 Das Aachener PPS-Modell

Das Aachener PPS-Modell beleuchtet die inner- und überbetriebliche Produktionsplanung und -steuerung aus vier verschiedenen Blickrichtungen. Diese Blickwinkel – auch Referenzsichten genannt – adressieren als Aufgaben-, Prozessarchitektur-, Prozess- und Funktionssicht die wesentlichen Teilbereiche der Auftragsabwicklung und *Produktionsplanung in Logistiknetzwerken* (vgl. Abbildung 2).

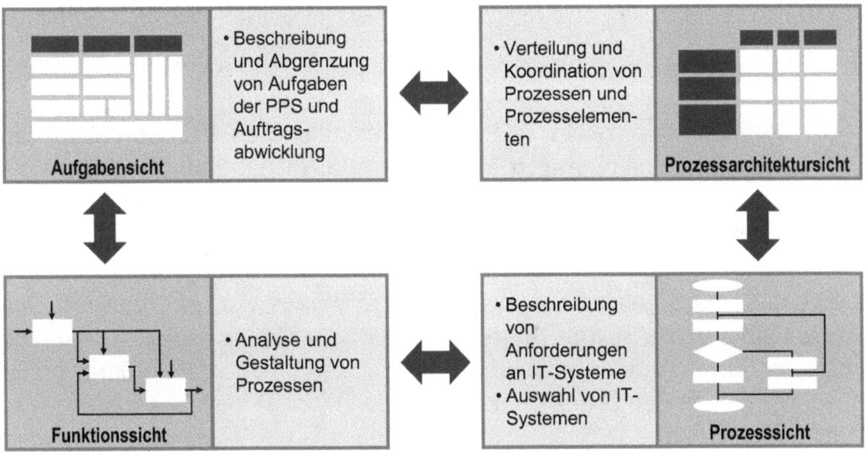

Abb. 2. Die vier Referenzsichten des Aachener PPS-Modells

Jede dieser Referenzsichten beinhaltet wiederum Strukturen und Formulierungen, die sie für unterschiedliche Verwendungszwecke prädestinieren. Als Basis des gesamten Referenzmodells dient die Aufgabensicht, welche die Aufgaben der PPS zunächst allgemeingültig beschreibt und gegeneinander abgrenzt. Dabei ordnet die *Aufgabensicht* den Betrachtungs- und Gestaltungsbereich der PPS in Kern-, Querschnitts- und Netzwerkaufgaben (Schuh u. Roesgen 2006). Die *Prozessarchitektursicht* dient als Vorlage für die Gestaltung der Verteilung und Durchführung von Prozessen. Sie differenziert anhand empirisch abgeleiteter Netzwerktypen unterschiedlich ausgeprägte Koordinationsaufgaben auf der Netzwerkstruktur-, Produkt- und Planungsinstanzebene für die überbetriebliche PPS (Schuh et al. 2006). Die *Prozesssicht* bringt die in der Aufgabensicht definierten Aufgaben der inner- und überbetrieblichen PPS in eine zeitlich-logische Ordnung. Für den innerbetrieblichen Gestaltungsbereich erfolgt zusätzlich eine betriebstypologische Differenzierung. So werden Prozess- und Informationsflussvorlagen für die Auftragsabwicklungstypen des Auftrags-, Rahmenauftrags-, Varianten- und Lagerfertigers bereitgestellt (Schuh u. Schmidt 2006). Die *Funktionssicht* zielt vorrangig auf die Bewertung betrieblicher Anwendungssysteme und stellt dafür hierarchisch strukturierte Funktionsmodelle auf (Schuh u. Lassen 2006).

In Abbildung 2 sind die vier Referenzsichten mit ihrem jeweiligen Analyse- und Gestaltungszweck für unterschiedliche PPS-Projekte dargestellt. Der Fokus des Aachener PPS-Modells liegt auf der ganzheitlichen Betrachtung der PPS, so dass die Referenzsichten durch lose Zusammenhänge miteinander verbunden sind. Im Folgenden werden die Aufgaben-, Prozessarchitektur-, Prozess- und Funktionssicht beispielhaft konkretisiert.

2.1 Aufgaben der PPS

Die Aufgabenreferenzsicht spezifiziert und detailliert die Aufgaben der PPS in einer allgemeingültigen, hierarchischen Abstraktion. Sie eignet sich besonders zur Analyse und Gestaltung der Aufbauorganisation sowie zur Beschreibung und Diskussion von Tätigkeitsinhalten und -zielen im Rahmen von Reorganisationsprojekten in Produktionsunternehmen und -netzwerken. Die Aufgabensicht dient darüber hinaus zur Abgrenzung von Aufgabenbereichen sowohl hinsichtlich der Zuordnung von Aufgaben zu einzelnen Organisationseinheiten als auch hinsichtlich des Umfangs eines zu reorganisierenden Unternehmensbereichs.

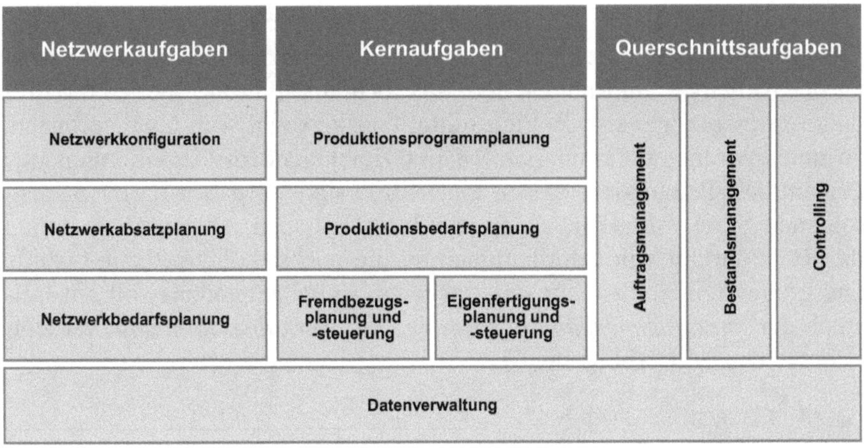

Abb. 3. Die Aufgabensicht des Aachener PPS-Modells

In Abbildung 3 ist die Struktur des Aufgabenmodells auf der Ebene der Hauptaufgaben skizziert. Auf dieser Modellierungsebene wird zwischen den überbetrieblichen Netzwerkaufgaben sowie den innerbetrieblichen Kern- und Querschnittsaufgaben unterschieden.

Netzwerkaufgaben fassen sämtliche planenden Aufgaben zusammen, die im Kontext des Netzwerkes zu sehen sind. Gegebenenfalls bedarf es einer engen Abstimmung bzw. Koordination der Netzwerkpartner untereinander oder alternativ einer zentralen Planungsinstanz. Die Planungselemente der Netzwerkaufgaben können auf der lokalen Planungsebene teilweise ein entsprechendes Pendant haben, sind aber in der Regel weniger detailliert. Zu den Netzwerkaufgaben zählen die strategisch ausgelegte Netzwerkkonfiguration, die Netzwerkabsatzplanung und die Netzwerkbedarfsplanung. *Kernaufgaben* umfassen aus Sicht des einzelnen Unternehmens sämtliche Aufgaben des eigentlichen Produkterstellungsprozesses, die einen direkten Fortschritt im Produktionsprozess erzeugen. Unter den Kernaufgaben werden im Aachener PPS-Modell die Produktionsprogrammplanung, die Produktionsbedarfsplanung, die Eigenfertigungsplanung und -steuerung sowie die Fremdbezugsplanung und -steuerung zusammengefasst. *Querschnittsaufgaben* sind planende und steuernde Aufgaben, die sowohl Elemente von Kern- als auch von Netzwerkaufgaben aufweisen. Sie dienen der Integration der Netzwerk- und Kernaufgaben und somit der Optimierung der ganzheitlichen PPS. Zu den Querschnittsaufgaben gehören das Auftragsmanagement, das Bestandsmanagement und das Controlling. Die Datenverwaltung wird sämtlichen Aufgabenarten zugerechnet, da alle Aufgaben der PPS bei ihrer Ausführung auf die Datenverwaltung zurückgreifen.

In vertikaler Richtung differenziert die Aufgabensicht des Aachener PPS-Modells somit einen strategischen, taktischen und operativen Charakter der Aufgaben. Im Rahmen der Aufgabendurchführung werden die Produktionsressourcen, also Betriebsmittel und Personal, von übergeordneten zu untergeordneten Planungsstufen mit zunehmendem Detaillierungsgrad geplant. Die Planungsergebnisse einer Stufe sind Vorgaben für die nächstfolgende Stufe. Mit Hilfe einer regelkreisähnlichen Abstimmung erfolgt die Rückführung von Informationen an die nächst höhere Planungsstufe. Die grundsätzliche Struktur des Aachener Aufgabenmodells soll am Beispiel der *unternehmensübergreifenden Netzwerkabsatzplanung* verdeutlicht werden (vgl. Abbildung 4).

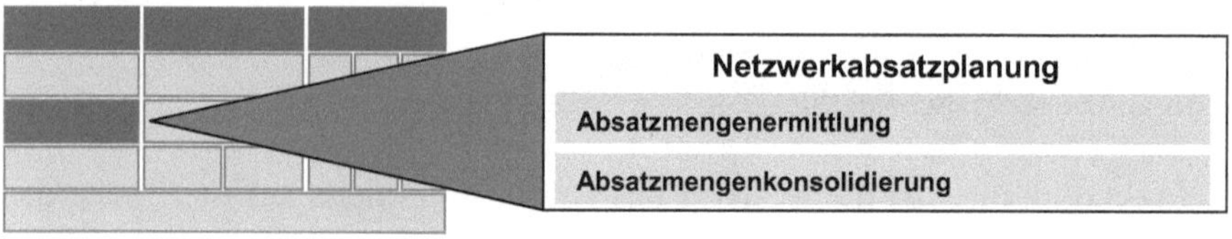

Abb. 4. Unteraufgaben der Netzwerkabsatzplanung

Vor dem Hintergrund der Organisationsstruktur von inter- und intraorganisationalen Produktionsnetzwerken mit verteilten lokalen Unternehmenseinheiten ist eine strategische Gestaltungsebene als Grundlage der strategischen und taktischen Planung notwendig. Die Netzwerkaufgaben weisen diverse Anknüpfungspunkte und Interdependenzen zu verschiedenen Kernaufgaben der lokalen Ebene des Aachener PPS-Modells auf. Abhängig vom Planungsobjekt der jeweiligen Netzwerkaufgabe wird eine zentrale Instanz innerhalb des Netzwerks notwendig, die den Überblick über die Aktivitäten aller Netzwerkpartner wahrt. So ist die dispositive Absatzplanung ursprünglich eine Aufgabe, die dezentral in jedem einzelnen Unternehmen im Rahmen der Produktionsprogrammplanung durchgeführt wird. Die Netzwerkabsatzplanung grenzt sich von der lokal durchgeführten Absatzplanung durch ihren unternehmensübergreifenden Netzwerkcharakter ab, z. B. in Form des so genannten „Collaborative Demand Planning“ oder „Collaborative Planning, Forecasting and Replenishment“ (CPFR). Des Weiteren ist die Netzwerkabsatzplanung rein absatzmarkt- bzw. nachfrageorientiert. Dies bedeutet, dass der Absatzmarkt für das Endprodukt fokussiert wird und sich so sämtliche Bedarfe aus dem Primärbedarf des Endproduktes ableiten. Ergebnis des Absatzplanungsprozesses ist ein genaues Verständnis davon, welche Mengen von welchen Produkten oder Produktgruppen wann nachgefragt bzw. abgesetzt werden können.

Der Netzwerkabsatzplan kann nach zwei unterschiedlichen Ansätzen generiert werden. Entweder werden für das gesamte Netzwerk unternehmensübergreifend die Absatzmengen aggregiert ermittelt und ggf. im nächsten Schritt auf die Netzwerkpartner verteilt. Dieses Konzept findet beispielsweise in Netzwerken mit konzernartigen Strukturen, vergleichbaren Absatzmärkten oder ähnlichen Produkten Anwendung. Die zentrale *Absatzmengenermittlung* kann ggf. auf Basis einer unternehmensübergreifenden Budget- und Umsatzplanung erfolgen. Der alternative Ansatz basiert auf einer konsensbasierten Absatzplanung, bei der ein Planungsprozess mehrere Phasen durchläuft, in denen die an der Planung beteiligten Unternehmen oder Organisationseinheiten mehr oder weniger dezentral ihre Teilplanungen zu einem Gesamtplan zusammenführen. Es findet nach diesem Ansatz eine *Absatzmengenkonsolidierung* für das Netzwerk statt. Dieses Konzept ist insbesondere dann sinnvoll, wenn sich die Absatzmärkte bzw. -kanäle der Netzwerkpartner unterscheiden und so eine zentrale Planungsinstanz nur schwerlich einen Gesamtabsatzplan für das Netzwerk generieren könnte.

Der Netzwerkabsatzplan unterstützt ebenso unternehmensübergreifende Prognoseaufgaben. Dazu zählen bspw. die Glättung von Prognosewerten, die Identifikation und Beachtung von saisonalen Effekten, eine unternehmensübergreifende Aktionsplanung (z. B. Marketing-Events). Gleichzeitig gilt der Netzwerkabsatzplan als wesentliche Einflussgröße für eine unternehmensübergreifende Umsatz- und Budgetplanung.

2.2 Architektur von Logistiknetzwerken

Die Prozessarchitektur ist eine neue Referenzsicht im Aachener PPS-Modell und trägt der zunehmenden Etablierung unternehmensübergreifender Logistiknetzwerke Rechnung. Sie bildet das Bindeglied zwischen der Aufgabenreferenzsicht und der nach Betriebstypen differenzierten Prozessreferenzsicht. Die Unterscheidung in inner- und überbetriebliche Aufgaben wurde bereits im Aufgabenmodell dargestellt. Betrachtet man die Produktion in Netzwerken, so wird deutlich, dass nicht alle Aufgaben durch einen Netzwerkpartner abgedeckt werden können. Die kooperative Leistungserstellung macht es erforderlich, dass die Erfüllung einzelner Teilaufgaben durch unterschiedliche Netzwerkpartner koordiniert wird. Für die PPS in Logistiknetzwerken werden daher die Netzwerkebene und die Ebene der einzelnen Unternehmung unterschieden (Corsten u. Gössinger 2001).

Die Aufgaben auf Unternehmensebene sind dadurch charakterisiert, dass sie durch ein Unternehmen koordiniert und durchgeführt werden. Im Gegensatz dazu können Aufgaben auf der Netzwerkebene durch verschiedene Unternehmen innerhalb des Netzwerkes wahrgenommen werden. Damit stellt sich für die Aufgaben der Netzwerkebene die Frage, wie diese zwischen mehreren Partnern des Netzwerks koordiniert werden können. Die Prozessarchitektur als Referenzsicht dient als Schablone für die Gestaltung der Verteilung und Durchführung von Prozessen innerhalb verschiedener *Netzwerktypen*. Dabei wird idealtypisch dargestellt, wie Prozesse und Prozesselemente innerhalb des Wertschöpfungsnetzwerkes auf die einzelnen Organisationseinheiten verteilt werden können. In der Eigenschaft als Schablone sind die Darstellungen als Muster zu verstehen, die im konkreten Anwendungsfall den organisatorischen Gestaltungsrahmen aufzeigen.

Produktionsnetzwerke und -verbünde lassen sich mit Hilfe eines morphologischen Merkmalsschemas durch Zuordnung zu den jeweiligen Merkmalsausprägungen charakterisieren. Zu diesen Merkmalen zählen produktbezogene Ausprägungen, die eher operative, produktionstechnische Aspekte beschreiben. Ebenso lassen sich Merkmale der Zusammenarbeit sowie der Netzwerk- und Verbundstruktur unterscheiden, welche die eher strategische Anordnung und Konzeption des Gesamtnetzwerks abbilden. Anhand dieser Merkmale und deren Ausprägungen lassen sich die drei Haupttypen *Projektnetzwerk*, *Hierarchisch-stabile Kette* und *Hybridfertigungsnetzwerk* unterscheiden (Schiegg 2005; Schuh et al. 2006). Die weiteren zwei Typen *Entwicklungsgeprägtes Seriennetzwerk* und *Fremdbestimmtes Lieferantennetzwerk* können als Varianten dieser Haupttypen aufgefasst werden. Die grundsätzliche Struktur typspezifischer Prozessarchitekturen soll im Folgenden am Beispiel eines polyzentrischen Projektnetzwerks veranschaulicht werden (vgl. Abbildung 5).

Das Projektnetzwerk ist charakterisiert durch das Engineer-to-Order-Prinzip, d.h. die kundenindividuelle Fertigung von komplexen, mehrteiligen Produkten. Die auftragsbezogene Zusammenarbeit der Netzwerkpartner ist dabei meist temporär. Die *Netzwerkkonfiguration* erfolgt in diesem Netzwerktyp vorwiegend dezentral durch unterschiedliche Netzwerkpartner auf der Ebene der Hersteller von Endprodukten. Eine strategische Produktprogrammplanung auf Ebene der Endprodukte führt dabei jeder Hersteller aufgrund der komplexen und kundenindividuellen Erzeugnisse (z. B. Zuführeinrichtung für eine Bearbeitungsmaschine) sowie der hohen Fertigungstiefe dezentral durch. Das Ergebnis führt dabei indirekt zu einem netzwerkbezogenen Produktprogramm.

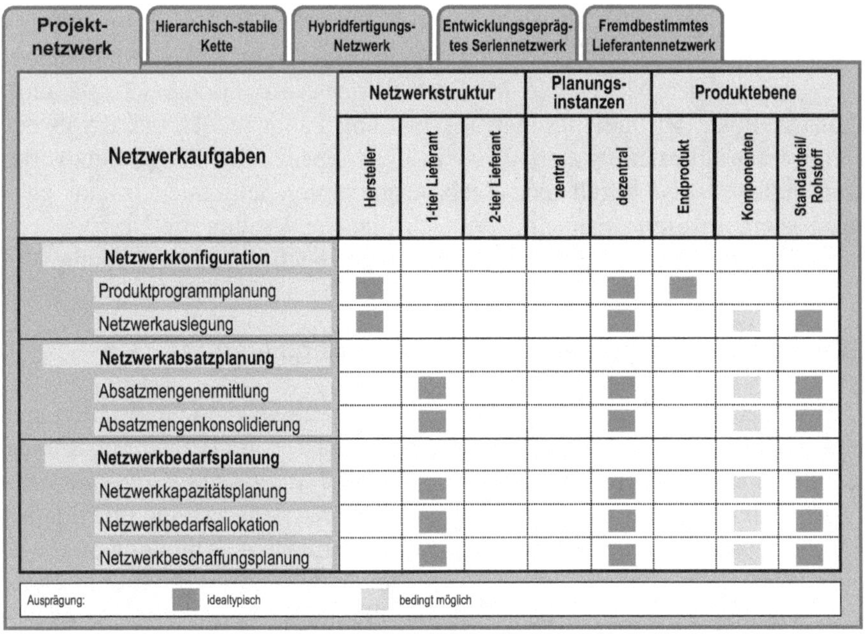

Abb. 5. Prozessarchitektur für ein Projektnetzwerk

In Produktionsverbünden, die auftragsbezogen fertigen, sind aufgrund des hohen Spezialisierungsgrades kaum Absatzprognosen sondern allenfalls mittelfristige Liquiditätsplanungen möglich. Außerdem weisen diese häufig keine feste Zulieferstruktur auf. Die Netzwerkauslegung kann also durch die Hersteller lediglich auf der Ebene von Standardteilen (z. B. Normteile wie Lager, Scheiben oder Schrauben) und teilweise auch auf der Ebene von Komponenten (z. B. Steuerungstechnik) durchgeführt werden. Die *Netzwerkabsatzplanung* mit den Unteraufgaben Absatzmengenermittlung und Absatzmengenkonsolidierung erfolgt im Typ Projektnetzwerk durch Unternehmen auf der Ebene 1Tier-Lieferant. Da der so genannte Generalunternehmer in einem Projektnetzwerk überwiegend projektbezogen beschafft, arbeitet dieser fast ausschließlich mit 1Tier-Lieferanten zusammen. Diese Unternehmen liefern Komponenten und Standarderzeugnisse innerhalb des Projektnetzwerkes an mehrere Partner in unterschiedlichen Logistiknetzwerken. Hier kann dezentral durch die entsprechenden Netzwerkunternehmen eine Absatzmengenermittlung auf Basis lokaler Absatzpläne der übergeordneten Netzwerkebene vorgenommen werden. Eine Absatzmengenkonsolidierung können die Unternehmen auf der 1Tier-Ebene bei Bedarf durchführen. Die Konsolidierung bezieht sich dabei vorwiegend auf Standarderzeugnisse und kann bei mehreren Planungsinstanzen innerhalb der Netzwerkstruktur stattfinden. Die *Netzwerk-*

bedarfsplanung erfolgt ebenfalls auf der 1Tier-Ebene. Die Betrachtungsobjekte sind wiederum Standarderzeugnisse und zum Teil Komponenten. Der Umfang der Aktivitäten im Bereich der Netzwerkkapzitätsplanung, -bedarfsallokation und -beschaffungsplanung hängt jedoch stark von der Netzwerkstrukturtiefe unterhalb der 1Tier-Ebene ab. Projektnetzwerke sind üblicherweise durch eine flach ausgeprägte Lieferantenstruktur charakterisiert. Insofern überschneidet sich hier nicht selten die Netzwerkbedarfsplanung mit der lokalen unternehmensbezogenen Bedarfsplanung.

2.3 Funktionen betrieblicher Anwendungssysteme

Die Aufgaben der Produktionsplanung und -steuerung in den direkten und indirekten Bereichen von Fertigungsunternehmen sind als Funktionalitäten in Informations- bzw. Anwendungssystemen umgesetzt. *Informationssysteme* unterstützen die Verwaltung und Bereitstellung von Informationen, die Erstellung von Plänen, die Koordination von Abteilungen sowie die Überwachung und Steuerung von Prozessen. Die informationstechnische Durchdringung der betrieblichen Planungs- und Auftragsabwicklungsprozesse hat mittlerweile derart zugenommen, dass heute die meisten produzierenden Unternehmen ein Enterprise Resource Planning (ERP-) bzw. PPS-System einsetzen (Carr 2004; Lassen et al. 2005; Brosze et al. 2007).

Die Funktionsreferenzsicht des Aachener PPS-Modells dient der Beschreibung von Anforderungen an ein solches IT-System zur Unterstützung inner- und überbetrieblichen Aktivitäten. Historisch betrachtet entstammt diese Referenzsicht der funktionalen Bewertung und Auswahl von ERP-/PPS-Systemen. Die Funktionen werden dazu semantisch beschrieben und in einer flachen Hierarchie strukturiert. Diese Gliederung entspricht der des Aufgabenmodells, so dass sich Funktionen schnell identifizieren lassen, die zur Unterstützung bestimmter Aufgaben dienen können. Durch die Angabe von IT-gestützten Funktionen können prozess- oder aufgabenorientiert Anforderungen an ERP-/PPS-Systeme ermittelt und dokumentiert werden. Auf der nachfolgenden Strukturierungsebene werden die PPS-Funktionen durch Merkmale konkretisiert (vgl. Abbildung 6). Eine Merkmalsbeschreibung beinhaltet die Charakterisierung des Funktionsmerkmals selbst sowie die verbale Beschreibung des Merkmals und seiner Ausprägungen.

Beispiel: Möglichkeiten der deterministischen Bedarfsermittlung	
Funktionsmerkmal	Welche Verfahren zur deterministischen Bedarfsplanung werden unterstützt?
Beschreibung des Merkmals	Die deterministische Bedarfsauflösung berechnet den Teilebedarf durch Stücklistenauflösung.
Beschreibung der Ausprägungen	Das Fertigungsstufenverfahren stellt Bedarfe in die jeweilige Fertigungsstufe ein, fasst aber gleiche Materialbedarfe nicht zusammen. Das Dispositionsstufenverfahren stellt alle gleichartigen Bedarfe in die niedrigste Fertigungsstufe. Bei der synthetischen Bedarfsermittlung auf Basis von Teileverwendungsnachweisen wird geprüft, in welche Erzeugnisse ein Material eingeht.
Merkmalsausprägungen	▪ Analytische Bedarfsermittlung mit dem Fertigungsstufenverfahren ▪ Analytische Bedarfsermittlung mit dem Dispositionsstufenverfahren ▪ Synthetische Bedarfsermittlung auf Basis von Teileverwendungsnachweisen

Abb. 6. Merkmalsorientierte Beschreibung von PPS-Funktionen

Die Funktionsmerkmale können dabei grundsätzlich unterschiedliche informationstechnische Aspekte beinhalten. So können sowohl Funktionen zur Verwaltung von Daten und Datenstrukturen als auch klar abgegrenzte Algorithmen (Methoden) als Leistungsmerkmale eines IT-Systems abgebildet werden. Darüber hinaus sind Oberflächenmerkmale sowie komplexe Funktionen, die Daten, Methoden und Oberflächenfunktionen beinhalten, im Funktionskatalog hinterlegt.

2.4 Auftragsabwicklungsprozesse

In der Prozesssicht des Aachener PPS-Modells werden die Aufgaben der Produktionsplanung und -steuerung in eine zeitbezogene Ordnung gebracht und im Sinne einer Referenz beschrieben. Der so entstehende Prozesszusammenhang erzeugt eine besondere Sicht auf die einzelnen Aufgaben und führt zu einer genaueren Darstellung des Aufgabeninhalts. So weisen die Prozessmodelle verglichen mit dem Aufgabenmodell einen meist höheren Detaillierungsgrad auf. Im Einzelnen bedeutet dies, dass einerseits bestimmte Aufgaben des Aufgabenmodells in der Prozessdarstellung detailliert und andererseits neue Aufgaben zusätzlich modelliert werden.

Die Prozesssicht unterscheidet in enger Analogie zur Aufgabensicht die Gestaltungsbereiche der unternehmensübergreifenden Netzwerk- bzw. Querschnittsaufgaben und der unternehmensinternen Kern- bzw. Querschnittsaufgaben. Dabei verweist das Prozessmodell im Bereich der Netzwerkaufgaben im Sinne einer verallgemeinerten Prozessdarstellung auf die Netzwerktypen der Prozessarchitektursicht und stellt differenzierte Ablaufdiagramme sowohl für einen zentralen Planungs- als auch für einen dezentralen Koordinationsansatz zur Verfügung. Im Bereich der unternehmensinternen PPS-Aufgaben differenziert die Prozesssicht in bewährter Tradition die vier *idealtypischen Auftragsabwicklungsstrukturen* eines Auftrags-, Rahmenauftrags-, Varianten- und Lagerfertigers (vgl. Abbildung 7).

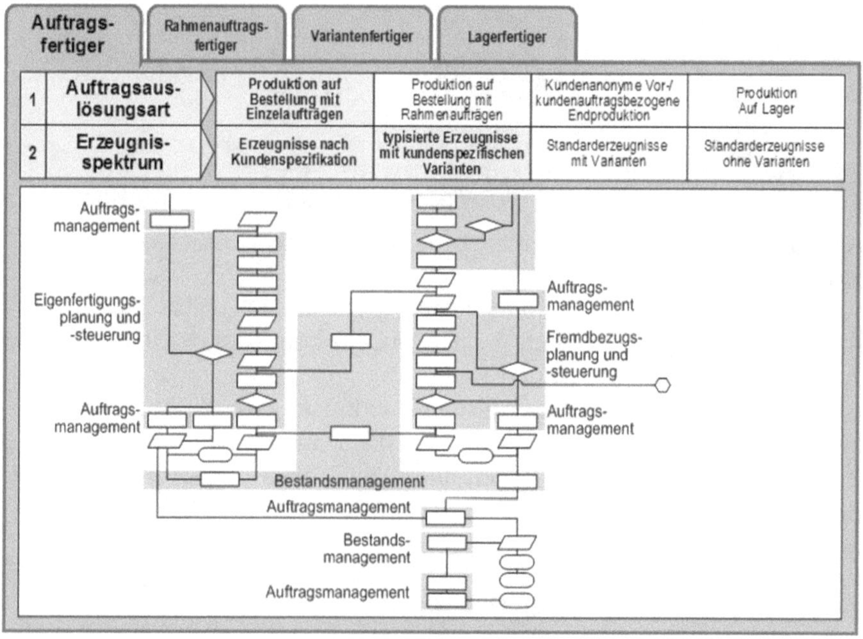

Abb. 7. Struktur der Prozessreferenzsicht

Während das Aufgabenmodell unabhängig von einem zentralen bzw. dezentralen Planungsansatz oder der Art der Auftragsabwicklung strukturiert ist, bilden die Prozessmodelle eine typenspezifische Ablauforganisation der Produktionsplanung und -steuerung mit dem Blickwinkel auf das betrachtete Einzelunternehmen ab. Im Hinblick auf eine übersichtliche und strukturierte Darstellung werden die Prozesse der Produktionsplanung und -steuerung in Subprozesse gegliedert, die sich aus den Netzwerk-, Kern- und Querschnittsaufgaben des Aufgabenmodells ergeben. Die Darstellung der Prozesse erfolgt in Anlehnung an die Modellierungsmethode nach DIN 66001 (DIN 1994). Im Folgenden wird wiederum beispielhaft die im Aufgabenmodell inhaltlich definierte *Netzwerkbedarfsplanung* in ihrer zeitlich-logischen Abfolge modelliert (vgl. Abbildung 8) und deren Wechselwirkungen mit den Aufgaben der lokalen Produktionsprogramm- und Produktionsbedarfsplanung beschrieben.

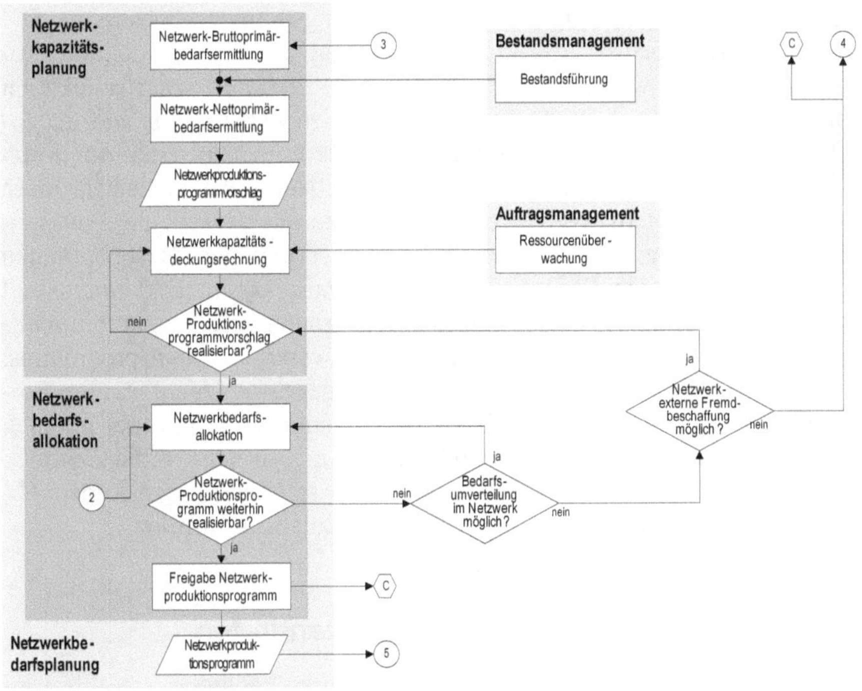

Abb. 8. Prozessreferenzmodell der Netzwerksbedarfsplanung

Die Netzwerkbedarfsplanung erfolgt im Anschluss an die Netzwerkkonfiguration und die Netzwerkabsatzplanung. Ziel der Netzwerkbedarfsplanung ist es, den je nach Netzwerkkonfiguration unterschiedlich hohen Koordinationsbedarf zwischen den bedarfsbezogenen Disziplinen der lokalen Ebene mittels einer standortübergreifenden Sicht weiter zu reduzieren. Dazu werden im Rahmen der Netzwerkbedarfsplanung die Teilprozesse der *Netzwerkkapazitätsplanung* und der *Netzwerkbedarfsallokation* durchlaufen. Auf der Grundlage des Netzwerkabsatzplans wird zunächst im Rahmen der Netzwerkkapazitätsplanung der Bruttoprimärbedarf des Netzwerks ausgewiesen. Unter Berücksichtigung der im Bestandsmanagement geführten Produktbestände des Netzwerks wird aus dem Bruttoprimärbedarf der Nettoprimärbedarf errechnet und im Ergebnis ein grober Netzwerkproduktionsprogrammvorschlag erstellt. Ziel der anschließenden Netzwerkkapazitätsdeckungsrechnung ist es, einerseits die Realisierbarkeit des Produktionsprogrammvorschlags zu überprüfen und andererseits eine gleichmäßige Belastung der Kapazitäten und Ressourcen innerhalb des Netzwerks zu erreichen. Dazu werden die erforderlichen und vorhandenen Ressourcen der netzwerkinternen Standorte mit Hilfe der übergreifenden Ressourcenüberwachung überprüft und die tatsächliche Belastung aller netzwerkinternen Kapazitäten für eine Planungsperiode abgestimmt. Die einzelnen Primärbedarfe des grundsätzlich realisierbaren Produktionsprogrammvorschlags werden nun im Rahmen der Netzwerkbedarfsallokation unter Berücksichtigung der geographischen Netzwerkstruktur und der lokalen Produktionskapazitäten auf die Partner verteilt. Neben der grundsätzlichen Berücksichtigung der Kompetenzen im Netzwerk können für diese Verteilung bei alternativen Produktionsstandorten zusätzliche Entscheidungskriterien wie der Transportaufwand oder regionale Besonderheiten herangezogen werden. Stellt sich nach der *Netzwerkkapazitätsplanung* und *-bedarfsallokation* das Netzwerkproduktionsprogramm als weiterhin realisierbar heraus, erfolgt die Freigabe des Netzwerkproduktionsprogramms. Andernfalls sollte zunächst regelkreisähnlich geprüft werden, ob eine Umverteilung der Bedarfe innerhalb oder außerhalb des Netzwerks möglich ist. Scheitert auch diese Abstimmungsmaßnahme, so müssen die zentralen bzw. lokalen Absatzpläne angepasst und in der standortübergreifenden Absatzmengenermittlung bzw. -konsolidierung aktualisiert werden.

3 Entwicklungspfade einer wertorientierten Logistikgestaltung

Mit dem Aachener PPS-Modell wird ein Beschreibungs- und Gestaltungsansatz zur Verfügung gestellt, der im Wesentlichen die Planungs- und Auftragsabwicklungsprozesse sowohl innerhalb eines Unternehmens als auch in überbetrieblichen Logistiknetzwerken adressiert. Demgegenüber erscheint die Bedeutung eines integrierten Informationsmanagements in Logistiknetzwerken bislang noch unzureichend durchdrungen (vgl. Luczak 2002; Sucky 2004; Bretzke 2006; Schuh u. Westkämper 2006; Meyer 2007; Schönsleben 2007). Nach wie vor besteht ein erheblicher Entwicklungsbedarf im Bereich der unternehmensübergreifenden Koordination planungsrelevanter Informationsflüsse. Diese müssen einerseits über mehrere Wertschöpfungsstufen hinweg in horizontaler Richtung verfolgt und andererseits in vertikaler Richtung mit hinreichender Granularität vollständig zur Verfügung gestellt werden können. Beide Entwicklungspfade werden nun im Folgenden skizziert.

3.1 Lean Thinking in der Logistik

Eines der größten Hindernisse bei der unternehmensübergreifenden Koordination von Planungs- und Steuerungsaufgaben ist der horizontale Informationsfluss zwischen den zahlreichen Stufen industrieller Logistikketten.

So ist bereits seit Jahrzehnten bekannt, dass gerade auf den frühen Stufen dieser Ketten der “Bullwhip Effect“ seine größte Ausprägung erreicht (Bretzke 2006; Meyer 2007; Schönsleben 2007).

In diesem Zusammenhang ist das Konzept des “Lean Manufacturing“ zu beachten, welches bereits ursprünglich auf die Optimierung der gesamten Wertschöpfungskette ausgerichtet war und insbesondere in der Automobilindustrie bis heute einen wesentlichen Veränderungstreiber darstellt (vgl. Womack et al. 1990; Womack u. Jones 2004). Grundgedanke des Konzepts ist die konsequente Identifikation und Eliminierung nicht wertschöpfender Aktivitäten in der Produkterstellung. Dieser Denkansatz wird in der Theorie des “Lean Thinking“ verallgemeinert und auf alle Unternehmensbereiche bezogen. Die stufenweise Adaption des ursprünglich vom japanischen Automobilhersteller Toyota entwickelten Konzepts in Wissenschaft und betrieblicher Praxis verdeutlicht Abbildung 9.

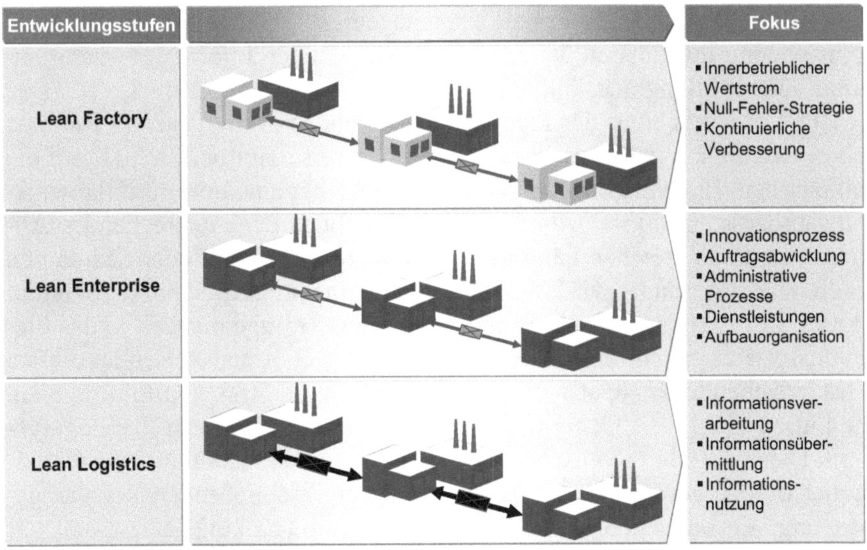

Abb. 9. Lean Thinking in der Logistik

Zunächst blieb die systematische Eliminierung nicht wertschöpfender Aktivitäten auf die Produktion fokussiert. Entsprechende Elemente des Lean Manufacturing unterstützen beispielsweise die Erhöhung der Produktqualität, die Flexibilisierung von Produktionsfaktoren oder die effiziente Produktionssteuerung beispielsweise nach dem “Kanban-Verfahren“. Sowohl in der Erforschung als auch in der praktischen Erprobung sind diese Elemente mittlerweile sehr weit entwickelt und verbreitet (vgl. Schürfeld 2002; Eyer u. Nohl 2002). In einer zweiten Entwicklungsstufe wurden die Prinzipien des "Lean Thinking" auf die indirekten Bereiche des Unternehmens übertragen. Entsprechende Ansätze zielen insbesondere auf die Reorganisation des Innovationsmanagements und der produktionsnahen Geschäftsprozesse ab. Im Vergleich zum Produktionsbereich hat diese Entwicklungsstufe bisher einen deutlich geringeren Durchdringungsgrad in der Praxis erreicht, doch existieren auch hier zahlreiche Konzepte und Modelle (vgl. Wiegand u. Franck 2004; Schuh 2004).

Die entscheidende Herausforderung für die Breite der betrieblichen Praxis besteht nunmehr in der unternehmensübergreifenden Expansion der Prinzipien des "Lean Thinking". Heute steht eine leankonforme Logistik lediglich für die Anwendung der Lean-Prinzipien innerhalb einer möglichst hohen Zahl von Unternehmen einer Logistikkette (vgl. Manrodt et al. 2005; Meyer 2007). Die nächste Entwicklungsstufe des Lean Thinking erfordert darüber hinaus jedoch eine effektive und effiziente Gestaltung des überbetrieblichen Informationsmanagements zur Reduktion der Verschwendung im Rahmen der standortübergreifenden Informationsverarbeitung, -übermittlung und -nutzung.

Zur Verdeutlichung der nicht wertschöpfenden Aktivitäten im Rahmen überbetrieblicher Auftragsabwicklungsprozesse sei nur beispielhaft auf die klassischen Einkaufsprozesse verwiesen. So beginnt der Bestellabwicklungsprozess eines Produzenten mit der Erstellung der entsprechenden Anfrage, die in zahlreichen Fällen ausgedruckt und per Brief oder Fax an den Lieferanten versendet wird (Schuh u. Westkämper 2006; Schuh u. Schmidt 2007). Der Lieferant wiederum überträgt diese Anfrage manuell in das Planungssystem, erstellt auf dieser Basis sein Angebot und versendet dieses. Das eingehende Angebot wird beim Produzenten erfasst, geprüft und dient nun als Basis für die Generierung einer Bestellung in dessen Planungssystem. Diese Abfolge wechselseitiger Erfassung und Erstellung unterschiedlicher Belege vollzieht sich weiter bis hin zur abschließenden Rechnungsstellung. Verschwendungen im Sinne des Lean Thinking lassen sich vor allem innerhalb der manuellen Tätigkeiten im Bestellabwicklungsprozess sowohl beim Produzenten als auch beim Lieferanten identifizieren. Dies sind insbesondere nicht wertschöpfende Tätigkeiten wie beispielsweise das Bedienen eines Faxgeräts, telefonische Auskünfte und Rückfragen sowie das Eingeben per Fax empfangener Daten in das entsprechende Planungssystem.

3.2 High Resolution Logistics

Ein Ansatz zur Zusammenführung der horizontalen und vertikalen Integration überbetrieblich koordinierter Auftragsabwicklungs- und Planungsprozesse ist das High Resolution Logistics Management. Um eine Flexibilisierung und höhere Wertorientierung dieser Prozesse zu erreichen, muss von der bisherigen statischen Ausrichtung zentral gesteuerter Abläufe und der vorherrschenden abstrahierten Informationstransparenz abgewichen werden (Schuh 2007). High Resolution bezeichnet generell die detaillierte Anzeige von feinen Strukturen (Schulz et al. 2002; Fleisch 2006). Angewandt auf Produktionsnetzwerke bedeutet dies, dass eine fast unbegrenzte Transparenz auf allen Planungsebenen sowohl horizontal entlang der Lieferkette als auch vertikal von der überbetrieblichen Grobplanung bis zur Maschinenplanung in der Fertigung sicherzustellen ist. Die Herausforderung liegt dabei in der Überführung der heutigen Komplexität der Informationsverarbeitung und Planung in selbstoptimierte, dezentrale Regelkreise. Der Ansatz des High Resolution Logistics Managements verfolgt die Idee, Organisationsstrukturen und -prozesse in die Lage zu versetzen, sich durch dezentralisierte Produktionskontrollmechanismen an ständig verändernde Rahmenbedingungen gemäß konsistenter Ziele anzupassen.

In der betrieblichen Praxis existieren heutzutage für die unterschiedlichen Planungsebenen verschiedene Arten von IT-Systemen (Brosze et al. 2007; Schuh u. Lassen 2006). Während SCM-Systeme entsprechende Planungsfunktionalitäten für verteilte Standorte und Produktionsnetzwerke bieten und somit die übergreifende Netzwerkplanung auf einer groben Bedarfs-, Termin- und Kapazitätsebene ermöglichen, wird die innerbetriebliche Auftragsabwicklung weitestgehend von ERP-Systemen gesteuert. Im Rahmen der Auftragsabwicklung werden dabei Kundenaufträge verwaltet, Material disponiert sowie Produktionsprozesse geplant und gesteuert. Abschließend werden die Kunden- und Fertigungsaufträge kosten-, mengen- und terminbezogen abgerechnet. Reichen die Möglichkeiten zur Feinplanung, Simulation, Optimierung und Überwachung der Produktion im ERP-System nicht aus, werden zusätzlich Manufacturing Execution Systeme (MES) eingesetzt. In der Fertigung (Shop-Floor) selbst existieren darüber hinaus noch weitere Systeme zur Steuerung der Maschinen- und Anlagen (NC-Programmierung, Maschinensteuerungen etc.). Da weder die Häufigkeit noch die Genauigkeit und das Objekt der Planung selbst zwischen den unterschiedlichen Ebenen ausreichend miteinander synchronisiert sind, entstehen bereits unternehmensintern Informationsbrüche, die einen Konsistenzverlust der Informationen bedingen. Zusätzlich ist der überbetriebliche Informationsaustausch aufgrund unterschiedlicher IT-Landschaften und Datenbeschreibungen in der Praxis nur in Ausnahmefällen und mit hohem Umsetzungsaufwand realisiert.

Aufgrund der heterogenen Systemlandschaft ist eine umfassende Informationstransparenz über das gesamte Produktionsnetzwerk heute bei weitem nicht gegeben. Vorraussetzung für effiziente Logistikprozesse ist allerdings die Gewährleistung einer hochauflösenden Informationstransparenz im Produktionsnetzwerk, d.h. sowohl inner- als auch überbetrieblich müssen alle notwendigen Informationen zur richtigen Zeit in der richtigen Genauigkeit zur Verfügung gestellt werden (vgl. Abbildung 10). Daher müssen zunächst geeignete Kommunikationsschnittstellen und Datenstandards geschaffen werden, die einen hinsichtlich Genauigkeit und Häufigkeit synchronisierten Informationsaustausch sicherstellen. Hiermit werden sowohl die unterschiedlichen Planungsebenen eines Unternehmens als auch die der Partnerunternehmen informationstechnisch miteinander verbunden, was die Grundlage für die Implementierung von selbstoptimierenden, dezentralen Regelkreisen in der Planung und Auftragsabwicklung bildet.

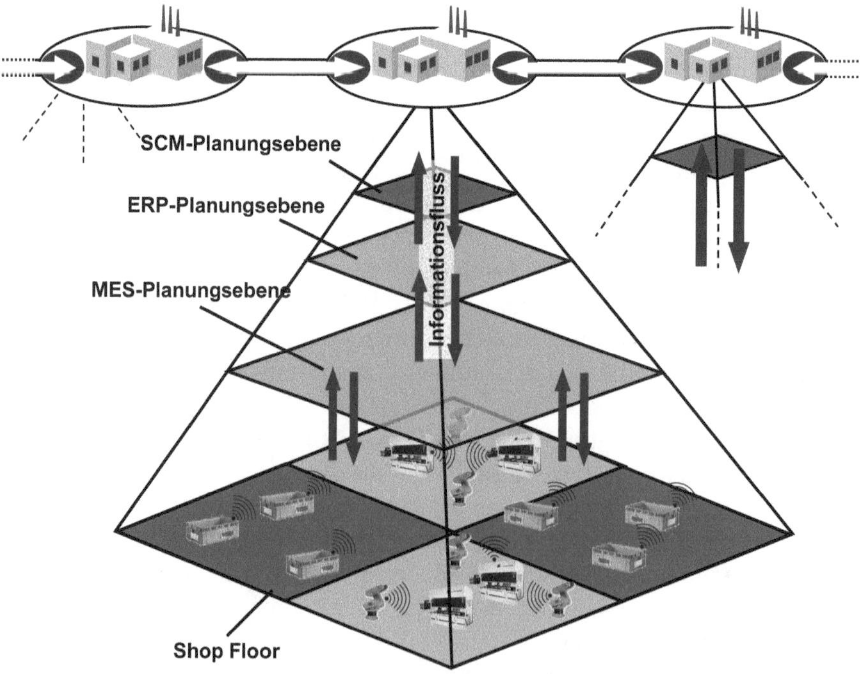

Abb. 10. High Resolution Logistics – Vertikale und horizontale Integration

Anstatt der zunehmenden Planungskomplexität mit zentralen, komplexen Planungssystemen entgegenzutreten, verfolgt dieser Ansatz das Ziel einer dezentralen Regelung. Durch die Sicherstellung des Informationsflusses und definierte Regelkreise auf den unterschiedlichen Planungsebenen, kann ein adaptives, selbstoptimierendes System geschaffen werden. Der kontinuierliche und standardisierte Informationsfluss soll die ständige Selbstkontrolle einzelner Regelkreise hinsichtlich der aktuellen Situation ermöglichen. Durch Messung relevanter Zielgrößen können Vergleiche mit vergangenen Daten und Zielgrößen vorgenommen werden. Diese Zielgrößen sind in Abhängigkeit von externen Rahmenbedingungen (Netzwerktyp, Fertigungstyp etc.) definiert, wodurch sich die Systemziele der Regelkreise dementsprechend an verschiedene Situationen anpassen können. In Abhängigkeit von der aktuellen Situation und der daraus resultierenden Systemziele reagieren die einzelnen Regelkreise damit dynamisch auf Veränderungen. Dadurch könnten sich Kapazitäten in Zukunft auf einem völlig neuen Niveau synchronisieren lassen.

Durch die hohe Informationstransparenz werden Störungen zukünftig ursachenbezogen sichtbar und können aktiv behandelt werden. Dazu wird im High Resolution Logistics-Ansatz ein Störungsmanagement definiert, welches ein ereignisorientiertes Eingreifen zentraler Planung und Steuerung gemäß standardisierter Regeln ermöglicht. Dies versetzt Unternehmen in die Lage, sich möglichst weitgehend selbstoptimiert in unterschiedlichen Typen von Wertschöpfungsketten dynamisch zu positionieren und auf exogene Einflüsse ad-hoc zu reagieren. Durch die höhere Wertorientierung und gesteigerte Flexibilität kann die Produktivität erhöht und die Produktion im europäischen Wirtschaftsraum deutlich effizienter gestaltet werden.

4 Zusammenfassung

Die Bedeutung der Produktionsplanung und -steuerung in unternehmensübergreifenden Logistiknetzwerken ist unumstritten und wird sich weiter erhöhen. Das Aachener PPS-Modell bietet hierfür einen ganzheitlichen Beschreibungs- und Gestaltungsansatz für zentrale Planungs- und dezentrale Koordinationsprozesse. Nach wie vor bleibt die horizontale und vertikale Integration planungsrelevanter Informationsflüsse eine der besonderen Herausforderungen für das Logistikmanagement der Zukunft. Um diese Integrationsaktivitäten wertorientiert bzw. verschwendungsfrei zu gestalten, wurden die Adaption des Lean Thinking auf Logistiknetzwerke und der darauf aufbauende Ansatz des High Resolution Logistics Managements als Entwicklungspfade skizziert. Nichtsdestotrotz wird die Logistiktheorie auch zukünftigen Generationen von Forschern und Betriebspraktikern ein herausforderndes und gleichzeitig vielversprechendes Betätigungsfeld bieten.

Literatur

Arndt H (2006) Supply Chain Management, 3. Aufl. Gabler Verlag, Wiesbaden

Arnold B (2004) Strategische Lieferantenintegration. Deutscher Universitäts-Verlag, Wiesbaden

Baumgarten H, Thoms J (2002) Trends und Strategien in der Logistik - Supply Chains im Wandel. Technische Universität Berlin, Bundesvereinigung Logistik, Berlin

Becker J (2004) Referenzmodellierung - Aktuelle Methoden und Modelle. Wirtschaftsinformatik 46 (2004) 5, S 325-326

Bretzke W-R (2006) SCM – Sieben Thesen zur zukünftigen Entwicklung logistischer Netzwerke. Supply Chain Management III/2006, S 7-15

Brosze T, Gierth A, Kleinert A, Schmidt C, Schweicher B, Sontow K, Treutlein P (2007): Marktspiegel Business Software – ERP/PPS 2007/2008. Hrsg: Schuh, G., Stich, V., 4. überarbeitete Auflage, Aachen

Carr NG (2004) The Corrosion of IT Advantage - Strategy makes a Comeback. Journal of Business Strategy 25 (2004) 5, pp 10-15

Corsten H, Gabriel C (2002) Supply Chain Management erfolgreich umsetzen – Grundlagen, Realisierung und Fallstudien. Springer-Verlag, Berlin et al.

Corsten H, Gössinger R (2001) Einführung in das Supply Chain Management. Oldenbourg Verlag, München

DIN (1994) DIN 66001 – Informationsverarbeitung. Sinnbilder für Datenfluss- und Programmabläufe 1977-1982. DIN, Deutsches Institut für Normung e. V. (Hrsg), Beuth-Verlag, Berlin

Erdmann M-K (2003) Supply Chain Performance Measurement - Operative und strategische Management- und Controllingansätze. Josef Eul Verlag, Köln

Eversheim W (2002) Organisation in der Produktionstechnik - Band 3: Arbeitsvorbereitung, 4. bearbeitete und korrigierte Aufl. Springer Verlag, Berlin et al

Eyer H, Nohl M (2002) Grenzüberschreitendes Kanban. Distribution 33(2002)6, S 8-11.

Fettke P, Loos P (2004) Referenzmodellierungsforschung. Wirtschaftsinformatik 46 (2004) 5, S 331-340

Fleisch E (2006) RFID & ERP in der Zukunft. Aachen

Hackstein R (1989): Produktionsplanung und -steuerung (PPS) – Ein Handbuch für die Betriebspraxis, 2. Aufl, FIR Aachen, Düsseldorf

Intra C (2000) Effiziente Produktionsplanung durch eine vereinfachte Ablaufsimulation. Dissertation, RWTH Aachen, Shaker Verlag, Aachen

Jahns C, Langenhahn F, Walter S (2005) Logistik-Tacho 2010 – Driving Logistics to Excellence. Deutscher Verkehrs-Verlag, Hamburg

Kurbel K (2003) Produktionsplanung und –steuerung – Methodische Grundlagen von PPS-Systemen und Erweiterungen, 5. Aufl, Oldenbourg Verlag, München Wien

Lassen S, Roesgen R, Meyer M, Schmidt C, Gautam D (2005a) Marktspiegel Business Software – ERP/PPS 2005/2006. Hrsg: Schuh G, Stich V, 3. Aufl, Aachen

Luczak H (2002) Unternehmenskooperation in Theorie und Praxis. Projekt Parko. Ganzheitliche und partizipative Gestaltung von Zulieferkooperationen in der Automobilindustrie. Fortschritt-Berichte VDI Reihe 16, Technik und Wirtschaft Nr.144. VDI Verlag, Düsseldorf

Luczak H, Stich V (2004) Industrielle Logistik, 8. überarbeitete Aufl. Wissenschaftsverlag, Mainz Aachen

Manrodt KB, Abott J, Vitasek K (2005) Understanding the Lean Supply Chain: - Beginning the Journey. 2005 Report on Lean Practices in the Supply Chain, Atlanta

Meyer M (2007) Logistisches Störungsmanagement in kundenverbrauchsorientierten Wertschöpfungsketten. Dissertation, RWTH Aachen, Shaker Verlag, Aachen

Nyhuis, P., v. Cieminski, G., Grabe, D., Luczak, H., Schiegg, P. (2005): Typologisierung und Modellierung industrieller Lieferketten. In: Supply Chain Management 1/2005, S. 15-22

Nyhuis P, Wiendahl H-P (2007) Ansätze einer Logistiktheorie. In: Hausladen I (Hrsg): Management am Puls der Zeit – Strategien, Konzepte und Methoden, 1. Aufl. TCW Transfer-Centrum, München

Scheer A-W (1998) Wirtschaftsinformatik - Referenzmodelle für industrielle Geschäftsprozesse, Studienausgabe, 2. Aufl. Springer Verlag, Berlin et al

Scheer A-W, Angeli R, Herrmann K (2001) Informations- und Kommunikationstechnologie als Treiber der Logistik. In: Pfohl H-C (Hrsg): Jahrhundert der Logistik. Berlin, S. 29-43

Schiegg P (2005) Typologie und Erklärungsansätze für Strukturen der Planung und Steuerung in Produktionsnetzwerken. Dissertation, RWTH Aachen, Shaker Verlag, Aachen

Schönsleben P (2007) Integrales Logistikmanagement, 5. bearbeitete und erweiterte Aufl. Springer Verlag, Berlin

Schuh G, Friedli T, Kurr MA (2005) Kooperationsmanagement. Hanser, München Wien

Schuh G (2004) Lean Innovation – Less Complexity. In: Schuh G, Wiegand B (Hrsg): Tagungsband Lean Management Summit. Aachen, S.147-151

Schuh G (2007) High Resolution Logistics – Perspektiven für eine ganzheitlich effiziente Logistik durch Flussgradoptimierung und Wertorientierung. In: Best Practices und Perspektiven. Tagungsband der 14. Aachener ERP-Tage, Aachen

Schuh G (2006) Produktionsplanung und -steuerung - Grundlagen, Gestaltung und Konzepte, 3. völlig neu bearbeitete Aufl. Springer Verlag, Berlin Heidelberg

Schuh G, Gierth A (2006b) Aachener PPS-Modell. In: Schuh G (Hrsg) Produktionsplanung und -steuerung - Grundlagen, Gestaltung und Konzepte, 3. völlig neu bearbeitete Aufl. Springer Verlag, Berlin Heidelberg, S 11-27

Schuh G, Gierth A, Schiegg P (2006) Prozessarchitektur. In: Schuh G (Hrsg) Produktionsplanung und -steuerung – Grundlagen, Gestaltung und Konzepte, 3. völlig neu bearbeitete Aufl. Springer Verlag, Berlin Heidelberg, S 81-107

Schuh G, Lassen S (2006): Funktionen. In: Schuh G (Hrsg) Produktionsplanung und -steuerung - Grundlagen, Gestaltung und Konzepte, 3. völlig neu bearbeitete Aufl. Springer Verlag, Berlin Heidelberg, S 195-292

Schuh G, Roesgen R (2006) Aufgaben. In: Schuh G (Hrsg) Produktionsplanung und -steuerung - Grundlagen, Gestaltung und Konzepte, 3. völlig neu bearbeitete Aufl. Springer Verlag, Berlin Heidelberg, S 28-80

Schuh G, Schmidt C (2007) Effiziente Informationslogistik im Maschinenbau - Durchgängiger Standard für die unternehmensübergreifende Produktionsplanung und -steuerung. wt Werkstattstechnik online 97 (2007) 4, S 272-278

Schuh G, Westkämper E (2006) Liefertreue im Maschinen- und Anlagenbau - Stand – Potenziale – Trends. Aachen, Stuttgart

Schultz DM, Roebber PJ, Colle BA, Stensrud DJ (2002) The Risks and Reward of High-resolution and Ensemble Modeling Systems. EGS XXVII General Assembly, Nice, France

Schürfeld H (2002) Kanban in der Kleinserie. Die Quadratur des (Regel-)Kreises? Logistik für Unternehmen, 16(2002)7-8, S 67-70.

Schütte R (1998) Grundsätze ordnungsgemäßer Referenzmodellierung - Konstruktion konfigurations- und anpassungsorientierter Modelle. Dissertation, Universität Münster, Gabler Verlag, Wiesbaden

Spur G (2007) Kritik der logistischen Vernunft. ZWF Zeitschrift für wirtschaftlichen Fabrikbetrieb 102 (2007) 5, S 254-259

Stachowiak H (1973) Allgemeine Modelltheorie. Springer Verlag, Berlin Heidelberg

Straube F, Pfohl H-C, Günthner WA, Dangelmaier W (2005) Trends und Strategien in der Logistik - Ein Blick auf die Agenda des Logistik-Managements 2010. Herausgegeben von der Bundesvereinigung Logistik (BVL), Deutscher Verkehrs-Verlag, Hamburg

Sucky E (2004): Koordination in Supply Chains – Spieltheoretische Ansätze zur Ermittlung integrierter Bestell- und Produktionspolitiken. Dissertation, Universität Frankfurt a. M., Deutscher Universitäts-Verlag, Wiesbaden

Thonemann U, Behrenbeck K, Diederichs R, Großpietsch J, Küpper J, Leopoldseder M (2004) Supply Chain Champios. Gabler Verlag, Wiesbaden

Vahrenkamp R (2004) Produktionsmanagement, 5. vollständig überarbeitete Aufl. Oldenbourg Verlag, München Wien

VDI (2000) VDI Richtlinie 3633: Simulation von Logistik-, Materialfluss- und Produktionssystemen – Grundlagen, Blatt 1. In:VDI-Handbuch Materialfluss und Fördertechnik, Band 8, Düsseldorf

Weber J (2002) Logistikkostenrechnung, 2. Aufl. Springer-Verlag, Berlin et. al.

Wiegand B, Franck P (2004) Lean Administration I. Die Analyse - So werden Geschäftsprozesse transparent. Lean Management Institut, Aachen

Wiendahl H-P (2005): Betriebsorganisation für Ingenieure, 5. aktualisierte Aufl. Carl Hanser Verlag, München Wien

Wiendahl H-P, Nyhuis P, Fischer A, Grabe D (2006) Controlling in Lieferketten. In: Schuh G (Hrsg) Produktionsplanung und -steuerung - Grundlagen, Gestaltung und Konzepte, 3. völlig neu bearbeitete Aufl. Springer Verlag, Berlin Heidelberg S 467-510

Wildemann H (2003) Supply Chain Management – Effizienzsteigerung in der unternehmensübergreifenden Wertschöpfungskette. TCW, München

Womack J, Jones D (2004) Lean Thinking – Ballast abwerfen, Unternehmensgewinne steigern. Campus Verlag, Frankfurt am Main

Womack J, Jones D, Roos D (1990) The Machine that Changed the World. Macmillan Publishing Company, New York

Wyssusek B (1999) Grundlagen der Systemanalyse. In: Krallmann H, Frank H, Gronau N (Hrsg) Systemanalyse in Unternehmen – Partizipative Vorgehensmodelle, objekt- und prozessorientierte Analysen flexibler Organisationsarchitekturen, 3. Aufl. Oldenbourg Verlag, München

Stolpersteine der PPS – ein sozio-technischer Ansatz für das industrielle Auftragsmanagement

Dr.-Ing. Hans-Hermann Wiendahl

Institut für Industrielle Fertigung und Fabrikbetrieb (IFF)
Universität Stuttgart
http://www.iff.uni-stuttgart.de

Wer die Natur beherrschen will, muss lernen, ihren Gesetzen zu folgen.
William von Baskerville[1]

1 Einleitung

Industrieunternehmen sind in neuartiger Weise gefordert, sich in globalen Märkten zu behaupten. Sinkende Differenzierungsmöglichkeiten über Funktionalität, Qualität oder Preis ihrer Produkte rücken die Logistikleistung als Wettbewerbsfaktor in den Vordergrund. Sowohl Langzeitstudien als auch jüngere Untersuchungen unterstreichen diesen Einfluss auf die Wettbewerbsfähigkeit der Unternehmen, vgl. u.a. (Rommel et al. 1993; Straube et al. 2005). Die Kunden erkennen drei Vorteile:

- Logistikführer liefern *zuverlässig*. Eingehaltene Versprechen fördern das Vertrauen beim Kunden durch Planungssicherheit und vermeiden Folgekosten unpünktlicher Lieferungen.
- Logistikführer liefern *schnell*. Eine kurzfristige Belieferung erhöht die Flexibilität für die Kunden und eröffnet darüber hinaus Wachstumschancen.
- Logistikführer sind *informationsbereit*. Eine hohe Transparenz über die eigene Logistikkette ermöglicht belastbare Aussagen über den Auftragsfortschritt sowie die voraussichtliche Fertigstellung georderter Aufträge und fördert so ebenfalls das Vertrauen der Kunden.

Der immer noch zu beobachtende Ansatz, eine schnelle und pünktliche Belieferung mit höheren Lagerbeständen an Fertigwaren zu erkaufen, greift zu kurz. Vielmehr folgen Logistikführer dem Grundgedanken des Qualitätsmanagements, ausgehend von den Kundenanforderungen die geforderte Reaktionsgeschwindigkeit, Mengenflexibilität und Zuverlässigkeit durch marktgerechte und sichere Prozesse zu erzeugen. Im Idealfall gelingt es ihnen damit, kurze Durchlaufzeiten mit einer hohen Termintreue zu verbinden. Eine hohe Transparenz in der Auftragsabwicklung ermöglicht den gezielten Einsatz verfügbarer Flexibilität, um Bedarfsschwankungen zu beherrschen. Das erhöht die Auslastung kritischer Ressourcen und damit insgesamt den Durchsatz.

In den Industrieunternehmen ist es Aufgabe der Produktionsplanung und -steuerung (PPS) oder des Auftragsmanagements (AM), dieses Nutzenpotenzial zu erschließen. Die methodischen Wurzeln entstammen den Arbeiten von Taylor und Hippler (Taylor 1909; Hippler 1921): Ihr Hauptmotiv war die Überwindung der in den Betrieben damals üblichen, stark hand-

[1] Romanfigur in der Verfilmung von Umberto Eco's "Der Name der Rose."

werklich geprägten Fertigungs- und Organisationsmethoden. Dementsprechend strebten sie über eine Systematisierung der Tätigkeiten eine technisch-organisatorische Perfektion an. Insbesondere Hippler konzentrierte sich auf die planenden Tätigkeiten, legte für "Arbeitsverteilung und Terminwesen" die Grundlagen der bis heute üblichen stücklisten- und arbeitsplanbasierten PPS-Logik und damit gleichzeitig auch die einer stark technisch geprägten Sicht auf die PPS. Der Begriff selbst entstand Anfang der 1980er Jahre in Deutschland aus der Integration der Material- und Zeitwirtschaft in der produzierenden Industrie.

Bis Ende der 1970er Jahre waren sich Wissenschaft und Praxis über die Notwendigkeit einer PPS nahezu einig. Doch die teilweise mit beachtlichen Erfolgen eingeführten Kanban-Systeme versprachen eine bestechend einfache Alternative. Ein Verzicht auf die klassische PPS – und damit der mannigfaltig kritisierten MRP-Planung – schien greifbar nah und entfachte eine Grundsatzdiskussion: Eine Fraktion setzt auf verbesserte Planungsmethoden mit immer genauerer Abbildung der Realität, vgl. u.a. (Drexl et al. 1994; Stadtler 2002; Balla u. Layer 2006: 30). Demgegenüber propagiert die zweite Fraktion eine kurzfristige, eher reaktive Steuerung unter Einbezug des lokalen Mitarbeiterwissens, weil das Nachführen aller Planabweichungen und Störungen im Rechner sehr aufwendig ist, vgl. u.a. (Suzaki 1987; Womack u. Jones 1996; Lean 2007).

Die Potenziale und Erfolge beider Ansätze sind unstrittig. Doch nicht immer werden die erhofften Verbesserungen erreicht und es treten unerwünschte Nebenwirkungen auf. Das folgende Praxisbeispiel eines Serienfertigers illustriert dies (P.Wiendahl et al. 2002; H.Wiendahl et al. 2005a): Die Produktionsleitung verfolgte mit der Einführung einer Kanban-Steuerung das Ziel, Durchlaufzeiten und Umlaufbestände in der Fertigung deutlich zu senken. Konzeption und Auslegung erfolgte federführend durch die zentrale Planungsabteilung, die auch auf der Basis von Bedarfssituation und Ziel-Wiederbeschaffungszeiten die Anzahl der erforderlichen Kanban-Karten berechnete. Nach der problemlosen Probephase mit kurzer Mitarbeiterinformation bewertete die Produktionsleitung die Einführung der neuen Steuerungslogik als Erfolg.

Umso überraschter war das Management über die geringe Nachhaltigkeit der Veränderungen, denn das ursprüngliche Niveau der Bestands- und Durchlaufzeitwerte stellte sich bald wieder ein. Eine darauf hin angestoßene Vor-Ort Analyse verdeutlichte die mangelnde Einbeziehung der Produktionsmitarbeiter: Die der Kanban-Steuerung zugrunde liegende verbrauchsorientierte Nachfertigung mit gelegentlichem Leerlauf widersprach ihren Gewohnheiten und – im Hinblick auf einen Leistungslohn – auch ihren Interessen. Daher schleusten die Mitarbeiter kopierte Kanban-Karten in die Produktion ein und entschärften so scheinbar den Konflikt zwischen den Unternehmens- und Mitarbeiterzielen. Dies ermöglichte zwar die angestrebte gleichmäßige Auftragsabarbeitung u.a. durch Reihenfolgevertauschungen, verschlechterte aber die Termintreue. Die Produktionsleitung bemerkte erst nach einer längeren Zeit die unerwünschten Anpassungen und die eigentliche Ursache der Verschlechterung.

Hier vernachlässigte das Management zwei wichtige Voraussetzungen: die gründliche Mitarbeiterschulung sowie die Berücksichtigung der Wechselwirkungen mit dem Entlohnungssystem. In diesem Fall sind in Zukunft die Ziele termingerechtes Abarbeiten (zum Vermeiden der Reihenfolgevertauschungen) sowie flexible Arbeitszeiten (zum bedarfsnahen Bearbeiten) gegenüber dem Auslastungsziel angemessen zu berücksichtigen.

Ähnliche Fälle sind aus der Industriepraxis bekannt und die Literatur diskutiert sie vor allem für eine PPS-Einführung unter den Blickwinkeln Change Management und Schulungskonzept, vgl. u.a. (Scherer u. Drude 1999; Kraemmerand et al. 2003; Kohnke u. Bungard 2005). Doch neuere Erkenntnisse zeigen, dass hier durchaus noch andere Ursachen wirken, die eine genauere Untersuchung ihrer Wechselwirkungen lohnenswert erscheinen lässt (P.Wiendahl et al. 2002; H.Wiendahl et al. 2005a, 2005b).

Diese unter dem Begriff "Stolpersteine der PPS" beschriebenen Phänomene sind zwar anhand ihrer Symptome (z.B. unzureichende Zielerfüllung oder mangelnde Transparenz) leicht erkennbar, aber auf der Grundlage einer technikorientierten Sicht nicht zu bewältigen. Deshalb erscheint ein Ausweiten des Systemverständnisses um akteursbezogene Aspekte vielversprechend. Ziel dieses Beitrags ist es daher, einen Rahmen zur Identifikation, Analyse und Beseitigung dieser Stolpersteine zu schaffen:

- Das zweite Kapitel beschreibt die hierfür erforderlichen theoretischen Grundlagen, also die aus formaler Sicht notwendigen Schritte zur Modellbildung und klassifiziert die in der Logistik verwendeten Modelle.
- Das dritte Kapitel wendet die vier formalen Schritte der Modellbildung auf das hier vorgestellte Problem eines sozio-technischen Auftragsmanagements an. Aufbauend auf einer Beschreibung der Gestaltungsaspekte für das Auftragsmanagement (Schritt 1: Systemabgrenzung) werden Stolpersteine der PPS (Schritt 2: Merkmalsbeschreibung) dargestellt. Hieraus leiten sich Anforderungen an ein sozio-technisches Auftragsmanagement (Schritt 3: Modellformalisierung) ab. Die Ergebnisse der Modellüberprüfung bilden den Abschluss.
- Das vierte Kapitel beschreibt die Anwendungserfahrungen bei einem Industrieunternehmen.

Dies legt die Grundlagen für einen sozio-technischen Ansatz zur ausgewogenen Gestaltung des industriellen Auftragsmanagements.

2 Theoretische Grundlagen

Die einleitenden Überlegungen zeigen: Die klassischen Gestaltungsansätze im Auftragsmanagement entstammen einer funktional-technischen Sichtweise und stützen sich vorwiegend auf eine erfahrungsbasierte Weiterentwicklung vorhandener Lösungen und greifen deshalb zu kurz. Um die geschilderten Defizite zu überwinden, wird ein theoriegeleiteter modellbasierter Ansatz verfolgt, der neben technischen auch soziologische bzw. psychologische Aspekte angemessen berücksichtigt.

Generell geht es bei einer Theorie darum, zunächst Wissen über einen Gegenstandsbereich zu erzeugen, dieses anzuwenden und es schließlich zu verbreiten. Abb. 1 fasst wesentliche Nutzenaspekte bezogen auf die Logistik zusammen (P.Nyhuis u. P.Wiendahl 2007): Der Nutzen der ersten Phase betrifft vor allem die Aspekte Begriffsbildung und Systemverständnis. Die zweite Anwendungsphase betrifft einerseits die Fachexperten zur Unterstützung des Systementwurfs als auch andererseits die Anwender im Systembetrieb. Die dritte Phase der Wissensverbreitung stellt die Systemschulung mit systematischer Systemverbesserung in den Fokus.

Diese Differenzierung in Gestaltungs- und Betriebsentscheidungen ist auch für das Auftragsmanagement hilfreich: Gestaltungsentscheidungen besitzen Richtliniencharakter wie bspw. die Auswahl der Bevorratungsstrategie (Hoekstra u. Romme 1985: 20ff) oder die des logistischen Leitbilds (H.Wiendahl 2003). Demgegenüber beziehen sich Betriebsentscheidungen typischerweise auf Einzelobjekte wie bspw. den Start von Aufträgen oder Kapazitätsanpassungen von Arbeitsplätzen.

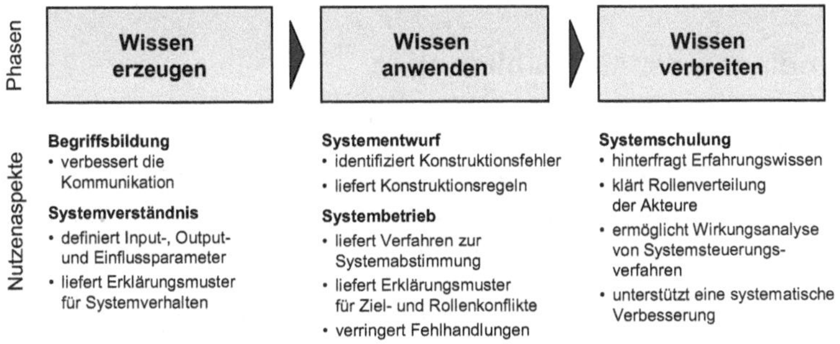

Abb. 1. Nutzenaspekte einer Logistiktheorie (nach H.-P. Wiendahl)

Ein verbreitetes Merkmal theoriegeleiteter Ansätze ist die Verwendung von Modellen. Diese sollen das reale System veranschaulichen und die beim Systementwurf und -betrieb erforderlichen Entscheidungen unterstützen. Hierzu genutzte Modelle bilden die Realität i.d.R. vereinfacht ab. Dies ist insbesondere in Situationen vorteilhaft, in denen sich vielfältige interne und externe Einflussfaktoren gegenseitig beeinflussen und ihre Wirkzusammenhänge nicht ohne weiteres überschaubar sind. Erst durch Reduktion (Verzicht auf unwichtige Eigenschaften) und Idealisierung (Vereinfachung unverzichtbarer Eigenschaften) stellen Modelle reale Zusammenhänge überschaubar dar; immer vorausgesetzt, das Modell besitzt die für den jeweiligen Anwendungszweck erforderliche Modellgüte. Sie ist dann gegeben, wenn die hier wichtigen Systemeigenschaften in hinreichender Genauigkeit wiedergegeben sind, vgl. u.a. (Stachowiak 1973: 57; Scholl 2004; P.Nyhuis u. P.Wiendahl 2003: 8).

Die daraus resultierende Verständlichkeit birgt noch zwei weitere, praktische Vorteile: Erstens sind modellgestützte Entscheidungen für die am Entscheidungsprozess nicht direkt beteiligten Personen leichter nachzuvollziehen, da sie das Ergebnis über eine logische Darstellung von Eingangsgrößen und ihrer Wirkzusammenhänge unter den genannten Voraussetzungen Reduktion und Idealisierung schlüssig begründen. Die für die heutigen Industriebetriebe üblichen verteilten Entscheidungen mit unterschiedlichen Verantwortlichen verlangen eine solche Nachvollziehbarkeit. Zweitens sind bei der Änderung von Eingangsgrößen bzw. Rahmenbedingungen die Entscheidungen vergleichsweise einfach anpassbar. Beides erklärt auch das zunehmende Interesse von Praktikern an systematisch fundierten Ansätzen für Gestaltung und Betrieb.

2.1 Grundlagen der Modellbildung

Modelle verdichten Erkenntnisprozesse auf Grund sorgfältiger Reflexion und bilden stets eine konstruierte Wirklichkeit ab (Stachowiak 1983a). Sie besitzen drei Hauptmerkmale (Wüsteneck 1963; Stachowiak 1973: 128ff, 157): Erstens sind Modelle stets Modelle von etwas, also Abbildungen oder Repräsentationen natürlicher oder künstlicher Originale. Letztere können selbst wieder Modelle sein (*Abbildungsmerkmal*). Zweitens erfassen Modelle im Allgemeinen nicht alle Originalattribute, sondern nur die für die Modellbildner oder -verwender relevanten Attribute (*Verkürzungsmerkmal*). Drittens ersetzen Modelle das Original für bestimmte Erkenntnis- oder Aktionssubjekte, d.h. für denkende und handelnde Personen. Sie gelten innerhalb bestimmter Zeitintervalle sowie für bestimmte Zwecke und Ziele, d.h. unter Einschränkung auf bestimmte gedankliche oder tatsächliche Operationen (*pragmatisches Merkmal*)[2].

Die Literatur strukturiert das Vorgehen zur Modellbildung unterschiedlich, hebt jedoch durchgängig ihren iterativen Charakter schleifenartiger Verbesserungen hervor. Dies betont, dass Modelle vor allem während der Anwendung laufend überprüft und dann ggf. auch verbessert oder bei geänderten Rahmenbedingungen angepasst werden sollten, vgl. u.a. (Baetge 1974: 49; Patzak 1982: 309; P.Nyhuis u. P.Wiendahl 2003: 6ff).
Für die hier relevante Problemstellung sind vier Schritte wesentlich:

- *Systemabgrenzung:* Zunächst ist der abzubildende Sachverhalt abzugrenzen. Die damit erfolgte Definition des realen Systems (d.h. des Wirklichkeitsausschnitts) ist abhängig vom Modellkonstrukteur, beruht weitestgehend auf Konventionen und ist unter Zweckmäßigkeitsgesichtspunkten von Fall zu Fall festzusetzen (Stachowiak 1973: 120). Problemstellung sowie Zieldefinition beschreiben den Abbildungszweck und sind Bestandteil dieser Phase. Hierbei ist es oftmals günstiger, das Gesamtproblem in handhabbare Teilprobleme zu zerlegen; das Systems Engineering empfiehlt ein Vorgehen "Vom Groben zum Detail" (Daenzer u. Huber 1997: 30; Kuhn u. Wenzel 2004; VDI 3633).
- *Merkmalsbeschreibung:* Hierauf aufbauend sind die relevanten Merkmale und ihre Beziehungen untereinander auszuwählen, also das Erfahrungsobjekt bzw. Phänomensystem (die in der Realität vorkommenden Erscheinungen des Wirklichkeitsausschnitts) vom Erkenntnisobjekt (das durch gedankliche Isolierung gewonnene Denkobjekt) zu trennen (Rafée 1974: 55). Diese Reduktion auf wenige, relevante Attribute (Verzicht auf zweckbezogen unwichtige Eigenschaften) beschreibt die in das Mo-

[2] Hiermit betont Stachowiak das Fehlen von totaler Intersubjektivität, unbeschränkter Geltungsdauer und absoluter Zweckfreiheit der Original-Modell-Abbildung und trifft den so genannten pragmatischen Entschluss: "Beschließe über dasjenige, was du unter 'Erkenntnis' verstehen willst, immer nur bezüglich der Intentionen (Absichten, Zwecke, Ziele), die du dir (...) für eine gewisse Zeitspanne gesetzt hast." (Stachowiak 1973: 52) Ein solches Modellkonzept greift den Abbildgedanken des erkenntnistheoretischen Realismus auf, relativiert ihn jedoch pragmatisch, vgl. (Stachowiak 1973: 56, 133). Ohne die philosophisch-wissenschaftstheoretischen Diskussionen aufzugreifen, resultieren daraus zwei wichtige Schlussfolgerungen: Erstens unterliegt empirische Erkenntnis dem Antrieb von Motiven. Sie ist damit immer kontextbezogen; verwendete Modelle sind nur vor diesem Hintergrund bewertbar. Zweitens bleibt Wissenschaft Heuristik und letztlich fußt Modellbildung auf Übereinkünften – also auf subjektiven Basisentscheidungen. Dies erhöht allerdings die Exaktheitsanforderungen an die Modellbildung und -prüfung, vgl. (Stachowiak 1973: 48, 56f, 60).

dell eingehenden Zustände und ist eben nur möglich, wenn der Abbildungszweck vorher definiert ist (Stachowiak 1973: 57, 155f).

- *Modellformalisierung:* Der definierte Zweck bestimmt den Schritt dieser Modellbildung i.e.S. ebenfalls, also das Aufstellen qualitativer oder quantitativer Relationen zwischen den Modellmerkmalen bzw. -variablen. Die Zusammenhangsaussagen sind ggf. in Form von Gesetzmäßigkeiten formuliert – bspw. "Durchlaufzeit und Reichweite an einem Arbeitssystem ergeben sich aus dem Verhältnis von Bestand und Leistung." (P.Nyhuis u. P.Wiendahl: 136). Entscheidend ist also das Hervorheben von Merkmalen und ihrer Relationen. Diese Idealisierung betont bestimmte Eigenschaften überdeutlich (Stachowiak 1973: 157).
- *Modellüberprüfung:* Der letzte Schritt bewertet das Modell auf seine Eignung hinsichtlich der Erfüllung des angestrebten Zwecks. Die fortlaufende kritische Prüfung ist nicht nur in der Phase der Modellentwicklung, sondern vor allem auch während seiner Anwendung wichtig[3]. Sie bezieht sich auf das Modell selbst sowie die davon abgeleiteten Lösungen (P.Nyhuis u. P.Wiendahl 2007; Kuhn u. Wenzel 2004). Operationalisierbar ist die Prüfung über die Erfüllung gestellter Anforderungen, also den Modellzweck – ggf. differenziert nach Sach- und Formalkriterien (Ferstl u. Sinz, 2006: 92). Das damit unterstellte Prüfkriterium der Praxisbewährung betont den technologischen Aspekt (funktioniert es?) und ist durch den Modellnutzer zu bewerten.

Aufbauend auf diesen formalen Überlegungen sind die inhaltlichen Grundlagen abzuleiten. Wechselseitige Einflüsse bestimmen das Ablaufgeschehen einer Produktion: Heute ist allgemein anerkannt, dass das Zusammenspiel von Mensch, Technik und Organisation das Ablaufgeschehen einer Produktion beeinflusst. Sowohl die eingesetzte Produktions- und Informationstechnik als auch die gewählte Organisation sowie die für die Planung und Produktionsausführung verantwortlichen Menschen mit ihren Interessen wirken auf den Logistikerfolg. Ein rein auf Funktionslogik und Datenmodellierung reduziertes AM-Modell greift also zu kurz, da es lediglich die technischen Aspekte betreffen würde. Vielmehr ist das Auftragsmanagement als sozio-technisches System zu verstehen, vgl. u.a. (Warnecke 1993; Ulich 1999; Schuh u. Gierth 2006: 12ff).

---

[3] Wissenschaftstheoretisch sind hier zwei Punkte hervorzuheben: Zum einen der von Popper betonte Charakter der Vorläufigkeit von Erkenntnissen. Zum anderen der Hinweis von Stachowiak auf die schrittweise Abschwächung des Wahrheitsbegriffs im Zeitverlauf der Wissenschaftsgeschichte (in den Schritten Wahrscheinlichkeit, Bestätigbarkeit, Falsifizierbarkeit bis hin zur Bewährbarkeit). Beide Punkte betonen als wichtigstes Prüfkriterium für Modelle ihre innere Widerspruchsfreiheit (Popper 2005: 16ff, 90ff; Stachowiak 1973: 54, 63).

2.2 Modellklassifikation

Wie erläutert, erfolgt die Entwicklung von Modellen immer zweckbezogen, also für eine bestimmte Aufgabe oder Problemstellung. Der Zweck des AM-Modells besteht darin, die Ergebnis- und Systemdefizite im Auftragsmanagement so zu beschreiben, analysieren und zu erklären, dass Gestaltungsmaßnahmen diese wirksam beseitigen. Theoretische Grundlage hierfür bildet eine Modellklassifikation nach dem im Folgenden beschriebenen – durch die Modellierung zugrunde gelegten – Systemverständnis.

Diese Annahmen des Modellentwicklers bzw. -anwenders über den untersuchten Sachverhalt (das Realsystem) sind im Auftragsmanagement durch zwei Kriterien charakterisiert. Das erste beschreibt die Entscheidungssituation (Nowotny u. Eisikovic 1990: 9; Schübel u. Wall 1994):

- *Entscheidungen unter Sicherheit*, d.h. Kenntnis der möglichen Optionen und eindeutige Zuordnung von positiven und negativen Konsequenzen;
- *Entscheidungen unter Risiko*, d.h. Kenntnis möglicher Optionen und eindeutige Zuordnung der Wahrscheinlichkeit von Konsequenzen sowie
- *Entscheidungen unter Unsicherheit*, d.h. keine vollständige Kenntnis möglicher Optionen und keine Kenntnis der Wahrscheinlichkeiten von Konsequenzen.

Das zweite Kriterium beschreibt die Annahmen zum Akteursverhalten:

- Die ideal-typisch technische Sicht auf einen Sachverhalt unterstellt *passive Subjekte* und erlaubt eine deterministische oder stochastische Beschreibung von Ursache-Wirkungs-Beziehungen. Dieses Systemverständnis erscheint vor allem für technische Systeme angemessen.
- Demgegenüber unterstellt die ideal-typisch soziologische bzw. psychologische Sicht *aktiv handelnde Subjekte*. Annahmen über zweckrationales Verhalten der Akteure auf der Basis interner Ziele oder Werthaltungen begreifen reale Zusammenhänge als Handlungsergebnis (begrenzt) autonomer Personen. Der Modellanwender reduziert damit den Anspruch einer Berechenbarkeit, was vor allem für soziale Systeme angemessen erscheint.

Abb. 2 ordnet die in der Logistik angewendeten Modelle entsprechend ein, vgl. u.a. (Wöhe u. Döring 2005: 19f; Scholl 2004):

- *Deterministische Modelle* unterstellen, alle dem Modell zugrunde liegenden Informationen seien mit Sicherheit bekannt und die Akteure verfolgen keine Individualziele (Adam 1980: 28).
- *Stochastische Modelle* unterstellen demgegenüber eine Risikosituation für den Entscheider, deren Wahrscheinlichkeitsmaße bekannt sind.

- *Spieltheoretische Modelle* treffen Verhaltensannahmen und fokussieren auf den Akteur mit seinen Handlungsmotiven; bekanntestes Beispiel ist das Gefangendilemma (Rieck 1993: 36f). In der Logistik kommen Akteursmodelle zum Einsatz, die das Verhalten und rollenspezifische Konflikte (bspw. zwischen Produktionsleiter und Mitarbeiter) untersuchen (H.Wiendahl et al. 2005c).

Gleichzeitig visualisiert Abb. 2 das dem Modell zugrunde liegende Systemverständnis: Deterministische und stochastische Modelle legen ein technokratisches Systemverständnis zugrunde. Demgegenüber sind spieltheoretische Modelle durch ein soziologisches Systemverständnis gekennzeichnet. Die Kombination beider Ansätze führt zum sozio-technischen Systemverständnis, in dem Mensch, Technik und Organisation das Systemverhalten wechselseitig bestimmen (Ulich 1999).[4]

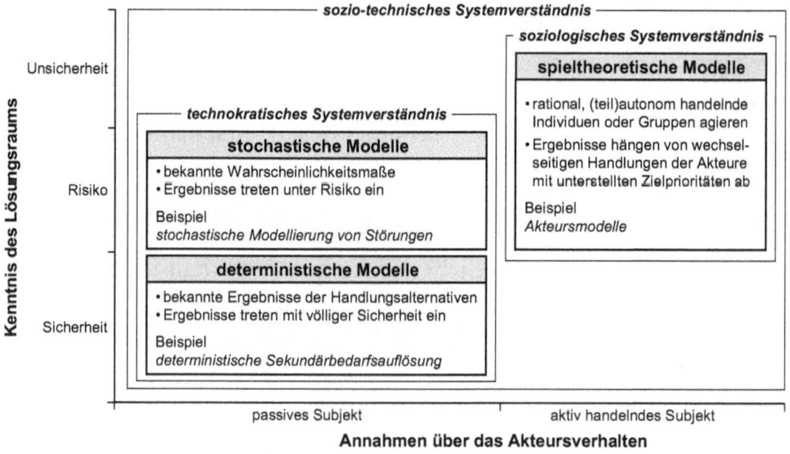

Abb. 2. Klassifikation von Modellen für logistische Systeme nach dem zugrunde gelegten Systemverständnis (H.-H. Wiendahl / H. Schübel)

[4] Generell ist bei Klassifikationen zu beachten: Auch diese sind Modelle, die als Abbildungen von Originalen nur zeitbezogen Gültigkeit haben (Stachowiak 1983b: 118). Neue Erkenntnisse verändern das Original und bergen prinzipbedingt die Gefahr, dass die Klassifikation selbst an Aussagekraft verliert. Der Volksmund kommentiert dies prägnant als Murphy's Law: "Die Lösung des Problems verändert das Problem."

3 Sozio-technisches Auftragsmanagement

Gemäß der beschriebenen Vorgehensweise zur Modellbildung ist im ersten Schritt eine Systemabgrenzung vorzunehmen; hier also die des Auftragsmanagement-Systems. Im darauf aufbauenden zweiten Schritt kann die Merkmalsbeschreibung der Stolpersteine der PPS, also ihrer Symptome und Ursachen erfolgen. Der dritte Schritt beschreibt die Modellformalisierung, also die aus den Defiziten abgeleiteten Leitsätze zur AM-Gestaltung unter Berücksichtigung sozio-technischer Erkenntnisse. Die Ergebnisse der Modellüberprüfung sind im abschließenden vierten Schritt beschrieben.

3.1 Gestaltungsaspekte im Auftragsmanagement

Das Auftragsmanagement-System ist die zentrale Ordnungsinstanz, welches – in Anlehnung an Spur – die Verfügbarkeit der nachgefragten Güter sicherstellt (Spur 2007). Seine Kernaufgabe ist das zeit- und mengenmäßige Zuordnen von Artikeln (Produkte, Material), Prozessen und Ressourcen (Mensch und Betriebsmittel) zu Aufträgen (H.Wiendahl 2002: 83). Sein Anwendungsbereich umfasst Beschaffen, Produzieren und Liefern (SCOR 2007). Eingangs- und Ausgangslager fallen somit ebenso in den Verantwortungsbereich des Auftragsmanagements wie die Produktion.

Ausgehend von dieser Definition ist das bislang stark technisch geprägte Verständnis um sozio-technische Aspekte zu ergänzen: Unter Berücksichtigung der Vorschläge des russischen Psychologen Leont'ev zur Analyse von Handlungssystemen (Leont'ev 1977: 37f) sowie der aus dem Systems Engineering stammenden Empfehlung einer aspektweisen Modellierung (Daenzer u. Huber 1997: 13ff) unterscheidet Specker die vier Gestaltungsaspekte Prozess (zeitliche Abfolge der Operationen), Funktion (verwandte Elementaroperationen), Objekt (analoge zugrunde liegende Bearbeitungselemente), Aufgabe (stellenbezogene Zuordnung der Operationen) zur Modellierung von Informationssystemen und stellt diesen die Techniksicht (Werkzeuge zur Unterstützung oder Automation von Operationen) gegenüber (Specker 2005: 33ff, 138).

Aufbauend hierauf werden insgesamt *sechs Gestaltungsaspekte* eines Auftragsmanagement-Systems unterschieden, Abb. 3. Diese betrachten das Gesamtsystem aus einem bestimmten Blickwinkel:

- Im Zentrum stehen die logistischen *Ziele* des Unternehmens. Diese sind ggf. nach Verantwortungsbereichen zu differenzieren.

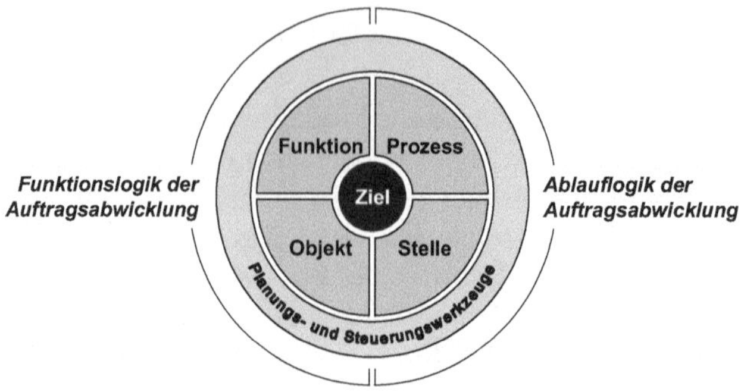

Abb. 3. Gestaltungsaspekte im Auftragsmanagement

- Die *AM-Funktionssicht* sieht die Entscheidungsaktivitäten, die zur Planung und Steuerung der Ausführungsaktivitäten in der Beschaffung, der Produktion und der Kundenbelieferung erforderlich sind. Hierunter sind die lokale Zielsetzung, Prognosen, Entscheidungen, Rückmeldungen sowie die ständige Verbesserung zu verstehen.
- Die *AM-Objektsicht* fokussiert auf die Betrachtungsgegenstände des Auftragsmanagements. Die wesentlichen davon sind die Artikel (Endprodukte, Komponenten oder Material), Ressourcen (Betriebsmittel und Personal), Ausführungsprozesse (Beschaffen, Produzieren, Liefern) sowie Aufträge (Einzel, Serie, Ersatzteil usw.). Datenmodelle strukturieren diese Objekte und ihre Beziehungen.
- Die *AM-Prozesssicht* ordnet die Entscheidungs- und Ausführungsaktivitäten unter sachlogischer und zeitlicher Abfolge; idealtypisch bilden beide einen Regelkreis. Im Fokus liegt die Auftragsabwicklung auf Informationsflussebene, die Ausführungsaktivitäten auf der Materialflussebene sind nicht im engeren Sinne AM-Gestaltungsgegenstand.
- Die *AM-Stellensicht* beschreibt, welche Organisationsstelle – und damit, welche Person – die Aktivität im Rahmen der Organisation verantwortet. Das klassische PPS-Verständnis vernachlässigt diese Sicht und unterstellt eine zentrale Verantwortung, vgl. u.a. (Magee 1958; Hackstein 1989). Eine Stelle definiert gleichzeitig Leistungsanforderungen, die der Inhaber bezüglich Kompetenzen und Qualifikation erfüllen muss.
- Die überwiegend in Software realisierten *Planungs- und Steuerungswerkzeuge* sollen die operative Abwicklung der erforderlichen Aktivitäten durch eine Teilautomatisierung wirkungsvoll unterstützen. Dies standardisiert die Abwicklung, entlastet die Mitarbeiter von zeitraubenden Routinetätigkeiten und schafft so mehr Zeit für die eigentlichen Dispositionsentscheidungen.

Die in Abb. 3 innen angeordneten fünf Gestaltungsaspekte bilden den logischen Kern eines AM-Systems. Die "linke Gestaltungsseite" beschreibt eher die Funktionslogik der Auftragsabwicklung, d.h. die Planungs- und Steuerungslogik, während die "rechte Gestaltungsseite" eher die Ablauflogik der Auftragsabwicklung, d.h. den organisatorischen Workflow mit seinen Prozessen und Verantwortlichkeiten beschreibt. Ziele und Werkzeuge sollen Funktions- und Ablauflogik stimmig und konsistent integrieren. Aufbauend auf dieser Systemabgrenzung erfolgt nun der zweite Schritt der Modellbildung, die Merkmalsbeschreibung.

3.2 Stolpersteine der PPS

Ausgangspunkt der Merkmalsbeschreibung bilden die klassischen Symptome des logistischen Unbehagens: Eine unbefriedigende logistische Zielerreichung, die geringe Transparenz in der Auftragsabwicklungskette, der unnötig hoch empfundene Aufwand für die Auftragsverfolgung, Steuerung und Disposition, ausufernde Terminrunden sowie vom Einzelereignis getriebene Dispositionsentscheidungen, Abb. 4 Mitte.

Ein PPS-Stolperstein ist als Konfigurationsfehler in der Planung und Steuerung definiert und bezieht sich auf eine zu wählende Systemgrenze (z.B. Bereich, Unternehmen, Unternehmensschnittstelle Beschaffungs- und Anlieferprozess). Entsprechend der Gestaltungs- und Betriebssicht gilt: Entweder sind die fünf logischen Gestaltungsaspekte inkonsistent ausgelegt oder nicht angemessen wirkungsvoll in Planungs- und Steuerungswerkzeuge umgesetzt.

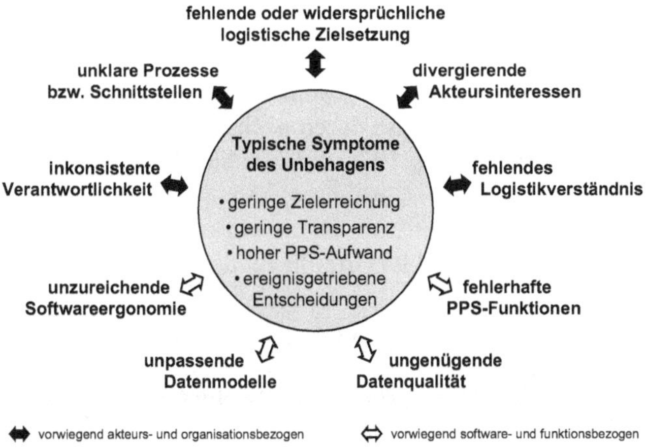

Abb. 4. Typische Stolpersteine der Planung und Steuerung

Ein Stolperstein liegt auch vor, wenn die Verantwortlichen Gestaltungsentscheidungen im Betrieb nicht konsequent um- bzw. durchsetzen. Als konkrete Ursache-Wirkungskombination bezieht sich ein Stolperstein immer auf einen Einzelfall (H.Wiendahl et al. 2005a; H.Wiendahl 2006). Ausführliche Befragungen von betrieblichen Experten und von Forschern aus dem Bereich der PPS sowie eigene Untersuchungen führten zu diesen Stolpersteinen. Die Stolpersteine sind in neun Gruppen zusammengefasst und ihren vorwiegenden Ursachen (software- und funktionsbedingt versus akteurs- und organisationsbezogen) zugeordnet, Abb. 4.

Oft behindern fehlende oder *widersprüchliche logistische Zielsetzungen* und *divergierende Interessen* der beteiligten Akteure die Zielerreichung maßgeblich. Ein Leiterplattenbestücker bildet ein prägnantes Beispiel hierfür. Das Unternehmen beschäftigt 300 Mitarbeiter und setzt auf ein konsequentes Führen durch Ziele. Die jeweiligen Produktionsbereichsleiter haben Zielvereinbarungen; ein Erreichen wirkt unmittelbar auf ihre Vergütung. Doch die Detailanalyse zeigte Widersprüche: Während für das Gesamtunternehmen das Ziel Liefertreue die höchste Zielpriorität hat, fehlte dies in der Zielvereinbarung der Bereichsleiter vollständig (Priorität 1: Produktivität, Bestück- und Lötqualität). So überrascht es nicht, dass die Verantwortlichen die Liefertreue vernachlässigten und den erforderlichen Kapazitätsaufbau zu spät einleiteten; eine geringe Liefertreue und damit der Verlust von Marktanteilen waren unvermeidlich.

Eine weitere wichtige Ursache schlechter Logistikleistung ist ein unzureichendes oder fehlendes *Logistikverständnis* der verschiedenen Akteure. Betrifft dies das Management, sind wechselnde Zielvorgaben oder auch direkte Eingriffe oberer Führungskräfte in das operative Tagesgeschäft typisch. Vor allem kurzfristige Lieferterminzusagen der schon sprichwörtlichen Geschäftsführeraufträge ziehen Prioritätsänderungen anderer Aufträge nach sich, die das Einhalten bereits zugesagter Liefertermine praktisch unmöglich machen. Darüber hinaus sind die operativen Planungs- und Steuerungsentscheidungen teilweise durch nachweislich falsche Erfahrungsregeln getrieben, vgl. u.a. (IBM 1975; P.Wiendahl 1997: 7f; H.Wiendahl et al. 2005a).

Eine wesentliche Aufgabe der Software ist die wirkungsvolle Unterstützung der Dispositionsaktivitäten. Als Grundlage der teilautomatisierten Dispositionsentscheidungen dienen die entsprechenden *PPS-Funktionen*, d.h. die ausgewählten Planungs- und Steuerungsmethoden und ihre Parametrierung in der Software. Somit hängt ihre Leistungsfähigkeit einerseits von einer anforderungsgerechten Konfiguration der PPS-Funktionen bzw. Methoden, andererseits aber auch von der Einstellung der Dispositionsparameter ab. Oftmals unterschätzen die Betriebe ihre herausragende Bedeutung; sie schätzen die Vorlauf- und Wiederbeschaffungszeiten sowie Auftrags- und Arbeitsvorgangsdurchlaufzeiten lediglich ab und das regelmäßige Aktualisieren unterbleibt.

Jede sorgfältige Planung und Steuerung erfordert eine vollständige, konsistente und aktuelle Datenbasis als Grundlage für Planungs-, Steuerungs-, Durchführungs- und Controllingaktivitäten (H.Wiendahl 2006). Diese *Datenqualität* betrifft sowohl die Stamm- als auch die Bewegungsdaten. Viele Verantwortliche bemängeln die Transparenz im innerbetrieblichen Auftragsfortschritt (H.Wiendahl u. Behringer 2006: 24ff). Rechtzeitige und reaktionsschnelle Eingriffe der Produktionssteuerung sind unter diesen Bedingungen nicht realisierbar.

Das verwendete *Datenmodell* strukturiert die zur Planung und Steuerung erforderlichen Daten. Es begrenzt damit gleichzeitig auch die Möglichkeiten zur Analyse und Überwachung logistischer Prozesse. Ein einprägsames Beispiel hierfür bildet ein Unternehmen der Zulieferbranche: Bei Warenauslieferung werden die mit dem Kunden vereinbarten Soll-Liefertermine durch die Istwerte überschrieben. Eine sinnvolle Auswertung der Termineinhaltung ist so nicht möglich und die Unzufriedenheit der Kunden mit der Liefertreue des Unternehmens überrascht wenig.

Aus Werkzeugsicht hat die *Softwareergonomie* einen wesentlichen Einfluss auf die Bereitschaft der Bediener, softwaregestützt zu planen, zu steuern und zu überwachen. Hier offenbart der Blick in die Betriebspraxis vor allem hinsichtlich der Visualisierung noch erhebliche Schwachstellen: Bis heute sind auf den Bildschirmen die Wurzeln der alphanumerischen Darstellungen früherer Softwaregenerationen erkennbar und es dominieren tabellenbasierte Darstellungen wie bspw. die bekannten Bedarfs-/Bestandslisten zur Materialdisposition. Das erschwert ein dispositionsstufenübergreifendes Controlling deutlich.

Die klare Definition von Prozessen und eine Aufgabenverteilung auf die Verantwortlichen in einem Unternehmen ist eine der wichtigsten Aufgaben der Geschäftsführung. Die Stolpersteine *inkonsistente Verantwortlichkeit* sowie *unklare Prozesse bzw. Schnittstellen* sprechen diese Punkte an. Nach Einschätzung der operativ Verantwortlichen zeigt die Auftragssteuerung organisatorische Defizite hinsichtlich Verantwortungsbeschreibung, Entscheidungsprozessen und Durchsetzungskompetenz (H.Wiendahl u. Behringer 2006: 31f).

3.3 Anforderungen an ein sozio-technisches Auftragsmanagement

Die beschriebenen Phänomene mit ihren Wechselwirkungen belegen die eingangs formulierte These, einen sozio-technischen Ansatz zur nachhaltigen Verbesserung des Auftragsmanagements zu fordern. Das Ergebnis dieses dritten Schritts der Modellbildung verdichtet Abb. 5 in Form von Anforderungen; entsprechend der oben beschriebenen Systematik differenziert nach Gestaltungs- und Betriebsphase. Basierend hierauf wurden generelle Leitfragen zur Überprüfung der Stolpersteine entwickelt (H.Wiendahl et al. 2005a), die bspw. für den Bereich der Liefertermin-ermittlung und -überwachung datailliert wurden (Schuh u. Westkämper 2006: 52-55).

Notwendige Bedingung für das Auftragsmanagement ist seine konsistente, an den Zielen ausgerichtete Gestaltung, Abb. 5 linke Spalte:

- Unter dem *Zielaspekt* ist eine für alle Verantwortlichen konsistente Reihenfolge der Zielprioritäten ideal. Denn das bereits von Gutenberg vorgestellte Dilemma der Ablaufplanung (Gutenberg 1951: 159) erfordert eine logistische Positionierung[5]; d.h. ausgehend von Marktanforderungen und strategischen Unternehmensentscheidungen ist zunächst die logistische Zielpriorität unternehmensweit festzulegen, um dann die Auswirkungen auf die anderen Ziele zu bewerten. Gelingt eine solche ebenen- und bereichsübergreifende Harmonisierung nicht, sind Verhandlungen zwischen den Verantwortlichen (mit offengelegten strukturell bedingten Zielkonflikten) vorzusehen. Neben eindeutigen Zielprioritäten sind quantifizierte Ziele realistisch zu vereinbaren, d.h. sie sollten im operativen Betrieb erreichbar sein. Sowohl zur Unterstützung der lo-

[5] Demgegenüber interpretiert Goldratt die Existenz widersprüchlicher Ziele völlig anders: Ein Zielkonflikt stellt für ihn kein Optimierungsproblem dar, sondern weist seines Erachtens auf eine unklare Problemdefinition – also falsche Annahmen – hin. Am Beispiel des viel diskutierten Problems der Losgrößenoptimierung löst er den Zielkonflikt zwischen Bestands- und Auftragswechselkosten wie folgt auf: Eine Differenzierung in Transportlosgröße (kleine Transportlose minimieren die Bestandskosten) und Bearbeitungslosgröße (große Bearbeitungslose minimieren die Auftragswechselkosten) unterstützt beide Ziele gleichzeitig. Zur Auflösung des Konfliktes schlägt er die Evaporating Clouds Method (verdampfende Wolke) vor (Goldratt 1990: 48ff, 2002: 106). Seine Grundargumentation legt allerdings den Schluss nahe, dass ein Auflösen oder Entschärfen solcher Konflikte Strukturänderungen, also tiefer greifende Gestaltungsmaßnahmen bedingt. Bei gegebenen Strukturen verschwindet also die Fragestellung einer sinnvoll gewählten Losgröße nicht zwangsläufig; Modelle zur Entscheidungsunterstützung wie bspw. die Kennlinien sind hier weiterhin notwendig.

gistischen Positionierung als auch der Zielquantifizierung haben sich die logistischen Kennlinien bewährt (P.Nyhuis u. P.Wiendahl 2007).

- Die *Funktionslogik* umfasst einerseits die Planungs- und Steuerungsfunktionen mit den eingesetzten Methoden. Die notwendigen Funktionen sind zunächst korrekt zu modellieren, um darauf aufbauend geeignete Methoden auszuwählen oder ggf. entwickeln zu können. Andererseits sind die notwendigen Planungsobjekte geeignet detailliert zu modellieren. Hier entstehen Entscheidungsebenen mit jeweils spezifischem Zweck und Detaillierungsgrad (H.Wiendahl 2002: 108ff, 146ff). Die gestalterische Herausforderung einer so gebildeten Entscheidungsarchitektur besteht darin, die Ebenen über Regeln zur Aggregation und Disaggregation geeignet zu verknüpfen, vgl. u.a. (Winter 1991: 28ff; 207ff; Kovács 2005: 7ff).
- Die *Ablauflogik* umfasst einerseits die Entscheidungsprozesse der Planung und Steuerung. Diese sind angemessen hinsichtlich Detaillierungsgrad und Ablaufvarianten zu beschreiben. Zentrales Prüfkriterium ist das Vorliegen geschlossener Regelkreise: Dies gilt zunächst zeitlich im Sinne des sogenannten Handlungskreises, vgl. u.a. (Gehlen 1940: 54ff; Miller et al. 1960: 25ff; Ropohl 1999: 99ff). In Systemen mit verteilter Verantwortung ist darüber hinaus der aufbauorganisatorische Bezug zu beachten: Informationskreisläufe gelten dann als geschlossen, wenn der Prozessstart- und Endpunkt bei derselben Person liegt, vgl. u.a. (Mesarović et al. 1970: 49; Scherr 1993; PMI 2004: 224, 229). Andererseits sind aus Stellensicht Bereiche und Verantwortungsübergänge klar abzugrenzen und entsprechende Verantwortliche für Prozessabschnitte zu benennen. Außerdem sind entsprechende Leistungsanforderungen an die Stelleninhaber zu identifizieren.

Aspekt	Gestaltungsphase	Betriebsphase
Ziele	• Zielprioritäten konsistent vorgeben • Ziele realistisch vereinbaren	• Zielerreichung überprüfen • ggf. Realisierbarkeit hinterfragen
Funktion	• notwendige Funktionen und Methoden korrekt modellieren	• Funktionen zweckgemäß nutzen • eingesetzte Methoden parametrieren
Objekt	• notwendige Planungsobjekte geeignet detailliert modellieren	• Datenqualität laufend überprüfen • Stamm- und Bewegungsdaten pflegen
Prozess	• notwendige Prozesse und Regelkreise angemessen detailliert beschreiben	• Prozesse zweckgerichtet anwenden • Entscheidungen konsequent umsetzen
Stelle	• Bereiche eindeutig abgrenzen • Leistungsanforderungen identifizieren	• Handlungskompetenz vermitteln • Logistikverständnis schulen
Werkzeug	• passende und ergonomische Werkzeuge bereitstellen	• Werkzeuge korrekt verwenden • lokale Workarounds reduzieren

Abb. 5. Gestaltungs- und Betriebsanforderungen an ein Auftragsmanagement

- Die *Werkzeuge* sind passend zu den logischen Gestaltungsaspekten auszuwählen bzw. zu entwickeln. Eine systematische Projektlogik zur Auswahl oder Softwareentwicklung mit entsprechenden Testszenarien hat sich bewährt, vgl. u.a. (Specker 2005: 165ff; Roesgen u. Schmidt 2006). Zur Alternativenbewertung und zur Forschrittsüberwachung sind im Auftragsmanagement die drei Sichtweisen Artikel, Ressource und Auftrag erforderlich. Hier bieten die entsprechenden Durchlaufdiagramme (Arbeitssystem-Durchlaufdiagramm für Ressourcen, Lager-Durchlaufdiagramm für Artikel, Kundenauftragsdiagramm für Aufträge) eine geeignete Visualisierung (Scholtissek 1996: 84ff), die auch in kommerzieller Software Eingang gefunden hat (F.Nyhuis 2007a, 2007b).

Hinreichende Bedingung ist die konsequente Umsetzung der beschriebenen Gestaltungsregeln im laufenden Betrieb, Abb. 5 rechte Spalte:

- Hinsichtlich der *Ziele* ist die tatsächliche Zielerreichung zu prüfen. Bei Abweichungen sind die Gründe für Zielverfehlungen kritisch zu hinterfragen (unrealistische Vorgabe, geänderte Rahmenbedingungen, etc.).
- Bezogen auf die *Funktionslogik* sind Funktionen und Methoden zweckgemäß zu nutzen. Hier sind vor allem die korrekte Parametrierung der Methoden sowie die konsistente Auslegung der Terminierungsparameter über unterschiedliche Entscheidungsebenen relevant (H.Wiendahl u. Behringer 2006: 21f). Andererseits ist die Datenqualität laufend zu überprüfen und ggf. zu aktualisieren. Die Stamm- und Bewegungsdaten sind vollständig, korrekt und aktuell zu halten (H.Wiendahl 2006).
- Bezogen auf die *Ablauflogik* sind die Prozesse anzuwenden und erkannte Entscheidungsbedarfe konsequent umzusetzen. Oftmals besteht nämlich in der Praxis das Problem, dass Handlungsbedarfe zwar erkannt, aber nicht konsequent danach gehandelt wird. Aus Stellensicht sind den Stelleninhabern Handlungskompetenzen zu vermitteln; das Logistikverständnis aller Rollen ist zu überprüfen und ggf. zu schulen.
- Aus *Werkzeugsicht* sollten die eingesetzten Werkzeuge zweckgemäß verwendet werden. Ein belastbares Prüfkriterium für die Benutzerakzeptanz bildet die Anzahl individuell genutzter Hilfslösungen. Diese sogenannten Workarounds basieren meist auf lokalen Tabellenkalkulationsprogrammen. So können nur wenige Anwender auf die Daten zugreifen und die erforderliche Informationsverfügbarkeit wird verfehlt. Bleiben solche Lösungen nach wie vor in Betrieb, deutet dies auf weiterhin unzureichende Standard-Werkzeuge oder Schulungsbedarf hin.

Deshalb ist in der Betriebsphase darauf zu achten, dass die Anwender notwendige Verbesserungsbedarfe auch aufzeigen und nicht 'am System vorbei' arbeiten. Erst dies ermöglicht eine ständige Verbesserung.

3.4 Modellüberprüfung

Der abschließende vierte Modellbildungsschritt beinhaltet die Modellüberprüfung. Hierzu wurden über Auswertungen früherer Projekte, Interviews mit den PPS-Verantwortlichen in den Betrieben sowie mit Fachexperten aus der Wissenschaft reale Fälle zusammengetragen und näher untersucht. Die Zuordnung der konkreten Stolpersteine zu den in Abb. 4 empirisch ermittelten neun Gruppen ergab erwartungsgemäß Mehrfachzuordnungen. Zum einen traten im konkreten Einzelfall mehrere Stolpersteine gleichzeitig als Ursache-Wirkungsbündel auf, zum anderen zeigten sich ähnliche Stolpersteine. Der empirischen Überprüfung liegen bislang 95 – durch Reduktion und Idealisierung gewonnene – Fälle zugrunde.

Der erste Teilschritt der Modellüberprüfung bestätigte die Arbeitsthese, Symptome und ihre Ursachen zu unterscheiden (Phänomenbeschreibung): Die durchgeführte Modellformalisierung zeigte, dass die Symptome des logistischen Unbehagens tatsächlich Ergebnisdefizite eines AM-Systems darstellen; ihr Auftreten weist auf mögliche Stolpersteine. Demgegenüber ist der Stolperstein selbst ein typisches – aus den empirischen Untersuchungen gewonnenes – Systemdefizit. Diese treten in der Betriebspraxis einzeln oder kombiniert auf und erklären die Ergebnisdefizite.

Jedoch zeigte der zweite Teilschritt, dass die Unterscheidung von System- und Ergebnisdefiziten zum Ableiten von Maßnahmen noch nicht ausreicht. Erst ein Zuordnen zu den Gestaltungsaspekten gibt Hinweise zur Beseitigung des Systemdefizits. Abb. 6 verdichtet die beobachteten Korrelationen der 95 Fälle bezogen auf die neun Gruppen aus Abb. 4.

Systemdefizite \ Gestaltungsaspekte	Ziele	Funktion	Objekt	Prozess	Stelle	Werkzeuge
1 Widersprüchliche Zielsetzung	X			(x)	X	(x)
2 Divergierende Akteursinteressen	X			(x)	X	(x)
3 Fehlendes Logistikverständnis	(x)	(x)			X	(x)
4 Fehlerhafte PPS-Funktionen		X		(x)	(x)	(x)
5 Inkonsistente Verantwortlichkeit		X		X	X	
6 Unklare Prozesse oder Schnittstellen	(x)		(x)		X	X
7 Ungenügende Datenqualität		(x)	X	(x)		X
8 Unpassende Datenmodelle			X		(x)	X
9 Unzureichende Softwareergonomie		(x)			(x)	X

x starke Korrelation (x) schwache Korrelation n = 95

Abb. 6. Zuordnung von Systemdefiziten und AM-Gestaltungsaspekten

Im dritten Teilschritt der Modellüberprüfung wurden 80 Unternehmen des Maschinen- und Anlagenbaus zu Stolpersteinen befragt. Ein Nachweis der empirischen Relevanz für die Lieferterminermittlung und -erfüllung gelang und die Brauchbarkeit der Fragen wurde belegt. Auch zeigte sich, dass Stolpersteine sowohl unternehmensintern als auch -übergreifend auftreten, vgl. (H.Wiendahl et al. 2005b; Schuh u. Westkämper 2006).

Zur Analyse und Beseitigung der Stolpersteine bietet sich dementsprechend ein Vorgehen in zwei Schritten an:

1. *Diagnose* Aufnehmen der Symptome (Ergebnisdefizite) durch Befragen der Betroffenen oder alternativ durch quantitative Analysen. Diagnostizieren der Ursachen (Systemdefizite) und der betroffenen Gestaltungsaspekte durch Überprüfen der Gestaltungskonsistenz bzw. ihrer Umsetzungskonsequenz anhand der in Abb. 5 formulierten Gestaltungs- und Betriebsanforderungen.
2. *Behandlung* Ableiten von Interventionsmöglichkeiten zur Beseitigung der Stolpersteine anhand der betroffenen Gestaltungsaspekte.

Die Überprüfung anhand der empirischen Fälle zeigt die vier idealtypischen Interventionsmöglichkeiten organisatorische Um- bzw. Neugestaltung der Auftragsabwicklung (Schwerpunkt *Ablauflogik*, Abb. 3 rechts), Um- bzw. Neugestaltung einer neuen Planungs- und Steuerungslogik – meist mit Softwareauswahl und -einführung (Schwerpunkt *Funktionslogik*, Abb. 3 links), Logistikschulung (*Personalentwicklung* der Mitarbeiter) sowie *Veränderungsmanagement* (d.h. Gestaltungsentscheidungen konsequent umsetzen). Diese treten im konkreten Einzelfall oft kombiniert auf.

4 Praxisbeispiel

Ein Praxisbeispiel illustriert, wie das Auftragsmanagement-Modell die klassische technikorientierte Sicht auf die PPS aus akteurs- und organisationsbezogener Sicht schlüssig ergänzt. Dies verdeutlicht außerdem, dass in der Betriebspraxis gleichzeitig mehrere Stolpersteine als Ursache-Wirkungsbündel auftreten können.

In diesem Fall handelt es sich um einen mittelständischen Werkzeughersteller (H.Wiendahl 2006). Dieser liefert Standardprodukte meist ab Lager, die Gesamtproduktion ist nach Produktfamilien segmentiert, die einzelnen Produktsegmente nach dem Werkstattprinzip organisiert. Abb. 7a fasst die wesentlichen Merkmale der Auftragsabwicklung zusammen.

Die Projektaufgabenstellung bestand darin, für ein ausgewähltes Segment Maßnahmen zur Reduzierung der mittleren Durchlaufzeiten von

27 Tage auf 7 Tage aufzuzeigen. Denn weder die genannte Segmentierung noch die Einführung einer neuen ERP-Software brachte die gewünschte Durchlaufzeitreduzierung. Die Herstellung der betrachteten Produktfamilie mit ca. 2500 Varianten erfolgt in den drei Hauptschritten Weichbearbeitung, Härten und Hartbearbeitung. Während Sägen und Härten für den gesamten Standort zentralisiert sind, erfolgt die Weich- und Hartbearbeitung im Segment 1 einer mechanischen Fertigung mit gut 20 Arbeitsplätzen. Bereits die grobe Materialflussanalyse verdeutlichte die Grenzen der Segmentierung: Zum einen ist aus technologischen Gründen eine Fremdvergabe unvermeidbar. Zum anderen übersteigen die Bedarfsschwankungen die erforderliche Kapazitätsflexibilität im Segment, so dass einzelne Arbeitsgänge in anderen Segmenten gefertigt werden, Abb. 7b.

Die Ausgangssituation war durch die in Abb. 4 Mitte beschriebenen Symptome des Unbehagens charakterisiert; die Ergebnisdefizite zeigten also einen Verbesserungsbedarf. Die klassische *technikorientierte Sicht* auf die PPS identifizierte zunächst zwei software- bzw. funktionsbezogene Stolpersteine (vgl. auch Abb. 4 unten):

- Zum einen kennzeichneten *fehlerhafte Planungs- und Steuerungsfunktionen* die Situation: Einerseits erfolgte die Freigabe der Fertigungsaufträge ohne Berücksichtigung der tatsächlichen Belastungssituation (terminorientierte Auftragsfreigabe); dies verlängerte die Durchlaufzeiten unnötig. Andererseits vertauschten die Meister die Abarbeitungsreihenfolge am Arbeitsplatz, um Rüstzeiten zu sparen; dies verschlechterte die Termintreue. Außerdem waren die Dispositionsparameter (v.a. Wiederbeschaffungs- und Übergangszeiten) nicht gepflegt.
- Zum anderen war eine *ungenügende Datenqualität* zu beobachten: Dies betraf vor allem die Rückmeldedatenqualität (fehlend, falsch, zu spät).

<table>
<tr><th colspan="2">Merkmal</th><th colspan="4">Ausprägungen</th></tr>
<tr><td rowspan="2">Artikel</td><td>Produkt-konzept</td><td>kunden-spezifisch</td><td colspan="2">Produkt-familien</td><td>Standard-produkt</td></tr>
<tr><td>Vertriebsweg</td><td>Großhandel</td><td colspan="2">Vertreter</td><td>Endkunde (direkt)</td></tr>
<tr><td rowspan="2">Auftrag</td><td>Auftrags-auslösung</td><td>Nachfrage</td><td colspan="2">Prognose</td><td>Verbrauch</td></tr>
<tr><td>Dispositions-stufen</td><td>viele Stufen</td><td colspan="2">wenige Stufen</td><td>eine Stufe</td></tr>
<tr><td rowspan="2">Ressource</td><td>Physische Organisation</td><td>Insel-/Gruppen-produktion</td><td colspan="2">Werkstatt-fertigung</td><td>Linien- oder Fließproduktion</td></tr>
<tr><td>Teilefluss</td><td>one piece flow</td><td>überlappte Fertigung</td><td>losweiser Transport</td><td>Chargen-fertigug</td></tr>
</table>

a) Charakteristische Merkmale der Auftragsabwicklung

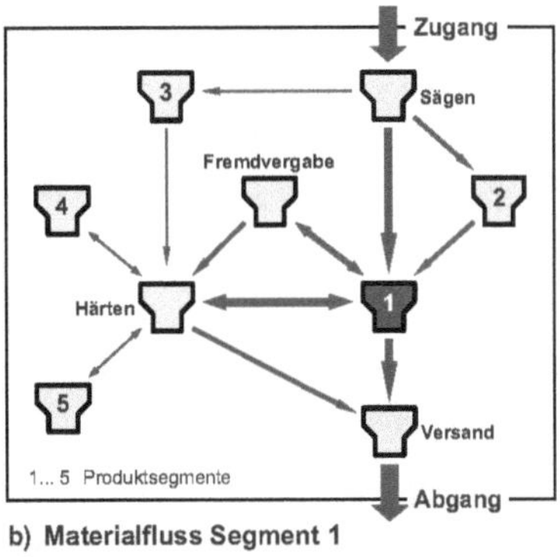

b) Materialfluss Segment 1

Abb. 7. Logistische Ausgangssituation des Produktionssegments (Praxisbeispiel)

Die erweiterte *sozio-technische* Sicht des Auftragsmanagements identifizierte darüber hinaus ein *unzureichendes Logistikverständnis* der Akteure (vgl. auch Abb. 4 rechts). Als unmittelbare Folge resultierte eine *fehlende logistische Zieldurchsetzung* über die Entscheidungsebenen hinweg: Eigentlich sollten im Unternehmen kurze Durchlaufzeiten die oberste Zielpriorität besitzen, doch neigte der Geschäftsführer dazu, bei seinen Produktionsrundgängen auf stehende Maschinen hinzuweisen. Um dieser Kritik zu entgehen, priorisierte der Meister die Auslastung. Diese abweichende Priorität des Meisters ist kritisch, da sich Auslastung und Durchlaufzeit widersprechen, zur Erläuterung vgl. (P.Wiendahl 1997; P.Nyhuis u. P.Wiendahl 2003). Eine Befragung der Verantwortlichen bestätigte die inkonsistenten Zielprioritäten über die Hierarchiestufen.

Das Zusammenwirken dieser Stolpersteine lässt sich gut mit dem von Lödding entwickelten *Modell der Fertigungssteuerung* analysieren. Es beinhaltet die Elemente Funktionen, Stellgrößen (durch Funktionen beeinflusst), Regelgrößen (Differenz von zwei Stellgrößen) sowie logistische Zielgrößen (durch Regelgrößen beeinflusst) und verknüpft diese anhand der dominierenden logistischen Wirkzusammenhänge, zur Erläuterung vgl. (Lödding 2005:7ff). Abb. 8 visualisiert die Wirkzusammenhänge der vier Elemente und bezieht sie auf den hier geschilderten Anwendungsfall.

Das Modell erlaubt eine Analyse des Zusammenwirkens der beschriebenen Stolpersteine im vorliegenden Fall. Zunächst fällt auf, dass die Produktion weder Startabweichung noch Reihenfolgeabweichung regelmäßig überwacht (Abb. 8), was das unzureichende Logistikverständnis bestätigt. Ausgangspunkt der weiteren Überlegungen bildet der akteurs- und organisationsbezogene Stolperstein 'fehlende Zieldurchsetzung'.

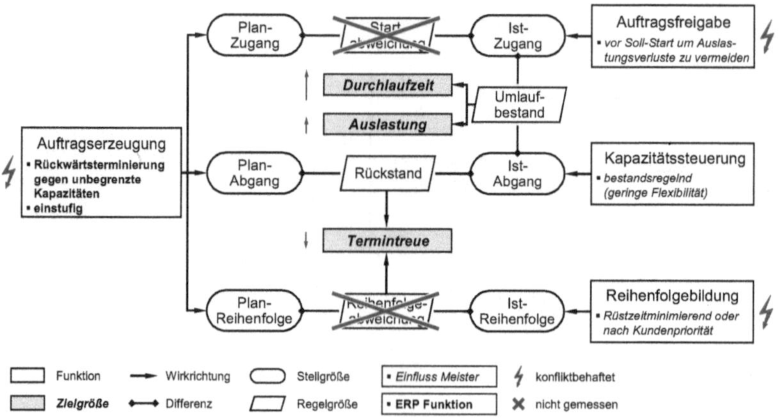

Abb. 8. Konsequenzen 'fehlender Zieldurchsetzung' (Modell n. H. Lödding)

Die qualitative Funktionsanalyse zeigte, Abb. 8:

- Die *Auftragserzeugung* erfolgt bei Unterschreiten des Bestellbestandes oder auf der Basis von Vertriebserwartungen durch die ERP-Software. Gemäß klassischer MRP-Logik berechnet sich der Endtermin aus einer einstufigen Rückwärtsterminierung gegen unbegrenzte Kapazitäten.
- Die *Auftragsfreigabe* erfolgt manuell durch den Meister. Die ERP-Software berechnet den Soll-Start. Doch um Stillstände aufgrund von Materialflussabrissen zu vermeiden, gibt der Meister Fertigungsaufträge oft früher frei, Abb. 8 rechts oben. Er erzielt damit zwar die gewünschte Wirkung einer höheren Auslastung (v.a. an erfahrungsgemäß schlecht ausgelasteten Arbeitsplätzen), wegen der nicht-linearen Zusammenhänge steigt aber die Durchlaufzeit sehr viel stärker, Abb. 8 Mitte oben, zur Begründung vgl. (P.Wiendahl 1997; P. Nyhuis u. P.Wiendahl 2003).
- Die *Kapazitätssteuerung* erfolgt auch manuell durch den Meister auf der Basis des aktuellen Bestandes rein gegenwartsbezogen, Abb. 8 rechts Mitte. Allerdings begrenzt die kurze Vorankündigung die Wirkung.
- Die *Reihenfolgebildung* erfolgt manuell, bevorzugt rüstzeitminimierend, sonst nach Kundenpriorität, Abb. 8 rechts unten. Sinkt bei unerwarteten Mehrbedarfen der Bestand im Endproduktlager auf null, lösen eintreffende Bestellungen Eilaufträge aus. Diese Reihenfolgevertauschungen verringern die Termintreue laufender Aufträge, Abb. 8 Mitte unten.

Diese Ergebnisse basieren im Wesentlichen auf qualitativen Analysen. Die sozio-technische Betrachtung verknüpft die Systemdefizite und verdeutlicht, dass die Annahmen der Planung und die Ausführung durch die Steuerung nicht konsistent sind: Eine zu frühe Auftragsfreigabe lässt lange Durchlaufzeiten erwarten. Wie beschrieben, verringern Reihenfolgevertauschungen gegenüber der Plan-Reihenfolge generell die Termintreue.

Eine Analyse mit Hilfe des logistischen Leitbilds veranschaulicht dies: Grundsätzlich beschreibt diese Gestaltungsoption, wie die Aufträge durch die Produktion fließen sollen. Abb. 9 stellt die beiden Grundformen gleichmäßiger Auftragsstrom (= laminares Verhalten) sowie turbulenter Gebirgsbach (= turbulentes Verhalten) gegenüber: Besitzen alle Fertigungsaufträge die gleiche Priorität (Normalauftrag), ist eine geringe Durchlaufzeitstreuung σ zu erwarten, Abb. 9a. Mit einer Unterscheidung in Normal- und Eilaufträge resultieren unterschiedliche Prioritäten, die zwangsläufig die Durchlaufzeitstreuung σ erhöhen. Die Darstellung unterstellt vergleichbare Mittelwerte μ, zur Begründung vgl. (H.Wiendahl 2003).

Die Gegenüberstellung der Planungsannahmen zum logistischen Verhalten und des logistischen Verhaltens im Ist (resultierend aus den steuernden Eingriffen) identifiziert einen Widerspruch im logistischen Leitbild.

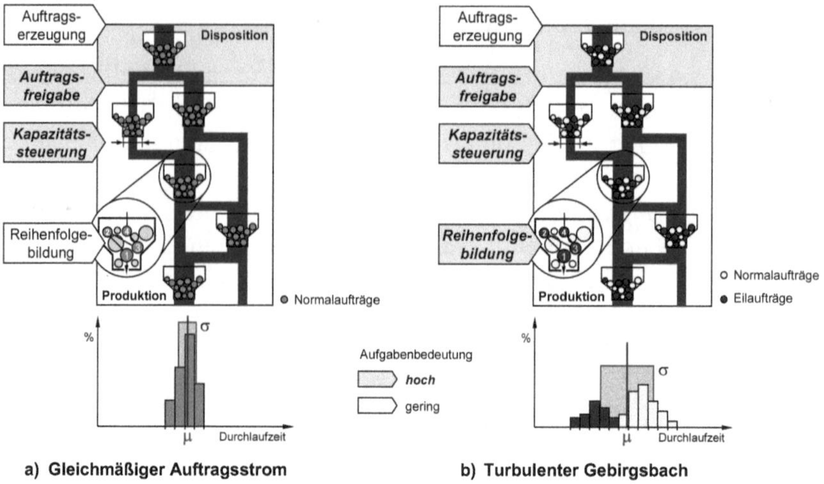

Abb. 9. Ausprägungen des logistischen Leitbilds

Im untersuchten Praxisbeispiel terminiert die Planung (ERP-Software) klassisch mit produktbezogenen Wiederbeschaffungszeiten. Die mittelwertbasierte MRP-Logik unterstellt also den gleichmäßigen Auftragsstrom aus Abb. 9a. Demgegenüber führen die Steuerungseingriffe des Meisters anhand der Prioritäten zu unterschiedlichen Wartezeiten an den Arbeitsplätzen und damit zum turbulenten Gebirgsbach in Abb. 9b.

Diese qualitativen Ergebnisse erlaubten das Formulieren von Arbeitsthesen, welche die quantitative Analyse vereinfachten. Sie bestätigte die Schlussfolgerungen durch Auswertung der Rückmeldedaten, Abb. 10a.

Ein hoher Wartezeitanteil bei einem deutlichen Durchlaufzeitanteil außerhalb des Segments (Abb. 10a, oben) sowie eine breite Verteilung der Endterminabweichung (Abb. 10a, unten) führte – trotz einer im Mittel zu frühen Fertigstellung von 6 Tagen – zu einer sehr geringen Termintreue von 60% (trotz großzügiger zulässiger Verspätung von + 10 Tagen).

Die Potentialermittlung erfolgte über quantitative Detailanalysen: Zunächst wurden die Maßnahmen über eine engpassorientierte Logistikanalyse "statisch" abgeschätzt, vgl. (P.Nyhuis u. P.Wiendahl 2003: 193ff) zur Methodik. Darauf aufbauend wurde ein ereignisdiskretes Simulationsmodell der Werkstatt aufgebaut, um die identifizierten Verbesserungsmaßnahmen 'bestandsregelnde Auftragsfreigabe' und 'Abarbeitung nach Planreihenfolge' auch "dynamisch" zu überprüfen.

Die Ergebnisse zeigen, dass eine Verkürzung der Durchlaufzeit auf ca. 9 Tage – bei einer hohen Termintreue und derselben zulässigen Verspätung – auch mit der klassischen MRP-Logik realisierbar ist, Abb. 10b.

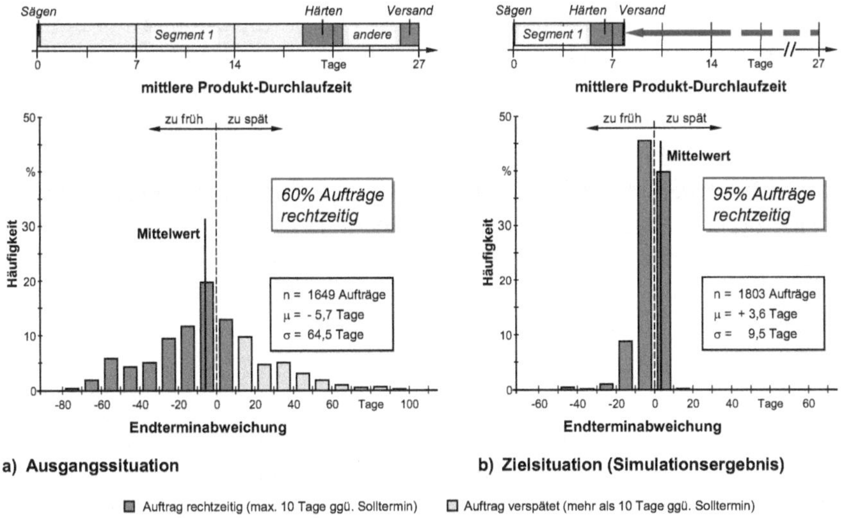

Abb. 10. Durchlaufzeitcharakteristik Ist- und Zielsituation (Praxisbeispiel)

Allerdings sind technische und organisatorische Maßnahmen zur Erhöhung der Kapazitätsflexibilität unvermeidbar. Zur Beseitigung der Defizite wurden anschließend Handlungsfelder – gemäß den identifizierten Stolpersteinen getrennt nach Funktions- und Ablauflogik – abgeleitet. Abb. 11 gliedert sie entsprechend und ordnet ihnen eine Gestaltungsverantwortung in der Hierarchie zu; zur detaillierten Begründung vgl. (H.Wiendahl 2006).

Der Praxisfall verdeutlicht, wie die vor allem auf qualitative Analysen gestützte Ermittlung der Stolpersteine quantitative Analysen unterstützt. Dies hilft, aufwendige Detailanalysen ohne Qualitätsverlust zu reduzieren.

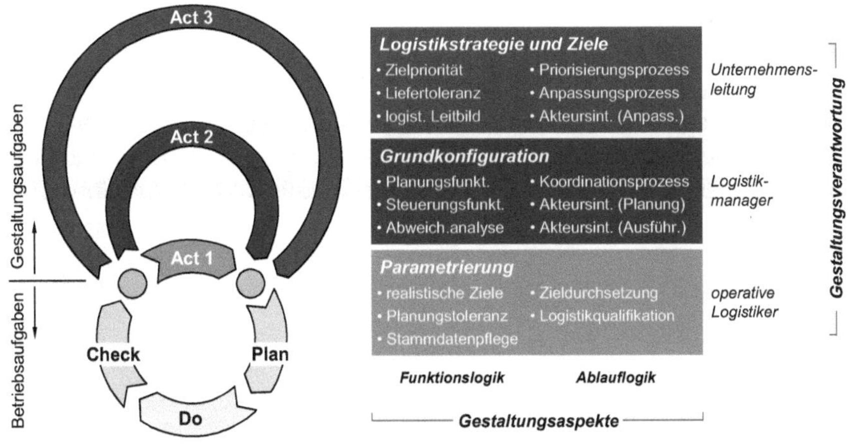

Abb. 11. AM-Auslegung: Verantwortlichkeit und Handlungsfelder (Praxisbsp.)

Das neue Systemverständnis leitet bisher eher intuitiv und erfahrungsbasiert erkannte Verbesserungsansätze schlüssig ab und gibt so neue Impulse für erweiterte Analysen und Gestaltungsmaßnahmen. Bisherige Anwendungserfahrungen identifizierten v. a. projektorganisatorische Anforderungen: Die Methode ist als workshopbasiertes Vorgehen entwickelt und validiert. Somit hängt das Herausarbeiten der Problemfelder wesentlich von der Fachexpertise und Offenheit der Teilnehmer einerseits und dem Fachwissen und der Moderationsfähigkeit des Leiters andererseits ab.

5 Zusammenfassung

Produktionsunternehmen begründen ihre unzureichende logistische Zielerfüllung gerne mit Funktionsdefiziten ihrer Software oder versuchen, auf klassische PPS-Ansätze ganz zu verzichten. Doch diese Einschätzung greift zu kurz. Der Beitrag stellt daher einen sozio-technischen Ansatz für das Auftragsmanagement vor, der die vorwiegend software- und funktionsbezogene Sicht auf die PPS um akteurs- und organisationsbezogene Aspekte wirkungsvoll ergänzt. Die gewonnenen Anwendungserfahrungen in der Industrie sind durchweg positiv. Erste Erfahrungen in der Dienstleistungsbranche bestätigten die grundsätzliche Übertragbarkeit; gravierende Einschränkungen zeichnen sich bislang nicht ab.

Die Forschungsarbeiten zielen darauf ab, die Ergebnisse in einen größeren Gestaltungsrahmen des industriellen Auftragsmanagements einzubinden, um eine widerspruchsfreie, auf die individuellen Markt- und Rahmenbedingungen des Unternehmens zugeschnittene Lösung zu erhalten.

Danksagung

Dieser Beitrag entstand im Rahmen des laufenden Forschungsprojektes "Modellbasierte Auftragsmanagement-Gestaltung", das die Deutschen Forschungsgemeinschaft (DFG) unter dem Kennzeichen WI 2670/1 fördert.

Literatur

Adam, D (1980) Kurzlehrbuch Planung. Wiesbaden

Baetge J (1974) Betriebswirtschaftliche Systemtheorie : Regelungstheoretische Planungs-Überwachungsmodell für Produktion, Lagerung und Absatz. Westdeutscher Verlag, Opladen

Balla J, Layer F (2006) Produktionsplanung mit SAP APO-PP/DS. Galileo Press, Bonn

Daenzer W F, Huber F (Hrsg) (1997) Systems Engineering : Methodik und Praxis. 9. Aufl. Verlag Industrielle Organisation, Zürich

Drexl A, Fleischmann B, Günther H-O, Stadler H, Tempelmeier H (1994) Konzeptionelle Grundlagen kapazitätsorientierter PPS-Systeme. zfbf (46) 1994, S 1022-1045

Ferstl O K, Sinz, E J (2006) Grundlagen der Wirtschaftsinformatik, 5. überarb. und erw. Aufl. Oldenbourg, München

Gehlen, A (1940) Der Mensch: seine Natur und seine Stellung in der Welt. Junker und Dünnhaupt, Berlin

Goldratt E M (1990) What is this thing called Theory of Contraints and how should it be implemented? North River Press, Croton-on-Hudson, N.Y.

Goldratt E M (2002) Die kritische Kette: Ein Roman über das neue Konzept im Projektmanagement. Campus Verlag, Frankfurt/Main, New York

Gutenberg, E (1951) Grundlagen der Betriebswirtschaftslehre. Bd 1: Die Produktion, 1. Aufl. Springer, Berlin u.a.

Hackstein R (1989) Produktionsplanung und -steuerung (PPS): Ein Handbuch für die Betriebspraxis, 2. Aufl. Springer, Berlin

Hippler W (1921) Arbeitsverteilung und Terminwesen in Maschinenfabriken. Springer, Berlin

Hoekstra Sj, Romme J H J M (Hrsg) (1985) Op weg naar integrale logistieke structuren. Kluwer/Nive, Deventer

IBM (1975) Executive Perspective of Manufacturing Control Systems. Broschüre IBM G360-0400-12

Kraemmerand P, Moller C, Boer H (2003) ERP implementation: an integrated process of radical change and continuous learning. Production Planning and Control, 14/4, pp 338-348.

Kohnke O, Bungard W, Hrsg. (2005) SAP-Einführung mit Change-Management : Konzepte, Erfahrungen und Gestaltungsempfehlungen. Gabler, Wiesbaden

Kovács A (2005) Novel Models and Algorithms for Integrated Production Planning and Scheduling. Univ., Ph.D. Thesis, Budapest

Kuhn A, Wenzel S (2004) Simulation logistischer Systeme. In: Arnold, D. et.al. (Hrsg) Handbuch Logistik. Springer, Berlin u.a., S A2-41–2-61

Lean (2007) http://www.lean.org/; Lean Success Stories (24.7.2007)

Leont'ev, AN (1977) Tätigkeit, Bewusstsein, Persönlichkeit. Klett, Stuttgart (Dejatel'nost' - soznanie – licnost. Moskva : Polit. Literatury, 1975)

Lödding H (2005) Verfahren der Fertigungssteuerung. Springer, Berlin u.a.

Magee J F (1958) Production Planning and Inventory Control. McGraw-Hill, New York u.a.
Miller G A, Galanter E, Pribram K H (1960) Plans and the Structure of Behavior. Holt, Rinehart and Winston, Orlando, FL (USA)
Mesarović M D, Macko D, Takahara Y (1970) Theory of Hierarchical, multilevel, Systems. Academic Press, New York
Nowotny H, Eisikovic R (1990) Entstehung, Wahrnehmung und Umgang mit Risiken. Schweizerischer Wissenschaftsrat, Bern
Nyhuis P, Wiendahl H-P (2003) Logistische Kennlinien : Grundlagen, Werkzeuge und Anwendungen, 2. Aufl. Springer, Berlin u.a.
Nyhuis P, Wiendahl H-P (2007) Ansätze einer Logistiktheorie. In: Hausladen, I. (Hrsg) Management am Puls der Zeit - Strategien, Konzepte und Methoden Festschrift für Horst Wildemann zum 65. Geburtstag. TCW Transferzentrum, München, S 1015-1045
Nyhuis F (2007a) Monitoring von Logistikprozessen in der Materialwirtschaft. In: GTT u.a. (Hrsg): Chancen und Wege zur Verbesserung der Logistikleistung, Seminar, Hannover 5./6. März 2007. GTT Gesellschaft für Technologie Transfer, Hannover, Getr. Z.
Nyhuis F (2007b) Monitoring und Simulation des Auftragsdurchlaufs in der Produktion. In: GTT u.a. (Hrsg.): Chancen und Wege zur Verbesserung der Logistikleistung, Seminar, Hannover 5./6. März 2007. GTT Gesellschaft für Technologie Transfer, Hannover, Getr. Z.
Patzak G (1982) Systemtechnik – Planung komplexer innovativer Systeme. Springer, Berlin u.a.
PMI (2004) Project Management Institute - A Guide to the Project Management Body of Knowledge: ANSI/PMI 99-001-2004, 3. Aufl (deutsch). Newton Square, PA, USA
Popper K (2005) Logik der Forschung, 11. Aufl. Mohr Siebeck, Tübingen
Raffée H (1974) Grundprobleme der Betriebswirtschaftslehre. Vadenhoeck & Ruprecht, Göttingen
Rieck Chr (1993) Spieltheorie - Einführung für Wirtschafts- und Sozialwissenschafter. Gabler, Wiesbaden
Rommel G, u.a. (2003) Einfach überlegen - das Unternehmenskonzept, das die Schlanken schlank und die Schnellen schnell macht. McKinsey & Company, Inc,. Schäffer-Poeschel, Stuttgart
Ropohl G (1999) Allgemeine Technologie - eine Systemtheorie der Technik, 2. Aufl. Hanser, München u.a.
Roesgen R, Schmidt C (2006) Auswahl und Einführung von ERP-/PPS-Systemen. In: Schuh, G. (Hrsg) Produktionsplanung und -steuerung. Springer, Berlin u.a., S 330-376
SCOR (2007) Supply Chain Operations Reference Model (SCOR-Modell) Version 8.0, http://www.supply-chain.org (4.4.2007)
Scherr A L (1993) A New Approach to Business Processes. In: IBM Systems Journal 32/1, pp 80-98
Scholl, A (2004) Grundlagen der modellgestützten Planung. In: Arnold, D. et.al. (Hrsg) Handbuch Logistik. Springer, Berlin u.a., S A2-1–A2-9

Scholtissek P (1996) Simulationsprüfstand für Logistikkonzepte der Produktion. VDI-Verlag, Düsseldorf. Zugl. Hannover, Univ., Diss., 1995

Scherer E, Drude M (1999) Mit der Mannschaft ins Ziel! Grundsätze einer ganzheitlichen Unternehmensberatung, Management & Qualität 29/9, S 6-9

Specker A (2005) Modellierung von Informations¬systemen, 2. Aufl. vdf, Zürich

Spur G (2007) Kritik der logistischen Vernunft. ZWF 102/5, S 254-259

Stadtler H (2002) Supply Chain Management – An Overview. In Stadtler H, Kilger C (Hrsg), Supply Chain Management and Advanced Planning. Springer, Berlin, pp 7-27

Stachowiak H (1973) Allgemeine Modelltheorie. Springer, Wien u.a.

Stachowiak H (1983a) Konstruierte Wirklichkeit – Zur Einleitung. In: Fink W (Hrsg) Modelle – Konstruktion der Wirklichkeit. Wilhelm Fink, München, S 10-16

Stachowiak H (1983b) Erkenntnisstufen zum Systematischen Neopragmatismus und zur Allgemeinen Modelltheorie. In: Fink W (Hrsg) Modelle – Konstruktion der Wirklichkeit. Wilhelm Fink, München, S. 87-146

Straube F, et al. (2005) Trends und Strategien in der Logistik - Ein Blick auf die Agenda des Logistik-Managments 2010. Deutscher Verkehrs-Verlag, Bremen

Schuh G, Gierth A (2006) Aachener PPS-Modell. In: Schuh G (Hrsg) Produktionsplanung und -steuerung. Springer, Berlin u.a., S 11-27

Schübel H, Wall H (1994) Risikokommunikation – Psychologische Aspekte der Kommunikation über Gefahren für Umwelt und Gesundheit. In: UPM Umweltpsychologische Mitteilungen. Bericht 2, S 77-88

Schuh G, Westkämper E, u. a., Hrsg (2006) Liefertreue im Maschinen- und Anlagenbau : Stand - Potenziale - Trends. Aachen

Suzaki K (1987) The New Manufacturing Challenge. Free Press, New York

Taylor F W (1909) Die Betriebsleitung insbesondere der Werkstätten (Shop Management). Springer, Berlin

Ulich E (1999) Mensch - Technik - Organisation: Ein europäisches Produktionskonzept. Betonwerk und Fertigteil-Technik 22, S 26-31

VDI3633 (1993) VDI-Gesellschaft Fördertechnik Materialfluss Logistik - Simulation von Logistik-, Materialfluss- und Produktionssystemen. VDI-Richtlinie 3633, Blatt 1

Warnecke H-J (1993) Revolution der Unternehmenskultur. Das Fraktale Unternehmen, 2. Aufl. Springer, Berlin u.a.

Wöhe G, Döring U (2005) Einführung in die Allgemeine Betriebswirtschaftslehre, 22. neubearb. Aufl. Vahlen, München

Wiendahl H-H (2002) Situative Konfiguration des Auftragsmanagements im turbulenten Umfeld. Heimsheim: Jost-Jetter. Zugl. Univ., Diss., Stuttgart

Wiendahl H-H (2003) Das logistische Leitbild - Neues Gestaltungsmerkmal der Produktion. Wt Werkstattstechnik 93/4, S 315-322

Wiendahl H-H (2006) Systematic Analysis of PPC System Deficiencies – Analytical Approach and Consequences for PPC Design. In: CIRP Annals Manufacturing Technology 55/1, pp 479-482

Wiendahl H-H, v. Cieminski G, Wiendahl H-P (2005a) Stumbling blocks of PPC: Towards the holistic configuration of PPC systems. Production Planning & Control 16/7, pp 634-651

Wiendahl H-H, Barthel H, Westkämper E (2005b) Stolpersteine im Beschaffungs- und Anlieferprozess variantenreicher Serienprodukte - Symptome, Ursachen und Lösungsansätze. ZWF 100/12, S 2-6

Wiendahl H-H, Schatz A, Fischmann Chr (2005c) Aufgabenverantwortung in der PPS - Ist-Situation und Verbesserungspotenziale. PPS Management 10/4, S 32-35

Wiendahl H-H, Behringer St (2006) Stolpersteine der Lieferterminermittlung und -erfüllung. In: Schuh G, Westkämper E (Hrsg) Liefertreue im Maschinen- und Anlagenbau - Stand - Potenziale - Trends. Aachen, S 19-32

Wiendahl H-P (1997) Fertigungsregelung - Logistische Beherrschung von Fertigungsabläufen auf Basis des Trichtermodells. Hanser, München

Wiendahl H-P, Begemann C, Nickel R (2002) Die klassischen Stolpersteine in der PPS und wie sie vermieden werden können. In: Schraft RD u.a. (Hrsg): Maßanzug PPS? Planungs- und Steuerungslösungen für den Maschinen- und Anlagenbau. 7. Stuttgarter PPS-Seminar 19. September 2002, Stuttgart, S 95-116

Winter R (1991) Mehrstufige Produktionsplanung in Abstraktionshierarchien auf der Basis relationaler Informationsstrukturen. Springer, Berlin u.a., Zugl. Frankfurt, Univ., Diss. (gekürzte Fassung), 1990

Wüsteneck K D (1963) Zur philosophischen Verallgemeinerung und Bestimmung des Modellbegriffs. Dt. Zeitschrift für Philosophie 12, S 1504-1523

Womack J, Jones D (1996) Lean Thinking. Simon & Schuster, New York

Modellierung, Planung und Gestaltung der Logistikstrukturen regionaler kompetenzzellenbasierter Netze mittels 3-Ebenen-Modell und Strukturtypen

Prof. Dr.-Ing. Egon Müller, Dr.-Ing. Jörg Ackermann

Technische Universität Chemnitz
Institut für Betriebswissenschaften und Fabriksysteme (IBF)
Professur Fabrikplanung und Fabrikbetrieb
http://www.tu-chemnitz.de/mb/InstBF

1 Einleitung

Autonome, elementare Leistungseinheiten, welche in temporären Netzen kooperieren, werden als die Unternehmensform des 21. Jahrhunderts angesehen. Kompetenzzellenbasierte (regionale) Netze, die auf einer kundenorientierten direkten Vernetzung von kleinsten Leistungseinheiten, den Kompetenzzellen (KPZ), beruhen, liefern hierzu einen wissenschaftlichen Ansatz.

Der Ansatz, untersucht von den DFG-Grundlagenforschungsprojekten Sonderforschungsbereich (SFB) 457 „Hierarchielose regionale Produktionsnetze. Theorien, Modelle, Methoden und Instrumentarien." und Paketantrag (PAK) 196 „Kompetenzzellenbasierte Produktionsnetze. Entwicklung einer Methodik zum Bilden und Betreiben von kompetenzzellenbasierten Produktionsnetzen." an der TU Chemnitz, zeigt zugleich heutigen kleinen und mittleren Unternehmen (KMU) Perspektiven auf, sich den stark verändernden Wirtschaftsbedingungen zu stellen. (Wirth et al. 1999; Müller et al. 2007)

Der Ansatz wird untermauert durch Studien, die als die zukünftige Unternehmensform autonome, elementare Leistungseinheiten ansehen (Laubacher u. Malone 1997), auch als „Nanocorps" (Salmons u. Babitsky 2001) bezeichnet, welche in temporären Netzen (DELPHI'98 1998; Malone u. Laubacher 1998) kooperieren.

Auch sind empirisch belegte Tendenzen zu beobachten, wodurch die wirtschaftliche Bedeutung insbesondere von Kleinstunternehmen, die größenordnungsmäßig den Kompetenzzellen am nächsten stehen, weiter zunehmen wird (Kommission der Europäischen Gemeinschaften, Generaldirektion Unternehmen 2002, 2004).

In der Produktionsorganisation ist entsprechend Abbildung 1 die Entwicklung

- von der Funktionalen Fabrik (zentralisierte Produktionsstrukturen in der Fabrik),
- über die Segmentierte Fabrik (dezentralisierte Produktionsstrukturen in der Fabrik),
- bis hin zum Unternehmensnetzwerk (hierarchische Netzwerke zwischen Fabriken) und
- letztlich zum Produktionsnetzwerk (heterarchische/hierarchiearme/hierarchielose Netzwerke zwischen Fabriken)

zu verzeichnen. (i.A.a. Wiendahl u. Harms 2001)

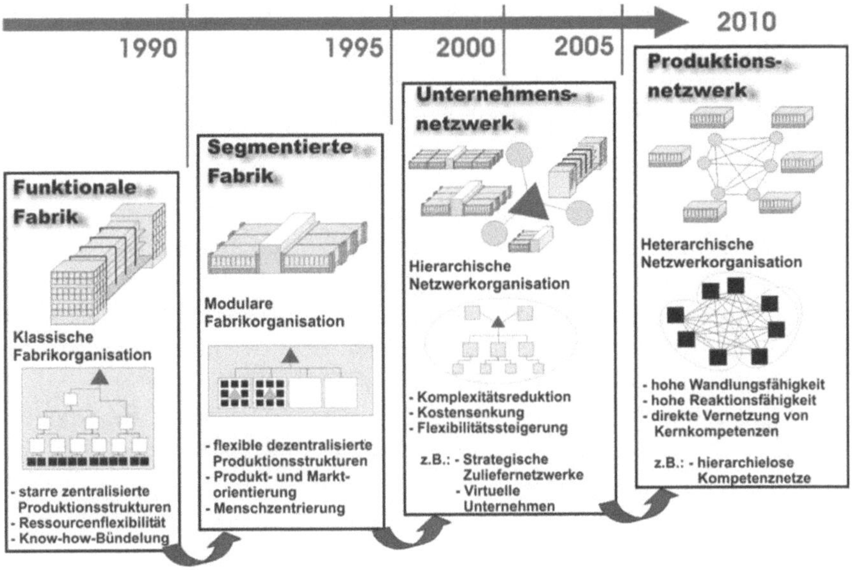

Abb. 1. Entwicklung der Produktionsorganisation und Fabriktypen (i.A.a. Wiendahl u. Harms 2001)

Offensichtlich zeigt sich der generelle Trend des Übergangs von hierarchischen hin zu heterarchischen, hierarchiearmen bis hierarchielosen Produktionsstrukturen. Gegenstand dieser Vernetzung sind nicht mehr unternehmenseigene Fraktale (Warnecke 1992), Module (Wildemann 1994) oder adaptive Segmente (Wildemann 1995; Westkämper 2000), sondern autonome Kompetenzzellen.

Es konkurrieren nicht mehr Unternehmen, sondern ganze Lieferketten (vgl. u.a. Supply Chains (Baumgarten et. al. 2002)) und Netzwerke (vgl. u.a. Supply Nets (Wiendahl et al. 1999)) gegeneinander.

Für diese, in den vergangenen Jahren nachhaltig von den Phänomenen der Elementarisierung und Vernetzung geprägte Entwicklung auf dem Gebiet der Produktionsorganisation, wurde im SFB 457 eine eigene, auf die klein- und mittelständische Industrie zielende Vision entwickelt:

In einer Region kooperieren elementare Wertschöpfungseinheiten, sogenannte Kompetenzzellen (KPZ), kundenorientiert in hierarchielosen Produktionsnetzen und stellen sich so dem globalen Wettbewerb.

Die Vision umfasst somit die zwei Wesensmerkmale:

- Elementarisierung von Wertschöpfungseinheiten zu Kompetenzzellen und
- deren hierarchielose Vernetzung.

Langfristiges Ziel des SFB 457 war es, diese Vision wissenschaftlich zu durchdringen. Dabei waren Theorien und Modelle zu formulieren, die die Gesetzmäßigkeiten in hierarchielosen regionalen Produktionsnetzen beschreiben, um darauf aufbauend Methoden und Instrumentarien zum Bilden und Betreiben derartiger Netze zu entwickeln. Daraus waren neuartige Wertschöpfungsstrukturen zu konzipieren, die zu nachhaltigen regionalen Produktionsprofilen beitragen.

Gesamtzielstellung des PAK 196 ist es, die Ergebnisse des SFB 457 weiterzuentwickeln und zusammenzuführen, um hieraus eine Methodik und ein Assistenzsystem zum ganzheitlichen Bilden und Betreiben von kompetenzzellenbasierten Produktionsnetzen zu entwickeln. Zudem ist der Praxistransfer der erarbeiteten Lösungen voranzutreiben.

Der Objektbereich der Forschung fokussiert jeweils auf die kundenorientierte Einzel- und Kleinserienfertigung des mechatronischen Maschinenbaus mit regionalem Bezug.

2 Implikationen für die Logistikstrukturen aus dem kompetenzzellenbasierten Vernetzungsansatz

Für kompetenzzellenbasierte Netze ist die Logistik von exponierter Bedeutung. Eine vernetzungswirksame Logistik in und zwischen vernetzungsfähigen Produktionsstätten kann in hohem Maße zu einer effizienten Wertschöpfung beitragen. Hauptaugenmerk muss dementsprechend einer übergreifenden Modellierung, Planung und Gestaltung der Logistikstrukturen und Produktionsstätten gelten.

Folglich sollen die nachfolgend vorgestellten, auf die Logistikstrukturen abzielenden Modelle und Vorgehensweisen, stets auch eine integrierte und darüber hinaus flexible, schnelle und rationelle Planung der Logistikstrukturen und Produktionsstätten garantieren. (Horbach et al. 2004)

Die Logistikstrukturen (und Produktionsstätten) sind nach den Spezifika des kompetenzzellenbasierten Vernetzungsansatzes sowie den hiermit zusammenhängenden Einflussbereichen und Anforderungen auszurichten. Charakteristisch für den Vernetzungsansatz sind folgende Spezifika:

- räumliche Verteilung der KPZ in einer Region
- hohe Anzahl der den Wertschöpfungsprozess realisierenden KPZ
- KPZ als elementare Leistungseinheiten der Wertschöpfung
- temporäre, dynamische Produktionsnetze
- direkte hierarchielose Vernetzung der KPZ (Müller et al. 2004)

Die Spezifika des Ansatzes haben in mehrfacher Hinsicht einschneidende Auswirkungen auf die Planung und Gestaltung der Logistikstrukturen (und Produktionsstätten) in derartigen Netzen:

- Hinsichtlich einer kooperativen Wertschöpfung sind regionale Verteilungen der KPZ gegenüber überregionalen Verteilungen der Netzpartner als vorteilhaft, lokale Verteilungen indessen als noch vorteilhafter anzusehen. Gegenüber lokalen Verteilungen der KPZ in einer zentralen Produktionsstätte führen regionale Verteilungen in mehreren Produktionsstätten zu längeren Transportwegen und -zeiten. Sie führen ebenso zu einer vermehrten Anzahl externer Transporte über öffentliche Verkehrswege (mit gegebenenfalls öffentlichen Transportmitteln), was u.a. zum Anstieg des Transportrisikos (z.B. Verzögerungen durch Staus, Schäden durch Unfälle) führt.
- Die Extremform der Arbeitsteilung führt im Vergleich zu traditionellen Wertschöpfungskonfigurationen zu einer Erhöhung der Anzahl interorganisationaler Schnittstellen und damit zur Zunahme entsprechender Austauschprozesse (z.B. Stoff-/Material- , Informationsflüsse), was eine Erhöhung des Planungs- und Steuerungsaufwandes nach sich zieht. Hierbei handelt es sich um wechselseitige, häufig wechselnde und hochvolatile Austauschprozesse zwischen den KPZ als Akteure.
- KPZ müssen trotz ihrer größenbedingt limitierten Problemlösungskapazität mannigfaltige, auch komplexe Planungs- und Gestaltungsprobleme lösen können.
- Temporäre, dynamische Produktionsnetze bedingen verkürzte Planungs-, Steuerungs- und Realisierungszeiträume.
- Aufgrund der Hierarchielosigkeit kann die Planung und Gestaltung der Logistikstrukturen und Produktionsstätten sowie deren Realisierung nur im Konsens aller beteiligten KPZ vorgenommen werden. (Müller u. Ackermann 2005)

Um den Anforderungen zu entsprechen, bedarf es einer adäquaten Modellierung, Planung und Gestaltung. Welche Modelle, Planungsvorgehensweisen und Gestaltungslösungen für Logistikstrukturen kompetenzzellenbasierter Netze empfehlen sich? Auf einige Ideen, Ansätze und Lösungen soll im Folgenden eingegangen werden.

3 Modellierung der Logistikstrukturen des Materialflusses

Für die Modellierung von Logistikstrukturen des Materialflusses regionaler kompetenzzellenbasierter Netze besteht ein viel versprechender Ansatz darin, diese über verschiedene Layer, z.B. mittels eines sogenannten Three-layer model (3-Ebenen-Modell), sowie unter Verwendung von elementaren Strukturgrundgestalten, sogenannten Strukturtypen, zu beschreiben.

3.1 3-Ebenen-Modell

Logistiksysteme sind komplexe, vielschichtige soziotechnische Systeme. Zur Beschreibung der Logistikstrukturen ist es daher zweckdienlich, diese in verschiedenen Ebenen oder Layern zu betrachten und so die Komplexität zu reduzieren. Ein zur Modellierung von Materialflussstrukturen geeignetes Modell, das Three-layer model (Wandel u. Ruijgrok 1993), zeigt Abbildung 2.
Die Layer werden folgendermaßen charakterisiert:

The first layer represents the product logistic activities of manufacturing or trading units in terms of nodes that are interconnected via links of material flows. The second layer involves the logistic activities of transport service units and reflects the flow of load units and vehicles between nodes as transport operations. The infrastructure system represents the third layer and it creates supply opportunities for vehicle movements in the form of traffic infrastructure, for example, as traffic supply in terms of space and time. The flow of goods in systems of material flow, transport operations, and traffic infrastructure is therefore governed by actors embedded in all three types of systems. (Hansen 2003)

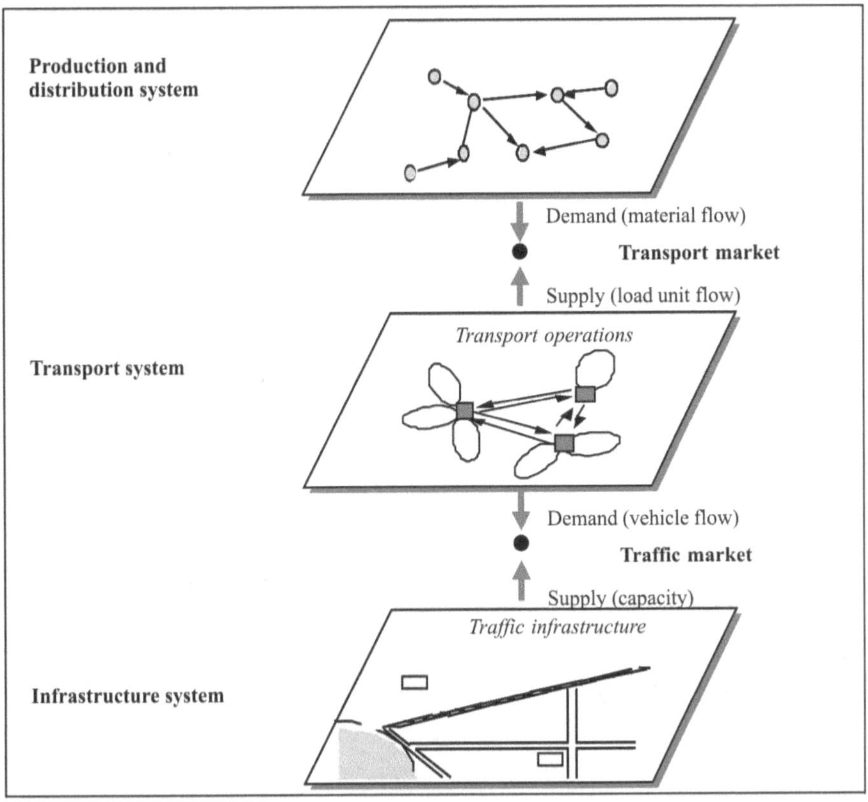

Abb. 2. A three-layer systems approach of functional relations between systems of production and distribution, transport and infrastructure (Wandel u. Ruijgrok 1993)

3.2 Strukturtypen

Logistiksysteme als Flusssysteme besitzen unterschiedlichste Strukturen. Die Strukturtypen

- Punktstruktur („Parallelschaltung"),
- Linienstruktur („Reihenschaltung") und
- Netzstruktur („Gemischtschaltung"),

illustriert in Abbildung 3, werden als elementare Strukturen für Flusssysteme – als strukturelle Grundgestalten und gleichsam Repräsentanten aller Flusssystemstrukturen – angesehen. (Förster 1983)

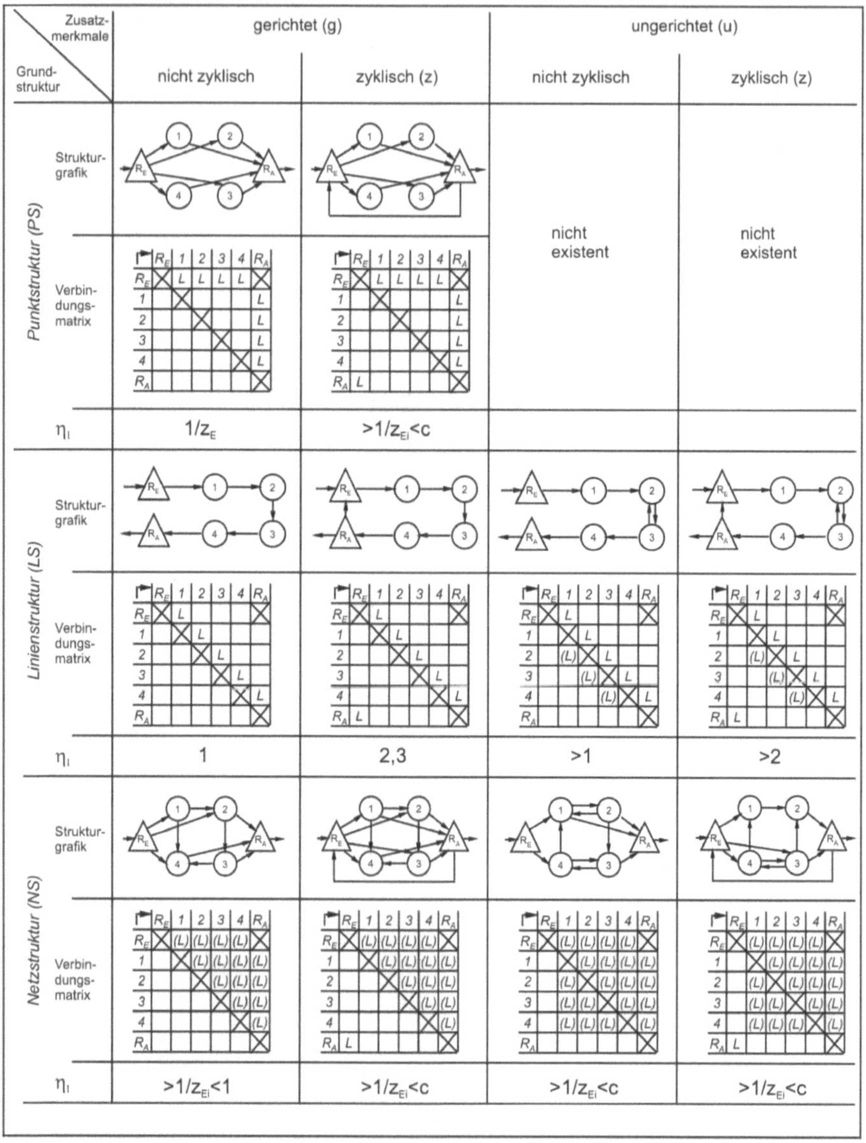

Abb. 3. Strukturtypen von Flusssystemen der Fertigung (Förster 1983)

Die Strukturtypen zeichnen sich dadurch aus, dass sie jeweils über eine gemeinsame Grenze für den Input und Output der Struktur – die Eingangs- und Ausgangsrandstruktur (R_E, R_A) – verfügen. Die Randstrukturen bewirken eine Kapselung der Strukturen, befördern eine Messung des In- und Outputs und ermöglichen die Aufstellung von Strukturkenngrößen wie dem Intensitätsgrad η_I.

Die Punktstruktur ist dadurch charakterisiert, dass nur Beziehungen zwischen dem jeweiligen Systemelement und den systembegrenzenden Ein- bzw. Ausgangsrandstrukturen bestehen. Es existieren ausschließlich gerichtete Flüsse.

Die Linienstruktur ist dadurch charakterisiert, dass die Systemelemente zwischen den Ein- bzw. Ausgangsrandstrukturen sequenziell nach der Reihenfolge der Prozessschritte angeordnet sind. Neben gerichteten können auch ungerichtete Flüsse auftreten.

Jegliche nicht den Strukturtypen Punkt- und Linienstruktur zugehörige Strukturen sind dem Strukturtyp Netzstruktur zugehörig.

Unter Einbeziehung der Zusatzmerkmale Gerichtetheit und Zyklik sind nichtzyklische Strukturen Sonderfälle der zyklischen, gerichtete Strukturen Sonderfälle der ungerichteten, Punkt- und Linienstrukturen Sonderfälle der Netzstrukturen. (Förster 1983)

Jegliche Flusssystemstrukturen können basierend auf den Strukturtypen modelliert werden. So können einerseits alle Flusssystemstrukturen anhand dieser analysiert und dekomponiert werden und andererseits können aus diesen komplexe Flusssystemstrukturen synthetisiert und komponiert werden. Alle Flusssystemstrukturen lassen sich somit auf die Strukturtypen und deren Kombinationen zurückführen bzw. aus diesen erzeugen. Demzufolge besitzen diese Strukturtypen Allgemeingültigkeit.

4 Planung und Gestaltung der Logistikstrukturen des Materialflusses

Für die Planung und Gestaltung von Logistikstrukturen des Materialflusses kommen zwei prinzipielle Vorgehensweisen in Betracht. Erstens die Lösungsfindung durch beispielsweise analytische oder simulative Bewertung von generierten Szenarien oder zweitens die Lösungsfindung mittels Optimierung. Die erste Vorgehensweise soll im Weiteren zugrunde liegen.

4.1 Szenariengenerierung

Eine Grundidee besteht darin, für die Generierung von Szenarien das 3-Ebenen-Modell mit den Strukturtypen zu kombinieren (Abbildung 4). Die Strukturtypen werden somit auf alle drei Ebenen des 3-Ebenen-Modells angewandt. Die obere Ebene soll die Bedarfsstrukturen für den Materialfluss repräsentieren. Zur Bedarfsdeckung kommen in der mittleren Ebene verschiedene Transportstrukturen zur Anwendung. Die Transportabwicklung muss sich an den Gegebenheiten der Infrastruktur der unteren Ebene ausrichten. (Ackermann u. Müller 2006)

Diese Kombinatorik gewährleistet ein breites und homogenes Spektrum an Szenarien. Die hinsichtlich Zielgrößen bewerteten Szenarien führen zu Gestaltungs- und Vorzugslösungen. Vorzugslösungen stellen dabei die nach den Zielgrößen besten Lösungen dar. Als Vorzugslösungen sind hier insbesondere die Transportstrukturen von Interesse.

Da generelle Vorzugslösungen nicht existieren, sind die situationsbeschreibenden Merkmale bzw. wesentlichen Einfluss- und Zielgrößen herauszuarbeiten und zu definieren, sodass für typische Merkmalsausprägungen bzw. Einfluss- und Zielgrößenwert(ebereich)e geltende Vorzugslösungen angegeben werden können.

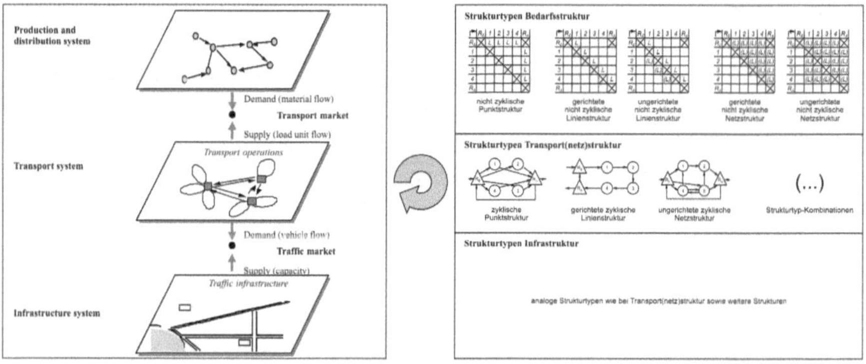

Abb. 4. Kombination 3-Ebenen-Modell mit Strukturtypen als Grundidee der Szenarienbildung (Ackermann u. Müller 2006)

Zu den wesentlichen Einflussgrößen einschließlich Bedarfs-, Transport- und Infrastrukturen zählen:

- Ziele (z.B. Kosten (Minimierung), Zeiten (Minimierung), Bestand (Minimierung), Auslastung (Maximierung), Gesamtweg (Minimierung), Transportspielanzahl (Minimierung)) sowie Zielgewichtung
- Bedarfsstruktur (Strukturtyp, Anzahl auszutauschender Ladeeinheiten im Betrachtungszeitraum (Bedarfsintensität) und Typ)
- Transportstruktur (Strukturtyp(-Kombination(en)), Steuerstrategie/Prinzipprozess)
- Infrastruktur (zulässige Strukturtypen, Typ Weg (inkl. Weglänge) zwischen den Struktureinheiten, Anzahl und Typ Transportmittel (inklusive Transportmittelkapazität))
- Anzahl und Typ Struktureinheiten sowie Einheitenstrukturen

Zu den wesentlichen Ausgangsgrößen zählen:

- Ziele (vor allem Zielgrößenwerte zu Kosten, Zeiten, Bestand, Auslastung, Gesamtweg, Transportspielanzahl)
- Transportstruktur (vor allem Strukturtyp(-Kombination(en)) als Vorzugslösung(en))

Die ausgewählten situationsbeschreibenden Merkmale bzw. Einfluss- und Zielgrößen können stets je nach Erkenntniszielen erweitert, reduziert oder verändert werden und sind mit entsprechenden Merkmalsausprägungen bzw. Werten zu untersetzen. (Ackermann u. Müller 2006)

4.2 Szenarienuntersuchungen

Für die Durchführung der Szenarienuntersuchungen werden die Tools 4flow vista (4flow 2004) und eM-Plant (UGS-Tecnomatix 2006) als Komponenten eines Toolsets – des so genannten Netzplanungsassistenten – genutzt. Kern des Netzplanungsassistenten ist eine Produktionsdatenbank, welche alle planungsrelevanten Daten enthält. An die zentrale Produktionsdatenbank sind u.a. auch die Planung der Logistikstrukturen und Produktionsstätten unterstützende Komponenten angekoppelt. Mit dem Planungstool 4flow vista können verschiedene Szenarien analytisch untersucht werden, mit dem Planungstool eM-Plant dynamisch mittels Simulation. Abbildung 5 zeigt hierzu zwei Beispiele. (Müller et al. 2004)

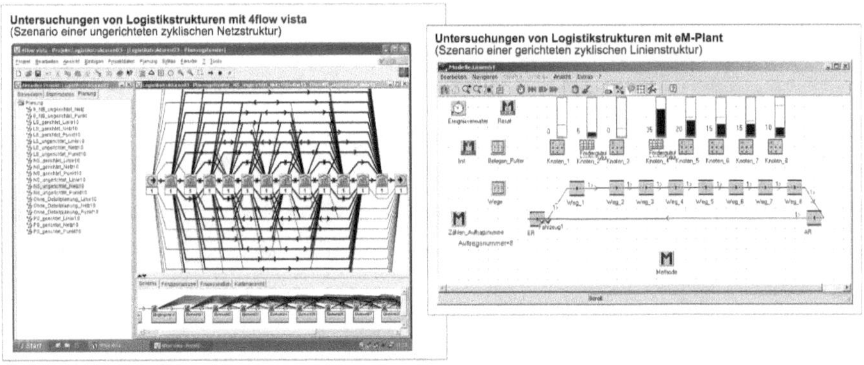

Abb. 5. Untersuchungen typischer Logistikstrukturen mittels 4flow vista and eM-Plant (Ackermann u. Müller 2006)

Als eine weitere Komponente des Netzplanungsassistenten, insbesondere zur Unterstützung einer partizipativen Planung bzw. team-orientierten Gestaltung von Logistikstrukturen und Produktionsstätten, wird das

Planungs- und Visualisierungstool visTABLE favorisiert. visTABLE bietet diverse planungsunterstützende Funktionalitäten, wie die Darstellung von Materialflüssen oder die Optimierung von Anordnungsreihenfolgen. Über visTABLE können andere Komponenten des Netzplanungsassistenten wie 4flow vista und eM-Plant aufgerufen werden. (Müller et al. 2004)

4.3 Untersuchungsergebnisse und kontextspezifische Interpretation

Die Untersuchungsergebnisse und deren kontextbezogenen Interpretationen in Form von Aussagen für kompetenzzellenbasierte Netze reflektieren auf die in Abbildung 6 illustrierten Transportstrukturen.

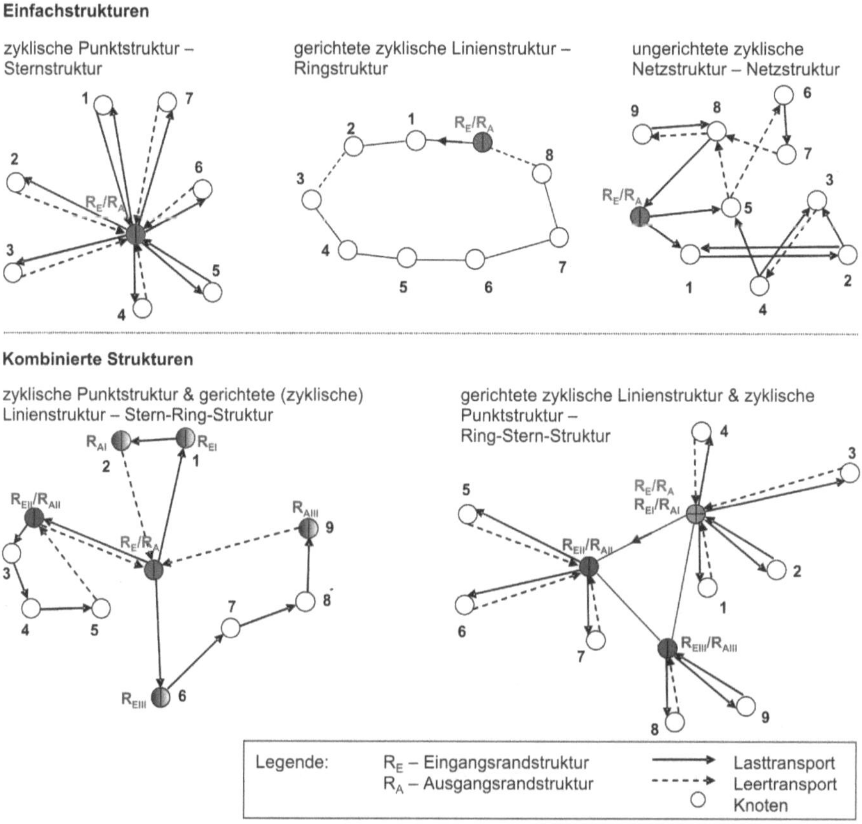

Abb. 6. Typische Materialflussstrukturen in kompetenzzellenbasierten Netzen (Beispiel) (Ackermann u. Müller 2006)

Bei der zyklischen Punktstruktur – auch Sternstruktur genannt – werden die zwischen den einzelnen Knoten auszutauschenden Ladeeinheiten stets über die Eingangs-/Ausgangsrandstruktur – den Sternknoten – geleitet. Bei diesem indirekten Austausch ergibt sich die doppelte Anzahl an Transporten gegenüber einem Direktaustausch. Längere Transportwege und -zeiten wirken sich nachteilig aus, weswegen die Sternstruktur bei Transporteinzelabwicklungen eher innerhalb von Produktionsstätten Anwendung finden wird. Für einen auch (über)regionalen Einsatz zwischen Produktionsstätten sprechen Optionen wie eine Konsolidierung der Transporte von und zu den einzelnen Knoten oder eine zentrale Lagerung, Beschaffung und Distribution. Die Sternstruktur sollte bei zeitunkritischen Bedarfen, bei denen die relationsbezogenen Bedarfsmengen geringer als die Transportmittelkapazitäten sind und die Zielgröße Kosten das Primat hat, zur Anwendung kommen. Vorteilhaft ist auch, wenn der Sternknoten einen zu den Transporten maßvollen Kostenbeitrag liefert. Dies ist für kompetenzzellenbasierte Netze nicht untypisch. Bei Veränderungen der Anzahl der Struktureinheiten müssen nur wenige Relationen umorganisiert werden. Verlängert sich für einen Einzelbedarf der Weg bei einem indirekten Austausch, so reduziert sich bei Konsolidierung der Gesamtweg für den Gesamtbedarf gegenüber einer Netzstruktur mit direktem Austausch.

Bei der gerichteten zyklischen Linienstruktur – auch Ringstruktur genannt – werden bezogen auf die Ladeeinheiten diese bis zur Rückkehr zur Eingangs-/Ausgangsrandstruktur – an den Ursprungsknoten – streng sequenziell über alle Knoten weitergegeben. Bezieht sich die Ringstruktur auf die Touren der Transportmittel, dann werden die verschiedenen Knoten auf einer geschlossenen (Rund-)Tour bedient. So werden bei Rahmentouren fahrplanmäßig stets gleich bleibende Touren abgewickelt. Die Voraussetzungen eines für jeden Zeitraum relativ konstanten, kalkulierbaren Bedarfs sind in kompetenzzellenbasierten Netzen meistens jedoch nicht gegeben. In der Folge würde es zu häufigen Unter- bzw. Überlasten der Transportmittel kommen. Daher sind für jeden Zeitraum bedarfsorientiert neu geplante Touren vorzuziehen. Die Ringstruktur sollte analog zur Sternstruktur bei zeitunkritischen, vorzugsweise gerichteten Bedarfen, bei denen die relationsbezogenen Bedarfsmengen weit geringer als die Transportmittelkapazitäten sind und die Zielgröße Kosten das Primat hat, zur Anwendung kommen. Bei Veränderungen der Anzahl der Struktureinheiten müssen einige Relationen umorganisiert werden.

Bei der ungerichteten zyklischen Netzstruktur – auch nur Netzstruktur genannt – können die Ladeeinheiten beliebig (chaotisch) zwischen den Knoten ausgetauscht werden. Die Netzstruktur sollte bei Bedarfen, bei denen die relationsbezogenen Bedarfsmengen kaum geringer als die Transportmittelkapazitäten sind oder die Zielgröße Zeit das Primat hat, zur

Anwendung kommen. Bei Veränderungen der Anzahl der Struktureinheiten müssen einige Relationen umorganisiert werden. Der minimale Spannbaum als besondere Netzstruktur kann zur Anwendung gelangen, wenn die relationsbezogenen Bedarfsmengen weit geringer als die Transportmittelkapazitäten sind. Die hier gegebenen Minima der Transportspielanzahlen setzen die strikte Umsetzung einer komplizierten Steuerstrategie voraus. Dies ist für kompetenzzellenbasierte Netze kaum durchsetzbar. Bei nicht strikter Einhaltung werden bezüglich der Minima der Transportspielanzahlen „schnell“ die Transportstrukturen Stern- und Ringstruktur mit einfachen Steuerstrategien „wettbewerbsfähig“. Üblicherweise erfolgen die Transporte auf kürzestem Wege vom Quell- zum Zielknoten im sogenannten Direktverkehr. Anschließend fährt das Transportmittel meist mit einem Leertransport, selten mit einem Lasttransport entweder zurück oder zum nächsten Quellknoten. In kompetenzzellenbasierten Netzen ergeben sich hier gravierende Auslastungsprobleme für die Transportmittel bereits für die Hintransporte, die sich für die Rücktransporte noch verstärken. Dennoch ist diese logistische Leistungsabwicklung in KMU-Netzen der Einzel- und Kleinserienfertigung vorherrschend. Dies bestätigen empirische Untersuchungen am Demonstrator Montageautomat. Dort liegt die Auslastung der Transportmittel bei ca. 30%. Die Gründe für diese logistische Leistungsabwicklung sind vor allem im stark operativ geprägten Geschäft der KMU zu suchen. Dieses erzwingt zur Befriedigung der Kundenwünsche eine äußerst kurzfristige Disposition und Realisierung der Touren. Hierfür werden oft eigene Kosten verursachende Transportmittel vorgehalten. Die Befragungen erbrachten jedoch auch ein Interesse der KMU nach verbesserten Logistiklösungen, welche sich in Logistikkooperationen finden lassen. Die KMU sollten sich dabei entweder untereinander über ihre Touren abstimmen und diese gemeinsam durchführen oder sie sollten diese Leistungen an einen Logistikdienstleister übertragen. Die Kooperationen werden jedoch nur dann Erfolg versprechend sein, wenn sie die Vorteile der jetzigen Eigenabwicklung wie Flexibilität und Schnelligkeit mindestens erhalten können.

Mit kombinierten Strukturen wird versucht, unter Beibehaltung der Vorteile die Nachteile der einfachen Strukturen abzumindern. So sind die Stern-Ring- bzw. die Ring-Stern-Struktur Kombinationen aus den Strukturtypen zyklische Punktstruktur und gerichtete (zyklische) Linienstruktur.

Bei der zyklischen Punktstruktur & gerichteten (zyklischen) Linienstruktur – auch Stern-Ring-Struktur genannt – werden ausgehend vom zentralen Knoten je nach Bedarf der Knoten verschiedene geschlossene Touren realisiert. Der Sternknoten könnte ein regionales Güterverkehrszentrum oder das Depot eines Logistikdienstleisters sein und der Konsolidierung oder/und Lagerung dienen.

Bei der gerichteten zyklischen Linienstruktur & zyklischen Punktstruktur – auch Ring-Stern-Struktur genannt – werden auf einer geschlossenen Tour mehrere zentralisierende Knoten bedient. Von diesen Knoten (z.B. zentralen Produktionsstätten) werden die einzelnen Knoten (z.B. die in den zentralen Produktionsstätten angesiedelten KPZ) ver- und entsorgt. Die Gestaltung der zentralen Knoten als separate Hubs führt zu einer Erhöhung der Stufigkeit der Logistikstrukturen und ist nur in Ausnahmefällen für kompetenzzellenbasierte Netze zweckmäßig. (Ackermann u. Müller 2006)

5 Zusammenfassung

Kompetenzzellenbasierte Netze liefern einen Erfolg versprechenden Ansatz für zukünftige Organisationsformen der Wertschöpfung. Derartige Netze stellen spezielle Anforderungen an die Modellierung, Planung und Gestaltung der Logistikstrukturen und Produktionsstätten. Für die Modellierung der Logistikstrukturen, insbesondere des Materialflusses, empfiehlt sich die Anwendung eines 3-Ebenen-Modells und von Strukturtypen. Für die Planung und die Gestaltung besteht eine Vorgehensweise darin, Szenarien aufzustellen und diese anschließend hinsichtlich gewichteter Zielgrößen zu bewerten. Als eine bewährte Grundidee für die Generierung der Szenarien erweist sich die Kombination von 3-Ebenen-Modell und Strukturtypen. Hierüber wird sichergestellt, dass ein breites, homogenes Spektrum an Szenarien erzeugt wird. Aus den Szenarienuntersuchungen mittels verschiedener Planungs- und Simulationstools können Aussagen zu den unter bestimmten Randbedingungen zu präferierenden Transportstrukturen gewonnen werden. Die gemachten Gestaltungsaussagen bieten für die Kompetenzzellen wertvolle Anhaltspunkte bei der Konfiguration der Logistikstrukturen in kompetenzzellenbasierten Netzen.

Danksagung

Die Forschung im Sonderforschungsbereich 457 und Paketantrag 196 wurde bzw. wird gefördert von der Deutschen Forschungsgemeinschaft (DFG).

Literatur

4flow (2004) Handbuch 4flow vista – Release 1.8, Berlin

Ackermann J, Müller E (2006) Modelling, Planning and Design of Logistics Structures of regional Competence-cell-based Networks with Structure Types. In: Lewis H, Gaughran B, Burke S, Sullivan WG, Ahmad M (eds) Proceedings of the 16th International Conference on Flexible Automation and Intelligent Manufacturing – FAIM 2006. Intelligent Manufacturing Now, Volume 2, University of Limerick, Ireland, June 26-28 2006, pp 957-964

Ackermann J, Näser P, Müller E (2004) Gestaltungslösungen für Logistikstrukturen und Produktionsstätten in kompetenzzellenbasierten Netzen. In: Vernetzt planen und produzieren – VPP2004. Tagungsband, Wissenschaftliche Schriftenreihe des IBF, Sonderheft 8, TU Chemnitz, 27.- 28.09.2004, S 224-233

Baumgarten H, Stabenau H, Weber J, Zentes J (2002) Management integrierter logistischer Netzwerke. Haupt, Bern Stuttgart Wien

DELPHI'98 (1998) Umfrage-Studie zur globalen Entwicklung von Wissenschaft und Technik. FhG-ISI im Auftrag des BMBF, Symbolog GmbH, Bad Homburg

Förster A (1983) Strukturierung von Teileflusssystemen der Fertigung im Maschinenbau. Dissertation B, TH Karl-Marx-Stadt

Hansen LG (2003) Transport and logistics as Network Competencies in a Local Cluster of SMEs. NECTAR Conference no 6 EUROPEAN STRATEGIES IN THE GLOBALISING MARKETS, Transport Innovations, Competitiveness and Sustainability in the Information Age, May 16-18 2001, Espoo, Finland, http://www.vtt.fi/rte/projects/nectar/hansennectar-paper.doc, 08.07.2003

Horbach S, Näser P, Ackermann J, Müller E (2004) Planen in kompetenzzellenbasierten Netzen, PlaNet – Planungskonzept für Netze. wt Werkstattstechnik (online) 94 (2004) 4, S 150-153

Kommission der Europäischen Gemeinschaften, Generaldirektion Unternehmen (Hrsg) (2002) Beobachtungsnetz der europäischen KMU – Ergebnisse der Erhebung 2001. Bericht Nr. 1/2002, KPMG Special Services und EIM Business & Policy Research, Niederlande in Zusammenarbeit mit European Network for SME Research (ENSR) und Intomart, Luxemburg: Amt für amtliche Veröffentlichungen der Europäischen Gemeinschaften

Kommission der Europäischen Gemeinschaften, Generaldirektion Unternehmen (Hrsg) (2004) Beobachtungsnetz der europäischen KMU – KMU in Europa 2003. Bericht Nr. 7/2003, KPMG Special Services und EIM Business & Policy Research, Niederlande in Zusammenarbeit mit European Network for SME Research (ENSR) und Intomart, Luxemburg: Amt für amtliche Veröffentlichungen der Europäischen Gemeinschaften

Laubacher RJ, Malone TW, MIT Scenario Working Group (1997) Two Scenarios for 21st Century Organizations – Shifting Networks of Small Firms or All-Encompassing „Virtual Countries"? MIT Initiative on Inventing the Organizations of the 21st Century, Working Paper 21C WP #001

Malone TW, Laubacher RJ (1998) The dawn of the e-lance economy. Harvard Business Review, Sept.-Oct. 1998, pp 145-152

Müller E et al. (2007) Paketantrag (PAK) 196, Kompetenzzellenbasierte Produktionsnetze - Entwicklung einer Methodik zum Bilden und Betreiben von kompetenzzellenbasierten Produktionsnetzen. TU Chemnitz, http://www.tu-chemnitz.de/PAK196/, 16.08.07

Müller E, Ackermann J (2005) Planning and Design of Logistics Structures of competence-cell-based Networks. In: Alvarez E, Ashayeri J, Sullivan WG, Ahmad M (eds) Proceedings of the 15th International Conference on Flexible Automation and Intelligent Manufacturing – FAIM. University of Deusto, Bilbao, Spain, July 18-20, 2005, pp 794-801

Müller E, Horbach S, Ackermann J, Näser P (2004) Production Management in Competence-cell-based Networks. In: Proceedings of APE'2004 IIIrd International Conference on Advances in Production Engineering, Part I. Warsaw, Poland, June 17-19, 2004, pp 53-62

Salmons J, Babitsky T (2001) Shamrocks and Nanocorps – Business Model and Technology, Innovation to Bridge the Digital Divide. Net Impact Conference, Chapel Hill, North Carolina

UGS-Tecnomatix (2006) Plant Simulation – Simulation, Visualisierung, Analyse und Optimierung von Produktions- und Logistikprozessen, http://www.emplant.de, 02.09.2006

Wandel S, Ruijgrok C (1993) Innovation and structural changes in logistics - a theoretical framework. In: Giannopoulos G, Gillespie A (eds) Transport and communications innovation in Europe. Belhaven Press, London, pp 233-258

Warnecke H-J (1992) Die fraktale Fabrik, Springer, Berlin

Westkämper E (2000) Auf dem Weg zum virtuellen Unternehmen. In: Kaluza B, Blecker T (Hrsg) Produktions- und Logistikmanagement in virtuellen Unternehmen und Unternehmensnetzwerken. Springer, Berlin, S 629-651

Wiendahl H-P, Harms T (2001) Maßgeschneiderte Fabriken im Dienste des Kunden. In: Tagungsband 3. Deutsche Fachkonferenz Fabrikplanung „Fabrik 2005+ Agilität und Produktivität im Fokus". Verlag moderne industrie, Stuttgart, 03.-04.04.2001

Wiendahl H-P, Helms K, Lutz S, Leistner H (1999) NetProM – Netzwerkfähiges Produktions-Management zur Auftragsabwicklung, Teil 3: Supply Net – Die systemgestützte klassische und werksübergreifende Fremdvergabe. In: PPS-Management 4 (1999) 1, S 39-43

Wildemann H (1994) Die modulare Fabrik, TCW, München

Wildemann H (Hrsg) (1995) Schnell lernende Unternehmen – Quantensprünge in der Wettbewerbsfähigkeit, TCW, München

Wirth S et al. (1999) Sonderforschungsbereich (SFB) 457, Hierarchielose regionale Produktionsnetze - Theorien, Modelle, Methoden und Instrumentarien. Finanzierungsantrag 2000, 2001, 2002, TU Chemnitz

OOPUS WEB – Eine flexible Plattform für die Implementierung von PPS-Tools Erläutert an der Anbindung einer CSLP-orientierten Belegungsplanung in der Serienfertigung

Prof. Dr.-Ing. habil. Wilhelm Dangelmaier, Dipl.-Wirt.-Inf. Daniel Brüggemann, Dipl.-Wirt.-Inf. Benjamin Klöpper, Dipl.-Wirt.-Inf. Tobias Rust

Heinz Nixdorf Institut
Universität Paderborn
Lehrstuhl Wirtschaftsinformatik, insb. CIM
http://www.hni.upb.de

1 Einleitung

Produktionsplanung- und -steuerung adressiert einen sehr breit gefächerten Problembereich. Sogar wenn der Betrachtungsgegenstand auf die Problematik der Feinplanung für den Bereich der Serienfertigung und das damit eng verbundene Organisationsprinzip der Linienfertigung beschränkt wird, ist es nicht möglich einen einheitlichen Anforderungskatalog an die zu verwendende Modellierung und die Planungs- oder Optimierungsalgorithmen aufzustellen. Zu vielfältig sind immer noch die möglichen Zielstellungen und Randbedingungen, die aus der Strategie des jeweiligen Unternehmens, dem Umfeld und den technischen und organisatorischen Eigenschaften des Produktionssystems und -prozesses abgeleitet werden müssen.

Deshalb wird im Rahmen dieses Beitrags die Plattform OOPUS WEB vorgestellt, die eine Implementierungsbasis für maßgeschneiderte PPS-Feinplanungstools darstellt. Ausgehend von einer generischen Modellierung von Produktionssystemen der Serienfertigung stellt OOPUS WEB eine erweiterbare und adaptierbare Umgebung bereit, mit der auf spezifische Anwendungsszenarien ausgelegte Lösungen schnell umgesetzt werden können. OOPUS WEB wird am HEINZ NIXDORF INSTITUT entwickelt, um eine einheitliche Entwicklungsumgebung für Forschung und Lehre zu schaffen. Flexibilität und Erweiterbarkeit sind dabei die wesentlichen Kernanforderungen. Durch die laufende Weiterentwicklung des Tools soll dabei ein immer umfassenderer Methoden- und Werkzeugkasten geschaffen werden.

Im nächsten Abschnitt stellen wir die Notwendigkeit passgenauer Planungstools in der Serienfertigung dar. Daran anschließend wird der OOPUS WEB Ansatz mit der ihm zugrundeliegenden Modellierung von Produktionsprozessen und der verwendeten Gliederung der Feinplanungsaufgabe erklärt. Anschließend wird für ein Planungsverfahren, das für ein bestimmtes Anwendungsszenario maßgeschneidert entwickelt wird, die Einbindung in OOPUS WEB aufgezeigt.

1.1 Die Aufgabe der Feinplanung im Rahmen der PPS

Die Plattform OOPUS WEB befasst sich mit der Produktionsplanungsaufgabe „Feinplanung“ für Anwendungen in der Serienfertigung. Eine Produktionsplanungsaufgabe wird dabei wie folgt festgelegt (Dangelmaier u. Warnecke 1997):

Die Produktionsplanungsaufgabe ist die Aufgabe für ein gegebenes Produktionssystem – ausgehend von gegebenen Ausgangsdaten – Plandaten, die in sich und mit den Ausgangsdaten konsistent sind für einen definierten, zielgerichteten Produktionsprozess festzulegen, dem Produktionsprozess vorzugeben und auf Inkonsistenzen abzuprüfen. Dabei sind die gegebenen und gesuchten Daten dem Modell des Produktionsprozess zugeordnet.

Im Rahmen der Produktionsfeinplanung besteht das Sachziel in der Erzeugung von Plandaten, die spezifizieren, welches Produkt wann in welcher Menge auf welcher Ressource produziert wird (Warnecke 1993). Die Formalziele definieren die Güte einer Lösung, für deren Bemessung eine Vielzahl von Kriterien in Frage kommt (z.B. Produktions- und Lagerhaltungskosten oder Termintreue). Ein Lösungsverfahren für eine Produktionsplanungsaufgabe wird als Produktionsplanungsverfahren bezeichnet.

Die Auswahl des richtigen Lösungsverfahrens ist aufgrund des hohen Wertschöpfungsanteils der Produktion von kritischer Bedeutung für den Unternehmenserfolg (Schmidt u. Roesgen 2006). Dabei ist zu berücksichtigen, dass die Zahl der Modelle und Methoden, die allein im Forschungsbereich entstanden sind, unübersehbar ist (Kurbel 2003). Es besteht also ein ausreichendes Reservoir, aus dem Verfahren entsprechend der Kriterien ausgewählt werden können. Größtenteils unbeantwortet bleibt jedoch die Frage, wie die Verfahren strukturiert, zielgerichtet und wirtschaftlich in ein PPS-Tool integriert werden können. Insbesondere der enge Zusammenhang zwischen Modellen und Verfahren schränkt die Auswahlmöglichkeiten wieder ein. Um trotz der äußerst unterschiedlichen Anforderungen, die sich für einen Anwendungsfall insbesondere bzgl. der Formalziele ergeben, effizient und schnell zu einem Softwareprodukt zu kommen, sind neue Konzepte gefragt.

Zudem haben Erfahrungen aus diversen Industrieprojekten gezeigt, dass keine zwei Unternehmen und kaum zwei Produktionssysteme gleich oder auch nur ähnlich sind. Dementsprechend ergeben sich äußerst widersprüchliche Anforderungen an ein Produktionsfeinplanungsverfahren. Selbst für ein so eng eingegrenztes Untersuchungsgebiet wie die Serienproduktion in Linienorganisation ist die Entwicklung eines Verfahrens, das allen möglichen Anforderungskombinationen genügt, nicht realistisch.

2 Der OOPUS WEB Ansatz

Das im HEINZ NIXDORF INSTITUT entwickelte OOPUS WEB stellt eine Plattform zur schnellen und effizienten Erstellung verschiedener PPS-

Feinplanungstools dar. Es bietet flexibel anpassbare Stammdaten sowie intelligente Planungsoberflächen (Dangelmaier et al. 2007), die den Planungsverantwortlichen maximale Informationstransparenz bieten.

Der grundsätzliche Anspruch ist jedoch eine Entkoppelung der Modellierung von Produktionsprozessen und -systemen in den verwendeten Planungsverfahren und den übrigen Modulen der Plattform, um die gesamte Bandbreite an Planungsmethoden und -modellen abhängig vom Anwendungsszenario schnell verfügbar zu machen. OOPUS WEB fokussiert dabei ganz klar auf das Gebiet der Serienproduktion in Linienorganisation. Durch diese Einschränkung wird die Schaffung eines schlanken und erweiterbaren Datenmodells, das die Basis des Rahmenwerks darstellt, erleichtert. Auf dieses Datenmodell setzt das restliche Rahmenwerk auf, sodass für alle Module und Planungsverfahren eine gemeinsame Basis zur Verfügung steht.

Aufgrund dieser Charakteristik eignet sich OOPUS WEB besonders für den Einsatz in Forschung und Lehre. In der Lehre können Studierende ihr in der Vorlesung erworbenes Wissen in einer praktischen Umgebung vertiefen. So kann OOPUS WEB zum einen als schlankes Gegenstück zu SAP R/3 PP (Fischer et al. 2005) oder SAP APO (Bella u. Layer 2006) in Fallstudien eingesetzt werden, zum anderen können Studierende durch eigenständige Implementierung von Planungsverfahren im Rahmen von Projekt- und Abschlussarbeiten einen tiefgehenden Einblick in die Produktionsplanung erlangen. Dabei beschränkt sich die Modellierung auf Produktionsplanungsprozesse, so dass es den Studenten generell möglich wird, den Fertigungsprozess eines Unternehmens vollständig neu aufzubauen, was mit SAP aus Zeitgründen nicht möglich ist.

Neben dem Einsatz in der Lehre dient OOPUS WEB auch Forschungszwecken. Dabei wird OOPUS WEB als Testplattform und als Demonstrator für neu entwickelte Algorithmen und Konzepte eingesetzt. Zur Bewertung von Planungsverfahren ist ein Benchmark-System zum Vergleich von heuristischen mit optimalen Planungsergebnissen hinsichtlich verschiedener Kriterien geplant. Neu entwickelte Algorithmen werden fortlaufend in OOPUS WEB integriert, so dass ein ständig wachsender Algorithmen-Katalog entsteht. Algorithmen dieses Katalogs können kombiniert und wiederum getestet und bewertet werden.

Das nächste Kapitel beschreibt die wichtigsten Aspekte des zugrundeliegenden Modells der Serienfertigung. Im Anschluss wird der Ansatz zur flexiblen Anbindung von Planungs- und Steuerungsverfahren vorgestellt.

2.1 Modell der Serienfertigung

Das Modell der Serienfertigung stellt die Basis von OOPUS WEB dar und umfasst vier Elementtypen, mit deren Hilfe sich unterschiedlichste Fertigungs- und Organisationsstrukturen für die Fertigungsplanung und -steuerung innerhalb der Serienfertigung darstellen lassen: Fertigungsstufen, Puffer, Linien und Planbereiche. Ein weiteres wesentliches Element der Modellierung sind die Produkte und Zwischenprodukte innerhalb der Fertigung, die als Sachnummern bezeichnet werden.

Die Herstellung oder Fertigung von Serienprodukten lässt sich in der Regel über das gesamte Produktspektrum eines Betriebes in Abschnitte untergliedern. In diesen Abschnitten werden gleichartige Arbeitsschritte aus den Arbeitsplänen des Produktspektrums zusammengefasst (Beispiele hierfür sind z.B. Teilefertigung, Vormontage und Endmontage). Diese Abschnitte der Fertigung werden im Rahmen des Modells als Fertigungsstufen bezeichnet. Es seien:

- FS die Menge der Fertigungsstufen
- $\prec$ eine Ordnungsrelation über FS, wobei fs_{min} das minimale Element und fs_{max} das maximale Element von FS bzgl. $\prec$ bezeichnet
- L sei die Menge der Linien

Von der jeweiligen Fertigungsstufe hängen in der Regel auch die Anforderungen an den Planungsalgorithmus ab – beispielsweise können je nach Fertigungsstufe Rüstzeiten ein relevanter Faktor sein oder nicht. Innerhalb der Fertigungsstufe stehen die Linien für konkrete Ressourcen, die zur Verarbeitung der Sachnummern eingesetzt werden können. Dabei wird innerhalb des Modells und der Planung der Fertigungsprozesse eine Fertigungsstufe als einstufig betrachtet. Eine Linie stellt eine Zusammenstellung von Produktionsressourcen oder Potentialfaktoren dar. Material durchläuft diese Gruppe von Ressourcen und der letzte Verarbeitungsschritt innerhalb dieser Gruppe stellt gleichzeitig den Abschluss der Bearbeitung innerhalb der Fertigungsstufe dar.

Der Übergang von Produkten und Zwischenprodukten von einer Fertigungsstufe zu einer anderen wird durch Puffer dargestellt. Dabei kann ein Puffer ein Materiallager mit einer bestimmten Kapazität oder einfach nur den Transport zwischen den Fertigungsstufen darstellen. Im Falle eines Materiallagers wird die Überwachung der Kapazität grundsätzlich unterstützt.

Es werden:

- Als SN die Menge der Sachnummern (End- und Zwischenprodukte)
- Als P die Menge der Puffer

bezeichnet. Über die gerade beschriebenen Strukturelemente der Fertigung legen sich die Planbereiche. Sie stehen nicht in direktem Zusammenhang zum Ablauf der Fertigung, sondern dienen der Organisation der Planung:

- PB sei die Menge der Planbereiche
  - $pb \in PB \rightarrow pb \subseteq L$; ein Planbereich ist eine Menge, die Linien enthält
  - $pb \in PB \wedge pb' \in PB \wedge pb \neq pb' \rightarrow pb \cap pb' = \varnothing$; jede Linie ist höchstens einem Planbereich zugeordnet
  - $L = \bigcup_{pb \in PB} pb$; jede Linie ist genau einem Planbereich zugeordnet

Planbereiche fassen innerhalb einer Fertigungsstufe und über Fertigungsstufen hinweg mehrere Linien zusammen. Über die Planbereiche wird die Berechtigung der Disponenten, Pläne für bestimmte Linien zu erstellen, gesteuert. Abbildung 1 zeigt ein Beispiel eines Fertigungsmodells, bei dem die Fertigung in die drei Abschnitte Vormontage, Endmontage und Versand aufgeteilt ist. Zusätzlich ist die Zuordnung der Linien zu drei Planbereichen dargestellt. Es ist zu erkennen, dass die Pufferelemente keinem Planbereich zugeordnet sind. Dies ist im Rahmen des OOPUS WEB Planungskonzepts nicht notwendig, da für Puffer zumindest derzeit keine Planungsaktivitäten vorgesehen sind.

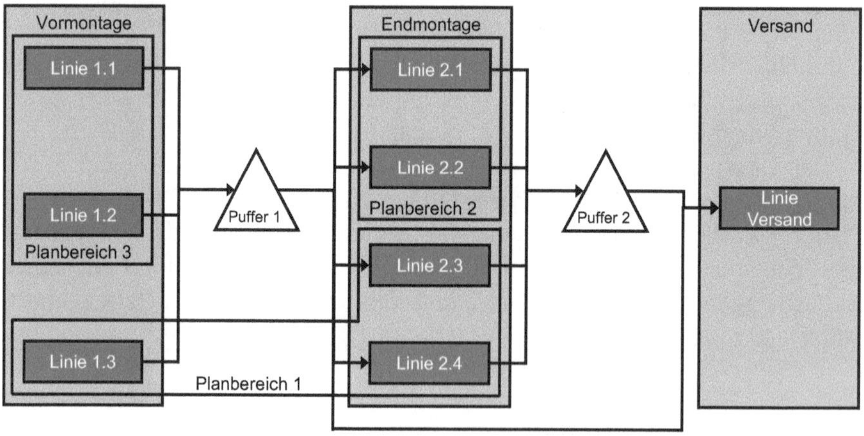

Abb. 1. Beispiel für ein Modell der Serienfertigung

Mit den bisher beschrieben Modellelementen ist es möglich, die statische Struktur der Fertigung zu beschreiben. Informationen über den Materialfluss, Kapazitäten und zeitliche Abstände zwischen den Fertigungsschritten sind noch nicht enthalten. Diese Modellelemente werden in Zusammenhang mit dem Zeitmodell und dem Konstrukt der Sachnummernflüsse modelliert, die in den nächsten Abschnitten beschrieben werden.

Das Zeitmodell

Die zeitliche Komponente wird durch ein generisches Schichtmodell gebildet. Ein Schichtmodell besteht aus:

- Einer Folge SK von Schichtklassen, wobei sk_{min} das erste Element der Folge bezeichne und sk_{max} das letzte Element
- Eine Zeitmenge T = {0…1439}
- Eine Menge von Wochentagen W={0…6}
- Einer Menge S von Schichten, wobei
  - $Anfang : S \to T$ den Beginn einer Schicht liefert
  - $Ende : S \to T$ das Ende einer Schicht liefert
  - $\forall s \in S : Anfang(s) < Ende(s)$ gilt
  - $Dauer(S) = Ende(s) - Anfang(s)$ die Dauer einer Schicht liefert
- Eine Menge P der Pausen, wobei
  - $Pausen : S \to P(P)$ die Pausen einer Schicht liefert
  - $Anfang : P \to T$ den Beginn einer Pause liefert
  - $Ende : P \to T$ das Ende einer Pause liefert
  - $\forall p \in P : Anfang(p) < Ende(p)$
  - $p \in Pause(S) \to Anfang(p) \geq Anfang(s) \wedge Ende(p) \leq Ende(s)$
  - $Dauer(p) = Ende(p) - Anfang(p)$ die Dauer einer Pause liefert
- Einer Funktion $typ : S \to SK$, die festlegt von welchem Typ die Schicht ist

Ein Schichtplan, der die Arbeitszeiten innerhalb einer Woche beschreibt, besteht aus zwei Funktionen:

- $sp : SK \times W \to S$, die jeder Schichtklasse an jedem Wochentag eine Schicht zuordnet
- $produktiv : z \to \{wahr, falsch\}$, die angibt ob während einer Schicht des Zeitmodells produziert werden kann oder nicht
- SP bezeichne die Menge der Schichtpläne

Zwischen den Elementen eines Schichtplans s gibt es eine Vorgänger-Nachfolgerbeziehung, definiert durch:

$$nachfolger(sp(sk,w)) = \begin{cases} sp(sk+1,w),\ falls\ sk < sk_{\max} \\ sp(sk_{\min}, w+1),\ falls\ sk = sk_{\max}\ und\ w < 7 \\ sp(sk_{\min},1),\ sonst \end{cases} \qquad (1)$$

Auch für die Erstellung von Zeitmodellen gelten eine Reihe von Restriktionen, die eine korrekte Datenbasis für die Planungsalgorithmen sicherstellen.

- $\forall (sk,w,s) \in sp : typ(s) = sk$, einer Schichtklasse können Schichten des gleichen Typs zugeordnet werden
- $sp(sk,w) = nachfolger(z(sk',w')) \rightarrow anfang(sp(sk,w) = ende(sp(sk',w'))$

Ergänzt werden die Zeitmodelle durch einen Kalender. Ein Kalender gibt an, ob ein Tag ein Arbeitstag ist oder nicht:

- $kalender : Kalendertage \rightarrow \{wahr, falsch\}$
- K bezeichne die Menge der möglichen Kalender

Um ein möglichst feines Zeitmodell zu erhalten, ist es möglich auf Linienebene Betriebskalender und Schichtpläne festzulegen:

- $kalenderZuordnung : L \rightarrow K$
- $schichtplanZuordnung : L \times KW \rightarrow SP$ 1

Die konkrete Schicht, die an einem Wochentag zu einer bestimmten Zeit gültig ist, lässt sich anhand des Schichtplans der Kalenderwoche bestimmen:

$$Schicht : L \times KW \times W \times T \rightarrow S \qquad (2)$$

Mit diesen Funktionen ist nun darstellbar, ob an einem gegebenen Kalendertag zu einer bestimmten Zeit auf einer Linie gearbeitet werden kann. Dabei wird angenommen, dass die Produktivitätsinformation über einen Kalendertag aus dem gültigen Kalender die Information aus dem Zeitmodell überprägt.

Um den Modellierungs- und Pflegeaufwand zu beschränken, muss die Zuordnung von Kalender und Schichtplänen nicht zwingend auf Linien- und Kalenderwochenebene gepflegt werden. Stattdessen gibt es eine Kaskade von immer spezifischeren Modellen. Ein globaler Standardschicht-

[1] KW bezeichnet hierbei die Menge der Kalenderwochen, die im Kalender abgebildet werden können.

plan wird verwendet, wenn keine genaueren Informationen bzgl. einer Linie oder Kalenderwochen vorliegen. Ein globaler Ausnahmeschichtplan definiert für einzelne Kalenderwochen Ausnahmen vom globalen Schichtplan. Globale Schichtpläne finden keine Anwendung, wenn auf Linienebene eine Zuordnung vorliegt. Hier definiert der Ausnahmeschichtplan ebenfalls kalenderwochenweise Abweichungen vom Standardschichtplan. Analog ist die Vorgehensweise bei den Kalendern.

Eine zusätzliche Einstellungsmöglichkeit ergibt sich durch so genannte Kapazitätsabweichungen:

$$Leistungsgrad : SK \times L \times KW \times W \rightarrow \Re \qquad (3)$$

Die Funktion Leistungsgrad gibt an, wie viel Prozent eines Standardleistungsgrads innerhalb einer konkreten Schicht erreicht wird. Bei einem Leistungsgrad von 1 ergeben sich exakt die modellierten Standardbearbeitungszeiten.

Produktionssachnummern

Planungsrelevante Sachnummern können auf den Linien des Modells gefertigt werden. Dabei kann ein und dieselbe Sachnummer durchaus auf verschiedenen Fertigungsstufen gefertigt werden. Auf diese Weise wird ein künstlicher Bezeichnungswechsel vermieden, wenn innerhalb einer Fertigungsstufe das Produkt oder Zwischenprodukt seinen Charakter nicht wesentlich verändert (ein Beispiel für eine solche Fertigungsstufe wäre „Qualitätssicherung").

Um trotz dieses fehlenden Bezeichnungswechsels den Weg der Sachnummer durch die Fertigung darstellen zu können, wurde das Konstrukt der Produktionssachnummer (PSN) entwickelt:

- SN sei die Menge der Sachnummern
- $PS \subset FS \times FS \times SN$; $ps \in FS \times FS \times SN$

Eine Produktionssachnummer ist damit eine Kombination aus Fertigungsstufen und Sachnummern. Dabei steht die erste Fertigungsstufe für die Fertigungsstufe auf der die Sachnummer gefertigt („liefernde Fertigungsstufe") wird und die zweite für die Fertigungsstufe an die die Sachnummer geliefert („konsumierende Fertigungsstufe") wird. Da das in dieser Arbeit vorgestellte Planungskonzept keine Schleifen im Produktionsprozess berücksichtigt, wird die Ordnungsrelation $\prec$ genutzt, um die Modellierung von Schleifen zu unterbinden.

Für alle Sachnummernflüsse muss daher folgende Bedingung gültig sein:

$$P(ps,1) \succ P(ps,2) \tag{4}$$

Durch diese Modellrestriktion ist sichergestellt, dass Material nur in eine Richtung durch die Fertigung fließt – von der maximalen Fertigungsstufe fs_{max} zur minimalen Fertigungsstufe fs_{min}.

Durch das Konstrukt der Produktionssachnummer ist klar, auf welche Fertigungsstufen eine Sachnummer läuft. Zusätzlich ist festzulegen, auf welchen Linien innerhalb der Fertigungsstufen die Fertigung der Sachnummer stattfinden kann. Dazu dient die folgende Relation:

$$Fertigbar \subset PS \times L; fb \in Fertigbar \tag{5}$$

Damit lässt sich auch festlegen, welche Produktionssachnummern einem Planbereich pb zugeordnet sind:

$$PS_{pb} = \{ps \mid \exists fb \in Fertigbar : p(fb,1) = ps \wedge p(fb,2) \in pb\} \tag{6}$$

Um einen reibungslosen Ablauf der Planung und eine eindeutige Zuordnung von Produktionssachnummern zu Planern zu gewährleisten, wird gefordert, dass die Mengen der Produktionssachnummern aller Planbereiche disjunkt sind:

$$\bigcap_{pb \in PB} PS_{PB} = \varnothing \tag{7}$$

Um das Modell der Fertigung auf Optimierungsmodelle abbilden zu können, ist es erforderlich, zu jeder Linie zu bestimmen, welche Produktionssachnummern gefertigt werden können:

$$Fertigt(v) = \{ps \mid ps\ fertigbar\ v\}; Fertigt : L \rightarrow \mathrm{P}(PS) \tag{8}$$

Eine wesentliche Variable in der Lösung eines mehrstufigen Mehrperioden- und Mehrprodukt-Problems ist die Vorlaufzeit. Die Vorlaufzeit eines Zwischenprodukts wird im Rahmen des Modells der Fertigung als zeitlicher Abstand zwischen zwei Linien unterschiedlicher Fertigungsstufen dargestellt. Um notwendige Zwischenschritte in der Produktion, die einen relativ konstanten Zeitverbrauch und keine (relevante) Kapazitätsbeschränkung besitzen, bequem abbilden zu können, kann dieser zeitliche Abstand individuell für Produktionssachnummern gepflegt werden. Dabei besteht sowohl die Möglichkeit, die Vorlaufzeit in Schichten, oder falls sie geringer als eine Schichtdauer ist, in Minuten einzupflegen:

$$Vorlaufzeit_{\min} : L \times L \times PS \rightarrow \aleph \tag{9}$$

$$Vorlaufzeit_{Schicht} : L \times L \times PS \rightarrow \aleph \tag{10}$$

$$Vorlaufzeit_{Schicht}(l,l',ps) \geq 0 \rightarrow Vorlaufzeit_{\min}(l,l',ps) = \infty \tag{11}$$

Formel 11 bringt zum Ausdruck, dass eine Vorlaufzeit in Minuten nur beachtet wird, wenn keine Vorlaufzeit in Schichten angegeben ist. Im Rahmen der Mengenplanung wird ohnehin nur eine Vorlaufzeit in Schichten berücksichtigt, die Einhaltung der minutengenauen Vorlaufzeit wird im Rahmen der Reihenfolgeplanung gewährleistet, wobei Lose unter Umständen eine oder mehrere Perioden vorgezogen werden.

Kapazitäten

An die Modellierung der Kapazitäten, der Verbindung aus verfügbarer Einsatzzeit an Ressourcen und Bearbeitungszeiten, stellen sich im Rahmen von OOPUS WEB zwei wesentliche Anforderungen:

- Um parallele Maschinen darstellen zu können, ist es erforderlich linienabhängige Bearbeitungszeiten zu modellieren
- Die Kapazität, die eine Linie in einem Zeitabschnitt bereitstellt, ist für jeden Zeitabschnitt individuell

Diese Probleme werden in einer ersten Näherung gelöst, indem für eine Produktionssachnummer und jede Line, auf der diese fertigbar ist, pro Schichtklasse eine Standardbearbeitungszeit in Minuten je Stück angegeben wird:

$$Bearbeitungszeit_{stand} : Fertigbar \times SK \rightarrow N \tag{12}$$

Aus dieser Standardbearbeitungszeit lässt sich anhand des Leistungsgrads die effektive Bearbeitungszeit in einer bestimmten Schicht bestimmen:

$$\begin{aligned} &Bearbeitungszeit_{eff}(fb,s,l,kw,w) = \\ &Bearbeitungszeit(fb,typ(s)) \cdot Leistungsgrad(typ(s),l,kw,w) \end{aligned} \tag{13}$$

Die verfügbare Bearbeitungszeit einer Linie in einer Periode ergibt sich als:

$$\begin{aligned} &Schichtdauer_{netto}(l,kw,w,sk) = \\ &Dauer(Schicht(l,kw,w,sk)) - \sum_{p \in Pause(Schicht(l,kw,w,sk))} dauer(p) \end{aligned} \tag{14}$$

Mit Kenntnis der Bearbeitungszeiten und der Nettoschichtdauer auf einer gegebenen Linie an einem bestimmten Tag während einer bestimmten

Schichtklasse, liegen alle notwendigen Variablen der Planungsprobleme für das Modell der Serienfertigung vor.

Aktuell wird ein Customizing-Konzept für das Modell der Serienfertigung entwickelt. Ziel dabei ist es, unterschiedliche Aspekte des Produktionsprozesses und -systems in unterschiedlicher Detaillierung modellieren zu können. Das Customizing-Framework hält unterschiedliche Varianten des Grundmodells vor und stellt die Konsistenz der Kombination unterschiedlicher Varianten sicher. Das hier vorgestellte Modell stellt damit die Grundvariante des Modells der Serienfertigung dar, das um zusätzlich Aspekte wie Personal- und Werkzeugverfügbarkeit oder personalabhängige Bearbeitungszeiten erweitert werden kann. Zusammen mit der flexiblen Anbindung von Planungsverfahren, die im folgenden Abschnitt beschrieben werden erlaubt OOPUS WEB es mit diesem Ansatz schnell ein PPS Feinplanungstool zu generieren, das für ein bestimmtes Anwendungsszenario maßgeschneidert ist.

2.2 Flexible Kombination unterschiedlicher Planungsverfahren

Abbildung 2 stellt die Grundidee der OOPUS WEB Plattform angelehnt an die Aufgabenstruktur nach Ferstl und Sinz (Ferstl u. Sinz 1998) dar. Die Gesamtaufgabe, eine Feinplanung für einen gegebenen Produktionsprozess, wird in Teilaufgaben zerlegt, die jeweils auf einem Ausschnitt des Gesamtmodells arbeiten. Ein Ausschnitt besteht dabei aus einer Teilmenge der zu beplanenden Fertigungsstufen (mehrstufige Planungsverfahren), einer einzelnen Fertigungsstufe (einstufige Planung) oder sogar einer einzigen Linie. Zusätzlich wird das Gesamtmodell auch hinsichtlich seiner zeitlichen Granularität in Teilmodelle zerlegt. So ist es möglich, Planungen auf Monats-, Wochen-, Tages- oder Schichtebene auszuführen oder direkt eine minutengenaue Belegungsplanung zu erzeugen. Zur Lösung der Teilaufgabe werden Planungsverfahren eingesetzt, die aus einem Methodenkasten entnommen werden können. Dabei können die Verfahren nicht direkt über Aktionen das Modell manipulieren. Da die Modellierung innerhalb eines Verfahrens nicht direkt auf das Modell der Serienfertigung abgebildet werden kann, ist als zusätzliche Zwischenschicht eine so genannte Übersetzerschicht notwendig. Jedes Verfahren führt seine Aktionen auf einer internen Repräsentation des Planungsproblems aus. Eine Übersetzerklasse, die individuell für jede Variante des Modells der Serienfertigung, das in OOPUS WEB eingesetzt wird, und für jedes Verfahren erzeugt werden muss, wandelt die Aktionen des Verfahrens in eine Aktionsfolge um, die das OOPUS WEB Modell manipuliert.

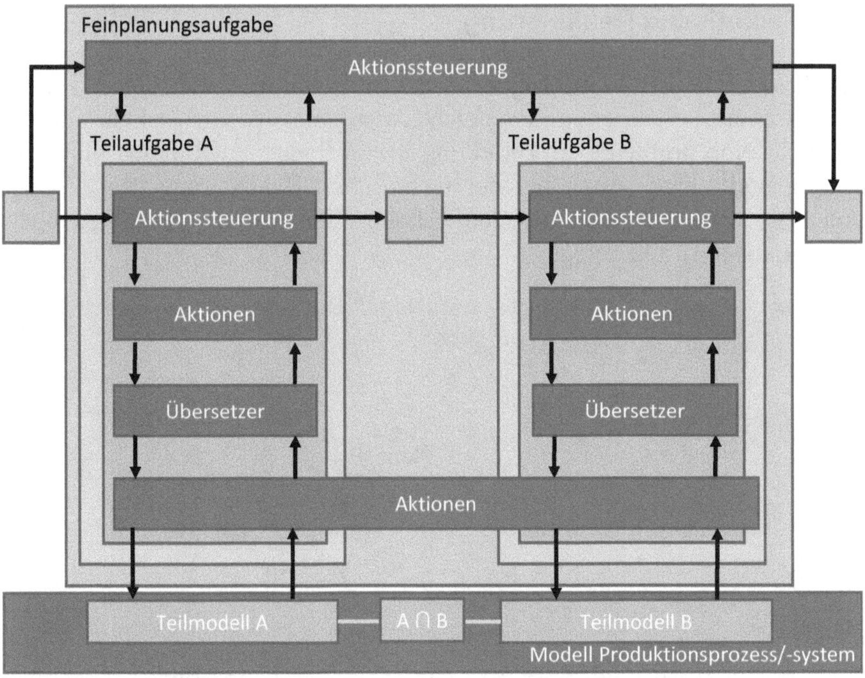

Abb. 2. Schematische Darstellung des OOPUS WEB Prinzips

Aktuell muss jede Übersetzervariante noch einzeln realisiert werden, eine automatisierte Generierung ist in der Entwicklung. Die Zwischenschicht, der Übersetzer, ermöglicht es, unterschiedliche Verfahren so zu kombinieren, dass die gestellte Planungsaufgabe möglichst passgenau erfüllt wird. Dabei können Verfahren so ausgewählt werden, dass sie nur auf einem Teilmodell des gesamten Produktionsprozesses arbeiten. So kann beispielsweise eine Mengenplanung für eine Teilmenge der Dispositionsstufen durchgeführt werden oder eine Reihenfolgeplanung für eine einzelne Produktionsressource. Einzelne Verfahren werden durch eine übergeordnete Aktionssteuerung koordiniert, die eine vorgegebene Abfolge von Lösungsverfahren abarbeiten kann oder durch einen Benutzer gesteuert wird. Interaktion zwischen den ausgewählten Planungsverfahren erfolgt durch die Überschneidung der zugeordneten Teilmenge. So verarbeitet beispielsweise eine Reihenfolgeplanung die durch die vorgeschaltete Mengenplanung bestimmten Produktionsmengen. Dadurch wird es möglich aus Bausteinen einen Planungsprozess zu konstruieren, der sowohl den gestellten Formalzielen genügt, aber auch den individuellen technischen Eigenschaften bestimmter Abschnitte des Produktionsprozesses.

2.3 Technische Realisierung

Die OOPUS WEB Plattform ist vollständig mithilfe von Open Source Software und der Programmiersprache Java realisiert. Dieser Umstand ermöglicht eine problemlose Verteilung der Software im Rahmen von Forschung und Lehre. Auch bei der technischen Realisierung (vgl. Abbildung 3) wird der Fokus auf hohe Flexibilität und geringen Anpassungsaufwand gelegt.

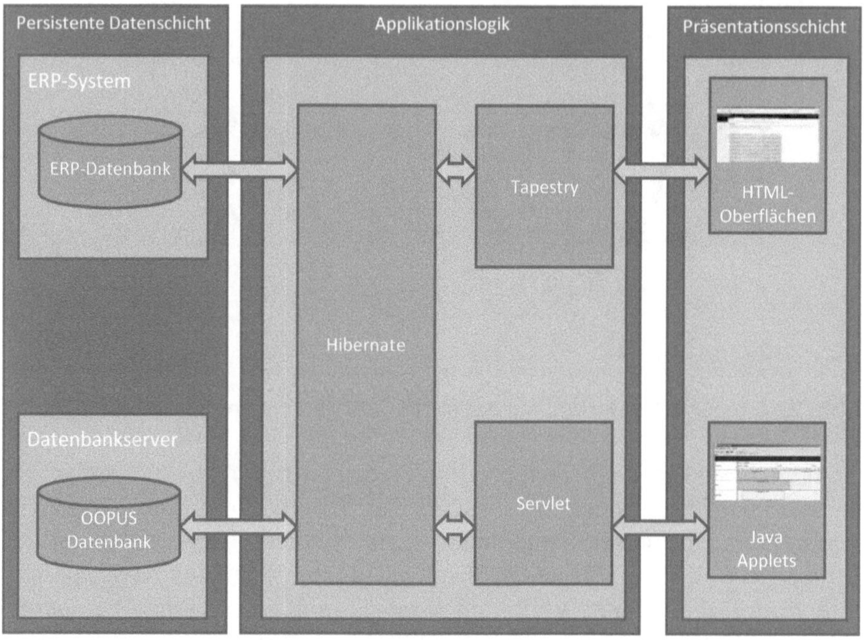

Abb. 3. Technische Architektur von OOPUS WEB

Um den möglichen Wartungsaufwand zu beschränken, wurde eine Architektur mit Thin-Clients gewählt, im konkreten Fall realisiert durch Web Browser. Alle Geschäftslogik wird in einem Servlet-Container ausgeführt, der Rechner des Nutzers dient lediglich als Benutzerschnittstelle zum System. Die notwendige Entkopplung, die zur Realisierung des angestrebten Customizing Konzepts zwischen der Geschäfts- und Präsentationslogik sowie der persistenten Datenhaltung notwendig ist, wird durch die Open Source Frameworks Tapestry (Ship 2004; Springmann u. Tigges 2005) und Hibernate (Bauer u. King 2005) gewährleistet. Tapestry ermöglicht die Entwicklung von Web-Applikationen, die dem Model-View-Controler-Paradigma (Buschmann et al. 1998) genügen, wodurch die Oberflächen sehr schnell wechselnden Bedürfnissen angepasst werden können. Planungsoberflächen, die sich durch eine stärkere Interaktion mit dem Nutzer auszeichnen, werden als Java Applet realisiert. Hibernate ermöglicht die Entkopplung der Geschäftslogik von konkret verwendeten relationalen Datenbankschemata. Neben der Verwendung einer eigenen Datenbank ist OOPUS WEB auch in der Lage, auf Daten aus ERP Systemen zuzugreifen. Dies umfasst sowohl Stammdaten (Produkte und Produktionsressourcen) als auch Bewegungsdaten (Bestände und Bedarfe sowie die Produktionspläne). Ein Austausch erfolgt dabei hinsichtlich der Bewegungsdaten in beide Richtungen. Bisher realisiert für OOPUS WEB ist eine Anbindung an das ERP-System SAP ECC auf Basis der von SAP angebotenen Schnittstelle JavaConnector.

3 Eine exemplarische Planungsalgorithmik

Bislang konzentrierte sich dieser Beitrag auf die Darstellung des Aufbaus und die damit verbundene Flexibilität und Adaptivität von OOPUS WEB. Im Folgenden wird nun im Detail ein Planungsverfahren vorgestellt, mit dem eine Produktionsfeinplanung für ein konkretes Unternehmen realisiert werden kann. Nach einer kurzen Motivation erfolgt eine Einordnung des Verfahrens in das beschriebene Modell der Serienfertigung. Dabei werden die dem Verfahren zugrunde liegenden Annahmen aufgeführt. Anschließend wird das Verfahren an einem Beispiel illustriert und anhand von Pseudocode beschrieben.

Motivation:
Bei dem im Folgenden beschriebenen Verfahren handelt es sich um ein einstufiges Verfahren, das unter Berücksichtigung einer festen Reihenfolge von Sachnummern (SN) versucht, möglichst kostengünstige Losgrößen und somit aus der Auflage resultierende Bestandsreichweiten (Auflagereichweiten) für die auf einer Fertigungslinie zu produzierenden Sachnummern zu bestimmen. Die Sachnummern werden dabei alle auf einer Fertigungslinie produziert und konkurrieren somit um deren Kapazität.

Ein typisches Beispiel für den Einsatz einer festen Reihenfolge ist eine Lackiererei oder generell eine Oberflächenbehandlung. Ist der Fertigungsprozess bspw. von einer Betriebstemperatur abhängig und benötigen die unterschiedlichen Sachnummern verschiedene Betriebstemperaturen, so ist eine Reihenfolge festzulegen, die möglichst geringe Temperaturschwankungen zwischen den aufeinanderfolgenden Sachnummern verursacht. Ein anderes Beispiel für den sinnvollen Einsatz einer festen Reihenfolge von Sachnummern sind reihenfolgeabhängige Rüstkosten zwischen einzelnen Sachnummern.

Einordnung in das Modell der Serienfertigung:
Das Verfahren betrachtet ausschließlich eine einzige Fertigungslinie auf der mehrere Sachnummern produziert werden (z.B. Linie 2.1 aus Abbildung 1). Folglich werden auch nur eine Fertigungsstufe und ein Planbereich benötigt. Puffer werden nicht berücksichtigt. Eine technisch bedingte optimale Reihenfolge der Sachnummern wurde in einer Vorbetrachtung bereits festgelegt und muss durch das Verfahren eingehalten werden. Der Auflagezyklus kann in gewissen Grenzen variieren.

Die Bedarfe, die dem betrachteten einstufigen Verfahren als Basis dienen, können selbstverständlich bereits das Ergebnis eines mehrstufigen Planungsverfahrens (bspw. basierend auf einem MLCLSP (Tempelmeier 2006) in einem übergeordneten Planungsschritt darstellen. So kann es in einer rollierenden Planung durch eine erneute mehrstufige Planung zu Änderungen für die Bedarfe der betrachteten Linie kommen. Andere Linien können basierend auf den mehrstufigen Ergebnissen, mit alternativen, auf die jeweiligen Eigenschaften der betrachteten Linie zugeschnittenen Planungsverfahren, beplant werden.

Bezug zum Zeitmodell des Modells der Serienfertigung:
Das Verfahren basiert auf einer Small-Bucket (CSLP[2]) (Suerie 2005) orientierten, zeitlichen Betrachtungsweise. Durch das flexible Zeitmodell des Modells der Serienfertigung kann ein Bucket theoretisch eine Größe von 1 Minute bis zu einem beliebig großen Zeitraum (Vielfaches einer Minute) annehmen. Diese Größe sollte in Abhängigkeit von der Auflagereichweite der Sachnummern bestimmt werden. Wird normalerweise für einen Zeitraum von mehreren Tagen aufgelegt, so ist die Betrachtung von wenigen Minuten dauernden Buckets nicht sinnvoll. Eine sinnvolle Einheit für ein Bucket ist häufig eine Schicht, da Bedarfe oftmals schichtweise vorliegen. Im Folgenden wird von Buckets ausgegangen, die einer Schicht entsprechen. Anhand des Schichtplans lassen sich eine konkrete Schicht und deren Leistungsgrad aus dem Modell der Serienfertigung für die betrachtete Linie ableiten.

In einem Bucket kann immer genau eine Sachnummer exklusiv produziert werden. Die Losdauer einer Sachnummer kann jedoch durchaus auch mehr als ein Bucket betragen.

Bezug zu den Produktionssachnummern des Modells der Serienfertigung:
Produktionssachnummern und Vorlaufzeiten müssen nicht beachtet werden, da es sich um eine einstufige Fertigung handelt.

[2] CSLP = Continuous Setup Lotsizing Problem (Karmarkar u. Schrage 1985; Salomon 1991)

Bezug zu den Kapazitäten des Modells der Serienfertigung:
Anhand der aus dem Schichtplan abgeleiteten Schicht lässt sich die Bearbeitungszeit bestimmen, aus der anschließend unter Beachtung des Leistungsgrads die Kapazität für jede einzelne Schicht (und ggf. jede einzelne Sachnummer) abgeleitet werden kann. Diese wird mit den Bedarfen der Sachnummer für die Zeitabschnitte verglichen. Kapazitäten müssen im Rahmen des Verfahrens eingehalten werden. Ungenutzte Kapazitäten werden nicht „bestraft", d.h. Kapazitäten müssen nicht voll genutzt werden.

Wird im Folgenden von einem *Zyklus* gesprochen, so beschreibt dies eine Abarbeitung jeder betrachteten Sachnummer, ohne konkrete Auflagereichweiten und Losgrößen zu definieren.

Eine *Sequenz* ist eine Instanz eines Zyklus. Eine Sequenz ist dabei gültig, wenn alle betrachteten Restriktionen eingehalten werden. Für einen Zyklus können mehrere gültige Sequenzen bestehen, die es zu bestimmen und zu bewerten gilt. Die beachteten Restriktionen sind:

- Minimale Auflagereichweite (mindestens Summe der Losdauern aller Sachnummern)
- Maximale Auflagereichweite (optional)
- Losdauern der Sachnummern (>= 1 Bucket)
- Geforderte Reihenfolge
- Kapazitäten
  - Aktueller Zyklus
  - Folgezyklus

Beschreibung des Verfahrens:
Zu Beginn des Verfahrens muss zunächst die Situation an der Heutelinie abgearbeitet werden. Diese kann nicht mehr beeinflusst werden und stellt die Ausgangsituation für die Planung dar. Die Bestandsreichweiten der Sachnummern sind somit gegeben und die Reihenfolge dieser Reichweiten kann von der geforderten Reihenfolge abweichen.

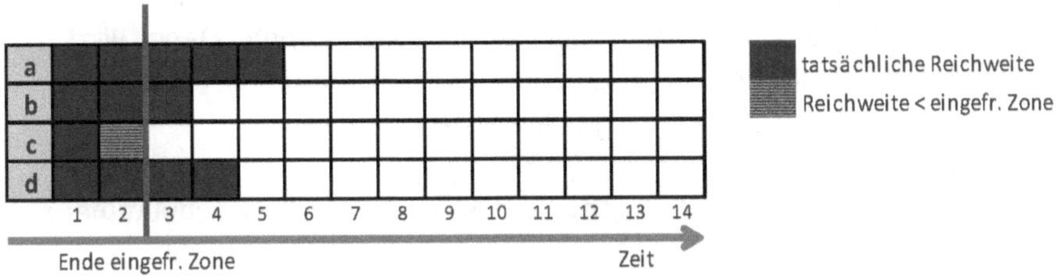

Abb. 4. Ausgangssituation für das Planungsverfahren

Nachfolgend erfolgt zunächst eine Beschreibung durch Pseudocode. Um den Rahmen dieses Beitrags nicht zu sprengen, werden Funktionen zumeist nicht im Pseudocode behandelt, sondern textuell beschrieben. Diese Funktionen sind im Pseudocode unterstrichen und werden anschließend im Laufe der Beschreibung erläutert. Die Beschreibung des Verfahrens gliedert sich an der auftretenden Reihenfolge im Pseudocode und wird durch Beispiele verdeutlicht.

A: geforderte Auflegungsreihenfolge der Sachnummern **RW_i:** Reichweite der Sachnummern i **RW_{ji}:** j-tes Element der Folge RW, die Sachnummer i bezeichnend	**BW:** Vektor der Abweichungen der Sachnummern gegenüber A **minARW:** minimale Auflagereichweite **maxARW:** maximale Auflagereichweite

A) Abarbeiten der Situation an der Heutelinie

Berechnen der Bestandsreichweiten der m Sachnummern, die einer bestimmten Linie zugeordnet sind: **A**: = (1, 2, ..., m)

Ordnen der Bestandsreichweiten RW_i nach nicht fallenden Werten (auf Grundlage der bekannten Bedarfe)

Erhalte die Reihenfolge RW der nach der Bestandsreichweite geordneten Sachnummern

  RW: = (RW_{ji}) mit j = 1 (1) m

Abprüfen, ob die Bestandsreichweite noch innerhalb der **eingefrorenen Zone** liegt.

Abprüfen, ob die Reihenfolge der Sachnummern i in **RW**: = (RW_{ji}) mit der gegebenen Auflagereihenfolge in **A**: = (1, 2, ..., m) mit i: = Sachnummer an i-ter Stelle der Reihenfolge übereinstimmt. Dabei wird die Reihenfolge **A** um Kopien ergänzt, um die Abbildung auf RW durch eine Folge von Reihenfolgen **A** zu gewährleisten.

  for i: = 1 **step** 1 **until** m **do**

  BW_i: = Platz j der Sachnummer i in **RW** - Platz i der Sachnummer i in **A**

Erhalte BW: = (BW_i)

if all BW_i = 0 **then goto** C **else goto** B.

B) Wiederherstellen der gegebenen Auflagereihenfolge **A** der Sachnummern in der zweiten Auflagesequenz über die Festlegung der Bestandsreichweite, die von den Losen jeder Sachnummer in der ersten Sequenz (in der Reihenfolge der Sachnummern in **RW**) abgedeckt wird.

Bestimmen der Sachnummer mit der größten positiven Auslenkung aus der Auflegungsreihenfolge

Selektieren der Sachnummer i* mit BW_i*: = max {BW_i}; i: = 1 (1) m

ErstelleAlleMoeglichenSequenzen:

Für jeden möglichen Aufsetzpunkt von i werden im Folgenden alle erlaubten Sequenzen von A erstellt.*

for a = RW_{i^*} + minARW **step** 1 to RW_{i^*} + maxARW

begin

Ermittlung aller gültigen Werte für die Sachnummern *(alle außer i*) für den gewählten Aufsetzpunkt*

ermittleGueltigkeitswerteFuerAufsetzpunkt

Generierung der gültigen Sequenzen aus den gültigen Werten und dem aktuellen Aufsetzpunkt unter Überprüfung der Kapazitäten

generiereGueltigeSequenzen

bestimmeBesteSequenzNachPP

bestimmeLosgroessenFuerBesteSequenz

C) Bilden der besten Sequenz für den Fall das die geforderte Reihenfolge bereits aufliegt.

bisEndePlanungshorizont

Zunächst werden die Bestandsreichweiten der zu Planungsbeginn vorliegenden Situation (anhand der vorhandenen Bestände, der Bruttobedarfe und der offenen Aufträge) berechnet und die Sachnummern werden aufsteigend nach den Bestandsreichweiten sortiert. Anschließend wird überprüft, ob die Bestandsreichweiten innerhalb der eingefrorenen Zone liegen. Von der Heutelinie aus bis zu dieser Zone können keine neuen Lose mehr eingeplant werden, so dass der früheste Startzeitpunkt eines jeden neu einzuplanenden Loses auf den Endzeitpunkt der eingefrorenen Zone fällt.

Im nächsten Schritt werden zwei Fälle unterschieden. Im ersten Fall (C) entspricht die zu Beginn aufgelegte Reihenfolge RW der geforderten A und ein Wiederherstellen der geforderten Reihenfolge ist nicht notwendig. Im zweiten Fall (B) wird die geforderte Reihenfolge wiederhergestellt. Dazu wird die Sachnummer als Aufsetzpunkt bestimmt, die in der aufgelegten Reihenfolge im Vergleich zur gewünschten die größte positive Abweichung (Position in RW – Position in A) besitzt. Dieser Fall wird im Folgenden genauer betrachtet.

Der Aufsetzpunkt für die Sachnummer i* nimmt in einer äußeren Schleife alle durch die Reichweite von i* im Ausgangszyklus und den erlaubten Auflagereichweiten möglichen Werte an.

ermittleGueltigkeitswerteFuerAufsetzpunkt:
Jeweils auf der gerade gültigen Reichweite des Aufsetzpunktes werden zunächst gültige Reichweiten für alle anderen SN bestimmt. Diese werden anhand ihrer Reichweite im Auflagezyklus, der möglichen Auflagereichweiten und der Reihenfolgebeziehung (und dem dadurch möglichen Abstand zum Aufsetzpunkt) bestimmt.

Beispiel 1:

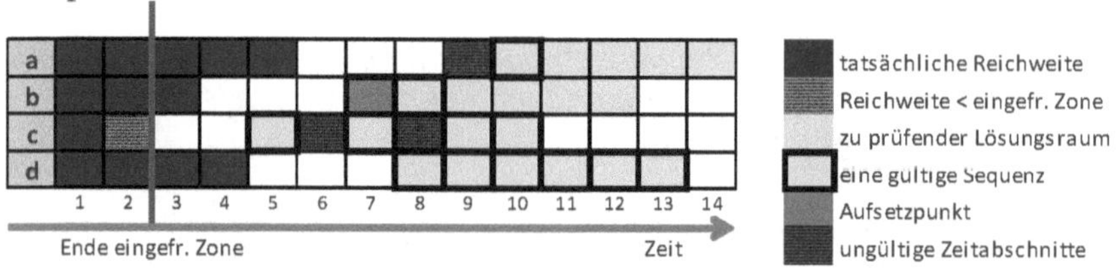

Abb. 5. Bestimmung von Gültigkeitswerten

Im Beispiel werden 4 verschiedene Sachnummern (a, b, c, d) betrachtet, die immer in einer festen ***Reihenfolge A*** *(b, d, c, a) produziert werden sollen. Die minimale Auflagereichweite beträgt 3 Zeitabschnitte (ZA), die maximale Auflagereichweite 8 ZA, die Losdauer sei jeweils 1 Bucket. Aufgrund unerwarteter Ereignisse, wie z.B. sehr hoher Ausschuss, können die Bestandsreichweiten nicht dem Plan entsprechen (im Beispiel: RW (c, b, d, a)) und die Reihenfolge von der geforderten abweichen. Nach Berücksichtigung der eingefrorenen Zone (c kann erst im Zeitabschnitt 3 neu aufgelegt werden), werden zunächst gültige Sequenzen so gebildet, dass die Reihenfolge A im übernächsten Zyklus wieder eingehalten wird. Als SN für den Aufsetzpunkt wird b (alternativ: c) als SN mit der größten positiven Abweichung bestimmt. Für die erste mögliche Ausprägung des Aufsetzpunktes werden im nächsten Schritt alle möglichen Werte für die anderen SN bestimmt. Diese können aufgrund der Auflagereichweitenrestriktionen nur im eingezeichneten Lösungsraum liegen. Ein ungültiger Zeitabschnitt ist bspw. ZA 9 für a, da a aufgrund der Reihenfolge A mind. 3 ZA hinter b liegen muss.*

generiereGueltigeSequenzen:
Aus dem Aufsetzpunkt und den möglichen Reichweiten der anderen SN werden alle gültigen Sequenzen gebildet. Dabei werden Losdauern einzelner SN und Kapazitäten berücksichtigt. Auf den genauen Ablauf des Algorithmus zur Bildung der Sequenzen wird an dieser Stelle verzichtet.

Die Kapazitäten werden sowohl für den aktuell betrachteten Zyklus (denjenigen für den aktuell die Reichweite und damit die Losgröße bestimmt wird), als auch im Folgezyklus geprüft.

Im Rahmen der Kapazitätsüberprüfung werden drei einzelne Überprüfungen vorgenommen:

1. Kapazität für aktuellen Zeitabschnitt (Zeitabschnitte, falls Losdauer > 1 Bucket) wird überprüft (reicht diese für die gewählte Reichweite? – falls nein, Prüfung ob Verlängerung der Losdauer möglich)
2. Kapazität für den Nettobedarf des 1. Zeitabschnitts, in dem die SN wieder aufgelegt wird, wird überprüft (reicht diese für den Nettobedarf dieses Zeitabschnitts?)
3. Das Kapazitätsangebot in den Zeitabschnitten, in denen das Los aufgelegt werden soll, muss mindestens für die Nettobedarfe der Lose innerhalb der Mindestreichweite genügen; ist dies nicht der Fall, so muss geprüft werden wann das Los der darauffolgenden SN beginnt (in der aktuell betrachteten Sequenz). Ist der Puffer groß genug, ist die Sequenz gültig, ansonsten nicht.

Beispiel 2:

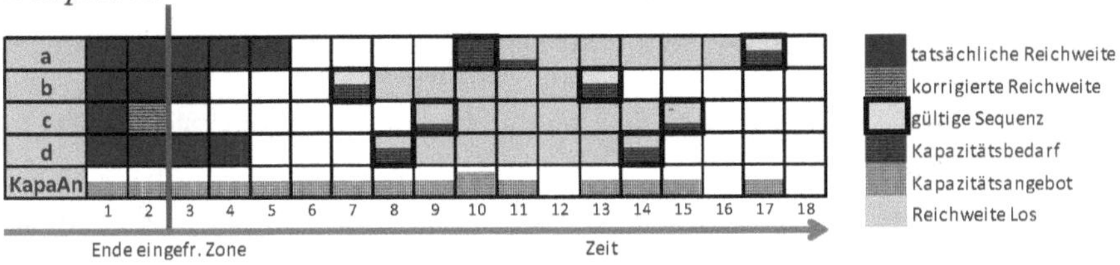

Abb. 6. Kapazitätsprüfung

Übersteigt die Losgröße einer Sachnummer das maximale Kapazitätsangebot (KapaAn) in einem Zeitabschnitt (a hat in ZA 10 mehr Kapazitätsbedarf als das existierende Kapazitätsangebot), werden entweder nachfolgende Kapazitätsangebote (a wird auch im Zeitabschnitt 11 produziert) genutzt oder die aktuelle Sequenz ist nicht gültig. Zudem erfolgt eine Prüfung der Kapazitäten der darauf folgenden Kapazitätsbedarfe. Es ist zu sehen, dass für a im Zeitabschnitt 17 Kapazitätsangebote bestehen. Würde die Reichweite allerdings nur bis ZA 16 reichen und dort wäre ein Kapazitätsbedarf von a, so wäre die Sequenz ungültig.

Wird in einer der Überprüfungen festgestellt, dass die Kapazität nicht ausreicht, so wird die aktuell betrachtete Sequenz verworfen. Durch die erläuterten Überprüfungen ist gewährleistet, dass im nächsten Zyklus zumindest eine gültige Sequenz erzeugt werden kann, falls im aktuellen Zyklus eine gültige Sequenz erzeugt wird.

bestimmeBesteSequenzNachPP:
Nachdem für einen Zyklus alle gültigen Sequenzen erzeugt wurden, muss im nächsten Schritt bestimmt werden, welche dieser Sequenzen für den Zyklus gewählt wird. Zu diesem Zweck wird mittels des Part Period Ansatzes (Dangelmaier u. Warnecke 1997) eine optimale Auflagereichweite für jede der betrachteten Sachnummern bestimmt. Im Part Period Ansatz werden pro Auflagezyklus die Auflage- und die Lagerkosten betrachtet und dem Auflagezyklus solange die Kosten pro Stück sinken weitere Zeitabschnitte hinzugefügt.

Unter den gegebenen Annahmen ist die theoretisch beste Sequenz diejenige, die für jede SN die nach Part Period errechnete Reichweite bestellt. Dies kann jedoch leicht zu ungültigen Sequenzen führen, wenn bspw. für zwei SN die Summe aus aktueller Reichweite und Auflagereichweite nach Part Period auf einen Zeitabschnitt fällt. Andere ungültige Lösungen können z.B. durch Nichteinhaltung der Reihenfolge oder zu geringen Abstand zwischen zwei Zielreichweiten entstehen.

Kann keine nach Part Period für alle SN optimale Lösung ermittelt werden, so wird versucht eine Lösung zu finden, die relativ nahe an dieser optimalen Lösung liegt. Dazu wird für jede gültige Sequenz eine Summe aus Strafkosten der einzelnen Sachnummern gebildet. Strafkosten entstehen dann, wenn eine SN in einer Sequenz nicht für die im Part Period berechnete Reichweite aufliegt und steigen je größer die zeitliche Differenz vom berechneten Punkt ist.

Die Idee für die Strafkostenbewertung in diesem Verfahren ist, den Betrag der Differenz aus den Fixkosten und den kumulierten Lagerkosten für die betrachtete Reichweite als Maß für die Strafkosten heranzuziehen. Für die Strafkosten einer einzelnen Sachnummer i in einer Sequenz j gilt:

$$Strafkosten(i)_{Seq(j)} = \begin{Bmatrix} SummeLK - FK(i), & falls\ ARW > RWpp \\ FK(i) - SummeLK, & falls\ ARW < RWpp \\ 0, & sonst \end{Bmatrix} \tag{15}$$

Wird für eine zu große Reichweite aufgelegt (Auflagereichweite *ARW* ist größer als die berechnete Reichweite nach Part Period *RWpp*), so sind die Lagerkosten (*SummeLK*) im Vergleich zu den Fixkosten *(FK(i))* zu hoch und diese Differenz wird als Strafkosten angesetzt. Wird für eine zu

geringe Reichweite aufgelegt, so sind die Fixkosten im Vergleich zur Summe der Lagerkosten für den Auflagezeitraum zu hoch und diese Differenz wird als Strafkosten berechnet.
Für die gesamten Strafkosten einer Sequenz j gilt:

$$Strafkosten_{Seq(j)} = \sum_{i=1}^{m} Strafkosten(i)_{Seq(j)} \tag{16}$$

Die Sequenz mit den geringsten Strafkosten wird für den Zyklus ausgewählt.

Das beschriebene Vorgehen ist selbstverständlich eine Schätzung, da die tatsächlichen Kosten ebenso vom nächsten Bestellzyklus abhängen. Allerdings können die Abweichungen der einzelnen Sachnummern von ihrem nach Part Period optimalen Bestellpunkt auf diese Weise gut in Relation gesetzt werden und die Berechnung kann sehr schnell erfolgen.

Das Verfahren wählt eine Sequenz für den Zyklus und behält diese im Folgenden bei. Eine zyklenübergreifende Betrachtung wird nicht vorgenommen. Es kann daher der Fall eintreten, dass durch die Wahl einer Sequenz in einem Zyklus Sequenzen des Folgezyklus nicht mehr möglich sind, obwohl diese evtl. günstig (besser als alle noch möglichen Zyklen) wären. Eine schnelle, zulässige Lösung mit einer stärkeren Betrachtung auf den der Heutelinie nächsten Zyklus erscheint in einem hochdynamischen Planungsumfeld und bei einer rollierenden Planung aber durchaus sinnvoll. Eine Erweiterung des Algorithmus um eine Rückkopplung zwischen den Zyklen und einer gemeinsamen, zyklenübergreifenden Wahl mehrerer Sequenzen soll jedoch zukünftig auch integriert werden. Von einer Gesamtoptimierung über den Planungshorizont soll jedoch aus Gründen der Dynamik (die Bedarfe werden sich bis zur nächsten Planung sehr wahrscheinlich geändert haben) und der Komplexität (und somit der Planungsdauer) des Algorithmus abgesehen werden.

Ist ein Zyklus abgeschlossen und eine Sequenz für diesen bestimmt, so wird die beste Sequenz für den nächsten Zyklus bestimmt. Spätestens zu diesem Zeitpunkt ist die Reihenfolge wiederhergestellt, so dass der Schritt der Wiederherstellung (b) entfällt. Es werden jedoch weiterhin alle durch die Restriktionen möglichen Sequenzen bestimmt und anschließend die beste Sequenz für den Zyklus gewählt.

Bis zum Ende des Planungshorizontes wird mit (c) fortgefahren. Ist die Reihenfolge bereits hergestellt, so kann alternativ auch ein Part Period Verfahren Anwendung finden, dass einen Zyklus über alle Sachnummern bestimmt. Dies wäre speziell sinnvoll, wenn die Annahme, dass ungenutzte Kapazitäten nicht bestraft werden, fallen gelassen würde.

4 Zusammenfassung

In diesem Beitrag wird die Plattform OOPUS WEB vorgestellt, die den unterschiedlichen Anforderungen und Restriktionen heutiger Unternehmen der Serienfertigung durch eine große Flexibilität Rechnung trägt.

Zu Beginn des Beitrages wird das generelle Konzept von OOPUS WEB und dessen Einsatzmöglichkeiten im Bereich von Forschung und Lehre erläutert. Im Anschluss daran wird das entwickelte Modell der Serienfertigung im Detail diskutiert, wobei besonders das Zeitmodell ausführlich erläutert wird. Darauffolgend wird der Ansatz der flexiblen Kombination unterschiedlicher Planungsverfahren erläutert und die technische Realisierung von OOPUS WEB vorgestellt. Zum Abschluss des Beitrags wird ein exemplarisches Planungsverfahren für einen konkreten Anwendungsfall im Detail unter Bezug zum vorher beschriebenen Modell und Konzept von OOPUS WEB beschrieben.

Zusammenfassend erlaubt es die aktuell am HEINZ NIXDORF INSTITUT entwickelte Plattform OOPUS WEB durch den zugrundeliegenden modularen Aufbau des Planungskonzeptes und die flexible Anbindung von Planungsalgorithmen für jede Planungssituation innerhalb der Serienfertigung problemspezifische Planungsverfahren einzusetzen. Mit seinem flexiblen Aufbau und insbesondere durch das erweiterbare und konfigurierbare Datenmodell kann es laufend an neue und zuvor nicht berücksichtigte Anforderungen angepasst werden. Zudem eignet sich OOPUS WEB, dadurch dass nur für den Problembereich relevante Elemente modelliert werden müssen, hervorragend für den Einsatz in Forschung und Lehre.

Literatur

Bauer C, King G (2005) Hibernate in Action – A guide to concepts and practice of object/relational mapping. Manning, Greenwich

Bella J, Layer F (2006) Produktionsplanung mit SAP APO-PP/DS. Galileo Press, Bonn

Buschmann F, Meunier R, Rohnert S, Sommerlad P, Stal M (1998) Pattern-orientierte Software-Architektur. Addison-Wesley, München

Dangelmaier W, Rust T, Hermanowski T, Brüggemann D, Kaschula D, Döring A, Timm T (2007) OOPUS – A Production Planning Information System to Assure High Delivery Reliability Under Short-term Demand Changes and Production Disturbances. In: Proceedings of the Ninth International Conference on Enterprise Information Systems (ICEIS) - Databases and Information Systems Integration

Dangelmaier W, Warnecke H-J (1997) Fertigungslenkung – Planung und Steuerung des Ablaufs der diskreten Fertigung. Springer, Berlin

Ferstl O, Sinz E (1998) Grundlagen der Wirtschaftsinformatik Band 1. Oldenbourg, München Wien

Fischer J, Hoos J, Spiekermann M, Tchokotheu A (2005) Integrierte Anwendungssysteme SAP R/3 – Grundlagen. Universität Paderborn Wirtschaftsinformatik, Paderborn

Karmarkar US, Schrage L (1985) The Deterministic Dynamic Product Cycling Problem. Operations Research, Vol. 33

Kurbel K (2003) Produktionsplanung und -steuerung – methodische Grundlagen von PPS-Systemen und Erweiterungen, 5. Aufl. Oldenbourg, München Wien

Salomon M (1991) Some Extensions of The Discrete Lotsizing and Scheduling, Problem. Management Science, Vol. 37 (7)

Schmidt C, Roesgen R (2006) Reorganisation der PPS. In: Schuh G. (Hrsg) Produktionsplanung und -steuerung – Grundlagen, Gestaltung und Konzepte. Springer, Berlin

Ship H (2004) Tapestry in Action – The definitive guide to web application development with Tapestry. Manning, Greenwich

Springmann L, Tigges O (2005) Das Webframework Tapestry, Javaspektrum (1)

Suerie C (2005) Campaign Planning in Time-Indexed Model Formulations. International Journal of Production Research 43

Tempelmeier H (2006) Material-Logistik – Modelle und Algorithmen für die Produktionsplanung und -steuerung in Advanced Planning Systemen. Springer, Berlin

Warnecke H-J (1993) Der Produktionsbetrieb. Springer, Berlin

Ermittlung des angemessenen Selbststeuerungsgrades in der Logistik – Grenzen der Selbststeuerung

Dr.-Ing. Katja Windt

Jacobs University Bremen
http://www.jacobs-university.de

1 Einleitung

Die Frage des angemessenen Grades der Dezentralisierung wird in verschiedenen Wissenschaftsdisziplinen betrachtet. Zudem ist in der industriellen Praxis, beispielsweise in der Automobilindustrie, zu beobachten, dass in regelmäßig wiederkehrenden Zyklen Organisations- und Führungsstrukturen stärker zentralisiert werden und in einem darauf folgenden Zyklus wiederum überwiegend dezentralisiert werden. Letzteres hat den Vorteil schnellere und den jeweiligen Standort betreffende Entscheidungen durchführen zu können. Die Frage nach einer situationsgemäßen Ausrichtung von zentralen zu dezentralen Strukturen und Abläufen stellt sich demnach immer wieder neu. Eine angemessene bzw. sinnvolle Grenze zwischen zentraler und dezentraler Ausrichtung ist von einer Vielzahl Parametern abhängig und bedarf einer theoretischen Betrachtung.

Im Rahmen des Sonderforschungsbereiches (SFB 637) „Selbststeuerung logistischer Prozesse – Ein Paradigmenwechsel und seine Grenzen“ der Universität Bremen wird derzeit der Paradigmenwechsel von Planungs- und Steuerungssystemen hin zu einer starken Dezentralisierung unter dem Begriff Selbststeuerung erforscht. Die im SFB entwickelte interdisziplinäre Definition des Begriffs Selbststeuerung lautet:

„Selbststeuerung beschreibt Prozesse dezentraler Entscheidungsfindung in heterarchischen Strukturen. Sie setzt voraus, dass interagierende Elemente in nicht-deterministischen Systemen die Fähigkeit und Möglichkeit zum autonomen Treffen von Entscheidungen besitzen. Ziel des Einsatzes von Selbststeuerung ist eine höhere Robustheit und positive Emergenz des Gesamtsystems durch eine verteilte, flexible Bewältigung von Dynamik und Komplexität.“ (Windt u. Hülsmann 2007).

Neben dieser interdisziplinären Definition wurde zudem eine ingenieurwissenschaftliche Definition entwickelt, die für die Betrachtung der Produktionslogistik zweckmäßig ist und folgendermaßen lautet:

„Selbststeuerung logistischer Prozesse ist gegeben, wenn das logistische Objekt Informationsverarbeitung, Entscheidungsfindung und -ausführung selbst leistet.“ (Windt et al. 2005).

Für die Wettbewerbsfähigkeit logistischer Systeme ist entscheidend, welcher Grad der Selbststeuerung zu wählen ist. Es ist leicht vorstellbar, dass ein System, welches sich zu einem sehr hohen Grad selbst steuert, Entscheidungen fällt, die nicht im Sinne der Erreichung logistischer Zielgrößen stehen. Es ist demnach notwendig, selbststeuernde Prozesse in der Logistik evaluieren zu können, inwieweit sie konventionell bzw. fremd gesteuerten Systemen überlegen oder unterlegen sein können und unter welchen Bedingungen dies der Fall ist. Dieser Artikel widmet sich der geschilderten Problemstellung und hat zum Ziel, ein Mehrkomponenten Evaluierungssystems für selbststeuernde Prozesse in der Logistik vorzustellen, welches das Potential der Selbststeuerung in Abhängigkeit des Selbststeuerungsgrads und der jeweiligen Komplexität des betrachteten logistischen Systems bewertbar macht. Durch die Beschreibung und Ermittlung der Grenzen der Selbststeuerung ist ein angemessener Selbststeuerungsgrad bestimmbar.

Nach der Darstellung eines Überblicks zum Stand der Forschung zu zentralen und dezentralen Steuerungsansätzen in Abschnitt 2 wird in Abschnitt 3 das Mehrkomponenten Evaluierungssystem dargestellt. Es dient der Ermittlung der Grenzen der Selbststeuerung auf Basis der logistischen Zielerreichung in Anhängigkeit der jeweiligen Komplexität des betrachteten logistischen Systems. Zur Ermittlung des angemessenen Selbststeuerungsgrades kann darüber hinaus ein weiteres Kriterium herangezogen werden. Dieses Kriterium ist die Laufzeit der Entscheidungsfindung und stellt eine Ergänzung zum bisherigen Entwicklungsstand des Evaluierungssystems dar. Das Ziel des Einsatzes von Selbststeuerung ist, möglichst schnell zu Entscheidungen im Prozessablauf zu kommen, die zudem eine bessere oder zumindest gleichwertige Erreichung der logistischen Zielgrößen ermöglichen. Das zeitbezogene Kriterium wird in Kapitel 4 vertiefend betrachtet.

2 Zentrale versus dezentrale Steuerungsansätze

Zentralisierungs- bzw. Dezentralisierungsbestrebungen werden in der Literatur aus unterschiedlichen Sichtweisen betrachtet. Faust unterscheidet beispielsweise zwei verschiedene Ebenen der Dezentralisierung. Zum einen die Ebene, die sich auf das Unternehmen insgesamt bezieht und als „strategische" Dezentralisierung bezeichnet wird, zum anderen die Ebene der Fabrik-, Fertigungs- und Arbeitsorganisation, die als „operative" Dezentralisierung beschrieben wird (Faust et al. 1999).

Die strategische Dezentralisierung beschreibt eine Reorganisation der bestehenden Strukturen, dabei werden generell Kompetenzen der Unternehmensführung verlagert (Hirsch-Kreinsen 1998). Konkrete Beispiele für dezentrale Umgestaltungsmaßnahmen sind das Abflachen der hierarchischen Struktur, die Segmentbildung in der Produktion sowie kunden- oder produktbezogene Aufgliederung in separate Abteilungen (Latniak 2003).

Die operative Dezentralisierung hingegen zielt ab auf eine Verringerung der Arbeitsteilung, das heißt Aufgaben wie Planung und Steuerung werden auch auf Bereiche übertragen die zuvor nur ausführende Tätigkeiten ausgeübt haben (z.B. in der Fertigung). Zu den operativen Maßnahmen zählen vor allem Teamarbeitskonzepte (Gruppenarbeit, Projektgruppen, Fertigungsinseln), aber auch die Dezentralisierung von planenden, steuernden und kontrollierenden Funktionen sowie die Aufgabenintegration am Arbeitsplatz sind nicht zu vernachlässigen. Mit ihnen soll eine integrierte Bearbeitung der Produkte gewährleistet werden. Für die Beschäftigten ergibt sich dabei der Vorteil, dass sie ganzheitlichere und interessantere Aufgabenabschnitte zugeteilt bekommen und somit ihr produktives Potenzial besser nutzen (Latniak 2003).

Kennzeichen logistischer Produktionssysteme ist die typische Job-Shop-Scheduling Problematik. Diese führt zu NP(non polynomial)-schweren Problemstellungen, welche dadurch gekennzeichnet sind, dass der Lösungsraum im Sinne von Entscheidungsalternativen schneller wächst als die Geschwindigkeit der Entscheidungsfindung an Entscheidungsknotenpunkten. Zentrale Steuerungsansätze können deshalb ohne heuristische Methoden nicht zu einer Entscheidung kommen, die trotzdem zeitintensive Rechenoperationen beinhaltet. Diese zeitintensiven Rechenoperationen führen dazu, dass während dieser Planung gleichzeitig Prozessänderungen passieren, wodurch der zunächst aufwändig erstellte Plan bereits bei dem Startzeitpunkt seiner Umsetzung keine Gültigkeit mehr besitzt. Die Aufgabe der Steuerung besteht in einer solchen Situation darin, immer wieder geänderte Pläne durchzusetzen, wobei sie selbst der Problemstellung der Gleichzeitigkeit von stattfindenden Änderungen (die weder erkennbar noch beeinflussbar sind) im Prozessablauf ausgesetzt ist. Zudem hat das Steuerungssystem nach Wiesenthal sich selbst und seine Umwelt als zukünftig different zu denken, sofern eine realistische Vorausplanung stattfinden soll. Da aufgrund fehlender verlässlicher Daten eine hinreichend genaue Bestimmung des zukünftigen Systemzustandes unmöglich ist, wird in eine offene Zukunft hinein gesteuert (Wiesenthal 2006). Aufgrund dieser Umstände ist es nicht zielführend, bei nicht-deterministischen Systemen eine komplett zentrale Planung über einen längeren Zeitraum durchzuführen.

Vielmehr zeigt sich, dass dezentrale Steuerungsansätze mit den beschriebenen Problemstellungen besser umgehen können. Sie sind fokussiert auf das jeweils agierende logistische Objekt, was die Anzahl der notwendigen Rechenoperationen auf wenige zu berücksichtigende Parameter eingrenzt. So erlauben dezentrale Steuerungsansätze, konventionelle Entscheidungsmethoden einzusetzen, die weniger Rechenaufwand und damit Zeitersparnis bedeuten, welches wiederum die Wahrscheinlichkeit der Gleichzeitigkeit von stattfindenden Prozessänderungen bzw. auftretenden Ereignissen reduziert. Dezentralisierte Steuerungsansätze und insbesondere Selbststeuerung eröffnen folglich neue logistische Potenziale im Umgang mit komplexen sich dynamisch verändernden Prozessstrukturen (Scholz-Reiter et al. 2007). Jedoch welcher Grad der Dezentralisierung bzw. Selbststeuerung für die jeweilige Situation angemessen ist, bleibt schwer bestimmbar.

Um Rückschlüsse auf einen idealen Grad an Zentralisierung oder Dezentralisierung zu ziehen, gibt es den Ansatz diesen auf strategischer Ebene anhand der Betriebsgröße und Merkmalen der Führungsstruktur eines Unternehmens zu ermitteln. So steigen beispielsweise mit zunehmender Unternehmensgröße auch die Komplexität der Abläufe, die Menge der zu verarbeitenden Informationen sowie der Koordinationsaufwand, während die Reaktionsgeschwindigkeit abnimmt. Ein hoher Grad an Dezentralisierung könnte sich für solche Verhältnisse vorteilhaft erweisen, jedoch sind die Ergebnisse über Zusammenhänge zwischen Unternehmensgröße und Grad der Dezentralisierung in der Literatur teilweise widersprüchlich.

Weitere Ansätze, die ähnlich wie die Fertigungssegmentierung durch die Bildung kleiner, autonomer Einheiten sowie der Dezentralisierung von Entscheidungskompetenzen positive Effekte, wie Reduktion der Komplexität und Steigerung der Flexibilität anstreben, sind z.B. das Konzept der fraktalen Fabrik (Warnecke 1993), das Holonic Manufacturing (Brussels et al. 1998) und das Agile Manufacturing (Goldman et al. 1995). Für schwer planbare Problemstellungen in hochgradig dynamischen Systemen kann außerdem das Konzept der Heterarchie von Vorteil sein (Blecker u. Kaluza 2004). In einem heterarchischen System befinden sich mehrere, voneinander unabhängige Akteure oder Entscheidungsträger, die sich alle in wechselseitigen Beziehungen befinden, wobei aber keine bestehende Rangfolge der einzelnen Elemente besteht. Wird diese Erkenntnis auf Produktionssysteme übertragen folgt daraus, dass kleine organisatorische Einheiten auf unterster Ebene ihre Teilprobleme autark lösen und dass sich die erarbeiteten Lösungen idealerweise zu einer optimalen Gesamtlösung zusammenfassen lassen (Blecker 2004). In der Literatur wird dieser Ansatz allerdings als teilweise widersprüchlich angesehen, da Heterarchie im eigentlichen Sinne bedeutet, dass keine Hierarchie im System existiert, jedoch wird dagegen angeführt, dass Heterarchien nicht ganz ohne Hierarchien zu realisieren sind. Als Beispiel lässt sich dafür das Bilden eines abteilungsübergreifenden Projektteams anführen (Blecker u. Kaluza 2004). Letzteres stellt wiederum in Maßen eine Zentralisierungsmaßnahme dar, wodurch der Grad der Dezentralisierung reduziert wird. Das Problem der Bestimmung der Grenze zwischen zentraler und dezentraler Steuerung wird hier offensichtlich. Ein erster Ansatz zur Lösungsfindung ist, einen bestimmten Grad der Dezentralisierung bzw. Selbststeuerung bewertbar zu machen. Das im Folgenden beschriebene Mehrkomponenten Evaluierungssystem stellt einen solchen Ansatz dar.

3 Das Mehrkomponenten Evaluierungssystem

Das Mehrkomponenten Evaluierungssystem bewertet, ob ein bestimmter Selbststeuerungsgrad die Logistikleistung (z.B. hohe Termintreue, kurze Durchlaufzeiten) in komplexen Systemen verbessern kann (Scholz-Reiter et al. 2006). Das Evaluierungssystem besteht aus der eigentlichen logistischen Potentialbestimmung des Selbststeuerungsgrads in Abhängigkeit der Komplexität der betrachteten Prozessstrukturen sowie aus den im Folgenden beschriebenen drei Komponenten (Abb. 1).

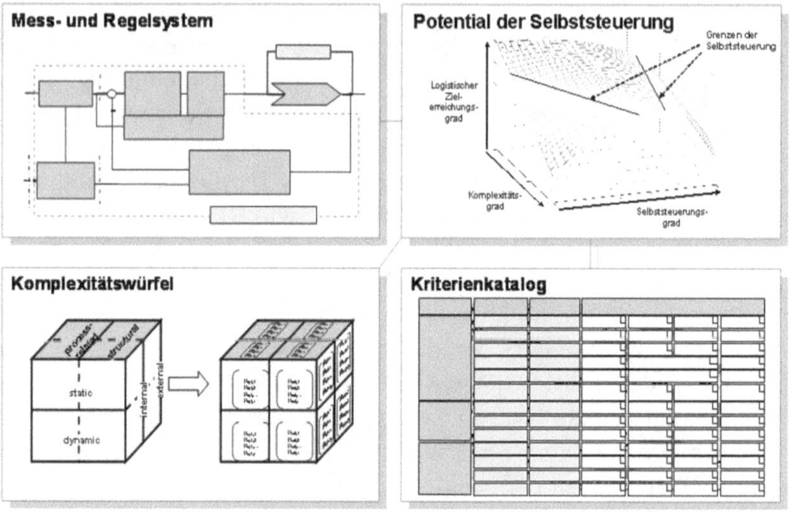

Abb. 1. Mehrkomponenten Evaluierungssystem (Böse u. Windt 07)

Das Mess- und Regelsystem stellt die eine Komponente dar. Es ermittelt die logistischen Zielgrößen durch einen vektoriellen Ansatz und ist in Abschnitt 3.4 erläutert. Der vektorielle Ansatz trägt der Gegenläufigkeit der logistischen Zielgrößen Rechnung. Ihre Erreichung kennzeichnet das Potential der Selbststeuerung. Zur Überprüfung der Forschungshypothese zum Paradigma der Selbststeuerung logistischer Prozesse „Mit steigender Systemkomplexität in Kombination mit vielen Störungen bewirkt Selbststeuerung für das Gesamtsystem eine verbesserte Erreichung logistischer Zielgrößen." wurde ein 3D-Diagramm entwickelt. Es visualisiert das Potential der Selbststeuerung in Abhängigkeit der Systemkomplexität und des Selbststeuerungsgrades als Ergebnis des Evaluierungssystems.

Abschnitt 3.1 konzentriert sich auf die Beschreibung dieses Potentials. Die Ermittlung des Selbststeuerungsgrades durch einen morphologischen Kriterienkatalog und die Beschreibung der Systemkomplexität stellen zwei weitere Komponenten des Evaluierungssystems dar und werden in den Abschnitten 3.2 und 3.3 beschrieben. Besondere Betrachtung erfährt dabei die Erforschung der Grenzen der Selbststeuerung. In Abschnitt 4 wird ein zeitbezogener Ansatz zur Ermittlung eines angemessenen Selbststeuerungsgrads als Ergänzung des Evaluierungssystems aufgezeigt.

3.1 Potential der Selbststeuerung

Die Grenzen der Selbststeuerung stellt Abb. 2 aufgrund des logistischen Potentials anhand eines 3D-Diagramms dar. Diese antizipativ dargestellte Kurve misst die logistische Zielerreichung in Abhängigkeit der Komplexität des betrachteten logistischen Systems sowie des jeweiligen Selbststeuerungsgrads (Windt et al. 2007; Böse u. Windt 2007; Philipp et al. 2006).

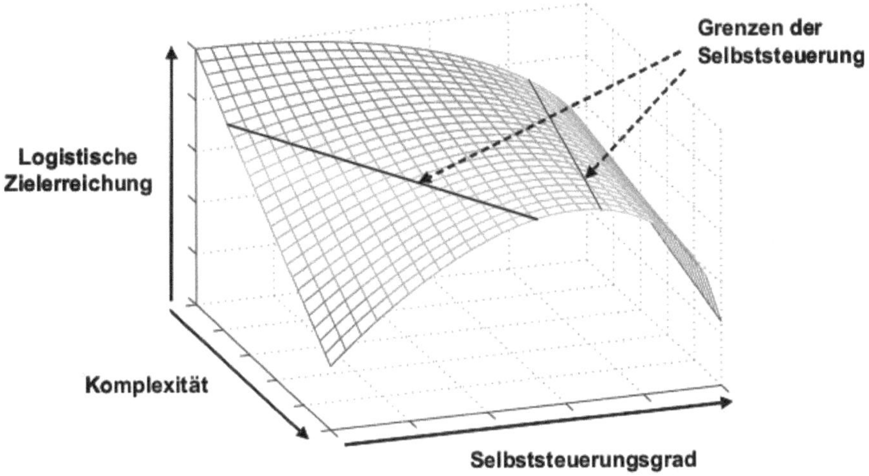

Abb. 2. Potential der Selbststeuerung

Grundlage für den abgebildeten Kurvenverlauf sind die folgenden Annahmen:

- Je niedriger das Komplexitätsniveau und je höher der Grad der Selbststeuerung, desto schlechter die Erreichung logistischer Zielgrößen.
- Systemkomplexität und logistische Zielerreichung korrelieren bis zu einem spezifischen Grad der Selbststeuerung positiv.
- Je höher das Komplexitätsniveau und je niedriger der Grad der Selbststeuerung, desto schlechter die logistische Zielerreichung.

- Bei einem gegebenen niedrigen Komplexitätsniveau ist die logistische Zielerreichung bei einem niedrigen Selbststeuerungsgrad höher als bei einem hohen Selbststeuerungsgrad.
- Für einen gegebenen niedrigen Selbststeuerungsgrad nimmt mit steigender Komplexität die logistische Zielerreichung ab.

Die Validierung dieses Kurvenverlaufs geschieht durch Simulationsstudien, die derzeit durchgeführt werden (vgl. Abschnitt 3.5). Die Ermittlung der Parameter des Kurvenverlaufs (Systemkomplexität und Selbststeuerungsgrad sowie die logistische Zielerreichung) werden im Folgenden als jeweilige Komponente des Evaluierungssystems beschrieben.

3.2 Komponente 1: Morphologischer Kriterienkatalog

Ein morphologischer Kriterienkatalog ermöglicht es, den Selbststeuerungsgrad in logistischen Systemen abzuschätzen. Der Kriterienkatalog besteht derzeit aus dreizehn Selbststeuerungsmerkmalen für logistische Systeme und den zugehörigen Ausprägungen.

Kriterienkategorie K_i	Kriterium K_{ij}	Gewichtung G_{ij}	Ausprägung A_{ij}			
Entscheidungsfindungs-Kriterien Auslösung des Entscheidungsprozesses, Identifikation und Bewertung der Entscheidungsalternativen, Anweisung und Kontrolle der ausgewählten Entscheidungsalternative	Zeitliches Verhalten des Zielsystems	9	statisch [0]	überwiegend statisch [1]	überwiegend dynamisch [2]	dynamisch [3]
	Organisationsstruktur	12	hierarchisch [0]	überwiegend hierarchisch [1]	überwiegend heterarchisch [2]	heterarchisch [3]
	Anzahl Entscheidungsalternativen	12	keine [0]	einige [1]	viele [2]	unbegrenzt [3]
	Art der Entscheidungsfindung	8	statisch [0]	regelbasiert [1,5]		lernend [3]
	Ort der Entscheidungsfindung	15	Systemebene [0]	Subsystemebene [1,5]		Systemelementebene [3]
	Vorhersagbarkeit des System-/Elementverhaltens	11	SV und EV deterministisch [0]	EV nicht-/ SV deterministisch [1]	SV nicht-/ EV deterministisch [2]	SV und EV nicht-deterministisch [3]
Informationsverarbeitungs-Kriterien Erfassung, Speicherung, Transformation und Übertragung von Informationen	Ort der Datenhaltung	1	zentral [0]	überwiegend zentral [1]	überwiegend dezentral [2]	dezentral [3]
	Ort der Datenverarbeitung	6	zentral [0]	überwiegend zentral [1]	überwiegend dezentral [2]	dezentral [3]
	Interaktionsfähigkeit	14	keine [0]	Datenbereitstellung [1]	Kommunikation [2]	Koordination [3]
Entscheidungsausführungs-Kriterien Umsetzung der getroffenen Entscheidung auf der Materialflussebene	Flexibilität	2	unflexibel [0]	wenig flexibel [1]	flexibel [2]	sehr flexibel [3]
	Identifizierbarkeit	4	keine Elemente identifizierbar [0]	einige Elem. identifizierbar [1]	viele Elemente identifizierbar [2]	alle Elemente identifizierbar [3]
	Fähigkeit zur Zustandsmessung	6	keine [0]	andere [1]	selbst [2]	selbst und andere [3]
	Mobilität	1	stationär [0]	gering mobil [1]	mobil [2]	stark mobil [3]

Selbststeuerungsgrad

$$\sum_{i=0}^{n} \sum_{j=0}^{n} G_{ij} * a_{ij} = 220$$

K_i = Kriterienkategorie
K_j = Kriterium
G_i = Gewichtung des Kriteriums
A_i = Ausprägung des Kriteriums
a_i = Erfüllung des Kriteriums

Abb. 3. Komponente 1: Morphologischer Kriterienkatalog (Böse u. Windt 2007; Windt et al. 2007)

Zur Systematisierung des Kriterienkatalogs, dargestellt in Abb. 3, wurden die einzelnen zu definierenden Kriterien in die Kriteriengruppen Entscheidungsfindungskriterien, Informationsverarbeitungskriterien und Entscheidungsausführungskriterien eingeordnet.

Zur Bestimmung des Selbststeuerungsgrads sind die Ausprägungen der Kriterien so angeordnet, dass, gelesen von links nach rechts, eine Zunahme des Selbststeuerungsgrads zu verzeichnen ist. Um den tatsächlichen Selbststeuerungsgrad auf Basis der Kriterien zu ermitteln, bedarf es einer Operationalisierung der Kriterien. Darüber hinaus sind die Kriterien unterschiedlich stark zu gewichten. Beispielweise ist leicht nachzuvollziehen, dass das Kriterium Anzahl der Entscheidungsalternativen einen viel größeren Einfluss auf den Selbststeuerungsgrad ausübt als der Ort der Datenhaltung. Daher wurde zunächst eine Gewichtung der Kriterien unter Einsatz der Methode der Nutzwertanalyse und des paarweisen Vergleichs vorgenommen (vgl. Böse und Windt 2007). Diese Gewichtung erlaubt eine Abschätzung des Selbststeuerungsgrads.

3.3 Komponente 2: Ermittlung des Komplexitätsniveau

Die logistische Zielerreichung des jeweiligen Grades der Selbststeuerung ist in großem Maße abhängig von der Komplexität des betrachteten logistischen Systems, welches die zweite Komponente des Evaluierungssystems darstellt. Die Parameter, die zur Beschreibung des Komplexitätsbegriffs herangezogen werden müssen, sind mannigfaltig. Die systeminhärente Dynamik wird dabei in Form veränderbarer Parameter in der folgenden Beschreibung der Komplexität aufgegriffen.

Zur Beschreibung der Komplexität existiert eine Vielzahl von Ansätzen. Zur Thematik komplexer Netzwerke, z.B. bei der Betrachtung des Internets oder zu biologischen Systemen wurden Ansätze zur Komplexitätsbeschreibung von (Amara u. Ottino 2004; Barabasi u. Oltvai 2004) entwickelt. Costa zeigt, dass ein komplexes Netzwerk durch einen Komplexitätsvektor beschrieben werden kann (Costa et al. 2005). Dieser Ansatz wird im Folgenden für die Beschreibung der Komplexität von Produktionssystemen aufgegriffen. Seine Gesamtkomplexität lässt sich folglich durch einen Komplexitätsvektor darstellen. Die Parameter des Vektors in Abb. 4 stellen einen Ausschnitt möglicher Messgrößen dar (Scholz-Reiter et al. 2006; Philipp et al. 2007; Windt et al. 2007).

Innerhalb dieses Vektors sind alle Größen messbar und folglich lässt sich ein solcher Vektor für jedes Produktionssystem aufstellen. Zunächst handelt es sich bei diesem Vektor um einen Ansatz zur Messung der unterschiedlichen Komplexitätsarten in produktionslogistischen Systemen auf einer Ordinalskala, welcher in weiteren Forschungsarbeiten genauer spezifiziert werden muss. Mit Hilfe dieser vektoriellen Herangehensweise ist es zudem möglich, zwei Systeme miteinander zu vergleichen und einen Komplexitätsunterschied $\Delta\mu$ der beiden Systeme zu ermitteln (Philipp et al. 2006). Auf diese Art und Weise lässt sich die Komplexität von Produktionssystemen operationalisieren und folglich die Auswirkungen geänderter Komplexitätsniveaus untersuchen.

Um den unterschiedlichen Sichten der Komplexität gerecht zu werden, wurden darüber hinaus Komplexitätskategorien entwickelt, die in Form eines Komplexitätswürfels abgebildet werden. Die Anwendung des Komplexitätswürfels hat zum Ziel, die Komplexität eines logistischen Systems vollständig zu beschreiben. Die Komplexitätskategorien sind im Folgenden angeführt (vgl. auch Philipp et al. 2006a). Es zeigt sich, dass insbesondere dynamische Veränderungen in logistischen Systemen als zeitliche Komplexität zu verstehen sind.

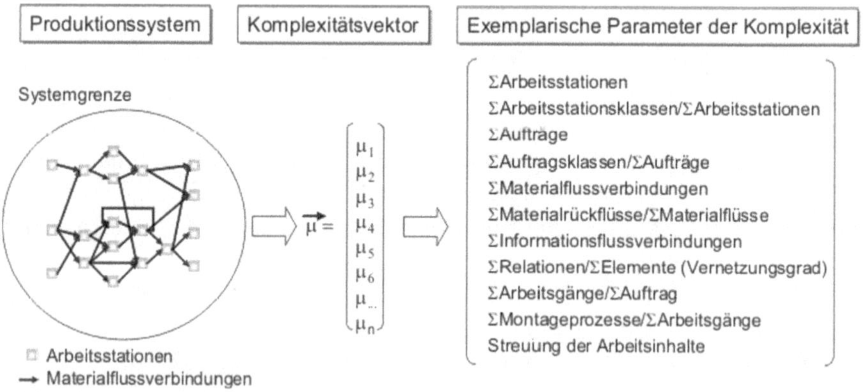

Abb. 4. Exemplarischer Komplexitätsvektor für Produktionssysteme (Scholz-Reiter et al. 2006)

Organisationale Komplexität

Die organisationale Komplexität gliedert sich in die prozessuale und strukturelle Komplexität. Die prozessuale Komplexität definiert die Anzahl und Verschiedenheit von Abläufen. Dagegen beschreibt die strukturelle Komplexität die Anzahl und Verschiedenheit der im System befindlichen Elemente, Relationen und Eigenschaften.

Zeitliche Komplexität

Die zeitliche Komplexität umfasst die statische und die dynamische Komplexität. Die dynamische Komplexität beschreibt die Veränderungen bezüglich Anzahl und Verschiedenheit der Prozessabläufe, Systemelemente, ihrer Relationen und Eigenschaften im Zeitverlauf. Demgegenüber bezieht sich die statische Komplexität auf einen Systemstatus zu einem bestimmten Betrachtungszeitpunkt oder -zeitraum.

Systemische Komplexität

Die systemische Komplexität beinhaltet die interne und externe Komplexität und wird durch die Systemgrenzen bestimmt. Prozessabläufe, Systemelemente, Beziehungen und Eigenschaften, welche innerhalb der Systemgrenze auftreten, werden der internen Komplexität zugeordnet, während Prozessabläufe, Systemelemente, Beziehungen und Eigenschaften außerhalb der Systemgrenze Bestandteil der externen Komplexität sind.

Im Rahmen des in (Philipp et al. 2006a) dargestellten Komplexitätswürfels, werden Beziehungen zwischen den Komplexitätskategorien hergestellt. Jede Kategorie lässt sich dabei durch einen Komplexitätsvektor beschreiben. Zukünftige Arbeiten konzentrieren sich auf die Identifizierung weiterer notwendiger Parameter zur Bestimmung der Komplexität.

3.4 Komponente 3: Mess- und Regelsystem

Die logistische Zielerreichung stellt das wesentliche Kriterium zur Beurteilung des Selbststeuerungspotentials dar. Das logistische Zielsystem umfasst mehr als nur eine Zielgröße und zwischen den Zielgrößen bestehen Wirkzusammenhänge (Wiendahl 2005). Bei der Evaluierung der Selbststeuerung werden drei Bewertungsebenen unterschieden: Über einen Zeitraum hinweg werden die logistische Zielerreichung des Gesamtsystems, die logistische Zielerreichung der Einzelobjekte (z.B. eines Auftrages oder einer Maschine) sowie die Bewertung der logistischen Zielerreichung der jeweiligen Alternativen an Entscheidungsknoten ermittelt. Letzteres dient im Sinne einer Selbststeuerungsmethode der Entscheidungsfindung des logistischen Objektes. Im Folgenden wird dazu ein regelungstechnischer Ansatz beschrieben, der diese drei Bewertungsebenen aufgreift.

Regelkreis der Selbststeuerung

Ausgangspunkt zur Messung und Bewertung selbststeuernder logistischer Prozesse ist ein regelungstechnischer Ansatz aus Sicht der logistischen Objekte (Scholz-Reiter et al. 2006; Philipp et al. 2006a; Windt et al. 2007). Der regelungstechnische Ansatz, dargestellt in Abb. 5, verdeutlicht die Messpunkte zur Ermittlung der logistischen Zielerreichung selbststeuernder Prozesse.

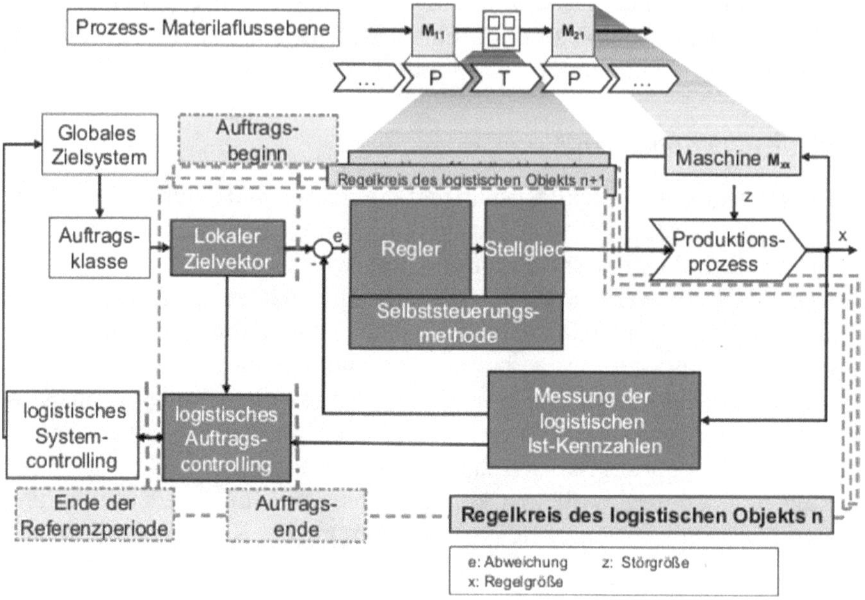

Abb. 5. Regelkreis der Selbststeuerung (Windt et al.2007a; Philipp ct al. 2007)

Der zu regelnde Prozess ist in diesem Fall der Produktionsprozess. An diesem Prozess sind sowohl ein Auftrag als auch eine Ressource sowie weitere logistische Objekte beteiligt. Ausgehend von einem globalen Zielsystem werden Zielgrößen für unterschiedliche Objektklassen abgeleitet. Dieses ermöglicht aus Auftragssicht beispielsweise eine Unterscheidung in Kunden- und Lageraufträge mit jeweils unterschiedlichen Zielprioritäten für die Termintreue und Durchlaufzeit des einzelnen Auftrags. Aus den Zielen der Objektklassen ergeben sich lokale Zielvorgaben für einzelne logistische Objekte, die in einem lokalen Zielvektor zusammengefasst sind. Diese lokalen Zielvorgaben dienen, gegebenenfalls nach einer Terminierung bei Kundenaufträgen, als Führungsgröße für den regelungstechnischen Ansatz zur Selbststeuerung.

Änderungen bzw. Abweichungen von der Zielerreichung innerhalb des Produktionsprozesses können durch die Rückkopplung und gleichzeitige Ermittlung der relevanten logistischen Kennzahlen zeitnah erfasst werden und geeignete Maßnahmen in Form einer Bewertung von Alternativen (Bewertungsebene am Entscheidungsknoten) getroffen werden. Innerhalb des Reglers werden die Abweichungen des Produktionsprozesses von den lokalen Vorgabewerten ausgewertet. Auf dieser Basis werden mögliche Entscheidungsalternativen als Reaktion auf eine Prozessabweichung berücksichtigt. Alle möglichen Entscheidungsalternativen werden hinsichtlich ihrer prognostizierten logistischen Zielerreichung auf Basis der lokalen Zielvorgaben bewertet.

Diese erste Stufe des Bewertungsmodells liefert die Grundlage für die Auswahl von möglichen Alternativen für den weiteren Verlauf des Auftrags durch die Produktion. Die auf Basis der Bewertung getroffene Entscheidung wird anschließend durch das Stellglied umgesetzt. Dieses kann beispielsweise der Transport auf eine andere Maschine sein, falls zuvor die Entscheidung getroffen wurde, dass ein Wechsel der Produktionsanlage einen höheren Beitrag zum Zielerreichungsgrad des logistischen Objekts bringt. Am Ende eines Auftrags, d.h. bei Fertigstellung des letzten Arbeitsvorganges, werden die ermittelten logistischen Kenngrößen mit den vorgegebenen logistischen Kenngrößen verglichen (Soll-Ist-Vergleich) und auf dieser Basis der Zielerreichungsgrad des einzelnen logistischen Objekts ermittelt. Dieses stellt die zweite Stufe des Bewertungssystems (Bewertungsebene des logistischen Objektes) dar. Durch eine Betrachtung aller im Produktionssystem befindlichen logistischen Objekte (z.B. am Ende einer Referenzperiode) und gegebenenfalls einer Gewichtung dieser Objekte, welche beispielsweise eine höhere Bedeutung von Engpassmaschinen oder wichtigen Kundenaufträgen ermöglicht, besteht die Möglichkeit den Zielerreichungsgrad des Gesamtsystems zu ermitteln. Diese Betrachtung des Gesamtsystems stellt die dritte Stufe des Bewertungssystems dar (Bewertungsebene des Gesamtsystems). Mittels dieser dezentralen Regelung einzelner logistischer Objekte wird die Möglichkeit gegeben, zeitnah auf eventuelle Änderungen oder Störungen zu reagieren und folglich die Performanz des Gesamtsystems über die Messung des logistischen Zielerreichungsgrads zu erhöhen (Windt et al. 2007a; Philipp et al.2006a, 2007).

Vektorieller Ansatz zur Messung des logistischen Zielerreichungsgrades

Die konkrete Messung des Zielerreichungsgrades geschieht mittels eines vektoriellen Ansatzes. Als Basis dienen Zielvektoren $\vec{z}$ mit den logistischen Zielgrößen in der folgenden Form (s. Gl. 1):

$$\vec{z} = \begin{bmatrix} \text{Termintreue} \\ \text{Durchlaufzeit} \\ \text{Auslastung} \\ \text{Bestand} \end{bmatrix} \tag{1}$$

Dieses Format des Vektors gilt sowohl für die Vorgabevektoren, als auch für die Vektoren mit den tatsächlichen Ist-Werten bei der Entscheidungsbewertung oder bei der Ermittlung der Kennzahlen zur Bewertung einzelner logistischer Objekte. Für die Gewichtung der einzelnen logistischen Zielgrößen werden Gewichtungsvektoren eingeführt. Die Vorgabevektoren beinhalten die Sollwerte der einzelnen Ziele eines logistischen Objekts. Durch einen Vergleich des Vorgabevektors $\overrightarrow{z_{soll}}$ mit den tatsächlichen Werten aus dem Ist-Vektor $\overrightarrow{z_{ist}}$ des logistischen Objekts lässt sich der dadurch erhaltene Vektor $D\overrightarrow{z_{soll-ist}}$ in einen Vektor $\vec{e}$ mit den Zielerreichungsgraden transformieren (Philipp et al. 2007). Die Ermittlung der Zielerreichungsgrade der einzelnen Ziele erfolgt durch den Soll-Ist-Vergleich der jeweiligen Zielgröße und der Berücksichtigung einer vorgegebenen Verteilung. Weiterhin werden die einzelnen Zielerreichungsgrade in einem nächsten Schritt zu einem Zielerreichungsgrad des einzelnen Objekts aggregiert. Dieses geschieht durch die Einführung eines Gewichtungsvektors γ für das jeweilige logistische Objekt. Dadurch wird die Möglichkeit gegeben, über das Skalarprodukt von Gewichtungsvektor γ und Zielerreichungsgradvektor $\vec{e}$ eine Größe für den Zielerreichungsgrad e_{obj} eines logistischen Objekts in Prozent (%) zu ermitteln.

$$e \cdot \gamma = \begin{bmatrix} e_{Termintreue}[\%] \\ e_{Durchlaufzeit}[\%] \\ e_{Auslastung}[\%] \\ e_{Bestand}[\%] \end{bmatrix} \cdot \begin{bmatrix} \gamma_{Termintreue} \\ \gamma_{Durchlaufzeit} \\ \gamma_{Auslastung} \\ \gamma_{Bestand} \end{bmatrix} = e_{obj}[\%] \tag{2}$$

Folglich beschreibt diese Gleichung (Gl. 2) die zweite Stufe des Bewertungssystems. Für die dritte Stufe des Bewertungssystems ist es notwendig, die einzelnen Zielerreichungsgrade zu einem Gesamtzielerreichungsgrad zu aggregieren. Aus diesem Grund gibt es wiederum Gewichtungsfaktoren χ für jedes einzelne Objekt, welche die Auswirkung der einzelnen Einheit auf das Gesamtsystem beschreiben (Gl. 3). Auf diese Art und Weise ist es zudem möglich, Ressourcenklassen oder Auftragsklassen gesondert zu betrachten und die logistischen Zielerreichungsgrade von selbststeuernden Produktionssystemen zu ermitteln (Scholz-Reiter et al. 2006; Philipp et al. 2007).

$$e_{total} = \frac{\sum_{i=1}^{n} \chi_i \cdot e_{obj}}{\sum_{i=1}^{n} \chi_i} \tag{3}$$

mit
n: Anzahl aller logistischen Objekte [-],
e_{total}: Logistische Zielerreichung des Gesamtsystems [%]
i: Zählvariable [-]
χ: Gewichtungsfaktor [-]

3.5 Validierung des Evaluierungssystems

Ziel der Durchführung von Simulationsstudien ist die Validierung des dreidimensionalen Kurvenverlaufs in Abb. 2. Entsprechend Abb. 6 werden die ausgewählten und in die Kurve eingezeichneten neun Punkte simuliert. Jeder dieser Punkte stellt einen Simulationslauf dar. Variiert werden das Komplexitätsniveau und der Selbststeuerungsgrad einer Fertigung. Die logistische Zielerreichung wird als Ergebnisgröße gemessen.

Ein Produktionsunternehmen, welches Rohrhalterungssysteme für die Kraftwerksindustrie herstellt, dient als Praxisbeispiel für die Simulationsstudien. Das Datenset umfasst 450.000 Datensätze, welche die Produktionsprozesse über einen Zeitraum von drei Jahren von 102 Maschinen umfassen.

Zur Modellierung und Simulation wird das Simulationswerkzeug eMPlant verwendet. Derzeit werden die Simulationsstudien durchgeführt und erste Ergebnisse in Kürze erwartet.

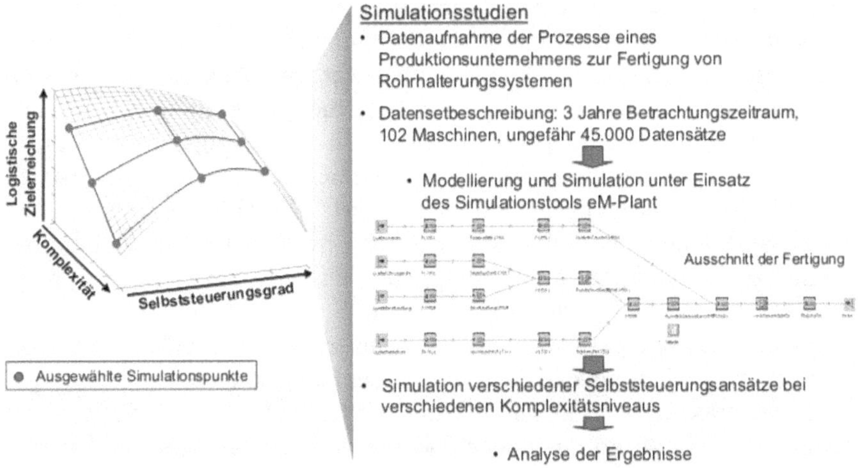

Abb. 6. Simulationsstudien zur Validierung der Forschungshypothese des Mehrkomponenten Evaluierungssystems

4 Grenzen der Selbststeuerung

Die Frage eines situationsgemäßen und dementsprechend angepassten Selbststeuerungsgrades wirft Analogien zur Ausprägung von Organisationsstrukturen hinsichtlich des Grades der Zentralisierung oder Dezentralisierung auf. Das 3D-Diagramm in Abb. 2 zeigt, dass die jeweiligen extremen Ausprägungen des Selbststeuerungsgrades (0% und 100%) für hohe Komplexitätsniveau eine reduzierte Erreichung der logistischen Zielgrößen aufweisen. Ein Selbststeuerungsgrad von 100% bedeutet, das sämtliche als logistische Objekte zu definierenden Einheiten im Sinne der oben genannten Definition der Selbststeuerung agieren. Im Kriterienkatalog sind dementsprechend die Kriterien im maximalen Bereich ausgeprägt.

4.1 Beschreibungskriterien der Grenzen einer Selbststeuerung

Die logistische Zielerreichung stellt in Abb. 2 das Hauptkriterium zur Beschreibung der Grenzen der Selbststeuerung dar. Im Folgenden wird ausgeführt, dass die logistische Zielerreichung nicht das einzige Kriterium zur sinnvollen Festlegung des situationsgemäßen Selbststeuerungsgrads darstellt. Ein weiteres Kriterium stellt die Zeitdauer bzw. Laufzeit zur Ausführung von Entscheidungen dar. Zentrale Planungs- und Steuerungssysteme benötigen trotz leistungsfähiger Algorithmen und Rechenkapazitäten (vergleiche Abschnitt 2) einen enormen Zeitaufwand, um beispielsweise für die in Abschnitt 3.5 beschriebene Fertigung eine Termin- und Kapazitätsplanung durchzuführen. Alle Aufträge werden basierend auf der zum Zeitpunkt des Planungsstarts aktuellen Belastungssituation über sämtliche Arbeitsgänge hinweg eingeplant. Die hier auftretenden NP-schweren Problemstellungen werden nur durch Heuristiken berechenbar. Charakteristisch für die Werkstattfertigung ist, dass sehr kurzfristig Änderungen entstehen und die systeminhärente Dynamik sehr hoch ist. So ist die zu Beginn der Planung zu Grunde gelegte Belastungssituation innerhalb kurzer Zeit nicht mehr gültig. Selbststeuerung greift diese Schwachstelle zentraler Planungs- und Steuerungsansätze auf und konzentriert sich auf die unmittelbar im Prozessablauf bevorstehenden Entscheidungsknoten.

Ein weiteres Beschreibungskriterium der Grenze zwischen Selbst- und Fremdsteuerung soll im Folgenden dadurch definiert sein, dass Selbststeuerung nicht nur dort Sinn macht, wo die logistische Zielerreichung verbessert wird, sondern die Entscheidungsfindung selbst weniger Zeit beansprucht als bei zentralen Steuerungsansätzen. Bevor der Ansatz zur Berechnung des Zeitaufwandes für die Entscheidungsfindung vorgestellt wird, bedarf es weiterer Ausführungen zur Charakteristik der Selbststeuerung, wie sie dieser Beitrag zugrunde legt.

Eine hier getroffene Voraussetzung der Selbststeuerung ist, dass nur der unmittelbar nächste Arbeitsschritt bzw. die direkt anstehende Entscheidung geplant wird. Wie bei einer reaktiven Planung reagieren die selbststeuernden Objekte bei jeder Änderung im Prozessablauf unmittelbar, jedoch mit dem Unterschied, dass nicht weiter als für die aktuell anstehende Entscheidung in die Zukunft geplant wird. Der Zeitanteil der Planung reduziert sich somit auf ein Minimum, wodurch das eigentliche Steuern bzw. Regeln im Vordergrund steht. Die für die Entscheidungsfindung der einzelnen logistischen Objekte anzuwendenden Entscheidungsalgorithmen beurteilen nur die direkte Situation. Beispielsweise für die Entscheidung an welcher nächsten Maschine ein Auftrag gefertigt werden soll, werden nur die unmittelbaren Belastungssituationen der infrage kommenden alternativen Maschinen betrachtet, nicht jedoch die im weiteren Arbeitsplan vorgesehenen Maschinen. Dies ergibt sich aus der Konsequenz, dass die Zustände der folgenden Maschinen aufgrund der systeminhärenten Dynamik nicht den Zustand der Maschine zu dem Zeitpunkt des zukünftigen Eintreffens des betrachteten Auftrags wiedergeben. Das Vorsehen eines langfristigen Planungshorizontes ist somit nicht sinnvoll, da sonst in eine sich ständig ändernde Zukunft geplant wird. Zudem werden bei Selbststeuerung die zukünftigen Einflüsse der einzelnen logistischen Objekte zueinander bei der Entscheidungsfindung nicht berücksichtigt, was ebenfalls die Anzahl der zu berücksichtigen Einflussparameter der Entscheidungsmethode reduziert.

Die Entscheidungsbäume sind somit auf die unmittelbar möglichen Alternativen reduziert. Die Auswirkungen auf zukünftige Abläufe werden bei der Bewertung der Alternativen aufgrund der bereits erwähnten Dynamik nicht in Betracht gezogen. Würde zur Bewertung jeder möglichen Alternativen auch deren Auswirkung auf zukünftige wiederum alternative Prozessabläufe berücksichtigt werden, würden, wie bei Fremdsteuerung, NP-schwere Problemstellungen auftreten. Der Vorteil einer schnellen Entscheidungsfindung bei Selbststeuerung wäre nicht mehr vorhanden. Genau dieser Vorteil, der zunächst als Zeitvorteil bei der Entscheidungsfindung betrachtet werden soll, wird als ein weiteres Kriterium zur Beschreibung der Grenzen der Selbststeuerung im Folgenden näher ausgeführt. Konkret ist Selbststeuerung immer dann sinnvoll, wenn aufgrund einer systeminhärenten hohen Dynamik schnelle Entscheidungen zum logistischen Erfolg der Prozessabwicklung maßgeblich beitragen.

Zukünftige Forschungsarbeiten werden sich damit auseinandersetzen, unter welchen genauen Bedingungen eine solche Verkürzung des Planungshorizontes, wie beschrieben, sinnvoll ist. Somit ist in einigen Fällen kritisch zu hinterfragen, ob eine vorausschauende Planung auch bei Selbststeuerung in bestimmten Situationen von Vorteil sein kann.

4.2 Laufzeitberechnung bei Fremd- und Selbststeuerung

Jedes selbststeuernde logistische Objekt trifft bei jeder identifizierbaren Veränderung im Prozessablauf eine Entscheidung über seinen nächsten Schritt in der Zukunft. D.h. gemäß der systeminhärenten Dynamik werden viele Entscheidungen von sehr vielen Objekten einzeln getroffen. Der Ansatz zur Beschreibung der Grenzen der Selbststeuerung unter zeitlichen Gesichtspunkten besteht nun darin, den jeweiligen Zeitaufwand der Entscheidungsfindung zu berechnen. Der Ansatz zur Berechnung der Entscheidungsfindungszeit selbst beruht auf der Annahme, dass die Anzahl notwendiger Rechenschritte sich proportional zum Zeitaufwand verhält, d.h. je mehr Rechenschritte notwendig sind, desto höher der Zeitaufwand der Berechnung insgesamt.

In Abb. 7 sind die jeweiligen Ausgangsbedingungen für Fremd- und Selbststeuerung dargestellt. Die Parameter $t_{1\text{-}6}$ zeigen eine ausgewählte Anzahl an Entscheidungssituationen, wie sie in einer Fertigung beliebig vorkommen können.

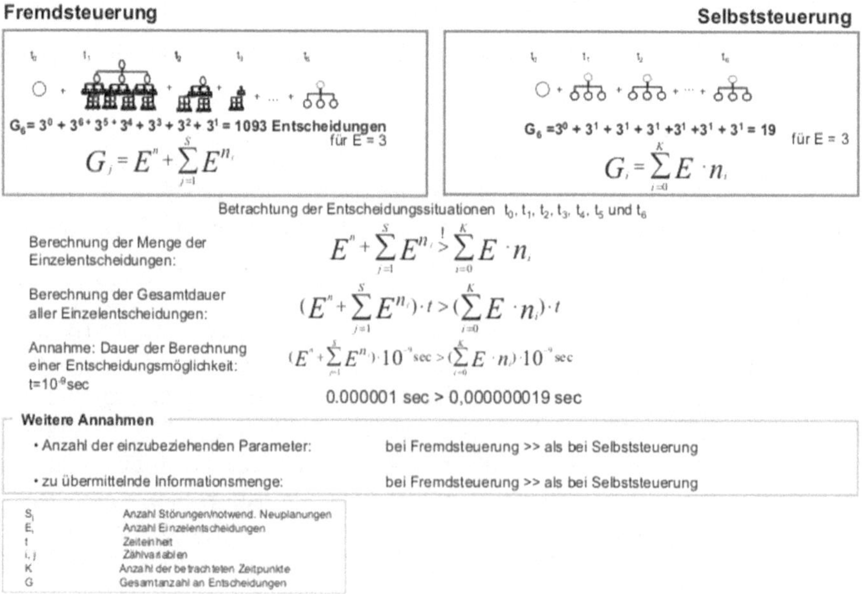

Abb. 7. Ansatz zur Berechnung des Zeitaufwandes zur Entscheidungsfindung

Die Entscheidungssituationen sind zeitlich im Prozessablauf aufsteigend nummeriert, d.h. t_2 ist dabei t_1 nachgelagert. Es bestehen zur einfachen Darstellung jeweils drei Entscheidungsalternativen je Entscheidungsknoten. Wie oben beschrieben, ist in Abb. 7 links für Fremdsteuerung zu erkennen, dass die Entscheidungsbäume sich weiter verzweigen, da versucht wird, die möglichen Alternativen folgender Einscheidungsknoten in die aktuell anstehende Entscheidung mit einzubeziehen. Hingegen ist in Abb. 7 rechts für Selbststeuerung zu erkennen, dass die Entscheidungsfindung je Zeitpunkt immer nur die jetzt zur Verfügung stehenden Alternativen betrachtet.

Folgende rechnerische Überlegungen lassen sich, wie im Folgenden dargestellt, hieraus ableiten. Mit E als der Anzahl der zu treffenden Einzelentscheidungen und j als Index für Fremdsteuerung ergibt sich als Gesamtsumme der Einzelentscheidungen G (Gl. 4):

$$G_j = E^n + \sum_{j=1}^{S} E^{n_j} \qquad (4)$$

mit
G: Summe der zu treffenden Einzelentscheidungen
E: Anzahl der zukünftig zu betrachtenden Alternativen
n: Anzahl der relevanten Entscheidungssituationen t
S: Anzahl Störungen/ notwendige Neuplanungen
j: Zählvariable

Der dem Summenzeichen vorgestellt Term E^n entspricht der zu Beginn durchzuführenden initialen Planung. Sofern Grobplanungsalgorithmen auch bei Selbststeuerung herangezogen werden sollen, wird sich dies im Wesentlichen auf die Aufragsfreigabeentscheidung beziehen. Hier sind weitere Forschungsarbeiten notwendig, um Grobplanungsfunktionen auch für Selbststeuerung zu berücksichtigen. Zunächst wird dies nicht als eigener Term in Gleichung 4 eingezogen.

Entsprechend gilt für Selbststeuerung der Zusammenhang (Gl. 5):

$$\mathrm{G_i} = \sum_{i=0}^{K} \mathrm{E} \cdot \mathrm{n_i} \qquad (5)$$

mit
G: Summe der zu treffenden Einzelentscheidungen
E: Anzahl der zu betrachtenden Alternativen
n: Anzahl der relevanten Entscheidungssituationen t
K: Anzahl der Entscheidungsknoten
i: Zählvariable

Die Anzahl der Entscheidungsknoten *K* entspricht bei Selbststeuerung der Anzahl zu treffenden Entscheidungen aufgrund neuer Alternativen im Prozessablauf. Bei hochdynamischen Logistiksystemen wird davon ausgegangen, dass jede neue Situation im Prozessablauf aufgrund geänderter Rahmenbedingungen neu bewertet werden muss. Für Fremdsteuerung bedeutet dies, Neuplanungen bzw. Anpassungsplanungen durchzuführen.

Aus beiden Gleichungen (Gl. 4 und 5) ist unschwer zu erkennen, dass die Anzahl notwendiger Rechenoperationen in Gleichung 3 exponentiell hingegen bei Gleichung 3 für Selbststeuerung linear mit der Anzahl zu berücksichtigender Entscheidungssituationen ansteigen wird. Auch bei einer nicht vollständigen Enumeration im Rahmen von Optimierungsalgorithmen bei Fremdsteuerung werden mehr Entscheidungssituationen berücksichtigt als bei Selbststeuerung. Genauere Untersuchungen hierzu werden derzeit durchgeführt.

Darüber hinaus wird bei Selbststeuerung in der Regel, wie ausgeführt, nur der aktuelle Entscheidungsknoten betrachtet, ohne zukünftige Einflüsse, die die zu treffende Entscheidung haben wird, in die Entscheidungsfindung mit einzubeziehen. Folglich kann angenommen werden, dass die Anzahl zu betrachtender Parameter ebenfalls bei Selbststeuerung wesentlich geringer als bei Fremdsteuerung sein wird. Auch dies wird sich auf die notwendige Rechenzeit auswirken.

Unter der Annahme, das die Laufzeiten für Fremd- bzw. Selbststeuerung korreliert mit der Anzahl notwendiger Rechenschritte wird im Beispiel in Abb. 7 für sechs verschiedene Entscheidungssituationen, zu denen jeweils zwischen drei Alternativen entschieden werden muss, die notwendige Laufzeit bestimmt. Für einen Rechenschritt eines Computers wird dabei gemäß (Schweikhardt 2006) 10^{-9} Sekunden angenommen. Das Ergebnis zeigt, dass bei dem hier dargestellten Verständnis von Selbststeuerung, diese viel schneller zu Entscheidungen entlang eines Prozessablaufes führt als dies bei Fremdsteuerung der Fall ist.

4.3 Kritische Diskussion des Ansatzes zur Laufzeitberechnung

Derzeitige Planungs- und Steuerungsverfahren führen in der Regel bei unplanmäßigen Veränderungen im Prozessablauf (z.B. Maschinenausfall) keine komplette Neuplanung durch. Im Sinne einer reaktiven Planung werden nur die unmittelbar betroffenen Aufträge in einer Fertigung neu geplant. Trotzdem wird soweit möglich in die Zukunft geplant, d.h. in der Regel bis zum Ende der Planungsperiode. Es ist anzunehmen, dass Fremdsteuerung demnach leistungsfähiger bei Prozessabläufen ist, die vorhersehbar sind oder keine bis wenige unplanmäßige Änderungen aufweisen. Darüber hinaus muss Selbststeuerung über eine Grobplanung verfügen, die zumindest die Freigabeentscheidung der Aufträge zentral durchführt. Die dafür notwendige Planungszeit müsste in die Überlegungen einbezogen werden. Hierzu ist es notwendig, weitere Untersuchungen zur Grobplanung durchzuführen und aufzuzeigen, welche Funktionen der Produktionsplanung und -steuerung (PPS) bei Selbststeuerung im Sinne der Grobplanung zentral erhalten werden müssen.

Die Kommunikation zwischen logistischen Objekten spielt bei Selbststeuerung eine besondere Rolle zur „Auslotung" von Alternativen im Rahmen der Entscheidungsfindung. Die hierfür benötigte Zeit ist in dem vorgestellten Ansatz bisher nicht berücksichtigt. Jedoch ist hier im Sinne der Selbststeuerung davon auszugehen, dass einfache Kommunikationsformen installiert werden. Beispielsweise wird nur mit den unmittelbar relevanten logistischen Objekten an dem Entscheidungsknoten kommuniziert. Im Unterschied zur Fremdsteuerung, die einen Planungszyklus für sämtliche logistischen Objekte durchführt, agiert Selbststeuerung für jedes logistische Objekt einzeln. Diese selbststeuernden Entscheidungsfindungen laufen jedoch zeitparallel ab, wodurch mit hoher Wahrscheinlichkeit nicht mehr Rechenzeit in der Summe benötigt wird. Bei Fremdsteuerung hingegen sind durch die gleichzeitige Betrachtung aller logistischen Objekte im Rahmen von Optimierungsberechnungen viele Einflussparameter zu berücksichtigen. Dies führt zu einer vergleichsweise hohen Anzahl an Parametern mit komplexeren Optimierungsalgorithmen, welche in der Regel längere Laufzeiten benötigen. Es ist jedoch davon auszugehen, dass zentrale fremdgesteuerte Systeme über einen sehr leistungsfähigen Computer verfügen, hingegen bei Selbststeuerung viele weniger leistungsfähige dezentrale Recheneinheiten Verwendung finden. Dieses würde wiederum Fremdsteuerung einen Laufzeitvorteil verschaffen, der bisher nicht berücksichtigt wurde.

Die Qualität der Entscheidungsfindung, d.h. letztendlich die logistische Zielerreichung des betrachteten logistischen Systems über einen Betrachtungszeitraum hinweg, stellt ein zentrales Kriterium dar, um zu beurteilen, ob mehr Selbststeuerung im Ergebnis zu wettbewerbsfähigeren logistischen Systemen beiträgt oder nicht. Die in Abschnitt 3.5 beschriebenen Simulationsstudien sollen dazu beitragen, dies in Zukunft genauer einschätzen zu können.

5 Zusammenfassung und Ausblick

Die Fragestellung, welcher Dezentralisierungsgrad in strategischer oder operativer Hinsicht in Unternehmen Wettbewerbsvorteile in sich birgt, beschäftigt die unternehmerische Praxis als auch die Wissenschaft. Selbststeuerung ist dabei ein Ansatz der Dezentralisierung, der zurzeit in logistischen Systemen erforscht wird. Die Frage der Grenzen der Selbststeuerung hinsichtlich der erfolgreichen logistischen Zielerreichung als auch der Reaktionsschnelligkeit bzw. Laufzeit zur Entscheidungsfindung in dynamischen Systemen wurde im Rahmen dieses Beitrags thematisiert.

Das beschriebene Mehrkomponenten Evaluierungssystem dient dazu, den Selbststeuerungsgrad in Abhängigkeit der Komplexität des betrachteten logistischen Systems und der logistischen Zielerreichung zu beurteilen. Zukünftige Simulationsstudien sollen die getroffenen Annahmen zum Mehrkomponenten Evaluierungssystem validieren. Die logistische Zielerreichung stellt das wesentliche Kriterium zur situationsgemäßen Beurteilung des Selbststeuerungsgrads dar. Ein weiteres Kriterium, welches im Rahmen dieses Beitrags darüber hinaus diskutiert wurde, betrifft die Reaktionsschnelligkeit bei der Entscheidungsfindung. Hier wurde ein erster Ansatz zur Berechnung der Laufzeit bei Fremd- und Selbststeuerung vorgestellt, der in Zukunft um weitere Einflussgrößen erweitert werden soll. Das Ziel ist, die Grenzen der Selbststeuerung weitestgehend zu systematisieren und evaluierbar zu machen, so dass sichergestellt werden kann, dass Selbststeuerung zukünftig in logistischen Systemen zu Wettbewerbsvorteilen führt.

Danksagung

Dieser Beitrag entstand im Rahmen des von der Deutschen Forschungsgemeinschaft geförderten Sonderforschungsbereichs 637 „Selbststeuerung logistischer Prozesse“ an der Universität Bremen innerhalb des Teilprojektes „Prozessorientierte Basisstudien zur Selbststeuerung“.

Die Verfasserin dankt Felix Böse und Thorsten Philipp für die inhaltliche Mitgestaltung einzelner Textpassagen des Beitrags.

Literatur

Amara L, Ottino J (2004) Complex networks augmenting the framework fort he study of complex systems. European Physical Journal B, 38, pp 147-162

Barabasi A, Oltvai Z (2004) Network biology: understanding the cells functional organization. Nature Reviews Genetics, 5 (2004) 2, pp 101–113

Blecker T (2004) Web-based Manufacturing. Habilitatonsschrift, Universität Klagenfurt

Blecker T, Kaluza B (2004) Heterarchische Hierarchie: Ein Organisationsprinzip flexibler Produktionssysteme. In: Wildemann H (Hrsg) Personal und Organisation. TCW-Verlag, München

Böse F, Windt K (2007) Catalogue of Criteria for Autonomous Control. In: Hülsmann M, Windt K (eds) Understanding Autonomous Cooperation and Control in Logistics – The Impact on Management, Information and Communication and Material Flow. Springer Verlag, Berlin, pp 57-72

Brussel van H (1998) Reference Architecture for Holonic Manufacturing Systems. In: Computers in Industry, special issue on IMS 37, 255-276

Costa L, Rodrigues F, Travieso G, Villas Boas P (2005) Characterization of complex networks - A survey of measurements. e-print cond-mat/0505185

Faust M, Jauch P, Brünnecke K, Deutschmann Ch (1999) Dezentralisierung von Unternehmen –. Bürokratie- und Hierarchieabbau und die Rolle betrieblicher Arbeitspolitik. Hampp Verlag, München und Mering, S 24ff

Goldman L, Nagel RL, Preiss K (1995) Agile Competitors and Virtual Organizations – Strategies for Enriching the Customer. Van Nostrand Reinhold, New York

Hirsch-Kreinsen H (1998) Organisation und Koordination eines transnationalen Unternehmensnetzwerks. In: von Behr M (Hrsg) Globale Produktion und Industriearbeit - Arbeitsorganisation und Kooperation in Produktionsnetzwerken. Frankfurt M New York, S 37-62

Latniak E (2003) Schlank schon, aber auch fit? Dezentralisierung in der deutschen Inverstitionsgüterindustrie. Institut Arbeit und Technik, Gelsenkirchen, http://iat-info.iatge.de/iat-report/2003/report2003-03.pdf, Abruf am 20.07.2007

Philipp T, Böse F, Windt, K (2006) Evaluation of Autonomously Controlled Logistic Processes. In: Proceedings of 5th CIRP International Seminar on Intelligent Computation in Manufacturing Engineering. Ischia, Italy, pp 347-352

Philipp T, Böse F, Windt K (2006a) Autonomously Controlled Processes – Characterisation of Complex Production Systems. In: Cunha P, Maropoulos P (eds) Proceedings of 3rd CIRP Conference in Digital Enterprise Technology. Setubal, Portugal

Philipp T, de Beer C, Windt K, Scholz-Reiter B (2007) Evaluation of Autonomous Logistic Processes – Analysis of the Influence of Structural Complexity. In: Hülsmann M, Windt K (eds) Understanding Autonomous Cooperation and Control in Logistics – The Impact on Management, Information and Communication and Material Flow. Springer Verlag, Berlin, pp 303-324

Scholz-Reiter B, Philipp T, de Beer C, Windt K, Freitag M (2006) Einfluss der strukturellen Komplexität auf den Einsatz von selbststeuernden logistischen Prozessen. In: Pfohl H-C, Wimmer T (Hrsg) Steuerung von Logistiksystemen – auf dem Weg zur Selbststeuerung. Konferenzband zum 3. BVL-Wissenschaftssymposium Logistik, Deutscher Verkehrs-Verlag, Hamburg, S 11-25

Scholz-Reiter B, Windt K, Toonen C (2008) Logistikdienstleistungen. In: Arnold D, Isermann H, Kuhn A, Tempelmeier H (Hrsg) Handbuch Logistik, 3. Aufl. Springer Verlag, Berlin Heidelberg New York, vorgesehen zur Veröffentlichung in 2008

Schweikardt N (2006) Logik und Komplexität. (Vortrag im Rahmen des Frühjahrsplenum der Jungen Akademie, 19.–21.03.2006, Freiburg)

Warnecke H-J (1993) Revolution der Unternehmenskultur – Das Fraktale Unternehmen. Springer Verlag, Berlin Heidelberg

Wiendahl H-P (2005) Betriebsorganisation für Ingenieure, 5. Aufl. Carl Hanser Verlag, München Wien

Wiesenthal H (2006) Gesellschaftssteuerung und gesellschaftliche Selbststeuerung. VS Verlag für Sozialwissenschaften, Wiesbaden

Windt K, Philipp T, Böse F (2007) Autonomously Controlled Logistic Processes – Characterization of Complex Production Systems. International Journal of Computer Integrated Manufacturing, Taylor&Francis, forthcoming

Windt K, Böse F, Philipp T (2007a) Autonomy in production logistics – Identification, characterisation and application. Journal of Robotics and Computer-Integrated Manufacturing, Elsevier, doi:10.1016/j.rcim.2007.07.008, forthcoming

Windt K, Böse F, Philipp T (2005) Criteria and Application of Autonomous Cooperating Logistic Processes. In: Baxter DI; Sackett PJ, Gao JX (eds) Proceedings of the 3rd International Conference on Manufacturing Research – Advances in Manufacturing Technology and Management. Cranfield

Windt K, Hülsmann M (2007) Changing Paradigms in Logistics – Understanding the Shift from Conventional Control to Autonomous Cooperation and Control. In: Hülsmann M, Windt K (eds) Understanding Autonomous Cooperation and Control in Logistics – The Impact on Management, Information and Communication and Material Flow. Springer Verlag, Berlin, pp 1-16

Ereignisorientierte Logistik – Ein neuer Ansatz zur Steuerung von Logistiksystemen

Prof. Dr.-Ing. Dipl.-Wi.-Ing. Willibald A. Günthner

Lehrstuhl für Fördertechnik Materialfluss Logistik
Technische Universität München
http://www.fml.mw.tum.de

1 Ereignisorientierte Logistik – Ein neuer Ansatz zur Steuerung von Logistiksystemen

»Der Kunde ist König« – dieser Leitsatz kundenorientierten Marketings klingt mittlerweile etwas angestaubt. Gleichzeitig ist die Aussage heute jedoch so zutreffend wie nie zuvor. Durch die digitale Revolution hat der Kunde heute eine noch vor wenigen Jahren als paradiesisch erscheinende Auswahl an Möglichkeiten, an die gewünschte Ware zu gelangen. Mussten sich kleinere Geschäfte früher hauptsächlich der Bedrohung durch die großen Einzelhandelsketten erwehren, sind diese unter Umständen selbst zum Gejagten geworden. Allen Anforderungen der Kunden gerecht zu werden ist nur noch mit einem Höchstmaß an Flexibilität möglich. Das Internet als bequemer und leistungsfähiger Vertriebskanal für Güter aller Art fördert gleichzeitig unentwegt verschiedenste Produkttrends, sowohl durch gezielt gestreute Werbung seitens der Unternehmen als auch durch den Austausch unter den Internet-Benutzern in Foren und Online-Communities. Im Bereich der Konsumgüter lassen sich aussagekräftige Nachfrageprognosen aufgrund dieses gewandelten Kundenverhaltens kaum mehr treffen, was Bestands- und Produktionsplanungen ungemein erschwert.

Nachdem von der weltweiten Öffnung der Märkte unter dem Schlagwort der „Globalisierung" bisher vor allem Großkonzerne profitierten, erreicht diese Entwicklung hin zum globalen Handel nun auch das Individuum. So findet über Internetauktionshäuser wie beispielsweise eBay oder Online-Shops bereits eine neue Form von Global Sourcing statt, wenn Privathaushalte bei Anbietern in aller Welt nach Schnäppchen und Raritäten suchen. Voraussetzung hierzu ist jedoch die Möglichkeit einer schnellen und reibungslosen Lieferung auch über große Distanzen hinweg.

Derartige Entwicklungen führen zwangsläufig zu einem verschärften Wettbewerb, in dem nur bestehen kann, wer auf eine hohe Kundenorientierung und -bindung setzt. Auch bei diesem Trend hat die Automobilindustrie wieder eine Vorreiterrolle inne. Durch eine späte Variantenbildung im Produktionsprozess kann dort die Auftragszuweisung buchstäblich im letzten Moment erfolgen. Das wiederum ermöglicht es dem Kunden, auch kurz vor Produktionsstart noch Änderungswünsche bezüglich Ausstattung und Lackierung seines Neuwagens zu äußern, ermöglicht im Gegenzug den Herstellern allerdings auch, mehr Extras zu verkaufen, da der Kunde erfahrungsgemäß zu späteren Zeitpunkten teurere Ausstattungen bevorzugt.

Der Wunsch nach stärkerer Individualisierung geht also von zwei Seiten aus: vom Kunden, der die individualisierten Produkte nachfragt, und von den Unternehmen, für die sich durch das Angebot individualisierter Produkte die Chance der Differenzierung bietet. Um diesem Trend gerecht werden zu können, müssen sich die Produzenten der Güter jedoch auf stark veränderte Rahmenbedingungen einstellen. Individuellere Produkte ziehen eine erhöhte Variantenvielfalt nach sich, die wiederum in einer Atomisierung sowohl der Fertigungslose als auch der Sendungsgrößen resultiert. Es ist offensichtlich, dass die Unternehmen in diesem turbulenten Umfeld Strategien entwickeln müssen, die ihnen nicht nur ermöglichen, mit dem beständigen Wandel zu leben, sondern ihn auch aktiv zu gestalten, um Vorteile gegenüber den Wettbewerbern erzielen zu können. Besonders die Logistik rückt hierbei in den Blickpunkt. Sie muss sich dem Umfeld in allen Bereichen anpassen: Die Produktionslogistik muss eine unterbrechungsfreie Versorgung der Produktion sicherstellen, obwohl die benötigten Bedarfe und innerbetrieblichen Transporte unter den Umfeldbedingungen ebenfalls nicht mehr genau vorauszusehen sind.

1.1 Gestiegene Anforderungen an die Logistik

Welchen Einfluss die Produktindividualisierung auf die logistischen Prozesse nimmt, wird bereits während der Entwicklung und Konstruktion der Produkte bestimmt. Eine besonders einfache Form der Produktindividualisierung stellt die Individualisierung über Software dar, wie sie für Handys mittlerweile üblich ist. Die Produktion beschränkt sich dabei auf die Herstellung von Standardvarianten, die den Konsumenten allerdings die Möglichkeit bieten, durch die Verwendung unterschiedlicher Hintergrundbilder und Klingeltöne diese Standardmodelle an ihre persönlichen Vorlieben anzupassen. Für die Logistik bietet sich hier natürlich der Vorteil, dass keine unterschiedlichen Produkte gehandhabt werden müssen, sondern die Individualisierung vom Kunden selbst vorgenommen werden kann.

Eine logistisch aufwändigere, jedoch auch weitergehende Individualisierung kann durch Standardkernkomponenten, die durch funktions- oder designbestimmende Komponenten erweitert werden, erreicht werden. Bei dem Beispiel des Mobiltelefons kann diese Art der Individualisierung etwa durch unterschiedliche Außenschalen erzeugt werden, die bei gleicher modularisierter Elektronik ein unterschiedliches Erscheinungsbild ergeben. Zudem lässt sich eine Anpassung an lokale Gegebenheiten in unterschiedlichen Absatzmärkten durch eine entsprechende Abstimmung weniger spezifischer Merkmale erreichen. So können bei elektronischen Geräten wie beispielsweise Faxgeräten die länderspezifischen Ausprägungen durch die beigelegte Bedienungsanleitung und das Anschlusskabel bestimmt werden.

Im World Wide Web wird in letzter Zeit vermehrt von „Web 2.0“ gesprochen. Hinter diesem Begriff versteckt sich jedoch keine neue Internet-Technologie, sondern ein neuartiger Umgang mit dem bereits Vorhandenen. Das klassische Modell des WWW sah vor, dass viele Benutzer auf eine relative geringe Anzahl von Webservern zugriffen, um von dort ein vordefiniertes Angebot an Informationen oder Dienstleistungen zu beziehen. Trotz der dezentralen Struktur der eingesetzten Kommunikationsverfahren war der Umgang eher zentral. Als Gegenstück davon bezeichnet Web 2.0 die immer stärkere Vernetzung von Individuen und Unternehmen, bei der die Grenze zwischen Dienstleister und Kunde immer weiter verschwimmt. Eines der bekanntesten Beispiele ist die Online-Enzyklopädie Wikipedia. Hier werden die Artikel nicht mehr von einem ausgesuchten Kreis weniger Spezialisten verfasst und der breiten Masse zur Verfügung gestellt, sondern von den Lesern des Nachschlagewerkes selbst. Jeder kann Einträge zu den verschiedensten Themen verfassen, ergänzen oder bearbeiten. Der Inhalt und damit der Nutzen des Internetangebots werden nicht mehr von oben diktiert, sondern ergeben sich durch das gemeinsame Interesse und die Kooperation gleichberechtigter Kunden der Webseite. Doch diese Vernetzung kann nicht nur im Bereich der reinen Informationsangebote beobachtet werden.

Der bereits vorhandene Trend zu Variantenvielfalt und individualisierten Produkten erhält durch Web 2.0 neue Impulse. Verbraucher nutzen die Möglichkeiten der neuen Technik, um das gewünschte Produkt auch aktiv mitzugestalten, der Konsument nimmt immer mehr Einfluss auf den Gestaltungs- und Produktionsprozess. Als Beispiele seien dabei die mm4u GmbH (Metal Made For You), über dessen Webseite sich Blechteile mit frei wählbaren Größen und vom Kunden definierten Bohrungen und Ausfräsungen aus einer hohen Anzahl verschiedener Materialien bestellen lassen, und der NikeId Online-Shop, in dem den Kunden die Möglichkeit geboten wird, die farbliche Gestaltung ihrer Schuhe detailliert festzulegen, genannt. Doch für die Befriedigung individueller Wünsche sind die Kunden meist nur in geringem Maße bereit, höhere Kosten oder längere Lieferzeiten in Kauf zu nehmen. Dies stellt sowohl die Produktion, vor allem aber auch die Logistik vor enorme Herausforderungen. Anstatt Kundenaufträge durch das Kommissionieren im Lager vorhandener Artikel erledigen zu können, wird ein kompletter Produktionsprozess mit allen dazugehörigen Arbeitsschritten wie der Kommissionierung oder gar Neubeschaffung der dafür notwendigen Rohstoffe oder Halbfertigzeuge in Gang gesetzt. Eine Fertigstellung des Auftrages in angemessener Zeit kann nur dann gewährleistet werden, wenn sowohl die innerbetriebliche als auch die außerbetriebliche Logistik reibungslos funktionieren.

Doch das Wesen der auftragsbezogenen Fertigung und Auslieferung von individualisierten Produkten in kleinen und kleinsten Losgrößen lässt sich mit der heute üblichen prozessorientierten Betrachtung von Logistiksystemen nur schwer fassen. Gerade im Bereich variantenreicher oder individualisierter Produkte, wie z.B. in der Automobilbranche, wird versucht, den hohen Anforderungen durch optimierte Prozesse gerecht zu werden. Bei dem Perlenkettenkonzept werden beispielsweise alle Aufträge ab Beginn der Produktion in strenger Einhaltung einer festgelegten Reihenfolge abgearbeitet. Wegen anfallender Nacharbeiten oder nachträglicher Veränderungen am Kundenauftrag kann die festgelegte Auftragsreihenfolge allerdings oftmals nicht eingehalten werden. Veränderungen an der Perlenkette verursachen wiederum hohe Aufwände, da alle Fertigungs- und Montagestationen inkl. der in der geplanten Reihenfolge bereitgestellten Teile umorganisiert werden müssen.

1.2 Reaktionsmöglichkeiten der Unternehmen – Auf dem Weg zu einer Ereignisgesteuerten Logistik

Starre Logistikprozesse sind ebenfalls nicht in der Lage, der heutigen und sich immer stärker ausprägenden Dynamik der Märkte Herr zu werden. Eine Abkehr vom rein prozessorientierten Denken scheint daher notwendig. Als grundlegender Auslöser dynamischer Vorgänge rückt das Ereignis in den Mittelpunkt der Betrachtung. Da relevante Ereignisse, wie zum Beispiel der Eingang eines Kundenauftrages, gerade in der heutigen, von Globalisierung und Individualisierung geprägten Marktsituation immer weniger vorhersehbar sind, muss die Logistik in der Lage sein, sich dynamisch und effizient auf neue Gegebenheiten einzustellen. Der Schlüssel dazu besteht, ähnlich wie im Web 2.0, in der Vernetzung lose gekoppelter Einheiten. Jede dieser Einheiten bietet einen bestimmten Funktionsumfang und muss ihrerseits auf eine gewisse Menge an Funktionen oder Dienstleistungen, die von anderen Modulen zur Verfügung gestellt werden, zurückgreifen. Starr verkettete Abläufe werden durch organisch zusammenwachsende und interagierende Funktionsmodule ersetzt, die auf bestimmte Ereignisse im System reagieren und ihrerseits neue Ereignisse generieren. Ein zunehmendes Nischenwachstum steht dem bisherigen Mainstream-Konsum gegenüber, der eine einfache Bedarfsplanung ermöglichte, da mit einem kleinen Teil der Produktpalette ein überproportional großer Anteil des Umsatzes der Unternehmen generiert wurde und man sich daher auf diese Vorzeigeprodukte konzentrieren konnte. Die Anforderungen an die Logistiksysteme werden in den seltensten Fällen deterministisch, sondern in zunehmendem Maße stochastisch sein. Auch die Logistikplanung und die wissenschaftliche Betrachtung dieser Disziplin muss sich an den damit einhergehenden Folgen beschäftigen: Auch hier gilt, dass nichts so beständig ist wie der Wandel.

Eine wissenschaftliche Betrachtung der Intralogistik beschäftigt sich häufig mit Leistungen von einzelnen Systemkomponenten. So stellt die Spielzeitberechnung von automatisierten Systemen wie zum Beispiel automatischen Lagern ein immer noch aktuelles Forschungsgebiet dar. Für die effektive Leistung eines Logistiksystems spielt wie in den vorangegangenen Abschnitten beschrieben jedoch in zunehmenden Maße auch seine Reaktionsfähigkeit auf unvorhergesehene Ereignisse eine Rolle. So kann ein perfekt aufeinander abgestimmtes Logistiksystem eines produzierenden Betriebs durch den Ausfall einer Komponente vollkommen zum Stillstand kommen. Eine theoretische Betrachtung des Systemverhaltens muss also auch die Reaktion auf unvorhergesehene Fälle beinhalten. Wie auch bei Überlegungen zum Thema Wandelbarkeit stellt sich hierbei natürlich das Problem, dass unvorhergesehene Anforderungsänderungen ja per definitionem nicht im Voraus bedacht werden können. Ein Modell einer Ereignisgesteuerten Logistik muss deshalb versuchen, eine möglichst hohe Reaktionsfähigkeit der Systeme sicherzustellen, ohne jedoch in den Investitions- und Betriebskosten über konventionellen Systemen zu liegen. Im Gegensatz zur Theorie der Wandlungsfähigkeit erscheint es jedoch als ausreichend, anzunehmen, dass der Eintrittszeitpunkt der Ereignisse zwar unbekannt ist, die Ereignisse selber jedoch aus einer Menge bekannter Ereignisse stammen.

Daraus leiten sich für die Forschung zwei Aufgabenbereiche ab: Zum einen die Konzeption und modellhafte Implementierung von Logistiksystemen, die durch einen hohen Grad an Selbstkonfigurierbarkeit in der Lage sind, auf die besprochenen stochastischen Ereignisse zu reagieren, und zum anderen die Bildung von Theorien und Methoden zur Beschreibung dieser Systeme. Im Folgenden soll ein Beispiel für die praktische Realisierung eines hochadaptiven Logistiksystems beschrieben wie auch die Möglichkeiten einer theoretischen Beschreibung solcher Systeme dargestellt werden.

1.3 Steuerungsprinzipien

Einer der wichtigsten Ansätze für das Senken von Kosten und die Beschleunigung industrieller Prozesse ist seit jeher die Automatisierung. Die oftmals hohen Investitionskosten amortisieren sich zwar durch den Wegfall bzw. die starke Reduzierung der Personalkosten sehr schnell, der Zielkonflikt zwischen Automatisierung und Flexibilität erhält durch die Forderung des Marktes nach einer immer höheren Reaktionsfähigkeit der Logistik aber wachsende Bedeutung. Ziel muss es daher sein, logistische Systeme so zu automatisieren, dass sie beiden Zielen gerecht werden können.

Neben der Weiterentwicklung einzelner Komponenten bezüglich ihrer Antriebs- und Förderleistung spielt auch die automatische Steuerung maschineller Abläufe eine immer größere Rolle. Hohe Leistungsparameter einzelner Gewerke garantieren noch keine optimale Leistung des Gesamtsystems, solange ihr Zusammenspiel nicht effizient funktioniert. Heutige Steuerungssysteme der Intralogistik sind meistens zentral aufgebaut, wobei einige wenige Rechensysteme den Zustand sowie die Vorgänge in der gesamten Anlage überwachen und steuern. Die wichtigsten Elemente sind dabei die Unternehmensressourcenplanung (Enterprise Resource Planning, ERP), das Lagerverwaltungssystem (LVS) und der Materialflussrechner (MFR).

Unter ERP wird die Aufgabe verstanden, die zur Verfügung stehenden Ressourcen (Kapital, Betriebsmittel, Personal) für die Geschäftsprozesse einzuplanen. ERP-Systeme sind integrierte Softwaresysteme, die die unternehmensinternen Geschäftsprozesse und Ressourcen umfassend abbilden und die Prozessabwicklung steuern sollen. Sie unterscheiden sich zumeist in ihrer Ausrichtung auf Zielbranchen und ihrer Eignung für bestimmte Unternehmensgrößen sowie – als zum Teil komplexe Anwendungssoftware – in den verwendeten Software-Technologien. Moderne ERP-Systeme bestehen meist aus diversen Modulen, zu denen unter anderem die vier klassischen Module Finanzwesen und Controlling, Personalwesen, Produktionsplanung und -steuerung sowie Materialwirtschaft und Logistik gehören. Jedes Modul ist zumeist softwaretechnisch auf Basis von Diensten oder einfacher Objektorientierung als ein eigenes System ausgebildet und kann dementsprechend auch selbstständig betrieben werden. Ein wesentlicher Vorteil eines ERP-Systems ist, dass alle Unternehmensbereiche in einem Gesamtsystem integriert werden können. Da alle Aktivitäten in einem Unternehmen miteinander verstrickt sind, müssen ERP-Systeme in der Lage sein, die Informationen zwischen den Modulen direkt auszutauschen und zentral über eine Datenbank auf Ressourcen zuzugreifen.

Die Lagerbestände sowie der Warenzu- und -abgang werden dabei vom LVS überwacht. Diese Softwaresysteme übernehmen aber nicht nur organisatorische Funktionen wie zum Beispiel die Positionsverwaltung für die im Lager befindlichen Artikel und den Abgleich zwischen Bestellungen und tatsächlichen Lieferungen, sondern steuern auch Kommissioniervorgänge, Einlagerungen sowie Aus- und Umlagerungen. Dabei werden auch verschiedene Lagerstrategien (wie zum Beispiel ABC-Zonierung) implementiert, die eine Optimierung der Abläufe im Lager ermöglichen. Damit bildet das LVS zusammen mit dem ERP-System alle Warenströme innerhalb eines Unternehmens ab und generiert Transportaufträge, die vom darunter liegenden Materialflusssystem umgesetzt werden.

Der MFR steuert zentral alle Transportvorgänge des Materialflusssystems. Daher enthält er normalerweise ein datentechnisches Abbild der gesamten Anlage inklusive aller Topologiedaten, Transportauftragsbestände und Statusinformationen. Weiterhin implementiert der MFR verschiedene Transportstrategien, die je nach Anlagenzustand und Auftragslage für ein optimales Systemverhalten sorgen sollen. Dabei spielen auch die Wahl der Transportwege sowie Verhinderung von Staus und die automatische Reaktion auf Störungen eine wichtige Rolle. Je nach Strategie und Anlagenzustand werden die Transportaufträge auf die eingesetzten Fördersysteme verteilt, die dann lediglich das Ansteuern der Aktoren und Sensoren übernehmen.

Obwohl dieser zentralistische Ansatz weit verbreitet ist, hat er doch große Nachteile. Zwar gibt es für die Ebenenstruktur solcher Steuerungsarchitekturen verschiedene Normen (z.B. VDMA 15276), diese beschreiben aber nur auf recht grobe Weise die Funktionalität der einzelnen Elemente sowie ihre Kommunikation. Die tatsächliche Umsetzung fällt damit bei jedem Hersteller anders aus – sowohl auf den höheren Ebenen (ERP, LVS, MFR) als auch bei kleineren Steuerungen (z.B. SPS) für einzelne Gewerke. Die Integration solcher Systeme mit herstellerspezifischen Schnittstellen gestaltet sich zeitlich und monetär meistens sehr aufwändig. Aber auch vor der Systemintegration und der anschließenden Inbetriebnahme, mit den notwendigen Schnittstellenanpassungen und der oftmals langwierigen Test- und Optimierungsphase, bedingen diese hochkomplexen Softwaresysteme einen hohen Engineeringaufwand: In den meisten Fällen bedarf es kundenspezifischer Anpassungen, um spezielle Gegebenheiten in einem Betrieb zu berücksichtigen oder um besondere Lager- und Fahrstrategien zu implementieren. Durch die Größe und Komplexität der Systeme ergeben sich dabei Wechselwirkungen zwischen Softwaremodulen, die im Falle von Änderungen zu unerwünschtem Verhalten führen können. Die Diagnose bzw. das Debugging mehrerer Millionen Codezeilen können dann notwendig werden.

Gerade auch Änderungen oder Modernisierungen existierender Anlagen stellen den Betreiber vor ein großes Risiko. Wegen der erwähnten Eigenschaften lassen sich die nötigen Stillstandszeiten eines Systems, die z.B. beim Wechsel des ERP-Systems oder bei Einbau neuer Fördertechnik anfallen, nur schlecht voraussagen, sind aber mit hohen Kosten bzw. Produktionseinbußen verbunden. Der aus der Informatik stammende Leitspruch „never touch a running system“ scheint in der Logistik genau so zu gelten wie im IT-Bereich.

1.4 Theorien für die Beschreibung ereignisgesteuerter Logistiksysteme

Gerade in Zeiten, in denen Flexibilität und schnelle Anpassungsfähigkeit ein immer wichtigerer Faktor für den Erfolg am Markt wird, scheint es gerechtfertigt, den Nutzen effizienter, aber starrer und nicht wandelbarer automatisierter Systeme zu hinterfragen. Die bisherige Technologie bietet nur in manuellen Systemen das benötigte Maß an Flexibilität – denn ein Mensch kann sich in äußerst kurzer Zeit auf neue Umstände oder Aufgaben einstellen. Flexible Arbeitszeitmodelle oder Outsourcing bieten einem Unternehmen z.B. noch mehr Möglichkeiten, auf sich ändernde Marktsituationen oder sonstige Rahmenbedingungen dynamisch zu reagieren. Möchte man aber nicht auf die wichtigen Vorteile automatisierter Systeme verzichten, muss man es schaffen, den Spagat zwischen Automatisierung und Flexibilität zu überwinden.

Mit der Entwicklung hochreaktiver und -adaptiver Logistiksysteme, die in der Lage sind, auf stochastisch eintretende Ereignisse zu reagieren, geht auch die Notwendigkeit einer theoretischen Beschreibung einher. Bei der Suche nach Beschreibungsmöglichkeiten bietet der Blick über den Tellerrand des Maschinenbaus Ansätze. In der Informatik sehen sich die Softwareentwickler bereits seit geraumer Zeit einer ähnlichen Problematik gegenübergestellt. Die herkömmlichen Programmiertechniken führen zu stark ablauf- und zustandsorientierten Programmen. Struktur und Verhalten der Software werden schon im Entwurf fest vorgegeben, indem Funktionalität und Beziehungen von Systemelementen im Voraus definiert werden. Dieses statische Softwaremodell hat das Ziel, alle möglichen Situationen schon im Voraus zu berücksichtigen. Auf diese Weise gilt für den Ausfall eines Systemelements: Entweder ist eine alternative Strategie schon vordefiniert worden, oder die entsprechende Funktion kann vom System nicht mehr erfüllt werden.

Unter Anderem der Wunsch, Software zu schaffen, die auf Situationen reagieren kann, die im Entwurf nicht konkret vorgesehen sind, führte zur agentenorientierten Softwareentwicklung. Softwareagenten, also autonome Programme, die auf Grundlage ihres jeweiligen Wissensstandes über ihre Umwelt gewisse Ziele verfolgen und zu diesem Zweck mit anderen Agenten kooperieren, stellen die Grundbausteine dieser Technologie dar. Jede dieser autonomen Einheiten darf selbst entscheiden, ob sie eine geforderte Leistung entsprechend ihrer aktuellen Fähigkeiten vollständig, teilweise oder gar nicht erbringen will. Sie darf also innerhalb ihres Einflussbereiches selbstständig handeln. Gerade diese Unabhängigkeit der verschiedensten Leistungserbringer führt zu einem System, dessen Verhalten sich im Einzelnen nicht mehr deterministisch vorhersagen lässt, dass aber trotzdem zuverlässig eine definierte Gesamtaufgabe erfüllen kann.

Entwicklungsmodelle für agentenorientierte Softwaresysteme existieren bereits seit einigen Jahren. Ein Beispiel für eine klassische Vorgehensweise zum agentenorientierten Systementwurf ist der Process for Agent Societies Specification and Implementation (PASSI), der sich von der frühen Anforderungsanalyse bis zur Implementierung von Softwareagenten erstreckt und fünf Phasen umfasst (Consentio u. Potts 2002). Dabei wird meist die Beschreibungssprache Unified Modelling Language (UML) verwendet und Entwurfstechniken aus der Softwaretechnik und der künstlichen Intelligenz zusammengeführt.

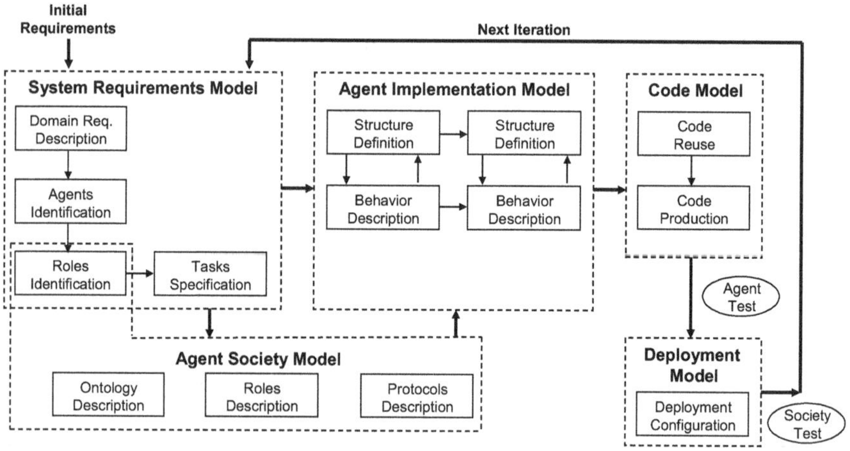

Abb. 1. PASSI-Vorgehensweise (Consentio u. Potts 2002)

Diese Entwicklungsmodelle können ebenso zur Beschreibung eines Ereignisorientierten Logistiksystems herangezogen werden. Grundsätzlich wird dabei folgende Vorgehensweise angewandt:

In einer Zielhierarchieanalyse wird eine Problembeschreibung für das Gesamtsystem erstellt, die eine Überführung der Anforderungen in detaillierte Ziele ermöglicht. Anschließend können in einer Rollenanalyse die Zuständigkeiten einzelner Systemelemente festgelegt werden. Hier werden übereinstimmende Ziele zu Rollen zusammengefasst, die prinzipiell in der Lage sind, spezielle Aufgaben zu erfüllen. Nach der Identifikation der Agenten, die als Aufgaben- und Entscheidungsträger eine oder mehrere Rollen übernehmen, kann ein Softwaremodell erstellt werden, auf dessen Grundlage schließlich die Implementation und der Test erfolgt. Das Zusammenspiel der Systemelemente wird so nicht explizit vorgegeben, sondern es werden lediglich mögliche Interaktionsmodelle definiert.

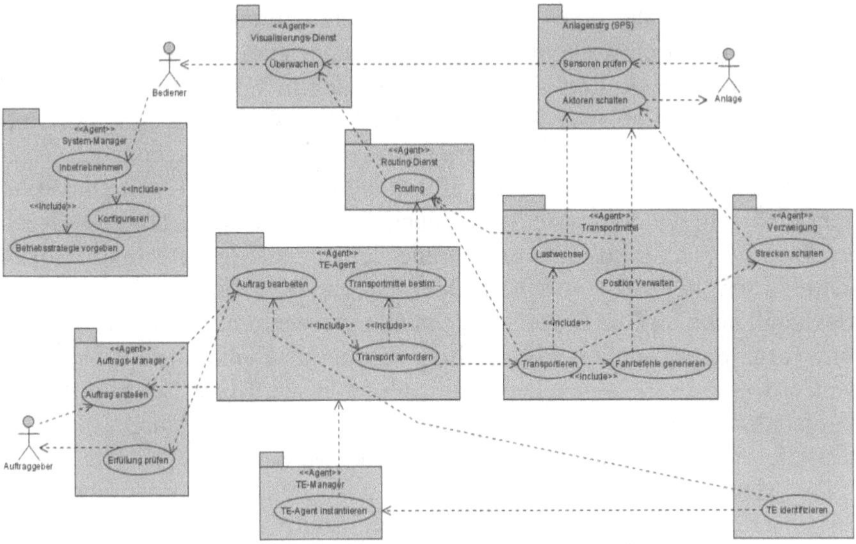

Abb. 2. Agentenmodell für eine Elektrohängebahnanlage

1.5 Umsetzung eines Ereignisgesteuerten Logistiksystems

Ein aktuelles Forschungsprojekt, das sich mit der Entwicklung dezentraler, autonomer Materialflusssysteme beschäftigt, ist das vom BMBF geförderte Projekt „Internet der Dinge“. Ziel ist es, einen Materialfluss zu gestalten, in dem die Transporteinheiten, ähnlich den Datenpaketen im Internet, ihren Weg zum Ziel selbst finden.

Sowohl bei Herstellern von Logistikanlagen als auch in der Forschung lässt sich ein starker Trend in Richtung Modularisierung und Dezentralisierung ausmachen. Was die mechanischen und elektrischen Komponenten eines Systems angeht, sind Baukastensysteme aus vordefinierten Fördermodulen schon lange ein Standard. Doch auch im Bereich der Steuerungstechnik wird immer mehr in Richtung Dezentralisierung getan. Noch vor einigen Jahren übernahmen leistungsfähige SPS die Ansteuerung und Überwachung aller Sensoren und Aktoren in ganzen Anlagenbereichen. Obwohl dies in vielen zentral gesteuerten Systemen noch der Fall ist, bieten zahlreiche Antriebs- und Steuerungshersteller Komponenten, die eine Verteilung der Entscheidungslogik auf kleine Module ermöglichen und begünstigen. So besitzen viele Frequenzumrichter, Elektroantriebe, Auto-ID-Lesegeräte und andere Komponenten programmierbare Microcontroller, auf denen der Kunde eigene Codes installieren kann. Auf diese Weise kann zum Einen die gerätespezifische Funktionalität verbessert werden, z.B. durch selbst entwickelte Regelalgorithmen; zum Anderen lassen sich aber auch ganz neue Funktionen implementieren. Und wo die genannten Microcontroller eine zu geringe Rechenleistung haben, können kleine Embedded-PCs eingesetzt werden. Für einige Hundert Euro bieten diese Geräte die kombinierte Funktion einer SPS und eines PCs, zur Kommunikation stehen sowohl Feldbussysteme als auch Ethernet zur Verfügung. Durch den Einsatz solcher kostengünstiger aber leistungsfähiger Rechner wird es erstmals möglich, das bisherige Baukastenmodell von der Elektrik und Mechanik auch auf die Steuerungstechnik zu erweitern. Diese mechatronische Gestaltung kann zur Entwicklung autonomer Funktionseinheiten verwendet werden. Sie lassen sich nach außen hin wie Black Boxes mit standardisierten Schnittstellen betrachten und können in ihrem Inneren hersteller- und aufgabenspezifisch ausgeführt werden.

Die Modulgrenzen sind auf der mechanischen, der energetischen und der steuerungstechnischen Ebene identisch. Somit lassen sich die Module unabhängig voneinander testen, in Betrieb nehmen und austauschen. Parallel- und Teilinbetriebnahmen oder Vorabtests beim Hersteller sind möglich. Dies verkürzt die Inbetriebnahmezeiten. Außerdem erhöht sich die Verfügbarkeit des Gesamtsystems, da die Applikationen vor Ort im Gerät autark ablaufen und Steuerungsfehler sich eindeutig dem ausgefallenen Modul zuordnen lassen.

Materialflussrechner übernehmen in so einem dezentral gesteuerten System nur noch die Auftragsvergabe. Aufgaben wie die Wegberechnung, die Wegreservierung, die Stauvermeidung und das Schalten von Wegelementen (zum Beispiel Weichen) werden dezentral und selbstständig von den Materialflussmodulen übernommen. Ein übergeordnetes Leitsystem ist damit nicht mehr erforderlich.

Um Module verschiedener Hersteller ohne großen Engineeringaufwand miteinander koppeln zu können, müssen sie über eine einheitliche, kompatible und leistungsfähige Kommunikationsschnittstelle verfügen. Diese Schnittstelle muss so definiert sein, dass sie auch den Anforderungen zukünftiger neuer Materialfluss- und Produktionsmodule entspricht, ohne dass eine explizite Vorplanung nötig ist.

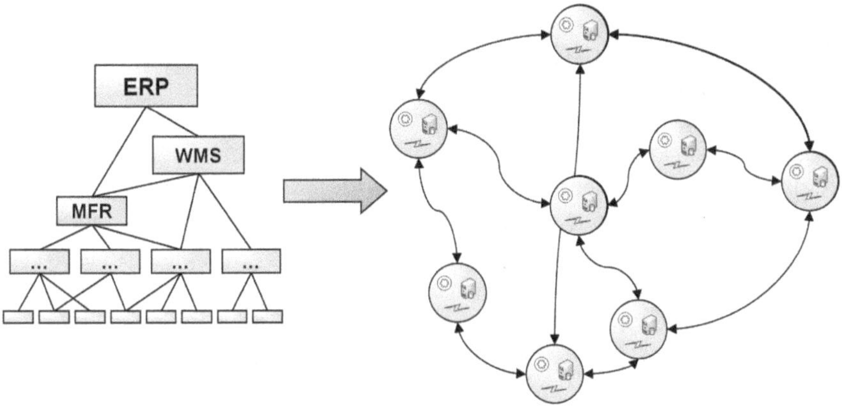

Abb. 3. Von der hierarchischen Steuerungsarchitektur zu gleichberechtigten Modulen

Durch die technologischen Entwicklungen im Bereich RFID lässt sich aber nicht nur die Steuerungssoftware bzw. Entscheidungskompetenz dezentralisieren, sondern auch die Datenhaltung. Klassisch wird RFID nur zur Identifikation einzelner Transporteinheiten verwendet, alle übrigen Informationen werden dann aus zentralen Datenbanken aufgerufen. Doch die Speicherkapazitäten heute erhältlicher RFID-Tags erlaubt bereits einen ersten Schritt vom Data-On-Network-Prinzip hin zu Data-On-Chip. Dabei werden alle zu einer Transporteinheit gehörenden Daten, neben der eindeutigen Identifikationsnummer also auch Informationen über das Transportziel oder den Inhalt und die geometrische Form des Behälters, direkt auf dem mitgeführten RFID-Tag hinterlegt. Durch diese direkte Kopplung des Informations- und Warenflusses werden aber nicht nur die Kommunikation im System und die Datenredundanz verringert. Durch den Einsatz intelligenter Transporteinheiten rücken dezentral gesteuerte, innerbetriebliche Materialflüsse immer näher an die Funktionsweise des Internets heran.

In diesem weltumspannenden Netzwerk werden täglich viele Milliarden von Transporteinheiten in der Form von Datenpaketen transportiert. Dabei ist das Internet als „Netzwerk aus Netzwerken" frei von jeglichen zentralen Instanzen, die den Datenverkehr steuern oder organisieren. Das zugrunde liegende Kommunikationsprotokoll TCP/IP wurde gerade mit der Absicht entwickelt, einen hochgradig robusten Informationsaustausch zu ermöglichen. Skalierbarkeit, Unempfindlichkeit gegenüber Ausfällen und einfache Anbindung neuer TCP/IP-basierter Netzwerke standen bei der Entwicklung im Vordergrund. Seit seinen Anfängen in den 70er Jahren hat sich das Internet vor allem auch durch den WWW-Boom der 90er Jahre zu einer globalen Infrastruktur entwickelt, die immer noch rasant wächst. Die eingesetzten Kommunikationsprotokolle und -technologien wurden, abgesehen von Leistungssteigerungen und Funktionserweiterungen, über die gesamte Lebensdauer des Internets kaum verändert. Diesen Erfolg verdankt das System vor allem der Einfachheit der Komponenten und der Abwesenheit zentraler Instanzen.

Dieses Konzept kann, auf die Welt der Logistik übertragen, viele der heutigen Probleme lösen. Im „Internet der Dinge" verhalten sich Transporteinheiten im Materialfluss wie Datenpakete im Internet – sie suchen sich ihren Weg zum Ziel selbst und können im Notfall, wie zum Beispiel beim Ausfall eines Streckenstücks, selbstständig Alternativrouten bestimmen. Die Fördertechnik übernimmt die Funktion von Datenleitungen und Routern. Abgesehen vom physikalischen Transport eines Behälters versorgt sie diesen mit allen notwendigen Informationen zur Topologie der Anlage oder aktuellen Gegebenheiten, wie beispielsweise Staus oder einzuhaltenden Fahrstrategien. Sowohl die Behälter als auch die eingesetzte Fördertechnik übernehmen so eigenverantwortlich ihre entsprechenden Aufgaben.

Abb. 4. Intelligente Transporteinheiten und selbststeuernde Materialflussmittel führen zum "Internet der Dinge"

Offensichtlich sind solche Systeme das extreme Gegenteil zentraler Steuerungen. An die Stelle einer Instanz, die über alle Vorgänge im gesamten System genauestens Bescheid weiß und diese auch bis ins letzte Detail steuert, treten viele autonome Einheiten, die nur ihre jeweils eigene Umgebung kennen und denen nur ihre eigenen Ziele bekannt sind. Doch durch die gerichtete Zusammenarbeit dieser zahlreichen Module nach bestimmten Verhandlungs- und Koordinationsregeln ergibt sich ein Gesamtsystemverhalten, dass von dem einer zentral gesteuerten Anlage kaum zu unterscheiden ist. Dabei ist das Internet der Dinge aber sehr flexibel und zeichnet sich durch einen geringen Engineeringaufwand aus. Da kein Materialflussrechner programmiert bzw. angepasst werden muss, sobald Änderungen an der Anlage vorgenommen werden, kann die Topologie, die Anzahl der Transportmittel oder Alternativwege ohne großen Aufwand verändert werden. Die Teilnehmer werden nach dem vornehmlich aus der Computerwelt bekannten Plug&Play-Mechanismus im System etabliert und sind sofort in der Lage, mit anderen Modulen zu interagieren und so zur Steigerung der Systemleistung beizutragen. Im Falle eines Ausfalls reagiert das Internet der Dinge ähnlich – ist ein Modul nicht mehr verfügbar, übernehmen sofort andere Teilnehmer die anfallenden Aufgaben. Damit geht zwar eine gewisse Verringerung der Gesamtsystemleistung einher, Komplettausfälle werden aber vermieden. An die Stelle des in automatisierten Anlagen bekannten Dominoeffektes, bei dem ein einzelnes gestörtes Element weite Teile der Anlage stilllegt, tritt somit die auch als „Graceful Degradation“ bekannte schrittweise Verringerung der Leistung bei Aufrechterhaltung der Grundfunktionalität.

1.6 Das Internet der Dinge

Für die Umsetzung dieser Vision eignen sich die bereits beschriebenen Multiagentensysteme, die einen autonomen dezentral gesteuerten Material- und Informationsfluss ermöglichen sollen. Das Eintreffen einer Nachricht stellt in diesem Modell für den Empfänger ein Ereignis mit bestimmten Parametern (dem Nachrichteninhalt) dar, das entsprechend den eigenen Fähigkeiten und der individuellen Kenntnis der Umgebung verarbeitet wird und zu einem Ergebnis wie zum Beispiel dem Schalten eines Aktors oder dem Zurückliefern einer bestimmten Information führt. Das Auflegen einer Transporteinheit auf einen Lastübergabeplatz wird von einer bestimmten Sensorik, z.B. einer Lichtschranke und einem dazugehörigen Auto-ID-Lesegerät, erkannt, worauf eine weitere Ereigniskette gestartet wird – zum Beispiel das Anfordern eines Transportmittels. Da keine zentrale Instanz die zahlreichen Ereignisse verwaltet oder verteilt, müssen die autonomen

Module untereinander dafür sorgen, dass jeder Teilnehmer rechtzeitig über alle ihn betreffenden Vorgänge informiert wird. Grundsätzlich weiß nur jedes Modul selbst, welche Daten es verarbeiten kann und worüber es in Kenntnis gesetzt werden muss, um seine jeweilige Funktion zu erfüllen. Daher können in einem solchen System agierende Module nach Teilnehmern suchen, die bestimmte Informationen liefern – z.B. ist es für ein fahrerloses Transportfahrzeug wichtig zu erfahren, wann an einem bestimmten Übergabeplatz eine Ware zur Abholung bereit steht. Der Übergabeplatz selbst trägt sich als Lieferant dieser Information, bzw. als Ereigniserzeuger, in einem Verzeichnis ein, wo es von Fahrzeugen oder beliebigen anderen Systemen, wie z.B. einer Visualisierungssoftware, gefunden werden kann. Haben sich zwei oder mehrere Module auf diese weise informationstechnisch vernetzt, gibt der Ereigniserzeuger die von ihm generierten Daten direkt an alle Interessenten weiter, ohne dabei wissen zu müssen, welche Funktion diese erfüllen oder von welcher Beschaffenheit sie sind. Genau so wie sich das Web 2.0 aus dem WWW ohne nennenswerte technologische Sprünge entwickelt hat, so ist auch das Internet der Dinge in der Lage, die Realisierung dieser Form der „Ereignisorientierten Logistik" zu ermöglichen.

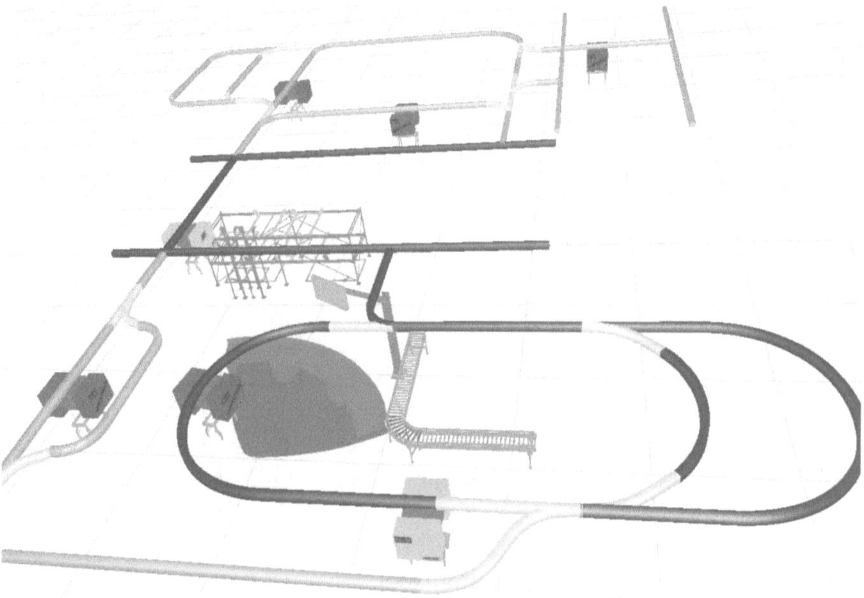

Abb. 5. Visualisierung eines dezentral gesteuerten Materialflusssystems

Bei derartigen Architekturen ist jedoch auf eine maßvolle Dezentralisierung zu achten. Einige Vorgänge in Produktion und Logistik sind direkt voneinander abhängig, sodass die durch feste Verkettung und genaue Taktung erzielbaren Leistungszuwächse den Vorteilen der Dezentralisierung in manchen Fällen vorzuziehen sind. Zur Identifikation und Eingrenzung solcher Bereiche können mehrere Kriterien herangezogen werden. Aus technologischer Sicht sind die Dauer der Datenübertragung sowie die Echtzeitfähigkeit von Algorithmen für die effiziente Optimierung und Koordination zahlreicher autonomer Einheiten zu berücksichtigen. Wichtig ist aber auch die funktionale Abhängigkeit und die Parallelisierbarkeit von Vorgängen. Während zwei Gondeln einer Elektrohängebahn unabhängig voneinander Fahraufträge bearbeiten können, können zum Beispiel das Lastaufnahmemittel und das Fahrwerk eines Regalbediengerätes nicht als unabhängige Einheiten angesehen werden, da ihre Tätigkeiten sowie die Zeitpunkte, an denen sie aktiv werden, direkt miteinander verknüpft sind. Solcherart gekoppelte Vorgänge können und sollten auch weiterhin als feste Ketten bekannter Arbeitsschritte implementiert werden, da der von autonomen Modulen verursachte Overhead die Systemleistung negativ beeinflussen kann, ohne einen nennenswerten Gewinn einzubringen.

1.7 Ein Blick in die Zukunft

In Zukunft werden autonom agierende Geräte aber noch mehr können. Anstatt nur ein im Voraus eingegebenes Programm ablaufen zu lassen und auf bekannte Ereignisse mit bekannten Aktionen zu reagieren, werden bewegliche und unbewegliche Maschinen kognitiv oder „bewusst". Kognitive Systeme haben vier grundlegende Eigenschaften: sie können ihre Umwelt wahrnehmen, sie stellen in Abhängigkeit ihrer Situation Überlegungen an, sammeln Erfahrungen und lernen aus diesen und sind letztendlich dazu in der Lage, komplexe Planungsaufgaben zu übernehmen. Dadurch können sie Veränderungen in der Umwelt sowie ihren eigenen Einfluss auf die Umgebung voraussehen und so ihre Aufgaben und Aktionen für einen längeren Zeitraum planen.

Anregungen und Ideen für die Umsetzung lernfähiger Maschinen stammen oftmals aus Bereichen der Psychologie und Neurologie. Dort werden die Mechanismen, nach denen Menschen Informationen aufnehmen, verarbeiten und zu neuen Informationen kombinieren bereits seit langem eingehend untersucht. Im technischen Bereich wird vor allem die Nachbildung des menschlichen Gehirns als Software angestrebt. IBM versuchte in seinem „Blue Brain Project" nachzuweisen, dass ein Gehirn mit sämtlichen biologischen Prozessen in einem Computermodell umgesetzt werden kann – auch wenn die Rechenleistung heutiger Computer bei weitem nicht ausreicht, um ein komplettes menschliches Gehirn abzubilden.

Solche lernfähigen Systeme haben aber nicht nur den Vorteil, dass sie ihre eigenen Möglichkeiten im Laufe der Zeit selbstständig erweitern und optimieren. Vor allem auch im direkten Umgang mit Menschen ist eine derartige Technologie in der Lage, sich an individuelle Bedürfnisse oder Möglichkeiten anzupassen, um Arbeitsvorgänge zu erleichtern oder zu beschleunigen, ohne den Menschen zu ersetzen. Ein Kommissionier- oder Montageplatz kann sich selbstständig an die Körpergröße des Mitarbeiters anpassen, indem die verschiedenen Fächer so verschoben werden, dass optimales Arbeiten möglich ist. Betritt nach einem Schichtwechsel ein neuer Mitarbeiter den Arbeitsplatz könnte ein solches System den Bediener erkennen und sich dementsprechend einstellen.

Auch diese Entwicklung hin zu kognitiven Einheiten in der Logistik entspricht der wahrscheinlich nächsten Entwicklungsstufe des Internets. Dort spricht man vom „Semantic Web“, einem Netzwerk, in dem Inhalte nicht mehr nur auf Grund des Vorkommens gewisser Schlüsselwörter miteinander verknüpft werden, sondern in dem das Netzwerk die tatsächliche Bedeutung der Inhalte interpretieren und verstehen kann.

Eines ist sicher: Die Zukunft der Logistik bleibt spannend. Denn durch die immer stärkere Dezentralisierung und Globalisierung der Beschaffungs- und Vertriebsmärkte wird die Logistik einen immer größeren Einfluss auf die Effizienz und den Erfolg eines Unternehmens haben. Dabei liegt gerade in der wissenschaftlichen Begleitung und der theoretischen Fundierung zukünftiger Entwicklungen und Innovationen der Schlüssel für einen nachhaltigen Erfolg.

Literatur

Cosentino M, Potts C (2002) A CASE Tool Supported Methodology for the Design of Multi-Agent Systems. In: Proceedings of the International Conference on Software Engineering Research and Practice, CSREA Press

Übersicht analytischer Berechnungsverfahren in Kommissioniersystemen

Prof. Dr. Michael ten Hompel, Dipl.-Ing. Kay Hömberg

Technische Universität Dortmund
Lehrstuhl für Förder- und Lagerwesen
http://www.flw.mb.uni-dortmund.de

1 Einleitung

Kommissioniersysteme, also Systeme, die das Ziel haben, aus einer Gesamtmenge von Gütern (Sortiment) aufgrund von Anforderungen (Aufträge) Teilmengen zusammenzustellen (VDI 1994), sind grundlegende Bestandteile moderner Industriebetriebe. Kein Unternehmen der Industrie oder des Handels ist ohne das Verteilen und Lagern von Waren funktionsfähig. Die Bestimmung der Leistungsfähigkeit spielt dabei bis heute eine zentrale Rolle, wie die verschiedenen aktuellen Forschungsarbeiten auf diesem Gebiet (Sadowsky 2007; Günthner 2006 et al.) dokumentieren.

Schon Anfang der 70er Jahre zeigte Gudehus die Notwendigkeit auf, Kommissioniersysteme nicht mit den Methoden des Probierens und Experimentierens, sondern mit Hilfe systematischer Planungen und Optimierungen auf analytischer Basis auszulegen (Gudehus 1973). Er entwickelte in diesem Zusammenhang erste Berechnungsverfahren, mit denen die Möglichkeit bestand, die Leistungsfähigkeit unterschiedlicher Kommissioniersysteme analytisch zu ermitteln.

Dieser Beitrag soll dem Leser einen Überblick über die verschiedenen Entwicklungen von Verfahren zur analytischen Leistungsbestimmung von Kommissioniersystemen von damals bis heute geben. Dazu werden zunächst kurz die Grundlagen zur analytischen Leistungsbetrachtung von Kommissioniersystemen aufgezeigt, um anschließend ausgewählte Verfahren vorzustellen, die zu ihrer Zeit mit jeweils neuen Erkenntnissen oder Ansätzen die bis dahin existierenden Verfahren entscheidend verbessert haben. Dieser chronologische Überblick über die Entwicklungen wird mit der Vorstellung möglicher Potenziale abgeschlossen, die als Grundlage weiterer Forschungsarbeiten zur Diskussion gestellt werden.

2 Analytische Leistungsermittlung

Die Bestimmung der Leistungsfähigkeit von Kommissioniersystemen erfolgt immer durch die Ermittlung des Quotienten aus der Anzahl kommissionierter Positionen und der dafür benötigten Zeit, meistens skaliert in Positionen pro Stunde.

$$P_K = \frac{1}{t_K}\left[\frac{Pos}{h}\right] \tag{1}$$

Die Kommissionierleistung ist damit grundsätzlich reziprok proportional zur Kommissionierzeit. Als Kommissionierzeit wird diejenige Zeit definiert, die zur Kommissionierung einer Position benötigt wird und sich aus folgenden Zeitanteilen zusammensetzt

$$t_K = t_0 + \sum \left(t_{t,r} + t_{g,r} + t_{s,r} \right) \tag{2}$$

Dabei bedeuten (vgl. ten Hompel et al. 2006, Arnold u. Furmanns 2005):

t_o Basiszeit: Zeitanteile, die nicht von der Anzahl der Positionen abhängig sind, z. B. für die Bereitstellung und Weitergabe eines Kommissionierbehälters, für den Empfang der Auftragsdaten oder für das Ausdrucken und Anbringen eines Etiketts

$t_{t,r}$ Totzeit: Zeitanteile, die für jede Position *r* am Entnahmeort neben der Zeit für die physische Materialbewegung aufzuwenden sind, z. B. für Lesen, Suchen, Zählen, Quittieren, Korrigieren

$t_{g,r}$ Greifzeit: Zeitanteile der physischen Materialbewegung, z. B. für das Aufnehmen und Ablegen aller Artikel einer Position

$t_{s,r}$ Wegzeit: Zeitanteile für die Bewegung des Kommissionierers oder der Ladeeinheit

Da bei einem gleichartigen Artikelspektrum die systemspezifischen Zeitanteile Basiszeit, Totzeit und Greifzeit häufig als annähernd konstant angesehen werden können, konzentrierten sich die Arbeiten hauptsächlich auf die Ermittlung der durchschnittlichen Wegzeit. Hierbei wird grundsätzlich die eindimensionale Bewegung in einer Gasse von der zweidimensionalen Bewegung an einer Regalwand unterschieden. Daher werden im Folgenden diese Verfahren und ihre jeweiligen Ausprägungen getrennt voneinander betrachtet.

3 Eindimensionale Kommissioniersysteme

3.1 Gudehus

Gudehus, Kunder und Fürwentsches waren Anfang der siebziger Jahre die Begründer der analytischen Leistungsermittlung in konventionellen Kommissioniersystemen. Sie stellten in (Gudehus 1973), (Kunder u. Gudehus 1975) und in (Fürwentsches 1974) zum ersten Mal ein Verfahren dar, mit dem eine Berechnung von konventionellen Kommissioniersystemen für unterschiedliche Strategien möglich war. Dabei setzten sie voraus, dass eine eindimensionale Bewegung des Kommissionierers in der Gasse vorliegt und die Zugriffshäufigkeit über alle Lagerplätze gleichverteilt ist.

Zur Berechnung wird zunächst die mittlere Anzahl Gassen X bestimmt, die beim Kommissionieren von n Positionen im Mittel angesprochen werden. Im zweiten Schritt ist die mittlere Anzahl Positionen r, die in einer Lagergasse kommissioniert werden, zu bestimmen. Im dritten Schritt wird dann die Wegstrecke s_r berechnet, die der Kommissionierer in einer Gasse zurücklegt, wenn er r Positionen in der Gasse kommissioniert. Die gesamte Wegstrecke, die bei einem Kommissionierauftrag innerhalb der Gassen zurückgelegt wird, erhält man abschließend durch die Multiplikation von s_r mit der mittleren Anzahl Gassen X. Die Berechnung des Gassenwechselweges, der die Wegstrecken zwischen den Gassen berücksichtigt, erfolgt ebenfalls auf Basis der im Mittel angesprochenen Gassen X.

3.2 Ratliff

Erste Erweiterungen dieser Berechnungsverfahren kamen von Ratliff und Rosenthal (Ratliff u. Rosenthal 1983), Goetschalkx und Ratliff (Goetschalkx u. Ratliff 1988) und Rana (Rana 1990), welche Algorithmen entwickelt haben, mit denen für einen konkreten Auftrag mit fester Anzahl Positionen die kürzeste Wegstrecke ermittelt werden kann.

3.3 Hall

Hall wiederum nahm die Ansätze von Gudehus und Kunder zur Berechnung der mittleren Wegstrecken auf, um diese an neue, zu der damaligen Zeit verstärkt aufkommenden Wegstreckenstrategien anzupassen. So entwickelte er auf dieser Basis Algorithmen für die Mittelpunkt-Heuristik und die Largest-Gap-Heuristik (Hall 1993). Dabei setzt auch er die Gleichverteilung der Artikel über alle Lagerplätze voraus.

3.4 Schulte

Schulte weist anschließend (Schulte 1996) nach, dass das von Gudehus und Kunder vorgestellte Verfahren zur Berechnung der mittleren Gassenzahl X nur für den Fall, dass die Anzahl Positionen pro Kommissionierauftrag n größer ist als die Anzahl der vorhandenen Lagergassen N_G, allgemeingültig ist (Gudehus 2004). Er entwickelt auf Basis eines kombinatorischen Ansatzes eine Rekursionsformel, mit der die mittlere Anzahl angesprochener Gassen bei zufällig gleichverteilt vergebenen Lagerplätzen berechnet werden kann.

Alle bis dato entwickelten Algorithmen zur Berechnung des Kommissionierweges sind demnach nur für den Fall gültig, dass die Anzahl der Positionen n eines Auftrags größer ist als die Anzahl der Gassen N_G, aus denen kommissioniert wird.

3.5 Caron / Hwang

Eine gänzlich andere Herangehensweise wählten in Folge Caron und Hwang. Sie verwenden bei der Ermittlung des mittleren Gassenwegs einen ordnungsstatistischen Ansatz, mit dessen Hilfe wieder weitere Strategien in die Algorithmen eingebunden werden konnten. Caron stellt in seiner Veröffentlichung zum ersten Mal ein Berechnungsverfahren für die mittlere Wegstrecke für die Schleifen- und Stichgangstrategie vor, bei dem die Zugriffshäufigkeit auf die Gassen eine beliebige Verteilungsfunktion annehmen kann (Caron 1998).

Im damaligen Fall wird die Verteilungsfunktion, die sich bei Einlagerung nach dem Cube-per-Order-Index (COI) ergibt, untersucht. Bei den Berechnungen wird ein Zentralganglayout mit einer äußeren, zentralen Basis vorausgesetzt. Hwang überträgt die Ansätze von Caron auf ein Kopfganglayout mit zentraler, innerer Basis und einer beliebigen Verteilungsfunktion innerhalb der Gassen. Zudem erweitert er das Modell um die Mittelpunkt-Heuristik (Hwang04). Sowohl Caron als auch Hwang nutzen die Gesetze der Ordnungsstatistik zur Berechnung der mittleren Wegstrecke in einer Gasse s_r. Analog der Vorgehensweise von Gudehus und Kunder multiplizieren sie die mittlere Wegstrecke in einer Gasse mit der mittleren Anzahl der anzufahrenden Gassen X, um den Gassenweg s_{GW} zu ermitteln. Zur Berechnung von X greifen Hall, Caron und Hwang auf den Ansatz von Gudehus zurück. Das bedeutet, dass $r = N_G$ ist. Der beschriebene Ansatz von Caron/Hwang basiert auf der Annahme, dass Ränge gebildet werden, so dass sicher gestellt sein muss, dass $r = N_G$ und $r > 0$ ist. Die Formel ist daher grundsätzlich nicht in allen Fällen, sondern nur über Rundungen und damit zusammenhängenden Ungenauigkeiten, formal anwendbar.

3.6 Sadowsky

Diese Ansätze boten daher alle keine allgemeine Lösung für den Fall, dass die Zugriffshäufigkeiten innerhalb der Kommissioniergasse einer beliebigen Verteilungsfunktion genügen und eine beliebige Anzahl Positionen in einem Kommissionierauftrag vorliegen. Sadowsky hat im Rahmen seiner Dissertation einen allgemeingültigen Berechnungsalgorithmus entwickelt, mit dem er die oben beschriebenen Einschränkungen auflöst (Sadowsky 2007). Hierfür wird zunächst festgehalten, dass in jedem Kommissioniersystem zwei wesentliche Prozesse identifiziert werden können.

Zunächst erfolgt die Zusammenführung von Kommissionierer (Mensch oder Maschine) und Artikel in der gewählten Bereitstellungsform. Dabei kann sich entweder der Kommissionierer von einem Entnahmeort zum nächsten bewegen (Person-zur-Ware System) oder die Ladeeinheit des zu kommissionierenden Artikels wird zum Kommissionierer transportiert (Ware-zur-Person System). Die dafür benötigte Zeit pro Auftragsposition ist im Zusammenführungsprozess durch die Zusammenführungszeit t_Z gegeben.

Der zweite Prozess beinhaltet alle Tätigkeiten, die an einem festen Ort durchgeführt werden. Hierzu zählen die Auftragsübernahme, das Vorbereiten des Sammelbehälters, das Entnehmen (Picken) von Teilmengen eines Artikels aus der Bereitstelleinheit bzw. das Aufteilen (Sortieren) von Teilmengen eines Artikels auf Kundenaufträge sowie die Abgabe des Sammelbehälters. Dieser Prozess wird in Summe als Bearbeitungsprozess bezeichnet. Die benötigte Zeit pro Auftragsposition ist durch die Bearbeitungszeit t_B charakterisiert.

Die Leistung eines Kommissioniersystems ist also nur von der Zusammenführungszeit t_Z und der Bearbeitungszeit t_B abhängig. Je nach Realisierung des Kommissioniersystems werden der Zusammenführungsprozess und der Bearbeitungsprozess hintereinander, also seriell ausgeführt (MzW), oder die Prozesse laufen gleichzeitig, also parallel ab (WzM). Bei serieller Bearbeitung setzt sich die Kommissionierzeit t_K einer Auftragsposition im Allgemeinen aus der Summe der Zusammenführungszeit t_Z und der Bearbeitungszeit t_B zusammen. Können die Prozesse gleichzeitig ablaufen, wird die Kommissionierzeit durch das Maximum aus t_Z und t_B bestimmt. Es gilt

$$t_K = \begin{cases} t_Z + t_B & \textit{für MzW(seriell)} \\ \max(t_Z; t_B) & \textit{für WzM(zeitgleich)} \end{cases} \tag{3}$$

Im MzW-System entspricht die Zusammenführungszeit t_Z der Wegzeit t_s, die der Kommissionierer durchschnittlich für die Bearbeitung einer Auftragsposition benötigt. In WzM-Systemen ergibt sich t_Z aus dem Maximum der Zwischenankunftszeit $t_{ZAZ\text{-}B}$ des Bereitstellsystems, das in der Regel durch ein Lager repräsentiert wird, und der Zwischenankunftszeit $t_{ZAZ\text{-}FT}$, die durch die verbindende Fördertechnik determiniert ist, da die Auslagerung aus dem Lager und der Transport parallel durchgeführt werden. Für die Zusammenführungszeit t_Z gilt entsprechend

$$t_Z = \begin{cases} t_S & \textit{für MzW} \\ \max\left(t_{ZAZ-B};t_{ZAZ-FT}\right) & \textit{für WzM} \end{cases} \tag{4}$$

Ein Einsetzen der Zusammenführungszeit in die Kommissionierzeit ergibt

$$t_Z = \begin{cases} t_S + t_B & \textit{für MzW} \\ \max\left(t_{ZAZ-B};t_{ZAZ-FT};t_B\right) & \textit{für WzM} \end{cases} \tag{5}$$

Die berechnete Kommissionierzeit t_K und somit auch die Kommissionierleistung beruhen auf einer Mittelwertbetrachtung. Das bedeutet, dass sowohl die Leistung einzelner Gewerke, als auch die Gesamtleistung des Systems temporär höher liegen können als der berechnete Wert. Dies ist zum Beispiel der Fall, wenn in einem konventionellen Kommissioniersystem mehrere Aufträge hintereinander bearbeitet werden, welche die mittlere Anzahl Positionen pro Auftrag übersteigen. Nachgelagerte Bereiche werden in diesem Zeitraum höher belastet, als durch die mittlere Leistung vorgegeben wird. Ist das nachgelagerte System nicht für diese Leistungsspitzen ausgelegt, bildet sich eine Warteschlange vor der entsprechenden Funktionseinheit. Diese Warteschlange wird in den Zeiträumen abgebaut, in denen die Leistung der vorgeschalteten Funktionseinheiten unter die mittlere Leistung absinkt. Maßgebend für die Funktionsfähigkeit des Gesamtsystems sind ausreichende Puffer zwischen den Einzelgewerken. Wie groß diese im Einzelnen sein müssen, hängt von der Auftragsstruktur ab. Die Bestimmung der Puffergrößen kann in einfachen Systemen für den stationären Fall mit den Gesetzen der Warteschlangentheorie ermittelt werden. In komplexen und dynamischen Systemen empfiehlt sich eine Überprüfung der geplanten Pufferdimensionen mit Hilfe der Simulation. Auch Sadowsky betrachtet daher im Rahmen seiner Arbeit Leistungsschwankungen und die damit verbundene Pufferdimensionierung nicht.

Mit Hilfe des oben beschriebenen Berechnungsansatzes lassen sich auch mehrstufige Kommissioniersysteme berechnen. Dabei ist darauf zu achten, dass die Berechnung immer mit der Stufe $k = 1$ beginnt, da die Kommissionierzeit der Stufe $k = 1$ in die Berechnung der Stufe k einfließt. Das bedeutet, dass die Leistung eines k-stufigen Systems durch die Leistung der k-ten Stufe festgelegt ist. Es gilt

$$t_{K,System} = t_{K,k} \tag{6}$$

Für die Bestimmung der Bearbeitungszeit t_B greift man auf bereits existierende Verfahren, z. B. die MTM-Methode zur Ermittlung von Greifzeiten, zurück. Für die Bestimmung der Zusammenführungszeit t_Z in MzW-Systemen hingegen hat Sadowsky einen neuen ordnungsstatistischen Ansatz gewählt. Für jedes System (Unterscheidung z. B. in gassengebundene und gassenungebundene Systeme) und für jede Wegstrategie bietet Sadowsky die im Folgenden dargestellten Formeln auf Basis der hypergeometrischen Verteilung an, mit denen dann der Erwartungswert für den Gassenweg respektive die daraus resultierende Wegzeit ermittelt werden kann. Da in allen Formeln dieselbe Nomenklatur verwendet wird, sei diese der besseren Übersichtlichkeit wegen einmalig vorab genannt.

S_{GW}:	Gassenweg
n:	Anzahl Positionen pro Auftrag
L_C:	Anfahrmaß zwischen Gassenwechselweg und Gassenanfang
L:	Gassenlänge
M_G:	Anzahl Artikel pro Gasse
M:	Anzahl aller Artikel im Lager
r:	Anzahl Positionen pro Gasse

Für die Stichgangstrategie mit Wiederholung ergibt sich der Gassenweg zu

$$s_{GW} = 2 \cdot n \cdot (L_C + \frac{1}{2} \cdot L) \tag{7}$$

bei einer Gleichverteilung der Artikel und zu

$$s_{GW} = 2 \cdot n \cdot (L_C + L \cdot \frac{1}{\lambda}) \tag{8}$$

bei einer Exponentialverteilung.

Für die Stichgangstrategie ohne Wiederholung ergibt sich bei Gleichverteilung der Artikel der Gassenweg zu

$$s_{GW} = 2 \cdot N_G \cdot \sum_{r=1}^{n} \left[\frac{\binom{M_G}{r} \cdot \binom{M - M_G}{n - r}}{\binom{M}{n}} \cdot \left(L_C + L \cdot \frac{r}{r+1} \right) \right] \tag{9}$$

und bei Exponentialverteilung zu

$$s_{GW} = 2 \cdot N_G \cdot \sum_{r=1}^{n} \left[\frac{\binom{M_G}{r} \cdot \binom{M - M_G}{n-r}}{\binom{M}{n}} \cdot \left(L_C + \frac{L}{\lambda} \cdot \sum_{k=1}^{r} \frac{1}{k} \right) \right] \tag{10}$$

Bewegt sich der Kommissionierer nach der Mittelpunkt-Heuristik durch ein Lager, welches im Kopfganglayout aufgebaut ist, gilt für den Fall gleichverteilter Artikel

$$s_{GW} = 2 \cdot (2 \cdot L_C + L) + 2 \cdot (N_G - 2) \cdot \sum_{r=1}^{n} \left[\frac{\binom{M_G/2}{r} \cdot \binom{M - M_G/2}{n-r}}{\binom{M}{n}} \cdot \left(L_C + \frac{L}{2} \cdot \frac{r}{r+1} \right) \right] \tag{11}$$

sowie

$$s_{GW} = 2 \cdot (2 \cdot L_C + L) + 2 \cdot (N_G - 2) \cdot \sum_{r=1}^{n} \left[\frac{\binom{M_G/2}{r} \cdot \binom{M - M_G/2}{n-r}}{\binom{M}{n}} \cdot \left(L_C + \frac{L}{2} \cdot \frac{1}{\lambda} \cdot \sum_{k=1}^{r} \frac{1}{k} \right) \right] \tag{12}$$

für exponential verteilte Artikel.

Beim Zentralganglayout verdoppelt sich der konstante Wegzeitanteil in der Formel, so dass sich der Gassenweg bei gleichverteiltem Artikelspektrum zu

$$s_{GW} = 4 \cdot (2 \cdot L_C + L) + 4 \cdot (N_G - 4) \cdot \sum_{r=1}^{n} \left[\frac{\binom{M_G/2}{r} \cdot \binom{M - M_G/2}{n-r}}{\binom{M}{n}} \cdot \left(L_C + \frac{L}{2} \cdot \frac{r}{r+1} \right) \right] \tag{13}$$

ergibt und bei exponential verteilten Artikel zu

$$s_{GW} = 4 \cdot (2 \cdot L_C + L) + 4 \cdot (N_G - 4) \cdot \sum_{r=1}^{n} \left[\frac{\binom{M_G/2}{r} \cdot \binom{M - M_G/2}{n-r}}{\binom{M}{n}} \cdot \left(L_C + \frac{L}{2} \cdot \frac{1}{\lambda} \cdot \sum_{k=1}^{r} \frac{1}{k} \right) \right] \quad (14)$$

Für die Schleifenstrategie unterscheidet man die Berechnung des Gassenweges für den Fall, dass Gassen übersprungen werden können, in

$$s_{GW} = N_G \cdot (2 \cdot L_C + L) \cdot \left[1 - \frac{\binom{M - M_G}{n}}{\binom{M}{n}} \right] \quad (15)$$

sowie in den Fall ohne Überspringen in

$$s_{GW} = \begin{cases} N_G \cdot (2 \cdot L_C + L) & \textit{für } N_G \textit{ gerade} \\ (N_G + 1) \cdot (2 \cdot L_C + L) & \textit{für } N_G \textit{ ungerade} \end{cases} \quad (16)$$

4 Zweidimensionale Kommissioniersysteme

Auch die Ursprünge für die Ermittlung von Fahrzeiten bei der zweidimensionalen Kommissionierung an Regalwänden sind bei Gudehus zu finden (Gudehus 1973). Neben der Erweiterung dieses Verfahrens existieren inzwischen aber auch neue Ansätze. Da die Ermittlung der mittleren Fahrzeit in einem solchen System auf analytischem Wege jedoch meist nur mit sehr hohem Aufwand durchführbar ist, existieren nur einige wenige analytische Berechnungen zur Fahrzeitermittlung. Grundsätzlich wird auch im Zweidimensionalen zwischen verschiedenen Wegstrategien unterschieden.

4.1 Gudehus

Bei der ungeordneten Strategie werden die zu kommissionierenden Positionen einer Rundfahrt willkürlich angefahren. Die mittlere Wegzeit für die nicht geordnete zweidimensionale Bewegung, wenn Ein- und Auslagerpunkt nicht am gleichen Punkt liegen, setzt sich dann wie folgt zusammen

$$\bar{t}_{Weg} = MAX\left[\frac{x_1}{v_x};\frac{y_1}{v_y}\right] + \sum_{i=2}^{n}\left[\frac{|x_i - x_{i-1}|}{v_x};\frac{|y_i - y_{i-1}|}{v_y}\right] + MAX\left[\frac{|L - x_n|}{v_x};\frac{y_n}{v_y}\right] + (n+1)\cdot MAX\left[\frac{v_x}{a_x};\frac{v_y}{a_y}\right] \tag{17}$$

Dies bedeutet, dass sich die mittlere Fahrzeit eines Regalbediengeräts also aus den Zeitanteilen für die Bewegung des Kommissionierers vom Einlagerpunkt zur ersten Position P_1 (dargestellt im ersten Term), der Summe der Bewegungen zwischen zwei beliebigen von n Positionen P_{i-1} und P_i (zweiter Term) und der Fahrt von der n-ten Position P_n zum Auslagerpunkt (dritter Term) ergibt. Ebenso werden noch (n+1) Brems- und Beschleunigungszeitanteile (vierter Term) berücksichtigt. Falls Einlager- und Auslagerpunkt an derselben Stelle liegen, entspricht die mittlere Fahrzeit vom letzten der n Entnahmeorte zum Auslagerpunkt der Fahrzeit, die das Regalbediengerät im Mittel vom Einlagerpunkt zur ersten Position benötigt.

Wird nun eine unendliche Anzahl an Bereitstellorten angenommen, so kann eine Infinitesimalrechnung durchgeführt werden. Die Summation der einzelnen Terme geht dann in eine Integration über, wodurch sich die folgende Formel nach 2n-facher Integration über alle x_i und y_i, (i = 1, ..., n), und Division durch alle Möglichkeiten der Lagen der Entnahmeorte ergibt

$$\bar{t}_{Weg} = \frac{1}{LH^n}\int_0^L\int_0^H \dots \int_0^L\int_0^H t_{Weg}\, dx_n dy_n \dots dx_1\, dy_1 \tag{18}$$

Dieses Integral lässt sich wiederum in mehrere Teilintegrale für die Fahrzeiten zwischen Basis und erstem Einlagerpunkt (I_1) sowie den Fahrzeiten zwischen zwei beliebigen Punkten P_i und P_{i+1} (I_2) aufspalten. Daraus ergibt sich die Wegzeit zu

$$\bar{t}_{Weg} = 2\cdot I_1 + (n-1)\cdot I_2 + (n+1)\cdot BI \tag{19}$$

mit

$$I_1 = \begin{cases} \frac{L}{v_x} \cdot \left(\frac{1}{2} + \frac{1}{6} b^2 \right) & \textit{für } b \leq 1 \\ \frac{L}{v_x} \cdot \left(\frac{1}{2} + \frac{1}{6} \frac{1}{b^2} \right) & \textit{für } b > 1 \end{cases} \tag{20}$$

und

$$I_2 = \begin{cases} \frac{L}{v_x} \cdot \left(\frac{1}{3} + \frac{1}{6} b - \frac{1}{30} b^3 \right) & \textit{für } b \leq 1 \\ \frac{H}{v_y} \cdot \left(\frac{1}{3} + \frac{1}{6} b - \frac{1}{30} b^{-3} \right) & \textit{für } b > 1 \end{cases} \tag{21}$$

und

$$BI = \begin{cases} \left(1 - \frac{1}{2} b \right) \cdot \frac{v_x}{a_x} + \frac{1}{2} b \frac{v_y}{a_y} & \textit{für } b \leq 1 \\ \frac{1}{2b} \frac{v_x}{a_x} + \left(1 - \frac{1}{2b} \right) \cdot \frac{v_y}{a_y} & \textit{für } b > 1 \end{cases} \tag{22}$$

Der hier auftretende Regalwandparameter b beschreibt die Lage der Geschwindigkeitsgeraden und ist gegeben durch

$$b = \frac{H}{L} \cdot \frac{v_x}{v_y} \tag{23}$$

Für den speziellen Fall, dass der Regalwandparameter b = 1 ist, ergibt sich

$$\bar{t}_{Weg} = 2 \cdot \frac{2}{3} \cdot \frac{L}{v_x} + (n-1) \cdot \frac{14}{30} \cdot \frac{L}{v_x} + (n+1) \cdot \left(\frac{1}{2} \frac{v_x}{a_x} + \frac{1}{2} \frac{v_y}{a_y} \right) \tag{24}$$

4.2 Bozer / Lippolt

An Stelle der gerade vorgestellten Berechnung der Integrale kann auch ein ordnungsstatistischer Ansatz, wie er von Bozer (Bozer 1984) und Lippolt

(Lippolt 2003) angewandt wurde, zur Ermittlung der Wegzeit bei Anwendung der ungeordneten Strategie beitragen. Die Regalwand wird hierfür zunächst als normierte Fläche betrachtet (vgl. Abb. 1), wobei die schraffierten Flächen jeweils die Fahrzeiten in x- und y-Richtung kleiner gleich einer Strecke s anzeigen. Dabei stellt der Überlappungsbereich die Lagerfächer mit der Anfahrzeit s dar.

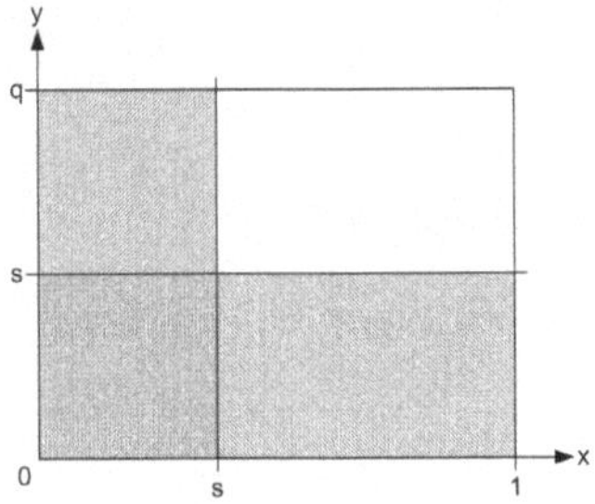

Abb. 1. Normierte Regalwandfläche

Die Verteilungsfunktion für die Wahrscheinlichkeit, dass die Fahrzeit t_{xy} kleiner gleich s ist und die beiden Punkte x und y unabhängig voneinander sind, beträgt

$$F_{xy}(s) = P(t_{xy} \leq s) = P(x \leq s) \cdot P(y \leq s) \tag{25}$$

mit

$$P(x \leq s) = s \qquad und \qquad P(y \leq s) = \begin{cases} \dfrac{s}{q} & für \quad 0 \leq s \leq q \\ 1 & für \quad q < s \leq 1 \end{cases} \tag{26}$$

Durch das Einsetzen der daraus resultierenden Dichtefunktion in die Gleichung für den Erwartungswert führt deren Lösung zu einer Bestätigung der Ergebnisse von Gudehus mit Hilfe des Ordnungsstatistischen Ansatzes.

4.3 Gudehus geordnet

Gudehus führt in (Gudehus 1973) ebenfalls eine analytische Berechnung einer geordneten Ein-Streifenstrategie durch. Dabei werden die n-Entnahmeorte nach aufsteigender Position auf der x-Achse geordnet und in dieser Reihenfolge angefahren ($x_1 < x_2 < ... < x_{n-1} < x_n$). Durch Vernachlässigung der gleichartigen Fachabmessungen und Annahme einer sehr großen Lagerplatzanzahl kann die diskrete Berechnung wieder in eine kontinuierliche Berechnung überführt werden. Für die geordnete Wegstrategie ist dann die mittlere Wegzeit $\bar{t}_{Weg}$ gegeben durch

$$\bar{t}_{Weg} = \frac{\int_0^L \int_0^H \int_0^{x_n} \int_0^H \ldots \int_0^{x_2} \int_0^H t_{Weg}\, dy_n\, dy_n\, dy_{n-1}\, dx_{n-1} \ldots dy_1\, dx_1}{\int_0^L \int_0^H \int_0^{x_n} \int_0^H \ldots \int_0^{x_2} \int_0^H dy_n\, dy_n\, dy_{n-1}\, dx_{n-1} \ldots dy_1\, dx_1} \tag{27}$$

Hiermit kommt Gudehus dann für den Grenzfall einer sehr großen Anzahl an Positionen zu dem Ergebnis, dass die zweidimensionale geordnete Bewegung in eine eindimensionale ungeordnete Bewegung übergeht. Die mittlere Wegzeit für die Kommissionierung einer Position ist dann gegeben durch die folgende Formel

$$\bar{t}_{Weg} = \frac{L}{nv} + \frac{n+1}{n}\frac{1}{3}\frac{L}{v} + \frac{n+1}{n}\frac{v}{a} \tag{28}$$

mit

n: Anzahl Positionen
L: Gassenlänge
v: Geschwindigkeit in Fahrtrichtung
a: Beschleunigung in Fahrtrichtung

Eine Adaption dieses Ansatzes stellt die Erweiterung der geordneten Einstreifenstrategie auf die v-Streifenstrategie ebenfalls durch Gudehus dar, wobei die Regalwand in v gleichbreite Streifen zerlegt wird, die dann nacheinander in gegenläufiger Richtung durchfahren werden. So können die im Allgemeinen langsameren Hubfahrten in y-Richtung eingespart werden. Die Berechnung der Streifenstrategie ähnelt der Vorgehensweise der bereits vorgestellten geordneten Strategie, wobei hier allerdings nicht die gesamte Regalwand mit der Höhe H und der Länge L betrachtet wird. Die Länge ergibt sich in diesem Fall durch Aneinanderreihung aller Streifen zu $v \cdot L$ und die Höhe durch Division der Regalhöhe H durch die Streifenanzahl zu $\frac{H}{v}$.

Ziel dieser Strategie ist es, den komplexen zweidimensionalen Fall, der optimal nur durch die Integration einer schwer lösbaren Tourenplanung abzubilden ist, durch die Streifenmethode auf den eindimensionalen Fall zu reduzieren, wodurch sich bei einer genügend großen Anzahl an Streifen für die mittlere Wegzeit für die Kommissionierung einer Position wieder die dort vorgestellten Formeln verwenden lassen.

4.4 Glass

Glass führt ebenfalls eine analytische Berechnung der Streifenstrategie durch (Glass 2001). Das Vorgehen unterscheidet sich hierbei jedoch von dem vorweg Beschriebenen, da für die Bestimmung der mittleren Fahrzeit bei Anwendung der Streifenstrategie ein ordnungsstatistischer Ansatz gewählt wird. Durch diesen bereits oben beschriebenen Ansatz werden die Erwartungswerte für die folgenden Fälle berechnet:

- Die Strecke zwischen dem Basispunkt und dem ersten Entnahmeort: $E(S_{Start\text{-}Erster})$,
- die Strecke zwischen zwei aufeinanderfolgenden Punkten in einem Streifen: $E(S_{ZweiPunkte,n})$,
- die Strecke für den Übergang zwischen den beiden Streifen: $E(S_{oben\text{-}unten})$ und
- die Strecke vom letzten Entnahmeort zum Basispunkt: $E(S_{Letzter\text{-}Ende})$.

Für jeden der oben aufgeführten Sachverhalte wird im ersten Schritt die Verteilungsfunktion der Punkte in horizontaler Richtung und anschließend in vertikaler Richtung ermittelt. Dies führt nach Multiplikation der beiden Verteilungen zur Verteilungsfunktion $F_{S(s)}$, welche dann durch Differenzierung zur Erlangung der Dichtefunktion herangezogen wird. Mittels der Dichtefunktion lässt sich dann wiederum die mittlere Wegstrecke für einen der vier Fälle bestimmen. Nach Berechnung aller Erwartungswerte kann durch deren Addition die mittlere Wegstrecke einer Kommissionierrundfahrt mit der Streifenstrategie bestimmt werden. Hierbei muss allerdings noch eine Fallunterscheidung durchgeführt werden, ob in jedem Streifen Anfahrpunkte enthalten sind oder nicht.

Der Erwartungswert einer Rundfahrt bei der Zweistreifenstrategie ist demzufolge

$$
\begin{aligned}
E(S_{Gesamt}) \quad &= E(S_{Start-Erster}) \\
&+ \left(1 - \left(\frac{1}{2}\right)^{n-1}\right) \cdot \left((n-2) \cdot E(S_{ZweiPunkte,n}) + E(S_{oben-unten})\right) \\
&+ \left(\frac{1}{2}\right)^{n-1} \cdot (n-1) \cdot E(S_{ZweiPunkte,2n}) \\
&+ E(S_{Letzter-Ende})
\end{aligned}
\tag{29}
$$

Wenn sich in beiden Streifen mindestens je ein Entnahmeort befindet, so werden insgesamt (n-2) aufeinander folgende Punkte und die Strecke zwischen den beiden Streifen durchfahren. Falls alle Entnahmeorte in nur einem der beiden Streifen liegen, so sind insgesamt (n-1) Punkte anzufahren und die Strecke zwischen oberem und unterem Streifen entfällt. Dieses Vorgehen zur Bestimmung der Fahrzeit der v-Streifenstrategie kann auch auf die geordnete Strategie angewendet werden.

Zusätzlich zur Berechnung der Fahrzeit mittels Methoden aus der Analysis und Ordnungsstatistik existieren auch Verfahren, die eine approximative Bestimmung der Fahrzeit durchführen. Solche Verfahren stellen Alternativen zu den oft sehr aufwendigen analytischen Berechnungen dar.

Ein alternativer Ansatz zur Ermittlung der mittleren Fahrzeit einer Kommissioniertour wird ebenfalls von Glass (Glass 2002) vorgestellt. Hierbei wird eine Näherungsgleichung für den Erwartungswert der Tourlänge S aufgestellt. Diese Gleichung lautet

$$E(S) \approx k\sqrt{n \cdot A} \quad n \to \infty \tag{30}$$

mit

n: Anzahl Entnahmeorte innerhalb einer Tour

A: Größe der Regalwandfläche $A = L \cdot H$

k: fallspez. Konstante

Dieser Ansatz wurde bereits von Beardwood (Beardwood et al. 1959) mathematisch erarbeitet und von Daganzo (Daganzo 1984) für die Chebychev Metrik adaptiert. Glass überträgt diese Approximation auf das vorliegende Problem der Kommissionierrundfahrt an einer Regalwand. Hier hat er für die Konstante k eine Näherungsformel angegeben, die für eine kleine Anzahl Entnahmeorte die entsprechenden Werte angibt.

5 Zusammenfassung und Ausblick

Die aktuellen Entwicklungen zeigen, dass sich immer noch neue Ansätze finden, um die analytischen Berechnungsverfahren von Kommissioniersystemen hinsichtlich ihrer Anwendbarkeit, ihrer Ergebnisqualität und ihrer Allgemeingültigkeit kontinuierlich zu verbessern. Sadowsky hat hier die Berechnung im eindimensionalen Bereich einen entscheidenden Schritt vorangebracht und so ein solides Fundament für zukünftige Forschungsarbeiten geschaffen, auf das sowohl in Richtung Flexibilität dieses Verfahrens für unterschiedliche Auftragsgrößen als auch in Richtung Zweidimensionalität weiter aufgebaut werden kann. Ziel muss es sein, die bei allen Berechnungsverfahren existierenden Randbedingungen so gering wie möglich und dennoch die Berechnung selbst so einfach und allgemeingültig wie möglich zu halten.

Literatur

Arnold D, Furmanns K (2005) Materialfluss in Logistiksystemen. Springer Berlin Heidelberg New York

Beardwood J, Halton J, Hammersley J (1959) The shortest path through many points. Proceedings of the Cambridge Philosophical Society 55: pp 299-327

Bozer Y, White J (1984) Travel time models for automated storage and retrieval systems. IIE Transactions 16: pp 329-338

Caron F, Marchet G, Perego A (1998) Routing policies and COI-based storage policies in picker-to-part systems. International journal of production research 36

Daganzo (1984) The length of tours in zones of diffrent shapes. Transportation Research 18B: pp 135-145

Fürwentsches W (1974) Verfahren zur Planung und Bewertung von Kommissioniersystemen in Stückgut-Warenverteilanlagen des Handels und der Industrie. Dissertation, TU Berlin

Glass M (2001) Regalbediengeräte mit Mehrfachlastaufnahme - Planungsrichtlinie und Steuerungsverfahren. Wissenschaftliche Berichte des Institutes für Fördertechnik, Baumaschinen und Logistik, TU Dresden

Glass M, Marquardt HG (2002) Einsatz von Mehrfachlastaufnahmemitteln, Tourenbildung und Spielzeitberechnung. 10. Internationale Kranfachtagung, Magdeburg

Goetschalkx M, Ratliff H (1988) Order picking in an aisle. IIE Transactions 20

Gudehus T (1973) Grundlagen der Kommissioniertechnik - Dynamik der Warenverteil- und Lagersysteme. Giradet Verlag, Essen

Gudehus T (2004) Logistik – Grundlagen, Strategien, Anwendungen. Springer, Berlin Heidelberg New York

Günthner W (2006) Er kam, sah und pickte. Logistik heute 3: S 54

Hall R (1993) Distance approximation for routing manual pickers in a warehaouse. IIE Transaction 25

Hwang H, Oh Y, Lee Y (2004) An evaluation of routing policies for order picking operations in low-levelpicker-to-part systems. International journal of production research 42

Kunder R, Gudehus T (1975) Mittlere Wegzeiten beim eindimensionalen Kommissionieren. Zeitschrift für Operations Research

Lippolt C (2003) Spielzeiten in Hochregallagern mit doppeltiefer Einlagerung. Dissertation, Universität Karlsruhe

Rana K (1990) Order picking in narrow-aisle warehaouses. International journal of physical distribution and logistics management

Ratliff H, Rosenthal A (1983) Order picking in a rectangular warehouse - A solvabel case of the Traveling Salesman Problem. Operations Research 31

Sadowsky V (2007) Beitrag zur analytischen Leistungsermittlung von Kommissioniersystemen. Verlag Praxiswissen, Dortmund

Schulte J (1996) Berechnungsgrundlagen konventioneller Kommissioniersysteme. Verlag Praxiswissen, Dortmund

ten Hompel M, Schmidt T, Nagel L (2006) Materialflusssysteme. Springer, Berlin Heidelberg New York

Verein Deutscher Ingenieure (1994) VDI-Richtlinie 3590 Blatt 1 Kommissioniersysteme Grundlagen. VDI-Verlag, Düsseldorf

Neue Anforderungen an die Handelslogistik – Implikationen aus Theorie und Praxis mit besonderem Fokus auf Multi-Channel-Systeme des Handels

Univ.-Professor Dr. Joachim Zentes, Dr. Hanna Schramm-Klein

Institut für Handel & Internationales Marketing (H.I.MA.)
Universität des Saarlandes
http://www.hima.uni-saarland.de

1 Die Stellung des Handels in der Wertschöpfungskette als Ausgangspunkt neuer Anforderungen an die Logistik

Die dynamischen und sich stetig verschärfenden Wettbewerbsbedingungen in der Konsumgüterwirtschaft führen dazu, dass für den Handel die Profilierung und Positionierung nicht nur in den horizontalen, sondern auch in den vertikalen Wettbewerbsbeziehungen eine stetige Herausforderung darstellt. In den vertikalen Wertschöpfungsbeziehungen hat der Handel lange Zeit eine eher passive Rolle eingenommen (Zentes 2006). Aus dieser Position als „verlängerter Arm" der Industrie hat sich der Handel herausbewegt. Er strebt zunehmend die Marketingführerschaft in der Wertschöpfungskette an. In diesem Zusammenhang steht v.a. die eigenständige Profilierung am Markt mit einem eigenständigen Retail-Branding im Vordergrund. Handelsunternehmen verfolgen damit ein ganzheitliches Marketingkonzept, das mit einen eigenständigen kommunikativen Auftritt auf dem Markt verbunden ist (Morschett 2002). Verknüpft mit der absatzmarktorientierten Profilierung in der Wertkette ist eine zunehmende Professionalisierung des Handels auf allen Ebenen zu erkennen. Zum einen haben PoS-Systeme sowie die Etablierung von Kundenkarten zu einer Ausweitung der Informationsbasis des Handels geführt. Diese – flankiert durch verbesserte Entscheidungsgrundlagen mithilfe IT-gestützter Warenwirtschafts- und Managementinformationssysteme – haben dazu geführt, dass dem Handel eine immer stärkere Rolle als „Gatekeeper" zum Konsumenten zukommt. Der Handel hat sich damit zu dem (vielfach) dominanten Partner entwickelt (Irrgang 1993, S. 1).

Aber nicht nur im Marketing strebt der Handel nach Wertschöpfungsdominanz, sondern auch in der Logistik ist dies ein wichtiges Ziel. Diese Zielsetzung steht im Zusammenhang mit der im horizontalen Wettbewerb durch den Handel angestrebten Wettbewerbsposition als Kosten- und/oder Qualitätsführer. Dabei spielen v.a. Zielsetzungen wie Kosten- und Effizienzorientierung sowie die Vermeidung von Regallücken am Point of Sale („Out of Stocks") eine besondere Rolle. Um diese Ziele zu realisieren, strebt der Handel zunehmend danach, logistische Aktivitäten selbst zu übernehmen. Diese Rückwärtsintegration, die z.B. anhand der Errichtung von Zentrallägern, Warenverteilzentren oder Cross-Docking-Systemen oder durch die Übernahme der Belieferung der Filialen erfolgt, wird von der zunehmenden Professionalisierung der logistischen Aktivitäten im Sinne eines Strebens nach „Logistikexzellenz" begleitet.

Bei der Diskussion des Beziehungsverhältnisses zwischen Konsumgüterindustrie und Handel spielt das Konzept des Efficient Consumer

Response (ECR) eine besondere Rolle. Bei diesem Ansatz steht die unternehmensübergreifende Optimierung der gesamten Wertschöpfungskette im Vordergrund. Im Rahmen eines partnerschaftlichen Systems wird die Ausschöpfung von Effektivitäts- und Effizienzsteigerungspotenzialen angestrebt, die bei allen an der Wertschöpfung beteiligten Partnern erzielbar sind. Im Vordergrund steht also die Realisierung von Win-Win-Situationen für alle beteiligten Partner in der Supply-Chain. Während derartige kooperative Ansätze zur partnerschaftlichen Steuerung der Supply-Chain zwar allgemein als Erfolg versprechend und erstrebenswert angesehen werden, zeigt die Realität, dass sich auch weiterhin eine verstärkte Tendenz zur Übernahme der Systemführerschaft durch den Handel abzeichnet. In diesem Kontext spielt v.a. das Streben nach Logistikführerschaft eine besondere Rolle. Dieses steht nicht zwangsläufig im Gegensatz zur Ausschöpfung der Effizienz- und Effektivitätspotenziale in der gesamten Supply-Chain, sondern es zielt vielmehr darauf ab, welcher der Wertschöpfungspartner die führende Rolle innerhalb der Koordination der wertschöpfungspartnerübergreifenden Steuerung der Supply-Chain übernimmt. Der Handel hat hier gegenüber der Konsumgüterindustrie einen entscheidenden (Wissens-) Vorsprung, da er über die notwendigen Informationen über Verlauf und Entwicklung der Nachfrage „aus erster Hand" verfügt. Um Ineffizienzen in der Supply-Chain wie z.B. den „Bullwhip-Effekt" zu verhindern, ist die Verfügbarkeit derartiger Informationen auf allen Ebenen der Wertschöpfungskette von essenzieller Notwendigkeit.

Der Bullwhip-Effekt („Peitscheneffekt") ist Ausdruck von Ineffizienzen, die durch isolierte Planungen von Bedarfs- oder Bestellmengen entlang der Wertschöpfungskette auftreten können. Er ist dadurch gekennzeichnet, dass sich Abverkaufs- bzw. Bestellmengenschwankungen über die Stufen der Wertschöpfungskette hinweg aufschaukeln und die Schwankungen bzw. Ausschläge über die Stufen hinweg ansteigen (vgl. hierzu z.B. Hertel et al. 2005, S. 167 ff.). Obwohl die Nachfrage der Endverbraucher verhältnismäßig konstant ist, weist die Nachfrage, welche die Handelsunternehmen gegenüber dem Großhändler zeigen (die Bestellungen der Handelsunternehmen beim Großhändler), bereits größere Schwankungen auf. Die Nachfrage, die dann bei dem Lieferanten auftritt (die Bestellungen der Großhändler beim Lieferanten) zeigt wiederum eine noch höhere Variabilität, die wiederum auf der Stufe der Vorlieferanten noch weiter verstärkt wird. Je weiter „up-stream" man sich im Rahmen der Supply-Chain bewegt, umso stärker ist somit die Variabilität der Nachfrage (Lee et al.1997b; Lee et al.1997a).

Die immer stärkere Rolle des Handels als Gatekeeper zum Konsumenten (Zentes 1996) stellt eine wesentliche Grundlage des steigenden Engagements des Handels in Management und Organisation der Supply-Chain dar und fördert Veränderungen seines Einflusses auf die gesamte Wertschöpfungskette. Ein weiterer Treiber für das Streben nach Logistikführerschaft ist die Tatsache, dass die Handelslogistik zumeist durch eine deutlich höhere Komplexität gekennzeichnet ist als die (distributions-) logistischen Prozesse und Strukturen der Konsumgüterindustrie. Beispielsweise sind Lieferströme von teilweise sehr heterogenen Produkten unterschiedlicher Hersteller bzw. Lieferanten mit unterschiedlichen Anforderungen zu koordinieren. Diese höhere Komplexität spiegelt sich in dem Anteil der Logistikkosten an den Gesamtkosten wider. Dieser ist im Handel – u.a. auch bedingt durch die Distributionsfunktion des Handels – deutlich höher als in der Industrie. Der Handel weist somit einen höheren „Leidensdruck“ im Hinblick auf die Bedeutung der Logistikkosten auf und war v.a. in den letzten Jahren häufig der Initiator von Optimierungen bzw. Innovationen im Hinblick auf Logistikprozesse.

Die bisher angesprochenen Aspekte betreffen generelle Aspekte der Logistikoptimierung im Handel. Zu bedenken ist aber, dass sich die Distributionslogistik im Handel stark nach der Betriebs- bzw. Vertriebstypenstruktur der Handelsunternehmen unterscheidet. Insbesondere ist danach zu differenzieren, ob die Handelsunternehmen stationäre Betriebstypen („Geschäfte“) oder Versandhandelskanäle unterhalten. Die Unterschiede klingen zunächst fast trivial, indem zu unterscheiden ist, dass beim Versandhandel („Bringkauf“) die Ware jeweils an den Kunden geliefert wird, während der Kunde im stationären Handel („Holkauf“) diese Distanzüberwindung selbst übernimmt, indem er in die Geschäfte der Handelsunternehmens geht. Die distributionslogistischen Konsequenzen dieser Unterscheidung sind jedoch immens. Während die Kunden des stationären Handels die Kommissionierung selbst in den Läden vornehmen und auch selbst den Transport der Ware zu ihrem Bestimmungsort übernehmen, wird die Kommissionierung beim Versandhandel durch die Handelsunternehmen (bzw. evtl. durch spezialisierte Logistikdienstleister) übernommen. Besondere Logistikanforderungen ergeben sich aber vor allem dann, wenn die Handelsunternehmen Multi-Channel-Systeme haben, dies insbesondere dann, wenn sehr unterschiedliche Kanäle eingesetzt werden, wie z.B. stationäre Kanäle in Kombination mit Versandhandelskanälen, da sich – wie dargestellt – die Systeme der Endkundendistribution stark voneinander unterscheiden.

2 Optimierung der Handelslogistik

2.1 Ziele in der Handelslogistik

Die Hauptzielsetzungen der Optimierung der logistischen Prozesse liegen in zwei wesentlichen Bereichen. Das erste Zielbündel fokussiert auf die Effizienz logistischer Prozessabläufe. Dabei stehen v.a. Aspekte der Kostenreduzierung im Vordergrund. Die Realisierung optimaler Logistiklösungen dient dabei nicht nur der Erreichung von Flexibilität, Schnelligkeit und Zuverlässigkeit in der Supply-Chain, sondern sie dient auch der Implementierung möglichst einfacher Logistiklösungen zur Erreichung niedriger Bestände, niedriger Transportkosten, niedriger Kommissionierkosten u.Ä. Es steht somit die Realisierung effizienter Prozesse im Vordergrund, die möglich kostenoptimal umgesetzt werden sollen (Pfohl 2004).

Nicht unabhängig von diesen vornehmlich auf Kostenreduktionen ausgerichteten Ansätzen ist der zweite Bereich logistischer Zielsetzungen zu sehen, nämlich die Erreichung einer hohen Kundenzufriedenheit. In diesem Zusammenhang hat die Logistik die Aufgabe, die Kundennachfrage zu erfüllen. Sie muss dafür Sorge tragen, dass die von den Kunden nachgefragten Produkte auch tatsächlich in den Regalen der Verkaufsstellen des Handels verfügbar sind, also dass die richtigen Produkte zur richtigen Zeit an den richtigen Ort gebracht werden (Mollenkopf et al. 2000).

Neben generellen Bestandsreduzierungen und der Vermeidung von Überbeständen ist v.a. die Vermeidung von Out-of-Stock-Situationen eines der Hauptziele. Liegen Out-of-Stock-Situationen vor, bedeutet dies, dass Artikel, die von den Kunden nachgefragt werden, nicht in den Filialen vorhanden sind.

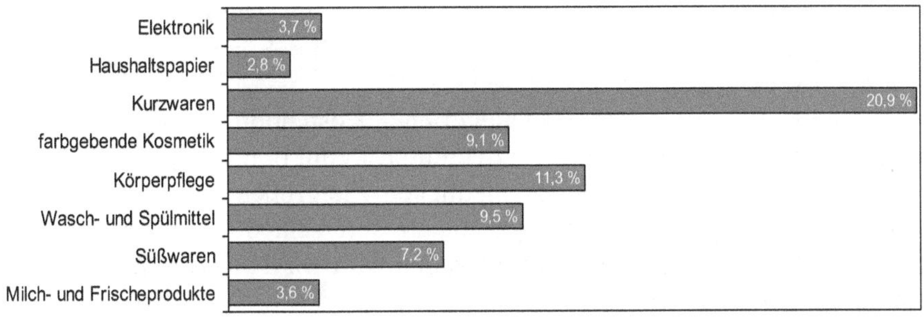

Abb. 1. Out-of-Stock-Quoten ausgewählter Produktkategorien im Handel (Quelle: AdOSA 2006)

Die Problematik der Out-of-Stocks liegt in den Konsumentenreaktionen auf Präsenzlücken begründet. Tendenziell resultieren daraus Verluste für die Handelsunternehmen, die sich daraus ergeben, dass die Konsumenten auf Käufe verzichten oder die Produkte bei anderen Handelsunternehmen kaufen (Gruen et al. 2002). An Brisanz gewinnen solche Verluste bei einer langen Dauer der Präsenzlücken oder bei dem wiederholten Auftreten von Out-of-Stocks bezogen auf bestimmte Produkte, da damit jeweils die Rate der Nichtkäufe im Vergleich zu Substitutionen durch andere Produkte zunimmt und weil die Unzufriedenheit der Kunden mit dem Handelsunternehmen dadurch steigt (Angerer 2004).

Das Ausmaß derartiger Out-of-Stock-Situationen im Handel ist trotz des zunehmend ausgefeilteren Einsatzes informationstechnologischer Unterstützungssysteme (wie z.B. Warenwirtschaftssysteme oder Identifikationssysteme) und Prognosesysteme ein häufig anzutreffendes Problem. Insbesondere Listungsdifferenzen, Bestellprobleme, Unzulänglichkeiten bei der Regalbefüllung sowie Liefer- und Platzierungsprobleme führen zu Out-of-Stock-Quoten, die je nach Produktkategorie zwischen 2,8 % und rd. 21 % liegen (Helm u. Stölzle 2006; siehe Abbildung 1).

Welche Umsatzausfälle tatsächlich durch Out-of-Stocks entstehen, ist nur schwer zu ermitteln, da u.a. die Drehgeschwindigkeit, die Dauer der Out-of-Stocks und die Substitutionsraten zu berücksichtigen sind (Gruen et al. 2002). Sie sind je nach Produktkategorien, in denen die Präsenzlücken auftreten, sehr unterschiedlich. So werden z.B. Snackprodukte oder Produkte wie Toilettenpapier häufiger substituiert und verursachen somit geringere Umsatzausfälle als beispielsweise Kosmetikprodukte (Angerer 2004). Zu beachten ist dabei insbesondere die Marketing-Bedeutung von Schlüsselprodukten, also Artikeln, die als Frequenzbringer angeboten werden. Treten Out-of-Stocks in diesen Bereichen vermehrt auf, so sind die damit in Verbindung zu sehenden Umsatzausfälle wesentlich gewichtiger, da die Marketing-Wirkung bzw. die Frequenzwirkung dadurch verloren geht (Hertel et al. 2005, S. 139).

Die beiden dargestellten Zielkategorien – Kostenoptimierung und Steigerung der Kundenzufriedenheit (z.B. durch Reduktion von Out-of-Stock-Quoten) – lassen sich in unterschiedlichen Zielgrößen ausdrücken. Eine Auswahl wesentlicher Zielgrößen, die in unterschiedlichen Studien zur Messung des Logistikerfolgs herangezogen wurden, ist in Abbildung 2 zusammengefasst.

■ **Logistikqualität**	■ **Logistikkosten**
■ **Prozesssicherheit**	■ **Lagerkosten**
■ **Durchlaufzeiten**	■ **Transportkosten**
■ **Lieferzeit**	■ **Kapitalbindungskosten**
■ **Lieferzuverlässigkeit**	■ **Abschreibungskosten**
■ **Liefertreue Zeit**	■ **Auftragsabwicklungskosten**
■ **Liefertreue Menge**	■ **Lagerbestand/Reichweite**
■ **Lieferflexibilität**	■ **Lieferpunkte**
■ **Lieferqualität**	

Abb. 2. Zielgrößen in der Handelslogistik (Quelle: Schramm-Klein u. Morschett 2006, S. 295.)

2.2 Die interne Supply-Chain des Handels

Zur Realisierung dieser Zielsetzungen bieten sich vielfältige Ansätze im Rahmen der unterschiedlichen logistischen Teilprozesse an. Um diese zu identifizieren, ist deshalb zunächst die interne Supply-Chain des Handels zu charakterisieren. Hierzu kann diese in unterschiedliche Prozessschritte unterteilt werden. Folgt man einer funktionsorientierten Sichtweise, so lassen sich – im Sinne eines idealtypischen Referenzmodells – die logistik- bzw. warenprozessorientierten Systeme zunächst in sechs *Basisprozesse* differenzieren:

- Einkauf/Beschaffung
- Disposition
- Wareneingang
- Lagersteuerung/Lagerung
- Warenausgang
- Retouren.

Diese Basisprozesse lassen sich wiederum in einzelne *Teilprozesse* als weitere Untergliederung unterteilen. Eine Übersicht über die Basisprozesse sowie die zugeordneten Teilprozesse der internen Supply-Chain des Handels ist in Abbildung 3 exemplarisch dargestellt.

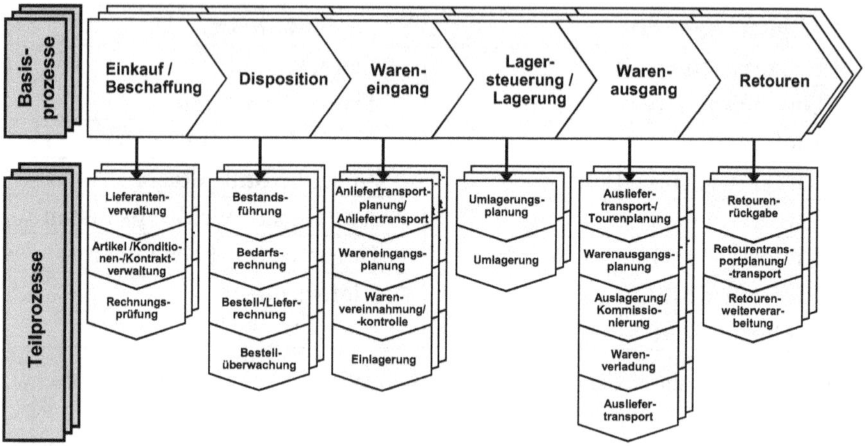

Abb. 3. Die interne Supply-Chain des Handels (Quelle: Zentes u. Schramm-Klein 2007, S. 459).

Diese Teilprozesse weisen in der Regel Gültigkeit sowohl auf der Ebene der Zentrale als auch – bei filialisierten Einzelhandelsunternehmen – auf der Filialebene auf. So wird z.B. sowohl auf der Ebene eines Zentrallagers als auch auf der Ebene der einzelnen Filialen eine Wareneingangsplanung durchgeführt, wobei u.a. Anlieferfenster definiert und Kapazitäten zur Warenvereinnahmung entsprechend der lieferanten- oder zentrallagerseitig avisierten Mengeneinheiten vorgehalten werden. Insofern handelt es sich bei der dargestellten Unterteilung des internen Supply-Chain-Prozesses in Basis- und Teilprozesse um ein idealtypisches Modell, das variabel bzw. flexibel ist, d.h., die dargestellte Reihenfolge ist nicht als fix anzusehen. Es können z.B. die jeweiligen Basis- und Teilprozesse je nach Stufigkeit des Handelsunternehmens auch mehrfach oder in Abhängigkeit von der Strukturierung des Handelsunternehmens in grundsätzlich anderer Reihenfolge durchlaufen werden. Die hier dargestellten Teilprozesse können wiederum im Sinne einer weiter gehenden Differenzierung der Betrachtung in weitere Unterprozesse unterteilt werden (Hertel et al. 2005, S. 57 ff.).

Im Vordergrund der Realisierung der Logistikführerschaft des Handels stehen – an dieser Untergliederung der internen Supply-Chain des Handels anknüpfend –unterschiedliche Ansätze zur Optimierung oder Umgestaltung der Beschaffungslogistik, der Instore-Logistik, der Distributionslogistik und der Redistributionslogistik. Diese werden im Folgenden näher erläutert.

2.3 Optimierung der Beschaffungslogistik

Die Beschaffungslogistik steht am Anfang der (internen) Supply-Chain des Handels und bezieht sich v.a. auf die physische Versorgung mit Waren bzw. Gütern. Wichtige Komponenten der Beschaffungslogistik sind z.B. die Transport- und Lagersysteme im Beschaffungs- und Bereitstellungsbereich des Handelsunternehmens, die Standortverteilung der Läger, das Bestandsmanagement in den Beschaffungslägern, die Beschaffungsorganisation von Zentrale und Filialen oder Kooperationssysteme mit Herstellern und Logistikdienstleistern (Zentes et al. 2004, S. 458 ff.). Besonderen Einfluss auf die Beschaffungslogistik des Handels hat die Belieferungsform, mit der die Handelsunternehmen beliefert werden. Dabei ist zu differenzieren, welcher Akteur die Verantwortung für die Ware im Rahmen der Belieferung trägt. Liegt diese bei dem Hersteller, so erfolgt die Koordination der Belieferung durch den Hersteller im Rahmen der Distributionslogistik des Herstellers. Erfolgt die Koordination durch das Handelsunternehmen, so fällt sie in die Beschaffungslogistik des Handels. Weiterhin sind Mischformen denkbar, bei denen die Verantwortung im Rahmen des Warenflusses vom Hersteller auf den Handel übergeht (z.B. auf der Stufe der Zentral- oder Regionalläger des Handels oder im Rahmen von Cross-Docking- oder Transshipment-Prozessen) (Wittig u. Zentes 2002, S. 51 f.).

Ansätze zur verstärkten Übernahme von Aufgaben im Rahmen der Beschaffungslogistik stellen die bereits vielfach implementierten Zentrallagerkonzepte des Handels dar. Sie haben dazu geführt, dass der Handel der Industrie einen Teil der logistischen Versorgungsaufgaben abgenommen hat. Durch die Zentralläger erfolgt eine Bündelung der Lieferungen unterschiedlicher Hersteller an die Filialen. Bei diesen Konzepten verbleibt die Primärlogistik, also der Warenfluss vom Hersteller zum Handelszentrallager, weiterhin in der Verantwortung des Herstellers und die Sekundärlogistik (die Belieferung der Filialen des Handels) wird durch den Handel koordiniert (Laurent 1996, S. 205). Die Vorteile, die sich durch die Konsolidierung auf dieser zweiten Stufe für den Handel ergeben, haben die Frage nahe gelegt, warum nicht bereits auf der ersten Stufe eine Bündelung unter Koordination des Handels erfolgen soll, also eine Bündelung der Warenströme ab der Herstellerrampe (Bretzke 1999).

An diesen Überlegungen setzen die Konzepte der „Selbstabholung" der Ware beim Hersteller durch den Handel an. Im Rahmen dieser Diskussionen steht insbesondere die Bündelung von Stückgut-Sendungen (z.B. Sendungen der Hersteller mit zwei bis drei Paletten) unterschiedlicher Hersteller im Vordergrund. Bei der Selbstabholung werden die Lieferungen mehrerer Hersteller einer Region bzw. eines „Quellgebiets" z.B. durch

Gebietsspediteure unter der Koordination des Handels verdichtet und in gebündelter Form an das Zentrallager geliefert.

Der Verdichtungseffekt, der dabei realisiert werden kann, ist umso höher, je mehr Hersteller im Quellgebiet zusammengefasst sind, je dichter ihre Standorte um den Standort des Konsolidierungspunktes verteilt sind und je weiter die Distanz zwischen Quellgebiet und Zielgebiet (also dem Zentrallager) ist (Bretzke 1999). Ein weiterer positiver Effekt für den Handel ergibt sich zudem durch die Reduktion der Anzahl der anliefernden Fahrzeuge an der Rampe des Handelslagers. Dadurch kann eine bessere Planbarkeit der Prozesse im Wareneingang erreicht werden und lange Wartezeiten können reduziert werden, da jeweils weniger Fahrzeuge mehr Ware liefern. Dadurch können z.B. Rationalisierungspotenziale am Wareneingang realisiert werden (Schmickler 2001, S. 176). Die Bedeutung der Reduktion der Rampenkontakte ist sehr hoch, da die Rampe des Eingangslagers häufig einen räumlichen und zeitlichen Engpassfaktor darstellt (Prümper et al. 2006).

Im Gegensatz zum Stückgut-Verkehr sind die Bündelungseffekte bei Teil- oder Komplettladungen, die oftmals an die Zentralläger oder im Streckengeschäft an die Filialen des Handels geliefert werden, also umschlagsfrei, befördert werden, nur begrenzt, da sie nur wenig konsolidierungsbedürftig sind. Dennoch entstehen auch hier Vorteile aus Selbstabholungskonzepten. Diese liegen weniger in der Bündelung, sondern v.a. in Auslastungseffekten. Durch die Übernahme auch von Streckenlieferungen kann die Transportkapazität besser ausgenutzt werden, denn im Rahmen von Selbstabholungskonzepten liegen die angestrebten Vorteile nicht nur in der Bündelung, sondern auch in der Vermeidung von Leerfahrten (GEA 1994, S. 32). Solche Leertransporte können z.B. auftreten, wenn der Handel die Distribution von seinen Zentrallägern zu den Filialen selbst übernimmt und auf der Rückfahrt Transportkapazitäten frei sind. Diese Rückbefrachtungspotenziale können ausgenutzt werden, indem z.B. auf solchen Rückfahrten, um Leertransporte zu vermeiden, Produkte bei Herstellern in den jeweiligen Regionen abgeholt und zum Zentrallager des Handels transportiert werden. In diesem Zusammenhang ist gerade die Aufnahme von Teil- oder Komplettladungen besonders attraktiv (Bretzke 1999). Ein besonders prominentes Beispiel für ein solches Selbstabholungskonzept ist das von Metro realisierte System. Andere Handelsunternehmen wie z.B. Rewe oder Tengelmann haben jedoch ihre ersten Ansätze zur Realisierung der Selbstabholung wieder eingestellt.

Anhand der Selbstabholungskonzepte des Handels können die Konfliktpotenziale, die durch das Streben des Handels nach Logistikführerschaft zwischen Hersteller und Handel auftreten können, besonders anschaulich illustriert werden. Die Bündelungs- bzw. Verdichtungseffekte, die der

Handel im Rahmen von Selbstabholungssystemen realisieren kann, stellen zwar für die Handelsunternehmen einen Vorteil dar, sie bedeuten aber auch, dass diese Bündelungsmöglichkeiten auf der Seite der Industrie verloren gehen. Insbesondere wenn große Handelsunternehmen, die ein hohes Warenvolumen von den Herstellern abnehmen, zu Systemen der Selbstabholung übergehen, bedeutet dies meist hohe Effizienzverluste bei der Distributionslogistik der Hersteller. Zudem sind die Hersteller, wenn eine Vielzahl ihrer Handelskunden zu Selbstabholungskonzepten übergeht, spiegelbildlich mit den gleichen Problemen konfrontiert, mit denen zuvor der Handel zu kämpfen hatte, so z.B. hohen Rampenfrequenzen und auf Grund des gesunkenen (Rest-)Transportvolumens proportional höheren Transportkosten. Die Motive für die Selbstabholung des Handels liegen somit nicht darin, im Sinne von „Win-Win-Situationen" gesamtsystembezogene Effizienzgewinne zu realisieren, sondern sie liegen v.a. darin, im Distributionssystem realisierbare Synergien in die eigene Erfolgsrechnung umzulenken und die Koordinationsmöglichkeiten im eigenen Wareneingang zu verbessern (Schramm-Klein 2007).

2.4 Optimierung der Instore-Logistik

Der Optimierung der Instore-Logistik kommt eine besonders hohe Bedeutung zu, weil die in den Verkaufsstellen vorhandenen Flächen i.d.R. mit den höchsten Raumkosten belastet sind. In den Filialen selbst finden sich häufig auch die wichtigsten Quellen für Out-of-Stocks (z.B. Unzulänglichkeiten bei der Regalbefüllung). Deshalb stehen Ansätze zur Optimierung der Regalpflege oder zur Reduktion von Warenhandlingprozessen in den Filialen im Vordergrund der Instore- bzw. Filiallogistik.

Optimierungspotenziale der Filialprozesse bestehen nicht nur in den Filialen selbst, sondern sie setzen bereits auf den Vorstufen der Filialbelieferung an. Die Basis der Filialbelieferung bilden meist spezielle Ladungsträger wie z.B. Rollcontainer, auf denen die Artikel angeliefert werden und die dann im Laden auf bzw. in die entsprechenden Warenträger (z.B. Regale, Kühltheken, Kleiderständer) einsortiert werden. Um die Prozesse der Warenträgerbefüllung in den Filialen zu optimieren, werden auf den Vorstufen (z.B. in den Zentrallägern des Handels) spezifische Kommissionierungsverfahren eingesetzt. Das so genannte „Roll-Cage-Sequencing" stellt einen solchen Ansatz zur filialgerechten Kommissionierung der Ware dar. Dabei erfolgt die Kommissionierung in die Rollcontainer nicht entsprechend des Layouts des Zentrallagers, sondern entsprechend des Layouts der zu beliefernden Filiale (Hertel et al. 2005, S. 156 ff.). Anhand dieser filialgerechten Kommissionierung können effizientere Prozesse der Regalauffüllung in der Filiale realisiert werden, indem die Einräumwege verkürzt werden. Zudem werden die Wareneingangs- und -ausgangskontrollen und das Handling auf Grund der strukturierten Beladung vereinfacht (Schramm-Klein 2007).

Erfolgt die Kommissionierung für die Filialen auf den Vorstufen durch externe Lieferanten bzw. durch die Konsumgüterindustrie, erfordert die Durchsetzung einer filialgerechten Kommissionierung ein ausreichendes Maß an Durchsetzungsmacht seitens des Handels. Das Konfliktpotenzial einer filialgerechten Kommissionierung, das zwischen den Beteiligten entlang der Wertschöpfungskette auftreten kann, wird deutlich, wenn man bedenkt, dass den dargestellten Vorteilen auf der Filialebene Nachteile auf den vorgelagerten Distributionsstufen entgegenstehen. Zum Beispiel steigen i.d.R. die Kommissionierzeiten in den Distributionszentren, da meist größere Wege zurückgelegt werden müssen. Ebenso kann die filiallayoutbezogene Kommissionierung dazu führen, dass die Transportbehälter nicht effizient ausgenutzt werden können, woraus eine ungünstigere Ausnutzung nicht nur der Rollcontainer, sondern auch der Transportkapazitäten resultiert, da zumeist der Einsatz einer höheren Anzahl von Rollcontainern erforderlich ist (Koschorz 2001, S. 100). Verhältnismäßig unproblematisch ist dies, wenn diese filialgerechte Kommissionierung in den Zentrallägern des Handels erfolgt, da diese Nachteile dann durch die Vorteile in den Filialen überkompensiert werden können. Problematischer ist die Durchsetzung derartiger Kommissionierungsverfahren jedoch auf der Ebene der Hersteller, da diesen dadurch erhebliche Zusatzkosten entstehen können, insbesondere wenn sie derartige Verfahren für unterschiedliche Handelsunternehmen realisieren müssen.

Ein weiterer Optimierungsansatz für die Instore-Logistik, der auf den Vorstufen ansetzt, wird unter dem Stichwort Shelf Ready Packaging (SRP) diskutiert. Hiermit sind regalgerechte Verpackungen bzw. Umverpackungen der Ware gemeint, die die Prozesse der Verräumung in der Filiale beschleunigen und gleichzeitig – im Sinne einer Marketingfunktion – positive Effekte auf den Umsatz haben sollen. SRP ist eine Thematik, die zwar seit langem im Handel praktiziert wird (z.B. von vielen Discountern, die ihre Ware in den Sekundärverpackungen in den Filialen anbieten), jedoch angestoßen durch die Anforderungen des Handels in den Verkaufsstellen und die dort realisierbaren Effizienzsteigerungseffekten auf breiter Basis aktuell diskutiert wird und ein neues Konfliktpotenzial zwischen Konsumgüterindustrie und Handel birgt. Dieses resultiert einerseits daraus, dass die Sekundärverpackung häufig eine Marketingfunktion aus Sicht der Hersteller inne hat und diese nun befürchten, dass die neuen Handelsanforderungen an die Umverpackung den herstellerbezogenen Zielen entgegenstehen können. Weiterhin besteht die Befürchtung, dass hier sehr heterogene Anforderungen der unterschiedlichen Handelsunternehmen (z.B. auf Grund sehr unterschiedlicher Regalssysteme bzw. Präsentationsformen in den Filialen) zu stark differenzierten Umverpackungssystemen führen können, was mit erheblichen Zusatzkosten auf Seiten der Hersteller verbunden wäre.

2.5 Optimierung der Distributionslogistik

Die Distributionslogistik (Absatzlogistik, Vertriebslogistik) umfasst alle logistischen Aktivitäten, die im Zusammenhang mit der Verteilung der Ware an die Kunden stehen. Von besonderer Bedeutung sind dabei v.a. die Planung und Gestaltung der Standorte der Distributionsläger, Bestandsmanagement, Kommissionierung, Verpackung, Tourenplanung, Transportmitteleinsatzplanung, Kundenauftragsabwicklung oder die Kooperationen mit Logistikdienstleistern (Hertel et al. 2005, S. 110). Die Hauptansatzpunkte zur Optimierung der Distributionslogistik liegen v.a. in der Zentralisierung bzw. der Minimierung der Anzahl der Läger. Dies erfolgt insbesondere durch die bereits angesprochene Einrichtung von Zentrallägern oder Warenverteilzentren (Transit-Terminals) bzw. Cross-Docking-Systemen. In diesem Zusammenhang wird gleichzeitig versucht, die Anzahl der Lagerstufen zu minimieren. Besondere Bedeutung hat dabei auch die Tendenz, die Belieferung der Filialen selbst zu übernehmen (Direktbelieferung).

Ein weiterer wesentlicher Trend ist die Tendenz zum Outsourcing der Durchführung logistischer Prozesse an externe Logistikdienstleister. Die Übernahme bzw. Integration logistischer Aktivitäten in die Wertschöpfungskette des Handels bedeutet nämlich nicht, dass die Handelsunternehmen auch tatsächlich selbst die operative Abwicklung dieser Prozesse vornehmen. Das Outsourcing logistischer Aktivitäten in der Konsumgüterbranche hat sich in den vergangenen Jahren dynamisch entwickelt. Der Anteil der Logistikkosten, der auf externe Dienstleister entfällt, liegt bei über 50 %, mit weiter zunehmender Tendenz. Der größte Anteil der in der Handelspraxis ausgelagerten Logistikprozesse bezieht sich auf „klassische" Logistikaktivitäten wie Transport-, Lager-, Umschlagsprozesse oder die Etikettierung (Baumgarten u. Thoms 2002), wobei der Schwerpunkt klar auf Transportaktivitäten liegt (EHI Retail Institute 2006). Diese Outsourcing-Aktivitäten führen dazu, dass der Handel im Ergebnis die Logistik in einem strategischen Sinne steuert. Zur eigentlichen Durchführung der Logistikaktivitäten bzw. der einzelnen Prozesse werden (verstärkt) logistische Dienstleister eingeschaltet. Die offenen Systeme dieser externen Dienstleister ermöglichen – im Gegensatz zu geschlossenen Systemen einzelner Handelsunternehmen – i.d.R. deutlich höhere Bündelungs- und Skaleneffekte und dadurch die kostengünstigere Abwicklung der Logistikleistungen (Prümper et al. 2006).

Handelsunternehmen, die dieser Tendenz folgen, entwickeln sich damit immer stärker in Richtung eines „Fourth Party Logistics Providers" (4PL), der vorrangig die Steuerung der Supply-Chain im Sinne einer Logistikplanung und -beratung für Unternehmensnetzwerke übernimmt (Prümper 2003, S. 5). Immer häufig werden die Logistikaufgaben der Handelsunternehmen in eigenen Querschnittsgesellschaften gebündelt. Beispiele hierfür sind die Logistikgesellschaften von Metro, Ikea oder KarstadtQuelle. Zum Teil übernehmen diese „Internal 4PL" (Prümper 2003) auch Steuerungsaufgaben der Logistik für externe (Handels-) Kunden.

2.6 Optimierung von Retouren und Redistribution

Im Rahmen der Entsorgungs- bzw. Retrodistributionslogistik des Handels stellen im Sinne einer Produkt-Kreislaufbetrachtung die Prozesse der Rückführung eine besondere Herausforderung dar. Die Anforderungen an den Handel und die Aufgaben, die er im Rahmen von Rückführungs-, Recycling- oder Einweg- oder Mehrweg-Pfandsystemen zu übernehmen hat, steigen dabei zunehmend (Higginson u. Libby 1997). Dabei sind nicht nur gesetzliche Anforderungen hinsichtlich der Recycling-, Rücknahme- oder Pfandsysteme von Bedeutung, sondern auch die Kundenanforderungen, die aus einem erhöhten Umweltbewusstsein resultieren, spielen in diesem Zusammenhang eine große Rolle (Hughes 2003). Der Bereich der Rücknahmelogistik bezieht sich jedoch nicht nur auf Recycling- oder Pfandsysteme, sondern in diesem Zusammenhang sind auch Rückgaben der Konsumenten (Retouren) von Relevanz, die aus anderen Gründen erfolgen, z.B. aus Nichtgefallen oder auf Grund von Produktfehlern. Relevante Objekte der Redistribution des Handels sind somit z.B. Produkte, die von den Kunden in ungebrauchtem Zustand zurückgegeben werden (z.B. Anprobeartikel von Versandhandelsunternehmen), Altprodukte, die von den Konsumenten bereits gebraucht wurden, Verpackungen (Einweg- und Mehrwegverpackungen), mängelbehaftete Produkte, die von den Kunden im Rahmen von Garantieprozessen zurückgegeben werden, beschädigte oder falsch gelieferte Produkte, die an den Hersteller zurückgeführt werden oder nicht verkaufte Produkte (z.B. auf Grund von Überbeständen, Saisonablauf, Überschreitung des Haltbarkeitsdatums o.Ä.), die zurück an die Hersteller zur Verwertung oder zur Entsorgung geführt werden (Hughes 2003, S. 31 f.).

Vor allem in der Versandhandelslogistik bestehen im Bereich der Retrodistribution besonders hohe logistische Anforderungen. Hierbei liegt der Hauptfokus auf dem Retourenhandling, denn bei bestimmten Warengruppen, wie z.B. Bekleidung und Textilien, liegen die Retourenquoten im Versandhandel zwischen 40 und 60 % (Hertel et al. 2005, S. 165 ff.). Die Hauptproblematik des Retourenhandlings besteht in den Kosten der Retourenabwicklung – je nach Warenwert können sie die Rentabilität des Versandhandels stark beeinträchtigen – und in der Gestaltung der Prozesse der Rücksendung der Artikel. Diese können grundsätzlich in gleicher Form – quasi die logistische Kette „rückwärts" – erfolgen, wie die Lieferformen an die Konsumenten realisiert werden können. Es sind also z.B. Abholungen der Ware bei den Kunden möglich, die Kunden können die Ware an Pick-up-Stationen oder in bereitgestellten Schließfächern zurückgeben oder per KEP-Dienst zurück an das Handelsunternehmen senden. Der wesentliche Unterschied der Redistributionslogistik im Rahmen des Versandhandels liegt darin, dass die Distanzüberwindung auch in der Redistribution i.d.R. durch die Handelsunternehmen übernommen bzw. koordiniert wird.

Sollen diese Systeme der Retrodistribution möglichst optimal ausgestaltet werden, erfordert dies effiziente Informationssysteme als Hintergrundprozesse der Redistributionslogistik. Wichtige Themen zur Optimierung der Retrodistribution sind einerseits Fragen der Verpackung bzw. Verpackungsrückführung und weiterhin der Warenrückverfolgung. Bezogen auf Fragen der Verpackung, streben Handelsunternehmen v.a. Standardisierungstendenzen an, da für nicht-standardisierte, herstellerspezifische Verpackungen (z.B. spezifische Mehrwertverpackungen oder Transportbehälter der Hersteller) der Redistributionskanal i.d.R. immer mit dem Distributionskanal (mit rückwärtsgerichtetem Warenfluss) identisch ist und keine Flexibilität des Einsatzes derartiger Verpackungssysteme besteht. Dies kann zu Effizienzverlusten (insbesondere bei geringen Mengen) führen. Zum Teil werden auch handelsspezifische (meist Mehrweg-) Verpackungssysteme eingesetzt. In diesem Fall erfolgen Bereitstellung und Rücknahme der Verpackung durch das jeweilige Handelsunternehmen. Da auch hier Effizienznachteile auftreten können, können auch bei standardisierten Mehrwegverpackungen (z.B. Cheb-Paletten) über Kooperationslösungen (z.B. Pooling-Systeme) Systeme geschaffen werden, bei denen die Bereitstellung der Verpackung an die Hersteller durch zentrale Stellen erfolgt und die Rücknahme durch die Handelsunternehmen organisiert wird (Specht 1998, S. 309). Auch im Rahmen der Rückführung von Einwegverpackungen haben sich Kooperationssysteme herausgebildet, z.B. das Duale System Deutschland (DSD), durch das die Rücknahme von Verpackungen, die mit dem „Grünen Punkt" gekennzeichnet sind, koordiniert bzw. übernommen wird.

3 Besonderheiten in Multi-Channel-Systemen

3.1 Anforderungen an die Distributionslogistik in Multi-Channel-Systemen

Die Besonderheiten der logistischen Distributionspolitik in Multi-Channel-Systemen ergeben sich daraus, dass über mehrere, oft sehr unterschiedliche Kanäle hinweg der Vertrieb an die Kunden garantiert werden muss (Schramm-Klein 2006).

In Abbildung 4 ist die Warenverteilung beispielhaft für Multi-Channel-Systeme skizziert, die unterschiedliche Formen der Distanzüberwindung (Bring- und Hol-Kauf) integrieren. Die Komplexität derartiger Systeme wird dabei unmittelbar deutlich Die Problematik für Handelsunternehmen liegt darin, die Ziele der Logistik wie z.B. Flexibilität, Schnelligkeit und Zuverlässigkeit in der Supply-Chain bei möglichst einfachen Logistiklösungen, die der Erreichung niedriger Bestände, niedriger Transportkosten, niedriger Kommissionierkosten u.Ä. dienen, in einem heterogenen Absatzkanalumfeld zu garantieren (Zentes et al. 2004).

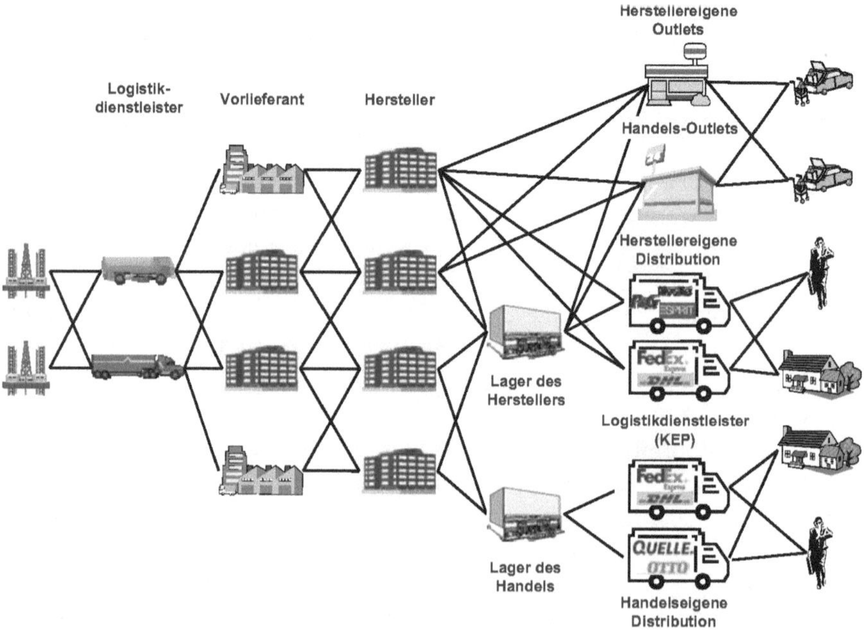

Abb. 4. Distributionslogistik in Multi-Channel-Systemen des Handels (Quelle: Zentes u. Schramm-Klein 2007, S. 458)

Als Hauptziel steht dabei die Realisierung effizienter Prozesse im Vordergrund, die möglichst kostenoptimal umgesetzt werden sollen. Während in „traditionellen“ Distributionssystemen häufig die Realisierung möglichst geringer Logistikkosten pro Einheit und damit das Streben nach der Abwicklung möglichst großer Mengen in möglichst effizienter Art und Weise im Vordergrund stand, muss in Multi-Channel-Systemen ein deutlich höheres Ausmaß an Flexibilität des Logistiksystems realisiert werden. Vor allem ist die Fähigkeit erforderlich, die Produkte über unterschiedliche Wege – abhängig von dem jeweiligen Transaktionskanal und dem jeweiligen Produkt – zu den Kunden zu bringen (Zentes u. Schramm-Klein 2007). Insbesondere die Problematik, dass dies häufig mit geringeren Volumina verbunden ist, stellt hohe Anforderungen an die Effizienz derartiger Systeme (Hughes 2005). Um im „Back-End-Bereich“ Synergieeffekte zwischen den alternativen Kanälen solcher Multi-Channel-Systeme realisieren zu können, ist eine Koordination und Integration der unterschiedlichen Logistiksysteme erforderlich (Schramm-Klein 2003). Will man in Multi-Channel-Systemen in möglichst hohem Maße Synergieeffekte in den logistischen Prozessen realisieren, so impliziert dies nicht nur die weitestgehende Standardisierung der Prozesse sowie die Verhinderung von Prozess-Doubletten, sondern v.a. auch die Verflechtung der logistischen Prozesse zwischen den Absatzkanälen. Gerade derartige Querverbindungen zwischen den Absatzkanälen sind jedoch mit erhöhten Koordinations- und Managementanforderungen an die logistischen Systeme verbunden und führen zu teilweise erheblichen Komplexitätssteigerungen der logistischen Systeme (Zentes u. Schramm-Klein 2007).

An die Ausgestaltung der Logistiksysteme von Multi-Channel-Systemen bestehen deshalb besonders hohe Anforderungen. Auf der Kundenseite besteht grundsätzlich die Möglichkeit, Multi-Channel-Systeme entweder getrennt und autonom zu führen, z.B. um sie auf bestimmte Kunden- bzw. Zielgruppen auszurichten (Späth 2000), oder sie zu integrieren (Gulati u. Garino 2000), d.h., sie klar aufeinander abzustimmen und untereinander zu verknüpfen. Im Bereich der unterstützenden bzw. Back-End-Funktionen und insbesondere in der Logistik ist aber eindeutig die Integration der Kanäle Nutzen stiftend. Das Ziel einer derartigen Integration der Logistikprozesse (z.B. kanalübergreifende Logistikprozesse oder kanalübergreifende Abwicklung von Bestellungen/Retouren) liegt darin, Effektivitäts- und Effizienzpotenziale zwischen den Kanälen zu realisieren, z.B. durch Kostensenkungspotenziale auf Grund von Synergieeffekten (Schramm-Klein 2006).

Diesen Vorteilen wird jedoch häufig das Problem der sog. „Überkomplexität“ entgegengestellt (Roever 1991). Die hohe Aufgaben- bzw. Variantenvielfalt in den logistischen Distributionssystemen von Multi-

Channel-Systemen führt zu einer Steigerung der Komplexität dieser Systeme und ist mit erhöhtem Koordinations- und Führungsaufwand verbunden. Hieraus resultieren steigende Komplexitäts- bzw. Koordinationskosten, denn mit der Addition neuer Absatzkanäle entstehen neue logistische Aufgaben und neue Schnittstellen, die koordiniert werden müssen (Schögel 1997). Diese Problematik wird insbesondere dann noch zusätzlich forciert, wenn ein hoher Differenzierungsgrad der Absatzkanäle besteht, wenn also z.B. unterschiedliche Formen von Absatzkanälen miteinander kombiniert werden, und wenn eine starke Verflechtung bzw. Interdependenz der Kanäle gegeben ist.

3.2 Aufgabenbereiche der Distributionslogistik und Lösungsmöglichkeiten in Multi-Channel-Systemen

Überblick

Anknüpfend an den Basisprozessen der internen Supply-Chain des Handels besteht gerade in Multi-Channel-Systemen die besondere Bestrebung, in möglichst hohem Maße Synergieeffekte in den logistischen Prozessen zu realisieren. Besondere Herausforderungen entstehen in der Distributionslogistik, weshalb diese im Folgenden herausgegriffen wird, um die besonderen Anforderungen der Multi-Channel-Systeme zu illustrieren und Lösungsmöglichkeiten für die Hauptproblembereiche darzustellen.

Bezüglich aller Aktivitäten der Distributionslogistik ist in Multi-Channel-Systemen festzulegen, inwieweit eine Abstimmung zwischen den Kanälen erforderlich bzw. möglich ist, in welcher Form eine Komplexitätsreduktion durch Standardisierung der Aufgaben bzw. Prozesse zwischen den Kanälen erreicht werden kann und wie größtmögliche Synergiepotenziale zwischen den Kanälen ausgeschöpft werden können. Im Folgenden werden als wesentliche Prozesse die Auftragsabwicklung, die Lagerstrukturgestaltung, das Bestandsmanagement und das Transportmanagement hinsichtlich der Besonderheiten in Multi-Channel-Systemen skizziert.

Auftragsabwicklung in Multi-Channel-Systemen

Allgemein umfasst die Auftragsabwicklung die Steuerung der Warenströme in der gesamten logistischen Kette und die Koordination der damit in Verbindung stehenden Einzelprozesse (Darr 1992). Aufträge werden durch

Bestellungen der Kunden ausgelöst[1]. Die wesentlichen Aufgaben der Auftragsabwicklung bestehen in der Aufnahme, Aufbereitung, Umsetzung, Weitergabe und Dokumentation von Auftragsdaten sowie der Information und Kommunikation zwischen den in der Supply-Chain beteiligten Akteuren (Vastag u. Schürholz 2004).

Eine der Hauptfunktionen der Auftragsabwicklung besteht in der Gewährleistung des auf den Warenfluss bezogenen Informationsflusses. Dies ist gerade dann von besonderer Bedeutung, wenn unterschiedliche Kanäle des Multi-Channel-Systems bei einem Kundenauftrag eingeschaltet werden (siehe Abbildung 5), so z.B. wenn Bestellungen über Versandhandelskanäle erfolgen (z.B. über Online-Kanäle), die Auslieferung der Ware in Form der Direktbelieferung der Kunden realisiert wird und eine Retourenabwicklung über stationäre Outlets erfolgt.

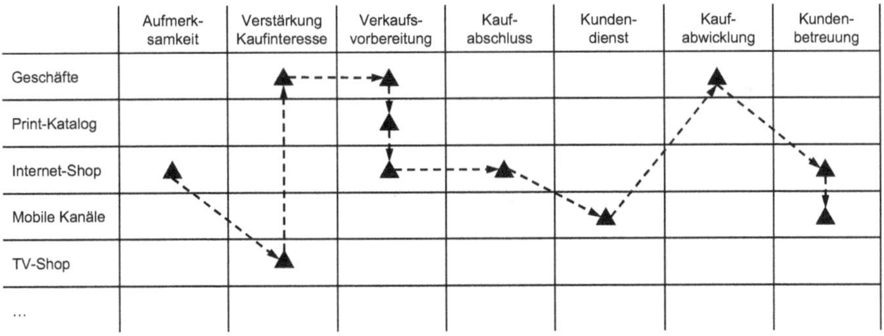

Abb. 5. Auftragsabwicklung in Multi-Channel-Systemen des Handels (Quelle: Zentes u. Schramm-Klein 2007, S. 461, in Anlehnung an Moriarty u. Moran 1990, S. 149; Schögel 1997, S. 197)

Lagerstrukturgestaltung in Multi-Channel-Systemen

Neben der Grundsatzentscheidung, in welcher Form die Schnittstellengestaltung zwischen Hersteller und Handel erfolgt, also z.B. ob eine Anlieferung von Lägern erfolgen soll oder eine Direktbelieferung der Filialen des Handels („direct store delivery", vgl. hierzu Hertel et al. 2005, S. 118 ff.), besteht eine der zentralen Fragen auf jeder Stufe der Supply-Chain der Konsumgüterbranche darin, ob eine zentrale oder eine dezentrale Lagerhaltung erfolgen soll. Zudem sind Entscheidungen darüber zu treffen, wie

[1] Diese können in „traditioneller" Form übermittelt werden oder können automatisch ausgelöst werden, so z.B. bei Systemen des Continous Replenishment, als neuere Ansätze, bei denen die Abverkäufe den Ansatzpunkt der Aktivitäten darstellen.

die einzelnen Läger, so insbesondere die Vorrats-, Distributions- bzw. Absatzläger, Umschlagsläger bzw. Transitterminals oder Verteilungsläger zu den einzelnen Absatzkanälen zugeordnet werden sollen und in welcher Form gesamtsystembezogene Lagerstrukturoptimierungen zur Realisierung von Synergieeffekten bzw. Effizienzsteigerungspotenzialen im Rahmen der Multi-Channel-Systeme erreicht werden können.

Wesentliche Einflussfaktoren auf die Entscheidungen über die Lagerstruktur stellen dabei v.a. die Logistikkosten dar, so insbesondere allgemeine Lagerkosten (Raumkosten, Personalkosten u.Ä.), Bestands- bzw. Kapitalbindungskosten, Transportkosten, Handlingkosten (z.B. Kommissionierung, Verpackung) und Steuerungs- bzw. Koordinationskosten. Gerade die letztgenannte Kostenkomponente spielt in Multi-Channel-Systemen eine große Rolle, denn sie steigt tendenziell mit der Anzahl der Lagerstufen bzw. der einzelnen Läger. Hier besteht zumeist das Ziel, anhand einer Straffung und eines „Pooling" der Lagersysteme für alle Absatzkanäle wesentliche Effizienzpotenziale zu realisieren. Aber auch Faktoren wie die Zeit, so insbesondere Liefer-, Transport- oder Wartezeiten, spielen in Multi-Channel-Systemen eine besondere Rolle, denn z.B. gerade bei einer Integration von Online-Kanälen steigen die (Kunden-) Anforderungen an die Flexibilität und Geschwindigkeit der Belieferung. Dies wirkt sich auch auf die Lagerkapazitäten aus, die auf den einzelnen Lagerstufen vorgehalten werden müssen. Zwar ist es das Ziel, durch eine Integration der Lagersysteme aller Absatzkanäle die Gesamtbestände zu minimieren, jedoch können spezifische Flexibilitätsanforderungen einzelner Kanäle höhere Sicherheitsbestände erforderlich machen.

Von wesentlicher Bedeutung sind zudem die geografische Verteilung bzw. Reichweite der einzelnen Absatzkanäle sowie die mit den Absatzkanälen in Verbindung stehenden einzelnen Standorte bzw. Liefer- und Empfangspunkte (z.B. die Filialstruktur und die Standorte der Filialen von Handelsunternehmen). Sie bestimmen z.B. die Flexiblität der Belieferung oder die räumliche Kapazität der Belieferung.

Besonders relevant ist weiterhin die Sortimentsstruktur der Unternehmen. Zunächst ist dabei der Sortimentsumfang bzw. das Gesamtsortiment von Bedeutung. In Multi-Channel-Systemen besteht bei einem großen Sortimentsumfang oftmals die Tendenz zur zentralen Lagerhaltung für alle Absatzkanäle, da in diesem Fall Sicherheitsbestände nur einmal zentral und nicht einzeln für jeden Absatzkanal vorgehalten werden müssen. Dadurch sind (i.d.R.) in der Summe niedrigere Bestände ausreichend, sodass die Kapitalbindungskosten insgesamt reduziert werden können. Ähnliche Überlegungen wie für ein besonders umfangreiches Sortiment gelten auch für besonders hochwertige bzw. teure Waren (Toporowski 1996, S. 53). Neben dem Gesamtsortimentsumfang ist aber v.a. der Grad der

Überschneidungen zwischen den Sortimenten der einzelnen Absatzkanäle von Bedeutung. Mit zunehmender Homogenität der Sortimente steigen wiederum die potenziell durch zentrale Lagerhaltungssysteme realisierbaren Konsolidierungseffekte im Multi-Channel-System (Hertel et al. 2005, S. 121 f.).

Bestandsmanagement in Multi-Channel-Systemen

Das Bestandsmanagement im Rahmen von Multi-Channel-Systemen beinhaltet Entscheidungen darüber, welche Ware und wie viel von der jeweiligen Ware gelagert werden soll. Wesentliche Einflussfaktoren auf die Lagerbestände in Multi-Channel-Systemen resultieren aus Zielen wie der Ausnutzung von Größeneffekten durch die Integration der logistischen Systeme der Absatzkanäle (z.B. Größeneffekte beim Transport, die durch günstigere Transportkonditionen oder auf Grund der Möglichkeit zur Transportbündelung zwischen den Absatzkanälen). Eine wichtige Funktion der Lagerhaltung liegt im Ausgleich bei Auseinanderklaffen von Angebot und Nachfrage. Dies ist v.a. relevant, wenn absatzkanalspezifische Angebote realisiert werden oder die Nachfrage in den unterschiedlichen Absatzkanälen differiert. Ein weiteres Ziel besteht in dem Schutz vor Unsicherheiten, z.B. weil die Nachfrage in den unterschiedlichen Absatzkanälen nicht sicher prognostizierbar ist oder weil Lieferunsicherheiten hinsichtlich der Belieferung bestehen können. Zudem wird häufig die Verkürzung der Lieferzeiten angestrebt, z.B. dann, wenn besondere Flexibilitätsanforderungen einzelner Kanäle bestehen (Lambert et al. 1998, S. 112 ff.; Pfohl 2004, S. 98 f.; Hertel et al. 2005, S. 131 f.; Zentes u. Schramm-Klein 2007, S. 463).

Gerade im Bereich der Lagerbestände wird durch eine Integration der Absatzkanäle von Multi-Channel-Systemen ein besonders hohes Potenzial für Kostenreduktionen erwartet, da Lagerbestände bekanntlich mit z.T. erheblichen Kosten verbunden sind (insbesondere Kosten der Kapitalbindung, aber auch Verwaltungskosten u.Ä.). Aus diesem Grund bestehen Bestrebungen, die Gesamtlagerbestände des Multi-Channel-Systems so gering wie möglich zu halten.

Transportmanagement in Multi-Channel-Systemen

Auch im Bereich der Transportoptimierung ist durch die Zusammenlegung bzw. Integration der Transportsysteme der unterschiedlichen Absatzkanäle ein erhebliches Effizienz- bzw. Einsparpotenzial realisierbar. Wenngleich die Koordination der alternativen Absatzkanäle bzw. der damit in Verbindung stehenden Vielzahl von Liefer- und Empfangspunkten erhebliche Restriktionen hinsichtlich der Transportgestaltung beinhaltet (die Komplexität steigt v.a. dann zusätzlich an, wenn auch die Direktbelieferung von Konsumenten erfolgt) und z.B. unterschiedliche Lieferfenster, Transportkapazitäten, Öffnungszeiten u.Ä. berücksichtigt werden müssen, werden durch die Integration der Transportsysteme in Multi-Channel-Systemen Ziele angestrebt wie z.B. die Koordination von Transporten (z.B. Hin- und Rückfahrten, Fahrten zwischen unterschiedlichen Lägern bzw. Empfangspunkten), die Vermeidung von Leerfahrten, die Reduktion der Anzahl der Dienstleister, die Erhöhung der Fahrzeugauslastung, die Verringerung der Rampenkontakte oder die Konsolidierung von Lieferungen zwischen den alternativen Kanälen (Zentes u. Schramm-Klein 2007, S. 464).

Aus diesen Zielsetzungen wird unmittelbar der Zielkonflikt zwischen der Minimierung der Transportkosten und der Maximierung des Lieferservice bzw. der Lager- und Umschlagsauslastung deutlich. Die Transportkosten sind dabei tendenziell umso niedriger, je mehr Ganzladungen („volle Lkw“) eingesetzt werden können, je größere Fahrzeuge genutzt werden bzw. je größer die jeweiligen Sendungen sind. Insbesondere steht dabei die Reduktion von Transportfrequenzen im Vordergrund. Allerdings sind großvolumige Transporte bzw. Lieferungen i.d.R. mit einem hohen Umschlagsaufwand verbunden und verhältnismäßig störanfällig.

Diesem generellen Transportkostenminimierungsziel stehen Zielsetzungen gegenüber, die tendenziell dazu führen, dass die Transportkosten steigen, so z.B. Ziele wie die bedarfsgerechte Bedienung unterschiedlicher Absatzkanalanforderungen oder eine hohe Lieferfrequenz (z.B. für Frischware) bei z.T. geringen Liefervolumina (z.B. bei der Direktbelieferung von Konsumenten). Es zeigt sich zudem die Interdependenz zwischen Lagerstruktur- und -größenentscheidungen und Transportoptimierungsüberlegungen. So führt z.B. die Tendenz zum Abbau von Lagerkapazitäten im Rahmen von Bestandsreduktionsbestrebungen dazu, dass in den jeweiligen Lägern nur eine geringe Liefermenge aufgenommen werden kann (oder angestrebt wird), sodass häufigere Lieferungen notwendig werden – im Extremfall im Sinne einer quasi „Just-in-time-Anlieferung“ – was tendenziell mit einer Erhöhung der Transportkosten verbunden ist (Hertel et al. 2005, S. 142 f.).

Spezifische Logistikprozesse im Multi-Channel-Retailing

Versandhandelsprozesse in Multi-Channel-Systemen

Besondere Logistikanforderungen ergeben sich in Multi-Channel-Systemen des Einzelhandels, dies insbesondere dann, wenn sehr unterschiedliche Kanäle eingesetzt werden, wie z.B. stationäre Kanäle in Kombination mit Versandhandelskanälen, da sich – wie dargestellt – die Systeme der Endkundendistribution stark voneinander unterscheiden. Vor allem die Systeme des Versandhandels weisen spezifische Besonderheiten auf.

Eine wesentliche Problematik von Versandhandelsprozessen im Endkundenbereich besteht v.a. darin, dass die Kundenstruktur stark atomistisch ist und dass die Kunden hinsichtlich ihrer Standorte durch eine stark dislozierte und variable Struktur gekennzeichnet sind (Hertel et al. 2005, S. 158). Zudem sind die Sendungen oftmals sehr heterogen und es handelt sich in den meisten Fällen um kleine Sendungsvolumina (Bone 2004). Aus diesen Gründen sind für die jeweils erforderlichen Auslieferungen meist fallspezifische Strukturen erforderlich. Im Rahmen der operativen Abwicklung der Auslieferung an die Kunden erfolgt deshalb oftmals der Einsatz externer Logistikdienstleister, wie klassischer Speditionen, Kurier-, Express- oder Paketdiensten (KEP-Dienste) oder produktspezifisch spezialisierter Dienstleister. Dabei ist es möglich, über den Dienstleister Bündelungseffekte zu realisieren. Zum Teil werden – bei entsprechend hohem Liefervolumen – auch eigene Zustelldienste durch die Handelsunternehmen eingesetzt (z.B. Hermes Versand Service als Tochterunternehmen von Otto).

Insbesondere durch die Kombination von Versandhandelskanälen mit stationären Kanälen können in Multi-Channel-Systemen unterschiedliche Auslieferungsformen von der im Versandhandel bestellten Ware realisiert werden (siehe Abbildung 6).

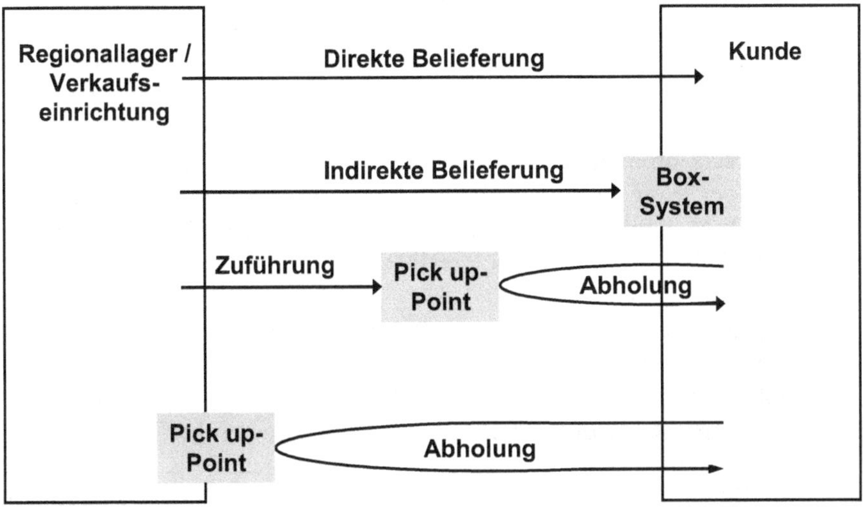

Abb. 6. Auslieferungsformen per Versandhandel bestellter Ware (Quelle: in Anlehnung an Daduna 2003, S. 21)

Grundsätzlich unterscheidet man zwischen der (direkten oder indirekten) Belieferung der Kunden und der Abholung der Produkte durch die Kunden an bestimmten Standorten. Werden Zustelldienste eingesetzt, erfolgt eine direkte oder indirekte Belieferung der Kunden. Bei der direkten Belieferung wird die Ware unmittelbar an den Kunden (bzw. eine bevollmächtigte Person) an einem vereinbarten Ort übergeben („Home-Delivery"). Bei der indirekten Belieferung erfolgt die Lieferung an eine spezifische, beim Kunden installierte feste Einrichtung, zu welcher der Lieferant Zugang hat. Beispiele hierfür sind Box-Systeme, die z.B. in der Garage der Kunden installiert sein können. Durch die Einrichtung solcher Systeme ist es möglich, die Lieferfenster für die Lieferanten auszudehnen. Im Fall der Einrichtung von Abholdiensten wird den Kunden die per Remote-Ordering bestellte Ware nicht direkt geliefert, sondern sie können diese an spezifischen Orten abholen. In Multi-Channel-Systemen ist dabei v.a. die Abholung der Ware in den Verkaufsstellen des Handels denkbar. Vorteile ergeben sich für die Kunden v.a. daraus, dass ihnen die Kommissionierungsprozesse durch den Handel abgenommen werden. Zudem sind auch Abholungen an zentralen, verkehrsgünstig gelegenen oder gut erreichbaren Standorten („Pick-up-Points", z.B. Paket-Shops, Schließfachsysteme u.Ä.) denkbar (Zentes u. Schramm-Klein 2007, S. 466 f.).

Eine besondere Problematik besteht hinsichtlich der Profitabilität der logistischen Abwicklung. Vor allem im Bereich des Lebensmitteleinzelhandels ergeben sich diesbezüglich besondere Problembereiche. So ist z.B. bezüglich der Frisch- und Tiefkühlware eine spezifische logistische Abwicklung erforderlich, da die Produkte während der Lieferung gekühlt werden müssen. Zur Abwicklung der Frisch- und Tiefkühlwaren sind zumeist dezentrale Logistikstrukturen erforderlich, da i.d.R. ein unmittelbarer räumlicher Bezug zwischen Lager- und Kundenstandort gewährleistet werden muss, um die erforderliche Produktqualität sicherstellen zu können. Besonders problematisch ist zudem die logistische Abwicklung von geringwertiger Ware mit einem hohen Transportkostenanteil am Gesamtumsatz (z.B. Mineralwasser). Diese lässt sich i.d.R. lediglich im Rahmen einer Mischkalkulation profitabel realisieren (Liebmann u. Zentes 2001, S. 667).

Diese Problematiken können in Multi-Channel-Systemen durch die Einrichtung von Abholsystemen in den Filialen des Handels umgangen werden. Abholsysteme ermöglichen es zudem, in Multi-Channel-Retailing-Systemen Warenbündelungseffekte zu erreichen, die bei der Direktbelieferung von Konsumenten kaum realisiert werden können. Es ist zudem möglich, die Lieferungen zu bündeln und dadurch weitere Effizienzvorteile zu realisieren. Jedoch sind solche Abholungssysteme auf die Akzeptanz durch die Kunden angewiesen, welche die Bereitschaft haben müssen, ihre Ware in den Verkaufsstellen des Handels abzuholen, die Abholstandpunkte also selbst anzufahren. Dadurch gehen ihnen eine Vielzahl der spezifischen Versandhandelsvorteile verloren und sie ziehen den Nutzen v.a. aus Convenience-Aspekten, die sich auf die Übernahme der Kommissionierung durch die Handelsunternehmen beziehen.

Kommissionierungssysteme im Multi-Channel-Retailing

Weitere Ansatzpunkte zur kanalübergreifenden Steuerung der Logistiksysteme und zur Realisierung von Bündelungseffekten (z.B. im Beschaffungs- und Lagerbereich) finden sich im Bereich der Kommissionierung in Multi-Channel-Systemen, bei denen stationäre Kanäle mit Versandhandelskanälen kombiniert werden. Wie dargestellt, besteht eine wesentliche logistische Besonderheit des Remote-Ordering darin, dass die Kommissionierung im Gegensatz zum stationären Handel nicht durch die Kunden erfolgt, sondern von den Handelsunternehmen bzw. – seltener – von spezifischen Logistikdienstleistern übernommen wird. Bei Multi-Channel-Systemen sind dabei hinsichtlich der Quellen unterschiedliche Formen der Kommissionierung denkbar (Zentes u. Schramm-Klein 2007, S. 468):

- Kommissionierung auf der Verkaufsfläche
- Kommissionierung in den Lägern der Verkaufsstelle
- Kommissionierung in Zentral- oder Regionallägern
- Kommissionierung in speziellen Distributionszentren.

Erfolgt die Kommissionierung auf der Verkaufsfläche bzw. in den Lägern der Verkaufsstelle, so wird die Ware der jeweiligen Verkaufsstelle häufig nur an die Kunden eines bestimmten Einzugsgebiets geliefert. Diese Form der Kommissionierung praktiziert beispielsweise Tesco. Eine derartige Vorgehensweise bei der dezentralen Warenverteilung aus der Einkaufsstätte heraus ermöglicht es den Unternehmen, zum einen ggf. unterschiedliche stationäre Marktauftritte voneinander abzugrenzen und den Kunden gleichzeitig die Vorteile von Versandhandelsformen und die Besonderheiten lokaler Angebote zu ermöglichen (Schröder 2005, S. 34 f.).

Erfolgt eine Kommissionierung in Zentral- oder Regionallägern, so können in hohem Maße die Vorteile realisiert werden, die mit der Warenbündelung im Zusammenhang stehen. Diese Kommissionierungsform – ebenso wie Kommissionierung in speziellen Distributionszentren, die aber mit geringeren Warenbündelungseffekten verbunden ist – eignet sich aber auch dazu, gegebenenfalls eine Sortimentsdifferenzierung zwischen den stationären Kanälen und den Versandhandelskanälen vorzunehmen.

Retourenmanagement im Multi-Channel-Retailing

Die wesentlichen Unterschiede der Redistributionslogistik des Versandhandels liegen bei Multi-Channel-Systemen darin, dass die Distanzüberwindung auch in der Redistribution i.d.R. durch die Handelsunternehmen übernommen bzw. koordiniert wird. In Multi-Channel-Systemen ist zudem auch die Möglichkeit gegeben, die Retourenprozesse über die unterschiedlichen Kanäle des Handelsunternehmens abzuwickeln, indem z.B. per Versandhandel bestellte Ware in stationären Kanälen zurückgegeben oder umgetauscht werden kann (Schramm-Klein 2003). Die Prozesse der Retourenabwicklung beziehen sich dabei v.a. auf die Redistribution der Ware (inklusive der Überprüfung der Ware hinsichtlich Art und Menge, eventueller Schäden, der Zahlungsabwicklung eventueller Rückerstattungsbeträge u.Ä.). Vor allem bei Einschaltung der stationären Verkaufsstellen bestehen hier zudem sehr hohe Anforderungen an die Informationssysteme als Hintergrundprozesse des Retourenmanagements bezogen auf die unternehmensweite Verbreitung und Ausfallsicherheit der Systeme.

4 Fazit und Ausblick

Die unterschiedlichen Ansätze der Optimierung der Logistikprozesse bzw. Logistiksysteme des Handels haben gezeigt, dass auf jeder Ebene der logistischen Prozesskette sehr unterschiedliche Formen von Optimierungspotenzialen bestehen. Die Hauptansatzpunkte liegen in kooperativen Systemen der Prozessgestaltung, in Standardisierung und Transparenz sowie in dem Einsatz von (neuen) Technologien, die weitere Effizienzsteigerungen ermöglichen. Die Ausführungen haben gezeigt, dass es nicht ausreichend ist, lediglich die operativen Prozessabläufe zu optimieren, sondern häufig sind strategische Neu- bzw. Umorientierungen notwendig. Diese gehen gerade in den letzten Jahren auf Grund der Emanzipation, Professionalisierung und des Bedeutungs- und Machtgewinns des Handels häufig von diesem aus und führen nicht selten dazu, dass sich die Abläufe „upstream" in der gesamten Supply-Chain niederschlagen. Sie haben z.T. weit greifende Auswirkungen auf die Lieferanten, insbesondere die Konsumgüterindustrie, und sind Ausdruck davon, dass der Handel momentan großteils die Systemführerschaft in der Supply-Chain innehat.

Gleichzeitig aber sind deutliche Kooperationstendenzen zwischen Konsumgüterindustrie und Handel zu beobachten, die Ausdruck dessen sind, dass Effizienzvorteile in der Supply-Chain langfristig in vollem Maße nur in kooperativen Systemen realisierbar sind. Deutlich wird dies v.a. bei der Technologieentwicklung bzw. bei der Entwicklung und Durchsetzung von

Standards, denn diese können ihr volles Effizienzsteigerungspotenzial nur dann entfalten, wenn sie systemübergreifend akzeptiert und eingesetzt werden. Während in den Beziehungen zwischen Hersteller und Handel in der Vergangenheit also häufig Zielsetzungen einer „Wertschöpfungsdominanz" im Vordergrund standen, hat sich das Beziehungsverhältnis in den letzten Jahren verändert. Häufig wird nicht mehr in derart starker Form auf die Machtdominanz im Absatzkanal fokussiert, sondern es wird verstärkt auf Kooperation zur Realisierung gemeinsamer Ziele – nicht nur im Rahmen der Logistik – gesetzt (Zentes et al. 2005).

Fokussiert man – abstrahierend von diesen allgemeinen Implikationen – nun auf den speziellen Bereich der Distributionslogistik von Multi-Channel-Systemen, so haben die theoretischen Überlegungen gezeigt, dass Effizienzvorteile v.a. aus der kanalübergreifenden Bündelung der Distributionsprozesse bzw. -systeme, der kanalübergreifenden Steuerung bzw. Koordination der Distributionsprozesse bzw. -systeme und der Standardisierung der Distributionsprozesse bzw. –systeme resultieren. Die Vorteile, die sich aus einer derartigen Integration der Logistiksysteme ergeben, sind v.a. durch Kostenvorteile bedingt, z.B. durch Größendegressionen, Lern- oder Synergieeffekte. Diese Vorteile sind umso größer, je standardisierter die Prozesse und Systeme in den alternativen Kanälen sind. Neben den übrigen Ausgestaltungsmerkmalen bzw. Marketing-Instrumenten steht in den jeweiligen Absatzkanälen vor allem die Sortimentsgestaltung im Vordergrund. Die (Größen-) Vorteile der gemeinsamen Logistik nehmen dabei mit dem Grad an Sortimentsüberlappung zwischen den Kanälen zu (Schramm-Klein 2006).

Überträgt man nun die Ergebnisse der theoretischen Überlegungen auf die (Handels-) Praxis, so zeigt sich aktuell ein ernüchterndes Bild. Es besteht noch ein erheblicher Nachholbedarf bezüglich der Ausgestaltung bzw. Optimierung der Systeme der Distributionslogistik. Während die Vorteile, die sich durch die Integration der Logistikprozesse der unterschiedlichen Absatzkanäle ergeben, unmittelbar ersichtlich sind, führen in der Praxis die auf der Kunden- bzw. Marketingseite – oftmals bewusst intendiert – kaum oder nur mangelhaft miteinander verbunden Vertriebswege dazu, dass auch in der Logistik bisher kaum eine oder gar keine Verknüpfung der Absatzkanäle erfolgt ist. Eine Koordination und Integration der unterschiedlichen Logistiksysteme ist dabei nicht nur erforderlich, um kundenseitig integrierte Prozesse überhaupt ermöglichen zu können, sondern v.a. auch, um im Back-End-Bereich der logistischen Abwicklung Synergieeffekte zwischen den alternativen Kanälen solcher Multi-Channel-Systeme realisieren zu können.

Literatur

Angerer A (2004) Out-of-Stock im Handel – Ausmaß - Ursachen - Lösungen. St. Gallen

Baumgarten H, Thoms J (2002) Trends und Strategien in der Logistik, Berlin

Bone T (2004) Das Konzept Tower24 – Innovation auf der letzten Meile durch dezentrale Pick-up-Stationen. In: Baumgarten H, Wiendahl H-P, Zentes J (Hrsg) Logistik-Management. Springer, Berlin et al.

Bretzke WR (1999) Industrie versus Handelslogistik – Der Kampf um die Systemführerschaft. Logistik Management, 1. Jg., Nr. 2, S 8195

Daduna JR (2003) Distributionsstrukturen und Verkehrsabläufe im Handel unter dem Einfluss des Online-Shoppings. Logistik Management, 5. Jg., Nr. 1, S 12-24

Darr W (1992) Integrierte Marketing-Logistik – Auftragsabwicklung als Element der logistischen Strukturplanung. Deutscher Universitätsverlag, Wiesbaden

EHI Retail Institute (2006) Aktuelle Trends in der Handelslogistik. Köln

GEA Consulenti Associati di Gestione Aziendale (1994) Supplier-Retailer Collaboration in Supply Chain Management. London

Gruen TW, Corsten DS, Bharadwaj S (2002) Retail Out-of-Stocks – A Worldwide Examination of Extend, Causes and Consumer Response. Washington, D.C.

Gulati R, Garino J (2000) Get the Right Mix of Bricks and Clicks. Harvard Business Review, 78. Jg., Nr. 3, pp 107-114

Helm R, Stölzle W (2006) Die Herausforderung der letzten 50 Meter. Lebensmittel Zeitung, S 66

Hertel J, Zentes J, Schramm-Klein H (Hrsg) (2005) Supply-Chain-Management und Warenwirtschaftssysteme im Handel. Springer, Berlin Heidelberg New York

Higginson JK, Libby T (1997) Managing the reverse flow. CMA Magazine, 71. Jg., Nr. 5, S 17-21

Hughes D (2003) Reverse Thinking in the Supply-Chain. Logistics & Transport Focus, 5. Jg., Nr. 7, S 30-36

Hughes P (2005) End-to-end logistics in a multi-channel world. Logistics & Transport Focus, 7. Jg., Nr. 1, pp 38-41

Irrgang W (1993): Strategien im vertikalen Marketing der Industrie. In: Irrgang W (Hrsg) Vertikales Marketing im Wandel. Vahlen, München, S 1-24

Koschorz H (2001) Marketingorientierte Distributionslogistik – Leitlinien - Methoden - betriebswirtschaftliche Wirkungen. München

Lambert DM, Stock JR, Ellram LM (1998) Fundamentals of Logistics Management. Mcgraw-Hill, Boston et al.

Laurent M (1996) Vertikale Kooperationen zwischen Industrie und Handel – neue Typen und Strategien zur Effizienzsteigerung im Absatzkanal. Frankfurt a. M.

Lee HL, Padmanabhan V, Wang S (1997a) Information distortion in a supply chain – The bullwhip effect. Management Science, 43. Jg., Nr. 4, pp 546

Lee HL, Padmanabhan V, Wang S (1997b) The Bullwhip Effect in Supply Chains. Sloan Management Review, 38. Jg., Nr. 3, pp 93-102

Liebmann H-P, Zentes J (Hrsg.) (2001) Handelsmanagement. Vahlen, München.

Mollenkopf D, Gibson A, Ozanne L (2000) The Integration of Marketing and Logistics Functions – An empirical Examination of New Zealand Firms. Journal of Business Logistics, 21. Jg., Nr. 2, pp 89-112

Moriarty RT, Moran U (1990) Managing hybrid marketing channels. Harvard Business Review, 68. Jg., Nr. 6, pp 146-155

Morschett D (Hrsg.) (2002) Retail Branding und Integriertes Marketing – Wettbewerbsstrategische und verhaltenswissenschaftliche Analyse. Deutscher Universitäts-Verlag, Wiesbaden

Pfohl H-C (2004) Logistiksysteme, 7. Aufl. Springer, Berlin et al.

Prümper W, Pohl J, Thoms J (2006) Beschaffungslogistik im Handel – Innovationen in Prozessen, Strukturen und Organisationen. In: Zentes J (Hrsg) Handbuch Handel – Strategien - Perspektiven - Internationaler Wettbewerb. Gabler, Wiesbaden, S 809-825

Prümper W (2003) Ganzheitliche Handelslogistik am Beispiel METRO – Innovation durch einen „Internal 4PL". In: Baumgarten H, Wiendahl H-P, Zentes J (Hrsg) Logistik-Management, Springer, Berlin et al., Kap. 8.06.02

Roever M (1991) Tödliche Gefahr. Manager Magazin, Nr. 10, S 218-230

Schmickler M (2001) Management strategischer Kooperationen zwischen Hersteller und Handel – Konzeptions- und Realisierungsprozesse für ECR-Kooperationen. Dissertation, St. Gallen

Schögel M (1997) Mehrkanalsysteme in der Distribution. Deutscher Universitäts-Verlag, Wiesbaden

Schramm-Klein H (2003) Multi-Channel-Retailing – Zwölf Grundsätze zur Gestaltung von Multi-Channel-Systemen. Absatzwirtschaft/Science Factory, 3. Jg, S 10-14

Schramm-Klein H (2006) Multi-Channel-Retailing – Erscheinungsformen und Erfolgsfaktoren. In: Zentes J (Hrsg) Handbuch Handel. Gabler, Wiesbaden, S 501-522

Schramm-Klein H (2007) Logistikführerschaft und Logistikoptimierung als strategische Stoßrichtungen des Handels. In: Zentes J (Hrsg) Faszination Handel. dfv, Frankfurt a.M., S 463-488

Schramm-Klein H, Morschett D (2006) The relationship between marketing performance, logistics performance and company performance for retail companies. The International Review of Retail, Distribution and Consumer Research, Vol. 16, No. 2, pp 277-296

Schröder H (2005) Multichannel Retailing. Springer, Berlin et al.

Späth P (2000) Strategische Vertriebswegeplanung bei Universalbanken. Deutscher Universitäts-Verlag, Wiesbaden

Specht G (1998) Distributionsmanagement, 3. Aufl. Schaeffer-Poeschel, Stuttgart

Toporowski W (1996) Logistik im Handel – Optimale Lagerstruktur und Bestellpolitik einer Filialunternehmung. Physica Verlag, Heidelberg.

Vastag A, Schürholz A (2004) Strukturparameter der Distribution. In: Arnold D, Isermann H, Kuhn A, Tempelmeier H (Hrsg) Handbuch Logistik, 2. Aufl, Springer, Berlin et al., B 5-15-B 5-21

Wittig A, Zentes J (2002) Gestaltungsfeld Organisation. In: Baumgarten H, Stabenau G, Weber J, Zentes J (Hrsg) Management integrierter logistischer Netzwerke. Haupt, Bern u.a., S 337-462

Zentes J (1996) ECR - Eine neue Zauberformel? In: Töpfer A (Hrsg) Efficient Consumer Response (ECR) – Wie realistisch sind die versprochenen Vorteile? SFV Verlag, Mainz, S 24-46

Zentes J (2006) Dynamik des Handels – Perspektiven und Zukunftsstrategien. In: Zentes J (Hrsg) Handbuch Handel: Strategien – Perspektiven – Internationaler Wettbewerb. Gabler, Wiesbaden, S 3-22

Zentes J, Schramm-Klein H (2007) Logistische Distributionspolitik in Multi-Channel-Systemen – Besonderheiten in der Konsumgüterbranche. In: Wirtz BW (Hrsg) Handbuch Multi-Channel-Management. Gabler, Wiesbaden, S 451-472

Zentes J, Schramm-Klein H, Neidhart M (2004) Logistikerfolg im Kontext des Gesamtunternehmenserfolgs – Analyse der Beziehung zwischen Marketingerfolg, Logistikerfolg und Unternehmenserfolg. Logistik Management, 6. Jg., Nr. 3, S 47-66

Zentes J, Swoboda B, Morschett D (2005) Markt, Kooperation, Integration – Asymmetrische Entwicklungen in der Gestaltung der Wertschöpfungsprozesse am Beispiel der Konsumgüterindustrie. In: Zentes J, Swoboda B, Morschett D (Hrsg) Kooperationen, Allianzen und Netzwerke – Grundlagen - Ansätze - Perspektiven, 2. Aufl. Gabler, Wiesbaden, S 667-692

Lebenszyklusorientiertes Ersatzteilmanagement – Neue Herausforderungen durch innovationsstarke Bauteile in langlebigen Primärprodukten[1]

Univ.-Prof. Dr.-Ing. Uwe Dombrowski, Dipl.-Ing. Sven Schulze

Technische Universität Braunschweig
Institut für Fabrikbetriebslehre und Unternehmensforschung
http://www.ifu.ing.tu-bs.de

---

[1] Die präsentierten Erkenntnisse sind Teilergebnisse des von der DFG geförderten Forschungsprojekts „Entwicklung von Strategien zur Ersatzteilversorgung im Nachserienbedarf" (Förderkennzeichen DO 750/1-1, 2).

1 Einleitung

Die effiziente Bereitstellung von Ersatzteilen über den gesamten Lebenszyklus eines Produktes hinweg ist ein differenzierendes Qualitätsmerkmal im Wettbewerb, das zu einer verbesserten Kundenbindung führt und somit langfristig das Unternehmen am Markt stärkt (Dombrowski et al. 2005). So werden 70 % des Umsatzes des Service-Geschäfts durch das Ersatzteilgeschäft generiert. Momentan werden in diesem Bereich Netto-Umsatzrenditen von bis zu 30 % erzielt (Impuls 2003).

In zunehmendem Maße stellen veränderte wirtschaftliche Rahmenbedingungen und die steigende Zahl der Produktvarianten bei immer kürzeren Innovationszyklen neue Herausforderungen an das Ersatzteilgeschäft, auf die innovativ reagiert werden muss. Im folgenden Beitrag soll vornehmlich auf das Problemfeld der Elektronik fokussiert werden, da dieser Bereich im Ersatzteilgeschäft immer stärker an Bedeutung gewinnt (Dombrowski u. Wrehde 2007). In der Automobilindustrie hat die Problematik eine hohe Brisanz, daher wird sich der erste Abschnitt mit dieser Branche befassen.

In einem weiteren Abschnitt werden Versorgungsstrategien und ihre Kombination zu Versorgungsszenarien beschrieben, mit deren Hilfe der Problematik in der Ersatzteilversorgung begegnet werden kann. Die Planungsziele Erhöhung der Kundenbindung und der Flexibilität, schnelle Reaktion auf veränderte Rahmenbedingungen sowie die Minimierung des Risikos und der Kosten können mit diesen Werkzeugen erreicht werden. Neben dem Life Cycle Costing wird auch die ersatzteilgerechte Produktentwicklung als Werkzeug zur optimierten Nachserienversorgung erläutert. Aufbauend darauf werden Lösungsmodelle dargestellt, die in verschiedenen Branchen eingesetzt werden. Abschließend wird als ein möglicher Lösungsansatz die Nachserienversorgungs-Roadmap erläutert.

2 Ersatzteilmanagement am Beispiel der Automobilindustrie

Die Variantenvielfalt in der europäischen Automobilindustrie hat in den letzten Jahren stetig zugenommen. Auch für die Zukunft wird eine weitere Steigerung prognostiziert. So erwartet Roland Berger Strategy Consultants eine Zunahme der Fahrzeugmodelle von 1998 bis 2008 um 140 % (Berret 2006). Verbunden mit der steigenden Anzahl an Fahrzeugmodellen ist auch eine Steigerung der Variantenvielfalt bei den Komponenten.

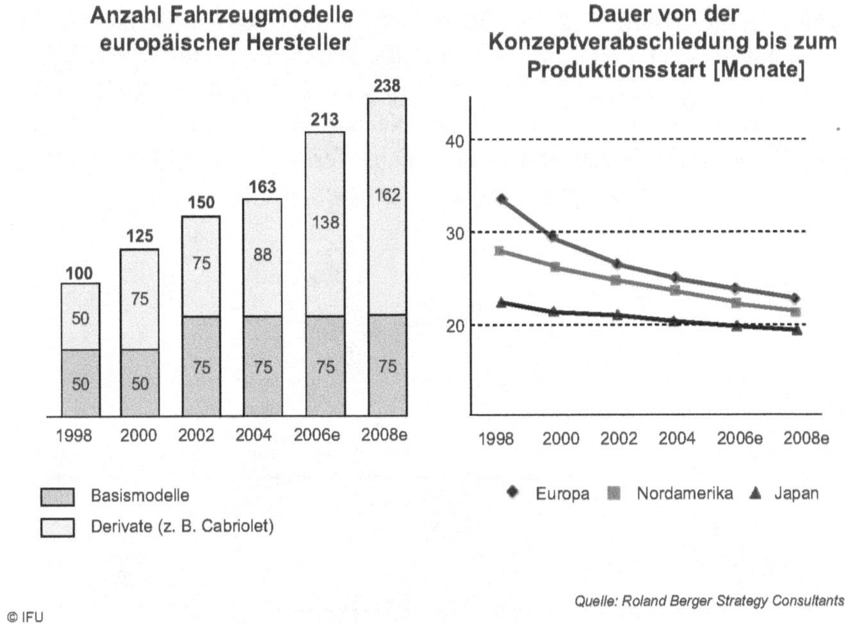

Abb. 1. Steigende Variantenvielfalt und kürzere Time to Market

Die Time to Market von der Konzeptverabschiedung bis zum Produktionsstart sinkt kontinuierlich. 1998 lag der Durchschnitt in der europäischen Automobilindustrie bei 33 Monaten für die Produktentwicklung, innerhalb von zehn Jahren wird trotz der steigenden technischen Komplexität der Fahrzeuge eine Reduktion auf 23 Monate erwartet. Die nordamerikanische und japanische Automobilindustrie entwickelt sogar in noch kürzeren Zeitabschnitten, jedoch wird die Differenz stetig geringer. Ein weiterer Trend in der Automobilindustrie ist das steigende Fahrzeugalter, wie Statistiken des Kraftfahrtbundesamtes belegen. So waren 2001 in Deutschland 11 Mio. PKW mit einem Alter von über 11 Jahren zugelassen, bis 2006 ist dieser Wert auf 15 Mio. PKW gestiegen. Die Alterung der Fahrzeugflotte stellt eine neue Herausforderung im Ersatzteilmanagement dar. Insbesondere da diese Trends nicht Jahre im Voraus prognostizierbar sind, ist der Ersatzteilbedarf nur mit großen Unwägbarkeiten abzuschätzen.

Neben den Verschleißteilen, wie z. B. Bremsen oder Auspuff beim Automobil, deren wahrscheinlicher Austauschzeitpunkt prognostizierbar ist, gibt es die so genannten Ausfallteile. Diese sind in der Weise ausgelegt, dass sie den gesamten Lebenszyklus des Produktes ohne Ausfall überdauern können. Trotzdem kann es aufgrund von äußeren Einflüssen, wie z. B. eines Unfalls, oder aufgrund von inneren Einflüssen, wie z. B. eines Fertigungsfehlers, zu einem Ausfall kommen. Betrachtet man die in Abbildung 2 dargestellten Bedarfsverläufe, fällt auf, dass der Bedarf an Verschleißteilen über den Lebenszyklus des Primärproduktes sehr hoch ist. Die hohen Stückzahlen und die gute Prognostizierbarkeit führen dazu, dass die Ersatzteilversorgung auch in der Nachserie gut planbar ist. Da Verschleißteile in der Regel problemlos nachgefertigt werden können, erweist sich deren Nachserienversorgung als unproblematisch.

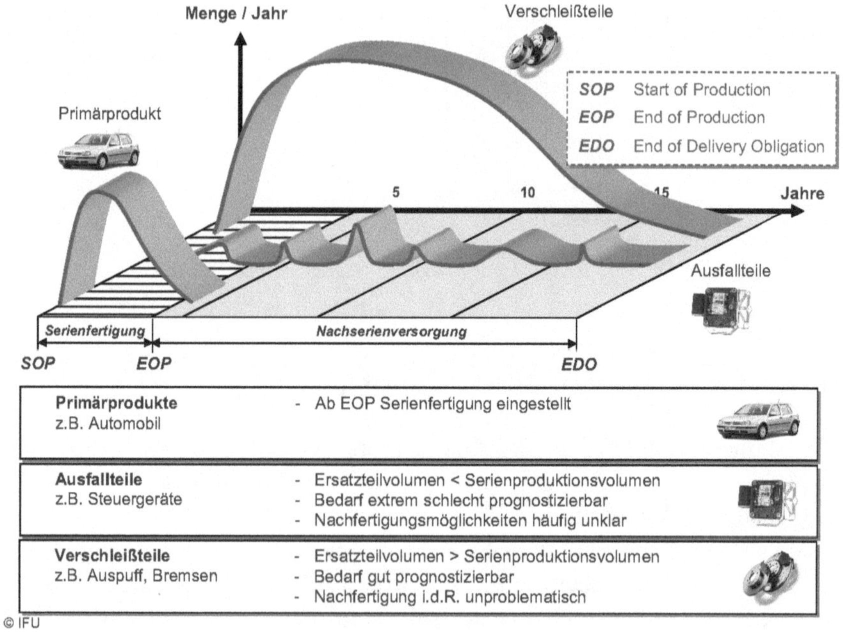

Abb. 2. Bedarfsverläufe für Ersatzteile nach Ende der Serienfertigung

Im Gegensatz dazu ist der Bedarf an Ausfallteilen vergleichsweise gering und der Austauschzeitpunkt der Ausfallteile ist schlecht prognostizierbar. Insbesondere bei Ausfallteilen, die innovationsstarke Bauteile beinhalten, wie es z. B. bei elektronischen Komponenten der Fall ist, sind Nachfertigungsmöglichkeiten häufig unklar. Trotz dieser Probleme müssen diese Teile aber kontinuierlich bis zum „End of Service" verfügbar sein (Dombrowski et al. 2002).

Eine der Hauptursachen für die unklaren Nachfertigungsmöglichkeiten elektronischer Komponenten ist die im Verhältnis zu den meisten Primärprodukten kurze Serienfertigungszeit von Halbleiterbausteinen, die z. B. bei Mikroprozessoren etwa zwei Jahre beträgt (Livingston 2002). Hat der letzte Originalhersteller die Serienproduktion eingestellt, ist das Bauteil obsolet. Es besteht also eine direkte Abhängigkeit der Marktverfügbarkeit von Bauteilen zu der Innovationsgeschwindigkeit ihrer Technologie, der Branche der Hauptanwender und der Entwicklung des weltweiten Bedarfs. Durch die hohe Innovationsgeschwindigkeit bei den elektronischen Bauteilen wird die Entwicklung technisch verbesserter, preisgünstigerer und leistungsfähigerer Komponenten und Produkte ermöglicht. Gleichzeitig verkürzt sich aber die Verfügbarkeit der Bauteile am Markt. Diese kurzen Innovationszyklen entstehen durch die Anforderungen der Consumer-Elektronik, Telekom-Elektronik und Datenverarbeitungs-Elektronik, die mit 82 % Hauptabnehmer am Halbleitermarkt sind. Branchen, die Interesse an einer Langzeitverfügbarkeit solcher Bauteile haben, weisen nur einen geringen Marktanteil auf, wie z. B. die Automobilindustrie mit ca. 8 % (Aßmann 2004), und können somit Ihre Anforderungen kaum durchsetzen.

2.1 Steigende Bedeutung der Elektronik im Automobil

Die Bedeutung der Problematik steigt durch den wachsenden Anteil elektronischer und elektrischer Komponenten in vielen Produkten. Seit 1995 stieg der Wertanteil von Elektronik und Elektrik im Automobil um durchschnittlich 6,4 % pro Jahr. Zukünftig wird sich dieses Wachstum zwar verlangsamen, jedoch wird bis 2015 immer noch ein jährliches Wachstum von 3,6 % erwartet. Zu diesem Zeitpunkt wird der Wertanteil auf über 30 % prognostiziert (Bauer 2006). In Wagen der Oberklasse beträgt der Anteil der Elektronik/Elektrik schon heute je nach Ausstattung bis zu 45 %. Enthielt der Golf I um 1974 nur ein elektronisches Steuergerät, wies der Phaeton 2001 schon ca. 45 Steuergeräte auf und hat zurzeit um die 60 elektronische Komponenten. Aber nicht nur in der Oberklasse werden Steuergeräte in hoher Anzahl eingebaut, auch im Kleinwagensegment sind heute ca. 40 Steuergeräte je PKW keine Seltenheit.

Der steigende Wertanteil beruht auf der seit 1970 zunehmenden Ablösung von mechanischen durch elektrische und elektronische Komponenten. Waren anfänglich nur einfache Elektriksysteme, beispielsweise für die elektronische Einspritzung oder Zündung, eingesetzt, sind heute nahezu in allen Bereichen elektronische Komponenten im Einsatz. Jedoch wurden nicht nur mechanische Komponenten ersetzt, vielmehr gab es auch eine Vielzahl neuer Funktionen. Im Bereich der Sicherheit sind hier beispielsweise ABS oder die Stabilitätskontrolle zu nennen.

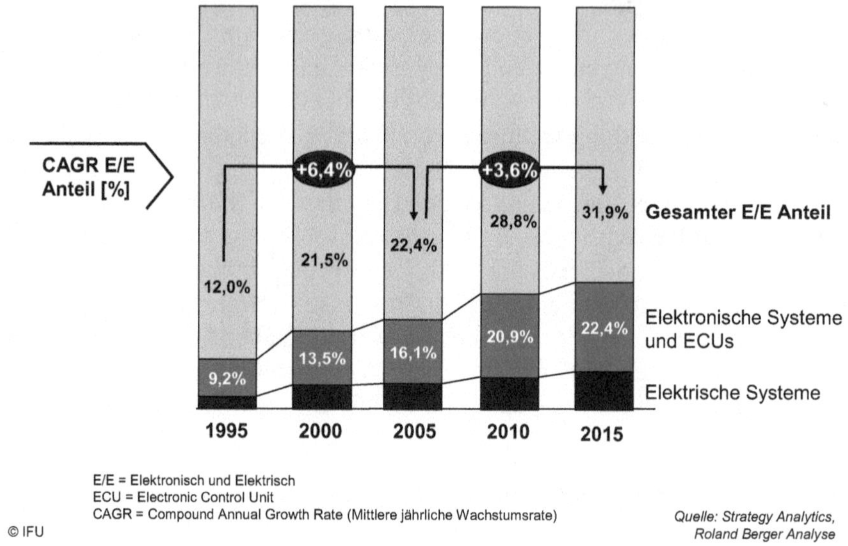

Abb. 3. Steigende Wertanteile von Elektronik und Elektrik

Aber auch die Bereiche Infotainment, Onboard-Diagnosen, Klimaregelungen und Fahrerassistenzsysteme beruhen zum Großteil auf Elektronik. Zukünftig wird vor allem im Bereich der Komfortanwendungen und der Sicherheit mit einem weiteren Wachstum gerechnet. Innovationen in der Automobilindustrie ohne Elektronik sind in Zukunft nur in sehr begrenztem Umfang zu erwarten (Bauer 2006; Erjavec 2004).

2.2 Bauteilabkündigungen

Die Gründe für Bauteilabkündigungen während des Lebenszykluses des Primärprodukts sind vielfältig. Zum einen führt der technologische Fortschritt zu immer kürzeren Innovationszyklen, aber auch Änderungen in der Gesetzgebung, wie z. B. Materialverbote (bleifreies Löten), können als Ursache für eine Bauteilabkündigung identifiziert werden. Letztere sind jedoch oftmals mittelfristig absehbar, bzw. es werden lange Übergangsfristen eingeräumt. Auch Veränderungen am Halbleitermarkt, wie beispielsweise Übernahmen, Fusionen oder Konkurse von Produzenten, sind eine häufige Ursache für Veränderungen des Produktspektrums. Nicht zuletzt wird die Fertigung eines Bauteils eingestellt, wenn die Wirtschaftlichkeit einer Waferfab nicht mehr gegeben ist. Allein die Nachfrage aus der Automobilindustrie reicht nicht aus, um einen wirtschaftlichen Betrieb sicherzustellen. Der Weltmarkt für den Bereich Automotive im reinen Halbleitersegment betrug 2004 16 Mrd. $. Da sich dieser Umsatz auf eine Vielzahl unterschiedlicher Waferfabs verteilt, muss der Bedarf der Automobilindustrie mit dem anderer Branchen gekoppelt werden (Borgwart 2005). Branchen mit kürzeren Produktlebens- und Innovationszyklen sind somit für die Fertigungszeiträume ausschlaggebend, die Automobilindustrie muss daher zwangsläufig mit Abkündigungen umgehen.

Jede Bauteilabkündigung innerhalb einer aktiven Produktfamilie bedeutet Mehrkosten und belastet den Cash-Flow der Unternehmen. Oftmals ist eine Produktfamilie jedoch nicht von einer einzelnen Abkündigung betroffen, da in einem Steuergerät bis zu 300 verschiedene Bauteile enthalten sind. Je häufiger eine Produktfamilie von einer Bauteilabkündigung betroffen ist, umso höher sind die Lebenszykluskosten des verkaufsfähigen Gerätes. Eine Folge hieraus ist, dass der Nachserienpreis eines Bauteils nach dem End of Life (EOL) signifikant höher ist als der Serienpreis.

Das normale Vorgehen bei einer Bauteilabkündigung ist die Neuentwicklung der Electronic Control Unit (ECU), die Qualifikation der Neuentwicklung und anschließend die Qualifikation im System Auto. Insbesondere die Elektromagnetische Verträglichkeit (EMV) ist hierbei von besonderer Bedeutung. Bei Kleinstserien kann auch eine Endbevorratung durchgeführt werden, wenn eine Lagerfähigkeit der Bauteile gegeben ist. Die Kosten eines Redesigns hängen wesentlich von der Komplexität des Steuergeräts ab und können zwischen einer und elf Millionen € betragen (Borgwart 2005).

3 Versorgungsstrategien für ein lebenszyklusorientiertes Ersatzteilmanagement

In der Nachserienversorgung sind sechs Versorgungsstrategien geläufig. Diese werden im Allgemeinen zu einem Versorgungsszenario kombiniert, um den unterschiedlichen Bedarfen während des Lebenszykluses des Produkts gerecht zu werden. Die sechs Versorgungsstrategien sind:

1. Nutzung kompatibler Teile
2. Endbevorratung
3. Interne Nachfertigung
4. Externe Nachfertigung
5. Wiederinstandsetzung
6. Altteil-Wiederverwendung

Die Sicherstellung der Versorgung nach Ende der Serienfertigung durch die *Nutzung kompatibler Teile* ermöglicht die Verwendung von Bauteilen aus der laufenden Serie eines Nachfolgeproduktes. Diese Strategie ist kostenoptimal und schützt zuverlässig vor einer Unterversorgung. Nachteilig ist der erhöhte Entwicklungsaufwand, der durch die Berücksichtigung der Anforderungen der Altgeräte bei der Neuentwicklung entsteht. Zusätzlich wird die Forderung einer Abwärtskompatibilität häufig als Innovationshemmnis angesehen.

Wird eine für den gesamten Versorgungszeitraum ausreichende Teilemenge (Allzeitbedarf) gelagert, um die Bedarfe zu decken, spricht man von einer *Endbevorratung*. Insbesondere bei Elektronikkomponenten ist diese Versorgungsstrategie weit verbreitet. Die Unabhängigkeit vom Bauteillieferant ist dabei einer der größten Vorteile. Jedoch ist oft die Lagerfähigkeit der Komponenten über lange Zeiträume (insbesondere bei elektronischen Bauteilen) unbekannt. Ungenaue Bedarfsprognosen bergen weiterhin die Gefahr der Unter- oder Überdeckung. Dies kann, gekoppelt mit hohen auftretenden Kosten durch gebundenes Kapital und entstehende Lagerkosten, insgesamt zu einer hohen wirtschaftlichen Belastung führen.

Die *Nachfertigung* kann periodisch erfolgen und sich damit flexibel dem tatsächlichen Bedarfsverlauf anpassen. Voraussetzung ist hierbei die Verfügbarkeit der erforderlichen Fertigungseinrichtungen und Bauteile. So sind z. B. produktspezifische Prüfautomaten schwierig zu reaktivierende Fertigungseinrichtungen, für die es, da es sich hierbei ebenfalls um Primärprodukte mit einem hohen Elektronikanteil handelt, in den betrachteten Zeiträumen auch zu Problemen bei der Ersatzteilversorgung kommen kann. Die Nachfertigung kann sowohl extern als auch intern erfolgen.

Bei der *Wiederinstandsetzung* müssen nur die Bauteile vorgehalten werden, die bei einer Reparatur erforderlich sind. Probleme sind in der technischen Machbarkeit (technische Reparaturfähigkeit, Verfügbarkeit der Bauteile, Prüfbarkeit) und der Wirtschaftlichkeit individueller Reparaturen zu sehen.

Für verschiedene Primärprodukte wurden heute bereits Verfahren zur *Altteil-Wiederverwendung* entwickelt und in der Praxis umgesetzt (Dombrowski et al. 2005). Teilweise werden alte Produkte systematisch zurückgekauft und zur Deckung des Ersatzteilbedarfes ausgeschlachtet. Dies erfolgt jedoch nicht immer durch den Hersteller sondern teilweise auch durch Dritte, die sich in dieser Marktnische etabliert haben. Bei sicherheitsrelevanten Teilen ist eine Altteil-Wiederverwendung problematisch, da im Bereich der Bauteilprüfung vor dem Hintergrund der Produkthaftung umfangreiche Anforderungen bestehen. In der Praxis erweist sich die Kombination mehrerer Versorgungsstrategien zu einem Versorgungsszenario oftmals als sinnvoll. Abbildung 4 zeigt beispielhafte Versorgungsszenarien.

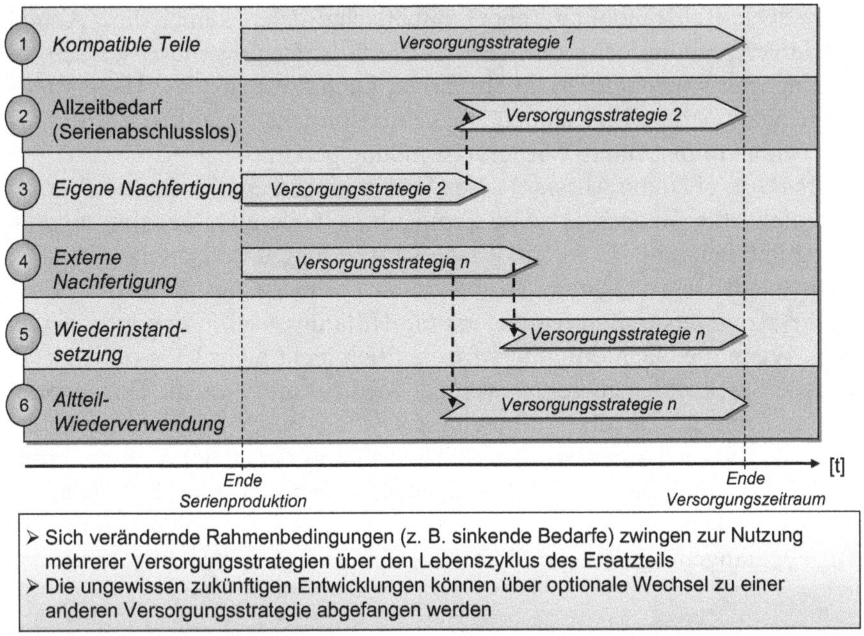

© IFU

Abb. 4. Kombination der Versorgungsstrategien zu einem Versorgungsszenario

Szenario „2-3" beschreibt die Kombination der Versorgungsstrategien 3 „interne Nachfertigung" und 2 „Endbevorratung". Wird erst intern nachgefertigt (3) und dann zu einem späteren Zeitpunkt eine Endbevorratung (2) durchgeführt, kann die Prognosegenauigkeit erhöht werden, so dass Lagerabweichungen minimal bleiben und somit die Kosten sinken. Wird einzig die Strategie der internen Nachfertigung verfolgt, muss hingegen fortlaufend auf eine ausreichende Auslastung der Fertigungsanlagen geachtet werden, da ansonsten die Herstellkosten aufgrund der sinkenden Losgrößen stark ansteigen würden. Befinden sich alte Fertigungsanlagen im Einsatz, für die es auf Grund eines Technologiewechsels keinen Ersatz gibt, können z.B. die Instandhaltungskosten stark steigen. Hier empfiehlt sich während des Versorgungszeitraums der Wechsel zur Strategie der Endbevorratung (Hesselbach 2004).

Abbildung 5 zeigt eine Matrix zur Vorauswahl möglicher Versorgungsszenarien anhand einiger weniger Kriterien. Das erste untersuchte Merkmal ist die Möglichkeit des Einsatzes von kompatiblen Teilen, das den Einsatz der Versorgungsstrategie „Nutzung kompatibler Teile" ermöglicht oder verhindert.

Die Lagerfähigkeit und die Reparaturmöglichkeit sind die weiteren Kriterien anhand derer eine Vorauswahl getroffen werden kann. Ist eine Reparatur technisch möglich aber unwirtschaftlich, kann die Altteil-Wiederverwendung beispielsweise als Notfallstrategie genutzt werden, ist sie hingegen wirtschaftlich durchführbar, kann diese als eine Hauptstrategie genutzt werden. Im Rahmen eines Praxisprojektes wurde die Aufarbeitung synonym für Altteil-Wiederverwendung genutzt.

Als Beispiel ist die Auswahl eines Versorgungsszenarios für ein Produkt dargestellt, für welches es keine kompatiblen Teile gibt, das aber lagerfähig ist und bei dem die Altteil-Wiederverwendung technisch möglich aber unwirtschaftlich ist. Daraus ergibt sie das Versorgungsszenario „NEA". Die Ersatzteilversorgung wird zuerst mit Hilfe der Nachfertigung sichergestellt. Wenn die Nachfertigung wirtschaftlich nicht mehr sinnvoll ist, z. B. weil die Stückzahlen zu gering werden, wird auf die Strategie Endbevorratung gewechselt. Da die Aufbereitung (Altteil-Wiederverwendung) technisch möglich ist, kann bei der Endbevorratung darauf verzichtet werden einen hohen Sicherheitsbestand einzulagern. Dadurch wird das Risiko einer Überdeckung minimiert, eine Unterdeckung kann durch die Aufarbeitung abgefangen werden.

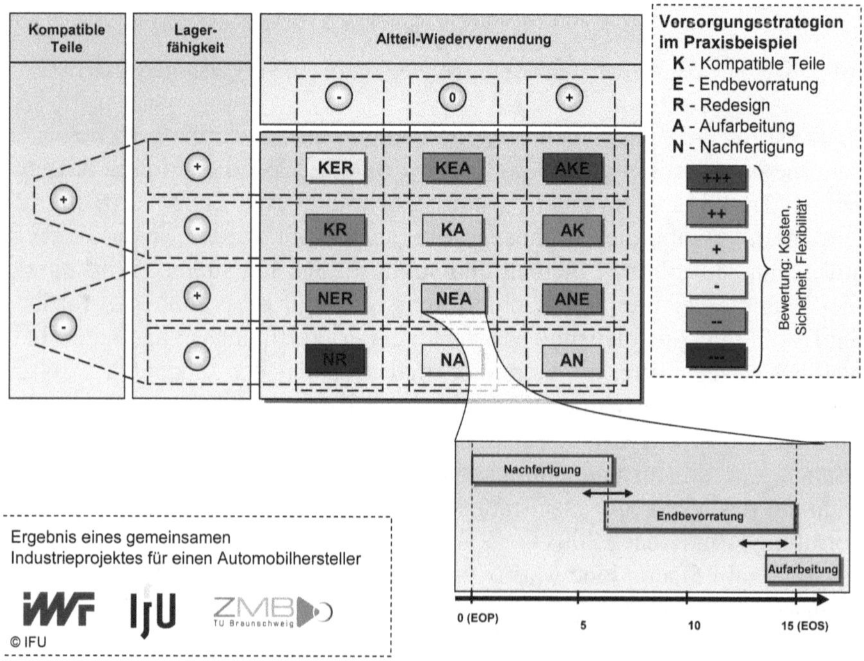

Abb. 5. Matrix zur Vorauswahl möglicher Versorgungsszenarien

Mit Hilfe der dargestellten Entscheidungsmatrix kann schnell anhand weniger Merkmale die Planungskomplexität reduziert werden. Die konkrete Ausprägung der Matrix kann in Abhängigkeit der betrachteten Produkte und der zugelassenen Versorgungsstrategien (z. B. keine Altteil-Wiederverwendung bei sicherheitsrelevanten Teilen) variieren und muss daher unternehmensspezifisch angepasst werden.

Die Ermittlung des optimalen Versorgungsszenarios erfolgt in sechs Schritten und geht in einen Steuerungskreis über. Im ersten Schritt werden zunächst bauteilbezogene Basismerkmale ermittelt, wie z. B. Lagerfähigkeit und Marktdaten. Die Abschätzung des Versorgungszeitraums und die Prognose der zukünftigen Bedarfe schließt sich an. Mit diesen Informationen kann die Eignung einzelner Versorgungsstrategien beurteilt werden.

Durch die Vorauswahl möglicher Szenarien auf Basis vordefinierter Standard-Versorgungsszenarien kann hier die Komplexität erheblich reduziert werden. Eine Möglichkeit hierfür ist die vorstehend beschriebene Matrix. Im nächsten Schritt können die verbliebenen Versorgungsszenarien im Rahmen einer Feinplanung detailliert analysiert und bewertet werden. Hierbei müssen u. a. eine Kostenbewertung sowie eine Risikobewertung (z. B. Wahrscheinlichkeit einer Bauteilabkündigung) vorgenommen werden. Nach einem Vergleich verbleibender Alternativen erfolgt die Festlegung auf ein Versorgungsszenario. Die Auswahl ist jedoch kein statischer Prozess, der einmal durchlaufen wird. Aufgrund der Vielzahl an Einflüssen muss die Sinnhaftigkeit des ausgewählten Szenarios laufend überprüft werden, damit die Wirtschaftlichkeit weiter gegeben ist.

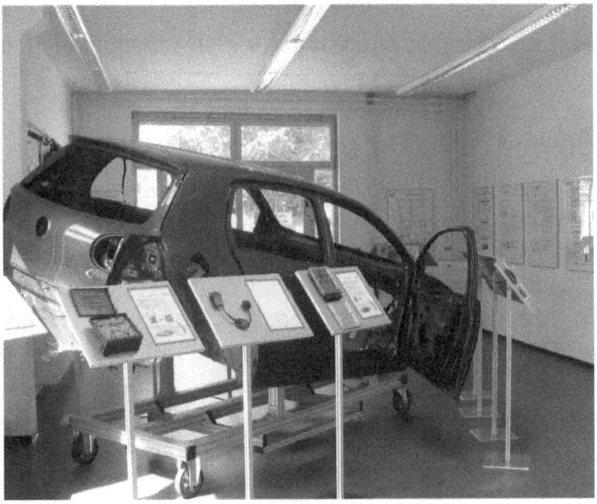

Abb. 6. LC-Lab – ETM am konkreten Beispiel

Das Problemfeld der Nachserienversorgung soll mit Hilfe des Life-Cycle-Labs anhand eines praktischen Beispiels für Forschung und Lehre dargestellt werden. Dabei sollen zum einen die konkreten Herausforderungen, die sich bei einem Standard-PKW ergeben, herausgearbeitet und für die Studenten visualisiert werden. Die Studenten können im LC-Lab neben den theoretischen Erfordernissen auch konkrete praktische Erfahrungen im Ersatzteilmanagement sammeln. Neben einer Darstellung sämtlicher Steuergeräte des Golf V im institutseigenen Raum werden die Bauteile, der Kabelbaum und die Verkabelung präsentiert. Zudem erfolgen eine Visualisierung der Forschungsergebnisse und eine Präsentation geeigneter Nachserienversorgungsstrategien und eine Darstellung von Life-Cycle-Ansätzen. Eine Ausrüstung für Untersuchungen an den Steuergeräten und Bauteilen (Werkbank, Werkzeug etc.) ist ebenfalls im Labor vorhanden.
Das LC-Lab richtet sich jedoch nicht nur an Studenten, sondern auch an Vertreter aus Wirtschaft und Forschung. Auch die Untersuchung elektronischer Steuergeräte und eine Analyse der Bauteile an einem praxisrelevanten Beispiel sowie die ganzheitliche Betrachtung der Supply Chain über den Lebenszyklus, vom Hersteller von elektronischen Bauteilen bis zum Kunden werden im LC-Lab ermöglicht. Das IFU ist auch hier bestrebt, die drei Bereiche Forschung, Lehre und Praxis zu verknüpfen. Der Aufbau des LC-Lab wurde von einer Vielzahl von namhaften Industriepartnern unterstützt.

Abbildung 7 zeigt einen Auszug aus der Gesamtstückliste der untersuchten Steuergeräte. Die dargestellten Steuergeräte übernehmen im Fahrzeug verschiedene Funktionen. So ermöglichen beispielsweise die Motor- und Getriebesteuerung eine effiziente Kraftübertragung im Antriebsstrang. Die aufgeführten Steuergeräte übernehmen Steuerungsfunktionen in den Bereichen Kommunikation (z. B. Telefoninterface), Komfort (z. B. Türsteuergerät), Antriebsstrang (z. B. Motorsteuerung) und Sicherheit (z. B. Airbagsteuergerät). Ein Großteil der im Rahmen der Untersuchungen identifizierten Bauteile besteht aus Kondensatoren, Widerständen und Transistoren. Wie im nächsten Abschnitt dargestellt wird, sind die ICs (Integrated Circuits) im Hinblick auf die Nachserienversorgung von besonderer Bedeutung. Weitere Bauteile, die aus Platzgründen nicht in der Abbildung aufgeführt sind, sind beispielsweise Steckerleisten, Spulen, Gehäuseteile, Aktoren und Leiterplatten. Die Langfristige Verfügbarkeit von allen diesen Bauteilen muss für die Sicherstellung der Nachserienversorgung gegeben sein. Abhängig von der gewählten Versorgungsstrategie und der Merkmale der einzelnen Bauteile (s. u.) können die jeweils kritischen identifiziert werden.

Auszug aus der Gesamtstückliste (Steuergeräte Golf V)

	Integrated Circuits	Kondensatoren	Widerstände	Transistoren	Dioden
Gateway - CAN	17	36	57	8	0
Steuergerät Einparkhilfe	9	62	63	10	2
Leuchtweitenregulierung	8	61	51	2	5
Regen - Licht Sensor	7	29	63	8	2
Multifunktionslenkradsteuerung	5	29	52	6	4
Telefoninterface	21	199	119	15	0
Getriebesteuerung	21	132	193	18	22
Anhängersteuergerät	10	46	76	58	0
Sonderfunktionssteuergerät	19	83	159	53	0
Bordnetzsteuergerät	34	135	250	65	0
Kombiinstrument	9	99	137	23	7
Airbagsteuergerät	7	125	111	15	7
Elektronische Regeleinheit	4	99	97	6	2
Motorsteuergerät	15	262	147	20	12
Radio Navigation	70	1463	711	172	27
Standheizung	11	139	109	48	7
Bremsensteuergerät	5	61	74	12	0
Türelektronik (vorne rechts)	3	17	23	3	0
Türelektronik (vorne links)	3	17	23	3	0
Türelektronik (hinten rechts)	3	17	23	3	0
Türelektronik (hinten*links)	3	17	23	3	0
Tankanzeigensteuergerät					
Wischerelektronik SG	5	30	19	7	1
Komfortsteuergerät	15	36	43	6	0
Summe	304	3.194	2.623	564	98

- **7.160 Bauteile**
- **12 Hersteller**
- **304 ICs und mehr als 35 Halbleiterhersteller**

* Gerät vergossen
IC: Integrated Circuit
CAN: Controller Area Network

Abb. 7. Auszug aus der Gesamtstückliste (Steuergerät Golf V)

3.1 Kritische Bauteile

Eine Alterungsstudie im Auftrag verschiedener Unternehmen der Automobil- und Automobilzulieferindustrie zur Lagerungsfähigkeit von elektronischen Bauteilen unterteilt die kritischen Bauteile in drei Gruppen. Die erste Gruppe ist durch eine kritische Verfügbarkeit gekennzeichnet. Dies trifft insbesondere auf Halbleiter, Liquid Crystal Displays (LCDs), Sensoren und lichtsensitive und -emittierende Bauteile zu. Diese Bauteile haben sehr kurze Produktlebenszyklen und können nur in einem kurzen Zeitfenster beschafft werden. Die nächste Gruppe der kritischen Bauteile sind solche mit eingeschränkter Lagerfähigkeit. Dabei ist zum einen die Verarbeitbarkeit nach der Lagerung zu betrachten, zum anderen muss natürlich auch die Funktionsfähigkeit nach einer Lagerung gegeben sein. Auch in dieser Gruppe sind LCDs, Sensoren, lichtsensitive und -emittierende Bauteile vertreten. Dies bedeutet, dass nach Abkündigung der Bauteile eine Endbevorratung nicht durchgeführt werden kann. Diese Bauteile sind somit bei der Planung der Nachserienversorgung sehr detailliert zu betrachten, da sich hier die kritischen Faktoren häufen. Letztlich sind auch die Kosten eines eventuellen Redesigns für die Bewertung der Bauteile heranzuziehen.

Diese Kosten hängen vornehmlich von der Komplexität des Steuergeräts und der verwendeten Bauteile ab.

Die durchschnittliche Verfügbarkeit von Bauteilen differiert stark und hängt wesentlich von der Komplexität der Bauteile ab. Im Mittel haben Speicherelemente die geringste Verfügbarkeitsdauer, oftmals unter zwei Jahren. Auch Microcontroller, wie Prozessoren, sind nur wenige Jahre am Markt erhältlich. Diskrete Bauteile, die nur eine Funktion erfüllen, wie beispielsweise Kondensatoren, Widerstände, Dioden und Transistoren sind am längsten am Markt verfügbar. Hier ist eine Abkündigung während des Lebenzykluses des Primärprodukts nicht zu erwarten.

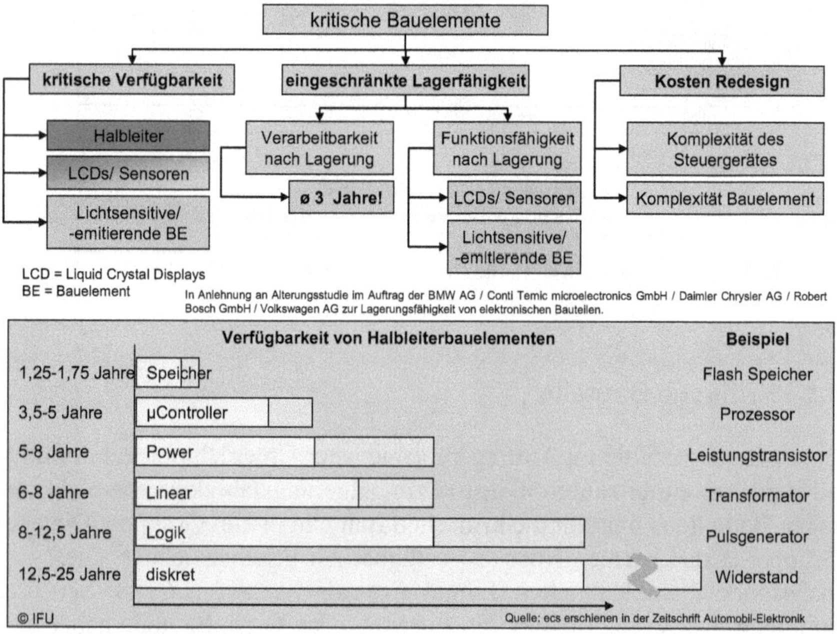

Abb. 8. Kritische Bauteile

Im LC-Lab des IFU wurden die Bauteile des Golf V auf das jeweilige Risiko einer Abkündigung untersucht. Je nach kundenindividueller Ausprägung des Fahrzeugs weichen die Ergebnisse natürlich voneinander ab, da insbesondere im Infotainment- und Komfortbereich erhebliche Abweichungen der Komplexität je nach Kundenwunsch zu erwarten sind.

Ein Großteil der über 7.000 elektronischen Bauteile im betrachteten Golf V sind Standardbauteile. Dies trifft natürlich insbesondere auf die diskreten Bauteile wie Kondensatoren, Widerstände und Transistoren zu, zu denen fast 90 % der Bauteile gezählt werden können. Diese Bauteile können daher bei der Betrachtung der Verfügbarkeit vernachlässigt werden. Besonderes Augenmerk ist beim Ersatzteilmanagement dagegen auf die komplexen Halbleiterbauelemente zu legen, allein hiervon sind in dem betrachteten Fahrzeug 300 Stück verbaut.

3.2 Life Cycle Costing

Grundgedanke beim Life Cycle Costing ist es, dass alle anfallenden Kosten von der Produktentwicklung bis zur Entsorgung des Produkts zu ermitteln und zu betrachten sind. Um die über den Lebenszyklus eines Produktes anfallenden Kosten und Erlöse über der Zeit zu erfassen und zu bewerten, werden dynamische Verfahren, wie beispielsweise die Kapitalwertmethode, genutzt.

Das übergeordnete Ziel ist bereits in der Produktentwicklung die Berücksichtigung sämtlicher Aspekte des Produktlebenszykluses, also auch der Nachserienversorgung, wie zum Beispiel die Kompatibilität, Nachfertigungsoptionen, Reparaturfähigkeit oder Prüfbarkeit. Dies führt in den nachgelagerten Lebenszyklusphasen zu einer Einsparung, ebenso bringt es aber auch einen Mehraufwand mit sich, der sich in erhöhten Kosten in der Produktentwicklung und ggf. der Fertigung niederschlägt. Das Life Cycle Costing ist ein geeignetes Werkzeug, um die wirtschaftlichen Auswirkungen aus diesem Mehraufwand zu berechnen. Führt der Mehraufwand ganzheitlich betrachtet zu einer wirtschaftlichen Verbesserung, wird er durch das Life Cycle Costing gerechtfertigt.

Wesentliche Problempunkte beim Life Cycle Costing sind jedoch ungenaue Prognosedaten und die hohe Anzahl an Unabwägbarkeiten, wie beispielsweise die Abkündigung von Bauteilen, die Verfügbarkeit und Auslastung von Ressourcen. Des Weiteren ist der Planungsaufwand nicht zu unterschätzen und die Erträge aus dieser Strategie sind nur langfristig zu realisieren. Kurzfristige Teillösungen sind auf den ersten Blick oftmals wesentlich günstiger, die Betrachtung des Produktlebenszyklus erfordert daher ein langfristiges Denken, das in vielen Unternehmen nicht gegeben ist.

3.3 Ersatzteilgerechte Produktentwicklung

In der Produktentwicklung ist eine Vielzahl unterschiedlicher Restriktionen bezüglich Funktion, Design, Montagegerechtheit und der Werkstoffeigenschaften des zu entwickelnden Produkts zu beachten. Denn schon zu diesem frühen Zeitpunkt wird ein Großteil der während des Produktlebenszyklus anfallenden Kosten festgelegt. Dies betrifft nicht nur die Herstell- oder Montagekosten, sondern insbesondere auch die Servicekosten. Die Beachtung von einigen Restriktionen in der Produktentwicklung vereinfacht das Ersatzteilmanagement in den späteren Lebenszyklusphasen erheblich. Das iterative Vorgehen zwischen den einzelnen Phasen der Produktentwicklung ist in Abbildung 9 dargestellt. Während der Konzeptentwicklung ist insbesondere die Analyse von Vorgängerprodukten und die daraus folgende Identifikation der kritischen Elemente erforderlich (Brandt 2000; Eigner u. Stelzer 2007).

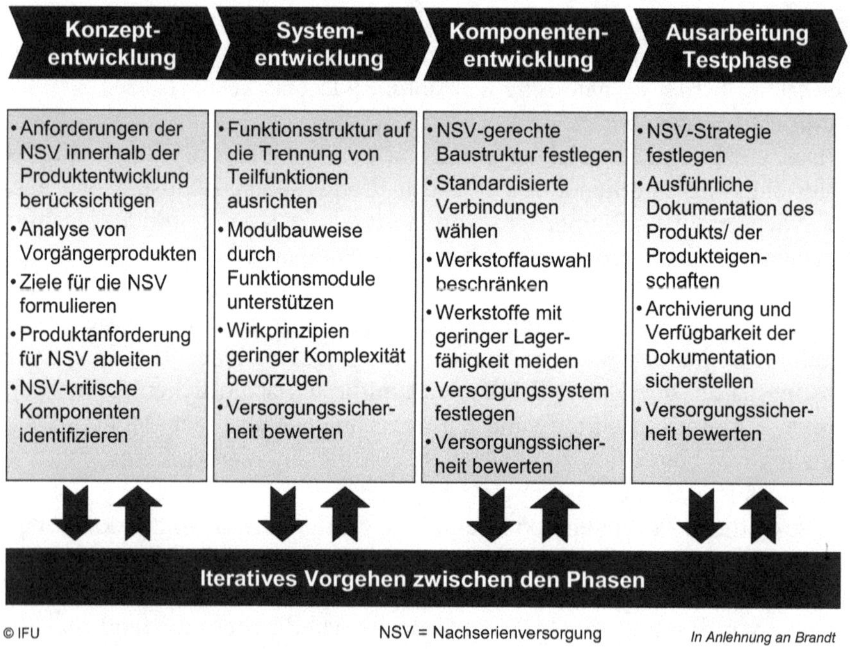

Abb. 9. Ersatzteilgerechte Produktentwicklung

Die wesentlichen zu berücksichtigenden Punkte in der System- und Komponentenentwicklung sind die:

- Nachfertigungsgerechtheit
  - Vermeiden von Spezialeinrichtungen (z. B. besondere Prüfgeräte)
  - Flexible Gestaltung der Fertigungseinrichtungen (z. B. um Nachfertigung als Kleinserie zu ermöglichen)
- Kompatibilität
  - Freigabe von programmierbaren Steuergeräten, auch bei Hardware-Updates und Änderung auf maskenprogrammierten Speicher

  - Variantenreduktion in der Nachserie durch programmierbare Nachseriengeräte mit hohem Funktionsumfang (z. B. geeignet für Drei- und Fünftürer)
  - Variantenbildung bevorzugt über Programmierungen erzeugen
- Aufarbeitungsgerechtheit
  - Gehäuse zerstörungsfrei zu öffnen
  - Hybride vermeiden
  - Leiterplattenschutz: Keine Lackierung oder Vergießen
  - Prüfbarkeit ohne Zerlegung ermöglichen
- Lagerfähigkeit
  - Nachweis/ Prüfung der Lagerfähigkeit sowie der Lagerbedingungen einfordern
  - nicht „langzeit-lagerfähige“ Bauteile vermeiden und alterungsbeständige Materialien einsetzen

In der anschließenden Testphase ist insbesondere auf die Dokumentation Wert zu legen, damit, ggf. auch in anderen Werken, eine Reproduzierbarkeit sichergestellt werden kann.

4 Branchenspezifische Lösungen

Der direkte Vergleich verschiedener Branchen weist auf den ersten Blick differierende Ausgangssituationen für das Ersatzteilmanagement auf. Gemeinsam scheint überall nur der verstärkte Einsatz von Elektronik zu sein, die immer mehr Funktionen übernimmt bzw. erst ermöglicht. Jedoch sind die eingesetzten Methoden in vielen Branchen ähnlich.

Das Ersatzteilmanagement muss immer auf den jeweiligen Anwendungsfall angepasst werden. Die vorgestellten Versorgungsstrategien aus der Automobilindustrie sind natürlich auch auf andere Branchen anwendbar, jedoch oftmals mit einem anderen Fokus aufgrund der unterschiedlichen Rahmenbedingungen. So sind die Nutzungsdauer der Primärprodukte und die Herstellkosten der Einzelteile oftmals die ausschlaggebenden Kriterien für die Strategie der Nachserienversorgung (Abbildung 10). Beispielsweise sind in der Militärtechnik sehr lange Lebensdauern der Produkte gegeben, finanzielle Erwägungen spielen hier jedoch oftmals nur eine untergeordnete Rolle. Im Consumerbereich ist dagegen durch die extrem kurzen Produktlebenszyklen und den geringen Wert der Primärprodukte ein Ersatzteilmanagement nur in Ansätzen vorhanden, da die Nachfrage nicht vorhanden ist. Die Strategien von zwei sehr gegensätzlichen Industrien, der Luftfahrtbranche und der Mobiltelefonproduktion, werden im Folgenden dargestellt.

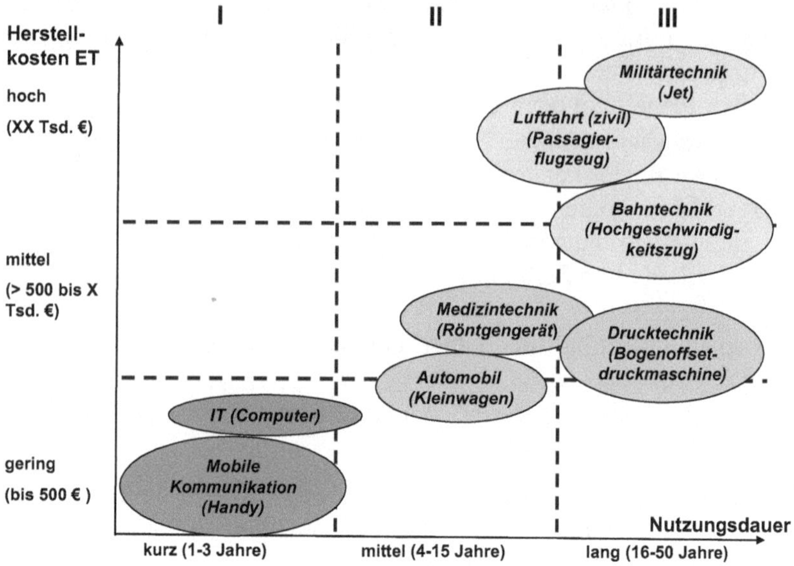

© IFU

Abb. 10. Lebensdauer der Primärprodukte gegen Herstellkosten

Die Luftfahrtindustrie ist geprägt durch extrem lange Lebensdauern der Primärprodukte bei einem hohen Nutzungsgrad, geringe Losgrößen, eine strikte Regulierung durch staatliche Aufsichtsbehörden und einen hohen Grad an Individualisierung trotz einer Konzentration auf wenige Hersteller. Der Defekt eines Flugzeugs und die daraus resultierende Flugunfähigkeit sind mit immens hohen Kosten verbunden, die ein Ersatzteilmanagement unbedingt erforderlich machen. Im Vergleich zu anderen Branchen erbringen die Betreiber, also die Airlines, einen sehr hohen Anteil an der Instandhaltung selber. Trotz dieser hohen Eigenleistung ist der Anteil des Servicegeschäfts aus den genannten Gründen bei den Herstellern und Zulieferern in der Luftfahrtindustrie sehr hoch, beispielsweise beträgt er bei Eurocopter 34 % oder beim Triebwerkhersteller Rolls Royce 54 % des Umsatzes. Kleine Airlines kaufen den Instandhaltungsservice oftmals zu, um sich mit den beschränkten Mitteln auf ihr Kerngeschäft zu konzentrieren (Schmidt et al. 2006).

Die Strategie zur Sicherstellung der Bauteilverfügbarkeit wird bei Lufthansa Technik unter anderem mit einem Morphologischen Kasten ermittelt. Neben der Bevorratungsebene wird dabei unter anderem die Planungsstrategie, der Impulsgeber für die Weiterentwicklung, die Ursache für die Festlegung der Bevorratungsmenge berücksichtigt.

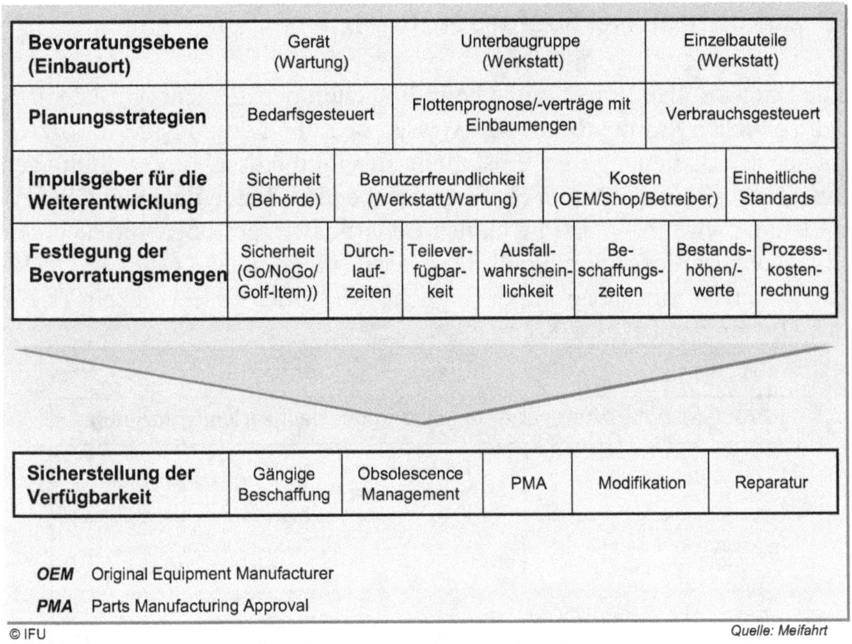

Abb. 11. Morphologischer Kasten in der Luftfahrtindustrie

Im Vergleich mit anderen Branchen hat die Wiederinstandsetzung luftuntüchtiger Komponenten in der Luftfahrtindustrie eine hohe Wirtschaftlichkeit und ist daher gängige Praxis (Meifert 2004).

Die Mobiltelefonproduktion weist komplett andere Rahmenbedingungen auf. So wird alle vier bis sechs Monate ein neues Produktspektrum von acht bis zwanzig verschiedenen Produkten angeboten. Der Lebenszyklus in der Produktion beträgt zumeist nur 6 bis 12 Monate. Aufgrund der geringen Kosten der Geräte und auch der geringen Nutzungsdauern bei den Endkunden ist eine Nachserienversorgung in dieser Branche momentan kaum anzutreffen. Der komplette Austausch der Geräte ist zumeist für den Hersteller günstiger, als die manuelle Fehlersuche und -behebung. Auch ist der Austausch oftmals von den Kunden gewünscht, da dieser wesentlich schneller als eine Reparatur vonstatten gehen kann. Der Einsatz teurer Endgeräte rechtfertigt jedoch zunehmend auch in dieser Branche ein aktives Ersatzteilmanagement und die Beachtung von Reparatur- und Diagnosemöglichkeiten in der Produktentwicklung (Menke 2004).

5 Zukünftige Herausforderungen

In der industriellen Praxis treten beim Ersatzteilmanagement typischerweise die gleichen Probleme auf. Das Wissen über die Fertigung der Ersatzteile, über die Bedienung und Einstellung der Produktions- und Prüfanlagen ist personengebunden und nicht in ausreichendem Maße dokumentiert. Eine Planung wird meist erst im akuten Bedarfsfall angestoßen und nicht abteilungsübergreifend durchgeführt, so dass suboptimale Lösungen entstehen. Daher ist eine neue praxistaugliche Methodik zu entwickeln (siehe auch Dombrowski et al. 2007).

FU

Abb. 12. Praxisprobleme bei der Planung der Nachserienversorgung

Um ein optimales Versorgungsszenario zu finden müssen eine hohe Anzahl von Einflussfaktoren (z. B. Verfügbarkeit von elektronischen Bauteilen und Fertigungseinrichtungen, Bedarfsprognosen, Prognosen für die Materialkosten und Fertigungskosten) und deren zeitlicher Abhängigkeit berücksichtigt werden. Zur Lösung dieses komplexen Problems ist eine Vereinfachung desselben notwendig, welche z. B. durch die Wahl eines höheren Abstraktionsgrads realisiert werden kann. Weitere Ziele der Methodik müssen die Berücksichtigung langer Zeiträume und die Planung unter einer ganzheitlichen Sichtweise sein. Das für die Fertigung und Prüfung im Unternehmen vorhandene implizite und explizite Wissen muss in aufbereiteter Weise dokumentiert werden. Nicht zuletzt soll auch eine Unterstützung bei der Ableitung und Umsetzung von Maßnahmen generiert werden. Im IFU wurde hierzu die Nachserienversorgungs-Roadmap entwickelt, eine Methodik, die die vorgenannten Anforderungen in hohem Maße erfüllt. Sie lehnt sich an die Technologie-Roadmap an (Garcia u. Bray 1997; Farrukh et al. 2000).

Die Methodik Nachserienversorgungs-Roadmap kann in drei Schritte unterteilt werden (siehe Abb. 13). Im ersten Schritt erfolgt die Analyse und Clusterung (1) des Produktportfolios unter Berücksichtigung technologischer und marktbezogener Kriterien. Hierdurch wird es beispielsweise ermöglicht, Erzeugnisse mit gleichen oder ähnlichen Fertigungsprozessen simultan zu betrachten. Im ersten Schritt kann die Vielzahl der zu planenden Objekte somit auf eine sinnvolle, überschaubare Anzahl reduziert werden.

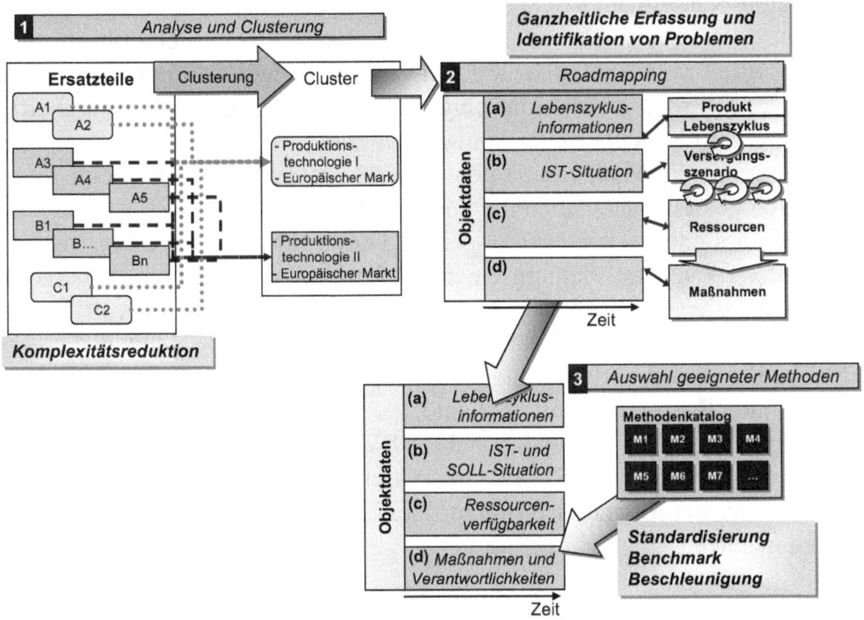

Abb. 13. Methodik der Planung und Umsetzung der Nachserienversorgung durch die NSV-Roadmap

Durch die NSV-Roadmap und des zur Erstellung derselben notwendigen Roadmappingverfahrens (2) wird auf der einen Seite die aktuelle Situation erfasst und visualisiert. Auf der anderen Seite können in der Roadmap weitere Aspekte, wie z. B. die Verfügbarkeit von Ressourcen, wie Fertigungseinrichtungen oder Mitarbeiter, anschaulich dargestellt werden. Die Roadmap wird im Rahmen von Workshops erstellt. Teilnehmer sind die Experten aus den unterschiedlichen Bereichen des Unternehmens, die von der Nachserienversorgung betroffen sind. Dies sind beispielsweise der Einkauf (z. B. Prüfung der Bauteilverfügbarkeit), die Entwicklung (z. B. Beurteilung der Reparaturfähigkeit) oder die Fertigung (z. B. Beurteilung der Verfügbarkeit von Fertigungseinrichtungen). Die Roadmap ist in vier Ebenen aufgeteilt. Die Kundenanforderungen werden in der Produktebene (a) erfasst, vergleichbar mit der Marktebene der Technologie-Roadmap. Hierzu zählen Lebenszyklusinformationen wie „End of Life" (EOL) und „End of Delivery Obligation" (EDO) sowie die dazugehörigen Bedarfe. Um die Versorgung mit Ersatzteilen sicherstellen zu können, werden auf der Versorgungsebene (b) geeignete Versorgungsszenarien erfasst. Die Versorgungsszenarien können wiederum nur umgesetzt werden, wenn entsprechende Ressourcen verfügbar sind, was in der Ressourcenebene (c) erfasst wird. Beispielsweise ist für die Umsetzung einer Nachfertigung die Verfügbarkeit von Bauteilen und Fertigungsanlagen sicherzustellen. Um identifizierte Probleme wie die eingeschränkte Verfügbarkeit einer Fertigungseinrichtung beheben zu können, werden auf der Maßnahmenebene (d) entsprechende Maßnahmen geplant. Die identifizierten Probleme können durch gezielte Maßnahmen gelöst werden, so dass die die Nachserienversorgung sichergestellt werden kann. Durch den Einsatz eines Methodenkatalogs kann die Planung einerseits beschleunigt werden. Anderseits ermöglicht die Standardisierung von Methoden die Nutzung von Kennzahlen, die im Sinne der Kontinuierlichen Verbesserung genutzt werden können. Durch die Verknüpfung der Planungsergebnisse, die in den unterschiedlichen Roadmaps hinterlegt sind, kann schnell der aktuelle Stand des Produktportfolios im Hinblick auf die NSV ermittelt werden. Der kundenspezifische Einsatz der NSV-Roadmap kann weiterhin bei Verhandlungen dazu dienen, dem Kunden Probleme der Nachserienversorgung verständlich zu machen.

6 Fazit

Die Ersatzteilversorgung ist ein bedeutender Bestandteil des After Sales Service. Jedoch gestaltet sich die Sicherstellung der langfristigen Versorgung mit Ersatzteilen bei Elektronikkomponenten als komplexe Aufgabe, da langfristige Prognosen über Bedarfsverläufe und Ausfallverhalten mit hoher Unsicherheit behaftet sind. Verschiedene Versorgungsstrategien und deren Kombination zu komplexen Versorgungsszenarien werden in der Automobilindustrie angewandt, um die Ersatzteilverfügbarkeit sicherzustellen. Mit dem am Institut für Fabrikbetriebslehre und Unternehmensforschung entwickelten Modell des Lebenszyklusorientierten Ersatzteilmanagements kann die langfristige Versorgung mit Ersatzteilen durch ganzheitliche Berücksichtigung in allen Lebenszyklusphasen methodisch durchgeführt werden. Selbstverständlich muss auf die spezifischen Randbedingungen eingegangen werden, wenn für Unternehmen anderer Branchen die Ersatzteilversorgung geplant wird. Um auf die in der industriellen Praxis identifizierten Probleme weiter einzugehen, wird derzeit am IFU die Methodik der Nachserienversorgungs-Roadmap weiterentwickelt. Hierbei wird insbesondere die Ressourcenverfügbarkeit in die langfristige Planung miteinbezogen. Zudem werden durch eine methodische effiziente Clusterung der betrachteten Komponenten und eine automatisierte Methodenauswahl erhebliche Effizienzsteigerungen bei der Planung erwartet.

Literatur

Aßmann R (2004) Bedeutung des Ersatzteilmanagement von elektronischen Produkten in der Automobilindustrie. In: Lebenszyklusorientiertes Ersatzteilmanagement - Problemfeld Elektronik – von der Entwicklung bis zum Auslauf - branchenübergreifende Konzepte. VDI-Berichte Nr. 1848, S 103-115

Bauer P (2006) „Wie Elektronik die Automobilindustrie verändert" Vom Komponentenlieferanten mit klarer Strategie zum Systempartner. In: Gottschalk B (Hrsg) Mastering the Automotive Challenge. Sueddeutscher Verlag, München, S 269-284

Berret M (2006) Herausförderung Wertschöpfung – Erfolgreich durch Kooperation. In: Gottschalk B (Hrsg) Mastering the Automotive Challenge. Sueddeutscher Verlag, München, S 73–104

Borgwart K (2005) Automotive Package – Langzeitverfügbare Halbleiterbauteile und skalierbare Plattformen. Micronas GmbH, HdT Tagung, München

Brandt R (2000) Demontageorientierte Produktentwicklung - ein Beitrag zur Gestaltung umweltgerechter Produkte. Fortschritt-Berichte VDI, Düsseldorf

Dombrowski U, Crespo I, Wrehde J (2004) Ersatzteilmanagement in der industriellen Praxis - Vergangenheitsbewältigung und Zukunftsgestaltung. In: Lebenszyklusorientiertes Ersatzteilmanagement - Problemfeld Elektronik - von der Entwicklung bis zum Auslauf - branchenübergreifende Konzepte. VDI-Berichte Nr. 1848, S 13-32

Dombrowski U, Schulze S, Wrehde J (2005) Lifecycleorientiertes Ersatzteilmanagement. In: Produktionstechnik im Wandel, Tagungsband zum Festkolloquium

Dombrowski U, Wrehde J (2007) Lebenszyklusorientiertes Ersatzteilmanagement von Elektronikkomponenten – ein wesentliches Standbein zur Sicherung der Wettbewerbsfähigkeit im After Sales Service. In: Hausladen I (Hrsg) Management am Puls der Zeit – Strategien, Konzepte und Methoden. TCW, München

Dombrowski U, Schulze S, Wrehde J (2007) Efficient Spare Part Management to Satisfy Customers Need. Proceedings of the International Conference on Service Operations and Logistics, and Informatics, Philadelphia, pp 304-309

Eigner M, Stelzer R (2007) Product Lifecycle Management - Ein Leitfaden für Product Development und Life Cycle Management. Springer, Berlin Heidelberg New York

Erjavec J (2004) Automotive Technology - A Systems Approach. Thomson Delmar Learning

Farrukh C, Phaal R, Probert, D (2000) Technology Management Assessment Procedure - A Guide for Supporting Technology Management in Business. University of Cambridge, IEE

Garcia M, Bray O (1997) Fundamentals of Technology Roadmapping. Sandia National Laboratories, Albuquerque

Hesselbach J, Dombrowski U, Bothe T, Graf R, Wrehde J, Mansour M (2004) Planning Process for the Spare Part Management of Automotive Electronics. Production Engineering Vol. XI / Issue 1, pp 113-118

IMPULS Management Consulting / LOGISTIK HEUTE (2003) Excellence in der internationalen Ersatzteillogistik - Herausforderungen und Chancen im globalen Wettbewerb - Ergebnisse der Gemeinschaftsstudie. Huss Verlag GmbH, München

Livingston H (2002) Diminishing Manufacturing Sources and Material Shortages (DMSMS) - Management Practices. http://www.geia.org/sstc/G12/geb1_paper.pdf, 17.06.2002

Meifarth K, Weber B, Bauer A (2004) Ersatzteilmanagement elektronischer Bauteile – Randbedingungen und Anforderungen in der Zivilluftfahrt. Lufthansa Technik AG, VDI Tagung Lebenszyklusorientiertes Ersatzteilmanagement, Stuttgart

Menke F (2004) Servicemanagement im Life Cycle von Mobile Phones. VDI Tagung Lebenszyklusorientiertes Ersatzteilmanagement, Stuttgart

Schmidt T, Laucht O, Bauer A (2006) Mehrwert schaffen durch Fokussierung auf das Servicegeschäft. In: Barkawi K, Baader A, Montanus S (Hrsg) Erfolgreich mit After Sales Services. Springer, Berlin, S 95-111

Mesoskopische Simulation von Flusssystemen – algorithmisch steuern und analytisch berechnen

Prof. Dr.-Ing. habil. Michael Schenk, PD Dr. rer. nat. habil. Juri Tolujew, Dipl.-Wirtsch.-Ing. MSc Tobias Reggelin

Otto-von-Guericke-Universität Magdeburg
Institut für Logistik und Materialflusstechnik
http://ilm.mb.uni-magdeburg.de

Fraunhofer-Institut für Fabrikbetrieb und -automatisierung IFF Magdeburg
http://www.iff.fraunhofer.de

1 Einführung

Unter Flusssystemen werden netzförmige, künstliche, technische, steuerbare Systeme verstanden, die zur Bearbeitung (Generierung, Transport, Umwandlung, Speicherung und Vernichtung) von materiellen oder immateriellen Objekten, deren Mengen – die entweder auf diskrete Portionen oder kontinuierlich verteilt sind – sich an einzelnen Punkten des Systems (an Kanten seiner netzförmigen Struktur) als Flüsse (Ströme) erfassen und/oder darstellen lassen, aufgebaut werden. Flusssysteme umfassen also nicht nur alle möglichen Typen von Materialflusssystemen, auf deren Modellierung und Simulation der vorliegende Beitrag orientiert ist, sondern auch Systeme, in denen z. B. Finanzen, Arbeitsaufträge etc. verteilt bzw. bearbeitet werden.

Bei der statischen Modellierung von Flusssystemen werden die gesamten Mengen von Objekten oder Materialien, die in den jeweiligen Punkten des Systems am Ende des angegebenen Zeithorizonts zu erwarten sind, in Form von Zahlen (Konstanten) berechnet. Die dynamische Modellierung, deren Möglichkeiten bezüglich der Analyse von Flusssystemen wesentlich größer sind, setzt voraus, dass Prozesse (Zeitreihen), die Bewegungen von Objekt- oder Materialmengen im System im angegebenen Zeithorizont abbilden, ermittelt werden.

Es sind grundsätzlich nur zwei Klassen von dynamischen Modellen bekannt, mit deren Hilfe Prozessabläufe in Flusssystemen reproduziert werden können. Die erste Klasse, die oft als „makroskopisch“ bezeichnet wird, bilden Modelle auf Basis von Differentialgleichungen, z. B. Modelle vom Typ *system dynamics* (Scholz et al. 2006). Zur zweiten Klasse, den so genannten „mikroskopischen“ Modellen, gehören alle Simulationsmodelle, die auf Prinzipien der *discrete event simulation* basieren (Spieckermann 2005). Die beiden „klassischen“ Modellierungsarten haben gravierende Nachteile, die prinzipiell nicht beseitigt werden können. Die makroskopischen Modelle sind sehr abstrakt im Sinne ihrer eigenen Darstellungsform und sehr primitiv im Sinne der Darstellungsmöglichkeiten für zahlreiche Objekt- bzw. Materialtypen sowie Steuerungsstrategien, die bei der Lösung praxisnaher Aufgabenstellungen zu berücksichtigen sind. Für die mikroskopischen Simulationsmodelle ist ein sehr hoher Detaillierungsgrad im Sinne der Abbildung von Objekten der realen Welt typisch. In Modellen für Produktions- und Logistiksysteme werden in der Regel Arbeitsplätze, Transportmittel, Fahrzeuge in innenbetrieblichen Transportsystemen, Förderstrecken in Transport- und Sortieranlagen, Warenstücke, Verpackungen und Ladungsträger als einzelne Objekte dargestellt. Demzufolge sind Modelle dieser Klasse sehr kompliziert, sehr langsam und mit hohem Aufwand der Erstellung und Anpassung verbunden.

Im Beitrag wird gezeigt, dass es großen Bedarf für eine „mesoskopische“ Modellierung (und Simulation) von Prozessen in Produktions- und Logistiksystemen gibt, die bezüglich des Detaillierungsgrades bei der Abbildung von Objekten der realen Welt den Platz zwischen der makroskopischen und mikroskopischen Modellierung einnehmen kann. Der Begriff „mesoscopic simulation“ in der Logistik wurde zuerst bei der Verkehrssimulation verwendet (Kates et al. 1998). Auf diesem Gebiet wurde aber bis jetzt keine eindeutige Interpretation für diesen Begriff entwickelt. Am häufigsten wird so eine beliebige Mischung aus makroskopischer und mikroskopischer Simulation bezeichnet. Auch in Bezug auf Supply Chains wurde der Begriff „mesoscopic approach“ schon genutzt (Marthaler et al. 2003), wobei mit diesem Begriff keine qualitativ neue Modellklasse bezeichnet wird, sondern eine spezielle Klasse der auf Differentialgleichungen basierenden Modelle.

Ein klares Konzept zum mesoskopischen Ansatz bei der Modellierung und Simulation von Personenströmen wurde in (Tolujew u. Alcalá 2004) dargestellt. Die Grundidee besteht dabei darin, dass man auf die Verfolgung von einzelnen Objekten (in diesem Fall Personen) verzichtet und mit Objektmengen (hier Personenmengen) operiert, die sich auf bestimmte Räume beziehen, wobei diese Objektmengen (hier Personenmengen) durch ein gemeinsames gezieltes Verhalten gekennzeichnet werden.

Generell operieren mesoskopische Modelle anstatt mit einzelnen Flussobjekten mit Mengen von Objekten und Materialien, die zu einer „logischen Gruppe“ gehören (zu einem Los, einer Ladung, einer Lieferung usw.) und über Zeit und Raum verteilt sind. Die Zustands- bzw. Ergebnisgrößen werden nicht durch die „Zählung“ einzelner Objekte, sondern anhand mathematischer Formeln als kontinuierliche Größen in jedem Schritt Δt der diskreten Modellzeit berechnet. Die Möglichkeiten zur Steuerung der modellierten Prozesse unterscheiden sich nicht von denen der „echten“ Simulation, weil in jedem Schritt Δt beliebige Bedingungen geprüft und die jeweiligen Änderungen im System vorgenommen werden können. Auf Basis von Prozessdaten, die von einem mesoskopischen Modell geliefert werden, können nun allerdings beliebige vom Modellnutzer definierte Interpretationen von primären Simulationsergebnissen durchgeführt werden.

2 Relationen zwischen der mesoskopischen und mikroskopischen Sicht bei der Simulation

Die mesoskopische Sicht ist bei der konventionellen mikroskopischen Simulation von Flusssystemen fast immer präsent, obwohl der Begriff „mesoskopisch“ nicht explizit genutzt wird. Sowohl die Leistungsanforderungen und Ressourcen als auch die einzuschätzenden Leistungsergebnisse werden in den meisten Fällen in der so genannten aggregierten Form dargestellt (siehe Abbildung 1).

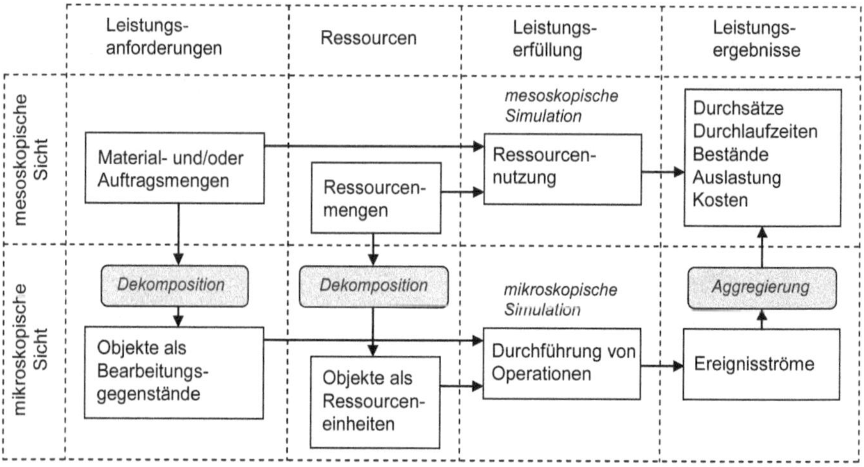

Abb. 1. Meso- und mikroskopische Sichten bei der Simulation

Typischerweise werden bei der Formulierung der Aufgabenstellung die Leistungsanforderungen in Form von zu bearbeitenden Material- und/oder Auftragsmengen, die während einer bestimmten Zeit im Flusssystem eintreffen, angegeben. Als Beispiel dient folgende Aufgabenstellung:

In der Frühschicht müssen bis zu 10 LKW pro Stunde und in der Spätschicht bis zu 5 LKW pro Stunde an der Rampe eines Lagers entladen werden.

Bei der mikroskopischen Simulation wird in diesem Fall ein LKW-Strom konstruiert, obwohl die Messdaten echter Zeitintervalle zwischen den Ankunftszeiten der LKW nicht vorhanden sind.

Auf ähnliche Weise werden die Daten zu verfügbaren Ressourcen aufbereitet. Es wird beispielsweise angenommen, dass ein Gabelstapler durchschnittlich 40 Paletten pro Stunde von der Rampe zum Lager transportieren kann. Die klassische Simulation braucht aber Daten, die sich auf jede einzelne Fahrt des Gabelstaplers beziehen. Diese Daten werden in der Regel vom Modellentwickler selbst konstruiert und bei der Ausführung der Simulation verwendet.

Das Wesen der Reproduktion des Leistungserfüllungsprozesses bei der mikroskopischen Simulation besteht darin, dass einzelne Operationen modelliert werden, bei denen entsprechende Ressourcen für die Erfüllung von Teilaufträgen, die als Ergebnis der Dekomposition von angegebenen (Haupt-)Aufträgen entstehen, verbraucht werden. Jede Operation wird durch die Zeitpunkte ihres Beginns bzw. Endes gekennzeichnet, die in Form von Ereignissen vom Simulator interpretiert werden. Die Interpretation eines Ereignisses kann für zwei Zwecke dienlich sein:

a) neue (zukünftige) Ereignisse werden geplant und
b) statistische Daten zum Prozessablauf werden erfasst und können sofort ausgewertet werden.

Die Berechnung von Leistungsergebnissen in Form von für Flusssysteme traditionellen Kennzahlen (siehe Abbildung 1) auf der Basis von Ereignisströmen ist eine Art der Aggregierung von Daten. Zur Berechnung von Mittelwerten und Konfidenzintervallen sowie zur Einschätzung von Wahrscheinlichkeiten und Verteilungsfunktionen werden bekannte statistische Prozeduren angewendet, die nur dann stabile oder überhaupt interpretierbare Ergebnisse liefern, wenn entsprechende Effekte des modellierten Prozesses genügend oft erfasst wurden. Der Preis für die Einführung detaillierter Parameter in das Modell, die anhand von Verteilungsfunktionen beschrieben werden, ist sehr hoch: Zahlreiche (oder lange) Simulationsläufe werden notwendig.

Zusammenfassend sei anzumerken, dass die konventionelle mikroskopische Simulation oft genutzt wird, um von rein mesoskopischen Aufgabenstellungen wiederum zu mesoskopischen Ergebnissen zu kommen. Dieser (Um-)Weg ist aber sehr kompliziert und aufwändig, weil er sowohl mit der Dekomposition als auch Aggregierung von „Originaldaten“ verbunden ist (siehe Abbildung 1). Verluste und Verzerrungen von Daten scheinen auf diesem Weg unvermeidlich zu sein. Der prinzipielle Vorteil der mesoskopischen Simulation basiert auf einer direkten dynamischen Umwandlung von mesoskopischen Eingabendaten zu mesoskopischen Leistungsergebnissen, ohne dass eine ereignisorientierte Darstellung von Prozessen angewendet wird.

3 Einleitende Beispiele

Im Zentrum des mesoskopischen Ansatzes zur Modellierung und Simulation von Flusssystemen steht der Begriff des Prozesses. Ein Teil der Prozesse wird als Eingabedaten des entsprechenden mesoskopischen Modells aufbereitet und ein anderer Teil als Ergebnisdaten gewonnen. Dabei werden entsprechend den Prinzipien der klassischen Materialflussrechnung (Großeschallau 1984; Arnold 1995), in der Flusssysteme oft in Form von Graphen dargestellt werden, grundlegend zwei Prozesstypen unterschieden: a) Flussprozesse an den Kanten des Graphen und b) Bestandsentwicklungen an den Knoten des Graphen. Für jeden Knoten des Graphen gilt das Prinzip des Trichters (vgl. Nyhuis u. Wiendahl 2003; Wiendahl 1997): Die Bestandsentwicklung für einen Knoten wird als Differenz zwischen seinem Eingangsstrom und seinem Ausgangsstrom berechnet.

In Bezug auf Prozesse lässt sich das Wesen einer Aufgabenstellung bei fast jeder mesoskopischen Modellierung und Simulation von Flusssystemen in kurzer Form so darstellen:

- gegeben sind einige externe oder (selten) interne Flussprozesse des modellierten Flusssystems und einige erwünschte Bestandsentwicklungen an seinen Knoten (selten);
- zu ermitteln sind alle anderen Flussprozesse und Bestandsentwicklungen, welche im Flusssystem beobachtet und/oder vom Modellentwickler definiert werden können.

Die im Weiteren dargestellten Beispielmodelle unterscheiden sich in erster Linie durch die Art und Weise, wie die neuen Flussprozesse von den gegebenen Prozessen abgeleitet werden.

3.1 Personenflüsse auf einem Bahnsteig

Ein Szenario wird betrachtet, bei dem zwei Züge ankommen und dann wieder abfahren (siehe Abbildung 2). Gegeben sind Daten zur Dynamik der Passagierströme, die im Zusammenhang mit diesen Zügen an den Eingangs- bzw. Ausgangspunkten des Bahnsteigs technisch erfasst werden können. Zu ermitteln ist die Bestandsentwicklung für den Bahnsteig, d. h. die Anzahl der Passagiere (Pax), die sich zu jedem Zeitpunkt des modellierten Prozesses gleichzeitig auf dem Bahnsteig befinden.

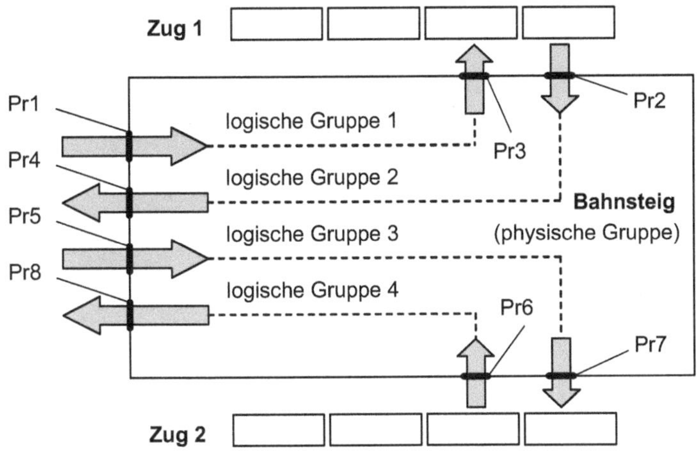

Abb. 2. Pax-Flüsse an einem Bahnsteig

Für jeden Zug werden je zwei „logische Gruppen" definiert: a) die Pax, die mit diesem Zug abfahren wollen, und b) die Pax, die aus dem Zug aussteigen. Für jede logische Gruppe werden je zwei Flussprozesse definiert: a) die Pax der logischen Gruppe betreten den Bahnsteig und b) die Pax der logischen Gruppe verlassen den Bahnsteig. Insgesamt ergeben sich acht Flussprozesse Pr1 – Pr8:

Prozess 1 (Pr1): 200 mit Zug 1 abfahrende Pax betreten den Bahnsteig
Prozess 2 (Pr2): 100 mit Zug 1 ankommende Pax betreten den Bahnsteig
Prozess 3 (Pr3): 200 mit Zug 1 abfahrende Pax verlassen den Bahnsteig
Prozess 4 (Pr4): 80 mit Zug 1 ankommende Pax verlassen den Bahnsteig
Prozess 5 (Pr5): 120 mit Zug 2 abfahrende Pax betreten den Bahnsteig
Prozess 6 (Pr6): 100 mit Zug 2 ankommende Pax betreten den Bahnsteig
Prozess 7 (Pr7): 140 mit Zug 2 abfahrende Pax verlassen den Bahnsteig
Prozess 8 (Pr8): 100 mit Zug 2 ankommende Pax verlassen den Bahnsteig

Es wird angenommen, dass es genug reale Messdaten gibt, um diese acht Prozesse in Form der in Abbildung 3 gezeigten Zeitdiagramme darstellen zu können. In Abbildung 3 sind weiterhin auch die vier Hauptereignisse zu sehen, die u. a. die Positionen der Flussprozesse Pr1 – Pr8 auf der Zeitachse bestimmen:

Ereignis 1 (Er1): Ankunft Zug 1 zum Zeitpunkt 13 Min.
Ereignis 2 (Er2): Abfahrt Zug 1 zum Zeitpunkt 20 Min.
Ereignis 3 (Er3): Ankunft Zug 2 zum Zeitpunkt 23 Min.
Ereignis 4 (Er4): Abfahrt Zug 2 zum Zeitpunkt 31 Min.

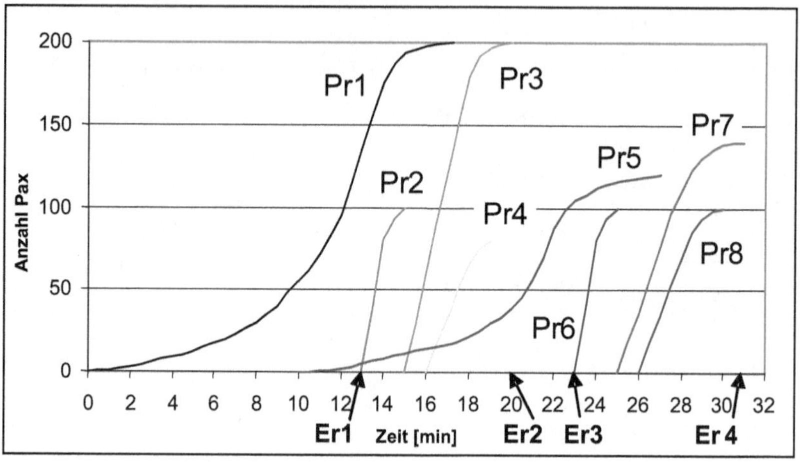

Abb. 3. Pax-Flüsse als Eingabedaten eines Modells

Abbildung 4 illustriert die Vorgehensweise bei der Lösung der Modellierungsaufgabe, die auf einer direkten Anwendung des Trichter-Prinzips basiert. Zunächst wurden die Prozesse Pr1, Pr2, Pr5 und Pr6, die zusammen den Zulauf des Bahnsteigs bilden, und die Prozesse Pr3, Pr4, Pr7 und Pr8, die zusammen den Ablauf des Bahnsteigs bilden, „graphisch addiert". Dann wurde ebenfalls „graphisch" die Differenz zwischen diesen Prozesssummen berechnet, die die gesuchte Bestandsentwicklung für den Bahnsteig abbildet.

Dieses Beispiel lässt sich im Sinne der Umwandlung von Flussprozessen als sehr einfach bezeichnen, da keine neuen Flussprozesse, die den Kanten der Systemstruktur entsprechen, berechnet wurden. Mit den gegebenen Prozessen wurden lediglich die arithmetischen Grundoperationen (Addition und Subtraktion) durchgeführt. Wichtig aber ist, dass bereits in diesem Fall gesamte Prozesse als Operanden bzw. Ergebnisse genutzt wurden, was typisch für eine mesoskopische Modellierung ist.

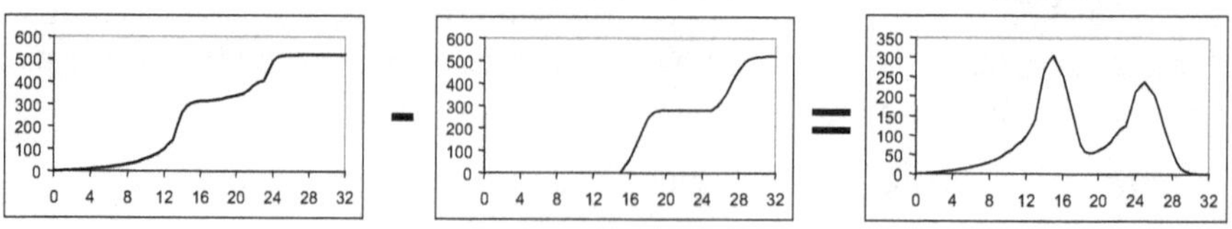

Abb. 4. Elementare Umwandlung von Pax-Flüssen

3.2 Teileflüsse in einem Produktionsbereich

In Abbildung 5 ist die schematische Struktur des modellierten Produktionsbereiches dargestellt. Von der Quelle kommt jede Minute ein Teil zur Prüfstation. Der Prozess an der Prüfstation dauert 2 Minuten. 20% der Teile werden als fehlerhaft qualifiziert und zur Nachbearbeitung geschickt. Die Nachbearbeitung dauert 4 Minuten. Eine beliebige Anzahl von Teilen kann an der Prüfstation gleichzeitig bearbeitet werden. Nach der Nachbearbeitung wird das Teil erneut zur Prüfstation geschickt, wobei kein Fehler an diesem Teil entdeckt werden kann. Der Ausgangsfluss des gesamten Produktionsbereiches und die Bestandsentwicklung an der Prüfstation sind zu ermitteln.

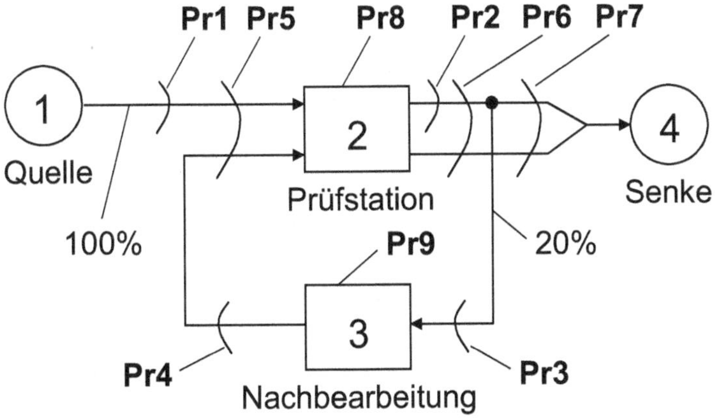

Abb. 5. Schematische Darstellung des Produktionsbereiches

Als Beispiel wird ein deterministischer Fall untersucht, bei dem genau jedes 5-te Teil nach der ersten Prüfung zur Nachbearbeitung geschickt wird. Es werden die ersten 25 Minuten des Prozesses modelliert. Als Eingabedaten des Modells ist also nur der Prozess Pr1 gegeben, der in Form eines kumulativen Zeit-Menge-Diagramms in Abbildung 6 zu sehen ist. Zur Lösung der Modellierungsaufgabe mussten die weiteren in Abbildung 5 gezeigten Prozesse Pr2 – Pr9, die vom Prozess Pr1 abzuleiten sind, definiert werden. Die Prozesse Pr1 – Pr7 sind Flussprozesse und die Prozesse Pr8 und Pr9 sind Bestandsentwicklungen. Der gesuchte Ausgangsfluss ist der Prozess Pr7 und die Bestandsentwicklung der Prüfstation ist der Prozess Pr8. In Tabelle 1 und Abbildung 6 werden die Schritte gezeigt, die zur Ermittlung der Prozesse Pr2 – Pr9 umgesetzt wurden.

Tabelle 1. Schritte des Modellierungsprozesses

Schritt Nr.	Beschreibung des Schrittes	Berechnungsformel
1	Der Eingangsstrom des Systems wird als Prozess Pr1 gespeichert.	Pr1 erstellen
2	Der „ideale" Eingangsstrom (ohne Teile nach der Nachbearbeitung) wird für 2 min verzögert und damit zum „idealen" Ausgangsstrom der Prüfstation transformiert.	Pr2 = Pr1 ↔t 2
3	Jedes 5-te Ereignis des „idealen" Ausgangsstroms der Prüfstation wird erfasst und zum Eingangsstrom der Nachbearbeitung hinzugefügt.	Pr3 = Pr2 /f 5
4	Der Eingangsstrom der Nachbearbeitung wird für 4 min verzögert und damit zum Ausgangsstrom der Nachbearbeitung transformiert.	Pr4 = Pr3 ↔t 4
5	Der „reale" Eingangsstrom der Prüfstation wird berechnet.	Pr5 = Pr1 + Pr4
6	Der „reale" Ausgangsstrom der Prüfstation wird berechnet.	Pr6 = Pr5 ↔t 2
7	Der „reale" Ausgangsstrom des ganzen Systems wird berechnet.	Pr7 = Pr6 – Pr3
8	Der Bestand der Prüfstation wird berechnet.	Pr8 = Pr5 – Pr6
9	Der Bestand der Nachbearbeitung wird berechnet.	Pr9 = Pr3 – Pr4

Zur Transformation der Zeit-Menge-Diagramme wurde der „Prozessrechner" angewendet (Tolujew u. Ziems 2003), der neben der Addition und Subtraktion von Prozessen auch die anderen in Tabelle 1 gezeigten Operationen durchführen kann:

Pr ↔t N — bedeutet, dass ein neuer Prozess erstellt wird, indem der Prozess-Operand Pr um N Zeiteinheiten nach rechts auf der Zeitachse verschoben wird (die Operation heißt „Zeitverschiebung");

Pr /f N — bedeutet, dass ein neuer Prozess erstellt wird, indem vom Prozess-Operand Pr nur jedes N-te Ereignis behalten wird (die Operation heißt „Frequenz-Division").

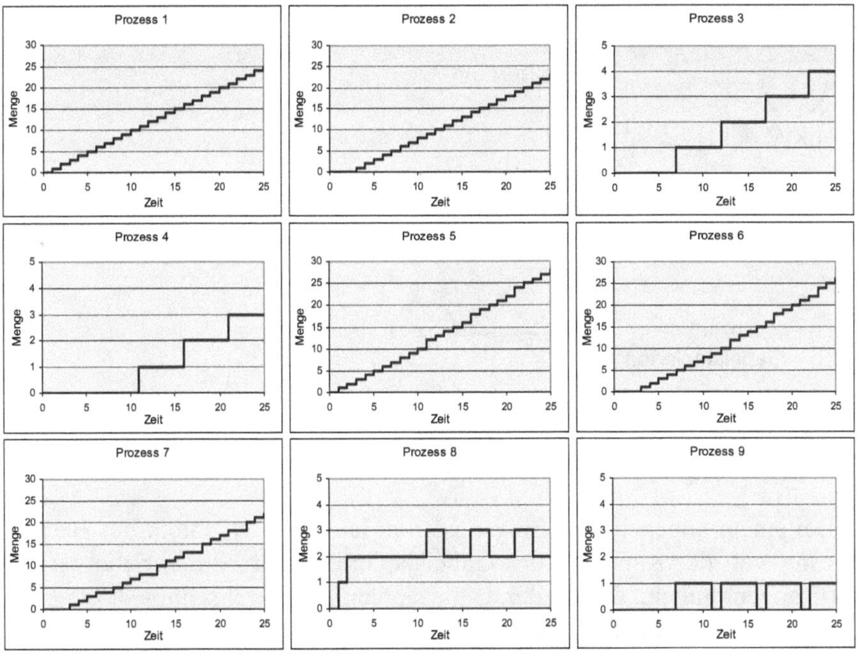

Abb. 6. Darstellung von Zwischen- und Endergebnissen der Modellierung in Form von Zeit-Menge-Diagrammen

Alle in Abbildung 6 gezeigten Diagramme stellen eine präzise Lösung der oben gestellten deterministischen Modellierungsaufgabe für den Produktionsbereich dar. Diese Lösung ist in Tabelle 1 als eine feste Sequenz von Prozesstransformationen aufgezeichnet. Bei jeder Transformation werden die gesamten Prozesse wiederum als Operanden bzw. Ergebnisse behandelt.

3.3 Palettenflüsse an einer Rampe

Im Wareneingangsbereich eines Lagers werden Paletten von ankommenden LKW aufgenommen und auf der Rampe zwischengepuffert. In Abbildung 7 ist der Aufbewahrungsraum der Rampe in Form eines Trichters dargestellt. Zu modellieren sind der Eingangsstrom des Wareneingangs und die Arbeit des Gabelstaplerteams, welches zum Auftrag hat, Paletten von der Rampe zu inneren Bereichen des Lagers zu transportieren. Zu ermitteln ist die Bestandsentwicklung auf der Rampe.

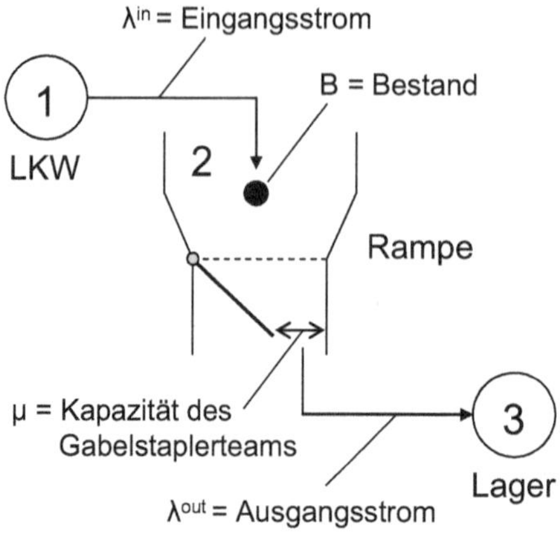

Abb. 7. Darstellung der Rampe in Form eines Trichters

Bei einem angegebenen Eingangsstrom hängt die Dynamik des Bestandes nur von der Kapazität des Gabelstaplerteams ab, die variabel ist. Es wird angenommen, dass jeder Gabelstapler im Durchschnitt 40 Paletten pro Stunde transportieren kann. Es können maximal 3 Gabelstapler gleichzeitig arbeiten, so dass die maximale Kapazität des Gabelstaplerteams den Wert von 120 Paletten pro Stunde erreicht. Um eine maximale Anschaulichkeit des Beispielmodells zu erreichen, werden alle in Abbildung 7 gezeigten Prozesse im Stundentakt modelliert, d. h. die Stromstärken und Kapazitäten λ^{in}, μ und λ^{out} werden für jede volle Stunde des Arbeitstages angegeben bzw. berechnet.

Ein konkretes Szenario wird in Abbildung 8 dargestellt, bei dem die Prozesse „Eingangsstrom Paletten“ und „Kapazität Gabelstapler“ als Eingabedaten des Modells interpretiert werden können. Die Logik der Bildung des Prozesses „Ausgangsstrom Paletten“ ist trivial: Wenn sich kein Bestand bildet, ist der Ausgangsstrom dem Eingangsstrom gleich (im Zeitraum von 7:00 – 9:00), sonst ist der Ausgangsstrom der Kapazität des Gabelstaplerteams gleich (im Zeitraum von 9:00 – 17:00). Zur Ermittlung des gesuchten Prozesses „Bestand Paletten“ wird die Differenz zwischen den in kumulativer Form dargestellten Flussprozessen am Eingang bzw. Ausgang der Rampe berechnet.

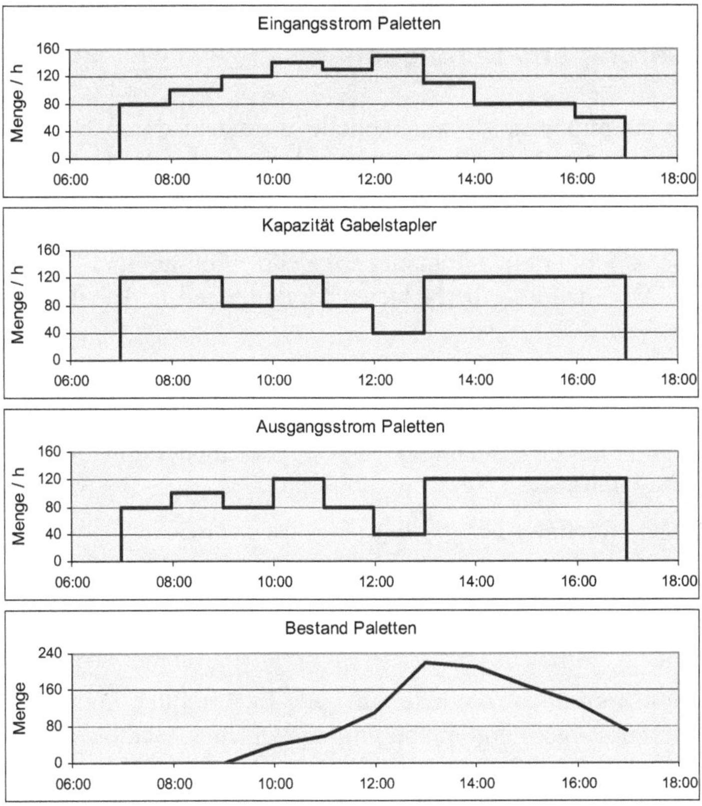

Abb. 8. Modell des Stauungsprozesses für Paletten an der Rampe

Dieses Beispielmodell wird zu einem „echten" mesoskopischen Simulationsmodell, wenn mindestens einer der zwei Prozesse „Eingangsstrom Paletten" oder „Kapazität Gabelstapler" nicht als fixierte Eingabedaten interpretiert, sondern dynamisch im Laufe der Simulation in Abhängigkeit von verschiedenen Faktoren ermittelt wird. Dazu muss die diskrete Modellzeit mit dem Schritt Δt eingeführt werden. Die Zustands- und Ergebnisgrößen des Modells werden dann in jedem Schritt Δt weiterhin „analytisch" berechnet, wobei die Entscheidungen bezüglich notwendiger Änderungen an Modellkomponenten „algorithmisch" begründet werden.

4 Merkmale und Eigenschaften der mesoskopischen Modellierung und Simulation

Die drei oben aufgeführten Beispielmodelle werden dadurch charakterisiert, dass sie „echt dynamisch" sind, obwohl sie weder der makroskopischen noch der klassischen mikroskopischen Simulation angehören, weil bei ihrer Erstellung keine Differenzialgleichungen entwickelt und keine auf Ereignisse orientierten Simulationsmodelle programmiert wurden. Zwei wichtige Merkmale der betrachteten Modelle sind in Tabelle 2 dargestellt.

Tabelle 2. Merkmale der Beispielmodelle

Beispielmodell	Darstellungsform für Flussprozesse	Umwandlungsform für Flussprozesse
Beispielmodell 1	Kontinuierlich	Arithmetisch
Beispielmodell 2	Diskret	Algebraisch
Beispielmodell 3	Diskontinuierlich	Algorithmisch

Da die mesoskopischen Modelle auf die Bearbeitung von Objekt- und/oder Materialmengen und nicht von einzelnen Objekten orientiert sind, müssen die kontinuierlichen und diskontinuierlichen Flüsse als dominierend gelten. Im Fall der diskreten Flüsse müssen die so genannten Gruppenereignisse vorwiegend dargestellt werden. Das bedeutet, dass bei jedem Ereignis eine relativ große Gruppe von anonymen Objekten, die zu einer bestimmten Klasse gehören, an einem bestimmten Punkt der Modellstruktur erscheinen. In diesem Sinne ist Beispielmodell 2 kein typischer Vertreter der Klasse der mesoskopischen Modelle, sondern der Klasse der ganz speziellen mikroskopisch-algebraischen Modelle. Wenn die in Beispielmodell 2 enthaltenen Prozesse algorithmisch reproduziert werden, wird dieses Modell zu einem „klassischen" Simulationsmodell. Es sei anzumerken, dass die in (Tolujew u. Ziems 2003) beschriebene Klasse der auf den Zeit-Menge-Diagrammen basierenden algebraischen Modelle auch zur Abbildung von kontinuierlichen und diskontinuierlichen Flüssen geeignet ist. In solchen Fällen stehen diese Modelle den „echten" mesoskopischen Modellen wesentlich näher.

Der Trichter als Modellbaustein passt zur Abbildung vieler Prozesse in mesoskopischen Modellen sehr gut. In einem Trichter – im Unterschied zu einer Warteschlange – bildet sich keine Sequenz, die aus einzelnen konkreten Objekten besteht, sondern eine Menge von anonymen Objekten, die keine eigenen Identifikatoren besitzen. Es besteht aber die Notwendigkeit, die einzelnen Produktklassen (im Weiteren werden alle Flussobjekte, die in Form von Stückgütern oder Materialien auftreten, Produkte genannt) in einem Modell durchgehend zu unterscheiden. Nach welchem Prinzip eine Produktmenge einer Klasse zugeordnet sein muss, wird in der Entwicklungsphase eines entsprechenden konzeptionellen Modells entschieden. Ein Beispiel dafür sind die vier logischen Pax-Gruppen, die im Beispielmodell 1 definiert worden sind. An dieser Stelle soll aber die Idee eines mehrkanaligen Trichters formuliert werden, die als eine Lösung des Problems der gleichzeitigen Bearbeitung von mehreren Produktklassen in einem Trichter zu betrachten ist. Wenn der Bahnsteig im Beispielmodell 1 als ein Trichter dargestellt wird, erhält das Modell die Gestalt, die in Abbildung 9 zu sehen ist.

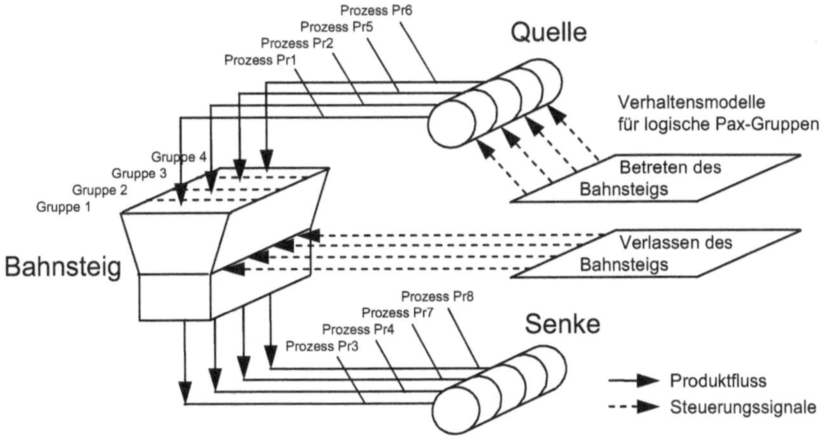

Abb. 9. Mesoskopisches Modell für Pax-Flüsse auf einem Bahnsteig

Ein mehrkanaliger Trichter bildet die Tatsache ab, dass mehrere Produktgruppen (Pulks) in einem gemeinsamen physischen Raum sequenziell oder parallel zu einander aufbewahrt werden, wobei jeder Pulk beim Verlassen des Trichters individuell gesteuert wird. Bei solch einer Steuerung werden u. a. Ressourcen verteilt, über die das gesamte physische oder administrative Objekt verfügt, das anhand des Trichters modelliert wird. Ein mehrkanaliger Trichter kann z. B. einen einzelnen Arbeitsplatz, eine Fertigungsinsel, eine Kostenstelle, einen Produktionsbereich oder einen gesamten Produktions- oder Logistikstandort in einem mesoskopischen Modell darstellen.

5 Formale Beschreibung des mehrkanaligen Trichters

Das in Abbildung 10 gezeigte mehrkanalige Trichter-Modell muss als Hauptstrukturkomponente der behandelten Klasse von mesoskopischen Modellen betrachtet werden. Jeder Kanal des Trichters $(i = 1, 2, ..., m)$ entspricht einer Klasse von Produkten, die durch den Trichter fließen können. Die Kanäle des Trichters arbeiten asynchron, wobei die Kapazität B_i^{kap} und die Grenzleistung μ_i jedes Kanals die Werte (Ressourcen) des gesamten Trichters nicht überschreiten dürfen:

$$\sum_{i=1}^{m} B_i^{kap} \leq B_{Trichter}^{kap} \quad \text{und} \quad \sum_{i=1}^{m} \mu_i \leq \mu_{Trichter} \,.$$

Für die aktuellen Werte des Bestandes $B_i(t)$ bzw. des Ausgangsstromes $\lambda_i^{out}(t)$ gelten die Restriktionen:

$$B_i(t) \leq B_i^{kap} \quad \text{und} \quad \lambda_i^{out}(t) \leq \mu_i(t) \,.$$

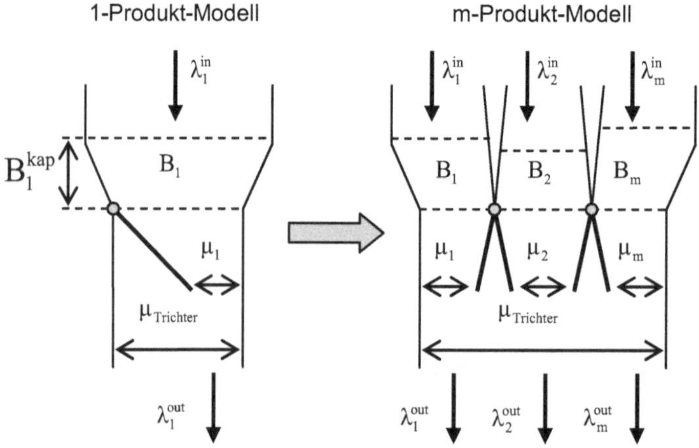

Abb. 10. Übergang vom einkanaligen zum mehrkanaligen Trichter-Modell

Für den aktuellen Wert des Ausgangsstromes gilt:

$$\lambda_i^{out} = \begin{cases} 0, \; wenn\; \lambda_i^{in} = 0 \text{ und } B_i = 0 \\ \lambda_i^{in}, wenn\; \lambda_i^{in} > 0 \text{ und } \lambda_i^{in} \leq \mu_i \text{ und } B_i = 0 \\ \mu_i, wenn\; B_i > 0 \end{cases}$$

Die rekursive Formel für den Bestand hat die Gestalt:

$$B_i(t+\Delta t) = B_i(t) + [\lambda_i^{in}(t) - \lambda_i^{out}(t)] \cdot \Delta t$$

Die partielle Grenzleistung $\mu_i(t)$ kann als Steuerungsparameter zu jedem Zeitpunkt $t_k = t_{k-1} + \Delta t$ neu eingestellt werden:

- aufgrund einer externen Änderung (Schichtregime, Pausen, Störungen usw.)
- in Abhängigkeit von eigenen partiellen Größen $\lambda_i^{in}(t)$ und $B_i(t)$
- in Abhängigkeit von partiellen Größen $\lambda_i^{in}(t)$, $\lambda_i^{out}(t)$, $B_i(t)$ und $\mu_i(t)$ anderer paralleler Kanäle
- in Abhängigkeit von Variablen, die Zustände anderer Trichter und übriger Modellkomponenten darstellen

Jeder Kanal des Trichters kann – auch im laufenden Betrieb – zusätzlich dadurch gesteuert werden, dass seine Kapazität B_i^{kap} geändert wird. In Situationen, in denen diese Kapazität reduziert wird, ist zu prüfen, ob der zu reduzierende Teil der Kapazität frei ist.

6 Prinzipien zum Aufbau von mesoskopischen Flussmodellen

Nur zwei Typen von inneren Strukturkomponenten, die die Transformation bzw. den Transport von Objekt-, Material- oder Auftragsmengen in einem mesoskopischen Modell abbilden, werden definiert: mehrkanaliger Trichter (TR) und mehrkanaliges Transportelement (TE).

Der Kanal des Transportelementes ist einem Stetigförderer (z. B. einem Bandförderer) ähnlich. Wenn er mit einer konstanten Geschwindigkeit läuft, wiederholt der Ausgangsstrom $\lambda_i^{out}(t)$ den Eingangsstrom $\lambda_i^{in}(t)$ mit einer Verspätung, die der Transportzeit gleich ist. Die Kanäle eines Transportelementes können sowohl synchron als auch asynchron arbeiten, d. h. die neu eingestellte Geschwindigkeit v kann für alle m oder nur für einzelne parallel arbeitende Kanäle eines Transportelementes gelten. Ein Transportelement dient zur Abbildung einzelner planmäßiger Verzögerungen, z. B. von Transport- oder Liegezeiten, die für den modellierten Prozess von Bedeutung sind. Da der Kanal eines Transportelementes prinzipiell einem Stetigförderer ähnlich ist, ist seine Geschwindigkeit variabel und kann auch Null sein.

Verzögerungen an Trichtern entstehen nur durch Stauungen, die zur Bildung von entsprechenden Beständen führen. Die Bildung der Ausgangsströme an Trichtern ist mit keiner Zeitverzögerung verbunden (analog dem Durchfluss von Schüttgut). Als Beispiel kann der Check-in-Bereich eines Flughafens betrachtet werden, an dem bis zu 500 Fluggäste pro Stunde abgefertigt werden können, aber nur 300 Fluggäste während einer Stunde angekommen sind. Diese Menge von Fluggästen verlässt den Check-in-Bereich in demselben Tempo, in dem sie eintrifft. Die Verzögerung eines einzelnen Fluggastes am Schalter, die ein paar Minuten dauert, muss in einem mesoskopischen Modell nicht berücksichtigt werden.

Die Grenzkomponenten des Modells – die Quellen (Q) bzw. Senken (S) – haben wiederum je m parallele Kanäle. Diese Komponenten müssen bei der Modellierung genutzt werden, wenn das modellierte System mit der Außenwelt verbunden und damit kein geschlossenes System ist. Ansonsten können die Anfangsbestände für alle inneren Strukturkomponenten unter der Annahme gegeben sein, dass nur diese Menge an Produkten im Laufe der Simulation im System zu bearbeiten ist. Alle genannten Strukturkomponenten sind in Abbildung 11 enthalten.

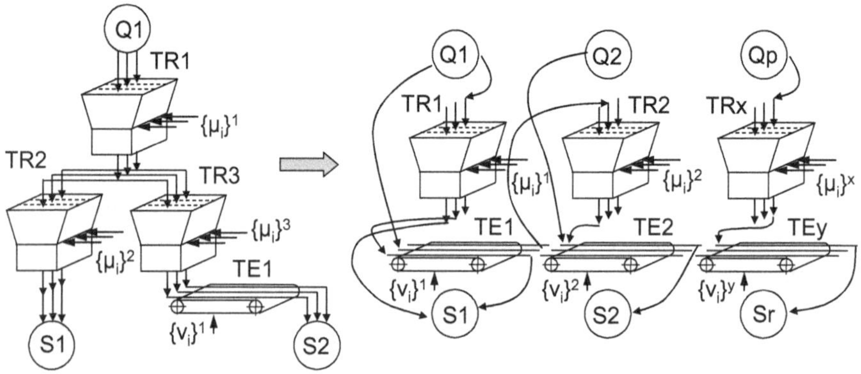

Abb. 11. Übergang von einer konkreten zu einer virtuellen Systemstruktur

Die grafische Abbildung einer konkreten Systemstruktur, die Verbindungen zwischen den Modellkomponenten für alle einzelnen Produktklassen enthält, kann bei der mesoskopischen Modellierung ziemlich komplex sein, da die Anzahl der parallelen Kanäle *m* mehrere Dutzend betragen kann. Deswegen ist es nicht unbedingt notwendig, die konkrete Systemstruktur bei der Entwicklung eines Modells mit Hilfe eines mesoskopischen Simulators darzustellen. Die Simulation selbst wird auf Basis der so genannten virtuellen Systemstruktur durchgeführt, die keine festen Verbindungen zwischen den Modellkomponenten enthält. Es wird vorausgesetzt, dass die Modellkomponenten nach dem Prinzip „jeder mit jedem" miteinander verbunden und die bewegten Objekte des Modells (Teile der entsprechenden Flussmengen) beim Verlassen jeder Komponente frei adressierbar sind. Abbildung 11 illustriert den Übergang von einer konkreten zu einer virtuellen Systemstruktur.

Zu den Darstellungsformen für mesoskopische Modelle gehören die vereinfachte prinzipielle Systemstruktur und die so genannte Produkt-Prozess-Struktur. Die in Abbildung 12 aufgeführte prinzipielle Systemstruktur, die alle Strukturkomponenten und die genutzten Verbindungen zwischen ihnen enthält, dient als Ersatz für die konkrete Systemstruktur. Der prinzipiellen Systemstruktur entspricht die in Abbildung 13 gezeigte Produkt-Prozess-Struktur, die alle Operationen zur Generierung, Bearbeitung, Verteilung, Zusammenführung, Montage, Demontage und zum Transport aller vordefinierten Produktklassen darstellt.

Zur Beschreibung einzelner Strukturkomponenten werden vorwiegend einfache tabellarische Formen angewendet. Da alle Strukturkomponenten aus *m* parallelen Kanälen bestehen, enthält jede Tabelle genau *m* Zeilen mit Parametern, die sich auf die Bearbeitungsprozesse der jeweiligen Produktklassen beziehen. Einige gegebene Flussprozesse können in Form von Zeitreihen dargestellt werden. Für die Quellen können Algorithmen beschrieben werden, die zur Generierung von deterministischen oder zufälligen Eingangsflüssen dienen. Die meisten Steuerungsalgorithmen werden in Form von Entscheidungstabellen dargestellt.

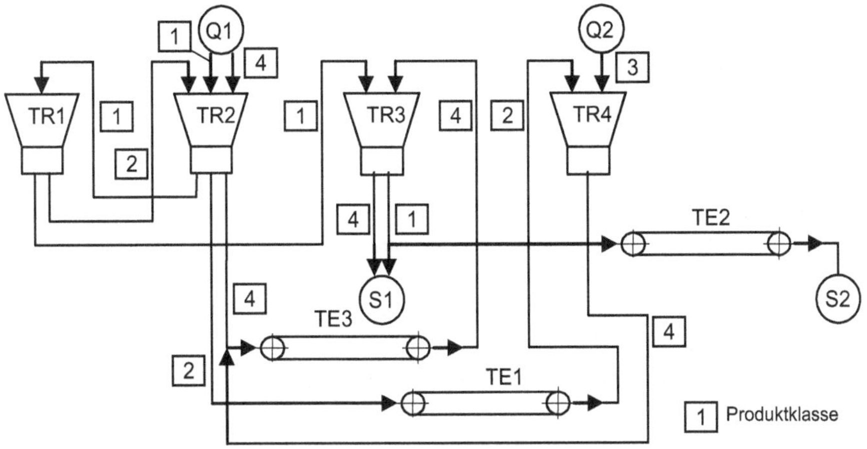

Abb. 12. Beispiel einer prinzipiellen Systemstruktur

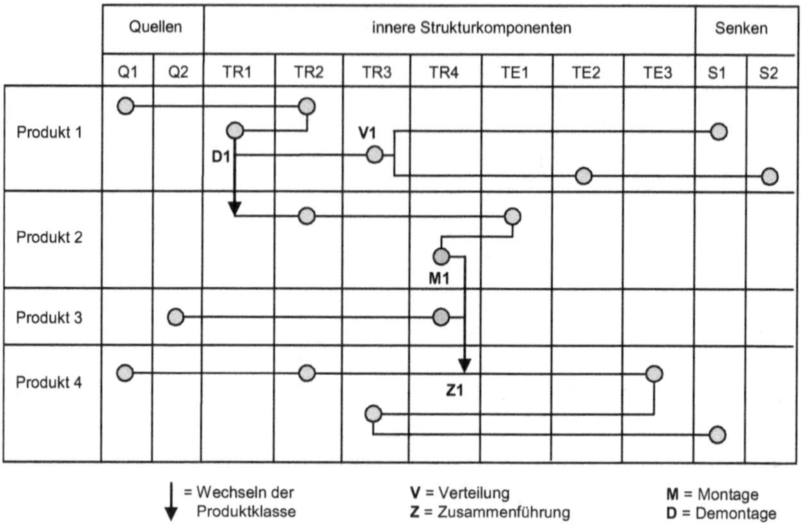

Abb. 13. Beispiel einer Produkt-Prozess-Struktur

Die primären Ergebnisse der Simulation werden dadurch gewonnen, dass an jeder Strukturkomponente alle Produktklassenflüsse und -bestände in Form von Protokollen bzw. graphischen Prozessabläufen erfasst werden, wie das anhand der Beispielmodelle oben gezeigt worden ist. Auf dieser Basis können frei definierbare Kennzahlen berechnet werden wie z. B. die Auslastung von Ressourcen, Wartezeiten, Durchlaufzeiten, mittlere und maximale Bestände etc.

7 Praktischer Nutzen dieser neuen Modell-Klasse

Aus praktischer Sicht ist die mesoskopische Modellierung und Simulation in erster Linie als eine Methode zur schnellen Lösung von Planungsaufgaben in Produktions- und Logistiksystemen zu betrachten, wobei die prinzipiellen dynamischen Eigenschaften der untersuchten Prozesse auf einem Niveau abgebildet werden, das dem der klassischen Simulation entspricht. Die neuartigen mesoskopischen Modelle können mit einem erträglichen Aufwand entwickelt werden, der wesentlich geringer ist, als der für die Entwicklung von traditionellen Simulationsmodellen.

Abschließend werden drei mögliche Anwendungsbeispiele für den Einsatz des im Artikel vorgestellten mesoskopischen Modellierungs- und Simulationsansatzes beschrieben. Bis heute konnten Aufgaben dieser Art nur mit Hilfe der „klassischen" mikroskopischen Simulation gelöst werden.

Beispiel 1: In einem Warenversandzentrum werden bis zu 4.000 Aufträge pro Tag bearbeitet und bis zu 20.000 Warenstücke versandt. Zu den wichtigsten Produktionsbereichen des Warenversandzentrums gehören der Wareneingang, das Hauptlager, das Kommissionierlager, vier große Sortieranlagen, zwei Hängebahnanlagen, der Verpackungsbereich und der Versand. Es ist geplant, eine der Sortieranlagen zu demontieren und an ihrem Platz einen neuen Verpackungsbereich aufzubauen. Bei welcher minimalen Anzahl an Personal bleiben die veränderten Tagesprogramme in der Kommissionierung im Zwei-Schicht-Betrieb noch erfüllbar?

Beispiel 2: Ein Fahrzeugmontagewerk, in dem täglich ca. 800 Fahrzeuge produziert werden, wird durch Lieferanten direkt mit Bauteilen und durch zwei Warenhäuser mit Modulen versorgt. Beim neuen Fahrzeugmodell wird der Anteil der fertigen Module wesentlich erhöht. Werden die Kapazitäten der alten Warenhäuser ausreichen oder müssen neue Warenhäuser gebaut werden?

Beispiel 3: In einem Flughafen werden in Spitzenzeiten bis zu 10.000 abfliegende Passagiere pro Stunde abgefertigt. Die Anzahl von Personal in den Check-in- und Security-Bereichen wird nach speziellen Regeln in Abhängigkeit von der Anzahl wartender Passagiere disponiert. Wie müssen die Regeln modifiziert werden, damit Verspätungen von Passagieren aufgrund großer Wartezeiten ausgeschlossen werden können?

Bezüglich des Beispiels 3 ist zu ergänzen, dass bereits in (Hanisch et al. 2004) über eine erfolgreiche Anwendung des mesoskopischen Ansatzes bei der Umsetzung eines Online-Modells zur Steuerung von Personenströmen berichtet wurde. In (Schenk et al. 2006) werden die Grundideen und ein geeignetes Datenmodell zur Interpretation von Ereignismeldungen bei der Steuerung logistischer Prozesse in Netzwerken systematisch dargestellt.

In Bezug auf die oben angeführten Aufgabenstellungen ist anzumerken, dass die von den mikroskopischen Simulationsmodellen – manchmal mit viel Aufwand – vorhergesagten Lebensläufe einer konkreten Ladeeinheit, eines konkreten Passagiers oder einer konkreten Ressource den Modellnutzer oft kaum interessieren. Dieser erwartet aggregierte Kennzahlen und Grafiken. Außerdem wird es ein im mikroskopischen Modell auf zufällige Weise generiertes Objekt in der Realität so nie geben. Die mesoskopischen Modelle operieren deswegen nicht mit einzelnen Objekten, sondern mit frei definierbaren Produktmengen, deren wichtigste zeitliche und räumliche Eigenschaften von Experten mit großer Sicherheit abgeschätzt werden können.

8 Fazit

Die wichtigsten Eigenschaften der mesoskopischen Modellierung und Simulation sind im Folgenden beschrieben:

- Das Prinzip der Modellierung lässt sich mit „diskrete Zeit / kontinuierliche Menge“ bezeichnen. Das bedeutet, dass zum Fortschreiben der Zeit das Prinzip Δt genutzt wird und die entsprechenden Produktmengen als kontinuierliche Größen abgebildet werden.
- Bei der Darstellung von (Material-) Flussprozessen basiert die Methode auf den grundlegenden Prinzipien der Materialflussrechnung. Bei der Abbildung von Steuerungsprozessen setzt die Methode eine Flexibilität voraus, die für die klassische ereignisorientierte Simulation typisch ist.
- Zu ihrer programmtechnischen Umsetzung braucht die Methode keine kommerzielle Simulationssoftware. Es genügt eine spezielle Software, die auf einer konventionellen Programmiersprache basiert. Die Vorteile der Methode können nur dann in vollem Maße realisiert werden, wenn ein mesoskopischer Simulator zur Verfügung steht.
- Die Rechenzeit, die für die Ausführung des Modells bei einem angegebenen Zeithorizont benötigt wird, ist nur von der Dimension des Modells abhängig, die durch die Anzahl der Strukturkomponenten und Produktklassen bestimmt wird. Die Rechenzeit hängt nicht von den modellierten Produktmengen ab.

Die oben definierten mesoskopischen Modelle für Flusssysteme

- können sowohl diskret als auch kontinuierlich oder diskontinuierlich sein;
- können sowohl unstationär als auch stationär sein;
- sind vorwiegend deterministisch, können aber auch stochastisch sein;
- nutzen Eingangsdaten, die ihrer Form nach den realen Prozessdaten nahe sind;
- liefern Ergebnisse, die wesentlich präziser sind, als diejenigen, die von statischen Modellen geliefert werden;
- liefern Ergebnisse, von denen beliebige Statistiken und logistische Kennzahlen abgeleitet werden können (z. B. Transport- und Lagerkosten);
- können mit erträglichem Aufwand entwickelt werden, der wesentlich geringer ist, als der für die Entwicklung traditioneller Simulationsmodelle.

Ein Systemplaner oder -analyst erhält mit der beschriebenen Methode die Möglichkeit, reale, erwünschte oder berechnete Prozessverläufe als

Inputdaten für die Simulation zu nutzen. Dabei können neue Prozessverläufe „berechnet“ werden, ohne dass dafür die aufwendige mikroskopische Simulation notwendig wird.

Literatur

Arnold D (1995) Materialflußlehre. Vieweg, Wiesbaden

Großeschallau W (1984) Materialflußrechnung. Springer, Berlin Heidelberg New York

Hanisch A, Tolujew J, Meuschke T, Schulze T (2004) "Datenkollektion“ zur online Simulation von Personenströmen. In: Schulze T, Schlechtweg S, Hinz V (Hrsg) Simulation und Visualisierung 2004. SCS Int., Ghent, S 27-38

Kates R, Bogenberger K, Hoops M (1998) Mesoscopic Simulation with ANIMAL: Optimal Utilization of Downstream Traffic Detector Data and the Propagation of Information. In: Schreckenberg, Wolf (eds) Traffic and Granular Flow. Springer, Berlin Heidelberg New York

Marthaler D, Armbruster D, Ringhofer C (2003) A Mesoscopic Approach to the Simulation of Semiconductor Supply Chains. Simulation, Vol. 79, No. 3, pp 157-162

Nyhuis P, Wiendahl H-P (2003) Logistische Kennlinien – Grundlagen, Werkzeuge und Anwendungen. Springer, Berlin, Heidelberg

Schenk M, Tolujew J, Barfus K, Reggelin T (2006) Modellierung und Analyse von räumlichen Relationen zwischen physischen Objekten in logistischen Netzwerken. In: Pfohl HC, Wimmer T (Hrsg)Wissenschaft und Praxis im Dialog. 3. BVL-Wissenschaftssymposium Logistik, S 26-39.

Scholz-Reiter B, Delhoum S, Zschintzsch M, Jagalski T, Freitag M (2006) Inventory Control in Shop Floors – Production Networks and Supply Chains Using System Dynamics. In: Wenzel S (Hrsg) 12. ASIM-Fachtagung, SCS Publishing House, S 273-282

Spieckermann S (2005) Diskrete, ereignisorientierte Simulation in Produktion und Logistik – Herausforderungen und Trends. In: Schulze T, Horton G, Preim B, Schlechtweg S (Hrsg) Simulation und Visualisierung 2005, SCS Publishing House, Erlangen, S 3-14

Tolujew J, Alcalá F (2004) A Mesoscopic Approach to Modeling and Simulation of Pedestrian Traffic Flows. In: Horton G (ed) 18th European Simulation Multiconference, SCS International, Ghent, S 123-128

Tolujew J, Ziems D (2003) Prozessorientierte dynamische Materialflussrechnung. Neue Möglichkeiten zur Analyse logistischer Netzwerke. In: Inderfurth K, Schenk M, Wäscher G, Ziems D (Hrsg) 9. Magdeburger Logistik-Tagung Logistikplanung & -management, LOGiSCH, S 46-61

Wiendahl H-P (1997) Fertigungsregelung – Logistische Beherrschung von Fertigungsabläufen auf Basis des Trichtermodells. Hanser, München Wien

Definition und Modellierung von Systemlasten für die Simulation logistischer Systeme

Prof. Dr.-Ing. Sigrid Wenzel[1], Dipl.-Ing. Jochen Bernhard[2]

[1] Universität Kassel
Fachgebiet Produktionsorganisation und Fabrikplanung
http://www.uni-kassel.de/fb15/ipl/pfp

[2] Fraunhofer-Institut für Materialfluss und Logistik IML
Dortmund
http://www.iml.fraunhofer.de

1 Motivation und Zielsetzung

Die Verflechtung von Warenströmen und die gleichzeitig verstärkte Kollaboration der an den Planungs- und Bewirtschaftungsprozessen logistischer Systeme beteiligten Partner erfordern eine immer umfassendere Beschreibung, Gestaltung und Analyse dieser Systeme. Eine effiziente Planung und Verbesserung der Beschaffungs-, Produktions- und Distributionsprozesse in einer Wertschöpfungskette nach Leistungs-, Kosten- und Nutzengesichtspunkten ist mit den gewachsenen Ansprüchen an Planungsgenauigkeit und -effizienz nur mit geeigneten Methoden und Werkzeugen möglich. Entscheidende Rollen nehmen in diesem Zusammenhang die Modellbildung und die ereignisdiskrete Simulation ein.

Die Abbildung eines logistischen Systems beispielsweise in einem Simulationsmodell zum Zwecke der Beschreibung, Erklärung oder Prognose erfordert eine klare Festlegung des zu betrachtenden Systemausschnittes. Dabei lässt die Bildung überschaubarer Teilsysteme eine Komplexitätsreduktion erwarten. Allerdings wird aufgrund der umfassenden Wechselwirkungen auf Material-, Informations- und in Zukunft auch Energieebene ein Teil der Komplexität auf die Schnittstellen verlagert, da hier die für das System relevante Information über die Systemumwelt bereitgestellt werden muss. Gerade bei großen Logistiknetzen ist die Aufgabe der Definition der Systemgrenzen und der Festlegung der Systemlasten an diesen Grenzen nicht zu unterschätzen. Die Simulation als Problemlösungsmethode für die Analyse von logistischen Systemen verlangt in diesem Zusammenhang beispielsweise eine klare Formulierung der Schnittstellen, um das In-/Output-Verhalten des jeweils vor- und nachgelagerten Systems angemessen abbilden zu können. Aus diesem Grund ist für die Entwicklung einer Logistiktheorie (vgl. Nyhuis u. Wiendahl 2007) die Definition und Beschreibung von logistischen Systemlasten einzubeziehen.

Mit der Aufgabe der angemessenen Informationsbeschaffung und -aufbereitung zur Analyse von Logistiknetzen beschäftigt sich seit einigen Jahren der Sonderforschungsbereich SFB 559 „Modellierung großer Netze in der Logistik“ (vgl. u. a. Kuhn 2005 sowie http://www.sfb559.uni-dortmund.de) in seinem Teilprojekt M9 „Informationsgewinnung“[1] (vgl. u. a. Bernhard u. Wenzel 2005; Bernhard et al. 2007c). Ein besonderes Augenmerk innerhalb dieser Arbeiten wird der Systemlast gewidmet, da die zugehörigen Informationen im Hinblick auf das erforderliche Qualitäts-,

[1] Diese Arbeit wird durch die Deutsche Forschungsgemeinschaft im Rahmen des Sonderforschungsbereichs 559 „Modellierung großer Netze in der Logistik“ der Universität Dortmund unterstützt.

Quantitäts- und Granularitätsniveau den höchsten Komplexitätsgrad aufweisen.

Der folgende Beitrag behandelt die Systemlast als Eingangsdaten für die Modellbildung und Simulation von logistischen Systemen. Ausgehend von einer Begriffsdefinition wird eine standardisierte Beschreibungsform für Systemlasten erarbeitet und die Abbildung von Lastmodellen zum Einsatz bei der Simulation von Logistiksystemen diskutiert. Im Anschluss daran werden Wege im Umgang mit Informations- und Datenkomplexität vorgestellt. Der Beitrag schließt mit einer Diskussion der Glaubwürdigkeit von Systemlastdaten und erläutert Aspekte der Verifikation und Validierung zur Schaffung von Datenqualität.

2 Begriffsdefinition und Einordnung

Die VDI 3633, Blatt 1 (2000) nennt für den Bereich der Simulation von Produktions- und Logistiksystemen neben den technischen und organisatorischen Daten die Systemlast als dritte Kategorie der ein System beschreibenden Daten. Unter dem Begriff *Systemlast* werden in diesem Zusammenhang die Auftragseinlastung (Produktionsaufträge, Transportaufträge, Menge, Termin) und die Produktdaten (Arbeitspläne und Stücklisten) zusammengefasst.

Nach Kuhn (1995) wird im Rahmen des Prozesskettenparadigmas als Beschreibungsmittel zur Modellierung von logistischen Prozessen die Systemlast durch die Gesamtheit des Quellen/Senkenverhaltens eines logistischen Systems (Umwelt-, Kunden-, Lieferanteneinflüsse) bestimmt, die in Basiseinheiten pro Zeiteinheit gemessen wird. In der Materialflussanalyse (vgl. Großeschallau 1984; Gudehus 2005) wird entsprechend die *quantitative Systemlast* eines Materialflusssystems als Auslaufstrom einer Quelle bezeichnet. Die Quelle gibt die auslaufenden Objekte in einem oder auch mehreren Quellströmen pro Zeiteinheit ab. Der Quellstrom oder die Erzeugungsrate wird von der Taktzeit des Erzeugungsprozesses und der Pulklänge, d. h. von der Anzahl der Objekte, bestimmt, die in einem Schub gemeinsam erzeugt wird. Im Verständnis der Materialflussanalyse lassen sich daher auch die Kenngrößen Menge, Zeit und ggf. Dichte als charakterisierende Merkmale der Quellenströme und damit der Systemlasten feststellen.

In der Bedientheorie, in der ein System über sogenannte Bediensysteme, die aus einer oder mehreren Bedienstationen und einem Warteraum bestehen, abgebildet wird, wird der Ankunftsprozess $A(t)$ über die Zeit t mittels der Ankunftsrate λ bestimmt. Diese Ankunftsrate λ ist als mittlere Zahl der an der Systemgrenze pro Zeiteinheit ankommenden Ressourcenanforderungen definiert, die nach einem Zufallsprozess für die Zeit zwischen zwei aufeinander folgenden Ankünften, der Zwischenankunftszeit t_a, erzeugt werden (weitere Ausführungen hierzu vgl. u. a. Kleinrock 1975; Arnold u. Furmans 2006). Typische Ressourcenanforderungen sind Kunden, Fördereinheiten oder Entitäten.

Bernhard et al. (2006), S. 116, orientieren sich an den obigen Definitionen der Literatur und bezeichnen die Systemlast als „Menge an Objekten, die in einem Betrachtungszeitraum in ein sozio-technisches System eintreten". Der Eintritt der einzelnen Objekte erfolgt dabei zu definierten Zeitpunkten oder in definierten Zeitabständen (*Zwischenankunftszeit*) und in einer definierten Anzahl zum jeweiligen Zeitpunkt (*Pulklänge*). Um die einzusteuernden Objekte detaillierter beschreiben zu können, besitzen sie Attribute, die in Abhängigkeit von dem jeweils zu betrachtenden System und der konkreten Aufgabenstellung unterschiedliche Informationen enthalten (*statische Attribute*), aber auch Veränderungsprozessen der Objekte innerhalb des Systems unterliegen können (*dynamische Attribute*).

Mit dieser Definition wird deutlich, dass die Systemlast mit ihren quantitativen und zeitlichen Charakteristika sowie mit ihren informationellen Attributeigenschaften die Prozessabläufe eines dynamischen logistischen Systems wesentlich beeinflusst und ihre Fehleinschätzung oder ihre fehlerhafte Modellierung unmittelbaren Einfluss auf das System- oder Modellverhalten und damit auf die zu ermittelnden Ergebnisgrößen besitzt. Die sorgfältige Ermittlung, Analyse und Modellierung von Systemlasten sind damit Voraussetzungen für die Planung logistischer Systeme.

3 Standardisierung von Systemlasten

3.1 Beschreibungsformen für Systemlasten

Die *Beschreibung der Systemlast* kann nach (Peter u. Wenzel 1991; Wenzel u. Meyer 1993 sowie erweitert nach Bernhard et al. 2007b), über die direkte Nutzung eines (oder mehrerer) in der Realität vorgegebenen Auftragsvolumina erfolgen oder über theoretische Annahmen formuliert werden. Die sich daraus ergebenden Beschreibungsformen sind im Folgenden detaillierter aufgeschlüsselt:

- *Direkte Verwendung einzelner konkreter Beobachtungen bzw. realer Betriebsdatensätze:* Die einzelnen Aufträge werden mindestens über Start- und Zielpunkt, über einen Generierungszeitpunkt und eine Auftragskennung charakterisiert.

- *Auftragsmatrizen*: Die Beschreibung eines Quellen/Senkenverhaltens erfolgt auf Basis von Durchschnittswerten für ein betrachtetes Zeitintervall. So kann beispielsweise mit Hilfe einer Transportmatrix die Menge an Objekten für den Transport zwischen definierten Start- und Zielorten für ein betrachtetes Zeitintervall festgelegt werden. Die Ermittlung der Lastmatrizen ist ggf. auch aus vorliegenden realen Betriebsdaten möglich. Lastmatrizen auf Basis von Durchschnittswerten stellen in der Regel eine sehr starke Form der Datenkomprimierung dar.
- *Stochastische Verteilungen*: Zur Festlegung der Anzahl zu generierender Aufträge werden Verteilungen theoretisch angenommen, aus dem Auftragsverhalten abgeleitet oder auf Basis des Gesamtauftragsvolumens mit Dichteschätzungsmethoden berechnet und durch die empirische Verteilung approximiert. Dabei können entweder Zufallsverteilungen für die Generierung der unterschiedlichen Arten von Objekten oder Zufallsverteilungen für die Generierung der Zwischenankunftszeiten zwischen den Objekten festgelegt werden.
- *Algorithmische Beschreibung*: Die der Systemlast zugrundeliegenden Gesetzmäßigkeiten werden z. B. in Form einer mathematischen Formel beschrieben und eines Auftragsgenerierungsprogramms implementiert.

Die aufgezeigten Varianten sind mit unterschiedlichen Detaillierungsgraden und damit mit verschiedenen Ansprüchen an Genauigkeit, Qualität und Granularität der Systemlastbeschreibung verbunden. Für eine konkrete Anwendung ist in Abhängigkeit von den system-, aufgaben- und aufwandsspezifischen Gegebenheiten abzuwägen, welche Vorgehensweise zur Beschreibung der Systemlast zu wählen ist. Hierbei kann sich ggf. auch eine Kombination der Varianten als sinnvoll erweisen.

Heterogene, unternehmensspezifische Betriebsdaten können unvollständig und fehlerhaft sein und – da sie nicht primär für die Planungs-, Modellierungs- oder Analyseaufgabe erhoben wurden – in Teilen auch nicht relevante Datensätze beinhalten, so dass eine Datenaufbereitung und -analyse die Datenqualität sicherstellen muss. Darüber hinaus kann die Verwendung realer Betriebsdaten zum einen eine vermeintlich qualitative Exaktheit unterstellen (je mehr Daten erfasst werden, umso hochwertiger ist die Lastbeschreibung). Zum anderen führt dies – vor allem durch den Einsatz heutiger Techniken wie Radio Frequency Identification Device (RFID) – zu einer quantitativen Komplexität, die oftmals nicht mehr handhabbar ist.

Auch sei darauf hingewiesen, dass die Verwendung realer Betriebsdaten in der Regel eingeschränkt ist, da sie letztendlich als gespeicherte Protokolldaten Vergangenheitsdaten sind und damit in erster Linie eine retrospektive Analyse zulassen. Erst mit ihrer Aufbereitung zu statistisch signifikanten Kennzahlen ermöglichen sie ebenso wie die Nutzung von Auftragsmatrizen und die Verwendung von Verteilungen zur Beschreibung der Systemlasten recht unkompliziert die Variation der Systemlast zu Prognosezwecken.

3.2 Standardisierte logistische Systemlastobjekte

Systemlasten in logistischen Systemen unterscheiden zwei Klassen von *Systemlastobjekten*:

- *Logistikaufträge* zur Beschreibung des Informationsflusses und
- physische *Logistikeinheiten* zur Beschreibung des Materialflusses.

Die in Abschnitt 2 aufgeführte zusätzliche Betrachtung von Produktdaten wie Arbeitspläne und Stücklisten ist für logistische Systeme weniger von Interesse. In Bernhard et al. (2006) werden die relevanten Eigenschaften der beiden Systemlastobjekttypen basierend auf Ausführungen in Gudehus (2005) sowie in Rabe u. Hellingrath (2001) entwickelt.

Abbildung 1 verdeutlicht die Eigenschaften eines logistischen Systemlastobjektes, eines Logistikauftrages und einer Logistikeinheit sowie beispielhafte Ausprägungen in Form eines Klassendiagramms unter Verwendung der Beschreibungssprache UML (Unified Modeling Language). In diesem Zusammenhang wird die Klasse eines logistischen Systemlastobjektes über den Eintrittszeitpunkt und eine eindeutige Identifikation (ID) definiert. Die konkrete Festlegung des Eintrittszeitpunktes erfolgt über die Abbildung der Zwischenankunftszeit; eine eindeutige ID wird oftmals automatisch durch das verwendete modellgestützte Analysewerkzeug (hier: das Simulationswerkzeug) vergeben. Die Abbildung von ineinander verschachtelten, hierarchischen Systemlastobjekten erfolgt über eine Liste von wiederum in einem Systemlastobjekt enthaltenen Objekten, die im einfachsten Fall leer ist. Ein Beispiel für eine Systemlastobjekthierarchie ist die Unterteilung einer Bestellung in mehrere Lieferungen, die wiederum in Paletten, Kisten oder Kartons unterteilt sein kann, auf denen die jeweiligen Artikel liegen. Die Abbildung derart hierarchischer Strukturen ist für logistische Systeme typisch (vgl. Abbildung 2).

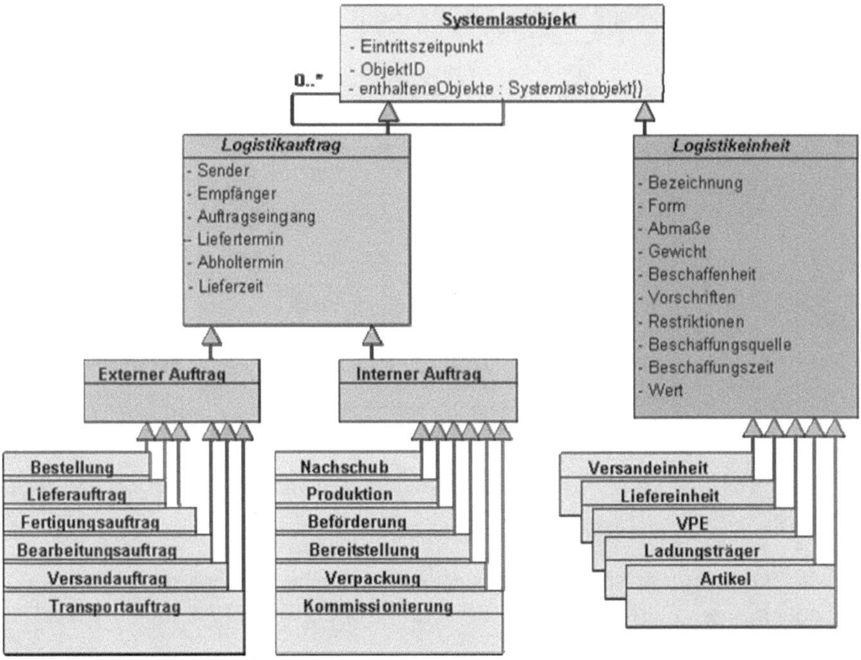

Abb. 1. Klassenbaum zur Beschreibung logistischer Systemlastobjekte (angelehnt an Bernhard et al. 2006, S.117)

Ein *Logistikauftrag* (intern oder extern) wird aus der Klasse eines logistischen Systemlastobjektes abgeleitet und beinhaltet nach Gudehus (2005) zusätzlich einen Sender und Empfänger, einen Zeitpunkt für den Auftragseingang, einen Liefer-/Zustell- und einen Abholtermin sowie eine Lieferzeit. Mögliche *externe* Logistikaufträge repräsentieren beispielsweise Kundenbestellungen, Liefer-, Fertigungs-, Bearbeitungs- oder Versandaufträge. *Interne* Logistikaufträge beziehen sich zumeist auf den Nachschub sowie auf Produktions-, Beförderungs-, Bereitstellungs-, Verpackungs- oder Kommissionieraufträge.

Physische *Logistikeinheiten* werden ebenfalls abgeleitet aus der Klasse eines logistischen Systemlastobjektes und über eine eindeutige ID wie z. B. eine Artikel- oder eine Ladungsträgernummer referenziert. Des Weiteren werden sie (vgl. Gudehus 2005) über eine Bezeichnung, die geometrische Form, die Abmaße, das Gewicht, die Beschaffenheit (z. B. Materialart, Gefahrgutklasse, Brandklasse), Vorschriften und Restriktionen (Belastbarkeit, Stapelbarkeit oder Stapelrichtung der Logistikeinheit), die Beschaffungsquelle (Lieferant), die Beschaffungszeit (Produktionszeit, Wiederbeschaffungszeit) und den Wert der Logistikeinheit beschrieben.

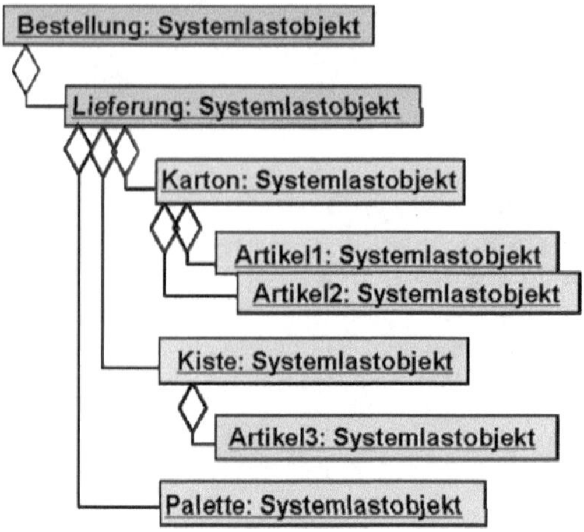

Abb. 2. Beispiel einer Systemlastobjekthierarchie (angelehnt an Bernhard et al. 2006, S. 118)

Als konkrete Ausprägungen sind beispielsweise Versand-, Liefer- und Verpackungseinheiten (VPE), aber auch Ladungsträger und Artikel zu nennen.

Die Vollständigkeit und Einsetzbarkeit der in diesem Abschnitt vorgestellten Beschreibung für standardisierte logistische Systemlastobjekte wurde im Rahmen des SFB 559 anhand verschiedener Anwendungen für große Netze in der Logistik evaluiert. Abbildung 3 verdeutlicht die Umsetzung anhand eines logistischen Flugnetzes. Weitere Darstellungen auch zu anderen logistischen Netzen sind bei Bernhard et al. (2007b) zu finden.

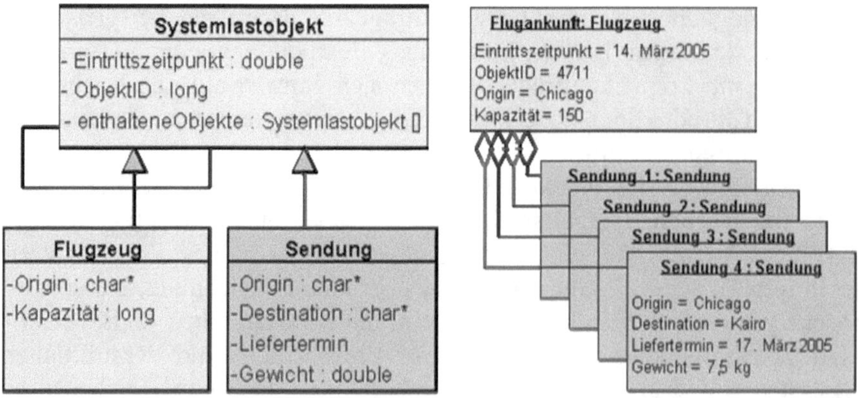

Abb. 3. Anwendung der standardisierten Beschreibung für Luftfracht als Systemlast in logistischen Flugnetzen (angelehnt an Bernhard et al. 2007b, S.17)

Für eine konkrete Anwendung sind basierend auf der Klasse Systemlastobjekt zunächst die relevanten Eigenschaften der zu spezifizierenden Systemlastobjekte zu ermitteln. Sie setzen sich aus den Attributen der Klassen Logistikauftrag und Logistikeinheit zusammen. Daraus entsteht der Entwurf eines Klassenbaums für die spezifischen Systemlastobjekte der jeweiligen Anwendung. Die Abbildung 3 zeigt auf der linken Seite den spezifischen Klassenbaum zur Beschreibung logistischer Systemlastobjekte für die Luftfracht in Flugnetzen und auf der rechten Seite eine konkrete Ausprägung der Systemlastobjekthierarchie.

4 Der Umgang mit Informations- und Datenkomplexität

Die Bandbreite der in den Unternehmen sowie in logistischen Netzen vorliegenden Informationen und Daten lässt – wie bereits angedeutet – die Vermutung nahe legen, bei ihrer Beschaffung aus Sicherheitsgründen eher auf Quantität zu achten, umfassender als notwendig zu erheben und damit mehr oder weniger bewusst eine *Maximierung der Informations- und Datenkomplexität* anzustreben.

Quantität führt jedoch in der Regel nicht zwangsläufig zur gewünschten Qualität, sondern nur zu höherem Aufwand bei der Beschaffung und Aufbereitung. Beispielsweise ist die Bereitstellung von Betriebsdaten über fünf Monate nicht zwangsläufig besser als die über einen Monat, wenn der Bedarf vorliegt, die Datenbasis eines repräsentativen Monates zur Verfügung zu stellen. Vielmehr stellt sich in diesem Fall die Frage, mit welcher Absicht Betriebsdaten von fünf Monaten statt von einem Monat geliefert werden: a) weil der repräsentative Monat nicht bekannt ist, b) weil es keinen repräsentativen Monat gibt oder c) weil einer der fünf Monate wahrscheinlich repräsentativ ist, diesbezüglich aber keine wirkliche Sicherheit besteht.

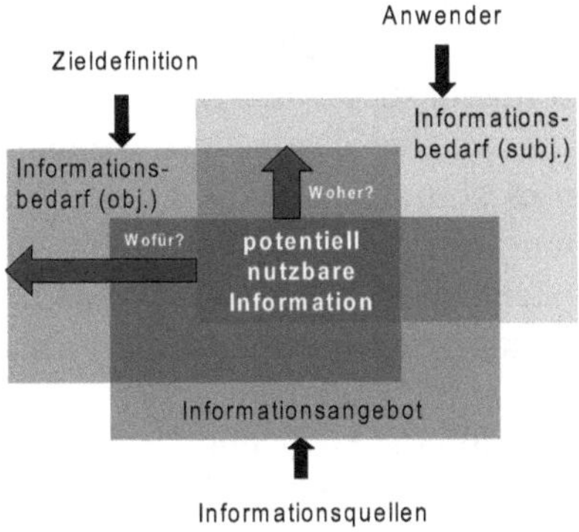

Abb. 4. Informationsraum in Anlehnung an Weyerke (2001)

Hinzu kommt, dass die Bestimmung des für eine gegebene Aufgabenstellung notwendigen Informationsraums in keinem Fall trivial ist. Auch kann der theoretisch für eine Aufgabe notwendige (objektive) Informationsbedarf bereits erheblich von dem subjektiven, durch das Verständnis des Anwenders geprägten Informationsbedarf abweichen. Projiziert auf die zur Verfügung stehenden Informationsquellen erweisen sich die tatsächlich potenziell nutzbaren Informationen im schlechtesten Fall als eher kleine Schnittmenge (vgl. Abbildung 4). Auch führt die Erhöhung des Informationsangebotes – wie eingangs erwähnt – nicht zwangsläufig zu einer Erhöhung der potenziell nutzbaren Informationen.

In den folgenden Unterabschnitten werden die drei Aspekte Komplexitätsvermeidung, statistische Komplexitätsreduktion und die Verdichtung von Datensätzen zu verwendender Systemlastdaten diskutiert.

4.1 Komplexitätsvermeidung durch Systematisierung des Informationsgewinnungsprozesses

Eine *Komplexitätsvermeidung* kann vor der Beschaffung der Informationen und Daten durch eine Eingrenzung auf die für die Simulationsaufgabe *notwendige* Information erreicht werden. Dies bedarf eines geeigneten Vorgehensmodells zur systematischen Informationsgewinnung und damit zur gezielten Beschaffung der tatsächlich relevanten Eingangsdaten. Basierend auf einer klaren Differenzierung der Begriffe Information und Daten (vgl. Nonaka u. Takeuchi 1997) wird in Analogie zur Modellierung von Entscheidungsprozessen innerhalb des unternehmensinternen Informationsmanagements auch hier eine informationstheoretische Sicht eingenommen. Damit steht bei der Informationsgewinnung die notwendige, richtige und gültige Information bezüglich einer Aufgabenstellung im Vordergrund; das Datum, d. h. die reine syntaktische Codierung der Information, spielt zunächst eine untergeordnete Rolle. Die Informationsgewinnung erweitert damit das Aufgabenspektrum des Datenmanagements um Aufgaben der Informationsbeschaffung und -bewertung. Nicht die Frage „Welche Daten aus welcher Datenbank werden benötigt?“ steht im Vordergrund, sondern es soll zunächst die Frage "Welche Information ist für die Aufgabenstellung relevant?" losgelöst von der Existenz möglicher Daten in konkreten Datenbanken beantwortet werden. Diese Herangehensweise erlaubt eine Trennung zwischen dem Informationsbedarf und der Codierung der Information in Daten und lässt eine umfassendere und stärker auf die eigentliche Aufgabe bezogene Herangehensweise zu. Für detaillierte Ausführungen zum informationstheoretischen Ansatz sei auf Bernhard et al. (2005) verwiesen.

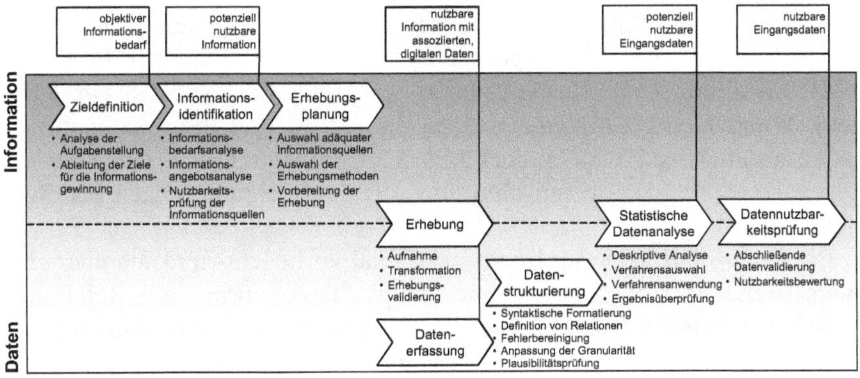

Abb. 5. Prozessorientiertes Vorgehensmodell zur Informationsgewinnung (Bernhard et al. 2007c, S.7)

Abbildung 5 verdeutlicht das entwickelte prozessorientierte Vorgehensmodell und die zeitliche (möglicherweise parallele) Abfolge der Schritte zur Informationsgewinnung.

Die Einordnung der Prozessschritte (dargestellt durch sechseckige Prozesspfeile) ist explizit differenziert nach Informations- und Datensicht; die einzelnen Prozessschritte sind jeweils mit ihrer inhaltlichen Ausrichtung (aufgelistete Unterpunkte) und den Prozessergebnissen (viereckige Kästchen an den Prozessschritten) aufgeführt. Notwendige Iterationen in der Prozessabfolge werden aus Übersichtlichkeitsgründen nicht dargestellt. Die Ergebnisse jedes einzelnen Prozessschrittes sind zu dokumentieren und einer umfassenden Verifikation und Validierung (V&V) zu unterziehen. Beide Aufgaben sind in der folgenden kurzen Erläuterung des Vorgehensmodells nicht explizit dargelegt. Ausführungen zu möglichen V&V-Prüfschritten sind Abschnitt 5.1 zu entnehmen.

Der Prozess der Informationsgewinnung beginnt mit einer Analyse der Aufgabenstellung für den Beschaffungsprozess (*Zieldefinition*). Unter Berücksichtigung des Untersuchungsgegenstandes, der Projektziele und der ausgewählten Analyse- und Modellierungsmethode wird der notwendige theoretische (objektive) Informationsbedarf hergeleitet. Im Anschluss erfolgt die Identifikation der unternehmensintern vorliegenden, potenziell nutzbaren Information (*Informationsidentifikation*) als weiterer vorbereitender Schritt zur Anwendung der Methoden der Informationsgewinnung. Dieser leitet über die Informationsbedarfsanalyse den subjektiven Informationsbedarf aus dem objektiv notwendigen Informationsbedarf ab, prüft das tatsächliche Informationsangebot im Unternehmen und gleicht beide unter Berücksichtigung der Qualität der Information bzw. der Informationsquellen ab. Die Informations- und Datenerhebung basiert auf der Auswahl geeigneter Informationsquellen und Erhebungsmethoden (*Erhebungsplanung*) sowie der organisatorischen Vorbereitung der Erhebung (z. B. Erstellung von Erhebungsunterlagen, Einholung von Genehmigungen). Während der *Erhebung* werden die geforderten Informationen und Daten ermittelt und für den nachfolgenden Prozessschritt – ggf. über die *Datenerfassung* EDV-technisch aufbereitet – als digitale Daten bereitgestellt.

Die *Datenstrukturierung* bringt die digital vorliegenden Daten über eine syntaktische Formatierung in eine analysefähige Form, legt Relationen zwischen Variablen fest, bereinigt falsche Einträge und untersucht unlogische, möglicherweise falsche Beobachtungen. Abschließend werden die Daten in die für die Aufgabenstellung notwendige Granularität überführt. Die *statistische Datenanalyse* erstellt basierend auf den bereinigten, strukturierten Datensätzen die Eingangsdaten beispielsweise für die anschließende Modellierung und Simulation. Mittels deskriptiver Analysen werden die wesentlichen statistischen Eigenschaften der Datensätze erfasst. Unter Verwendung des subjektiven Informationsbedarfs werden dann die statistischen Fragestellungen ermittelt und die Anforderungen an die zu verwendenden statistischen Verfahren abgeleitet, die den gegebenen Informationsbedarf am besten erfüllen.

Da das Vorgehensmodell zur Informationsgewinnung seinerseits wiederum in ein jeweils gültiges übergeordnetes Vorgehensmodell zur Planung, Simulation oder Optimierung eingeordnet ist, muss ergänzend zu den in jedem Prozessschritt anfallenden Prüfschritten eine abschließende Datennutzbarkeitsprüfung als letzter Prozessschritt die Informationsgewinnung ordnungsgemäß abschließen und die Nutzbarkeit der Daten im Kontext des übergeordneten Vorgehensmodells sicherstellen. Die Einbindung des Vorgehensmodells zur Informationsgewinnung in ein Simulationsvorgehensmodell sowie die in den einzelnen Prozessschritten zu nutzenden Methoden sind in Bernhard et al. (2007c) erläutert.

4.2 Statistische Komplexitätsreduktion

Während in Abschnitt 4.1 ein Vorgehen dargestellt wird, dass eine systematische aufgabenorientierte Datenerfassung und -bereitstellung zur Vermeidung unnötiger Datenkomplexität beabsichtigt, setzt die *statistische Komplexitätsreduktion* bei Vorlage umfassender Daten an. Dabei hat sie primär zum Ziel, möglichst viele der vorhandenen und relevanten Informationen in den vorliegenden Datensätzen beizubehalten, und kann für die Anwendung bei Datenbeständen für logistische Systeme nach Kuhnt u.

Fender (2003) in Methoden zur Dimensionsreduktion und zur Datenreduktion unterschieden werden.

Die *Dimensionsreduktion* bezieht sich auf die Verringerung der Dimension eines Variablenvektors und kann dabei sowohl durch das Entfernen einzelner Variablen aus dem Vektor als auch durch die Zusammenfassung mehrerer Variablen umgesetzt werden. Entscheidend ist, dass für die Untersuchung die jeweils wichtigsten Variablen selektiert werden müssen (*Variablenselektionsverfahren*). *Faktoranalytische Verfahren* hingegen zielen darauf ab, eine größere Menge beobachtbarer abhängiger Variablen auf eine möglichst kleine Menge zugrundeliegender, unabhängiger (hypothetischer) Variablen (Faktoren) zurückzuführen. Für das Datenmanagement in Logistiknetzen ist nach Kuhnt u. Fender (2003) der Schwerpunkt auf eine explorative Verwendung von faktoranalytischen Methoden zu legen, da sich eher Fragestellungen ergeben, bei denen ausgehend von empirischen Daten wenige gemeinsame Faktoren gefunden werden sollen und zudem selten bereits Wissen über die hypothetischen Variablen vorliegt. Weitere Ausführungen zu dimensionsreduzierenden Verfahren sind beispielsweise in Fahrmeir et al. (1996) zu finden.

Neben der Dimensionsreduktion erlaubt eine *Datenreduktion* die Vernachlässigung der Daten, die nicht zu einer für die Aufgabenstellung relevanten Information beitragen. Gerade bei einer hohen Anzahl von Datensätzen, wie sie bei logistischen Systemen und vor allem in logistischen Netzen vorkommen, wird durch diese Verfahren die Unübersichtlichkeit bestehender Datensätze deutlich reduziert. Die Datenreduktion kann sich dabei einerseits auf einzelne Ausreißer (Ausreißeridentifikation) oder auf Klassen von Beobachtungen, die aufgrund ihrer Eigenschaften nicht Gegenstand der Aufgabenstellung sind, beziehen. Andererseits können im Rahmen der Datenreduktion Beobachtungen mit ähnlichen Merkmalsausprägungen zu Gruppen zusammengefasst analysiert werden (Klassifikation).

Die *Ausreißeridentifikation* wird eingesetzt, wenn in Datensätzen einzelne Beobachtungen, sogenannte Ausreißer, vorhanden sind, die stark von dem Muster abweichen, das die restlichen Datensätze aufweist. Es sei allerdings darauf hingewiesen, dass die Erkennung von Ausreißern nicht unbedingt dazu dient, den Datensatz zu bereinigen. Vielmehr sind in logistischen Anwendungen oftmals gerade die Ausreißer von Interesse, um z. B. „Worst Case"-Analysen vorzunehmen. Die *Klassifikation* als weiteres Verfahren der Datenreduktion erlaubt die Identifikation, Selektion und ggf. durch die Schätzung einer Verteilung zusätzlich verdichtete Nutzung der für die Modellierung interessanten Objekt- oder Datengruppen, so dass klassierte Eingangsdaten, bei denen die Informationen der Objekte aus einer Gruppe reduziert zusammengefasst sind, entstehen. Kuhnt u. Fender (2003) führen in diesem Zusammenhang als gängige Klassifikationsverfahren u. a. das Diskriminanzanalyseverfahren (vgl. McLachlan 1992) oder auch explorative Verfahren wie die Clusteranalyse (vgl. Everitt et al. 2001; Kaufman u. Rousseeuw 1990) an.

Der Einsatz von Verfahren zur statistischen Komplexitätsreduktion in unterschiedlichen Anwendungen ist heute noch ein umfassendes Forschungsthema, mit dem sich u a. der Sonderforschungsbereich SFB 475 „Komplexitätsreduktion in multivariaten Datenstrukturen" an der Universität Dortmund (vgl. http://www.sfb475.uni-dortmund.de) beschäftigt.

4.3 Komplexitätsreduktion durch Verdichtung

Eine Verdichtung komplexer Datenbestände kann über die Abbildung zufälliger Aspekte als statistische Modellierungen (z. B. Wahrscheinlichkeitsverteilungen) oder über eine algorithmische Realisierung in Form von Systemlastgeneratoren für spezielle Anwendungsbereiche erreicht werden. Im Folgenden wird sich auf eine kurze Darstellung der Verdichtung komplexer Datenbestände für Systemlasten durch Wahrscheinlichkeitsverteilungen beschränkt, da diese recht häufig bei der Simulation logistischer Systeme eingesetzt werden (vgl. auch Schürmann et al. 2006).

Da es sich bei der Bestimmung von Wahrscheinlichkeitsverteilungen aus Daten im statistischen Sinn um eine Stichprobe handelt, müssen die Verteilungen geschätzt werden. Die Annahmen über die theoretische Verteilung der benötigten Daten werden dann als mathematische Hypothese angenommen. Allerdings ist zu beachten, dass die Fehlerwahrscheinlichkeit für ein Nicht-Verwerfen einer Hypothese, obwohl sie nicht korrekt ist, nicht kontrolliert werden kann.

Zur Überprüfung stehen unterschiedliche statistische und graphisch-visuelle Testverfahren, sogenannte Anpassungstests, zur Verfügung. Statistische Tests wie der Chi-Quadrat-Test oder der Kolmogorov-Smirnov-Tests bestimmen die Güte der Anpassung über die Signifikanz einer Teststatistik, graphisch-visuelle Verfahren wie der Dichte-Histogramm-Vergleich, der Quantilgraph (Q-Q-Plot) und der Wahrscheinlichkeitsgraph (P-P-Plot) ermitteln die Übereinstimmung durch einen Kurvenvergleich (vgl. hierzu beispielsweise Law u. Kelton 2000). Neben den Anpassungstests kann bei Datensätze mit vielen verschiedenen Beobachtungen zur Reduzierung von Komplexität und zur glatten Schätzung der Verteilungsfunktion eine Klassenbildung vorgenommen werden. Die Klassenbreite wird dabei gleichmäßig mit gleicher Häufigkeitsmasse gebildet.

Das eigentliche Lastmodell, das die Eigenschaften und Zusammenhänge einer Systemlast darstellt, kann in einem ereignisdiskreten Simulationswerkzeug wie folgt umgesetzt werden:

- Nutzung von *standardisierten Wahrscheinlichkeitsverteilungen* wie beispielsweise Normalverteilung $N(\mu,\sigma^2)$, Exponentialverteilung $Exp(\lambda)$, Poisson-Verteilung $Poi(\mu)$ oder Gleichverteilung $R(a, b)$.
- Nutzung *intervallbasierter Verteilungen* z. B. über simulatorspezifische Steuerungsprozesse, die in einer Schleife, in der für intervallbasierte Verteilungen nach der Zuordnung zu einem Intervall die entsprechende Zwischenankunftszeit abgewartet und anschließend ein entsprechender Ankunftsprozess generiert wird (vgl. Bause et al. 2003). Über diese Modellierungsform können auch Intervalle nachgebildet werden, die auf mehreren Kriterien gemeinsam basieren (vgl. hierzu auch Bernhard et al. 2006).
- Nutzung von *Mittelwerten* durch Zusammenfassung von Beobachtungen mit ähnlichen Merkmalsausprägungen zu Gruppen (Klassifikation, vgl. Abschnitt 4.2).

Nach Kuhnt u. Fender (2003) liegt der Vorteil der Verdichtung für logistische Systeme insbesondere darin, dass über eine statistische Absicherung der Daten die Nutzung von Informationen aus sekundären Quellen für logistische Systeme überhaupt erst sinnvoll möglich wird. Allerdings muss beachtet werden, dass die Bestimmung einer Verteilungshypothese nur mit ergänzenden Informationen aus dem abzubildenden Logistiksystem geeignet machbar ist. In diesem Zusammenhang weisen u. a. Wenzel et al. (2008) darauf hin, dass die Qualität des Simulationsmodells maßgeblich von der Qualität der Eingabedaten abhängt und nicht-repräsentative Daten oder Daten, die zu unsicheren Aussagen bei den angewendeten statistischen Methoden führen, nicht kalkulierbare Auswirkungen auf die Simulationsergebnisse und auf die für das logistische System zu treffenden Entscheidungen haben.

5 Glaubwürdigkeit von Systemlastdaten

In der Simulation werden Modelle und Ergebnisse dann als glaubwürdig bezeichnet, „wenn genug Indikatoren, Indizien, Argumente oder vielleicht sogar Beweise vorliegen, die zeigen, dass das Simulationsmodell den beabsichtigten Zweck so weit wie möglich erfüllt." (vgl. Berchtold et al. 2002, S. 135). Die Erfüllung von unternehmensspezifisch, projektbezogen oder individuell festgelegten *Akzeptanzkriterien* ist damit ein Maß für die

Glaubwürdigkeit („Credibility"), die der Anwender dem Modell zuweist (vgl. hierzu auch Robinson 2004, Rabe et al. 2008, Balci et al. 2000).

Übertragen auf die Glaubwürdigkeit von Informationen und Daten im Allgemeinen und Systemlastdaten im Besonderen erscheint es relevant, sich die Frage zu stellen, wann die Glaubwürdigkeit von Daten gegeben ist und wie sie erreicht werden kann.

5.1 Verifikation und Validierung (V&V) von Systemlastdaten

Die Relevanz der Eingangsdaten für die Modellierung und Simulation von Logistiksystemen ist begründet durch die Tatsache, dass sie in eine Modellierung und ggf. anschließende Analyse einfließen und damit entscheidend die Ergebnisqualität des einzusetzenden Werkzeuges wie z. B. die Simulation beeinflussen. Nur für eine Untersuchung geeignete und richtige Daten schaffen auch nutzbare Simulationsergebnisse.

Der Sicherstellung der Informations- und Datenqualität wird bis heute in logistischen Simulationsanwendungen oftmals eine untergeordnete Rolle zugewiesen. Gleichwohl sind die zu verwendenden Informationen und Daten hinsichtlich ihrer Glaubwürdigkeit einem eigenen Verifikations- und Validierungsprozess zu unterziehen, um die Qualität der Daten und die Güte der mit ihr verknüpften Information bewertbar zu machen.

Berchtold et al. (2002) orientieren sich hinsichtlich der Prüfung der Glaubwürdigkeit der Daten an den drei semiotischen Aspekten Syntax, Semantik und Pragmatik. Auf syntaktischer Ebene wird die Frage beantwortet, ob die Daten im richtigen Datenformat vorliegen oder ggf. nochmals in ein anderes Format überführt werden müssen. Für die Überprüfung der Datensemantik ist die Frage nach der inhaltlichen Richtigkeit der Daten und der Übereinstimmung mit den vorgenommenen Messungen zu klären. Auf der Ebene der Pragmatik ist zu prüfen, ob die Daten für die jeweilige simulationsgestützte Analyse relevant sind und in einer hierfür geeigneten Form vorliegen.

In der Übertragung auf den klassischen Begriff der V&V in der Simulation (vgl. hierzu u. a. Rabe et al. 2008) beschäftigt sich die Verifikation („Sind die Daten richtig?") mit den eher syntaktischen Fragen und die Validierung („Sind es die richtigen Daten?") mit den eher semantischen und pragmatischen Fragen.

Innerhalb des in Abschnitt 4.1 vorgestellten Informationsgewinnungsprozesses sind in jedem Prozessschritt (vgl. Abbildung 5) geeignete V&V-Maßnahmen notwendig, um möglichst frühzeitig Fehler zu erkennen und zu vermeiden. Die Ergebnisse aller V&V-Maßnahmen sind in einer die Datendokumentation ergänzenden Qualitätsbewertung festzuhalten.

Während der Informationsidentifikation ist bereits eine Nutzbarkeitsprüfung der Informationsquellen und eine Festlegung der potenziell nutzbaren Information mit Bezug auf ihre Herkunft (Informationsquellen), der zu erwartenden Qualität sowie des verknüpften Erhebungsaufwandes notwendig. In der Erhebungsplanung sind klassischerweise sogenannte Pretests (Voruntersuchungen) durchzuführen, bei denen eine Überprüfung der erstellten Erhebungsinstrumente wie z. B. des Fragebogens stattfindet, um sicherzustellen, dass sie valide (gültige) und reliable (zuverlässige) Erhebungsergebnisse ermöglichen (vgl. Voß 2004).

Während und nach der Erhebung müssen die erhobenen Daten mit dem ursprünglichen Informationsbedarf abgeglichen werden. Dabei werden sowohl der Erhebungsvorgang als auch die Informationen und Daten im Hinblick auf Qualität und Vollständigkeit überprüft, um sowohl Fehler bei der Informationserhebung (Messung, Beobachtung) als auch bei der Übertragung in die digitale Form frühzeitig zu erkennen.

Liegen die Informationen als digitale Daten im Rechner vor, greifen verschiedene Verfahren der statistischen Datenanalyse. Bei der Datenverifikation werden Vollständigkeit und Widerspruchsfreiheit der Daten sowie ihre inhaltlich-logische und statistische Richtigkeit überprüft. Sind Charakteristika der Daten wie beispielsweise bestimmte Verteilungseigenschaften von Variablen bekannt, müssen diese in den Datensätzen nachgewiesen werden. Während der Datenvalidierung ist zu prüfen, ob das vorliegende Datenmaterial den Informationsbedarf trotz möglicherweise erkannter Fehler oder Ausreißer geeignet abdeckt (Umfang und Repräsentativität der Datensätze). Ist das Ergebnis der Prüfungen negativ, muss zwangsläufig eine neue Erhebung oder zumindest eine eingeschränkte Nacherhebung durchgeführt werden.

Eine abschließende Datenvalidierung während der Datennutzbarkeitsprüfung beinhaltet die Frage, ob die ermittelten Eingangsdaten dem Informationsbedarf der späteren Anwendung hinsichtlich Plausibilität, Vollständigkeit und Richtigkeit genügen. Letztendlich soll damit sichergestellt werden, dass die erzeugten Daten für den Informationsbedarf zweckdienlich sind (Sind dies die richtigen Daten zur Erfüllung des Informationsbedarfs?). Ein zweiter Prüfschritt, die Nutzbarkeitsprüfung, umfasst dann abschließend die Analyse der validierten Eingangsdaten im Zusammenspiel mit dem implementierten Simulationsmodell, in dem die Daten zu nutzen sind. Diese Schritte sind äquivalent zu den Schritten der V&V für die Simulation und werden daher an dieser Stelle nicht weiter behandelt. Für ergänzende Details sei auf Balci (1998) oder auch Rabe et al. (2008) verwiesen.

5.2 Bewertung der Qualität von Systemlasten

Qualität kann nach DIN 55350-11 (2004) als die "Gesamtheit von Eigenschaften und Merkmalen eines Produkts oder einer Tätigkeit, die sich auf deren Eignung zur Erfüllung gegebener Erfordernisse bezieht", verstanden werden. Bernhard et al. (2007a) orientieren sich an dieser Definition und übertragen sie auf die Informationsgewinnung, so dass Informationsqualität als die Gesamtheit von Qualitätsattributen einer Information oder eines Informationsprozesses, die sich auf deren Eignung zur Erfüllung gegebener Erfordernisse bezieht, definiert werden kann.

Um Informationsqualität bewerten zu können, müssen Qualitätskriterien festgelegt werden, die als Akzeptanzkriterien zur Bestimmung der Glaubwürdigkeit der Daten genutzt und für eine konkrete Anwendung hinsichtlich ihrer Erfüllung überprüft werden können. In Eppler (2006) ist zu diesem Zweck eine umfassende Liste an Informationsqualitätskriterien für wissensintensive Produkte und Prozesse zu finden, die eine mögliche Basis zur Bewertung der Gültigkeit der zu verwendenden Daten darstellen. Eine Übersicht verschiedener in der Literatur dargestellter Klassifikationen für Informationsqualitätskriterien ist Bernhard et al. (2007a) zu entnehmen. Die einzelnen Klassifikationen unterscheiden sich sowohl in der Bezeichnung der Kriterien als auch in der Zuordnung der Kriterien zu übergeordneten Kategorien. Abgeleitet aus den unterschiedlichen Klassifikationen haben Bernhard et al. (2007a) eine eigene Klassifikation für Qualitätskriterien für komplexe Informationen wie logistische Systemlasten entwickelt.

Abb. 6. Klassifizierung der Qualitätskriterien für logistische Informationen (Bernhard et al. 2007a, S. 8)

Abbildung 6 stellt die Klassifizierung für Qualitätskriterien vor. Die Kategorie *Inhalt* bewertet die technische Informationsgüte (z. B. Aufzeichnungsfehler, Verfälschungen und Aufzeichnungslücken) unabhängig vom eigentlichen Informationsgehalt und damit die Richtigkeit des Informationsinhaltes (Korrektheit), die Abdeckung des Informationsbedarfs durch vorhandene Daten (Vollständigkeit) und den Grad der Unabhängigkeit des Informationsinhaltes von beteiligten Personen (Objektivität). Die Kategorie *Bedeutung* beschreibt die Informationsgüte bezüglich der Interpretierbarkeit und damit der kontextabhängigen Qualität. Sie umfasst Kriterien, die ein Maß für die Zeitnähe des Informationsangebotes (Aktualität), den Grad der Anschaulichkeit und Eindeutigkeit des Informationsinhaltes (Verständlichkeit) und den Grad der Abdeckung des notwendigen Informationsbedarfs (Kongruenz) festlegen. Die Qualitätskriterien der Kategorie *Herkunft* bilden ein Maß für die Bewertung der Informationsquelle und der damit zu erwartenden Güte der darin enthaltenen Information. Sie decken die Fragen nach der prinzipiellen Verfügbarkeit und Zugänglichkeit der Informationsquellen, aber auch nach der Rekonstruktion des Prozesses der Informationsbeschaffung (Rückverfolgbarkeit) und der Zuverlässigkeit der Informationsquelle ab. Bei mehreren zu verwendenden Informationsquellen kann darüber hinaus der Grad der Gleichartigkeit der Informationsquellen aus struktureller und semantischer Sicht (Homogenität) von Bedeutung sein. Die Kategorie *Verwendung* gibt ein Maß für die Übereinstimmung zwischen der erhobenen und aufbereiteten Information und den Anforderungen aus der Anwendung. Sie wird durch die Qualitätskriterien Wichtigkeit einer Information für die Anwendung (Relevanz) und Eignung bestimmt. Die Eignung umfasst dabei einerseits die Granularität der Daten und andererseits die Umsetzbarkeit in Bezug auf den Informationsbedarf, d. h. die Nutzung der Daten in der verwendeten Methode bzw. in dem verwendeten Simulationswerkzeug.

Wird eine ermittelte Systemlast entsprechend der Erfüllung der Qualitätskriterien bewertet, können dem Anwender wertvolle Hinweise zur Informationsgüte sowie zur richtigen Verwendung der Daten im Kontext eines (Simulations-)Modells gegeben werden.

6 Zusammenfassung und Ausblick

In der Modellbildung und Simulation logistischer Systeme wird der Einfluss der richtigen Wahl der Eingangsdaten oftmals unterschätzt. Auch die heutigen IT-Technologien führen verstärkt dazu, Informations- und Datenquantität zu erzeugen, statt gezielt den anstehenden Informationsbedarf abzudecken.

Der vorliegende Beitrag hat basierend auf aktuellen Forschungsarbeiten des Sonderforschungsbereichs SFB 559 „Modellierung großer Netze in der Logistik“ das Thema für Systemlasten methodisch aufgearbeitet und damit eine erste systematische Beschreibung des Umgangs mit Systemlastdaten für logistischer Prozesse geschaffen. Tabelle 1 stellt das methodische Wissen abschließend im Überblick dar.

Tabelle 1. Systemlastdefinition und -modellierung

Aufgaben	Vorgehensweisen						
Standardisierung der Systemlast	Festlegung der Systemlastklassen	Attributdefinition für Logistikaufträge	Attributdefinition für Logistikeinheiten	Hierarchisierung der Lastobjekte			
Komplexitätsvermeidung durch systematische Informationsgewinnung	Zieldefinition	Informationsidentifikation	Erhebungsvorbereitung	Datenerhebung / Erfassung	Datenstrukturierung	statistische Datenanalyse	Datennutzbarkeitsprüfung
Komplexitätsreduktion	Dimensionsreduktion	Datenreduktion					
Vereinfachung durch Verdichtung	Bildung stochastischer Verteilungen	Bildung von Intervallverteilungen	Mittelwertbildung durch Klassifikation				
Schaffung von Glaubwürdigkeit	Durchführung von Verifikation und Validierung	Qualitätsbewertung					

In Erweiterung zu einem umfassenden theoretischen Ansatz müssen allerdings auch die innerhalb des Vorgehensmodells zur Informationsgewinnung einzusetzenden Erhebungs-, Statistik- und Visualisierungsmethoden ergänzt werden. Entsprechende Methodentaxonomien sind für Erhebungsverfahren in Hömberg et al. (2004) und Jodin u. Mayer (2005), für Statistikmethoden in Fender et al. (2005) sowie für Visualisierungsmethoden in Wenzel et al. (2003) und Bernhard et al. (2005) zu finden.

Literaturverzeichnis

Arnold D, Furmans K (2006) Materialfluss in Logistiksystemen, 5. Aufl. Springer, Berlin

Balci O (1998) Verification, Validation and Testing. In: Banks J (Hrsg) Handbook of Simulation. John Wiley, New York, S 335-393

Balci O, Ormsby WF, Carr JT III, Saadi SD (2000) Planning for Verification, Validation, and Accreditation of Modeling and Simulation Applications. In: Joines JA, Barton RR, Kang K, Fishwick PA (Hrsg) Proceedings of the 2000 Winter Simulation Conference, Orlando (USA). IEEE, Piscataway, S 829-839

Bause F, Bernhard J, Fender T, Hömberg K, Völker M, Wenzel S (2003) Standardisierte Beschreibung von Eingangsdaten für die Simulation auf Basis des

Prozesskettenparadigmas. Technical Report – Sonderforschungsbereich 559 „Modellierung großer Netze in der Logistik“ 03004, ISSN 1612-1376

Bernhard J, Dragan M, Wenzel S (2005) Evaluation und Erweiterung der Kriterien zur Klassifizierung von Visualisierungsverfahren für GNL. Technical Report – Sonderforschungsbereich 559 „Modellierung großer Netze in der Logistik“ 05001, ISSN 1612-1376

Bernhard J, Wenzel S (2005) Information Acquisition for Model Based Analysis of Large Logistics Networks. In: Merkuryev Y, Zobel R, Kerckhoffs E (Hrsg) Proceedings of the 19th European Conference on Modelling and Simulation „Simulation in Wider Europe" ECMS, 1-4 June 2005, Riga, Latvia. Riga Technical University, Riga, S 37-42

Bernhard J, Sieke H, Schürmann C, Völker M (2006) Standardisierte Systemlastbeschreibung für die Modellierung großer Netze der Logistik. In: Wenzel S (Hrsg) Simulation in Produktion und Logistik 2006, ASIM-Tagungsband zur 12. Fachtagung in Kassel. Society for Modeling and Simulation International SCS Publishing House e.V., Erlangen, S 115-124

Bernhard J, Dragan M, Wenzel S (2007a) Bewertung der Informationsgüte in der Informationsgewinnung für die modellgestützte Analyse großer Netze der Logistik. Technical Report – Sonderforschungsbereich 559 „Modellierung großer Netze in der Logistik“ 07006, Dortmund, ISSN 1612-1376

Bernhard J, Hömberg K, Nagel L, Riha I, Schürmann C, Sieke H, Völker M (2007b) Standardisierte Modelle zur Systemlastbeschreibung. Technical Report – Sonderforschungsbereich 559 „Modellierung großer Netze in der Logistik“ 07003, Dortmund, ISSN 1612-1376

Bernhard J, Jodin D, Hömberg K, Kuhnt S, Schürmann C, Wenzel S (2007c) Vorgehensmodell zur Informationsgewinnung – Prozessschritte und Methodennutzung. Technical Report – Sonderforschungsbereich 559 „Modellierung großer Netze in der Logistik“ 06008, Dortmund, ISSN 1612-1376

Berchtold C, Brade D, Hofmann M, Köster A, Krieger T, Lehmann A (2002) Verifizierung, Validierung und Akkreditierung von Modellen und Simulationen. BMVG-Studienauftrag Nr. M/GSPO/Z0076/9976, Abschlussbericht. ITIS e.V., München

DIN 55350-11 (2004) Begriffe zu Qualitätsmanagement und Statistik – Teil 11 (Entwurf). Beuth, Berlin

Eppler MJ (2006) Managing Information Quality, 2. Aufl. Springer, Berlin Heidelberg

Everitt BS, Landau S, Leese M (2001) Cluster Analysis, 4th edn. Arnold, London

Fahrmeir L, Hamerle A, Tutz G (1996) Multivariate statistische Verfahren. De Gruyter, Berlin

Fender T, Kuhnt S, Krampe A (2005) Kriterien für die Kategorisierung statistischer Methoden im Rahmen eines Methodennutzungsmodells zur Informationsgewinnung in GNL. Technical Report – Sonderforschungsbereich 559 „Modellierung großer Netze in der Logistik“ 05005, ISSN 1612-1376

Großeschallau W (1984) Materialflussrechnung, Modelle und Verfahren zur Analyse und Berechnung von Materialflusssystemen. Springer, Berlin Heidelberg

Gudehus T (2005) Logistik – Grundlagen Strategien Anwendungen, 3. Aufl. Springer, Berlin Heidelberg

Hömberg K, Jodin D, Leppin M (2004) Methoden der Informations- und Datenerhebung. Technical Report – Sonderforschungsbereich 559 „Modellierung großer Netze in der Logistik" 04002, ISSN 1612-1376

Jodin D, Mayer A (2005) Automatisierte Methoden und Systeme der Datenerhebung. Technical Report – Sonderforschungsbereich 559 „Modellierung großer Netze in der Logistik" 05004, ISSN 1612-1376

Kaufman L, Rousseeuw PJ (1990) Finding Groups in Data - An Introduction to Cluster Analysis. Wiley, New York

Kleinrock L (1975) Queuing Systems, Volume 1 - Theory. John Wiley & Sons, New York

Kuhn A (1995) Prozessketten in der Logistik, Entwicklungstrends und Umsetzungsstrategien. Verlag Praxiswissen, Dortmund

Kuhn A (2005) Forschungsziele und -ergebnisse zur Modellierung großer Netze in der Logistik. In: Initiative für Beschäftigung OWL e.V.; Bertelsmann Stiftung (Hrsg) net'swork – Netzwerke und strategische Kooperationen in der Wirtschaft. Universität Bielefeld, Survey GmbH & Co. KG, Kleine Verlag, Bielefeld, S 23–30

Kuhnt S, Fender T (2003) Statistisches Datenmanagement zur Informationsgewinnung in GNL. Technical Report – Sonderforschungsbereich 559 „Modellierung großer Netze in der Logistik" 03006, ISSN 1612-1376

Law A, Kelton D (2000) Simulation Modeling & Analysis, 3. Aufl. McGraw-Hill New York

McLachlan GJ (1992) Discriminant Analysis and Pattern Recognition. Wiley, New York

Nonaka I, Takeuchi H (1997) Die Organisation des Wissens. Campus Verlag, Frankfurt New York

Nyhuis P, Wiendahl HP (2007) Ansätze einer Logistiktheorie In: Hausladen I (Hrsg) Management an Puls der Zeit – Strategien, Konzepte und Methoden, 1. Aufl. TCW Transfer-Centrum, München

Peter P, Wenzel S (1991) Die Integration von Daten-Management und Simulation hilft materialflussspezifische Fragen praxisnah beantworten. Logistik im Unternehmen 7/8-1991: 68–71

Rabe M, Hellingrath B (Hrsg) (2001) Handlungsanleitung Simulation in Produktion und Logistik. SCS International, San Diego

Rabe M, Spieckermann S, Wenzel S (2008) Verifikation und Validierung für die Simulation in Produktion und Logistik – Vorgehensmodelle und Techniken. Springer, Berlin

Robinson S (2004) Simulation: The Practice of Model Development and Use. John Wiley & Sons, Chichester

Schürmann C, Kuhnt S, Krampe A (2006) Modelling System Loads for Simulation in Logistics. In: Wenzel S (Hrsg) Simulation in Produktion und Logistik 2006, ASIM-Tagungsband zur 12. Fachtagung in Kassel. Society for Modeling and Simulation International SCS Publishing House e.V., Erlangen, S 125–132

VDI (2000) VDI-Richtlinie 3633 Blatt 1: Simulation von Logistik-, Materialfluss- und Produktionssystemen. Gründruck, Beuth, Berlin

Voß W (2004) Taschenbuch der Statistik. Fachbuchverlag Leipzig im Carl Hanser Verlag, München

Wenzel S, Jessen U, Bernhard J (2003) A Taxonomy of Visualization Techniques for Simulation in Production and Logistics. In: Chick S, Sánchez PJ, Ferrin D, Morrice DJ (Hrsg) Proceedings of the 2003 Winter Simulation Conference. New Orleans, pp 729–736

Wenzel S, Meyer R (1993) Kopplung der Simulation mit Methoden des Datenmanagement. In: Kuhn A, Reinhardt A, Wiendahl HP (Hrsg) Handbuch Simulationsanwendungen in Produktion und Logistik - Fortschritte der Simulationstechnik. Vieweg, Braunschweig, S 347–368

Wenzel S, Weiß M, Collisi-Böhmer S, Pitsch H, Rose O (2008) Qualitätskriterien für die Simulation in Produktion und Logistik – Planung und Durchführung von Simulationsstudien. Springer, Berlin

Weyerke M (2001) Entwicklung eines rechnergestützten, benutzerorientierten Systems zur Informationsgewinnung in Produktionsunternehmen. Fortschritt-Berichte VDI-Reihe 16 Nr. 134, VDI, Düsseldorf